Robótica

JOHN J. CRAIG

ROBÓTICA
3ª EDIÇÃO

Tradução
Heloísa Coimbra de Souza

Revisão técnica
Reinaldo A. C. Bianchi

Bacharel em Física pelo Instituto de Física da Universidade de São Paulo
Mestre e Doutor em Engenharia Elétrica pela Escola Politécnica da USP
Professor titular do Centro Universitário da FEI
Pesquisador na área de criação de sistemas robóticos autônomos e inteligentes,
possui estágio de pós-doutorado no Instituto de Investigation
en Intelligencia Artificial IIIA-CSIC, Barcelona, Catalunya, Espanha

© 2013 John J. Craig
Título original: *Introduction to Robotics, Mechanics and control*, 3. ed.

Todos os direitos reservados. Nenhuma parte desta publicação poderá ser reproduzida ou transmitida de qualquer modo ou por qualquer outro meio, eletrônico ou mecânico, incluindo fotocópia, gravação ou qualquer outro tipo de sistema de armazenamento e transmissão de informação, sem prévia autorização, por escrito, da Pearson Education do Brasil.

DIRETOR EDITORIAL E DE CONTEÚDO Roger Trimer
GERENTE GERAL DE PROJETOS EDITORIAIS Sabrina Cairo
GERENTE EDITORIAL Kelly Tavares
GERENTE DA CENTRAL DE CONTEÚDOS Thaïs Falcão
GERENTE DE SOLUÇÕES DIGITAIS Fernanda Mateus
SUPERVISORA DE PRODUÇÃO EDITORIAL Silvana Afonso
SUPERVISOR DE ARTE E PRODUÇÃO GRÁFICA Sidnei Moura
COORDENADOR DE PRODUÇÃO EDITORIAL Sérgio Nascimento
EDITOR DE AQUISIÇÕES Vinícius Souza
EDITORA DE TEXTO Daniela Braz
EDITORES ASSISTENTES Luiz Salla e Marcos Guimarães
PREPARAÇÃO Christiane Colas
REVISÃO Guilherme Summa
CAPA Solange Rennó (sob o projeto original)
DIAGRAMAÇÃO Zetastudio

Dados Internacionais de Catalogação na Publicação na Publicação (CIP)
(Câmara Brasileira do Livro, SP, Brasil)

Craig, John J.
  Robótica / John J. Craig ; tradução Heloísa Coimbra de Souza; revisão técnica Reinaldo Augusto da Costa Bianchi. – 3. ed. – São Paulo: Pearson Education do Brasil, 2012.

  Título original: Introduction to robotics: mechanics and control
  ISBN 978-85-8143-128-4

  1. Robótica I. Título.

12-12405 CDD-629.892

Índice para catálogo sistemático:
1. Robótica 629.892

Printed in Brazil by Reproset RPPA 225567

Direitos exclusivos cedidos à
Pearson Education do Brasil Ltda.,
uma empresa do grupo Pearson Education
Avenida Santa Marina, 1193
CEP 05036-001 - São Paulo - SP - Brasil
Fone: 11 2178-8609 e 11 2178-8653
pearsonuniversidades@pearson.com

Distribuição
Grupo A Educação
www.grupoa.com.br
Fone: 0800 703 3444

Sumário

Prefácio		vii
Capítulo 1	Introdução	1
Capítulo 2	Descrições espaciais e transformações	18
Capítulo 3	Cinemática dos manipuladores	59
Capítulo 4	Cinemática inversa dos manipuladores	94
Capítulo 5	Jacobianos: velocidades e forças estáticas	126
Capítulo 6	Dinâmica dos manipuladores	157
Capítulo 7	Geração de trajetórias	192
Capítulo 8	Projeto do mecanismo dos manipuladores	220
Capítulo 9	Controle linear dos manipuladores	250
Capítulo 10	Controles não lineares de manipuladores	277
Capítulo 11	Controle de força dos manipuladores	303
Capítulo 12	Linguagens e sistemas de programação de robôs	322
Capítulo 13	Sistemas de programação off-line	336
Apêndice A	Identidades trigonométricas	355
Apêndice B	Convenções dos 24 conjuntos de ângulos	357
Apêndice C	Algumas fórmulas para a cinemática inversa	360
Soluções para exercícios selecionados		362
Índice remissivo		369

Prefácio

Os cientistas muitas vezes acreditam que por meio de seu trabalho aprendem sobre algum aspecto de si mesmos. Os físicos veem essa conexão no seu trabalho, como também, por exemplo, os psicólogos e os químicos. No estudo da robótica, a ligação entre o campo de estudo e nós mesmos é extraordinariamente óbvia. E, diferente de uma ciência que procura apenas analisar, a robótica, na forma como é hoje encarada, leva a tendência da engenharia para a síntese. Talvez, por esse motivo, seja um campo fascinante para tantos.

O estudo da robótica concerne ao desejo de sintetizar alguns aspectos da função humana pelo uso de mecanismos, sensores, atuadores e computadores. Claro, é um empreendimento enorme que parece decerto receber muitas ideias de várias áreas "clássicas".

Hoje, diferentes aspectos das pesquisas sobre robótica estão sendo realizados por especialistas de várias áreas. Em geral, não é o caso de um único indivíduo ter o domínio de todo o campo da robótica. O particionamento do campo é uma expectativa natural. Em um nível relativamente alto de abstração, parece razoável dividir a robótica em quatro grandes áreas principais: manipulação mecânica, locomoção, visão computacional e inteligência artificial.

Este livro é uma introdução à ciência e engenharia da manipulação mecânica. Essa subdisciplina da robótica tem suas bases em vários campos clássicos. Os principais são: mecânica, teoria do controle e ciência da computação. Neste livro, os capítulos 1 a 8 abordam tópicos de engenharia mecânica e matemática. Os capítulos 9 a 11 abordam material da teoria de controle e os capítulos 12 e 13 podem ser classificados como material de ciências da computação. Além disso, a obra enfatiza, de ponta a ponta, os aspectos computacionais dos problemas. Por exemplo, cada capítulo voltado predominantemente para a mecânica traz uma seção resumida dedicada às considerações computacionais.

Este livro foi desenvolvido com base em anotações de aulas usadas para ensinar "Introdução à Robótica" na Universidade de Stanford nos outonos de 1983 a 1985. A primeira e a segunda edições foram usadas por várias instituições entre 1986 e 2002. A terceira edição se beneficiou dessa utilização incorporando correções e aperfeiçoamentos resultantes do retorno recebido de muitas fontes. Agradeço a todos que enviaram correções ao autor.

A obra é adequada para o último ano dos cursos de graduação – ou para o primeiro ano de pós-graduação. Será útil se o aluno já tiver um curso básico de estática e dinâmica, um curso em álgebra linear e se souber programar em linguagem de alto nível. Além disso, será interessante, embora não de todo necessário, que tenha concluído um curso introdutório sobre teoria de controle. Um dos objetivos do livro é apresentar o material de uma forma simples e intuitiva. O público não precisa ser especificamente de engenheiros mecânicos, apesar de boa parte do material ser oriundo desse campo. Em Stanford, muitos engenheiros eletricistas, cientistas da computação e matemáticos consideraram o livro de fácil leitura.

De forma imediata, este livro é útil para os engenheiros que estão desenvolvendo sistemas robóticos, mas o material deve ser visto como uma base importante para qualquer um que esteja envolvido com robótica. De forma semelhante aos desenvolvedores de software que em geral estudam pelo menos um pouco de hardware, as pessoas que não estão diretamente envolvidas com a mecânica e o controle de robôs devem ter algum conhecimento do tipo que oferecemos aqui.

Como a segunda edição, a terceira está organizada em 13 capítulos. O material se encaixará muito bem em um semestre acadêmico; para ensinar o conteúdo no decorrer de um trimestre acadêmico, o professor provavelmente terá de omitir alguns capítulos. Mesmo nesse ritmo, todos os tópicos não podem ser abordados em grande profundidade. De certa forma, a obra foi organizada com isso em mente. Por exemplo, a maioria dos capítulos traz apenas uma abordagem para a solução do problema em questão. Um dos desafios de escrever este livro foi tentar fazer justiça aos tópicos abordados, dentro das restrições de tempo que são comuns às situações de ensino. Um método que empregamos para esse fim foi o de considerar apenas o material que afeta diretamente o estudo da manipulação mecânica.

Ao fim de cada capítulo há um conjunto de exercícios. A cada um deles foi atribuído um fator de dificuldade, indicado entre colchetes após o número do exercício. A dificuldade varia entre [00] e [50], sendo [00] trivial e [50] um problema de pesquisa ainda sem solução.* É claro que algo que uma pessoa acha difícil outra pode achar fácil, de forma que alguns leitores considerarão os fatores enganosos em alguns casos. Mesmo assim, houve um esforço para avaliar a dificuldade dos exercícios.

Ao fim de cada capítulo há uma tarefa de programação na qual o estudante aplica a matéria correspondente a um manipulador planar simples de três juntas. Esse manipulador simples é complexo o bastante para demonstrar quase todos os princípios dos manipuladores genéricos, sem atolar o estudante com uma complexidade exagerada. Cada tarefa de programação baseia-se nas anteriores até que, no final do curso, o estudante tenha uma biblioteca completa de software para manipuladores.

Além disso, na terceira edição acrescentamos ao livro exercícios para o MATLAB. São, no total, 12 exercícios, associados aos capítulos 1 a 9. Eles foram desenvolvidos pelo professor Robert L. Williams II, da Universidade de Ohio, e somos muitíssimo gratos a ele por essa contribuição. Os exercícios podem ser usados com o Robotics Toolbox para o MATLAB,** criada por Peter Corke, diretor de pesquisas da CSIRO, na Austrália.

O Capítulo 1 é uma introdução ao campo da robótica. Ele traz algum material de base, algumas ideias fundamentais, a notação adotada no livro e uma apresentação do conteúdo dos capítulos posteriores.

O Capítulo 2 aborda a matemática usada para descrever posições e orientações no espaço tridimensional. Esse material é da maior importância; por definição, a manipulação mecânica preocupa-se com a movimentação de objetos (peças, ferramentas, o robô em si) no espaço. Temos sempre de descrever essas ações de uma forma que seja facilmente compreendida e o mais intuitiva possível.

Os capítulos 3 e 4 abordam a geometria dos manipuladores mecânicos. Eles apresentam o ramo da engenharia mecânica conhecido como cinemática, o estudo do movimento sem considerar as forças que o causam. Nesses capítulos, lidamos com a cinemática dos manipuladores, mas nos restringimos aos problemas estáticos de posicionamento.

---

*   Adotei a mesma escala que *The Art of Computer Programming* de D. Knuth (Addison-Wesley).

**   Para o Robotics Toolbox para MATLAB, consulte <http://petercorke.com/Robotics_Toolbox.html>.

No Capítulo 5, expandimos nossa investigação da cinemática para velocidades e forças estáticas.

No Capítulo 6, lidamos pela primeira vez com as forças e os momentos necessários para provocar o movimento de um manipulador. Esse é o problema da dinâmica dos manipuladores.

O Capítulo 7 refere-se à descrição dos movimentos do manipulador em termos de trajetórias pelo espaço.

No Capítulo 8, muitos tópicos relacionam-se com o projeto mecânico do manipulador. Por exemplo, qual o número adequado de juntas? De que tipo elas devem ser? Qual o seu melhor arranjo?

Nos capítulos 9 e 10, estudamos métodos para controlar um manipulador (em geral, com um computador digital) de forma que ele siga fielmente uma trajetória de posição desejada pelo espaço. O Capítulo 9 restringe sua atenção aos métodos de controle linear; o Capítulo 10 estende essas considerações ao âmbito não linear.

O Capítulo 11 cobre o campo do controle ativo de força com um manipulador. Ou seja, discutimos como controlar a aplicação de forças pelo manipulador. Esse modo de controle é importante quando o manipulador entra em contato com o ambiente à sua volta, por exemplo, enquanto lava uma janela com uma esponja.

O Capitulo 12 dá uma visão geral dos métodos de programação de robôs, especificamente os elementos necessários em um sistema de programação robótico, bem como os problemas particulares associados à programação de robôs industriais.

O Capítulo 13 apresenta os sistemas de simulação e programação off-line que representam a mais recente extensão da interface humano-robô.

Gostaria de agradecer às muitas pessoas que contribuíram com seu tempo para me ajudar com este livro. Primeiro, meus agradecimentos aos alunos do ME219 de Stanford, nos outonos de 1983 a 1985, que sofreram com os primeiros esboços, encontraram muitos erros e forneceram várias sugestões. O Prof. Bernard Roth contribuiu de muitas formas, tanto pela crítica construtiva do manuscrito quanto me proporcionando um ambiente no qual pude concluir a primeira edição. Na SILMA Inc. pude desfrutar de um ambiente estimulante e, também, dos recursos que me auxiliaram a concluir a segunda edição. O Dr. Jeff Kerr escreveu o primeiro esboço do Capítulo 8. O Prof. Robert L. Williams II contribuiu com os exercícios para o MATLAB encontrados ao fim de cada capítulo e Peter Corke expandiu seu Robotics Toolbox para dar suporte ao estilo deste livro para a notação Denavit-Hartenberg. Tenho uma dívida de gratidão com meus mentores anteriores em robótica: Marc Raibert, Carl Ruoff, Tom Binford e Bernard Roth.

Muitos outros de Stanford, SILMA, Adept e demais ajudaram-me de várias formas – meus agradecimentos a John Mark Agosta, Mike Ali, Lynn Balling, Al Barr, Stephen Boyd, Chuck Buckley, Joel Burdick, Jim Callan, Brian Carlisle, Monique Craig, Subas Desa, Tri Dai Do, Karl Garcia, Ashitava Ghosal, Chris Goad, Ron Goldman, Bill Hamilton, Steve Holland, Peter Jackson, Eric Jacobs, Johann Jäger, Paul James, Jeff Kerr, Oussama Khatib, Jim Kramer, Dave Lowe, Jim Maples, Dave Marimont, Dave Meer, Kent Ohlund, Madhusudan Raghavan, Richard Roy, Ken Salisbury, Bruce Shimano, Donalda Speight, Bob Tilove, Sandy Wells e Dave Williams.

Os alunos do curso de Robótica de 2002 do Prof. Roth, em Stanford, usaram a segunda edição e enviaram muitos lembretes dos erros que precisavam ser corrigidos para a terceira.

Por fim, quero agradecer a Tom Robbins, da Prentice Hall, por sua orientação na primeira edição e agora, novamente, com esta.

J.J.C.

Material de apoio do livro

No site www.grupoa.com.br professores e alunos podem acessar os seguintes materiais adicionais:

- Apresentações em Power Point.
- Manual de soluções (em inglês).

Esse material é de uso exclusivo para professores e está protegido por senha. Para ter acesso a ele, os professores que adotam o livro devem entrar em contato através do e-mail divulgacao@grupoa.com.br.

AGRADECIMENTOS – EDIÇÃO BRASILEIRA

Agradecemos a todos os profissionais que trabalharam na edição deste livro, em especial ao professor Reinaldo A. C. Bianchi, professor titular do Centro Universitário da FEI, pela dedicação e empenho na revisão técnica, e a Flávio José Lorini e Márcio Antonio Bazani, pela rigorosa avaliação do material.

Introdução

1.1 INTRODUÇÃO
1.2 MECÂNICA E CONTROLE DOS MANIPULADORES MECÂNICOS
1.3 NOTAÇÃO

1.1 INTRODUÇÃO

A história da automação industrial se caracteriza por períodos de rápida mudança em métodos populares. Seja isso causa ou, talvez, consequência, tais períodos de mudança nas técnicas de automação parecem intimamente ligados à economia mundial. O uso do **robô industrial**, que se tornou identificável como dispositivo ímpar na década de 1960 [1], junto com os sistemas CAD (desenho auxiliado por computação, do inglês *computer-aided design*) e CAM (manufatura auxiliada por computação, do inglês *computer-aided manufacturing*), caracteriza as últimas tendências da automação no processo de manufatura. Essas tecnologias estão levando a automação industrial para outra transição cujo escopo ainda é desconhecido [2].

Na América do Norte, foi muito intensa a adoção de equipamento robótico no início da década de 1980, seguindo-se uma breve retração ao final dessa mesma década. Desde então, o mercado vem crescendo (Figura 1.1), embora esteja sujeito às oscilações econômicas, como todos os mercados.

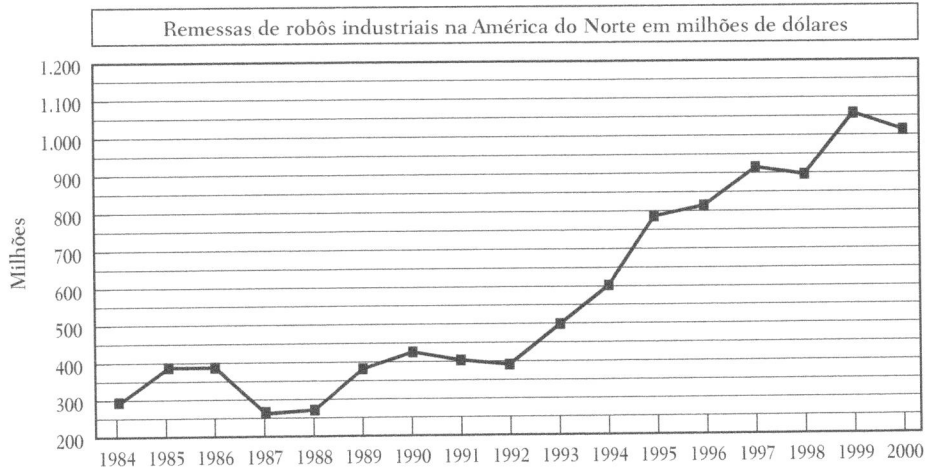

Figura 1.1: Remessas de robôs industriais na América do Norte em milhões de dólares [3].

A Figura 1.2 mostra o número de robôs instalados por ano nas grandes regiões industriais do mundo. Observe que o Japão reporta seus números de forma um tanto diferente das demais regiões: os japoneses consideram robôs algumas máquinas que no resto do mundo não são assim classificadas (são apenas "máquinas industriais"). Portanto, os números registrados para o Japão estão um tanto inflados.

Um dos grandes motivos para o aumento do uso de robôs industriais é que seu custo vem declinando. A Figura 1.3 indica que, no decorrer da década de 1990, o preço dos robôs diminuiu enquanto o da mão de obra humana aumentou. Além disso, os robôs não estão ficando apenas mais baratos, mas estão se tornando, também, mais eficientes – mais rápidos, mais precisos e mais flexíveis. Se fatorarmos esses *ajustes de qualidade* aos números, o custo de usar robôs vem caindo ainda mais depressa que seu preço. À medida que os robôs tornam-se mais econômicos na execução de suas funções – enquanto a mão de obra humana se torna cada vez mais cara – mais e mais tarefas industriais tornam-se candidatas à automação robótica. Essa é a principal tendência que vem incentivando o crescimento do mercado de robôs industriais. Uma tendência secundária é que, desconsiderando o aspecto econômico, à medida que os robôs passam a ser mais capacitados, tornam-se *aptos* a realizar cada vez mais tarefas perigosas ou impossíveis de serem executadas por trabalhadores humanos.

As aplicações que os robôs industriais podem realizar estão se tornando cada vez mais sofisticadas, mas continua sendo verdade que, em 2000, cerca de 78% dos robôs instalados nos Estados Unidos eram de soldagem ou manipulação de materiais [3]. Um campo que representa maiores desafios, a **montagem** por robôs industriais, respondia por 10% das instalações.

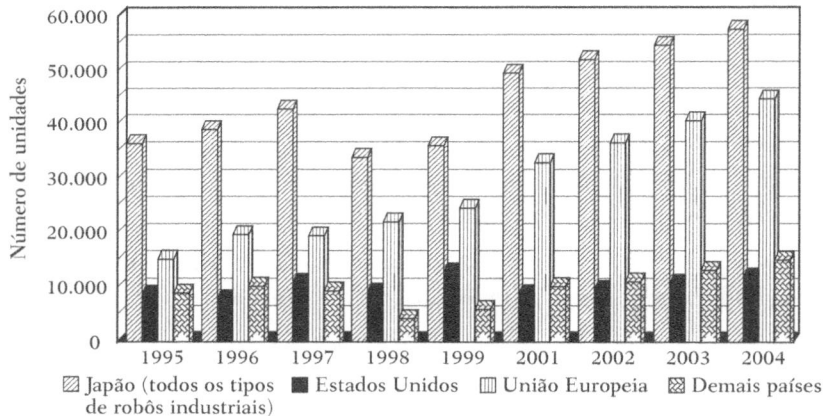

Figura 1.2: Instalação anual de robôs industriais multipropósito entre 1995 e 2000 e previsões para 2001 a 2004 [3].

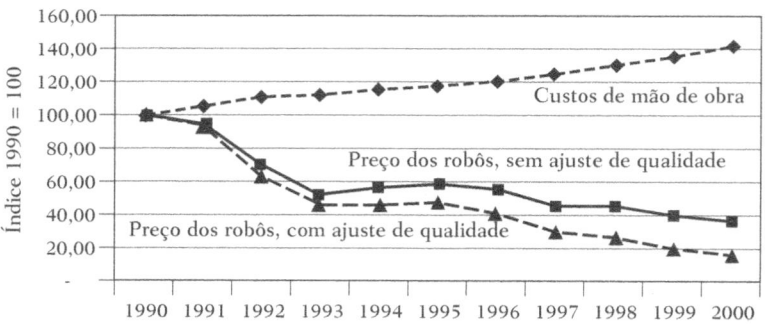

Figura 1.3: Preço dos robôs comparado ao custo da mão de obra humana na década de 1990 [3].

Este livro concentra-se na mecânica e no controle do tipo mais importante de robô industrial, o **manipulador mecânico**. O que constitui, de fato, um robô industrial é, às vezes, objeto de discussão. Dispositivos como o que mostra a Figura 1.4 são sempre incluídos, enquanto máquinas de usinagem com controle numérico (NC, do inglês *numerically controlled*), em geral não o são. A distinção está, de forma indefinida, na sofisticação da capacidade de programação do dispositivo – se um dispositivo mecânico puder ser programado para realizar diversas aplicações, ele é, provavelmente, um robô industrial. Máquinas que são quase que de todo limitadas a um tipo de tarefa são consideradas de **automação fixa**. Para os propósitos deste texto, as distinções não precisam ser debatidas; a maior parte do material é bastante básica e se aplica a uma ampla variedade de máquinas programáveis.

De modo geral, o estudo da mecânica e controle de manipuladores não é uma nova ciência, mas apenas uma coleção de tópicos extraídos de campos "clássicos". A engenharia mecânica contribuiu com metodologias para o estudo de máquinas em situações estáticas e dinâmicas. A matemática fornece ferramentas para a descrição de movimentos espaciais e outros atributos dos manipuladores. Teoria de controle provê ferramentas para projetar e avaliar algoritmos que realizam os movimentos ou a aplicação de força desejados. As técnicas da engenharia elétrica são aplicadas no projeto de sensores e interfaces para robôs industriais e a ciência da computação contribuiu com a base para a programação desses dispositivos a fim de que desempenhem a tarefa desejada.

Figura 1.4: O manipulador Adept seis tem juntas rotacionais e é muito popular em várias aplicações. Cortesia da Adept Technology, Inc.

1.2 MECÂNICA E CONTROLE DOS MANIPULADORES MECÂNICOS

As próximas seções introduzem alguma terminologia e uma breve apresentação de cada tópico que será abordado no texto.

Descrição de posição e orientação

No estudo da robótica, estamos constantemente interessados na localização de objetos no espaço tridimensional. Esses objetos são os elos do manipulador, as peças e ferramentas com as quais lida e outros objetos em seu ambiente. Em um nível rudimentar, porém importante, tais objetos são descritos por apenas dois atributos: posição e orientação. Claro, um tópico de interesse imediato é a maneira pela qual representamos essas quantidades e as manipulamos matematicamente.

A fim de descrever a posição e a orientação de um corpo no espaço, sempre atrelaremos rigidamente ao objeto um sistema de coordenadas, ou **sistema de referência**[*] (em inglês, *frame*). Em seguida, passamos a descrever a posição e orientação desse sistema de referência em relação a algum sistema de coordenadas de referência. (Veja a Figura 1.5.)

Qualquer referencial pode servir como sistema de referência dentro pelo qual expressar a posição e a orientação do corpo, de forma que quase sempre pensamos em *transformar* ou *mudar a descrição* desses atributos do corpo, de um sistema para outro. O Capítulo 2 aborda convenções e metodologias para lidar com a descrição de posição e orientação, bem como a matemática para manipular essas quantidades com relação aos vários sistemas de coordenadas.

Adquirir um bom conhecimento a respeito da descrição de posição e rotação de corpos rígidos é de extrema utilidade, mesmo nos campos externos à robótica.

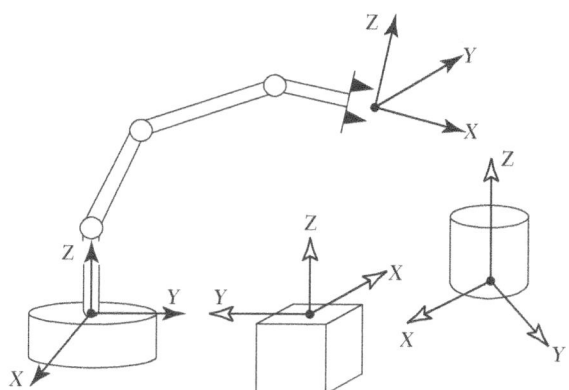

Figura 1.5: Sistemas de coordenadas ou "sistemas de referência" são atrelados aos manipuladores e aos objetos no ambiente.

> Cinemática direta dos manipuladores

Cinemática é a ciência que trata do movimento sem considerar as forças que o causam. Na ciência da cinemática estudam-se posição, velocidade, aceleração e todas as derivadas de ordem superior das variáveis de posição (com relação ao tempo ou quaisquer outras variáveis). Portanto, o estudo da cinemática dos manipuladores refere-se a todas as propriedades do movimento, tanto geométricas quanto baseadas no tempo.

Os manipuladores consistem em **elos** quase rígidos que são conectados por **juntas**, as quais permitem o movimento relativo dos elos vizinhos. Essas juntas são geralmente equipadas com sensores de posição, os quais permitem que a posição relativa dos elos vizinhos seja medida. No caso das juntas rotacionais (ou **de revolução**), tais deslocamentos são chamados **ângulos de junta**. Alguns manipuladores contêm juntas deslizantes (ou **prismáticas**), nas quais o deslocamento relativo entre os elos é uma translação, às vezes chamada de **deslocamento da junta** (em inglês, *offset*).

O número de **graus de liberdade** que um manipulador possui é o número de variáveis de posição independentes que teriam de ser especificadas para se localizarem todas as peças do mecanismo. Esse é um termo geral usado para qualquer mecanismo. Por exemplo, uma concatenação de quatro barras tem apenas um grau de liberdade (embora haja três membros móveis). No caso dos robôs industriais típicos, como o manipulador é quase sempre uma cadeia cinemática aberta

---

[*] Nota do R.T.: Em português, *frame* é traduzido tanto por "sistema de referência" como por "referencial". Os três termos são usados comumente pelos profissionais da área.

e como a posição de cada junta costuma ser definida com uma única variável, o número de juntas é igual ao de graus de liberdade.

Na ponta livre da cadeia de elos que forma o manipulador fica o **efetuador**. Dependendo da aplicação pretendida para o robô, o efetuador pode ser uma garra, um maçarico de solda, um eletromagneto ou outro dispositivo. Em geral, reproduzimos a posição do manipulador por uma descrição do **sistema de referência da ferramenta** que é ligado ao efetuador, com relação ao **sistema de referência da base**, que é ligado à base fixa do manipulador. (Veja a Figura 1.6.)

Um problema muito básico no estudo da manipulação mecânica chama-se **cinemática direta**. Trata-se do problema de geometria estática de computar a posição e a orientação do efetuador do manipulador. Em termos específicos, dado um conjunto de ângulos de junta, o problema da cinemática direta é computar a posição e a orientação do sistema de referência da ferramenta, com relação ao sistema da base. Às vezes, pensamos nisso como a mudança da representação da posição do manipulador de uma descrição no **espaço de juntas** para uma descrição no **espaço cartesiano**.* Esse problema será explorado no Capítulo 3.

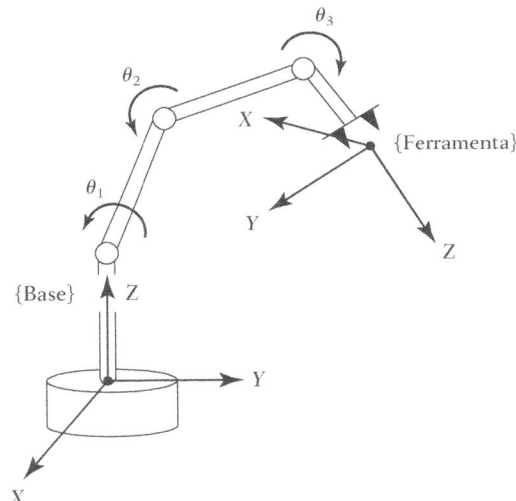

Figura 1.6: Equações cinemáticas descrevem o sistema de referência da ferramenta com relação ao sistema da base como uma função das variáveis das juntas.

> Cinemática inversa dos manipuladores

No Capítulo 4 abordaremos o problema da **cinemática inversa**. Esse problema é colocado da seguinte forma: dadas a posição e a orientação do efetuador do manipulador, calcule todos os possíveis conjuntos de ângulos de junta que poderiam ser usados para se obter a posição e orientação desejada. (Veja a Figura 1.7.) Trata-se de um problema fundamental no uso prático dos manipuladores.

Esse é um problema geométrico um tanto complicado que é resolvido rotineiramente milhares de vezes por dia pelo sistema humano e em outros sistemas biológicos. No caso de um sistema artificial, como um robô, teremos de criar um algoritmo no computador de controle que possa fazer esse cálculo. Em alguns aspectos, a solução desse problema é o elemento mais importante de um sistema manipulador.

---

* Por *espaço cartesiano* queremos dizer o espaço no qual a posição de um ponto é dada com três números e na qual a orientação de um corpo é dada com três números. É, às vezes, chamado de *espaço de tarefa* ou de *espaço operacional*.

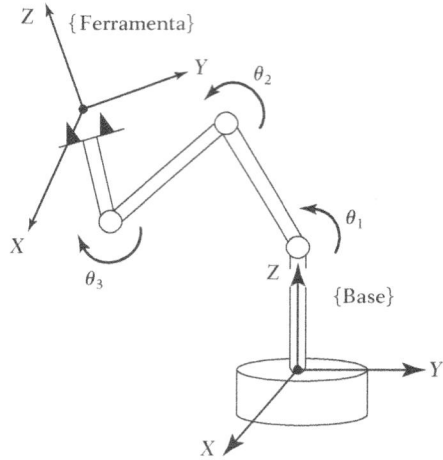

Figura 1.7: Para uma dada posição e orientação do sistema de referência da ferramenta, valores para as variáveis das juntas podem ser calculados pela cinemática inversa.

Podemos pensar no problema como o *mapeamento* de "locais" no espaço tridimensional cartesiano, para "locais" no espaço interno das juntas do robô. Essa necessidade surge naturalmente sempre que uma meta é especificada em um sistema de coordenadas espaciais tridimensionais externos. Alguns dos primeiros robôs não tinham esse algoritmo – eles eram apenas movidos (às vezes, manualmente) para os locais desejados que eram, então, gravados como um conjunto de valores de juntas (ou seja, como um local no espaço de juntas), para reprodução posterior. É óbvio que, se o robô é usado apenas no modo de gravação e reprodução de locais e movimentos de juntas, nenhum algoritmo que relacione o espaço das juntas ao espaço cartesiano é necessário. Hoje, no entanto, é raro encontrar um robô industrial que não tenha o algoritmo básico da cinemática inversa.

O problema da cinemática inversa não é tão simples quanto o da cinemática direta. Como as equações cinemáticas são não lineares, sua solução nem sempre é fácil (ou mesmo possível) em uma forma fechada. Além disso, surgem questões sobre a existência de uma solução ou de múltiplas soluções.

O estudo dessas questões leva-nos a valorizar o que a mente humana e o sistema nervoso estão realizando quando nós, ao que parece, de forma inconsciente, movemos e manipulamos objetos com nossos braços e mãos.

A existência ou a inexistência de uma solução cinemática define o **espaço de trabalho** de um dado manipulador. A ausência de uma solução significa que o manipulador não poderá chegar à posição e à orientação desejadas porque está fora do espaço de trabalho do manipulador.

Velocidades, forças estáticas e singularidades

Além de lidar com problemas de posicionamento estático, podemos querer analisar manipuladores em movimento. Com frequência, ao efetuar a análise de velocidade de um mecanismo, é conveniente definir uma quantidade matricial chamada de **Jacobiano** do manipulador. O Jacobiano especifica um **mapeamento** das velocidades no espaço de junta para velocidades no espaço cartesiano. (Veja a Figura 1.8.) A natureza desse mapeamento muda à medida que a configuração do manipulador varia. Em certos pontos, chamados de **singularidades**, o mapeamento não é reversível. O entendimento do fenômeno é importante para projetistas e usuários de manipuladores.

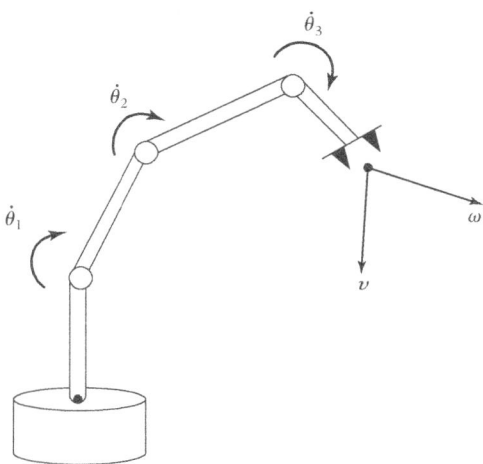

Figura 1.8: A relação geométrica entre a velocidade das juntas e a velocidade do efetuador pode ser descrita em uma matriz chamada de Jacobiano.

Considere o artilheiro de popa de um caça biplano da Primeira Guerra Mundial (ilustrado na Figura 1.9). Enquanto o piloto pilota o avião na carlinga, a função do artilheiro de popa é atirar nas aeronaves inimigas. Para que ele realize essa tarefa, a metralhadora fica montada num mecanismo que gira sobre dois eixos, sendo os movimentos chamados de azimute e elevação. Usando esses dois movimentos (dois graus de liberdade), o artilheiro pode direcionar a rajada de balas em qualquer direção que desejar no hemisfério superior.

Um avião inimigo é detectado no azimute 30 graus com 25 graus de elevação! O artilheiro aponta a rajada de balas para o avião inimigo e rastreia seu movimento de forma a atingi-lo com uma rajada contínua pelo maior tempo possível. Ele é bem-sucedido e derruba o avião inimigo.

Um segundo avião inimigo é detectado em azimute 30 graus e 70 graus de elevação! O artilheiro orienta a metralhadora e começa a disparar. O inimigo move-se para obter uma elevação

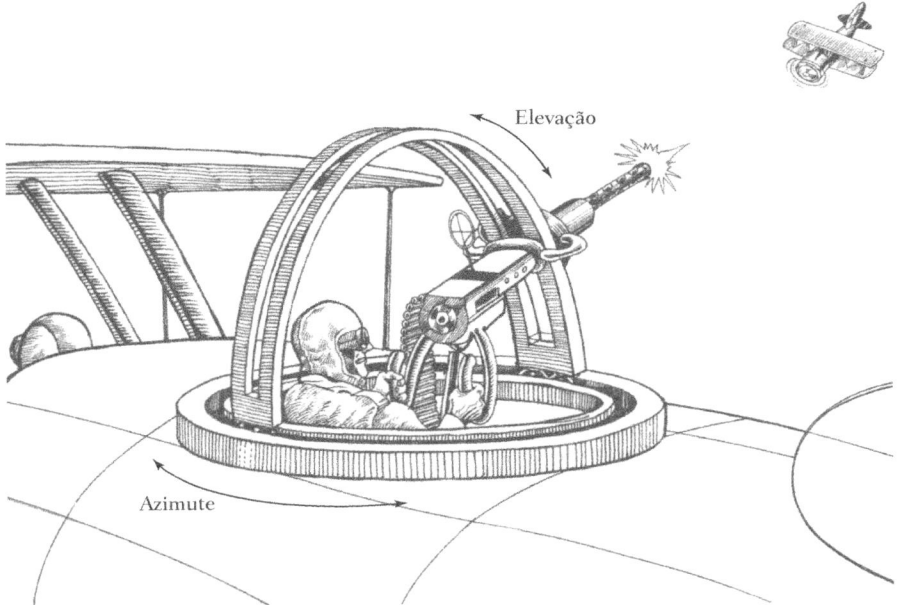

Figura 1.9: Um biplano da Primeira Guerra Mundial com um piloto e um artilheiro de popa. O mecanismo do artilheiro de popa está sujeito ao problema das posições singulares.

cada vez maior com relação ao artilheiro. Logo, o inimigo está passando quase que diretamente sobre o avião do artilheiro. O que é isso? Ele não consegue mais manter a rajada de balas apontada para o avião inimigo; constatou que na passagem deste por cima do seu avião, ele foi obrigado a mudar seu azimute com muita velocidade. O artilheiro não foi capaz de colocar a metralhadora no azimute correto com rapidez suficiente e o avião inimigo escapou!

No último cenário, o piloto inimigo sortudo foi salvo por uma *singularidade*! O mecanismo de orientação da metralhadora, embora funcionasse bem para a maior parte do seu raio de operação, revelou-se menos que o ideal quando esta era apontada diretamente (ou quase) para cima. Para rastrear alvos que passam por essa posição, é necessário um movimento muito rápido em torno do eixo azimutal. Quanto mais próximo o alvo passar desse ponto, mais depressa o artilheiro terá de girar o eixo azimutal para rastreá-lo. Se o alvo passar diretamente sobre a cabeça do artilheiro, ele terá que girar a metralhadora do seu eixo azimutal a velocidade infinita!

O artilheiro deveria reclamar com o designer do mecanismo sobre esse problema? Um mecanismo melhor poderia ser projetado para evitá-lo? Ocorre que não se pode, na realidade, evitar o problema com muita facilidade. Inclusive, qualquer mecanismo de orientação com dois graus de liberdade, que tem exatamente duas juntas rotacionais, não pode evitar esse problema. No caso desse mecanismo, com a rajada de balas dirigida diretamente para cima, sua direção se alinha com o eixo de rotação. Isso significa que, nesse ponto exato, a rotação azimutal não provoca uma mudança de direção na rajada de balas. Sabemos que precisamos de dois graus de liberdade para orientar a rajada de balas, mas nesse ponto, perdemos o uso eficaz de uma das juntas. Nosso mecanismo se tornou **localmente degenerado** naquele ponto e se comporta como se só tivesse um grau de liberdade (a direção de elevação).

Esse tipo de fenômeno é causado pelo que chamamos de **singularidade do mecanismo**. Todos os mecanismos são passíveis dessas dificuldades, inclusive robôs. Da mesma forma que com o mecanismo do artilheiro de retaguarda, essas condições de singularidade não impedem um braço robótico de posicionamentos em qualquer ponto dentro do seu espaço de trabalho. No entanto, elas podem causar problemas com *movimentos* do braço na sua vizinhança.

Os manipuladores nem sempre se movimentam no espaço; às vezes, também se requer que eles toquem uma peça de trabalho ou uma superfície de trabalho e apliquem força estática. Nesse caso, surge um problema: dados uma força de contato e um momento desejados, que conjunto de **torques nas juntas** será necessário para gerá-los? Mais uma vez, a matriz Jacobiana do manipulador surge, naturalmente, na solução desse problema.

> Dinâmica

A **dinâmica** é um campo enorme dedicado ao estudo das forças necessárias para causar o movimento. A fim de acelerar um manipulador desde o repouso, manter o efetuador em velocidade constante e, por fim, desacelerar até o repouso, um conjunto complexo de funções de torque deve ser aplicado aos atuadores das juntas.[*] A forma exata das funções de torque do atuador necessárias depende dos atributos espaciais e temporais do percurso tomado pelo efetuador e das propriedades de massa dos elos e da carga, do atrito das juntas e assim por diante. Um dos métodos de controlar um manipulador para que siga um percurso desejado implica o cálculo dessas funções de torque do atuador usando as equações dinâmicas de movimento do manipulador.

---

[*] Usamos *atuadores de juntas* como termo genérico para dispositivos que acionam um manipulador – por exemplo, motores elétricos, atuadores hidráulicos e pneumáticos, e músculos.

Muitos de nós já experimentamos erguer um objeto que é na verdade muito mais leve do que esperávamos (por exemplo, pegar um recipiente com leite, na geladeira, que pensávamos estar cheio, mas que estava quase vazio). Tal erro de julgamento de uma carga pode provocar um movimento de levantamento incomum. Esse tipo de observação indica que o sistema de controle humano é mais sofisticado do que um esquema puramente cinemático. Sendo mais exatos: nosso sistema de controle de manipulação utiliza o conhecimento da massa e de outros efeitos dinâmicos. Da mesma forma, os algoritmos que construirmos para controlar os movimentos de um robô manipulador devem levar a dinâmica em consideração.

Uma segunda utilização das equações dinâmicas de movimento está na **simulação**. Reformulando as equações dinâmicas para que a aceleração seja computada como uma função do torque do atuador é possível simular como um manipulador se movimentaria sob a aplicação de um conjunto de torques do atuador. (Veja a Figura 1.10.) À medida que o custo da potência de computação torna-se cada vez mais compensador, o uso de simulações vem sendo cada vez mais frequente e mais importante em muitos campos.

No Capítulo 6 desenvolvemos equações dinâmicas de movimento, que podem ser usadas para controlar ou simular o movimento dos manipuladores.

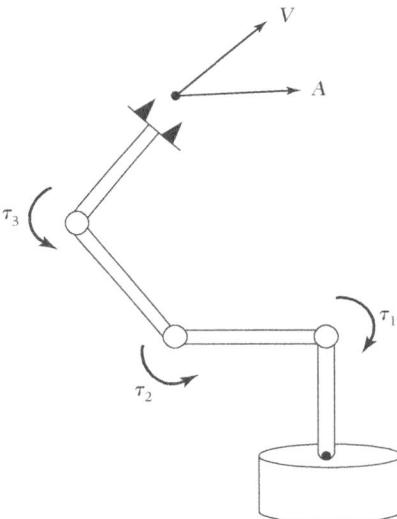

Figura 1.10: A relação entre os torques aplicados pelos atuadores e o movimento resultante do manipulador estão incorporados nas equações dinâmicas de movimento.

> Geração de trajetórias

Uma maneira comum de fazer com que um manipulador se movimente daqui até ali de maneira suave e controlada é levar cada junta a mover-se conforme especificado por uma função suave de tempo. Em geral, cada junta começa e termina seu movimento ao mesmo tempo, de forma que o movimento do manipulador parece coordenado. Como computar essas funções de movimento é exatamente o problema de **geração de trajetória**. (Veja a Figura 1.11.)

Com frequência, um percurso é descrito não somente pelo destino desejado, mas também por alguns locais intermediários ou **pontos de passagem** (em inglês, *via points*)[*], pelos quais o

---

[*] Nota do R.T.: O termo "pontos-via" é muito pouco usado em português, sendo mais comum o uso dos termos "pontos de passagem" ou "pontos intermediários".

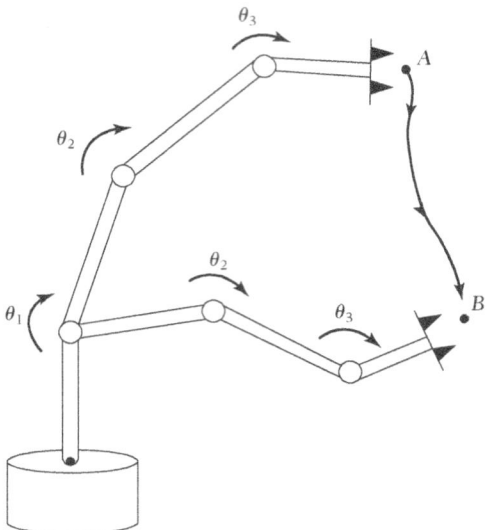

Figura 1.11: Para movimentar o efetuador pelo espaço, do ponto A ao ponto B, temos de computar a trajetória que cada junta deverá seguir.

manipulador deve passar a caminho do destino. Em tais instâncias, o termo *spline* é às vezes usado como referência a uma função suave que percorre um conjunto de pontos de passagem.

A fim de forçar o efetuador a seguir uma linha reta (ou outra forma geométrica) pelo espaço, o movimento desejado deve ser convertido em um conjunto equivalente de movimentos de juntas. Essa **geração de trajetória cartesiana** será, também, abordada no Capítulo 7.

> Projeto e sensores do manipulador

Embora os manipuladores sejam, em teoria, dispositivos universais aplicáveis a muitas situações, a economia costuma ditar que o domínio da tarefa pretendida quase sempre influencia o projeto mecânico do manipulador. Junto com questões como tamanho, velocidade e capacidade de carga, o projetista deve também considerar o número de juntas e seu arranjo geométrico. Essas considerações afetam o tamanho e a qualidade do espaço de trabalho do manipulador, a rigidez da sua estrutura e outros atributos.

Quanto mais juntas um braço robótico contiver, mais destro e capaz ele será. É claro que ele também será mais difícil de construir e mais caro. A construção de um robô útil pode ter duas abordagens: construir um **robô especializado** para uma tarefa específica, ou construir um **robô universal** que seria capaz de realizar uma ampla variedade de tarefas. No caso do robô especializado, a reflexão cuidadosa chegará a uma solução para o número de juntas necessárias. Por exemplo, um robô especializado projetado com o único fim de colocar componentes eletrônicos numa placa de circuitos (plana), não precisa de mais que quatro juntas. Três juntas permitiriam que a posição da mão atinja qualquer ponto do espaço tridimensional e uma quarta junta permitiria que a mão girasse o componente transportado, em torno de um eixo vertical. No caso de um robô universal, é interessante notar que as propriedades fundamentais do mundo físico em que vivemos dita o número mínimo "correto" de juntas – esse número mínimo é seis.

Fazem parte do projeto do manipulador questões que envolvem a escolha e a localização dos atuadores, sistemas de transmissão e sensores de posição interna (e, às vezes, de força). (Veja a Figura 1.12.) Esses e outros aspectos do projeto serão discutidos no Capítulo 8.

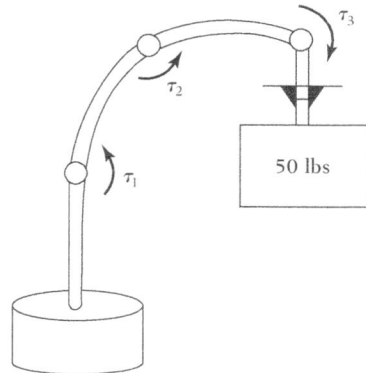

Figura 1.12: O projeto de um manipulador mecânico deve tratar das questões de escolha do atuador, localização, sistema de transmissão, rigidez estrutural, localização de sensores e mais.

> Controle de posição linear

Alguns manipuladores são equipados com motores de passo ou outros atuadores que podem executar diretamente uma trajetória desejada. No entanto, a vasta maioria dos manipuladores é acionada por atuadores que fornecem uma força ou um torque para provocar o movimento dos elos. Nesse caso, um algoritmo é necessário para computar os torques que provocarão o movimento desejado. O problema da dinâmica é fundamental para o projeto desses algoritmos, mas não constitui, em si, uma solução. Uma das preocupações primárias de um **sistema de controle de posição** é a compensação automática de erros no conhecimento dos parâmetros de um sistema e a supressão de distúrbios que tendem a desviar o sistema da trajetória desejada. Com esse intuito, **sensores** de posição e velocidade são monitorados pelo **algoritmo de controle** que computa comandos de torque para os atuadores. (Veja a Figura 1.13.) No Capítulo 9 abordaremos algoritmos de controle cuja síntese baseia-se em aproximações lineares da dinâmica de um manipulador. Esses métodos lineares são predominantes nas atuais práticas industriais.

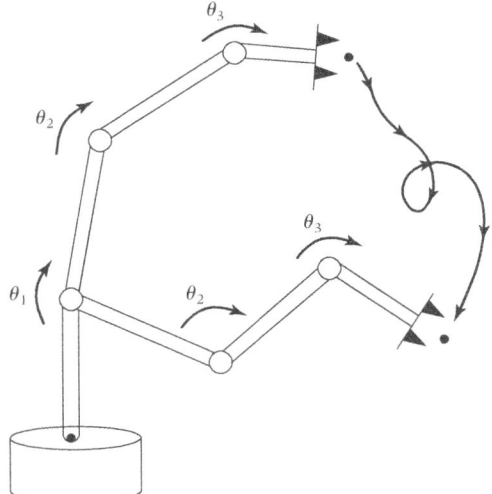

Figura 1.13: Para fazer o manipulador seguir a trajetória desejada, um sistema de controle de posição deve ser implementado. Tal sistema usa informação adquirida pelos sensores das juntas para manter o manipulador no curso certo.

> Controle de posição não linear

Embora os sistemas de controle baseados em modelos lineares aproximados sejam muito populares nos robôs industriais da atualidade, é importante considerar a dinâmica não linear completa do manipulador ao sintetizar os algoritmos de controle. Estão sendo lançados, agora, alguns robôs industriais que usam algoritmos de **controle não linear** em seus controladores. Essas técnicas não lineares de controle de um manipulador prometem um desempenho melhor do que os esquemas lineares mais simples. No Capítulo 10 apresentaremos os sistemas de controle não linear para manipuladores mecânicos.

> Controle de força

A capacidade de um manipulador de controlar as forças de contato ao tocar peças, ferramentas ou superfícies de trabalho é de grande importância na aplicação dos manipuladores em muitas tarefas do mundo real. O **controle de força** é complementar ao controle de posição pelo fato de pensarmos em geral apenas em um ou em outro como aplicável em determinada situação. Quando um manipulador está se movimentando no espaço livre, somente o controle de posição faz sentido, porque não há superfície contra a qual reagir. Quando o manipulador está tocando uma superfície rígida, no entanto, os esquemas de controle de posição podem fazer com que a força excessiva se acumule no contato, ou que o contato com a superfície se perca quando seria desejável para alguma aplicação. Os manipuladores são poucas vezes restritos pelas superfícies de reação em todas as direções simultaneamente, de forma que um controle misto ou **híbrido** é necessário, com algumas direções controladas por uma **lei de controle de posição** e as demais por uma **lei de controle de força**. (Veja a Figura 1.14.) O Capítulo 11 apresenta uma metodologia para a implementação desse esquema de controle de força.

Um robô deve ser instruído a lavar uma janela, mantendo certa força na direção perpendicular ao plano do vidro e, ao mesmo tempo, seguindo uma trajetória de movimento em direções tangenciais a ele. Essas especificações de controle divididas ou **híbridas** são naturais nesse tipo de tarefa.

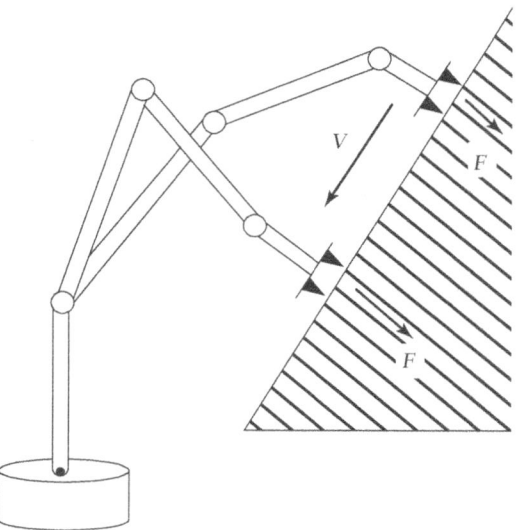

Figura 1.14: Para que um manipulador deslize sobre uma superfície aplicando força constante, um sistema híbrido de controle de posição e força deve ser usado.

> **Programação de robôs**

Uma **linguagem de programação de robôs** funciona como a interface entre o usuário humano e o robô industrial. Surgem questões centrais: como os movimentos pelo espaço são descritos com facilidade pelo programador? Como múltiplos manipuladores são programados para que possam trabalhar em paralelo? Como as ações baseadas em sensores são descritas em uma linguagem?

Os manipuladores robóticos diferenciam-se da **automação fixa** por serem "flexíveis", o que significa programáveis. Não só os movimentos dos manipuladores são programáveis, como também, pelo uso de sensores e pela comunicação com outras automações da fábrica, podem *adaptar-se* a variações à medida que a tarefa se desenrola. (Veja a Figura 1.15.)

Nos sistemas robóticos típicos existe uma taquigrafia para que um usuário humano instrua o robô quanto ao percurso que deve seguir. Antes de tudo, um ponto especial na mão (ou talvez em uma ferramenta anexada) é especificado pelo usuário como o **ponto operacional**, às vezes chamado de **TCP** (do inglês, *tool center point*). Os movimentos do robô serão descritos pelo usuário em termos dos locais desejados para o ponto operacional, com relação a um sistema de coordenadas especificado. Em geral, o usuário definirá esse sistema de coordenadas de referência em relação ao sistema de coordenadas da base do robô, em algum local relevante à tarefa.

O mais frequente é que os percursos sejam construídos especificando-se uma sequência de **pontos de passagem**. Estes são especificados com relação ao sistema de coordenadas de referência e denotam locais ao longo do percurso pelos quais o TCP deve passar. Junto com a especificação dos pontos de passagem, o usuário pode, também, indicar que certas velocidades do TCP sejam usadas em vários trechos do percurso. Às vezes, outras modificações podem, ainda, ser especificadas para influenciar o movimento do robô (por exemplo, critérios variados de suavidade etc.). Com base nessas entradas, o algoritmo de geração de trajetória deve planejar todos os detalhes do movimento: perfis de velocidade para as juntas, tempo de duração do movimento e assim por diante. Portanto, a entrada para o problema de geração de trajetória é, em geral, dada pelos construtos na linguagem de programação do robô.

A sofisticação da interface de usuário vem se tornando de extrema importância, à medida que os manipuladores e outras automações programáveis são utilizados em aplicações industriais

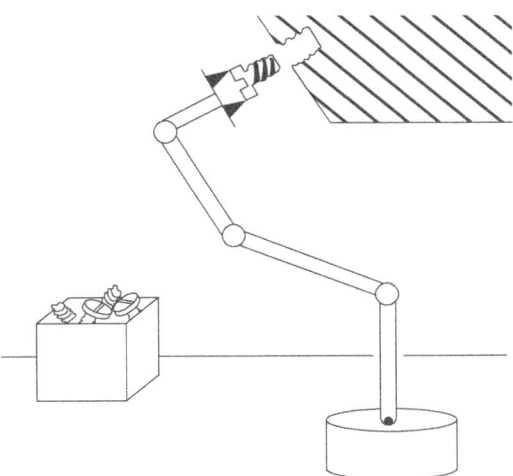

Figura 1.15: Os movimentos desejados do manipulador, as forças de contato desejadas do efetuador e estratégias complexas de manipulação podem ser descritos em uma *linguagem de programação de robôs*.

mais exigentes. O problema da programação de manipuladores abrange todos os aspectos da programação "tradicional" de computadores e, portanto, é em si uma matéria extensa. Além disso, alguns atributos particulares do problema de programação do manipulador fazem surgir questões adicionais. Alguns desses tópicos serão discutidos no Capítulo 12.

> Programação e simulação *off-line*

Um **sistema de programação** *off-line* é um ambiente de programação de robôs que foi estendido o suficiente, em geral por meio de computação gráfica, de forma que o desenvolvimento dos programas para o robô pode ser realizado sem acesso ao robô em si. Um argumento frequente a seu favor é que o sistema de programação *off-line* não provoca a parada do equipamento de produção (ou seja, do robô) quando este precisa ser reprogramado. Dessa forma, as fábricas automatizadas podem permanecer no modo de produção durante uma percentagem maior de tempo. (Veja a Figura 1.16.)

Serve também como um veículo natural para amarrar bases de dados de sistemas de projeto auxiliado por computador (CAD), utilizadas na fase de projeto de um produto, à fabricação de fato desse produto. Em alguns casos, o uso direto dos dados CAD pode reduzir drasticamente o tempo de programação necessário para o processo de fabricação. O Capítulo 13 aborda os elementos dos sistemas de programação *off-line* de robôs industriais.

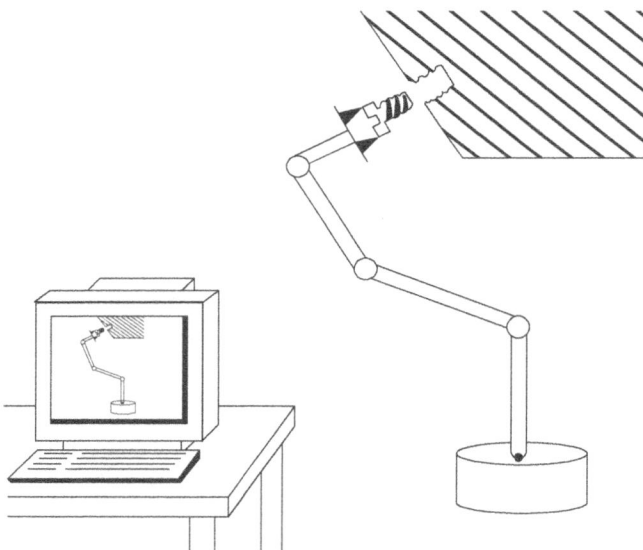

Figura 1.16: Sistemas de programação *off-line*, que em geral contam com uma interface de computação gráfica, permitem que os robôs sejam programados sem acesso ao robô em si durante a programação.

1.3 NOTAÇÃO

A notação é sempre ponto de debate na ciência e na engenharia. Neste livro usamos as seguintes convenções:

1. Em geral, as variáveis escritas em maiúsculas representam vetores ou matrizes. Variáveis em minúsculas são escalares.
2. Subscritos e sobrescritos à frente identificam em que sistema de coordenadas uma quantidade está escrita. Por exemplo, ^{A}P representa um vetor de posição escrito no sistema de

coordenadas $\{A\}$ e ^A_BR é uma matriz de rotação* que especifica a relação entre os sistemas de coordenadas $\{A\}$ e $\{B\}$.
3. Sobrescritos posteriores são usados (como é amplamente aceito) para indicar uma matriz inversa ou transposta (por exemplo, R^{-1}, R^T).
4. Subscritos posteriores não estão sujeitos a qualquer convenção rígida, mas podem indicar um componente vetorial (por exemplo, x, y ou z) ou ser usados como uma descrição – como em $P_{parafuso}$, a posição de um parafuso.
5. Usaremos muitas funções trigonométricas. Nossa notação para o cosseno de um ângulo θ_1 pode ser em qualquer uma das seguintes formas: $\cos\theta_1 = c\theta_1 = c_1$.

Assume-se que os vetores são vetores coluna; portanto, vetores linha terão a transposição indicada explicitamente.

Uma observação quanto à notação dos vetores em geral: muitos textos sobre mecânica tratam as quantidades vetoriais em nível muito abstrato e costumam usar vetores definidos em relação a diferentes sistemas de coordenadas nas expressões. O exemplo mais claro é o da soma de vetores que são dados, ou conhecidos, em relação a sistemas de referência diferentes. Isso é com frequência muito conveniente e leva a fórmulas compactas e um tanto elegantes. Por exemplo, considere a velocidade angular $^0\omega_4$, do último corpo na conexão em série de quatro corpos rígidos (como nos elos de um manipulador), com relação à base fixa dessa cadeia. Como a soma das velocidades angulares é feita vetorialmente, podemos escrever uma equação muito simples para a velocidade angular do último elo:

$$^0\omega_4 = {}^0\omega_1 + {}^1\omega_2 + {}^2\omega_3 + {}^3\omega_4. \tag{1.1}$$

No entanto, a menos que essas quantidades sejam expressas em relação a um sistema comum de coordenadas, elas não podem ser somadas e, portanto, embora elegante, a Equação (1.1) ocultou boa parte do "trabalho" da computação. Para o caso particular do estudo dos manipuladores mecânicos, expressões como a de (1.1) ocultam a tarefa de fazer a contabilidade dos sistemas de coordenadas – o que, com frequência, é exatamente a ideia com a qual temos de lidar na prática.

Portanto, neste livro, incluímos a informação do sistema de referência na notação dos vetores e não somamos vetores a menos que estejam no mesmo sistema de coordenadas. Dessa maneira, derivamos expressões que resolvem o problema de "contabilizar" e que podem ser aplicadas diretamente na computação numérica de fato.

BIBLIOGRAFIA

[1] ROTH, B. "Principles of Automation". Future Directions in Manufacturing Technology, Baseado no simpósio da Divisão de Engenharia e Pesquisa da Unilever realizado em Port Sunlight, em abril de 1983, publicado pela Unilever Research, Reino Unido.
[2] BROOKS, R. *Flesh and Machines*. Nova York: Pantheon Books, 2002.
[3] FEDERAÇÃO INTERNACIONAL DE ROBÓTICA, E NAÇÕES UNIDAS. "World Robotics 2001," Estatísticas, Análises de Mercado, Previsões, Estudos de Casos e Rentabilidade do Investimento em Robótica. Nova York e Genebra: Nações Unidas, 2001.

---

* Este termo será introduzido no Capítulo 2.

Livros de referência

[4] PAUL, R. *Robot Manipulators*. Cambridge, Massachusetts: MIT Press, 1981.
[5] BRADY, M. et al. *Robot Motion*. Cambridge, Massachusetts: MIT Press, 1983.
[6] SYNDER, W. *Industrial Robots: Computer Interfacing and Control*. Cliffs, Nova Jersey: Prentice--Hall, Englewood, 1985.
[7] KOREN, Y. *Robotics for Engineers*. Nova York: McGraw-Hill, 1985.
[8] ASADA, H. e SLOTINE, J. J. *Robot Analysis and Control*. Nova York: Wiley, 1986.
[9] FU, K., Gonzalez, R. e LEE, C. S. G. *Robotics: Control, Sensing, Vision, and Intelligence*. Nova York: McGraw-Hill, 1987.
[10] RIVEN, E. *Mechanical Design of Robots*. Nova York: McGraw-Hill, 1988.
[11] LATOMBE, J. C. *Robot Motion Planning*. Boston: Kluwer Academic, 1991.
[12] SPONG, M. *Robot Control: Dynamics, Motion Planning, and Analysis*. Nova York: IEEE Press, 1992.
[13] NOF, S. Y. *Handbook of Industrial Robotics*. 2. ed. Nova York: Wiley, 1999.
[14] TSAI, L. W. *Robot Analysis: The Mechanics of Serial and Parallel Manipulators*. Nova York: Wiley, 1999.
[15] SCIAVICCO, L. e SICILIANO, B. *Modelling and Control of Robot Manipulators*. 2. ed. Londres: Springer-Verlag, 2000.
[16] SCHMIERER, G. e SCHRAFT, R. *Service Robots*. Natick, Massachusetts: A.K. Peters, 2000.

Jornais e revistas de referência geral

[17] *Robotics World*.
[18] *IEEE Transactions on Robotics and Automation*.
[19] *International Journal of Robotics Research (MIT Press)*.
[20] *ASME Journal of Dynamic Systems, Measurement, and Control*.
[21] *International Journal of Robotics & Automation (IASTED)*.

EXERCÍCIOS

1.1 [20] Faça a cronologia dos principais eventos no desenvolvimento de robôs industriais nos últimos 40 anos. Consulte a bibliografia e as referências gerais.

1.2 [20] Faça um gráfico mostrando as principais aplicações dos robôs industriais (por exemplo, solda ponto, montagem etc.) e a percentagem de robôs instalados em uso em cada área de aplicação. Baseie seu gráfico nos dados mais recentes que puder encontrar. Consulte a bibliografia e as referências gerais.

1.3 [40] A Figura 1.3 mostra como o custo dos robôs industriais declinou com o passar dos anos. Encontre dados sobre o custo da mão de obra humana em vários setores (por exemplo, na indústria automobilística, na de montagem de eletrônicos, na agricultura etc.) e crie um gráfico mostrando como esses custos comparam-se ao uso da robótica. Você deverá ver que a curva do custo dos robôs cruza as várias curvas do custo humano nos diferentes setores, em momentos diferentes. Com base nisso, deduza as datas aproximadas nas quais os robôs passaram a ter um custo compensador para uso nesses vários setores.

1.4 [10] Em uma ou duas frases, defina cinemática, espaço de trabalho e trajetória.

1.5 [10] Em uma ou duas frases, defina sistema de referência, grau de liberdade e controle de posição.

1.6 [10] Em uma ou duas frases, defina controle de força e linguagem de programação de robôs.

1.7 [10] Em uma ou duas frases, defina controle não linear e programação *off-line*.

1.8 [20] Faça um gráfico mostrando como os custos de mão de obra aumentaram nos últimos 20 anos.

1.9 [20] Faça um gráfico mostrando como a relação desempenho-preço dos computadores aumentou nos últimos 20 anos.

1.10 [20] Faça um gráfico mostrando os maiores usuários de robôs industriais (por exemplo, aeroespacial, automotivo etc.) e a percentagem de robôs industriais instalados em cada setor. Baseie o gráfico nos dados mais recentes que puder encontrar. (Veja a seção de referências.)

EXERCÍCIO DE PROGRAMAÇÃO (PARTE 1)

Familiarize-se com o computador que usará para fazer os exercícios de programação ao final de cada capítulo. Certifique-se de que pode criar e editar arquivos, bem como compilar e executar programas.

EXERCÍCIOS PARA O MATLAB 1

Ao final da maioria dos capítulos neste livro, é dado um exercício em MATLAB. Em geral, esses exercícios pedem que o aluno programe a matemática robótica pertinente em MATLAB e depois verifique os resultados do Robotics Toolbox para o MATLAB. O livro presume que o aluno possua experiência com o MATLAB e com álgebra linear (teoria das matrizes). Além disso, o aluno deve conhecer o Robotics Toolbox para o MATLAB. Para o Exercício para o MATLAB 1,

a) Familiarize-se com o ambiente de programação MATLAB, se necessário. No prompt do software, experimente digitar *demo* e *help*. Usando o editor MATLAB com código de cores, aprenda a criar, editar, salvar, executar e depurar arquivos m (arquivos ASCII com séries de comandos MATLAB). Aprenda como criar arranjos (matrizes e vetores) e explorar as funções de álgebra linear incorporadas ao MATLAB para a multiplicação de matrizes e vetores, produtos escalares e vetoriais, transposições, determinantes e inversas, além da solução de equações lineares. O MATLAB baseia-se na linguagem C, mas é em geral muito mais fácil de usar. Aprenda como programar estruturas e ciclos lógicos em MATLAB. Descubra como usar subprogramas e funções. Entenda como usar os comentários (%) para explicar os seus programas e abas para facilitar a leitura. Consulte o site <www.mathworks.com> para mais informações e tutoriais. Usuários avançados do MATLAB devem se familiarizar com o Simulink, a interface gráfica do MATLAB e com o Symbolic Toolbox para MATLAB.

b) Familiarize-se com o Robotics Toolbox para MATLAB, uma biblioteca desenvolvida por Peter I. Corke da CSIRO, Pinjarra Hills, Austrália. Pode ser feito o download desse produto sem custo do site <www.cat.csiro.au/cmst/staff/pic/robot>.* O código-fonte é legível e alterável e há uma comunidade internacional de usuários em <robot-toolbox@lists.msa.cmst.csiro.au>. Faça o download do Robotics Toolbox para MATLAB e instale no seu computador usando o arquivo *.zip* e seguindo as instruções. Leia o arquivo *README* e familiarize-se com as várias funções disponíveis para o usuário. Localize o arquivo *robot.pdf* – é o manual do usuário que fornece os fundamentos e informações para o uso detalhado de todas as funções do Toolbox. Não se preocupe se você não conseguir, ainda, entender o propósito dessas funções; elas lidam com conceitos matemáticos de robótica abordados dos capítulos 2 ao 7 deste livro.

---

* Nota do R.T.: O Robotic Toolbox para o MATLAB desenvolvido pelo Prof. Peter Corke pode ser encontrado no endereço <http://petercorke.com/Robotics_Toolbox.html>.

Descrições espaciais e transformações

2.1 INTRODUÇÃO
2.2 DESCRIÇÕES: POSIÇÕES, ORIENTAÇÕES E SISTEMAS DE REFERÊNCIA
2.3 MAPEAMENTOS: ALTERANDO DESCRIÇÕES DE SISTEMAS DE REFERÊNCIAS PARA SISTEMAS DE REFERÊNCIA
2.4 OPERADORES: TRANSLAÇÕES, ROTAÇÕES E TRANSFORMAÇÕES
2.5 RESUMO DAS INTERPRETAÇÕES
2.6 A ARITMÉTICA DA TRANSFORMAÇÃO
2.7 EQUAÇÕES DE TRANSFORMAÇÃO
2.8 MAIS SOBRE A REPRESENTAÇÃO DE ORIENTAÇÃO
2.9 TRANSFORMAÇÃO DE VETORES LIVRES
2.10 CONSIDERAÇÕES COMPUTACIONAIS

2.1 INTRODUÇÃO

A manipulação robótica, por definição, implica que peças e ferramentas serão movimentadas no espaço por algum tipo de mecanismo. Isso, naturalmente, leva à necessidade de representar a posição e a orientação das peças, das ferramentas e do próprio mecanismo. Para definir e manipular quantidades matemáticas que representam posição e orientação, temos de estabelecer sistemas de coordenadas e desenvolver convenções para a representação. Muitas das ideias desenvolvidas aqui no contexto de posição e orientação formarão a base para nossas considerações posteriores sobre velocidades, forças e torques lineares e rotacionais.

Adotamos a filosofia de que em algum lugar existe um **sistema universal de coordenadas** ao qual tudo o que discutimos pode ser referenciado. Descreveremos todas as posições e orientações com relação ao sistema universal de coordenadas ou com relação a outros sistemas de coordenadas cartesianas que são (ou podem ser) definidos com relação ao sistema universal.

2.2 DESCRIÇÕES: POSIÇÕES, ORIENTAÇÕES E SISTEMAS DE REFERÊNCIA

Uma **descrição** é usada para especificar atributos dos vários objetos com os quais um sistema de manipulação lida. Tais objetos são peças, ferramentas e o próprio manipulador. Nesta seção discutimos a descrição das posições, ou orientações, e de uma entidade que contém as duas descrições: o sistema de referência.

> Descrição de uma posição

Uma vez que um sistema de coordenadas esteja estabelecido, podemos localizar qualquer ponto no universo com um **vetor de posição** 3 × 1. Como definiremos com frequência muitos sistemas de coordenadas – além do sistema de coordenadas universal –, os vetores precisam ser atrelados com informações que identifiquem em qual eles estão definidos. Neste livro, os vetores são escritos com um sobrescrito à frente indicando o sistema de coordenadas ao qual fazem referência (a menos que o contexto deixe isso claro) – por exemplo, ^AP. Isso significa que os componentes de ^AP têm valores numéricos que indicam distâncias ao longo dos eixos de $\{A\}$. Cada uma dessas distâncias ao longo de um eixo pode ser pensada como o resultado da projeção do vetor no eixo correspondente.

A Figura 2.1 representa um sistema de coordenadas, $\{A\}$, com três vetores unitários mutuamente ortogonais com setas finais sólidas. Um ponto ^AP é representando como um vetor e pode equivalentemente ser considerado uma posição no espaço ou, apenas, um conjunto ordenado de três números. Os elementos individuais de um vetor são dados com os subscritos x, y e z:

$$^AP = \begin{bmatrix} p_x \\ p_y \\ p_z \end{bmatrix}. \quad (2.1)$$

Em resumo, iremos descrever a posição de um ponto no espaço com um vetor de posição. Outras descrições triplas das posições de pontos, como representações de coordenadas esféricas ou cilíndricas, são discutidas em exercícios ao final do capítulo.

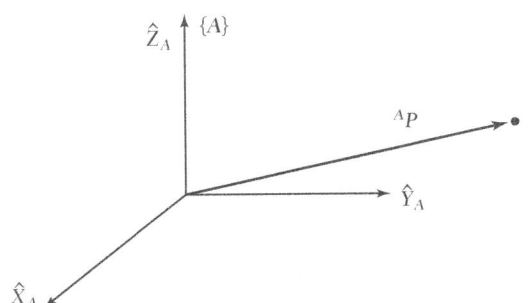

Figura 2.1: Vetor em relação ao sistema de referência (exemplo).

> Descrição de uma orientação

Muitas vezes teremos a necessidade não só de representar um ponto no espaço como, também, de descrever a **orientação** de um corpo no espaço. Por exemplo, se o vetor ^AP na Figura 2.2 localiza o ponto diretamente entre as pontas dos dedos das mãos de um manipulador, a localização completa da mão continua não especificada até que sua orientação também seja dada. Presumindo que o manipulador tenha um número suficiente de juntas,* a mão poderia ser orientada de modo

---

* Quantas são "suficientes" será discutido nos capítulos 3 e 4.

arbitrário, mantendo, ao mesmo tempo, o ponto entre as pontas dos dedos na mesma posição no espaço. A fim de descrever a orientação de um corpo, *fixamos*[*] *um sistema de coordenadas ao corpo e depois o descreveremos com relação ao sistema de referência*. Na Figura 2.2, o sistema de coordenadas {B} foi fixado ao corpo de forma conhecida. Uma descrição de {B} com relação a {A} agora é suficiente para dar a orientação do corpo.

Assim, posições de pontos são descritas com vetores e orientações de corpos são descritas com um sistema de coordenadas fixado ao corpo. Uma maneira de descrever o sistema de coordenadas fixado ao corpo, {B}, é escrever os vetores unitários de seus três eixos principais[**] em termos do sistema de coordenadas {A}.

Denotamos os vetores unitários dando as principais direções do sistema de coordenadas {B} como $\hat{X}_B$, $\hat{Y}_B$ e $\hat{Z}_B$. Quando escritos em termos do sistema de coordenadas {A} eles são chamados $^A\hat{X}_B$, $^A\hat{Y}_B$ e $^A\hat{Z}_B$. Será conveniente empilharmos juntos esses três vetores unitários como as colunas de uma matriz 3 × 3, na ordem $^A\hat{X}_B$, $^A\hat{Y}_B$, $^A\hat{Z}_B$. Nós a chamaremos **matriz rotacional** e, como essa matriz rotacional em particular descreve {B} em relação a {A}, vamos nomeá-la com a notação $^A_B R$ (a escolha de subscritos e sobrescritos à frente na definição das matrizes rotacionais ficará clara nas próximas seções):

$$^A_B R = \begin{bmatrix} ^A\hat{X}_B & ^A\hat{Y}_B & ^A\hat{Z}_B \end{bmatrix} = \begin{bmatrix} r_{11} & r_{12} & r_{13} \\ r_{21} & r_{22} & r_{23} \\ r_{31} & r_{32} & r_{33} \end{bmatrix}. \tag{2.2}$$

Em resumo, um conjunto de três vetores pode ser usado para especificar uma orientação. Por conveniência, construiremos uma matriz 3 × 3 que tem esses três vetores como suas colunas. Em consequência, enquanto a posição de um ponto é representada por um vetor, a orientação de um corpo é representada por uma matriz. Na Seção 2.8 consideraremos algumas outras descrições de orientação que requerem apenas três parâmetros.

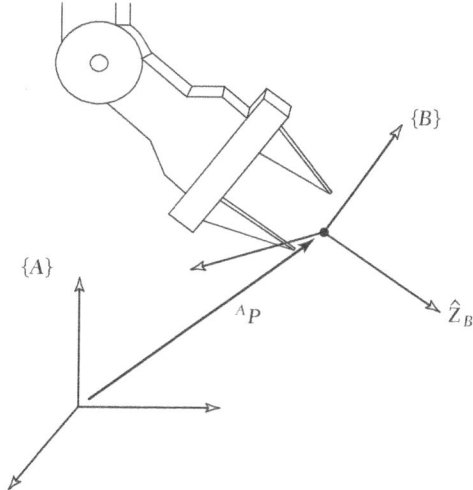

Figura 2.2: Localizando a posição e a orientação de um objeto.

---

[*] Nota do R.T.: O termo em inglês *to attach* é traduzido em textos em português de diversas maneiras, como atrelar, fixar, afixar, anexar ou ligar. Todos têm o mesmo sentido, de fixar o sistema de referência ao corpo que se deseja descrever.

[**] É com frequência conveniente usar três, embora quaisquer dois fossem suficientes. (O terceiro sempre pode ser recuperado tomando-se o produto vetorial dos dois dados.)

Podemos dar expressões para os valores escalares r_{ij} em (2.2) notando que os componentes de qualquer vetor nada mais são que as projeções desse vetor nas direções unitárias do seu sistema de referência. Assim, cada componente de $_B^A R$ em (2.2) pode ser escrito como o produto escalar de um par de vetores unitários:

$$_B^A R = \begin{bmatrix} ^A\hat{X}_B & ^A\hat{Y}_B & ^A\hat{Z}_B \end{bmatrix} = \begin{bmatrix} \hat{X}_B \cdot \hat{X}_A & \hat{Y}_B \cdot \hat{X}_A & \hat{Z}_B \cdot \hat{X}_A \\ \hat{X}_B \cdot \hat{Y}_A & \hat{Y}_B \cdot \hat{Y}_A & \hat{Z}_B \cdot \hat{Y}_A \\ \hat{X}_B \cdot \hat{Z}_A & \hat{Y}_B \cdot \hat{Z}_A & \hat{Z}_B \cdot \hat{Z}_A \end{bmatrix}. \quad (2.3)$$

Por concisão, omitimos os sobrescritos à frente na matriz à extrema direita de (2.3). De fato, a escolha do sistema de refrrência no qual descrever os vetores unitários é arbitrária, desde que seja o mesmo para cada par que está sendo multiplicado. O produto escalar de dois vetores unitários gera o cosseno do ângulo entre eles, ficando claro assim por que os componentes das matrizes rotacionais são com frequência chamados de **cossenos direcionais**.

Uma inspeção ulterior de (2.3) mostra que as linhas da matriz são os vetores unitários de {A} expressos em {B}; ou seja,

$$_B^A R = \begin{bmatrix} ^A\hat{X}_B & ^A\hat{Y}_B & ^A\hat{Z}_B \end{bmatrix} = \begin{bmatrix} ^B\hat{X}_A^T \\ ^B\hat{Y}_A^T \\ ^B\hat{Z}_A^T \end{bmatrix}. \quad (2.4)$$

Assim, $_A^B R$, a descrição do sistema de referência {A} em relação a {B}, é dada pela transposição de (2.3), ou seja,

$$_A^B R = {_B^A R}^T . \quad (2.5)$$

Isso sugere que o inverso de uma matriz rotacional é igual à sua transposta, um fato que pode ser facilmente verificado como

$$_B^A R^T {_B^A R} = \begin{bmatrix} ^A\hat{X}_B^T \\ ^A\hat{Y}_B^T \\ ^A\hat{Z}_B^T \end{bmatrix} \begin{bmatrix} ^A\hat{X}_B & ^A\hat{Y}_B & ^A\hat{Z}_B \end{bmatrix} = I_3 , \quad (2.6)$$

onde I_3 é a matriz identidade 3 × 3. Assim,

$$_B^A R = {_A^B R}^{-1} = {_A^B R}^T . \quad (2.7)$$

De fato, com base na álgebra linear [1], sabemos que a inversa de uma matriz com colunas ortonormais é igual à sua transposta. Acabamos de demonstrá-lo geometricamente.

> Descrição de um sistema de referência

A informação necessária para especificar por completo o lugar onde se encontra a mão do manipulador na Figura 2.2 é uma posição e uma orientação. No entanto, o ponto do corpo cuja posição descrevemos pode ser escolhido arbitrariamente. Por *conveniência, o ponto cuja posição descreveremos é escolhido como a origem do sistema de referência fixado ao corpo*. A situação de um par de posição e orientação surge com tal frequência em robótica que definimos uma entidade chamada de **sistema de referência** ou **referencial** que é um conjunto de quatro vetores que fornecem informação de posição e orientação. Por exemplo, na Figura 2.2, um vetor localiza a posição da ponta do dedo e outros três descrevem a sua orientação. De forma equivalente, a descrição de um sistema de referência pode ser pensada como a de um vetor de posição e de uma matriz rotacional. Observe que um sistema de referência é um sistema de coordenadas no qual, além da orientação, damos um vetor de posição que localiza sua origem em relação a algum outro sistema de referência integrante. Por exemplo, o sistema de referência $\{B\}$ é descrito por $^A_B R$ e $^A P_{BORG}$, sendo $^A P_{BORG}$ o vetor que localiza a origem do sistema de referência $\{B\}$:

$$\{B\} = \left\{ ^A_B R, \, ^A P_{BORG} \right\}. \tag{2.8}$$

Na Figura 2.3 há três sistemas de referência que são mostrados juntamente com o sistema universal de coordenadas. Os sistemas de referência $\{A\}$ e $\{B\}$ são conhecidos com relação ao sistema universal de coordenadas e o sistema de referência $\{C\}$ é conhecido com relação ao sistema de referência $\{A\}$.

Na Figura 2.3 introduzimos uma *representação gráfica* dos sistemas de referência, o que é conveniente na visualização. Um sistema de referência é retratado por três setas representando vetores unitários que definem seus eixos principais. Uma seta representando um vetor é desenhada de uma origem a outra. Esse vetor representa a posição da origem na cabeça em termos do sistema de referência na cauda da seta. A direção dessa seta localizadora nos diz, por exemplo, na Figura 2.3, que $\{C\}$ é reconhecido em relação a $\{A\}$, e não vice-versa.

Em resumo, um sistema de referência pode ser usado como descrição de um sistema de coordenadas em relação a outro. Ele abrange duas ideias representando tanto posição quanto orientação e, assim, pode ser pensado como uma generalização das duas. Posições podem ser representadas por um sistema de referência cuja parte de matriz rotacional é a matriz identidade e cuja parte de vetor posição localiza o ponto que está sendo descrito. Da mesma forma, uma orientação pode ser representada por um sistema de referência cuja parte de vetor posição é o vetor zero.

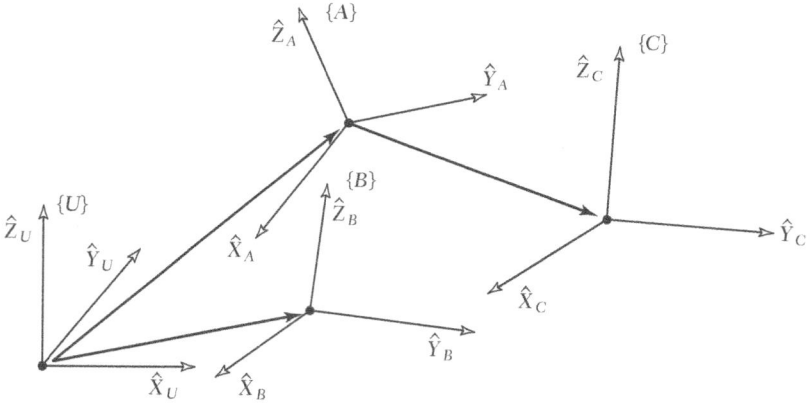

Figura 2.3: Vários exemplos de sistemas de referência.

2.3 MAPEAMENTOS: ALTERANDO DESCRIÇÕES DE SISTEMAS DE REFERÊNCIA PARA SISTEMAS DE REFERÊNCIA

Em muitos dos problemas de robótica, estamos preocupados em expressar a mesma quantidade em termos de vários sistemas de coordenadas de referência. Na seção anterior introduzimos descrições de posições, orientações e sistemas de referência; agora vamos considerar a matemática de mapeamento, a fim de alterar as descrições de sistemas de referência para sistemas de referência.

> Mapeamentos que envolvem sistemas de referência transladados

Na Figura 2.4 temos uma posição definida pelo vetor ^BP. Queremos expressar esse ponto no espaço em termos do sistema de referência $\{A\}$ quando $\{A\}$ tem a mesma orientação que $\{B\}$. Neste caso, $\{B\}$ difere de $\{A\}$ apenas por uma *translação*, que é dada por $^AP_{BORG}$, um vetor que localiza a origem de $\{B\}$ em relação a $\{A\}$.

Como os dois vetores são definidos em relação ao sistema de referências com a mesma orientação, calculamos a descrição do ponto P em relação a $\{A\}$, ^AP, por adição vetorial:

$$^AP = {}^BP + {}^AP_{BORG} . \tag{2.9}$$

Observe que somente no caso especial de orientações equivalentes podemos adicionar vetores que são definidos em termos de sistemas de referência diferentes.

Neste exemplo simples ilustramos o **mapeamento** de um vetor de um sistema de referência para outro. Essa ideia de mapear ou alterar a descrição de um sistema de referência para outro é um conceito da maior importância. A quantidade em si (que aqui é um ponto no espaço) não muda. Isso está ilustrado na Figura 2.4, na qual o ponto descrito por ^BP não é transladado, mas permanece o mesmo e, em vez disso, computamos uma nova descrição do mesmo ponto, mas agora com relação ao sistema $\{A\}$.

Dizemos que o vetor $^AP_{BORG}$ define esse mapeamento porque todas as informações necessárias para realizar a mudança de descrição estão contidas nesse vetor (junto com o conhecimento de que os sistemas de referência têm orientação equivalente).

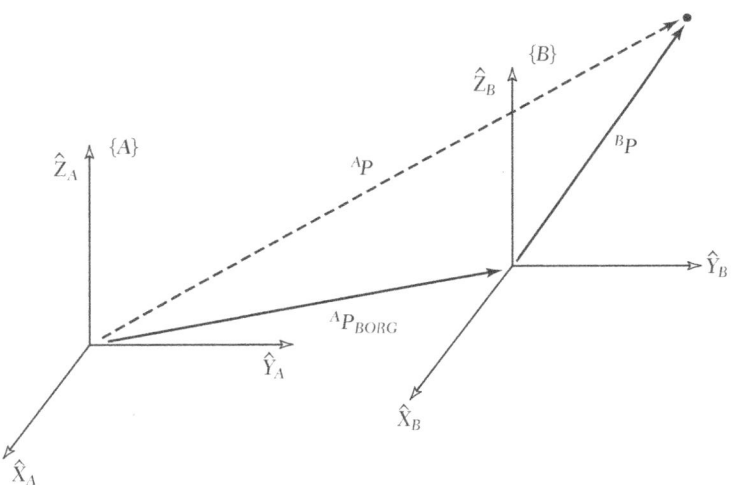

Figura 2.4: Mapeamento translacional.

> Mapeamentos envolvendo sistemas de referência rotacionados

A Seção 2.2 introduziu a noção de descrever uma orientação por três vetores unitários denotando os principais eixos de um sistema de coordenadas fixados ao corpo. Por conveniência, empilhamos juntos esses três vetores unitários como as colunas de uma matriz 3 × 3, a que chamaremos de matriz rotacional, e, se essa matriz rotacional em particular descreve $\{B\}$ com relação a $\{A\}$, nós a identificamos com a notação $^A_B R$.

Observe que, pela nossa definição, todas as colunas de uma matriz rotacional têm magnitude unitária e, além disso, que esses vetores unitários são ortogonais. Como já dissemos, a consequência disso é que

$$^A_B R = {^B_A R}^{-1} = {^B_A R}^T . \tag{2.10}$$

Portanto, como as colunas de $^A_B R$ são vetores unitários de $\{B\}$ escritos em $\{A\}$, as *linhas* de $^A_B R$ são os vetores unitários de $\{A\}$, escritos em $\{B\}$.

Assim, uma matriz rotacional pode ser interpretada como um conjunto de três vetores colunas, ou como um conjunto de três vetores linhas, como segue:

$$^A_B R = \begin{bmatrix} ^A\hat{X}_B & ^A\hat{Y}_B & ^A\hat{Z}_B \end{bmatrix} = \begin{bmatrix} ^B\hat{X}_A^T \\ ^B\hat{Y}_A^T \\ ^B\hat{Z}_A^T \end{bmatrix} . \tag{2.11}$$

Como na Figura 2.5, surgirá com frequência uma situação em que conhecemos a definição de um vetor com respeito a um sistema de referência, $\{B\}$, e gostaríamos de saber sua definição com respeito a outro sistema de referência, $\{A\}$, sendo que as origens de ambos coincidem. Essa computação é possível quando uma descrição da orientação de $\{B\}$ é conhecida em relação a $\{A\}$. Essa orientação é dada pela matriz rotacional $^A_B R$, cujas colunas são vetores unitários de $\{B\}$ escritos em $\{A\}$.

A fim de calcular $^A P$, notamos que os componentes de qualquer vetor são, apenas, as projeções deste nas direções unitárias de seu sistema de referência. A projeção é calculada como o produto escalar do vetor. Assim, vemos que os componentes de $^A P$ podem ser calculados como

$$\begin{aligned}
^A p_x &= {^B\hat{X}_A} \cdot {^B P} , \\
^A p_y &= {^B\hat{Y}_A} \cdot {^B P} , \\
^A p_z &= {^B\hat{Z}_A} \cdot {^B P} .
\end{aligned} \tag{2.12}$$

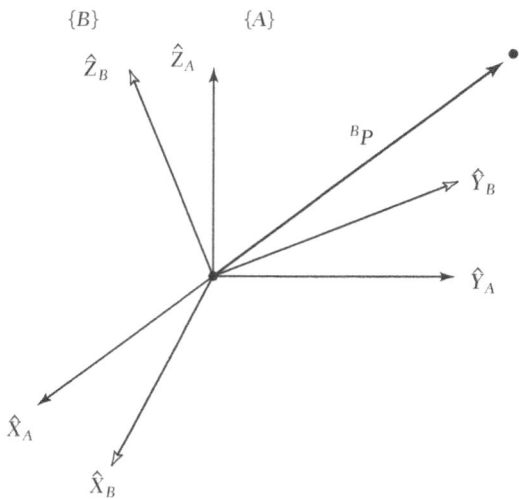

Figura 2.5: Rotação da descrição de um vetor.

A fim de expressar (2.13) em termos de multiplicação de matriz rotacional, notamos por (2.11) que as *linhas* de $^A_B R$ são $^B \hat{X}_A$, $^B \hat{Y}_A$ e $^B \hat{Z}_A$. Portanto, (2.13) pode ser escrita de forma compacta utilizando-se uma matriz rotacional, como

$$^A P = {^A_B R} \, {^B P} \, . \tag{2.13}$$

A Equação 2.13 efetua um mapeamento – isto é, altera a descrição de um vetor – de $^B P$, que descreve um ponto no espaço relativo a $\{B\}$, em $^A P$, que é a descrição do mesmo ponto, mas expressa em relação a $\{A\}$.

Agora vemos que nossa notação é de grande ajuda para registrar os mapeamentos e sistemas de referência. Uma maneira útil de visualizar a notação que apresentamos é imaginar que os subscritos à frente cancelam os sobrescritos à frente da entidade seguinte, por exemplo, os B em (2.13).

EXEMPLO 2.1

A Figura 2.6 mostra um sistema de referência $\{B\}$ que é rotacionado 30 graus em relação ao sistema de referência $\{A\}$ em torno de $\hat{Z}$. Aqui, $\hat{Z}$ está apontando para fora da página.

Escrevendo os vetores unitários de $\{B\}$ em termos de $\{A\}$ e empilhando-os como colunas da matriz rotacional, obtemos

$$^A_B R = \begin{bmatrix} 0{,}866 & -0{,}500 & 0{,}000 \\ 0{,}500 & 0{,}866 & 0{,}000 \\ 0{,}000 & 0{,}000 & 1{,}000 \end{bmatrix} . \tag{2.14}$$

Dado

$$^B P = \begin{bmatrix} 0{,}0 \\ 2{,}0 \\ 0{,}0 \end{bmatrix} . \tag{2.15}$$

calculamos $^A P$ como

$$^A P = {^A_B R} \, {^B P} = \begin{bmatrix} -1{,}000 \\ 1{,}732 \\ 0{,}000 \end{bmatrix} . \tag{2.16}$$

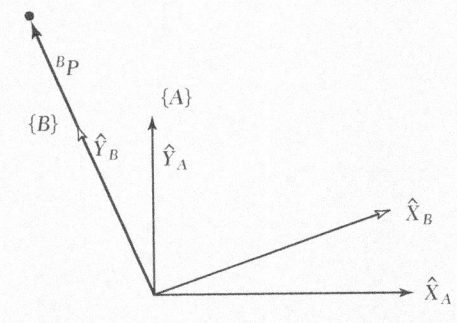

Figura 2.6: $\{B\}$ rotacionado 30 graus em torno de $\hat{Z}$.

> Aqui, $_B^A R$ funciona como um mapeamento que é usado para descrever $^B P$ em relação ao sistema de referência $\{A\}$, $^A P$. Como foi apresentado no caso das translações, é importante lembrar que, visto como um mapeamento, o vetor original P não se altera no espaço. Mais propriamente, computamos uma nova descrição do vetor em relação a outro sistema de referência.

Mapeamentos que envolvem sistemas de referência genéricos

É frequente conhecermos a descrição de um vetor com relação a um sistema de referência $\{B\}$ e desejarmos saber sua descrição com relação a outro sistema de referência, $\{A\}$. Consideraremos, agora, o caso genérico de um mapeamento. Aqui, a origem do sistema de referência $\{B\}$ não coincide com a do sistema de referência $\{A\}$, mas tem um deslocamento vetorial genérico. O vetor que localiza a origem de $\{B\}$ é chamado de $^A P_{BORG}$. Além disso, $\{B\}$ é rotacionado com relação a $\{A\}$ conforme descrito por $_B^A R$. Dado $^B P$, queremos computar $^A P$, conforme a Figura 2.7.

Podemos, primeiro, alterar $^B P$ para sua descrição em relação a um sistema de referência intermediário que tem a mesma orientação que $\{A\}$, mas cuja origem coincide com a de $\{B\}$. Isso é feito multiplicando primeiro por $_B^A R$, como na seção anterior. Depois, tratamos da translação entre origens com uma soma vetorial simples, como antes, e obtemos

$$^A P = {_B^A R}\, ^B P + {^A P_{BORG}} \,. \tag{2.17}$$

A Equação 2.17 descreve um mapeamento de transformação geral de um vetor, de sua descrição em um sistema de referência, para uma descrição em um segundo sistema de referência. Observe a seguinte interpretação de nossa notação, conforme exemplificado em (2.17): os Bs se cancelam, deixando todas as quantidades como vetores escritos em termos de A, que podem, então, ser somadas.

A forma de (2.17) não é tão atraente quanto a conceitual

$$^A P = {_B^A T}\, ^B P \,. \tag{2.18}$$

Isto é, gostaríamos de pensar no mapeamento de um sistema de referência para outro como um operador em forma de matriz. Isso ajuda a escrever equações complexas e é conceitualmente

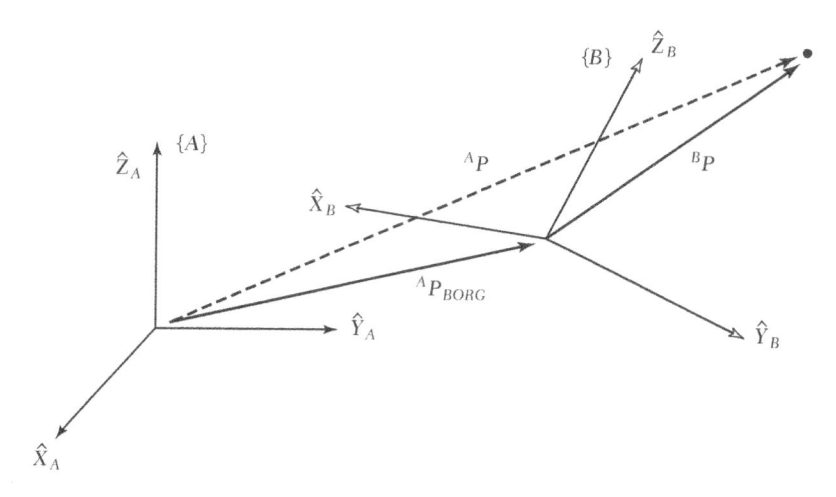

Figura 2.7: Transformação genérica de um vetor.

mais claro do que (2.17). A fim de podermos escrever a matemática dada em (2.17) na forma de operador matricial sugerida por (2.18), definimos um operador matricial 4 × 4 e usamos vetores posição 4 × 1, de forma que (2.18) tenha a estrutura

$$\begin{bmatrix} {}^{A}P \\ 1 \end{bmatrix} = \begin{bmatrix} {}^{A}_{B}R & {}^{A}P_{BORG} \\ \hline 0\ 0\ 0 & 1 \end{bmatrix} \begin{bmatrix} {}^{B}P \\ 1 \end{bmatrix}. \tag{2.19}$$

Em outras palavras:

1. um "1" é acrescentado como o último elemento dos vetores 4 × 1;
2. uma linha "[0 0 0 1]" é acrescentada como a última linha da matriz 4 × 4.

Adotamos a convenção de que um vetor posição é 3 × 1 ou 4 × 1, dependendo de aparecer multiplicado por uma matriz 3 × 3 ou por uma 4 × 4. Vemos, de imediato, que (2.19) executa

$$\begin{aligned} {}^{A}P &= {}^{A}_{B}R\,{}^{B}P + {}^{A}P_{BORG} \\ 1 &= 1\,. \end{aligned} \tag{2.20}$$

A matriz 4 × 4 em (2.19) é chamada de **transformação homogênea**. Para nossos propósitos, ela pode ser considerada uma mera construção para dispor a rotação e a translação da transformação geral na forma de uma única matriz. Em outros campos de estudo, ela pode ser usada para computar perspectivas e operações de escalonamento (quando a última linha é diferente de "[0 0 0 1]" ou a matriz rotacional não é ortonormal). O leitor interessado deve consultar [2].

Com frequência, escreveremos uma equação como (2.18) sem qualquer notação que indique tratar-se de uma representação homogênea porque isso é óbvio, considerando-se o contexto. Observe que, embora as transformações homogêneas sejam úteis para se escrever equações compactas, em geral não seriam usadas por um programa de computador para transformar vetores, por causa do tempo gasto com a multiplicação de uns e zeros. Portanto, essa representação serve, principalmente, para nossa conveniência quando estamos raciocinando e escrevendo equações no papel.

Assim como usamos matrizes rotacionais para especificar uma orientação, usaremos transformações (geralmente em representação homogênea) para especificar um sistema de referência. Observe que embora tenhamos introduzido transformações homogêneas no contexto dos mapeamentos, elas também servem para a descrição de sistemas de referência. A descrição do sistema de referência {B} em relação a {A} é ${}^{A}_{B}T$.

EXEMPLO 2.2

A Figura 2.8 mostra um sistema de referência {B}, que é rotacionado cerca de 30 graus em relação ao sistema de referência {A} em torno do $\hat{Z}$, transladado 10 unidades em $\hat{X}_A$ e transladado 5 unidades em $\hat{Y}_A$. Encontre ${}^{A}P$, sendo ${}^{B}P = [3,0\ 7,0\ 0,0]^T$.

A definição do sistema de referência {B} é

$${}^{A}_{B}T = \begin{bmatrix} 0{,}866 & -0{,}500 & 0{,}000 & 10{,}0 \\ 0{,}500 & 0{,}866 & 0{,}000 & 5{,}0 \\ 0{,}000 & 0{,}000 & 1{,}000 & 0{,}0 \\ 0 & 0 & 0 & 1 \end{bmatrix}. \tag{2.21}$$

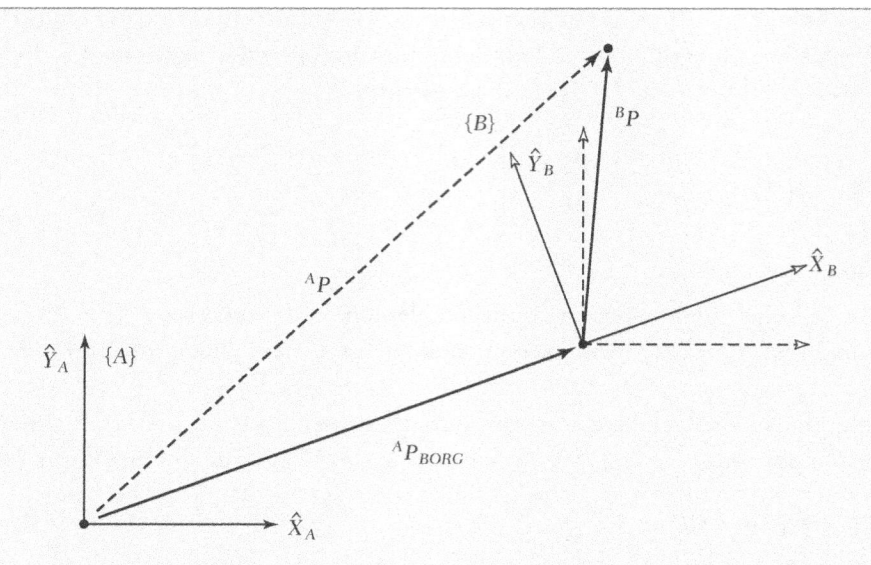

Figura 2.8: Sistema de referência {B} rotacionado e transladado.

Dado

$$^{B}P = \begin{bmatrix} 3,0 \\ 7,0 \\ 0,0 \end{bmatrix}, \qquad (2.22)$$

usamos a definição de {B} que acabamos de dar como uma transformação:

$$^{A}P = {}^{A}_{B}T\,{}^{B}P = \begin{bmatrix} 9,098 \\ 12,562 \\ 0,000 \end{bmatrix}. \qquad (2.23)$$

2.4 OPERADORES: TRANSLAÇÕES, ROTAÇÕES E TRANSFORMAÇÕES

As mesmas formas matemáticas usadas para mapear pontos entre sistemas de referência podem também ser interpretadas como operadores que transladam pontos, rotacionam vetores, ou fazem ambos. Esta seção ilustra tal interpretação da matemática que já desenvolvemos.

Operadores translacionais

Uma translação movimenta um ponto no espaço por uma distância finita ao longo de uma direção vetorial dada. Com essa interpretação de transladar, de fato, o ponto no espaço, basta envolver apenas um sistema de coordenadas. Ocorre que para transladar o ponto no espaço usa-se a mesma matemática do mapeamento do ponto para um segundo sistema de referência. Quase sempre é muito importante entender qual interpretação da matemática está sendo usada. A distinção é simples assim: quando um vetor é movimentado "para frente" em relação ao sistema de referência, podemos considerar tanto que o vetor moveu-se "para frente", em relação ao sistema de referência, quanto que o sistema de referência moveu-se "para trás". A matemática envolvida em ambos os casos é idêntica;

apenas nosso ponto de vista da situação é diferente. A Figura 2.9 ilustra como um vetor $^{A}P_{1}$ é transladado por um vetor ^{A}Q. Aqui, o vetor ^{A}Q fornece a informação necessária para realizar a translação.

O resultado da operação é o novo vetor $^{A}P_{2}$, calculado como

$$^{A}P_{2} = {}^{A}P_{1} + {}^{A}Q. \tag{2.24}$$

Para escrever essa operação de translação como um operador matricial, usamos a notação

$$^{A}P_{2} = D_{Q}(q)\,^{A}P_{1}, \tag{2.25}$$

sendo q a magnitude (com sinal) da translação ao longo da direção vetorial $\hat{Q}$. Podemos pensar no operador D_Q como uma transformação homogênea de uma forma simples especial:

$$D_{Q}(q) = \begin{bmatrix} 1 & 0 & 0 & q_{x} \\ 0 & 1 & 0 & q_{y} \\ 0 & 0 & 1 & q_{z} \\ 0 & 0 & 0 & 1 \end{bmatrix}. \tag{2.26}$$

sendo q_x, q_y, e q_z componentes do vetor translação Q e $q = \sqrt{q_x^2 + q_y^2 + q_z^2}$. As equações (2.9) e (2.24) executam a mesma matemática. Observe que se tivéssemos definido $^{B}P_{BORG}$ (em vez de $^{A}P_{BORG}$) na Figura 2.4 e o tivéssemos usando em (2.9), veríamos uma mudança de sinal entre (2.9) e (2.24). Essa mudança indicaria a diferença entre mover o vetor "para frente" e mover o sistema de coordenadas "para trás". Definindo o local de {B} em relação a {A} (com $^{A}P_{BORG}$), fazemos com que a matemática das duas interpretações seja a mesma. Agora que a notação "D_Q" foi apresentada, podemos também usá-la para descrever sistemas de referência e como um mapeamento.

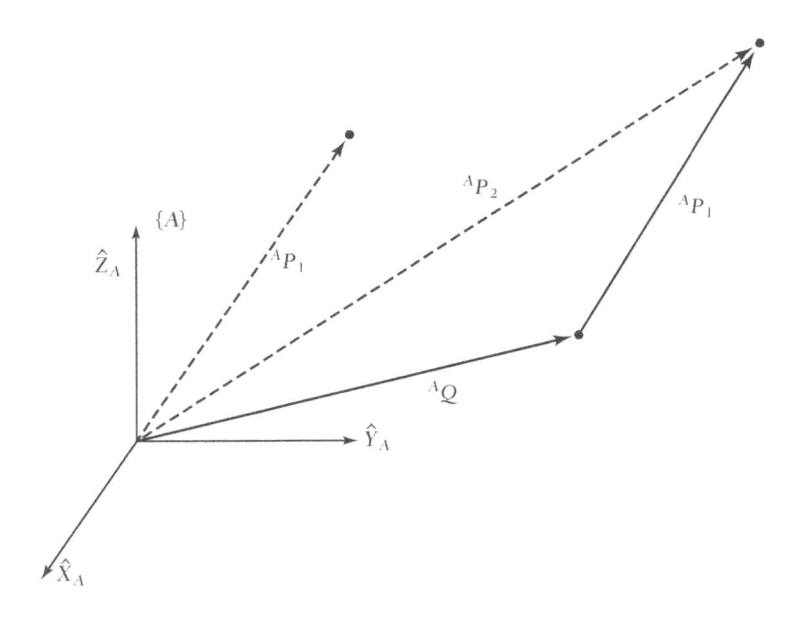

Figura 2.9: Operador translacional.

> Operadores rotacionais

Outra interpretação de uma matriz rotacional é como um *operador rotacional* que opera em um vetor $^{A}P_{1}$ e o muda em um novo vetor, $^{A}P_{2}$, por meio de uma rotação R. Em geral, quando uma matriz rotacional é mostrada como um operador, não aparecem subscritos ou sobrescritos, porque ela não é vista como relacionando dois sistemas de referência. Ou seja, podemos escrever

$$^{A}P_2 = R\,^{A}P_1 \,. \tag{2.27}$$

Aqui também, como no caso das translações, a matemática descrita em (2.13) e em (2.27) é a mesma, apenas a nossa interpretação é diferente. Esse fato também nos permite ver *como obter* matrizes rotacionais que serão usadas como operadores:

A matriz rotacional que rotaciona vetores através de uma rotação, R, é idêntica à matriz rotacional que descreve um sistema de referência rotacionado por R em relação a outro sistema de referência.

Embora uma matriz rotacional seja visualizada com facilidade como operador, também definiremos outra rotação para um operador rotacional que indique, claramente, que eixo está sendo rotacionado:

$$^{A}P_2 = R_K(\theta)\,^{A}P_1 \,. \tag{2.28}$$

Nessa notação, "$R_K(\theta)$" é um operador rotacional que realiza uma rotação em torno do eixo direção $\hat{K}$ em θ graus. Ele pode ser descrito como uma transformação homogênea cuja parte de vetor posição é zero. Por exemplo, a substituição em (2.11) resulta no operador em torno do eixo $\hat{Z}$ por θ como

$$R_z(\Theta) = \begin{bmatrix} \cos\theta & -\sen\theta & 0 & 0 \\ \sen\theta & \cos\theta & 0 & 0 \\ 0 & 0 & 1 & 0 \\ 0 & 0 & 0 & 1 \end{bmatrix}. \tag{2.29}$$

É claro que para rotacionar um vetor posição poderíamos, da mesma forma, usar a parte de matriz rotacional 3 × 3 da transformação homogênea. A notação "R_K", portanto, pode ser entendida como representando uma matriz 3 × 3 ou uma matriz 4 × 4. Mais adiante, neste capítulo, veremos como escrever a matriz rotacional para uma rotação em torno de um eixo geral $\hat{K}$.

EXEMPLO 2.3

A Figura 2.10 mostra um vetor $^{A}P_1$. Queremos computar o vetor obtido rotacionando esse vetor 30 graus em torno de $\hat{Z}$. Chamaremos o novo vetor de $^{A}P_2$.

A matriz rotacional que rotaciona vetores 30 graus em torno de $\hat{Z}$ é igual à que descreve um sistema de referência rotacionado 30 graus em torno de $\hat{Z}$ com relação a outro sistema de referência. Assim, o operador rotacional correto é

$$R_z(30,0) = \begin{bmatrix} 0{,}866 & -0{,}500 & 0{,}000 \\ 0{,}500 & 0{,}866 & 0{,}000 \\ 0{,}000 & 0{,}000 & 1{,}000 \end{bmatrix}. \tag{2.30}$$

Dado

$$^{A}P_1 = \begin{bmatrix} 0{,}0 \\ 2{,}0 \\ 0{,}0 \end{bmatrix}. \tag{2.31}$$

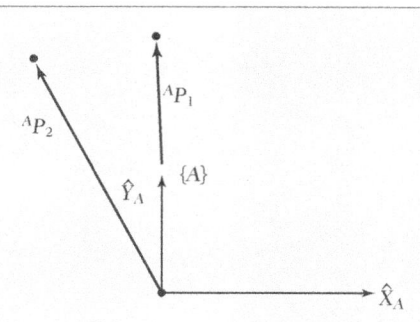

Figura 2.10: O vetor $^{A}P_1$ rotacionado 30 graus em torno de $\hat{Z}$.

calculamos $^{A}P_2$ como

$$^{A}P_2 = R_z(30,0)\,^{A}P_1 = \begin{bmatrix} -1{,}000 \\ 1{,}732 \\ 0{,}000 \end{bmatrix}. \tag{2.32}$$

As equações (2.13) e (2.27) executam a mesma matemática. Observe que se tivéssemos definido $^{B}_{A}R$ (em vez de $^{A}_{B}R$) em (2.13), a inversa de R apareceria em (2.27). Essa mudança indicaria a diferença entre rotacionar o vetor "para frente" em relação a rotacionar o sistema de coordenadas "para trás". Definindo a localização de $\{B\}$ em relação a $\{A\}$ (por $^{A}_{B}R$), fazemos a matemática das duas interpretações ser a mesma.

> Operadores de transformação

Como acontece com os vetores e matrizes rotacionais, um sistema de referência tem outra interpretação como um *operador de transformação*. Nessa interpretação, apenas um sistema de coordenadas é envolvido e, assim, o símbolo T é usado sem subscritos ou sobrescritos. O operador T rotaciona e translada um vetor $^{A}P_1$ para computar um novo vetor,

$$^{A}P_2 = T\,^{A}P_1. \tag{2.33}$$

Mais uma vez, como o caso das rotações, a matemática descrita em (2.18) e em (2.33) é a mesma, apenas a interpretação difere. Tal fato também nos permite ver como obter transformações homogêneas que deverão ser usadas como operadores:

A transformação que rotaciona por R e translada por Q é a mesma transformação que descreve um sistema de referência rotacionado por R e transladado por Q em relação a outro sistema de referência.

Uma transformação é geralmente entendida como estando na forma de uma transformação homogênea com partes gerais de matriz rotacional e vetor posição.

EXEMPLO 2.4

A Figura 2.11 mostra um vetor $^{A}P_1$. Queremos rotacioná-lo 30 graus em torno de $\hat{Z}$ e transladá-lo 10 unidades em $\hat{X}_A$ e 5 unidades em $\hat{Y}_A$. Encontre $^{A}P_2$, sendo $^{A}P_1 = [3{,}0\ 7{,}0\ 0{,}0]^T$.

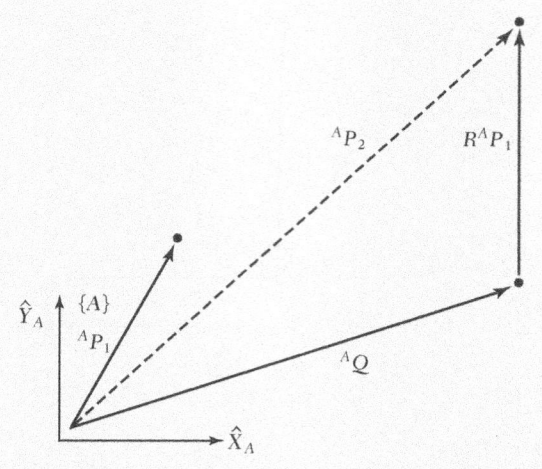

Figura 2.11: O vetor $^AP_1$ rotacionado e transladado para formar $^AP_2$.

O operador T, que realiza a translação e a rotação, é

$$T = \begin{bmatrix} 0{,}866 & -0{,}500 & 0{,}000 & 10{,}0 \\ 0{,}500 & 0{,}866 & 0{,}000 & 5{,}0 \\ 0{,}000 & 0{,}000 & 1{,}000 & 0{,}0 \\ 0 & 0 & 0 & 1 \end{bmatrix}. \tag{2.34}$$

Dado

$$^AP_1 = \begin{bmatrix} 3{,}0 \\ 7{,}0 \\ 0{,}0 \end{bmatrix}, \tag{2.35}$$

usamos T como operador:

$$^AP_2 = T\,^AP_1 = \begin{bmatrix} 9{,}098 \\ 12{,}562 \\ 0{,}000 \end{bmatrix}. \tag{2.36}$$

Observe que esse exemplo é numericamente idêntico ao Exemplo 2.2, mas a interpretação é bastante diferente.

2.5 RESUMO DAS INTERPRETAÇÕES

Apresentamos conceitos, primeiro para o caso no qual somente ocorre uma translação, depois para o caso onde somente ocorre uma rotação e, por fim, para o caso geral da rotação em torno de um ponto e translação desse ponto. Uma vez entendido o caso geral de rotação e translação, não precisaremos considerar em termos explícitos os dois casos mais simples que estão contidos na estrutura geral.

Como ferramenta genérica para representar sistemas de referência, introduzimos a *transformação homogênea*, uma matriz 4×4 contendo informação de orientação e posição.

Introduzimos ainda três interpretações dessa transformação homogênea:

1. Ela é a *descrição de um sistema de referência*. $^{A}_{B}T$ descreve o sistema de referência $\{B\}$ com relação ao sistema de referência $\{A\}$. Especificamente, as colunas de $^{A}_{B}R$ são vetores unitários que definem as direções dos principais eixos de $\{B\}$, e $^{A}P_{BORG}$ localiza a posição da origem de $\{B\}$.
2. É um *mapeamento de transformação*. $^{A}_{B}T$ mapeia $^{B}P \rightarrow {}^{A}P$.
3. É um *operador de transformação*. T opera em $^{A}P_1$ para criar $^{A}P_2$.

Desse ponto, os termos *sistema de referência* e *transformação* serão ambos utilizados como referência de um vetor posição mais uma orientação. *Sistema de referência* é o termo favorecido quando se fala de uma descrição e *transformação* é mais usado quando a função de mapeamento ou operador está implicada. Observe que as transformações são generalizações de (e incorporam) translações e rotações; usaremos com frequência o termo *transformação* ao falar puramente de uma rotação (ou translação).

2.6 ARITMÉTICA DA TRANSFORMAÇÃO

Nesta seção examinamos a multiplicação e a inversão de transformações. As duas operações elementares formam um conjunto funcional completo de operadores de transformação.

> Transformações compostas

Na Figura 2.12 temos ^{C}P e queremos encontrar ^{A}P.

O sistema de referência $\{C\}$ é conhecido em relação ao $\{B\}$ e este é conhecido em relação ao sistema de referência $\{A\}$. Podemos transformar ^{C}P em ^{B}P como

$$^{B}P = {}^{B}_{C}T \, {}^{C}P \; ; \tag{2.37}$$

depois podemos transformar ^{B}P em ^{A}P como

$$^{A}P = {}^{A}_{B}T \, {}^{B}P \; . \tag{2.38}$$

Combinando (2.37) e (2.38), chegamos ao resultado (não inesperado)

$$^{A}P = {}^{A}_{B}T \, {}^{B}_{C}T \, {}^{C}P \; , \tag{2.39}$$

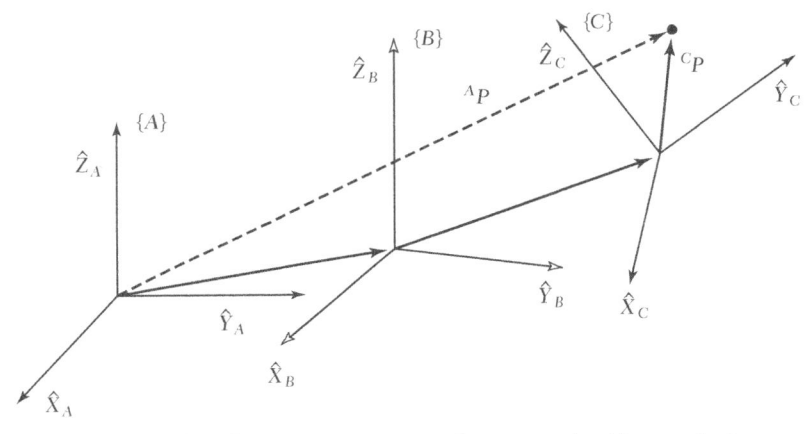

Figura 2.12: Sistemas de referência compostos: cada um é conhecido em relação ao anterior.

de onde podemos definir

$$^A_C T = {}^A_B T \, {}^B_C T \ . \tag{2.40}$$

Mais uma vez, observe que a familiaridade com a notação de subscritos e sobrescritos torna essas manipulações simples. Em termos das descrições conhecidas de $\{B\}$ e $\{C\}$, podemos dar a expressão para $^A_C T$ como

$$^A_C T = \left[\begin{array}{ccc|c} & {}^A_B R \, {}^B_C R & & {}^A_B R \, {}^B P_{CORG} + {}^A P_{BORG} \\ \hline 0 & 0 & 0 & 1 \end{array} \right]. \tag{2.41}$$

> Invertendo uma transformação

Considere um sistema de referência $\{B\}$ que é conhecido com relação a um sistema de referência $\{A\}$ – ou seja, conhecemos o valor de $^A_B T$. Às vezes, podemos querer inverter essa transformação a fim de obter uma descrição de $\{A\}$ com relação a $\{B\}$ – isto é, $^B_A T$. Uma maneira direta de calcular o inverso é computar o inverso da transformação homogênea de tamanho 4×4. No entanto, se fizermos isso, não estaremos aproveitando por completo a estrutura inerente à transformação. É fácil encontrar um método computacionalmente mais simples de calcular o inverso, que tira proveito dessa estrutura.

Para encontrar $^B_A T$, precisamos computar $^B_A R$ e $^B P_{AORG}$ de $^A_B R$ e $^A P_{AORG}$. Primeiro, lembre-se que nossa discussão sobre matrizes rotacionais mostrou que

$$^B_A R = {}^A_B R^T \ . \tag{2.42}$$

Em seguida, mudamos a descrição de $^A P_{BORG}$ para $\{B\}$ usando (2.13):

$$^B({}^A P_{BORG}) = {}^B_A R \, {}^A P_{BORG} + {}^B P_{AORG} \ . \tag{2.43}$$

O lado esquerdo de (2.43) deve ser zero, de forma que temos

$$^B P_{AORG} = -{}^B_A R \, {}^A P_{BORG} = -{}^A_B R^T \, {}^A P_{BORG} \ . \tag{2.44}$$

Usando (2.42) e (2.44), podemos escrever a forma de $^B_A T$ como

$$^B_A T = \left[\begin{array}{ccc|c} & {}^A_B R^T & & -{}^A_B R^T \, {}^A P_{BORG} \\ \hline 0 & 0 & 0 & 1 \end{array} \right]. \tag{2.45}$$

Observe que, com a nossa notação,

$$^B_A T = {}^A_B T^{-1} \ ,$$

a Equação (2.45) é um modo geral e de extrema utilidade para calcular o inverso de uma transformação homogênea.

EXEMPLO 2.5

A Figura 2.13 mostra um sistema de referência $\{B\}$ que é rotacionado 30 graus em torno de $\hat{Z}$ em relação ao sistema de referência $\{A\}$ e transladado quatro unidades em $\hat{X}_A$ e três unidades em $\hat{Y}_A$.

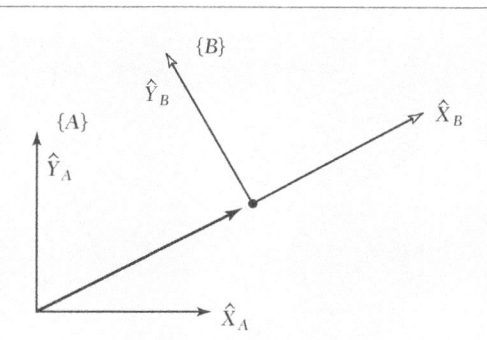

Figura 2.13: {B} em relação a {A}.

Assim, temos uma descrição de ${}^A_B T$. Encontre ${}^B_A T$.

O sistema de referência que define {B} é:

$$
{}^A_B T = \begin{bmatrix} 0,866 & -0,500 & 0,000 & 4,0 \\ 0,500 & 0,866 & 0,000 & 3,0 \\ 0,000 & 0,000 & 1,000 & 0,0 \\ 0 & 0 & 0 & 1 \end{bmatrix}. \tag{2.46}
$$

Usando (2.45) computamos

$$
{}^B_A T = \begin{bmatrix} 0,866 & 0,500 & 0,000 & -4,964 \\ -0,500 & 0,866 & 0,000 & -0,598 \\ 0,000 & 0,000 & 1,000 & 0,0 \\ 0 & 0 & 0 & 1 \end{bmatrix}. \tag{2.47}
$$

2.7 EQUAÇÕES DE TRANSFORMAÇÃO

A Figura 2.14 indica uma situação na qual um sistema de referência {D} pode ser expresso como produtos de transformações de duas formas diferentes. Primeiro,

$$ {}^U_D T = {}^U_A T \, {}^A_D T \,; \tag{2.48}$$

segundo,

$$ {}^U_D T = {}^U_B T \, {}^B_C T \, {}^C_D T \,. \tag{2.49}$$

Podemos igualar essas duas descrições de ${}^U_D T$ para construir uma **equação de transformação**:

$$ {}^U_A T \, {}^A_D T = {}^U_B T \, {}^B_C T \, {}^C_D T \,. \tag{2.50}$$

Equações de transformação podem ser usadas na solução para transformações no caso de n transformações desconhecidas e n equações de transformação. Considere (2.50) no caso em que todas as transformações são conhecidas exceto ${}^B_C T$. Aqui, temos uma equação de transformação e uma transformação desconhecida; portanto, podemos facilmente constatar que sua solução é

$$ {}^B_C T = {}^U_B T^{-1} \, {}^U_A T \, {}^A_D T \, {}^C_D T^{-1} \,. \tag{2.51}$$

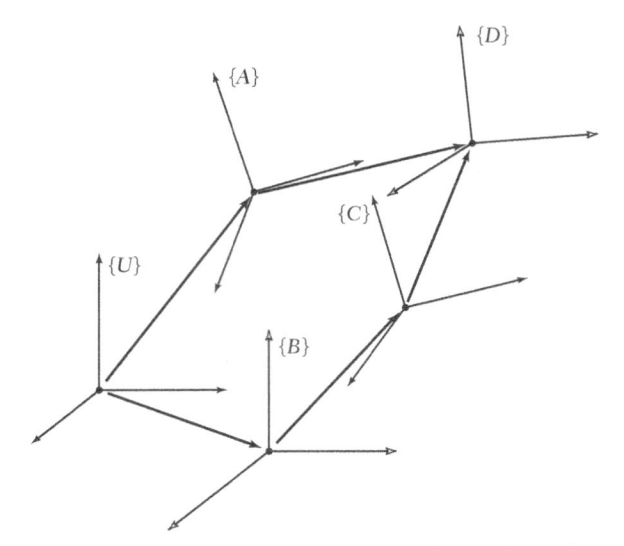

Figura 2.14: Conjunto de transformações formando um laço.

A Figura 2.15 indica uma situação similar.

Observe que em todas as figuras introduzimos uma representação *gráfica* dos sistemas de referência como uma seta apontando de uma origem para outra origem. A seta indica em que direção os sistemas de referência estão definidos: na Figura 2.14, o sistema de referência $\{D\}$ está definido em relação a $\{A\}$; na Figura 2.15, $\{A\}$ está definido em relação a $\{D\}$. A fim de compor os sistemas de referência quando as setas se alinham, basta computarmos os produtos das transformações. Se uma seta aponta na direção oposta a uma cadeia de transformações, apenas calculamos seu inverso primeiro. Na Figura 2.15, duas possíveis descrições de $\{C\}$ são

$$^U_C T = {^U_A T} \, {^D_A T}^{-1} \, {^D_C T} \qquad (2.52)$$

e

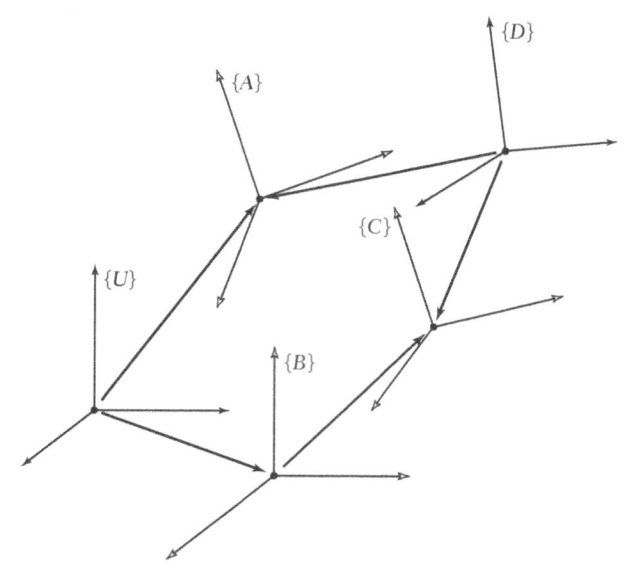

$$^U_C T = {^U_B T} \, {^B_C T} \: . \qquad (2.53)$$

Figura 2.15: Exemplo de uma equação de transformação.

Outra vez, podemos igualar (2.52) e (2.53) para a solução para, digamos, $^U_A T$:

$$^U_A T = {^U_B T} {^B_C T} {^D_C T}^{-1} {^D_A T} .\qquad(2.54)$$

EXEMPLO 2.6

Suponha que conhecemos a transformação $^B_T T$ na Figura 2.16, que descreve o sistema de referência nas pontas dos dedos do manipulador $\{T\}$ em relação à sua base, $\{B\}$; que sabemos onde o tampo da mesa está localizado no espaço em relação à base do manipulador (porque temos uma descrição do sistema de referência $\{S\}$ que está fixado à mesa como mostra $^B_S T$); e que conhecemos a localização do sistema de referência fixado ao parafuso que está sobre a mesa, em relação ao sistema de referência da mesa – ou seja, $^S_G T$. Calcule a posição e a orientação do parafuso em relação à mão do manipulador, $^T_G T$.

Guiados por nossa notação (e, espera-se, nosso entendimento), calculamos o sistema de referência do parafuso em relação à mão como:

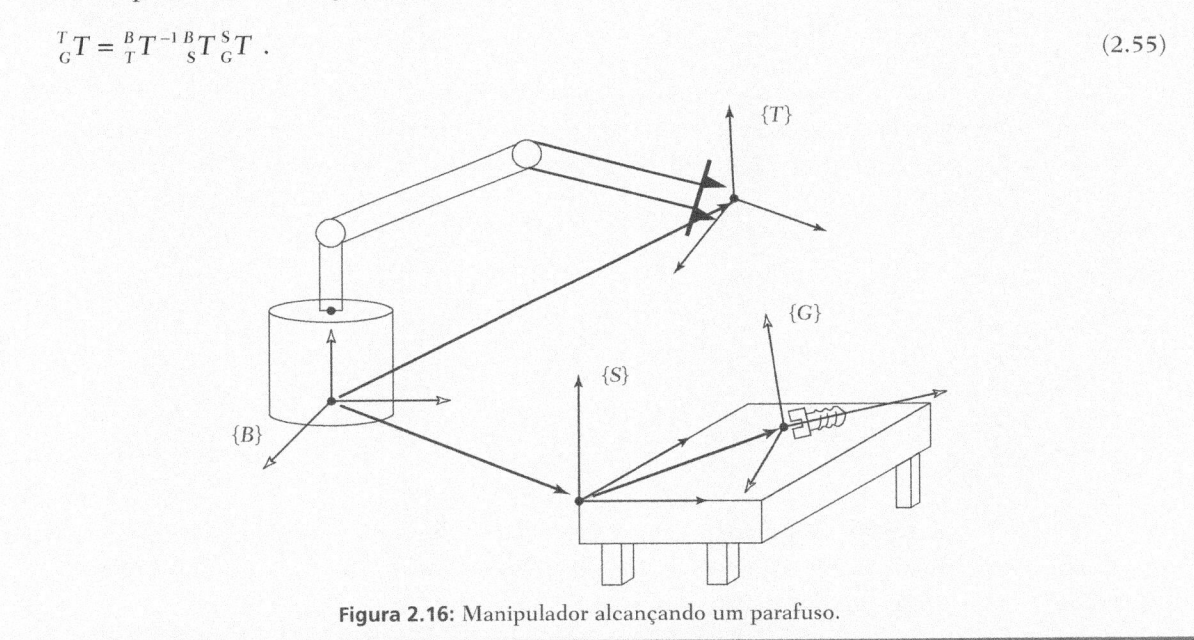

$$^T_G T = {^B_T T}^{-1} {^B_S T} {^S_G T} .\qquad(2.55)$$

Figura 2.16: Manipulador alcançando um parafuso.

2.8 MAIS SOBRE A REPRESENTAÇÃO DA ORIENTAÇÃO

Até agora nosso único meio de representar uma orientação é atribuindo uma matriz rotacional 3×3. Como foi mostrado, as matrizes rotacionais são especiais pois todas as colunas são mutuamente ortogonais e têm magnitude unitária. Além disso, veremos que o determinante de uma matriz rotacional é sempre igual a $+1$. As matrizes rotacionais podem, também, ser chamadas de **matrizes ortonormais próprias**, em que "própria" refere-se ao fato de que o determinante é $+1$ (as matrizes ortonormais impróprias têm determinante -1).

É natural perguntar se é possível descrever uma orientação com menos do que nove números. Um resultado da álgebra linear (conhecido como **fórmula de Cayley para matrizes ortonormais** [3]) diz que para qualquer matriz ortonormal própria R, existe uma matriz antissimétrica S tal que

$$R = (I_3 - S)^{-1}(I_3 + S), \qquad (2.56)$$

em que I_3 é uma matriz unitária 3 × 3. Agora, uma matriz antissimétrica (isto é, $S = -S^T$) de dimensão 3 é especificada por três parâmetros (s_x, s_y, s_z) como

$$S = \begin{bmatrix} 0 & -s_x & s_y \\ s_x & 0 & -s_x \\ -s_y & s_x & 0 \end{bmatrix}. \qquad (2.57)$$

Portanto, uma consequência imediata da fórmula (2.56) é que qualquer matriz rotacional 3 × 3 pode ser especificada por apenas três parâmetros.

Claro, os nove elementos de uma matriz rotacional não são todos independentes. Inclusive, dada a matriz rotacional, R, é fácil escrever as seis dependências entre os elementos. Imagine R como três colunas, como apresentado originalmente:

$$R = [\hat{X} \ \hat{Y} \ \hat{Z}]. \qquad (2.58)$$

Como vimos na Seção 2.2, esses três vetores são os eixos unitários de um sistema de referência escrito em termos de outro sistema de referência. Cada um deles é um vetor unitário e todos os três devem ser perpendiculares entre si, de forma que há seis restrições nos nove elementos da matriz:

$$\begin{aligned} |\hat{X}| &= 1, \\ |\hat{Y}| &= 1, \\ |\hat{Z}| &= 1, \\ \hat{X} \cdot \hat{Y} &= 0, \\ \hat{X} \cdot \hat{Z} &= 0, \\ \hat{Y} \cdot \hat{Z} &= 0. \end{aligned} \qquad (2.59)$$

É natural, então, perguntar se as representações de orientação podem ser concebidas de forma que a representação seja *convenientemente* especificada com três parâmetros. Esta seção irá apresentar várias representações desse tipo.

Enquanto translações ao longo de três eixos perpendiculares entre si são bastante fáceis de visualizar, as rotações parecem ser menos intuitivas. Infelizmente, as pessoas têm dificuldade para descrever e especificar orientações no espaço tridimensional. Uma das dificuldades é que as rotações em geral não comutam. Ou seja, $^A_B R\, ^B_C R$ não é o mesmo que $^B_C R\, ^A_B R$.

EXEMPLO 2.7

Considere duas rotações, uma a 30 graus em torno de $\hat{Z}$ e outra a 30 graus em torno de $\hat{X}$:

$$R_z(30) = \begin{bmatrix} 0{,}866 & -0{,}500 & 0{,}000 \\ 0{,}500 & 0{,}866 & 0{,}000 \\ 0{,}000 & 0{,}000 & 1{,}000 \end{bmatrix} \qquad (2.60)$$

$$R_x(30) = \begin{bmatrix} 1,000 & 0,000 & 0,000 \\ 0,000 & 0,866 & -0,500 \\ 0,000 & 0,500 & 0,866 \end{bmatrix} \quad (2.61)$$

$$R_z(30)R_x(30) = \begin{bmatrix} 0,87 & -0,43 & 0,25 \\ 0,50 & 0,75 & -0,43 \\ 0,00 & 0,50 & 0,87 \end{bmatrix}$$

$$\neq R_x(30)R_z(30) = \begin{bmatrix} 0,87 & -0,50 & 0,00 \\ 0,43 & 0,75 & -0,50 \\ 0,25 & 0,43 & 0,87 \end{bmatrix}. \quad (2.62)$$

O fato de que a ordem das rotações é importante não deve ser surpreendente. Além do mais, isso é levado em conta pelo fato de que usamos matrizes para representar rotações, e a multiplicação de matrizes, em geral, não é comutativa.

Como as rotações podem ser consideradas tanto operadores como descrições de orientação, não surpreende que representações diferentes sejam preferidas para cada um desses usos. As matrizes rotacionais são úteis como operadores. Sua forma matricial é tal que, ao serem multiplicadas por um vetor, elas realizam uma operação de rotação. No entanto, as matrizes rotacionais são um tanto pesadas quando usadas para especificar uma orientação. Um operador humano em um terminal de computador que quiser digitar as especificações da orientação desejada para a mão de um robô teria dificuldade para introduzir uma matriz de nove elementos com colunas ortonormais. Uma representação que requeira apenas três números seria mais simples. As próximas seções apresentam várias dessas representações.

Ângulos fixos X-Y-Z

Um dos métodos de descrever a orientação de um sistema de referência {B} é o que segue:

Comece com o sistema de referência coincidente com um sistema de referência conhecido {A}. Rotacione {B} primeiro em torno de $\hat{X}_A$ num ângulo γ, então, em torno de $\hat{Y}_A$ num ângulo β e, por fim, em torno de $\hat{Z}_A$ num ângulo α.

Cada uma das três rotações acontece em torno de um eixo no sistema de referência fixo {A}. Chamamos essa convenção para especificar uma orientação de **ângulos fixos X-Y-Z**. A palavra "fixos" refere-se ao fato de que as rotações são especificadas em torno do sistema de referência fixo (isto é, imóvel) (Figura 2.17). Às vezes, a convenção é chamada de **ângulos de rolagem, inclinação e guinada**, mas é preciso ter cuidado porque esse mesmo nome é muitas vezes dado a outras convenções correlatas, porém diferentes.

A derivação da matriz rotacional equivalente, $^A_B R_{XYZ}(\gamma, \beta, \alpha)$, é direta porque todas as rotações ocorrem em torno dos eixos do sistema de referência, ou seja,

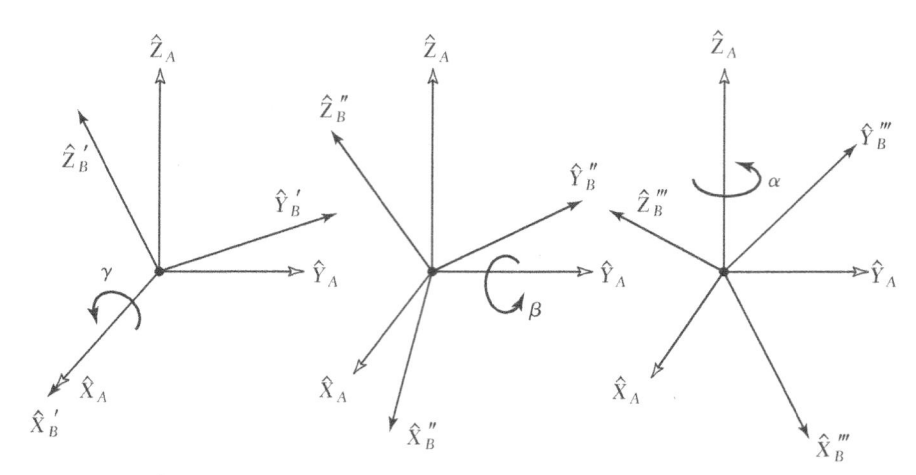

Figura 2.17: Ângulos fixos X-Y-Z. As rotações são realizadas na ordem $R_X(\gamma)$, $R_Y(\beta)$, $R_Z(\alpha)$.

$$^A_B R_{XYZ}(\gamma, \beta, \alpha) = R_Z(\alpha) R_Y(\beta) R_X(\gamma)$$

$$= \begin{bmatrix} c\alpha & -s\alpha & 0 \\ s\alpha & c\alpha & 0 \\ 0 & 0 & 1 \end{bmatrix} \begin{bmatrix} c\beta & 0 & s\beta \\ 0 & 1 & 0 \\ -s\beta & 0 & c\beta \end{bmatrix} \begin{bmatrix} 1 & 0 & 0 \\ 0 & c\gamma & -s\gamma \\ 0 & s\gamma & c\gamma \end{bmatrix}. \quad (2.63)$$

em que $c\alpha$ é a abreviação para $\cos\alpha$, $s\alpha$ para $\sen\alpha$, e assim por diante. É de extrema importância entender a ordem das rotações usadas em (2.63). Pensando em termos de rotações como operadores, aplicamos as rotações (a partir da *direita*) de $R_X(\gamma)$, em seguida de $R_Y(\beta)$, e, depois, de $R_Z(\alpha)$. Expandindo (2.63), obtemos

$$^A_B R_{XYZ}(\gamma, \beta, \alpha) = \begin{bmatrix} c\alpha c\beta & c\alpha s\beta s\gamma - s\alpha c\gamma & c\alpha s\beta c\gamma + s\alpha s\gamma \\ s\alpha c\beta & s\alpha s\beta s\gamma + c\alpha c\gamma & s\alpha s\beta c\gamma - c\alpha s\gamma \\ -s\beta & c\beta s\gamma & c\beta c\gamma \end{bmatrix}. \quad (2.64)$$

Lembre-se de que a definição dada aqui especifica a ordem das três rotações. A Equação (2.64) é correta apenas para rotações realizadas nesta ordem: em torno de $\hat{X}_A$ por γ, de $\hat{Y}_A$ por β e de $\hat{Z}_A$ por αt.

O problema inverso de extrair ângulos X-Y-Z fixos equivalentes de uma matriz rotacional é, com frequência, interessante. A solução depende de se resolver um conjunto de equações transcendentais: existem nove equações e três incógnitas se (2.64) for igualada a uma matriz rotacional dada. Entre as nove equações há seis dependências, de forma que, em essência, temos três equações e três incógnitas. Suponha que

$$^A_B R_{XYZ}(\gamma, \beta, \alpha) = \begin{bmatrix} r_{11} & r_{12} & r_{13} \\ r_{21} & r_{22} & r_{23} \\ r_{31} & r_{32} & r_{33} \end{bmatrix}. \quad (2.65)$$

Com base em (2.64), vemos que tomando-se a raiz quadrada da soma dos quadrados de r_{11} e r_{21} podemos calcular $\cos\beta$. Conseguimos, então, resolver β com o arco tangente de $-r_{31}$ sobre o cosseno calculado. Em seguida, desde que $c\beta \neq 0$, podemos resolver α tomando o arco tangente de $r_{21}/c\beta$ sobre $r_{11}/c\beta$ e resolvemos para γ tomando o arco tangente de $r_{32}/c\beta$ sobre $r_{33}/c\beta$.

Em resumo,

$$\beta = \text{Atan2}\left(-r_{31}, \sqrt{r_{11}^2 + r_{21}^2}\right),$$
$$\alpha = \text{Atan2}\left(r_{21}/c\beta, r_{11}/c\beta\right), \quad (2.66)$$
$$\gamma = \text{Atan2}\left(r_{32}/c\beta, r_{33}/c\beta\right),$$

onde $\text{Atan2}(y, x)$ é uma função arco tangente de dois argumentos.*

Embora exista uma segunda solução, usando a raiz quadrada positiva na fórmula para β, sempre computamos a solução única para a qual $-90,0° \leq \beta \leq 90,0°$. Essa é, em geral, uma boa prática porque podemos, então, definir funções de mapeamento uma a uma entre as várias representações da orientação. No entanto, em alguns casos, calcular todas as soluções é importante (voltaremos a isto no Capítulo 4). Se $\beta = \pm 90,0°$ (de forma que $c\beta = 0$), a solução de (2.67) se degenera. Nesses casos, somente a soma ou a diferença de α e γ podem ser computadas. Uma convenção possível é escolher $\alpha = 0,0$ nesses casos, o que tem os resultados dados a seguir.

Se $\beta = 90,0°$, pode-se calcular uma solução que seja

$$\beta = 90,0°,$$
$$\alpha = 0,0, \quad (2.67)$$
$$\gamma = \text{Atan2}\left(r_{12}, r_{22}\right).$$

Se $\beta = -90,0°$, pode-se calcular uma solução que seja

$$\beta = -90,0°,$$
$$\alpha = 0,0, \quad (2.68)$$
$$\gamma = -\text{Atan2}\left(r_{12}, r_{22}\right).$$

Ângulos Z-Y-X de Euler

Outra descrição possível de um sistema de referência $\{B\}$ é a seguinte:

> Comece com o sistema de referência coincidente com um sistema de referência conhecido $\{A\}$. Rotacione $\{B\}$ primeiro em torno de $\hat{Z}_B$ em um ângulo α, depois em torno de $\hat{Y}_B$ em um ângulo β e, por fim, em torno de $\hat{X}_B$ em um ângulo γ.

Nessa representação, cada rotação é realizada em torno de um eixo do sistema em movimento $\{B\}$ em vez do sistema de referência fixo $\{A\}$. Tais conjuntos de três rotações são chamados de **ângulos de Euler**. Observe que cada rotação acontece em torno de um eixo cuja localização depende das rotações precedentes. Como as três ocorrem em torno dos eixos $\hat{Z}$, $\hat{Y}$ e $\hat{X}$, chamaremos essa representação de **ângulos Z-Y-X de Euler**.

---

* $\text{Atan2}(y, x)$ computa $\tan^{-1}(y/x)$ mas usa os sinais de ambos, x e y, para identificar o quadrante no qual o ângulo resultante está. Por exemplo, $\text{Atan2}(-2,0, -2,0) = -135°$, enquanto $\text{Atan2}(2,0, 2,0) = -45°$, uma distinção que ficaria perdida numa função arco tangente de um único argumento. Estamos sempre calculando ângulos que alcançam o total dos 360°, de forma que usaremos a função Atan2 regularmente. Observe que Atan2 torna-se indefinida quando ambos os argumentos são zero. Ela é com frequência chamada de "arco tangente de 4 quadrantes" e algumas bibliotecas de linguagem de programação a possuem já predefinida.

A Figura 2.18 mostra os eixos de $\{B\}$ depois que cada aplicação da rotação de ângulo de Euler é aplicada. A rotação α em torno de $\hat{Z}$ faz com que $\hat{X}$ rotacione em $\hat{X}'$, $\hat{Y}$ rotacione em $\hat{Y}'$, e assim por diante. Uma linha é acrescentada a cada eixo, a cada rotação. Uma matriz rotacional parametrizada pelos ângulos Z-Y-X de Euler será identificada pela notação $^A_B R_{Z'Y'X'}(\alpha, \beta, \gamma)$. Observe que acrescentamos "linhas" aos subscritos para indicar que essa rotação é descrita por ângulos de Euler.

Com referência à Figura 2.18, podemos usar os sistemas de referência intermediários $\{B'\}$ e $\{B''\}$ a fim de dar uma expressão para $^A_B R_{Z'Y'X'}(\alpha, \beta, \gamma)$. Considerando as rotações como descrições desses sistemas de referência, podemos escrever imediatamente

$$^A_B R = {}^A_{B'} R \, ^{B'}_{B''} R \, ^{B''}_B R . \tag{2.69}$$

em que cada uma das descrições relativas do lado direito de (2.69) é dada pela expressão da convenção do ângulo Z-Y-X de Euler. Ou seja, a orientação final de $\{B\}$ é dada com relação a $\{A\}$ como

$$\begin{aligned}
^A_B R_{Z'Y'X'} &= R_Z(\alpha) R_Y(\beta) R_X(\gamma) \\
&= \begin{bmatrix} c\alpha & -s\alpha & 0 \\ s\alpha & c\alpha & 0 \\ 0 & 0 & 1 \end{bmatrix} \begin{bmatrix} c\beta & 0 & s\beta \\ 0 & 1 & 0 \\ -s\beta & 0 & c\beta \end{bmatrix} \begin{bmatrix} 1 & 0 & 0 \\ 0 & c\gamma & -s\gamma \\ 0 & s\gamma & c\gamma \end{bmatrix},
\end{aligned} \tag{2.70}$$

sendo $c\alpha = \cos \alpha$, $s\alpha = \sin \alpha$, e assim por diante. Expandindo, obtemos

$$^A_B R_{X'Y'X'}(\alpha, \beta, \gamma) = \begin{bmatrix} c\alpha c\beta & c\alpha s\beta s\gamma - s\alpha c\gamma & c\alpha s\beta c\gamma + s\alpha s\gamma \\ s\alpha c\beta & s\alpha s\beta s\gamma + c\alpha c\gamma & s\alpha s\beta c\gamma + c\alpha s\gamma \\ -s\beta & c\beta s\gamma & c\beta c\gamma \end{bmatrix}. \tag{2.71}$$

Observe que o resultado é exatamente o mesmo que o obtido para as mesmas três rotações tomadas na ordem inversa, em torno de eixos fixos! Esse resultado um tanto não intuitivo contém a generalização: três rotações tomadas em torno de eixos fixos resultam na mesma orientação final que as mesmas três rotações tomadas na ordem oposta em torno do eixo do sistema de referência em movimento.

Como (2.71) é equivalente a (2.64), não há necessidade de repetir a solução para extrair os ângulos Z-Y-X de Euler de uma matriz rotacional. Ou seja, (2.66) também pode ser usada para solucionar ângulos Z-Y-X de Euler que correspondam a uma matriz rotacional dada.

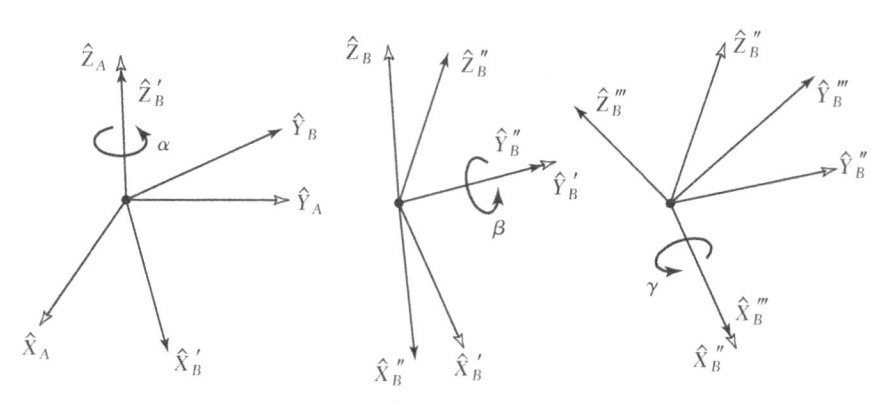

Figura 2.18: Ângulos Z-Y-X de Euler.

Ângulos Z-Y-Z de Euler

Outra descrição possível para um sistema de referência {B} é

Comece com o sistema de referência coincidente com um sistema de referência conhecido {A}. Rotacione {B} primeiro em torno de $\hat{Z}_B$ em um ângulo α, depois em torno de $\hat{Y}_B$ em um ângulo β e, por fim, em torno de $\hat{Z}_b$ em um ângulo γ.

As rotações são descritas com relação ao sistema de referência que estamos movimentando, ou seja, {B}, de forma que essa é uma descrição de ângulo de Euler. Como as três rotações ocorrem em torno dos eixos $\hat{Z}$, $\hat{Y}$ e $\hat{Z}$, chamaremos essa representação de **ângulos Z-Y-Z de Euler**.

Seguindo o desenvolvimento, exatamente como na última seção, chegamos à matriz rotacional equivalente

$$^{A}_{B}R_{Z'Y'Z'}(\alpha, \beta, \gamma) = \begin{bmatrix} c\alpha c\beta c\gamma - s\alpha s\gamma & -c\alpha c\beta s\gamma - s\alpha c\gamma & c\alpha s\beta \\ s\alpha c\beta c\gamma + c\alpha s\gamma & -s\alpha c\beta s\gamma + c\alpha s\gamma & s\alpha s\beta \\ -s\beta c\gamma & -s\beta s\gamma & c\beta \end{bmatrix}. \quad (2.72)$$

A solução para extrair os ângulos Z-Y-Z de Euler de uma matriz rotacional é expressa a seguir. Dada

$$^{A}_{B}R_{Z'Y'Z'}(\alpha, \beta, \gamma) = \begin{bmatrix} r_{11} & r_{12} & r_{13} \\ r_{21} & r_{22} & r_{23} \\ r_{31} & r_{32} & r_{33} \end{bmatrix}. \quad (2.73)$$

então, se sen $\beta \neq 0$, segue-se que

$$\beta = \text{Atan2}\left(\sqrt{r_{31}^2 + r_{32}^2}, r_{33}\right),$$
$$\alpha = \text{Atan2}(r_{23}/s\beta, r_{13}/s\beta), \quad (2.74)$$
$$\gamma = \text{Atan2}(r_{32}/s\beta, -r_{31}/s\beta).$$

Embora exista uma segunda solução (que encontramos usando a raiz quadrada positiva na fórmula para β), sempre calculamos a solução única para a qual $0,0 \leq \beta \leq 180,0°$. Se $\beta = 0,0$ ou $180,0°$, a solução de (2.74) se degenera. Nesses casos, somente a soma ou a diferença de α e γ podem ser computadas. Uma convenção possível é escolher $\alpha = 0,0$ nesses casos, o que tem os resultados mostrados a seguir.

Se $\beta = 0,0$, a solução pode ser calculada como

$$\beta = 0,0,$$
$$\alpha = 0,0, \quad (2.75)$$
$$\gamma = \text{Atan2}(-r_{12}, r_{11}).$$

Se $\beta = 180,0°$, a solução pode ser calculada como

$$\beta = 180,0°,$$
$$\alpha = 0,0, \quad (2.76)$$
$$\gamma = \text{Atan2}(r_{12}, -r_{11}).$$

Outras convenções de conjuntos de ângulos

Nas subseções anteriores vimos três convenções para especificar orientação: ângulos fixos X-Y-Z, ângulos Z-Y-X de Euler e ângulos Z-Y-Z de Euler. Cada uma delas requer três rotações em torno dos eixos principais, em determinada ordem. Essas convenções são exemplos de um conjunto de 24 convenções que chamamos de **convenções de conjuntos de ângulos**. Dessas, 12 são para conjuntos de ângulos fixos e 12 são para conjuntos de ângulos de Euler. Observe que por causa da dualidade dos conjuntos de ângulos fixos com os conjuntos de ângulos de Euler, existem, na realidade, apenas 12 parametrizações exclusivas de uma matriz rotacional usando-se rotações sucessivas em torno dos principais eixos. Quase sempre não existe uma razão particular para preferir uma convenção a outra, mas vários autores adotam convenções diferentes, de forma que é útil listar as matrizes rotacionais equivalentes para todas as 24 convenções. O Apêndice B (no fim do livro) traz as matrizes de rotação equivalentes para todas as 24 convenções.

Representação equivalente ângulo-eixo

Com a notação $R_X(30,0)$ fazemos a descrição de uma orientação dando um eixo, $\hat{X}$, e um ângulo, 30°. Esse é um exemplo de uma representação **equivalente ângulo-eixo**. Se o eixo é uma direção *genérica* (e não uma das direções unitárias), qualquer orientação pode ser obtida pela seleção adequada de eixo e ângulo. Considere a seguinte descrição de um sistema de referência $\{B\}$:

Comece com o sistema de referência coincidente com um conhecido $\{A\}$; em seguida, rotacione $\{B\}$ em torno do vetor $^A\hat{K}$ num ângulo de θ seguindo a regra da mão direita.

O vetor $\hat{K}$ é às vezes chamado de eixo equivalente de uma rotação finita. Uma orientação geral de $\{B\}$ com relação a $\{A\}$ pode ser escrita como $^A_B R(\hat{K}, \theta)$ ou $R_K(\theta)$ e será chamada de representação equivalente ângulo-eixo.[*] A especificação do vetor $^A\hat{K}$ requer apenas dois parâmetros porque seu comprimento é sempre tomado como um. O ângulo especifica um terceiro parâmetro. Multiplicamos com frequência a direção unitária, $\hat{K}$, pela quantidade de rotação, θ, para formar uma descrição vetorial compacta de orientação, 3×1, denotada pelo K (sem acento circunflexo). Veja a Figura 2.19.

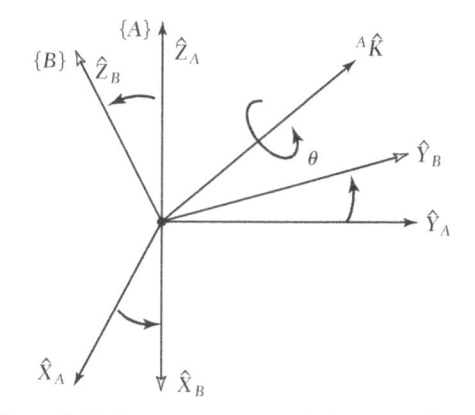

Figura 2.19: Representação equivalente ângulo-eixo.

---

[*] Que tais $\hat{K}$ e θ existem para qualquer orientação de $\{B\}$ em relação a $\{A\}$ foi originalmente demonstrado por Euler e é conhecido como teorema de rotação de Euler [3].

Quando o eixo de rotação é escolhido entre os principais eixos de {A}, a matriz rotacional equivalente assume a forma familiar das rotações planares:

$$R_X(\theta) = \begin{bmatrix} 1 & 1 & 0 \\ 0 & \cos\theta & -\operatorname{sen}\theta \\ 0 & \operatorname{sen}\theta & \cos\theta \end{bmatrix}, \qquad (2.77)$$

$$R_Y(\theta) = \begin{bmatrix} \cos\theta & 0 & \operatorname{sen}\theta \\ 0 & 1 & 0 \\ -\operatorname{sen}\theta & 0 & \cos\theta \end{bmatrix}, \qquad (2.78)$$

$$R_Z(\theta) = \begin{bmatrix} \cos\theta & -\operatorname{sen}\theta & 0 \\ \operatorname{sen}\theta & \cos\theta & 0 \\ 0 & 0 & 1 \end{bmatrix}. \qquad (2.79)$$

Se o eixo de rotação é um eixo geral, ele pode ser demonstrado (como no Exercício 2.6) que a matriz de rotação equivalente é

$$R_K(\theta) = \begin{bmatrix} k_x k_x v\theta + c\theta & k_x k_y v\theta - k_z s\theta & k_x k_z v\theta + k_y s\theta \\ k_x k_y v\theta + k_z s\theta & k_y k_y v\theta + c\theta & k_y k_z v\theta - k_x s\theta \\ k_x k_z v\theta - k_y s\theta & k_y k_z v\theta + k_x s\theta & k_z k_z v\theta + c\theta \end{bmatrix}, \qquad (2.80)$$

em que $c\theta = \cos\theta$, $s\theta = \operatorname{sen}\theta$, $v\theta = 1 - \cos\theta$ e $^A\hat{K} = [k_x\ k_y\ k_z]^T$. O sinal de θ é determinado pela regra da mão direita, com o polegar apontando ao longo do sentido positivo de $^A\hat{K}$.

A Equação (2.80) converte da representação ângulo-eixo para a representação matriz-rotação. Observe que dado qualquer eixo de rotação e qualquer quantidade angular, podemos facilmente construir uma matriz rotacional equivalente.

O problema inverso, ou seja, o de calcular $\hat{K}$ e θ a partir de uma matriz rotacional dada, é deixado principalmente para os exercícios (exercícios 2.6 e 2.7), mas um resultado parcial é dado aqui [3]. Se

$$^A_B R_K(\theta) = \begin{bmatrix} r_{11} & r_{12} & r_{13} \\ r_{21} & r_{22} & r_{23} \\ r_{31} & r_{32} & r_{33} \end{bmatrix}, \qquad (2.81)$$

então

$$\theta = \operatorname{Acos}\left(\frac{r_{11} + r_{22} + r_{33} - 1}{2}\right)$$

e

$$\hat{K} = \frac{1}{2\operatorname{sen}\theta}\begin{bmatrix} r_{32} - r_{23} \\ r_{13} - r_{31} \\ r_{21} - r_{12} \end{bmatrix}. \qquad (2.82)$$

Essa solução sempre calcula um valor para θ entre 0 e 180°. Para qualquer par de eixo-ângulo $(^A\hat{K}, \theta)$, há um outro par, a saber, $(-^A\hat{K}, -\theta)$, que resulta na mesma orientação no espaço e que é descrito pela mesma matriz rotacional. Portanto, na conversão de matriz rotacional em representação ângulo-eixo, nos defrontamos com a escolha entre soluções. Um problema mais sério é que para pequenas rotações angulares, o eixo se torna mal definido. É claro que, se a quantidade de rotação vai a zero, o eixo de rotação torna-se completamente indefinido. A solução dada por (2.82) falha se $\theta = 0°$ ou $\theta = 180°$.

EXEMPLO 2.8

Um sistema de referência é descrito como inicialmente coincidente com $\{A\}$. Então, rotacionamos $\{B\}$ em torno do vetor $^A\hat{K} = [0{,}7070\ 7070\ 0]^T$ (passando através da origem) por uma quantidade $\theta = 30°$. Dê a descrição do sistema de referência de $\{B\}$.

A substituição em (2.80) gera a parte de matriz rotacional da descrição do sistema de referência. Não havia translação da origem, de forma que o vetor posição é $[0, 0, 0]^T$. Portanto,

$$^A_B T = \begin{bmatrix} 0{,}933 & 0{,}067 & 0{,}354 & 0{,}0 \\ 0{,}067 & 0{,}933 & -0{,}354 & 0{,}0 \\ -0{,}354 & 0{,}354 & 0{,}866 & 0{,}0 \\ 0{,}0 & 0{,}0 & 0{,}0 & 1{,}0 \end{bmatrix}. \quad (2.83)$$

Até este ponto, todas as rotações que discutimos são em torno de eixos que passam pela origem do sistema de referência. Se encontrarmos um problema para o qual isso não seja verdade, podemos reduzi-lo para o caso de "eixo que passa pela origem" definindo sistemas de referência adicionais cujas origens estão no eixo e, depois, solucionando uma equação de transformação.

EXEMPLO 2.9

Um sistema de referência $\{B\}$ é descrito como inicialmente coincidente com $\{A\}$. Em seguida, rotacionamos $\{B\}$ em torno do vetor $^A\hat{K} = [0{,}707\ 0{,}707\ 0{,}0]^T$ (passando pelo ponto $^AP = [1{,}0\ 2{,}0\ 3{,}0]$) por uma quantidade $\theta = 30°$. Dê a descrição do sistema de referência de $\{B\}$.

Antes da rotação, $\{A\}$ e $\{B\}$ eram coincidentes. Conforme mostra a Figura 2.20, definimos dois novos sistemas de referência, $\{A'\}$ e $\{B'\}$ que são coincidentes um com o outro e que têm a mesma orientação de $\{A\}$ e $\{B\}$ respectivamente, mas que são transladados em relação a $\{A\}$ por um deslocamento que coloca suas origens no eixo de rotação. Escolheremos

$$^A_{A'} T = \begin{bmatrix} 1{,}0 & 0{,}0 & 0{,}0 & 1{,}0 \\ 0{,}0 & 1{,}0 & 0{,}0 & 2{,}0 \\ 0{,}0 & 0{,}0 & 1{,}0 & 3{,}0 \\ 0{,}0 & 0{,}0 & 0{,}0 & 1{,}0 \end{bmatrix}. \quad (2.84)$$

De modo similar, a descrição de $\{B\}$ em termos de $\{B'\}$ é

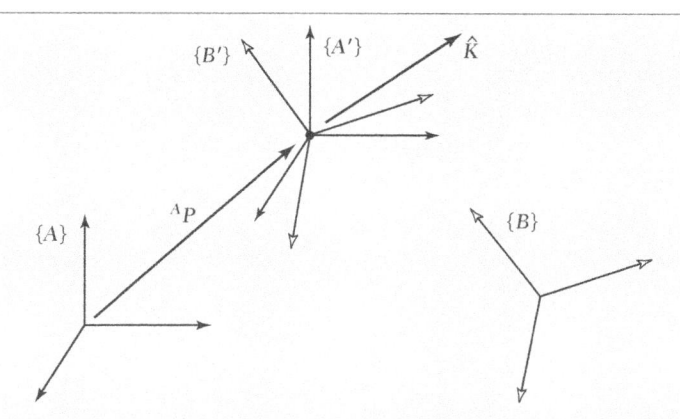

Figura 2.20: Rotação em torno de um eixo que não passa através da origem de {A}. Inicialmente, {B} era coincidente com {A}.

$$^{B'}_{B}T = \begin{bmatrix} 1,0 & 0,0 & 0,0 & -1,0 \\ 0,0 & 1,0 & 0,0 & -2,0 \\ 0,0 & 0,0 & 1,0 & -3,0 \\ 0,0 & 0,0 & 0,0 & 1,0 \end{bmatrix}. \qquad (2.85)$$

Agora, mantendo fixas as outras relações, podemos rotacionar {B'} em relação a {A'}. Essa é uma rotação em torno de um eixo que passa através da origem, de forma que podemos usar (2.80) para computar {B'} com relação a {A'}. A substituição em (2.80) gera a parte de matriz rotacional da descrição do sistema de referência. Não havia translação na origem, de forma que o vetor de posição é $[0, 0, 0]^T$. Assim, temos

$$^{A'}_{B'}T = \begin{bmatrix} 0,933 & 0,067 & 0,354 & 0,0 \\ 0,067 & 0,933 & -0,354 & 0,0 \\ -0,354 & 0,354 & 0,866 & 0,0 \\ 0,0 & 0,0 & 0,0 & 1,0 \end{bmatrix}. \qquad (2.86)$$

Por fim, podemos escrever uma equação de transformação para computar o sistema de referência desejado,

$$^{A}_{B}T = {^{A}_{A'}T} \, {^{A'}_{B'}T} \, {^{B'}_{B}T}, \qquad (2.87)$$

que resulta em

$$^{A}_{B}T = \begin{bmatrix} 0,933 & 0,067 & 0,354 & -1,13 \\ 0,067 & 0,933 & -0,354 & 1,13 \\ -0,354 & 0,354 & 0,866 & 0,05 \\ 0,000 & 0,000 & 0,000 & 1,00 \end{bmatrix}. \qquad (2.88)$$

Uma rotação em torno de um eixo que não passa pela origem provoca uma mudança de posição, além da mesma orientação final, como se o eixo passasse pela origem. Observe que poderíamos ter usado qualquer definição de {A'} e {B'} na qual suas origens estivessem no eixo de rotação. Nossa escolha particular quanto à orientação foi arbitrária e a escolha da posição da origem foi uma entre uma infinidade possível ao longo do eixo de rotação. (Veja, também, o Exercício 2.14.)

> **Parâmetros de Euler**

Outra representação de orientação é por meio de quatro números chamados **parâmetros de Euler**. Embora uma discussão completa esteja além do escopo deste livro, expressamos a convenção aqui, para referência.

Em termos do eixo equivalente $\hat{K} = [k_x\ k_y\ k_z]^T$ e o ângulo equivalente θ, os parâmetros de Euler são dados por

$$\begin{aligned}\epsilon_1 &= k_x \operatorname{sen} \frac{\theta}{2}, \\ \epsilon_2 &= k_y \operatorname{sen} \frac{\theta}{2}, \\ \epsilon_3 &= k_z \operatorname{sen} \frac{\theta}{2}, \\ \epsilon_4 &= \cos \frac{\theta}{2}.\end{aligned} \qquad (2.89)$$

Fica então claro que essas quatro quantidades não são independentes:

$$\epsilon_1^2 + \epsilon_2^2 + \epsilon_3^2 + \epsilon_4^2 = 1 \qquad (2.90)$$

deve ser sempre verdadeiro. Portanto, uma orientação pode ser visualizada como um ponto em uma hiperesfera unitária no espaço quadridimensional.

Às vezes, os parâmetros de Euler são visualizados como um vetor 3×1 mais um escalar. No entanto, como um vetor 4×1, os parâmetros de Euler são conhecidos como um **quatérnio unitário**.

A matriz rotacional R_ϵ equivalente a um conjunto de parâmetros de Euler é

$$R_\epsilon = \begin{bmatrix} 1 - 2\epsilon_2^2 - 2\epsilon_3^2 & 2(\epsilon_1\epsilon_2 - \epsilon_3\epsilon_4) & 2(\epsilon_1\epsilon_3 + \epsilon_2\epsilon_4) \\ 2(\epsilon_1\epsilon_2 + \epsilon_3\epsilon_4) & 1 - 2\epsilon_1^2 - 2\epsilon_3^2 & 2(\epsilon_2\epsilon_3 - \epsilon_1\epsilon_4) \\ 2(\epsilon_1\epsilon_3 - \epsilon_2\epsilon_4) & 2(\epsilon_2\epsilon_3 + \epsilon_1\epsilon_4) & 1 - 2\epsilon_1^2 - 2\epsilon_2^2 \end{bmatrix}. \qquad (2.91)$$

Dada uma matriz rotacional, os parâmetros de Euler equivalentes são

$$\begin{aligned}\epsilon_1 &= \frac{r_{32} - r_{23}}{4\epsilon_4}, \\ \epsilon_2 &= \frac{r_{13} - r_{31}}{4\epsilon_4}, \\ \epsilon_3 &= \frac{r_{21} - r_{12}}{4\epsilon_4}, \\ \epsilon_4 &= \frac{1}{2}\sqrt{1 + r_{11} + r_{22} + r_{33}}.\end{aligned} \qquad (2.92)$$

Observe que (2.92) não é útil no sentido computacional se a matriz rotacional representar uma rotação de 180º em torno de um eixo, porque ϵ_4 torna-se zero. No entanto, pode-se demonstrar que, no limite, todas as expressões em (2.92) permanecem finitas, mesmo nesse caso. Inclusive, a partir das definições em (2.88), fica claro que todos os ϵ_i permanecem no intervalo $[-1, 1]$.

> **Orientações ensinadas e predefinidas**

Em muitos sistemas robóticos será possível "ensinar" posições e orientações usando o próprio robô. O manipulador é movido a um local desejado e essa posição é gravada. Um sistema de referência ensinado dessa forma não precisa estar, necessariamente, entre aqueles aos quais o robô será comandado a voltar; ele pode ser o local de uma peça ou equipamento. Em outras palavras, o robô é usado como ferramenta de medição com seis graus de liberdade. Ensinar uma orientação dessa forma elimina, completamente, a necessidade de que o programador humano tenha de lidar com a representação da orientação. No computador, o ponto ensinado é armazenado como uma matriz rotacional (ou seja, de que forma for), mas o usuário nunca precisa vê-lo ou entendê-lo. Os sistemas robóticos que permitem ensinar os sistemas de referência com o uso do próprio robô são, portanto, altamente recomendados.

Além de ensinar os sistemas de referência, alguns sistemas têm um conjunto de orientações predefinidas, como "apontar para baixo", ou "apontar para a esquerda". Para os seres humanos, é muito fácil lidar com tais especificações. No entanto, se essa fosse a única forma de descrever e especificar a orientação, o sistema seria muito limitado.

2.9 TRANSFORMAÇÃO DE VETORES LIVRES

Estamos preocupados, principalmente, com os vetores de posição neste capítulo. Em capítulos posteriores discutiremos, também, vetores de velocidade e força. Estes terão uma transformação diferente porque são um *tipo* diferente de vetor.

Em mecânica, fazemos a distinção entre a igualdade e a equivalência de vetores. *Dois vetores são iguais se têm as mesmas dimensões, magnitude e direção*. Dois vetores considerados *iguais* podem ter diferentes linhas de ação – por exemplo, os da Figura 2.21. Esses vetores de velocidade têm as mesmas dimensões, magnitude e direção, de forma que são considerados iguais, segundo nossa definição.

Dois vetores são equivalentes em uma determinada capacidade se ambos produzem exatamente o mesmo efeito nessa capacidade. Assim, se o critério da Figura 2.21 é distância percorrida, os três vetores produzem o mesmo resultado e são, portanto, equivalentes nessa capacidade. Se o critério é altura acima do plano *xy*, então eles não são equivalentes, apesar da igualdade. Portanto, as relações entre vetores e as noções de equivalência *dependem inteiramente do caso em questão*. Além disso, vetores que não são iguais podem provocar efeitos equivalentes em determinados casos.

Definiremos duas classes básicas de quantidades vetoriais que podem ser úteis.

O termo **vetor linha** refere-se a um vetor que depende da sua **linha de ação**, junto com a direção e a magnitude, para provocar seu efeito. Com frequência, os efeitos de um vetor força

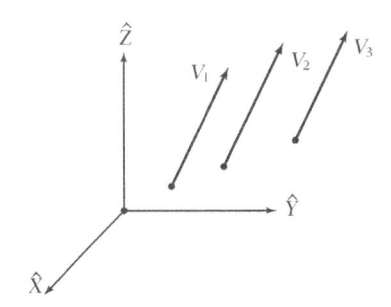

Figura 2.21: Vetores de velocidade igual.

dependem da sua linha de ação (ou ponto de aplicação), de forma que ele seria, então, considerado um vetor linha.

Vetor livre refere-se ao vetor que pode ser posicionado em qualquer lugar no espaço, sem perda ou mudança de significado, desde que magnitude e direção sejam preservadas.

Por exemplo, um vetor momento puro é sempre um vetor livre. Se temos um vetor momento ^BN que é conhecido em termos de $\{B\}$, calculamos o mesmo momento em termos do sistema de referência $\{A\}$ como

$$^AN = {}^A_BR\,^BN \,. \tag{2.93}$$

Em outras palavras, o que conta é a magnitude e a direção (no caso de um vetor livre), de forma que apenas a matriz rotacional que relaciona os dois sistemas é usada na transformação. A localização relativa das origens não entra no cálculo.

Da mesma forma, um vetor velocidade escrito em $\{B\}$, ^BV, é escrito em $\{A\}$ como

$$^AV = {}^A_BR\,^BV \,. \tag{2.94}$$

A velocidade de um ponto é um vetor livre e, portanto, tudo o que importa é sua direção e magnitude. A operação de rotação (como em (2.94)) não afeta a magnitude, mas realiza a rotação que altera a descrição do vetor de $\{B\}$ em $\{A\}$. Observe que $^AP_{BORG}$, que apareceria em uma transformação de vetor posição, não aparece em uma transformação de velocidade. Por exemplo, na Figura 2.22, se $^BV = 5\hat{X}$, então $^AV = 5\hat{Y}$.

Vetores de velocidade e vetores de força e de momento serão apresentados com mais profundidade no Capítulo 5.

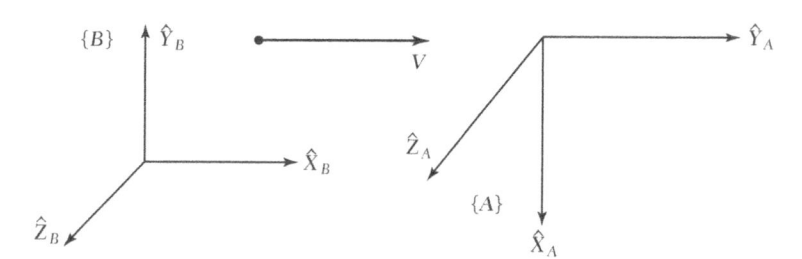

Figura 2.22: Transformando velocidades.

2.10 CONSIDERAÇÕES COMPUTACIONAIS

A disponibilidade de potência computacional barata é, em grande parte, responsável pelo crescimento do setor de robótica. No entanto, ainda por algum tempo, a computação eficiente continuará sendo uma questão importante no projeto dos sistemas de manipulação.

A representação homogênea é útil como entidade conceitual, mas os softwares usados de maneira rotineira nos sistemas de manipulação industrial não a empregam diretamente, porque o tempo gasto multiplicando dados por zeros e uns é desperdício. Em geral, as computações mostradas em (2.41) e (2.45) são realizadas em vez da multiplicação direta ou inversão de matrizes 4×4.

A *ordem* na qual as transformações são aplicadas pode fazer uma grande diferença na quantidade de computação necessária para se calcular a mesma quantidade. Considere realizar as múltiplas rotações de um vetor, como em

$$^A P = {}^A_B R\, {}^B_C R\, {}^C_D R\, {}^D P \, . \tag{2.95}$$

Uma alternativa é, primeiro, multiplicar as três matrizes rotacionais juntas para formar $^A_D R$ na expressão

$$^A P = {}^A_D R\, {}^D P \, . \tag{2.96}$$

Para formar $^A_D R$ de seus três constituintes, são necessárias 54 multiplicações e 36 somas. Para realizar a multiplicação final matriz-vetor de (2.96), são necessárias mais nove multiplicações e seis somas, levando o total a 63 multiplicações e 42 somas.

Se, em vez disso, transformarmos o vetor através das matrizes, uma de cada vez, ou seja,

$$\begin{aligned} ^A P &= {}^A_B R\, {}^B_C R\, {}^C_D R\, {}^D P \, , \\ ^A P &= {}^A_B R\, {}^B_C R\, {}^C P \, , \\ ^A P &= {}^A_B R\, {}^B P \, , \\ ^A P &= {}^A P \, , \end{aligned} \tag{2.97}$$

o cálculo total irá requerer apenas 27 multiplicações e 18 somas, menos da metade dos cálculos necessários pelo outro método.

É claro que, em alguns casos, as relações $^A_B R$, $^B_C R$ e $^C_D R$ são constantes enquanto há muitos $^D P_i$ que precisam ser transformados em $^A P_i$. Nesse caso, é mais eficiente calcular $^A_D R$ uma vez e depois usá-lo em todos os mapeamentos futuros. Veja, também, o Exercício 2.16.

EXEMPLO 2.10

Dê um método de computar o produto de duas matrizes rotacionais, $^A_B R\, {}^B_C R$, que use menos de 27 multiplicações e 18 somas.

Definindo $\hat{L}_i$ como sendo as colunas de $^B_C R$ e $\hat{C}_i$ como sendo as três colunas do resultado, calcule

$$\begin{aligned} \hat{C}_1 &= {}^A_B R\, \hat{L}_1 \, , \\ \hat{C}_2 &= {}^A_B R\, \hat{L}_2 \, , \\ \hat{C}_3 &= \hat{C}_1 \times \hat{C}_2 \, , \end{aligned} \tag{2.98}$$

que requer 24 multiplicações e 15 somas.

BIBLIOGRAFIA

[1] NOBLE, B. *Applied Linear Algebra*. Nova Jersey: Prentice-Hall, Englewood Cliffs, 1969.
[2] BALLARD, D. e BROWN, C. *Computer Vision*. Nova Jersey: Prentice-Hall, Englewood Cliffs, 1982.
[3] BOTTEMA, O. e ROTH, B. *Theoretical Kinematics*. Amsterdã: North Holland, 1979.
[4] PAUL, R. P. *Robot Manipulators*. Cambridge, Massachusetts: MIT Press, 1981.
[5] SHAMES, I. *Engineering Mechanics*. Nova Jersey: Prentice-Hall, Englewood Cliffs, 2. ed., 1967.
[6] SYMON, *Mechanics*. Reading, Massachusetts: Addison-Wesley, 3. ed., 1971.
[7] GORLA, B. e RENAUD, M. *Robots Manipulateurs*. Toulouse: Cepadues-Editions, 1984.

EXERCÍCIOS

2.1 [15] Um vetor ^AP é rotacionado θ graus em torno de $\hat{Z}_A$ e é na sequência rotacionado ϕ graus em torno de $\hat{X}_A$. Dê a matriz rotacional que realiza essas rotações na ordem dada.

2.2 [15] Um vetor ^AP é rotacionado 30° em torno de $\hat{Y}_A$ e em seguida é rotacionado 45° em torno de $\hat{X}_A$. Dê a matriz rotacional que realiza essas rotações na ordem dada.

2.3 [16] Um sistema de referência $\{B\}$ tem sua localização inicial coincidente com a do sistema de referência $\{A\}$. Rotacionamos $\{B\}$ θ graus em torno de $\hat{Z}_B$ e, depois, rotacionamos o sistema de referência resultante ϕ graus em torno de $\hat{X}_B$. Dê a matriz rotacional que mudará a descrição dos vetores de ^BP para ^AP.

2.4 [16] Um sistema de referência $\{B\}$ tem sua localização coincidente de início com a do sistema de referência $\{A\}$. Rotacionamos $\{B\}$ 30° em torno de $\hat{Z}_B$ e, depois, o sistema de referência resultante 45° em torno de $\hat{X}_B$. Dê a matriz rotacional que mudará a descrição dos vetores de ^BP para ^AP.

2.5 [13] ^A_BR é uma matriz 3 × 3 com autovalores 1, e^{+ai} e e^{-ai}, sendo $i = \sqrt{-1}$. Qual é o significado físico do autovetor de ^A_BR associado com o autovalor 1?

2.6 [21] Derive a Equação (2.80).

2.7 [24] Descreva (ou programe) um algoritmo que extraia o ângulo e o eixo equivalente de uma matriz rotacional. A Equação (2.82) é um bom começo, mas certifique-se de que o seu algoritmo irá lidar com os casos especiais de $\theta = 0°$ e $\theta = 180°$.

2.8 [29] Escreva uma sub-rotina que altere a representação da orientação, da forma de matriz rotacional para a forma de equivalência ângulo-eixo. Uma declaração de procedimento no estilo Pascal começaria com

```
Procedure RMTOAA (VAR R:mat33; VAR K:vec3; VAR theta: real);
```

Escreva outra sub-rotina que altere da representação de equivalência ângulo-eixo para a representação de matriz rotacional:

```
Procedure AATORM(VAR K:vec3; VAR theta: real: VAR R:mat33);
```

Escreva as rotinas em C, se preferir.

Execute esses procedimentos em vários casos para testar os dados comparativamente, verificando se você obtém o que inseriu como entrada. Inclua alguns casos difíceis!

2.9 [27] Faça o Exercício 2.8 para os ângulos de rolagem, inclinação e guinada em torno de eixos fixos.

2.10 [27] Faça o Exercício 2.8 para o ângulos Z–Y–Z de Euler.

2.11 [10] Em que condições duas matrizes rotacionais representando rotações finitas comutam? Não é necessária uma prova.

2.12 [14] Um vetor de velocidade é dado por

$$^BV = \begin{bmatrix} 10,0 \\ 20,0 \\ 30,0 \end{bmatrix}.$$

Dada

$$^A_BT = \begin{bmatrix} 0,866 & -0,500 & 0,000 & 11,0 \\ 0,500 & 0,866 & 0,000 & -3,0 \\ 0,000 & 0,000 & 1,000 & 9,0 \\ 0 & 0 & 0 & 1 \end{bmatrix},$$

calcule ^AV.

2.13 [21] As definições de sistemas de referência, a seguir, são dadas como conhecidas:

$$
{}^U_A T = \begin{bmatrix} 0,866 & -0,500 & 0,000 & 11,0 \\ 0,500 & 0,866 & 0,000 & -1,0 \\ 0,000 & 0,000 & 1,000 & 8,0 \\ 0 & 0 & 0 & 1 \end{bmatrix},
$$

$$
{}^B_A T = \begin{bmatrix} 1,000 & 0,000 & 0,000 & 0,0 \\ 0,000 & 0,866 & -0,500 & 10,0 \\ 0,000 & 0,500 & 0,866 & -20,0 \\ 0 & 0 & 0 & 1 \end{bmatrix},
$$

$$
{}^C_U T = \begin{bmatrix} 0,866 & -0,500 & 0,000 & -3,0 \\ 0,433 & 0,750 & -0,500 & -3,0 \\ 0,250 & 0,433 & 0,866 & 3,0 \\ 0 & 0 & 0 & 1 \end{bmatrix}.
$$

Desenhe um diagrama de sistema de referência (como o da Figura 2.15) para mostrar seu arranjo qualitativamente e resolva para ${}^B_C T$.

2.14 [31] Desenvolva uma fórmula geral para obter ${}^A_B T$, na qual, a partir da coincidência inicial, $\{B\}$ é rotacionado θ em torno de $\hat{K}$ onde $\hat{K}$ atravessa o ponto ${}^A P$ (não através da origem de $\{A\}$ em geral).

2.15 [34] $\{A\}$ e $\{B\}$ são sistemas de referência que diferem somente quanto à orientação. $\{B\}$ é obtido como se segue: começando coincidente com $\{A\}$, $\{B\}$ é rotacionado em θ radianos em torno do vetor unitário $\hat{K}$ – ou seja,

$${}^A_B R = {}^A_B R_K(\theta).$$

Mostre que

$${}^A_B R = e^{k\theta},$$

sendo

$$K = \begin{bmatrix} 0 & -k_x & k_y \\ k_z & 0 & -k_x \\ -k_y & k_x & 0 \end{bmatrix}.$$

2.16 [22] Um vetor precisa ser mapeado através de três matrizes rotacionais:

$${}^A P = {}^A_B R \, {}^B_C R \, {}^C_D R \, {}^D P.$$

Uma opção é primeiro multiplicar juntas as três matrizes rotacionais para formar ${}^A_D R$ na expressão

$${}^A P = {}^A_D R \, {}^D P.$$

Outra opção é transformar o vetor através das matrizes, uma de cada vez, ou seja,

$${}^A P = {}^A_B R \, {}^B_C R \, {}^C_D R \, {}^D P,$$
$${}^A P = {}^A_B R \, {}^B_C R \, {}^C P,$$
$${}^A P = {}^A_B R \, {}^B P,$$
$${}^A P = {}^A P.$$

Se ^DP está mudando em 100 Hz, teríamos de recalcular ^AP na mesma taxa. No entanto, as três matrizes rotacionais também estão mudando, como relata um sistema de visão que nos dá novos valores para ^A_BR, ^B_CR e ^C_DR em 30 Hz. Qual a melhor maneira de organizar a computação para minimizar o esforço de cálculo (multiplicações e somas)?

2.17 [16] Outro conjunto conhecido de três coordenadas que pode ser usado para descrever um ponto no espaço é o das coordenadas cilíndricas. As três coordenadas são definidas como ilustra a Figura 2.23. A coordenada θ dá uma direção no plano xy ao longo do qual transladar radialmente por uma quantidade r. Por fim, z é dado para especificar a altura sobre o plano xy. Compute as coordenadas cartesianas do ponto ^AP em termos das coordenadas cilíndricas θ, r e z.

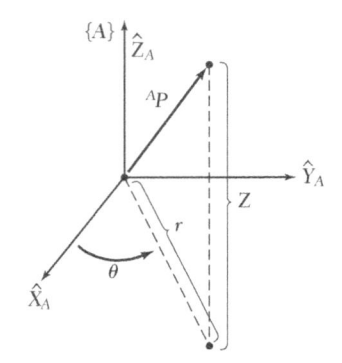

Figura 2.23: Coordenadas cilíndricas.

2.18 [18] Outro conjunto de três coordenadas que pode ser usado para descrever um ponto no espaço é o de coordenadas esféricas. Estas são definidas conforme ilustrado na Figura 2.24. Os ângulos α e β podem ser entendidos como descrevendo azimute e elevação de um raio que se projeta no espaço. A terceira coordenada, r, é a distância radial ao longo desse raio ao ponto que está sendo descrito. Calcule as coordenadas cartesianas do ponto ^AP em termos das coordenadas esféricas α, β e r.

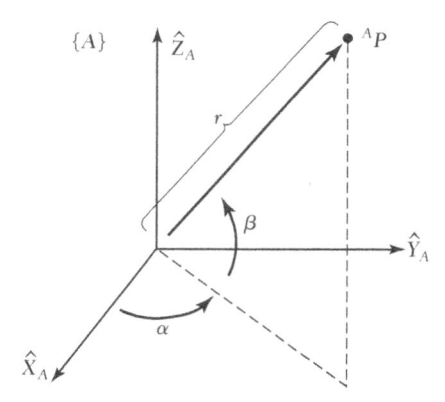

Figura 2.24: Coordenadas esféricas.

2.19 [24] Um objeto é rotacionado em torno do seu eixo $\hat{X}$ por uma quantidade ϕ e, depois, é rotacionado em torno do seu novo eixo $\hat{Y}$ por uma quantidade ψ. Com base em nosso estudo dos ângulos de Euler, sabemos que a orientação resultante é dada por

$R_x(\phi)R_y(\psi)$,

enquanto que, se as duas rotações tivessem ocorrido em torno de eixos do sistema de referência fixo, o resultado teria sido

$R_y(\psi)R_x(\phi)$.

Parece que a ordem de multiplicação depende de as rotações serem descritas com relação a eixos fixos ou aos do sistema de referência que está sendo movimentado. É mais adequado, no entanto, entender que, ao se especificar uma rotação em torno de um eixo de tal sistema de referência, estamos especificando uma rotação no sistema fixo dado por (para este exemplo)

$R_x(\phi)R_y(\psi)R_x^{-1}(\phi)$.

Essa *transformação de similaridade* [1], que multiplica o $R_x(\phi)$ original na esquerda, se reduz à expressão resultante na qual *parece* que a ordem da multiplicação matricial foi invertida. Desse ponto de vista, demonstre a forma da matriz rotacional que é equivalente ao conjunto de ângulos Z-Y-Z de Euler (α, β, γ). (O resultado é dado por (2.72).)

2.20 [20] Imagine rotacionar um vetor Q em torno de um vetor $\hat{K}$ por uma quantidade θ para formar um novo vetor Q', ou seja,

$Q' = R_K(\theta)Q$.

Use (2.80) para deduzir a **fórmula de Rodriques**,

$Q' = Q\cos\theta + \operatorname{sen}\theta\left(\hat{K} \times Q\right) + (1-\cos\theta)\left(\hat{K} \cdot \hat{Q}\right)\hat{K}$.

2.21 [15] Para rotações pequenas o bastante nas quais as aproximações sen $\theta = \theta$, cos $\theta = 1$, e $\theta^2 = 0$ são verdadeiras, deduza a matriz rotacional equivalente a uma rotação de θ em torno de um eixo geral, $\hat{K}$. Comece sua dedução com base em (2.80).

2.22 [20] Usando o resultado do Exercício 2.21, mostre que duas rotações infinitesimais permutam (isto é, a ordem na qual as rotações são realizadas não é importante).

2.23 [25] Dê um algoritmo para construir a definição de um sistema de referência ${}_A^U T$ a partir de três pontos ${}^U P_1$, ${}^U P_2$ e ${}^U P_3$, sendo que o seguinte é conhecido sobre estes pontos:
  1. ${}^U P_1$ está na origem de $\{A\}$;
  2. ${}^U P_2$ está em algum lugar do eixo $\hat{X}$ positivo de $\{A\}$;
  3. ${}^U P_3$ está próximo do eixo $\hat{Y}$ positivo do plano XY de $\{A\}$.

2.24 [45] Comprove a fórmula de Cayley para matrizes ortonormais próprias.

2.25 [30] Mostre que os valores característicos de uma matriz rotacional são 1, $e^{\alpha i}$ e $e^{-\alpha i}$, sendo $i = \sqrt{-1}$.

2.26 [33] Prove que qualquer conjunto de ângulos de Euler é suficiente para expressar todas as possíveis matrizes rotacionais.

2.27 [15] Com relação à Figura 2.25, dê o valor de ${}_B^A T$.

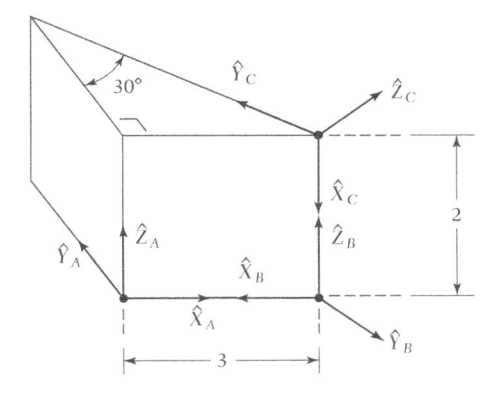

Figura 2.25: Sistemas de referência nos cantos de uma cunha.

2.28 [15] Com relação à Figura 2.25, dê o valor de $^A_C T$.
2.29 [15] Com relação à Figura 2.25, dê o valor de $^B_C T$.
2.30 [15] Com relação à Figura 2.25, dê o valor de $^C_A T$.
2.31 [15] Com relação à Figura 2.26, dê o valor de $^A_B T$.

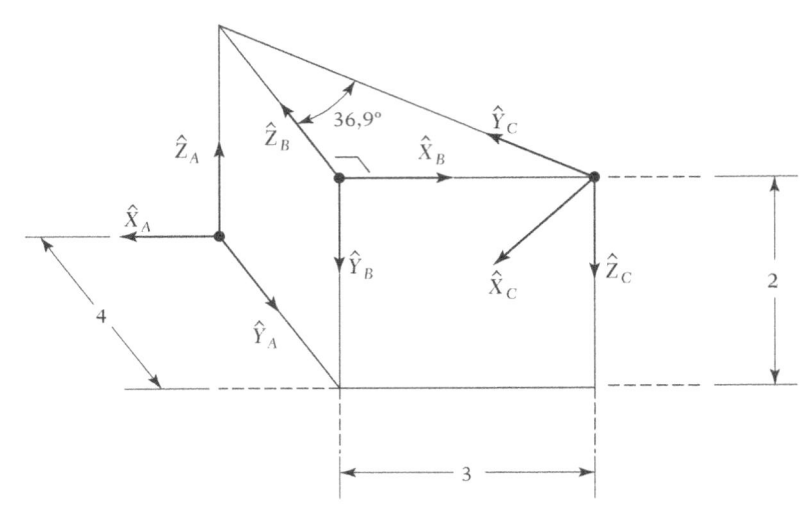

Figura 2.26: Sistema de referência nos cantos de uma cunha.

2.32 [15] Com relação à Figura 2.26, dê o valor de $^A_C T$.
2.33 [15] Com relação à Figura 2.26, dê o valor de $^B_C T$.
2.34 [15] Com relação à Figura 2.26, dê o valor de $^C_A T$.
2.35 [20] Prove que o determinante de qualquer matriz rotacional é sempre igual a 1.
2.36 [36] Um corpo rígido movendo-se em um plano (isto é, em um espaço bidimensional) tem três graus de liberdade. Em um espaço tridimensional, tem seis graus de liberdade. Demonstre que um corpo em um espaço n-dimensional tem $½(N^2 + N)$ graus de liberdade.
2.37 [15] Dado

$$^A_B T = \begin{bmatrix} 0{,}25 & 0{,}43 & 0{,}86 & 5{,}0 \\ 0{,}87 & -0{,}50 & 0{,}00 & -4{,}0 \\ 0{,}43 & 0{,}75 & -0{,}50 & 3{,}0 \\ 0 & 0 & 0 & 1 \end{bmatrix},$$

qual é o (2,4) elemento de $^B_A T$?

2.38 [25] Imagine dois vetores unitários, v_1 e v_2, incorporados a um corpo rígido. Observe que não importa como o corpo seja rotacionado, o ângulo geométrico entre dois vetores é preservado (ou seja, a rotação de um corpo rígido é uma operação com "preservação do ângulo"). Use esse fato para fornecer uma prova concisa (de 4 ou 5 linhas) de que o inverso de uma matriz rotacional deve ser igual à sua transposta e de que as matrizes rotacionais são ortonormais.
2.39 [37] Dê um algoritmo (talvez na forma de um programa em C) que calcule o quatérnio unitário correspondente a uma matriz rotacional dada. Use (2.91) como ponto de partida.
2.40 [33] Dê um algoritmo (talvez na forma de um programa em C) que calcule os ângulos Z-X-Z de Euler correspondentes a uma matriz rotacional dada. Veja o Apêndice B.
2.41 [33] Dê um algoritmo (talvez na forma de um programa em C) que calcule os ângulos fixos X-Y-X correspondentes a uma matriz rotacional dada. Veja o Apêndice B.

EXERCÍCIOS DE PROGRAMAÇÃO (PARTE 2)

1. Se sua biblioteca de funções não inclui uma sub-rotina da função Atan2, escreva uma.
2. Para fazermos uma interface de usuário amigável, queremos descrever orientações no universo planar com um único ângulo, θ, em vez de usar uma matriz rotacional 2×2. O usuário sempre irá se comunicar em termos do ângulo θ, mas internamente precisaremos da forma de matriz rotacional. Para a parte de vetor de posição de um sistema de referência, o usuário especificará valores para x e y. Portanto, queremos permitir que o usuário especifique um *sistema de referência* como um trio: (x, y, θ). Internamente, como queremos usar um vetor de posição 2×1 e uma matriz rotacional 2×2, precisamos de rotinas de conversão. Escreva uma sub-rotina cuja definição em Pascal começaria com

   ```
   Procedure UTOI (VAR uform: vec3; VAR iform: frame);
   ```

   em que "UTOI" significa "da forma do usuário para a forma interna" (*User form TO Internal form*). O primeiro argumento é o trio (x, y, θ) e o segundo argumento é do tipo "sistema de referência" consistindo de um vetor de posição (2×1) e de uma matriz rotacional (2×2). Se quiser, você pode representar o sistema de referência com uma transformação homogênea (3×3) na qual a terceira linha é [0 0 1]. A rotina inversa também será necessária:

   ```
   Procedure UTOU (VAR uform: frame; VAR uform: vec3);
   ```

3. Escreva uma sub-rotina para multiplicar juntas duas transformações. Use o seguinte cabeçalho para o procedimento:

   ```
   Procedure TMULT (VAR brela, crelb, crela: frame);
   ```

   Os dois primeiros argumentos são entradas e o terceiro é uma saída. Observe que os nomes dos argumentos documentam o que o programa faz (brela = $^A_B T$).

4. Escreva uma sub-rotina para inverter uma transformação. Use o seguinte cabeçalho para o procedimento:

   ```
   Procedure TINVERT (VAR brela, arelb: frame);
   ```

   O primeiro argumento é a entrada e o segundo é a saída. Observe que os nomes dos argumentos documentam o que o programa faz (brela = $^A_B T$).

5. As seguintes definições de sistema de referência são dadas como conhecidas:

   $$^U_A T = \begin{bmatrix} x & y & \theta \end{bmatrix} = \begin{bmatrix} 11,0 & -1,0 & 30,0 \end{bmatrix},$$
   $$^B_A T = \begin{bmatrix} x & y & \theta \end{bmatrix} = \begin{bmatrix} 0,0 & 7,0 & 45,0 \end{bmatrix},$$
   $$^C_U T = \begin{bmatrix} x & y & \theta \end{bmatrix} = \begin{bmatrix} -3,0 & -3,0 & -30,0 \end{bmatrix}.$$

   Esses sistemas de referência são entradas na representação do usuário $[x, y, \theta]$ (em que θ está em graus). Desenhe o diagrama de um sistema de referência (como o da Figura 2.15, mas bidimensional) que mostre em termos qualitativos seu arranjo. Escreva um programa que chame TMULT e TINVERT (definidos nos exercícios de programação 3 e 4) quantas vezes forem necessárias para resolver $^B_C T$. Em seguida, imprima $^B_C T$ tanto na representação interna quanto na do usuário.

EXERCÍCIO PARA O MATLAB 2A

a) Usando a convenção dos ângulos Z-Y-X ($\alpha - \beta - \gamma$) de Euler, escreva um programa para o MATLAB para calcular a matriz rotacional $^A_B R$ quando o usuário entrar os ângulos $\alpha - \beta - \gamma$ de Euler.

Teste para dois exemplos:
i) $\alpha = 10°$, $\beta = 20°$, $\gamma = 30°$.
ii) $\alpha = 30°$, $\beta = 90°$, $\gamma = -55°$.

Para o caso (i), demonstre as seis restrições para matrizes rotacionais ortonormais unitárias (isto é, há nove números em uma matriz 3 × 3, mas apenas três são independentes). Demonstre, também, a *bela* propriedade $^B_A R = ^A_B R^{-1} = ^A_B R^T$, para o caso (i).

b) Escreva um programa para o MATLAB para calcular os ângulos α–β–γ de Euler quando o usuário entra uma matriz rotacional $^A_B R$ (o problema inverso). Calcule ambas as soluções possíveis. Demonstre a solução inversa para os dois casos do item (a). Faça uma verificação circular para conferir os resultados (isto é, entre os ângulos de Euler no código do item (a); tome a matriz rotacional resultante $^A_B R$ e use-a como entrada para o código do item (b); você obterá dois conjuntos de respostas – uma deve ser a entrada original do usuário e a outra pode ser verificada usando-se mais uma vez o código no item (a).

c) Para uma rotação simples de β apenas em torno do eixo Y, para $\beta = 20°$ e $^B P = \{1\ 0\ 1\}^T$, calcule $^A P$. Demonstre com um desenho que os seus resultados estão corretos.

d) Verifique todos os resultados utilizando o Robotics Toolbox para o MATLAB de Peter Corke. Experimente as funções *rpy2tr()*, *tr2rpy()*, *rotx()*, *roty()* e *rotz()*.

EXERCÍCIO PARA O MATLAB 2B

a) Escreva um programa para o MATLAB para calcular a matriz de transformação homogênea $^A_B T$ quando o usuário entra os ângulos Z-Y-X de Euler α–β–γ e o vetor posição $^A P_B$. Teste para dois exemplos:
i) $\alpha = 10°$, $\beta = 20°$, $\gamma = 30°$ e $^A P_B = \{1\ 2\ 3\}^T$.
ii) Para $\beta = 20°$ ($\alpha = \gamma = 0°$), $^A P_B = \{3\ 0\ 1\}^T$.

b) Para $\beta = 20°$ ($\alpha = \gamma = 0°$), $^A P_B = \{3\ 0\ 1\}^T$ e $^B P = \{1\ 0\ 1\}^T$, use o MATLAB para calcular $^A P$. Demonstre com um desenho que seus resultados estão corretos. Também, usando os mesmos números, demonstre todas as três interpretações da matriz de transformação homogênea – a tarefa (b) é a segunda interpretação, mapeamento de transformação.

c) Escreva um programa para o MATLAB para calcular a matriz de transformação homogênea inversa $^A_B T^{-1} = ^B_A T$, usando a fórmula simbólica. Compare o seu resultado com uma função do MATLAB numérica (por exemplo, *inv*). Demonstre que os dois métodos geram resultados corretos (isto é, $^A_B T\, ^A_B T^{-1} = ^A_B T^{-1}\, ^A_B T = I_4$). Demonstre o mesmo para os exemplos (i) e (ii) do item (a) anterior.

d) Defina que $^A_B T$ é o resultado de (a)(i) e $^B_C T$ é o resultado de (a)(ii).
i) Calcule $^A_C T$ e mostre a relação por meio de um gráfico de transformação. Faça o mesmo para $^C_A T$.
ii) Dados $^A_C T$ e $^B_C T$ de (d)(i) – presuma que não conhece $^A_B T$, calcule-o e compare o resultado com a resposta que você conhece.
iii) Dados $^A_C T$ e $^A_B T$ de (d)(i) – presuma que não conhece $^B_C T$, calcule-o e compare o resultado com a resposta que você conhece.

e) Confira todos os resultados usando o Robotics Toolbox para o MATLAB de Peter Corke. Teste as funções *rpy2tr()* e *transl()*.

Cinemática dos manipuladores

3.1 Introdução
3.2 Descrição de um elo
3.3 Descrição da conexão dos elos
3.4 Convenção para fixar sistemas de referência aos elos
3.5 Cinemática dos manipuladores
3.6 Espaço do atuador, espaço da junta e espaço cartesiano
3.7 Exemplos: cinemática de dois robôs industriais
3.8 Sistemas de referência com nomes padrão
3.9 Onde está a ferramenta?
3.10 Considerações computacionais

3.1 INTRODUÇÃO

Cinemática é a ciência do movimento que trata do assunto sem considerar as forças que o causam. Nessa ciência estudamos a posição, a velocidade, a aceleração e todas as derivadas de ordem mais elevada das variáveis de posição (com respeito ao tempo ou quaisquer outras variáveis). Assim, o estudo da cinemática dos manipuladores refere-se a todas as propriedades do movimento que sejam geométricas e baseadas no tempo. A relação entre esses movimentos e as forças e torques que os causam constituem problema da dinâmica que é o assunto do Capítulo 6.

Neste capítulo consideramos a posição e a orientação dos elos do manipulador em situações estáticas. Nos capítulos 5 e 6 estudaremos a cinemática quando velocidades e acelerações estão envolvidas.

A fim de lidar com a geometria complexa de um manipulador, fixaremos sistemas de referência às várias partes do mecanismo e depois descreveremos as relações entre eles. O estudo da cinemática dos manipuladores envolve, entre outras coisas, como a localização dos sistemas de referência se altera à medida que o mecanismo se articula. O tópico central deste capítulo é um método para computar a posição e a orientação do efetuador do manipulador em relação à sua base como função das variáveis das juntas.

3.2 DESCRIÇÃO DE UM ELO

Um manipulador pode ser considerado um conjunto de corpos conectado em cadeia, por juntas. Esses corpos são chamados de elos. As juntas formam uma conexão entre um par de elos vizinhos. O termo **par inferior** é usado para descrever a conexão entre um par de corpos quando o movimento relativo caracteriza-se por duas superfícies que deslizam uma sobre a outra. A Figura 3.1 mostra os seis tipos possíveis de juntas do par inferior.

Aspectos do projeto mecânico favorecem que os manipuladores sejam em geral construídos com base em juntas que tenham apenas um grau de liberdade. A maioria dos manipuladores tem **juntas rotacionais** ou possuem juntas deslizantes chamadas **juntas prismáticas**. Nos raros casos em que um mecanismo é construído com uma junta com n graus de liberdade, ele poderá ser modelado como n juntas com um grau de liberdade cada uma delas conectadas com $n-1$ elos de comprimento zero. Portanto, sem perder a generalidade, consideraremos apenas manipuladores que têm juntas com apenas um grau de liberdade.

Os elos são numerados a partir da base imóvel do braço que pode ser chamada de elo 0. O primeiro corpo móvel é o elo 1, e assim por diante, até a extremidade livre, que é o elo n. A fim de posicionar um efetuador, em geral no espaço tridimensional, é necessário um mínimo de seis juntas.[*] Os manipuladores típicos têm cinco ou seis juntas. Alguns robôs não são na realidade tão simples quanto uma única cadeia cinemática – eles têm ligações em paralelogramos ou outras estruturas cinemáticas fechadas. Consideraremos um manipulador desse tipo mais adiante, neste capítulo.

Um único elo de um robô típico tem muitos atributos que um projetista mecânico deve considerar durante o projeto: o tipo de material usado, as resistências e a dureza do elo, a locali-

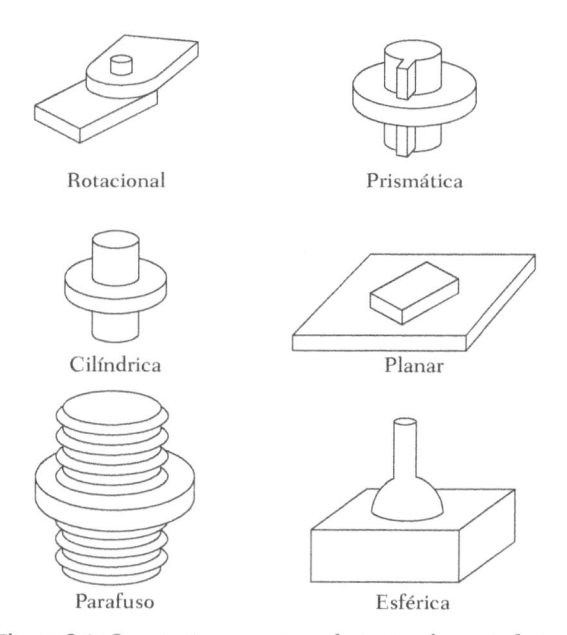

Figura 3.1: Os seis tipos possíveis de juntas do par inferior.

---

[*] Isso, intuitivamente, faz muito sentido, porque a descrição de um objeto no espaço requer seis parâmetros, três para a posição e três para a orientação.

zação e o tipo dos mancais das juntas, a forma externa, o peso e a inércia e mais. No entanto, para o objetivo de se obterem as equações cinemáticas do mecanismo, *um elo é considerado apenas um corpo rígido que define a relação entre os eixos de duas juntas, vizinhas, de um manipulador*. Os eixos de juntas são definidos por linhas no espaço. O eixo de junta i é definido por uma linha no espaço, ou um vetor direção, em torno do qual o elo i rotaciona em relação ao elo $i-1$. Ocorre que, para os propósitos da cinemática, um elo pode ser especificado com dois números que definem a localização relativa dos dois eixos no espaço.

Para quaisquer dois eixos no espaço tridimensional existe uma medida bem definida de distância entre eles. Tal distância é medida ao longo de uma linha que é mutuamente perpendicular aos dois eixos. Essa perpendicular mútua sempre existe; ela é única, exceto quando os dois eixos são paralelos e, nesse caso, há muitas perpendiculares mútuas com o mesmo comprimento. A Figura 3.2 mostra o elo $i-1$ e a linha mutuamente perpendicular ao longo da qual o **comprimento de elo**, a_{i-1}, é medido. Outra maneira de visualizar o parâmetro de elo a_{i-1} é imaginar um cilindro em expansão, cujo eixo é o eixo da junta $i-1$ – quando ele apenas toca o eixo de junta i, o raio do cilindro é igual a a_{i-1}.

O segundo parâmetro necessário para definir a localização relativa de dois eixos chama-se **torção do elo**. Se imaginarmos um plano cuja normal é a linha perpendicular mútua que acabamos de construir, podemos projetar os eixos $i-1$ e i nesse plano e medir o ângulo entre eles. O ângulo é medido do eixo $i-1$ ao eixo i no sentido da mão direita, em torno de a_{i-1}.* Usaremos essa definição da torção do elo $i-1$, α_{i-1}. Na Figura 3.2, α_{i-1} é indicado como o ângulo entre o eixo $i-1$ e o eixo i. (As linhas com o sinal de traço triplo são paralelas.) No caso de eixos que se cruzam, a torção é medida no plano que contém ambos os eixos, mas o sentido de α_{i-1} se perde. Nesse caso especial, temos a liberdade de atribuir arbitrariamente o sinal de α_{i-1}.

Você deve se convencer de que esses dois parâmetros, comprimento e torção, como já definidos, podem ser usados para decidir o relacionamento entre quaisquer duas linhas (nesse caso, eixos) no espaço.

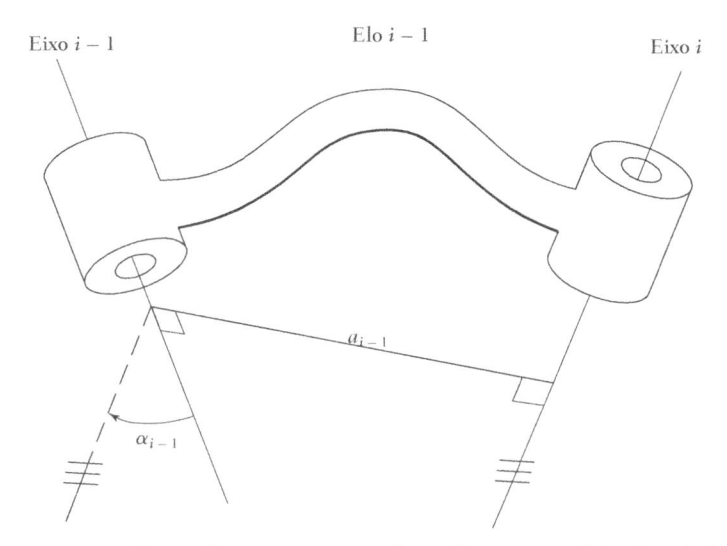

Figura 3.2: A função cinemática de um elo é manter uma relação fixa entre os dois eixos de juntas que ele sustenta. Essa relação pode ser descrita com dois parâmetros: o comprimento do elo, a, e a torção do elo, α.

---

* Nesse caso, a_{i-1} é dada a direção que aponta do eixo $i-1$ para o eixo i.

> **EXEMPLO 3.1**
>
> A Figura 3.3 mostra os projetos mecânicos de um elo robótico. Se esse elo for empregado em um robô com o rolamento "A" usado para a junta de número mais baixo, dê o comprimento e a torção desse elo. Presuma que em cada mancal os orifícios estão centralizados.
>
> Por inspeção, a perpendicular comum passa bem no centro da barra de metal que conecta os mancais, de forma que o comprimento do elo é de 7 polegadas. A visualização final mostra, inclusive, uma projeção do mancal no plano cuja normal é a perpendicular mútua. A torção do elo é medida no sentido da mão direita em torno da perpendicular comum, do eixo $i-1$ para o eixo i, de forma que, neste exemplo, ele é claramente de +45 graus.
>
> **Figura 3.3:** Um elo simples que sustenta dois eixos rotacionais.

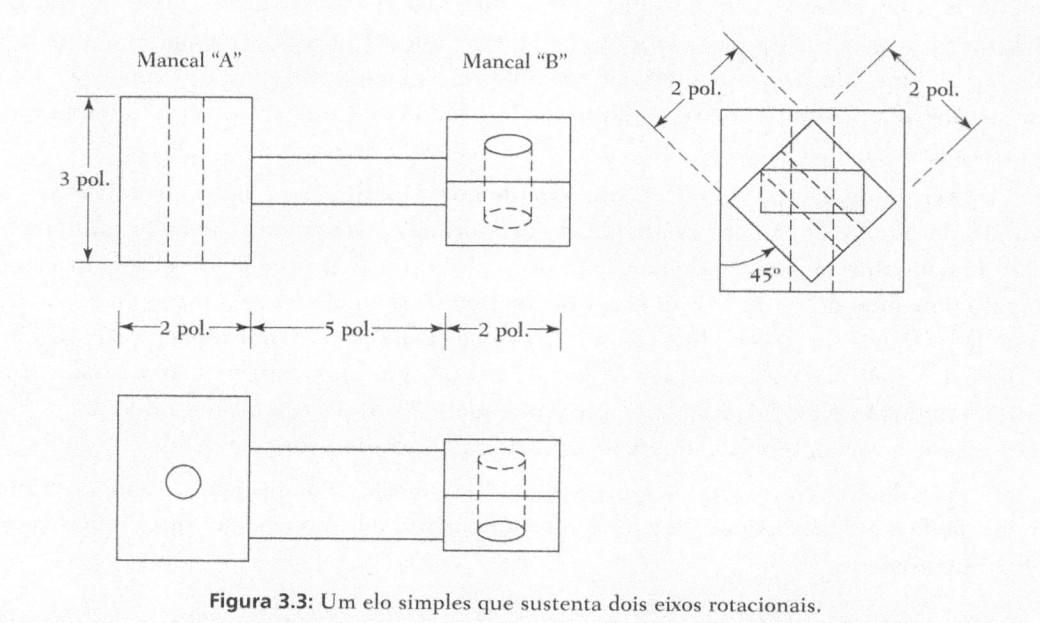

3.3 DESCRIÇÃO DA CONEXÃO DOS ELOS

O problema de conectar os elos de um robô é também repleto de questões que cabem ao projetista mecânico resolver. Elas incluem a resistência da junta, sua lubrificação e a montagem das engrenagens e do mancal. No entanto, para o estudo da cinemática, precisamos nos preocupar apenas com duas quantidades que especificarão por completo a forma de conexão dos elos.

> Elos intermediários da cadeia

Elos vizinhos têm um eixo de junta comum entre si. Um dos parâmetros de interconexão tem a ver com a distância ao longo desse eixo, de um elo para o próximo. Tal parâmetro é chamado de **deslocamento de elo** (também chamado de **distância entre elos** ou *offset*). O deslocamento no eixo de junta i é chamado d_i. O segundo parâmetro descreve a quantidade de rotação em torno desse eixo comum entre um elo e seu vizinho. Isso é chamado de **ângulo de junta**, θ_i.

A Figura 3.4 mostra a interconexão dos elos $i-1$ e i. Lembre-se de que a_{i-1} é a perpendicular mútua entre os dois eixos de $i-1$. Da mesma forma, a_i é a perpendicular mútua definida para o elo i.

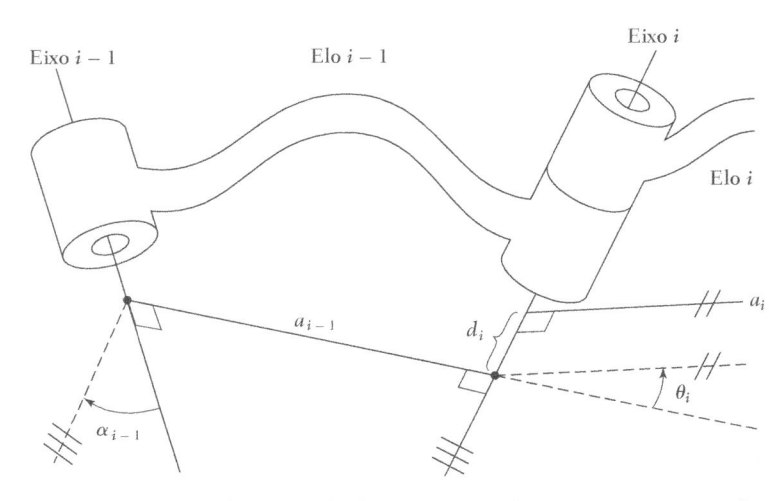

Figura 3.4: O deslocamento de elo, d, e o ângulo de junta, θ, são dois parâmetros que podem ser usados para descrever a natureza da conexão entre elos vizinhos.

O primeiro parâmetro de interconexão é o deslocamento de elo, d_i, que é a distância sinalizada medida ao longo do eixo da junta i do ponto onde a_{i-1} cruza o eixo, ao ponto onde a_i cruza o eixo. O deslocamento d_i é indicado na Figura 3.4. O deslocamento de elo d_i será variável se a junta i for prismática. O segundo parâmetro de interconexão é o ângulo formado entre uma extensão de a_{i-1} e a_i medida em torno do eixo da junta i. Isso está mostrado na Figura 3.4, onde as linhas com as marcas duplas são paralelas. Esse parâmetro é chamado de θ_i e é variável nas juntas rotacionais.

> Primeiro e último elos da cadeia

O comprimento de elo, a_i, e a torção de elo, α_i, dependem dos eixos de juntas i e $+ 1$. Portanto, os valores de a_1 até a_{n-1} e de α_1 até α_{n-1} são definidos conforme discutido nesta seção. Nas extremidades da cadeia será convenção nossa atribuir zero a essas quantidades. Ou seja, $a_0 = a_n = 0{,}0$ e $\alpha_0 = \alpha_n = 0{,}0$.* O deslocamento de elo, d_i, e o ângulo de junta, θ_i, estão bem definidos para as juntas de 2 a $n - 1$ segundo as convenções discutidas nesta seção. Se a junta 1 for rotacional, a posição zero para θ_1 pode ser escolhida arbitrariamente; $d_1 = 0{,}0$ será nossa convenção. De modo similar, se a junta 1 for prismática, a posição zero de d_1 pode ser escolhida arbitrariamente; $\theta_1 = 0{,}0$ será a nossa convenção. Exatamente as mesmas expressões se aplicam à junta n.

Tais convenções foram escolhidas de forma que, em um caso no qual a quantidade pode ser atribuída arbitrariamente, o valor zero é atribuído para que os cálculos posteriores sejam os mais simples possível.

> Parâmetros dos elos

Por conseguinte, qualquer robô pode ser descrito cinematicamente atribuindo-se os valores de quatro quantidades para cada elo. Dois descrevem o elo em si e dois descrevem a conexão do elo com um vizinho. No caso usual de uma junta rotacional, θ_i é chamada de **variável de junta** e as outras três quantidades seriam parâmetros fixos de elo. A definição dos mecanismos

---

* De fato, a_n e α_n não têm necessidade alguma de ser definidos.

por meio dessas quantidades é uma convenção chamada de **notação de Denavit-Hartenberg** [1].* Há outros métodos disponíveis para a descrição de mecanismos, mas eles não serão apresentados aqui.

A essa altura, poderíamos estudar qualquer mecanismo e determinar os parâmetros de Denavit-Hartenberg que o descrevem. Para um robô de seis juntas, 18 números seriam necessários para descrever completamente a porção fixa da sua cinemática. No caso de um de seis juntas, sendo todas elas rotacionais, os seis números estariam na forma de seis conjuntos de (α_i, a_i, d_i).

EXEMPLO 3.2

Dois elos, conforme descritos na Figura 3.3, estão conectados como os elos 1 e 2 de um robô. A junta 2 é composta de um mancal "B" do elo 1 e de um mancal "A" do elo 2, arranjados de forma que as superfícies planas dos mancais "A" e "B" ficam niveladas uma contra a outra. Qual é d_2?

O deslocamento de elo d_2 é o da junta 2, que é a distância, medida ao longo do eixo desta, entre a perpendicular mútua do elo 1 e do elo 2. Conforme os projetos na Figura 3.3, é de 2,5 polegadas.

Antes de apresentarmos mais exemplos, vamos definir uma convenção para fixar um sistema de referência a cada elo do manipulador.

3.4 CONVENÇÃO PARA FIXAR SISTEMAS DE REFERÊNCIA AOS ELOS

A fim de descrever a localização de cada elo em relação aos seus vizinhos, definimos um sistema de referência fixado a cada elo. Os sistemas de referência dos elos são identificados por número de acordo com o elo ao qual estão fixados. Ou seja, o sistema de referência $\{i\}$ está rigidamente fixado ao elo i.

> Elos intermediários da cadeia

A convenção que usaremos para localizar sistemas de referência nos elos é a seguinte: o eixo $\hat{Z}$ do sistema de referência $\{i\}$, chamado $\hat{Z}_i$, é coincidente com o eixo de junta i. A origem do sistema de referência $\{i\}$ está localizada onde a perpendicular a_i cruza o eixo da junta i. $\hat{X}_i$ aponta ao longo de a_i na direção da junta i para a junta $i + 1$.

No caso de $a_i = 0$, $\hat{X}_i$ é normal ao plano de $\hat{Z}_i$ e $\hat{Z}_{i+1}$. Definimos α_i como sendo medido no sentido da regra da mão direita em torno de $\hat{X}_i$ e, portanto, vemos que a liberdade de escolher o sinal de α_i neste caso corresponde a duas escolhas para a direção de $\hat{X}_i$. $\hat{Y}_i$ é formada pela regra da mão direita para completar o i-ésimo sistema de referência. A Figura 3.5 mostra a localização dos sistemas de referência $\{i-1\}$ e $\{i\}$ para um manipulador genérico.

---

* Observe que muitas convenções correlatas são chamadas de Denavit-Hartenberg, mas diferem em alguns detalhes. Por exemplo, a versão usada neste livro difere de algumas da literatura robótica quanto à forma de numerar os sistemas de referência. Ao contrário de algumas outras convenções, aqui o sistema de referência {i} está fixado ao elo i e sua origem está no eixo de junta i.

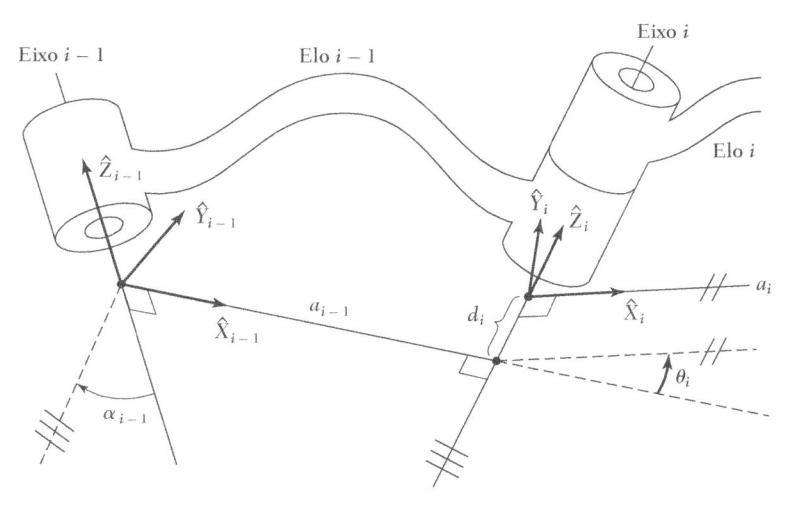

Figura 3.5: Os sistemas de referência de elos são fixados de forma que o sistema de referência {i} esteja rigidamente fixado ao elo i.

> Primeiro e último elos na cadeia

Fixamos um sistema de referência à base do robô, ou elo 0, chamado sistema de referência {0}. Ele não se move; para o problema da cinemática do braço pode ser considerado o sistema de referência imóvel. Podemos descrever as posições dos sistemas de referência de todos os outros elos em termos deste.

O sistema de referência {0} é arbitrário, de forma que é sempre mais simples escolher $\hat{Z}_0$ ao longo do eixo 1 e localizar o sistema de referência {0} para que ele coincida com o sistema de referência {1} quando a variável de junta 1 é zero. Usando essa convenção, sempre teremos $a_0 = 0,0$, $\alpha_0 = 0,0$. Além do mais, isso garante que $d_1 = 0,0$ se a junta 1 for rotacional ou $\theta_1 = 0,0$ se ela for prismática.

Para uma junta n rotacional, a direção de $\hat{X}_N$ é escolhida de forma que se alinhe com $\hat{X}_{N-1}$ quando $\theta_n = 0,0$ e a origem do sistema de referência {N} é escolhida para que $d_n = 0,0$. Para uma junta n prismática, a direção de $\hat{X}_N$ é escolhida de forma que $\theta_n = 0,0$ e a origem do sistema de referência {N} é escolhida no cruzamento de $\hat{X}_{N-1}$ com o eixo de junta n quando $d_n = 0,0$.

> Resumo dos parâmetros dos elos em termos dos sistemas de referência dos elos

Se os sistemas de referência dos elos forem anexados de acordo com a nossa convenção, as seguintes definições dos parâmetros dos elos serão válidas:

a_i = *a distância de $\hat{Z}_i$ a $\hat{Z}_{i+1}$ medida ao longo de $\hat{X}_i$*;

α_i = *o ângulo de $\hat{Z}_i$ a $\hat{Z}_{i+1}$ medido ao longo de $\hat{X}_i$*;

d_i = *a distância de $\hat{X}_{i-1}$ a $\hat{X}_i$ medida ao longo de $\hat{Z}_i$*; e

θ_i = *o ângulo de $\hat{X}_{i-1}$ a $\hat{X}_i$ medido ao longo de $\hat{Z}_i$*.

Costumamos escolher $a_i > 0$ porque corresponde a uma distância. No entanto, α_i, d_i e θ_i são quantidades que possuem sinal.

Uma última observação sobre a unicidade se justifica. A convenção delineada anteriormente não resulta em uma fixação única dos sistemas de referência aos elos. Antes de tudo, quando alinhamos de início o eixo $\hat{Z}_i$ com o eixo de junta i, há duas escolhas de direção nas quais apontar $\hat{Z}_i$. Além disso, no caso de eixos de junta que se cruzam (isto é, $a_i = 0$), há duas escolhas para a direção de $\hat{X}_i$ que correspondem à escolha dos sinais para a normal ao plano que contém $\hat{Z}_i$ e $\hat{Z}_{i+1}$. Quando os eixos i e $i+1$ são paralelos, a escolha da localização da origem para $\{i\}$ é arbitrária (embora em geral escolhida de modo a fazer que d_i seja zero). Do mesmo modo, quando as juntas prismáticas estão presentes, há bastante liberdade na atribuição de sistemas de referência. (Veja, também, o Exemplo 3.5.)

> ## Resumo do procedimento para fixar sistemas de referência a elos

O que se segue é um resumo do procedimento a adotar quando estamos diante de um novo mecanismo, a fim de fixar adequadamente os sistemas de referência dos elos:

1. Identifique os eixos das juntas e imagine (ou desenhe) linhas infinitas ao longo deles. Para as etapas de 2 a 5, a seguir, considere duas dessas linhas vizinhas (nos eixos i e $i+1$).
2. Identifique a perpendicular comum entre eles, ou ponto de intersecção. Atribua a origem do sistema de referência do elo ao ponto de intersecção, ou ao ponto onde a perpendicular comum encontra-se com o i-ésimo eixo.
3. Defina o eixo $\hat{Z}_i$ apontando ao longo do i-ésimo eixo de junta.
4. Defina o eixo $\hat{X}_i$ apontando ao longo da perpendicular comum ou, se os eixos se cruzam, determine que $\hat{X}_i$ é normal ao plano que contém os dois eixos.
5. Defina o eixo $\hat{Y}_i$ para completar um sistema de coordenadas usando a regra da mão direita.
6. Atribua $\{0\}$ para que se equipare a $\{1\}$ quando a primeira variável de junta for zero. Para $\{N\}$, escolha uma localização para a origem e direção $\hat{X}_N$ livremente, mas em geral de forma que o máximo possível de parâmetros de acoplamento seja zero.

EXEMPLO 3.3

A Figura 3.6(a) mostra um braço planar de três elos. Como todas as três juntas são rotacionais, esse manipulador é às vezes chamado de **mecanismo RRR** (ou **3R**). A Figura 3.6(b) é uma representação esquemática do mesmo manipulador. Observe as marcas com traços duplos em cada um dos três eixos, indicando que eles são paralelos. Atribua sistemas de referência aos elos do mecanismo e dê os parâmetros de Denavit-Hartenberg.

Começamos definindo o sistema de referência fixo, o sistema de referência $\{0\}$. Ele é fixo na base e se alinha com o sistema de referência $\{1\}$ quando a primeira variável de junta (θ_1) é zero. Portanto, posicionamos o sistema de referência $\{0\}$ como mostra a Figura 3.7, com $\hat{Z}_0$ alinhado com o eixo de junta-1. Para esse braço, todos os eixos de junta são orientados de modo perpendicular ao plano do braço. Como este se situa em um plano com todos os eixos $\hat{Z}$ paralelos, não há deslocamentos de elo – e todos os d_i são zero. Todas as juntas são rotacionais, de forma que quando estão em zero grau, todos os eixos $\hat{X}$ têm de se alinhar.

Com esses comentários em mente, é fácil encontrar as atribuições de sistema de referência mostradas na Figura 3.7. Os parâmetros de elo correspondentes são indicados na Figura 3.8.

Observe que como os eixos de juntas são todos paralelos e todos os eixos $\hat{Z}$ são tomados como apontando para fora do papel, todos os α_i são zero. Esse é, sem dúvida, um mecanismo muito simples.

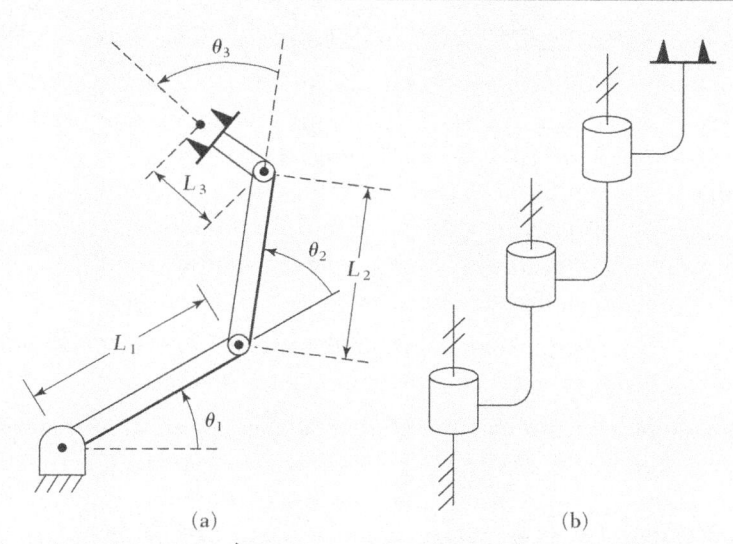

Figura 3.6: Um braço planar de três elos. À direita, mostramos o mesmo manipulador por meio de uma notação esquemática simples. As marcas com traços nos eixos indicam que eles são mutuamente paralelos.

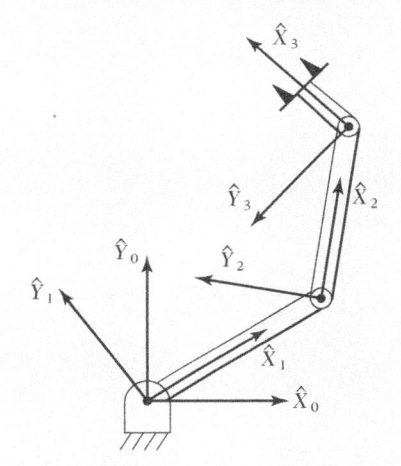

Figura 3.7: Atribuição de sistemas de referência a elos.

i	α_{i-1}	a_{i-1}	d_i	θ_i
1	0	0	0	θ_1
2	0	L_1	0	θ_2
3	0	L_2	0	θ_3

Figura 3.8: Parâmetros dos elos do manipulador planar de três elos.

Note, também, que nossa análise cinemática sempre termina em um sistema de referência cuja origem está no último eixo de junta. Portanto, l_3 não aparece nos parâmetros de elos. Deslocamentos desse tipo no efetuador serão tratados em separado, mais tarde.

EXEMPLO 3.4

A Figura 3.9(a) mostra um robô com três graus de liberdade e uma junta prismática. Esse manipulador pode ser chamado de "mecanismo *RPR*" em uma notação que especifica o tipo e a ordem das juntas. É um robô "cilíndrico", cujas primeiras duas juntas são análogas a coordenadas polares, quando vistas de cima. A última (junta 3) proporciona a "rolagem" da mão. A Figura 3.9(b) mostra o mesmo manipulador em forma esquemática. Note o símbolo usado para representar as juntas prismáticas e que um "ponto" é empregado para indicar o ponto no qual dois eixos adjacentes se cruzam. Também está indicado o fato de que os eixos 1 e 2 são ortogonais.

A Figura 3.10(a) mostra o manipulador com a junta prismática em extensão mínima. A atribuição dos sistemas de referência dos elos é apresentada na Figura 3.10(b).

Observe que nessa figura os sistemas de referência {0} e {1} são mostrados como exatamente coincidentes porque o robô está desenhado na posição $\theta_1 = 0$. Perceba que o sistema de referência {0}, embora não esteja na parte de baixo da base do robô, está, mesmo assim, rigidamente fixado ao elo 0, a parte imóvel do robô. Assim como nossos sistemas de referência de elos não são usados para descrever a cinemática em toda a extensão até a mão, eles não precisam estar fixados em toda a extensão até a parte mais baixa da base do robô. É suficiente que o sistema de referência {0} esteja fixado em qualquer parte do elo imóvel 0 e que {N}, que é o sistema de referência final, esteja fixado a qualquer lugar do último elo do manipulador. Outros deslocamentos serão tratados mais tarde, de uma forma genérica.

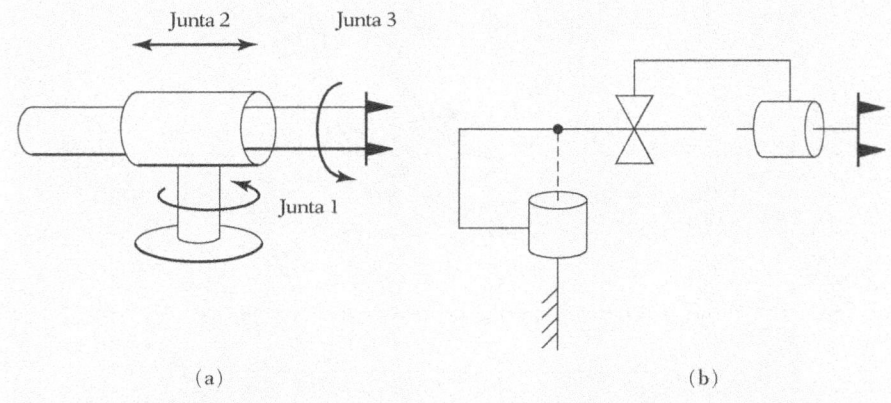

Figura 3.9: Manipulador com três graus de liberdade e uma junta prismática.

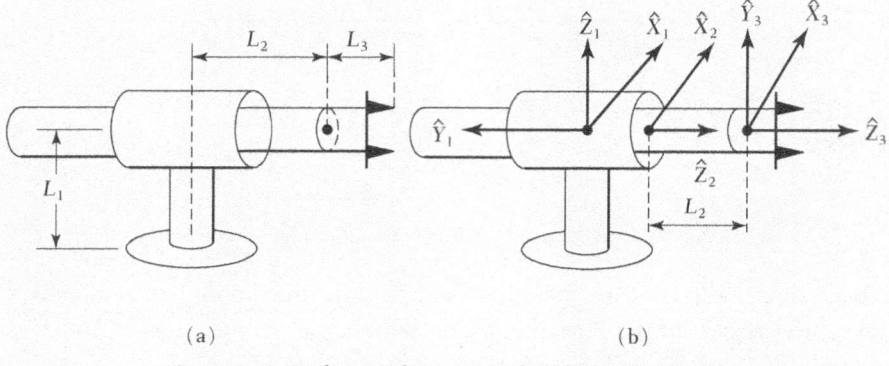

Figura 3.10: Atribuição de sistemas de referência aos elos.

Veja que as juntas rotacionais rotacionam em torno do eixo $\hat{Z}$ do sistema de referência associado, enquanto as juntas prismáticas deslizam ao longo de $\hat{Z}$. No caso em que a junta i é prismática, θ_i é uma constante fixa e d_i é a variável. Se d_i é zero na extensão mínima do elo, então o sistema de referência {2} deve ser fixado onde está mostrado, de forma que d_2 dê o verdadeiro deslocamento. Os parâmetros dos elo são mostrados na Figura 3.11.

Note que θ_2 é zero para esse robô e que d_2 é uma variável. Os eixos 1 e 2 se cruzam, então a_1 é zero. O ângulo α_1 deve ter 90 graus para rotacionar $\hat{Z}_1$ de forma que se alinhe com $\hat{Z}_2$ (em torno de $\hat{X}_1$).

i	α_{i-1}	a_{i-1}	d_i	θ_i
1	0	0	0	θ_1
2	90°	0	d_2	0
3	0	0	L_2	θ_3

Figura 3.11: Parâmetros dos elos para o manipulador *RPR* do Exemplo 3.4.

EXEMPLO 3.5

A Figura 3.12(a) mostra um manipulador 3*R* de três elos para o qual os eixos de junta 1 e 2 se cruzam e os eixos 2 e 3 são paralelos. A Figura 3.12(b) exibe o esquema cinemático do manipulador. Observe que o esquema inclui anotações indicando que os primeiros dois eixos são ortogonais e os dois últimos, paralelos.

Demonstre a não unicidade das atribuições de sistemas de referência e dos parâmetros de Denavit-Hartenberg mostrando várias possíveis atribuições corretas dos sistemas de referência {1} e {2}.

A Figura 3.13 mostra duas possíveis atribuições de sistemas de referência e parâmetros correspondentes para as duas possíveis escolhas de direção de $\hat{Z}_2$.

Em geral, quando $\hat{Z}_i$ e $\hat{Z}_{i+1}$ se cruzam, há duas escolhas para $\hat{X}_i$. Neste exemplo, os eixos de junta 1 e 2 se cruzam, por isso há duas escolhas para a direção de $\hat{X}_1$. A Figura 3.14 apresenta mais duas possíveis atribuições de sistemas de referência que correspondem à segunda escolha de $\hat{X}_1$.

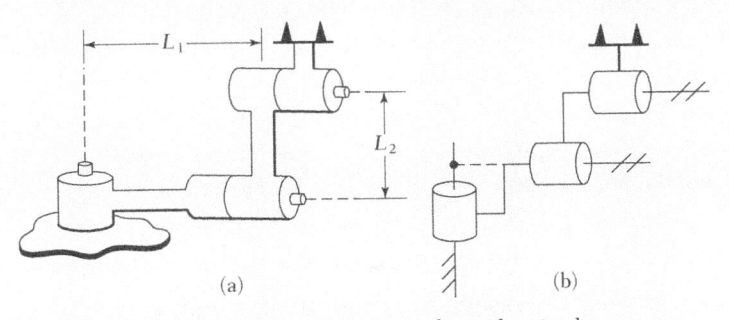

Figura 3.12: Manipulador não planar de três elos.

De fato, há mais quatro possibilidades que correspondem às quatro anteriores, mas com $\hat{Z}_1$ apontando para baixo.

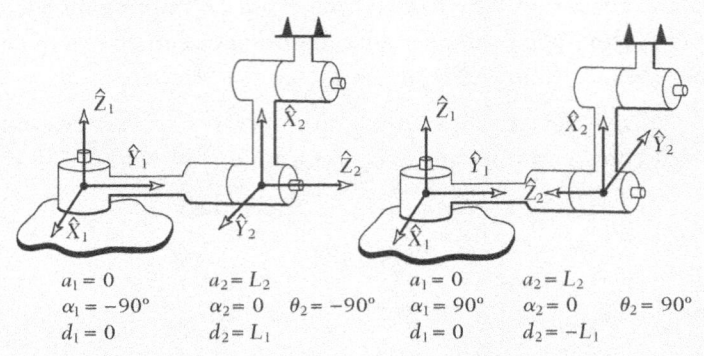

$a_1 = 0 \qquad a_2 = L_2$
$\alpha_1 = -90° \qquad \alpha_2 = 0 \qquad \theta_2 = -90°$
$d_1 = 0 \qquad d_2 = L_1$

$a_1 = 0 \qquad a_2 = L_2$
$\alpha_1 = 90° \qquad \alpha_2 = 0 \qquad \theta_2 = 90°$
$d_1 = 0 \qquad d_2 = -L_1$

Figura 3.13: Duas possíveis atribuições de sistemas de referência.

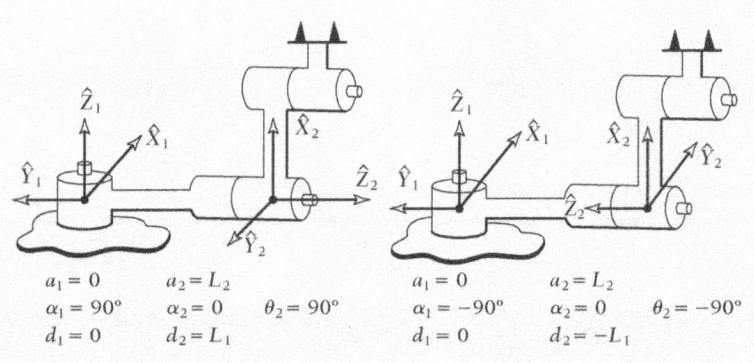

$a_1 = 0 \qquad a_2 = L_2$
$\alpha_1 = 90° \qquad \alpha_2 = 0 \qquad \theta_2 = 90°$
$d_1 = 0 \qquad d_2 = L_1$

$a_1 = 0 \qquad a_2 = L_2$
$\alpha_1 = -90° \qquad \alpha_2 = 0 \qquad \theta_2 = -90°$
$d_1 = 0 \qquad d_2 = -L_1$

Figura 3.14: Mais duas possíveis atribuições de sistemas de referência.

3.5 CINEMÁTICA DOS MANIPULADORES

Nesta seção, deduzimos a forma geral da transformação que relaciona os sistemas de referência fixados a elos vizinhos. Em seguida, concatenamos essas transformações individuais para encontrar a posição e a orientação do elo n com relação ao elo 0.

Derivação das transformações dos elos

Queremos construir a transformação que define o sistema de referência $\{i\}$ em relação ao sistema de referência $\{i - 1\}$. Em geral, ela será uma função dos quatro parâmetros dos elos. Para qualquer robô *dado*, tal transformação será uma função de apenas uma variável, sendo os outros três parâmetros fixados pelo projeto mecânico. Definindo um sistema de referência para cada elo, desmembramos o problema cinemático em n subproblemas. A fim de resolvê-los, a saber $^{i-1}_{i}T$, teremos de desmembrar ainda cada subproblema em quatro outros. *Cada uma dessas quatro transformações será uma função de apenas um parâmetro de elo e será simples o suficiente para que possa escrever sua forma por inspeção.* Começamos definindo três sistemas de referência intermediários para cada elo: $\{P\}$, $\{Q\}$ e $\{R\}$.

Na Figura 3.15 vemos o mesmo par de juntas de antes com os sistemas de referência $\{P\}$, $\{Q\}$ e $\{R\}$ definidos. Observe que somente os eixos $\hat{X}$ e $\hat{Z}$ são mostrados para cada sistema de

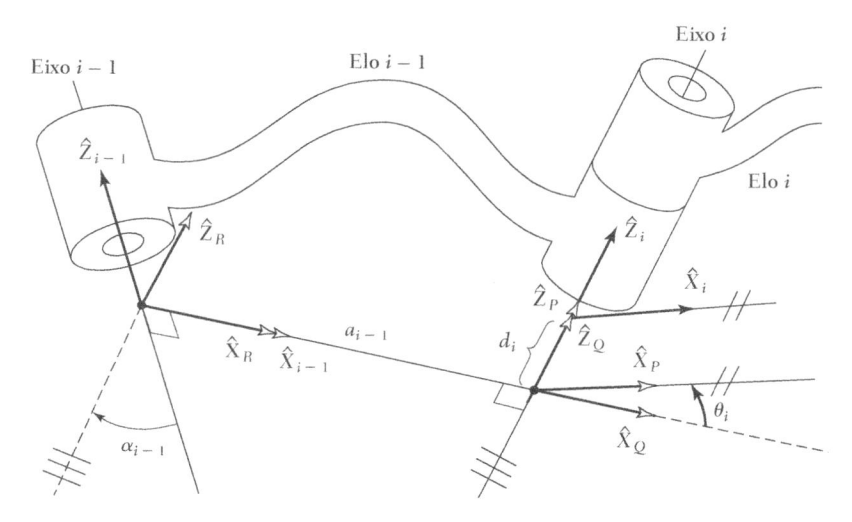

Figura 3.15: Localização dos sistemas de referência intermediários {P}, {Q} e {R}.

referência, a fim de deixar o projeto o mais claro. O sistema de referência {R} difere do sistema de referência {i – 1} somente por uma rotação de α_{i-1}.

O sistema de referência {Q} difere de {R} por uma translação a_{i-1}. O sistema de referência {P} difere de {Q} por uma rotação θ_i, e o sistema de referência {i} difere de {P} por uma translação d_i. Se quisermos escrever a transformação que modifica os vetores definidos em {i} para sua descrição em {i – 1}, podemos empregar:

$$^{i-1}P = {}^{i-1}_R T \, {}^R_Q T \, {}^Q_P T \, {}^P_i T \, {}^i P , \tag{3.1}$$

ou

$$^{i-1}P = {}^{i-1}_i T \, {}^i P , \tag{3.2}$$

em que

$$^{i-1}_i T = {}^{i-1}_R T \, {}^R_Q T \, {}^Q_P T \, {}^P_i T . \tag{3.3}$$

Considerando cada uma dessas transformações, vemos que (3.3) pode ser escrita

$$^{i-1}_i T = R_X(\alpha_{i-1}) D_X(a_{i-1}) R_Z(\theta_i) D_Z(d_i) , \tag{3.4}$$

ou

$$^{i-1}_i T = \text{Screw}_X(a_{i-1}, \alpha_{i-1}) \, \text{Screw}_Z(d_i, \theta_i) , \tag{3.5}$$

em que $\text{Screw}_Q(r, \phi)$ representa a combinação de uma translação ao longo de um eixo $\hat{Q}$ por uma distância r e uma rotação em torno do mesmo eixo em um ângulo ϕ. Expandindo (3.4), obtemos a forma geral de $^{i-1}_i T$:

$$^{i-1}_i T = \begin{bmatrix} c\theta_i & -s\theta_i & 0 & a_{i-1} \\ s\theta_i c\alpha_{i-1} & c\theta_i c\alpha_{i-1} & -s\alpha_{i-1} & -s\alpha_{i-1} d_i \\ s\theta_i s\alpha_{i-1} & c\theta_i s\alpha_{i-1} & c\alpha_{i-1} & c\alpha_{i-1} d_i \\ 0 & 0 & 0 & 1 \end{bmatrix} . \tag{3.6}$$

EXEMPLO 3.6

Usando os parâmetros de elo adotados na Figura 3.11 para o robô da Figura 3.9, calcule as transformações individuais para cada elo.

Substituindo os parâmetros em (3.6), obtemos

$$_{1}^{0}T = \begin{bmatrix} c\theta_1 & -s\theta_1 & 0 & 0 \\ s\theta_1 & c\theta_1 & 0 & 0 \\ 0 & 0 & 1 & 0 \\ 0 & 0 & 0 & 1 \end{bmatrix},$$

$$_{2}^{1}T = \begin{bmatrix} 1 & 0 & 0 & 0 \\ 0 & 0 & -1 & -d_2 \\ 0 & 1 & 0 & 0 \\ 0 & 0 & 0 & 1 \end{bmatrix}, \quad (3.7)$$

$$_{3}^{2}T = \begin{bmatrix} c\theta_3 & -s\theta_3 & 0 & 0 \\ s\theta_3 & c\theta_3 & 0 & 0 \\ 0 & 0 & 1 & l_2 \\ 0 & 0 & 0 & 1 \end{bmatrix}.$$

Deduzidas essas transformações de elo, consideramos uma boa ideia verificá-las em relação ao senso comum. Por exemplo, os elementos da quarta coluna de cada transformação devem dar as coordenadas da origem do próximo sistema de referência.

> Concatenando as transformações de elos

Uma vez que os sistemas de referência dos elos tenham sido definidos e os parâmetros de elos correspondentes encontrados, o desenvolvimento das equações cinemáticas é direto. Com base nos valores dos parâmetros de elos, as matrizes das transformações individuais dos elos podem ser calculadas. Em seguida, essas transformações podem ser multiplicadas juntas para encontrar a transformação isolada que relaciona o sistema de referência {N} ao sistema de referência {0}:

$$_{N}^{0}T = {}_{1}^{0}T \, {}_{2}^{1}T \, {}_{3}^{2}T \ldots {}_{N}^{N-1}T . \quad (3.8)$$

Essa transformação, $_{N}^{0}T$, será uma função de todas as n variáveis de juntas. Se os sensores de posição das juntas do robô forem utilizados, a posição e a orientação cartesianas do último elo podem ser calculadas por $_{N}^{0}T$.

3.6 ESPAÇO DO ATUADOR, ESPAÇO DA JUNTA E ESPAÇO CARTESIANO

A posição de todos os elos de um manipulador com n graus de liberdade pode ser especificada com um conjunto de n variáveis de junta. Esse conjunto é com frequência denominado de **vetor de juntas** $n \times 1$. Os espaços de todos esses vetores de junta é denominado **espaço de junta**.

Até agora, neste capítulo, nos preocupamos em computar a descrição do **espaço cartesiano** com base no conhecimento da descrição do espaço de junta. Usamos o termo *espaço cartesiano* quando a posição é medida ao longo de eixos ortogonais e a orientação é medida conforme qualquer uma das convenções descritas no Capítulo 2. Às vezes, os termos **espaço orientado para a tarefa** e **espaço operacional** são empregados para o que chamaremos de espaço cartesiano.

Até agora, presumimos que cada junta cinemática é atuada diretamente por algum tipo de atuador. No entanto, no caso de muitos robôs industriais, isso não acontece. Por exemplo, às vezes dois atuadores trabalham juntos em um par diferencial para movimentar uma única junta; ou, às vezes, um atuador linear é usado para rotacionar uma junta usando uma conexão de quatro barras. Nesses casos, é útil considerar a noção de posições do atuador. Os sensores que medem a posição do manipulador estão frequentemente localizados nos atuadores, então alguns cálculos são necessários para podermos definir o vetor de juntas como uma função de um conjunto de valores do atuador ou **vetor atuador**.

Como indica a Figura 3.16, há três representações da posição e da orientação de um manipulador: descrições no **espaço do atuador**, no **espaço das juntas** e no **espaço cartesiano**. Neste capítulo estamos preocupados com os mapeamentos entre representações, conforme mostram as setas contínuas da Figura 3.16. No Capítulo 4 consideraremos os mapeamentos inversos, indicados pelas setas tracejadas.

As maneiras como os atuadores podem ser conectados para movimentar uma junta são bastante variadas; elas podem ser catalogadas, mas não o faremos aqui. Para cada robô que projetamos ou procuramos analisar, a correspondência entre as posições do atuador e as das juntas deve ser resolvida. Na próxima seção resolveremos um problema exemplo para um robô industrial.

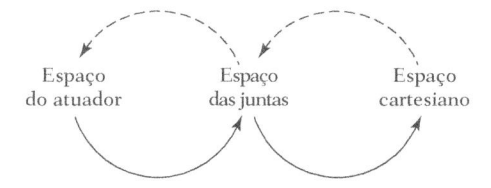

Figura 3.16: Mapeamentos entre descrições cinemáticas.

3.7 EXEMPLOS: CINEMÁTICA DE DOIS ROBÔS INDUSTRIAIS

Os atuais robôs industriais estão disponíveis em muitos tipos de configurações cinemáticas [2], [3]. Nesta seção desenvolvemos a cinemática de dois robôs industriais típicos. Primeiro, consideramos o Unimation PUMA 560, um manipulador de juntas rotacionais com seis graus de liberdade. Vamos resolver as equações cinemáticas em funções dos ângulos das juntas. Para esse exemplo, pularemos o problema tradicional da relação entre o espaço do atuador e o de junta. Depois, consideraremos o Yaskawa Motoman L-3, um robô com cinco graus de liberdade e juntas rotacionais. Esse exemplo será calculado em detalhes, incluindo as transformações de atuador para junta. Ele poderá ser pulado na primeira leitura do livro.

> O PUMA 560

O Unimation PUMA 560 (Figura 3.17) é um robô com seis graus de liberdade e todas as juntas rotacionais (ou seja, é um mecanismo 6R). Ele é apresentado na Figura 3.18, com os sis-

Figura 3.17: O Unimation PUMA 560. Cortesia da Unimation Incorporated, Shelter Rock Lane, Danbury, Connecticut.

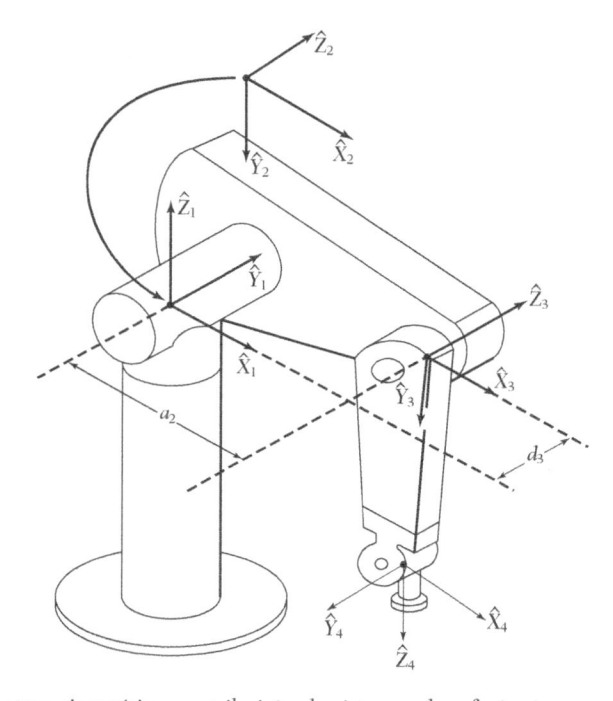

Figura 3.18: Alguns parâmetros cinemáticos e atribuição de sistemas de referência para o manipulador PUMA 560.

temas de referência fixados aos elos na posição correspondente a todos os ângulos de junta iguais a zero.* A Figura 3.19 mostra um detalhe do antebraço do robô.

Observe que o sistema de referência {0} (não mostrado) é coincidente com o sistema de referência {1} quando θ_1 é zero. Note também que, para esse robô – como para muitos robôs industriais –, os eixos de junta das juntas 4, 5 e 6 cruzam, todos, um ponto comum e esse ponto de intersecção coincide com a origem dos sistemas de referência {4}, {5} e {6}. Além disso, os eixos de junta 4, 5 e 6 são mutuamente ortogonais. Esse mecanismo de punho está ilustrado esquematicamente na Figura 3.20.

---

* A Unimation usou uma atribuição ligeiramente diferente para o local zero das juntas, de forma que $\theta_3^* = \theta_3 - 180°$, onde θ_3^* é a posição da junta 3 na convenção da Unimation.

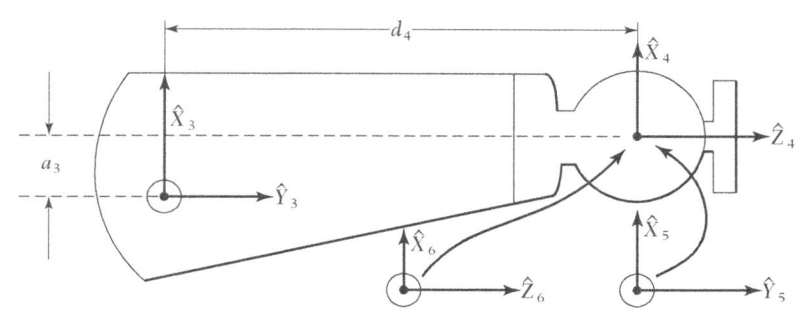

Figura 3.19: Parâmetros cinemáticos e atribuição de sistemas de referência para o antebraço do manipulador PUMA 560.

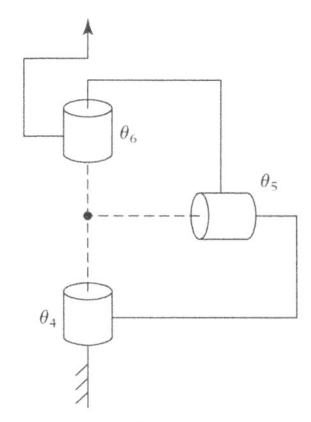

Figura 3.20: Esquemática de um punho 3R no qual todos os três eixos se cruzam em um ponto e são mutuamente ortogonais. Este projeto é usado no manipulador PUMA 560 e em muitos outros robôs industriais.

Os parâmetros de elos correspondentes a essa colocação de sistemas de referência de elos são mostrados na Figura 3.21. No caso do PUMA 560, um arranjo de engrenagens no punho do manipulador acopla os movimentos das juntas 4, 5 e 6. Isso significa que para as três juntas temos de fazer a distinção entre o espaço de junta e o espaço de atuador e resolver a cinemática toda em duas etapas. No entanto, consideraremos neste exemplo apenas a cinemática do espaço de juntas ao espaço cartesiano.

i	$\alpha_i - 1$	$a_i - 1$	d_i	θi
1	0	0	0	θ_1
2	$-90°$	0	0	θ_2
3	0	a_2	d_3	θ_3
4	$-90°$	a_3	d_4	θ_4
5	$90°$	0	0	θ_5
6	$-90°$	0	0	θ_6

Figura 3.21: Parâmetros dos elos do PUMA 560.

Usando (3.6) computamos cada uma das transformações de elo:

$$
{}^0_1T = \begin{bmatrix} c\theta_1 & -s\theta_1 & 0 & 0 \\ s\theta_1 & c\theta_1 & 0 & 0 \\ 0 & 0 & 1 & 0 \\ 0 & 0 & 0 & 1 \end{bmatrix},
$$

$$
{}^1_2T = \begin{bmatrix} c\theta_2 & -s\theta_2 & 0 & 0 \\ 0 & 0 & 1 & 0 \\ -s\theta_2 & -c\theta_2 & 0 & 0 \\ 0 & 0 & 0 & 1 \end{bmatrix},
$$

$$
{}^2_3T = \begin{bmatrix} c\theta_3 & -s\theta_3 & 0 & a_2 \\ s\theta_3 & c\theta_3 & 0 & 0 \\ 0 & 0 & 1 & d_3 \\ 0 & 0 & 0 & 1 \end{bmatrix}, \quad (3.9)
$$

$$
{}^3_4T = \begin{bmatrix} c\theta_4 & -s\theta_4 & 0 & a_3 \\ 0 & 0 & 1 & d_4 \\ -s\theta_4 & -c\theta_4 & 0 & 0 \\ 0 & 0 & 0 & 1 \end{bmatrix},
$$

$$
{}^4_5T = \begin{bmatrix} c\theta_5 & -s\theta_5 & 0 & 0 \\ 0 & 0 & -1 & 0 \\ s\theta_5 & c\theta_5 & 0 & 0 \\ 0 & 0 & 0 & 1 \end{bmatrix},
$$

$$
{}^5_6T = \begin{bmatrix} c\theta_6 & -s\theta_6 & 0 & 0 \\ 0 & 0 & 1 & 0 \\ -s\theta_6 & -c\theta_6 & 0 & 0 \\ 0 & 0 & 0 & 1 \end{bmatrix}.
$$

Agora formamos ${}^0_6T$ com a multiplicação matricial das matrizes individuais dos elos. Ao formar esse produto, deduziremos alguns resultados secundários que serão úteis na solução do problema da cinemática inversa no Capítulo 4. Começamos multiplicando ${}^4_5T$ e ${}^5_6T$, ou seja,

$$
{}^4_6T = {}^4_5T\,{}^5_6T = \begin{bmatrix} c_5c_6 & -c_5s_6 & -s_5 & 0 \\ s_6 & c_6 & 0 & 0 \\ s_5c_6 & -s_5s_6 & c_5 & 0 \\ 0 & 0 & 0 & 1 \end{bmatrix}, \quad (3.10)
$$

sendo c_5 a abreviação para $\cos\theta_5$, s_5 para seno θ_5 e assim por diante.* Temos, então,

---

* Dependendo da quantidade de espaço disponível para mostrar expressões, usamos qualquer uma das três formas: $\cos\theta_5$, $c\theta_5$ ou c_5.

$${}^{3}_{6}T = {}^{3}_{4}T\,{}^{4}_{6}T = \begin{bmatrix} c_4c_5c_6 - s_4s_6 & -c_4c_5s_6 - s_4c_6 & -c_4s_5 & a_3 \\ s_5c_6 & -s_5s_6 & c_5 & d_4 \\ -s_4c_5c_6 - c_4s_6 & s_4c_5s_6 - c_4c_6 & s_4s_5 & 0 \\ 0 & 0 & 0 & 1 \end{bmatrix}. \qquad (3.11)$$

Como as juntas 2 e 3 são sempre paralelas, multiplicar ${}^{1}_{2}T$ e ${}^{2}_{3}T$ primeiro e depois aplicar as fórmulas de soma de ângulo resultará em uma expressão final um tanto mais simples. Isso pode ser feito sempre que duas juntas rotacionais têm eixos paralelos e temos

$${}^{1}_{3}T = {}^{1}_{2}T\,{}^{2}_{3}T = \begin{bmatrix} c_{23} & -s_{23} & 0 & a_2c_2 \\ 0 & 0 & 1 & d_3 \\ -s_{23} & -c_{23} & 0 & -a_2s_2 \\ 0 & 0 & 0 & 1 \end{bmatrix}, \qquad (3.12)$$

em que usamos as fórmulas de soma dos ângulos (do Apêndice A):

$$c_{23} = c_2c_3 - s_2s_3,$$
$$s_{23} = c_2s_3 + s_2c_3.$$

Temos, então,

$${}^{1}_{6}T = {}^{1}_{3}T\,{}^{3}_{6}T = \begin{bmatrix} {}^{1}r_{11} & {}^{1}r_{12} & {}^{1}r_{13} & {}^{1}p_x \\ {}^{1}r_{21} & {}^{1}r_{22} & {}^{1}r_{23} & {}^{1}p_y \\ {}^{1}r_{31} & {}^{1}r_{32} & {}^{1}r_{33} & {}^{1}p_z \\ 0 & 0 & 0 & 1 \end{bmatrix},$$

em que

$${}^{1}r_{11} = c_{23}[c_4c_5c_6 - s_4s_6] - s_{23}s_5s_6,$$
$${}^{1}r_{21} = -s_4c_5c_6 - c_4s_6,$$
$${}^{1}r_{31} = -s_{23}[c_4c_5c_6 - s_4s_6] - c_{23}s_5s_6,$$
$${}^{1}r_{12} = -c_{23}[c_4c_5s_6 + s_4c_6] + s_{23}s_5s_6,$$
$${}^{1}r_{22} = s_4c_5s_6 - c_4c_6,$$
$${}^{1}r_{32} = s_{23}[c_4c_5s_6 + s_4c_6] + c_{23}s_5s_6,$$
$${}^{1}r_{13} = -c_{23}c_4s_5 - s_{23}c_5,$$
$${}^{1}r_{23} = s_4s_5,$$
$${}^{1}r_{33} = s_{23}c_4s_5 - c_{23}c_5,$$
$${}^{1}p_x = a_2c_2 + a_3c_{23} - d_4s_{23},$$
$${}^{1}p_y = d_3,$$
$${}^{1}p_x = -a_3s_{23} - a_2s_2 - d_4c_{23}.$$

(3.13)

Por fim, obtemos o produto de todas as seis transformações de elos:

$$^0_6T = {}^0_1T\,{}^1_6T = \begin{bmatrix} r_{11} & r_{12} & r_{13} & p_x \\ r_{21} & r_{22} & r_{23} & p_y \\ r_{31} & r_{32} & r_{33} & p_z \\ 0 & 0 & 0 & 1 \end{bmatrix}.$$

Aqui,

$$r_{11} = c_1\left[c_{23}(c_4 c_5 c_6 - s_4 s_5) - s_{23} s_5 c_5\right] + s_1(s_4 c_5 c_6 + c_4 s_6),$$
$$r_{21} = s_1\left[c_{23}(c_4 c_5 c_6 - s_4 s_6) - s_{23} s_5 c_6\right] - c_1(s_4 c_5 c_6 + c_4 s_6),$$
$$r_{31} = -s_{23}(c_4 c_5 c_6 - s_4 s_6) - c_{23} s_5 c_6,$$

$$r_{12} = c_1\left[c_{23}(-c_4 c_5 s_6 - s_4 c_6) + s_{23} s_5 s_6\right] + s_1(c_4 c_6 - s_4 c_5 s_6),$$
$$r_{22} = s_1\left[c_{23}(-c_4 c_5 s_6 - s_4 c_6) + s_{23} s_5 s_6\right] - c_1(c_4 c_6 - s_4 c_5 s_6),$$
$$r_{32} = -s_{23}(-c_4 c_5 s_6 - s_4 c_6) + c_{23} s_5 s_6,$$

(3.14)

$$r_{13} = -c_1(c_{23} c_4 s_5 + s_{23} c_5) - s_1 s_4 s_5,$$
$$r_{23} = -s_1(c_{23} c_4 s_5 + s_{23} c_5) + c_1 s_4 s_5,$$
$$r_{33} = s_{23} c_4 s_5 - c_{23} c_5,$$

$$p_x = c_1\left[a_2 c_2 + a_3 c_{23} - d_4 s_{23}\right] - d_3 s_1,$$
$$p_y = s_1\left[a_2 c_2 + a_3 c_{23} - d_4 s_{23}\right] + d_3 c_1,$$
$$p_z = -a_3 s_{23} - a_2 s_2 - d_4 c_{23}.$$

As equações (3.14) constituem a cinemática do PUMA 560. Elas especificam como computar a posição e a orientação do sistema de referência {6} em relação ao sistema de referência {0} do robô. Essas são as equações básicas para toda a análise cinemática desse manipulador.

O Yaskawa Motoman L-3

O Yaskawa Motoman L-3 é um manipulador industrial muito utilizado, com cinco graus de liberdade (Figura 3.22). Ao contrário dos exemplos que vimos até agora, o Motoman não é uma simples cadeia cinemática aberta, mas faz, sim, uso de dois atuadores lineares acoplados aos elos 2 e 3 formando um mecanismo de quatro barras. Além disso, através de transmissão por cadeia, as juntas 4 e 5 são operadas por dois atuadores em um arranjo diferencial.

Neste exemplo, solucionamos a cinemática em dois estágios. Primeiro, resolvemos os ângulos das juntas com base na posição dos atuadores. Em seguida, revelamos a posição e a orientação cartesianas do último elo, a partir dos ângulos das juntas. Nesse segundo estágio, podemos tratar o sistema como se fosse um dispositivo 5R simples de cadeia cinemática aberta.

A Figura 3.23 mostra o mecanismo de conexão que liga o atuador número 2 aos elos 2 e 3 do robô. O atuador é linear e controla diretamente o comprimento do segmento identificado como DC. O triângulo ABC é fixo, como também o comprimento BD. A junta 2 gira em torno

Cinemática dos manipuladores

Figura 3.22: O Yaskawa Motoman L-3. Cortesia da Yaskawa.

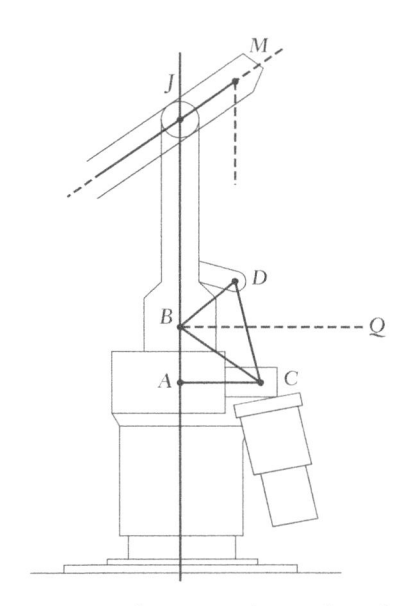

Figura 3.23: Detalhes cinemáticos da conexão do atuador 2 do Yaskawa Motoman L-3.

do ponto B e o atuador gira, ligeiramente, em torno do ponto C à medida que a conexão se move. Atribuímos os seguintes nomes às constantes (comprimentos e ângulos) associadas ao atuador 2:

$\gamma_2 = AB, \phi_2 = AC, \alpha_2 = BC$,
$\beta_2 = BD, \Omega_2 = \angle JBD, l_2 = BJ$.

Identificamos, como segue, as variáveis:

$\theta_2 = -\angle JBQ, \psi_2 = \angle CBD, g_2 = DC$.

A Figura 3.24 exibe o mecanismo de conexão que liga o atuador número 3 aos elos 2 e 3 do robô. O atuador é linear e controla diretamente o comprimento do segmento identificado como HG. O triângulo EFG é fixo, como também o comprimento FH. A junta 3 gira em torno do ponto J e gira, ligeiramente, em torno do ponto G à medida que a conexão se move. Denominamos como segue as constantes (comprimentos e ângulos) associadas ao atuador 3:

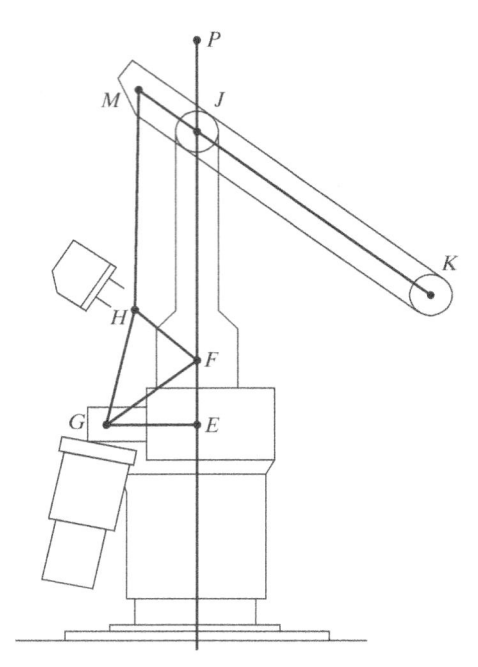

Figura 3.24: Detalhes cinemáticos da conexão do atuador 3 no Yaskawa Motoman L-3.

$\gamma_3 = EF$, $\phi_3 = EG$, $\alpha_3 = GF$,
$\beta_3 = HF$, $l_3 = JK$.

Identificamos as variáveis assim:

$\theta_3 = \angle PJK$, $\psi_3 = \angle GFH$, $g_3 = GH$.

Esse arranjo de atuadores e conexões tem o seguinte efeito funcional. O atuador 2 é usado para posicionar a junta 2; enquanto ele faz isso, o elo 3 permanece na mesma orientação em relação à base do robô. O atuador 3 é usado para ajustar a orientação do elo 3 em relação à base do robô (e não ao elo precedente como em um robô de cadeia cinemática serial). Um dos objetivos do arranjo é aumentar a rigidez estrutural das principais conexões. Isso costuma valer a pena pois dá uma capacidade maior de posicionar o robô com precisão.

Os atuadores das juntas 4 e 5 são ligados ao elo 1 do robô, com seus eixos alinhados com o da junta 2 (os pontos B e F nas figuras 3.23 e 3.24). Eles operam as juntas do punho por meio de dois conjuntos de cadeias – um localizado no interior do elo 2 e o outro no interior do elo 3. O efeito desse sistema de transmissão, junto com sua interação com a atuação dos elos 2 e 3, é descrito, funcionalmente, como se segue: o atuador 4 é usado para posicionar a junta 4 com relação à base do robô, em vez de se relacionar com o elo 3, anterior. Isso significa que manter o atuador 4 constante deixará o elo 4 em uma orientação constante com relação à base do robô, pouco importa a posição das juntas 2 e 3. Por fim, o atuador 5 se comporta como se estivesse diretamente conectado à junta 5.

Daremos, agora, as equações que mapeiam um conjunto de valores do atuador (A_i) em relação ao conjunto equivalente de valores das juntas (θ_i). Neste caso, as equações foram deduzidas por geometria plana – a maioria das vezes apenas com a aplicação da "lei dos cossenos".* Aparecem

---

* Se os ângulos de um triângulo são identificados como a, b e c, sendo o ângulo a oposto ao lado A e assim por diante, então $A^2 = B^2 + C^2 - 2BC \cos a$.

Cinemática dos manipuladores

nestas equações as constantes de escala (k_i) e deslocamento (λ_i) de cada atuador. Por exemplo, o atuador 1 está diretamente conectado ao eixo de junta 1 e, portanto, a conversão é simples: é apenas uma questão de um fator de escala mais um deslocamento. Assim,

$$\theta_1 = k_1 A_1 + \lambda_1,$$
$$\theta_2 = \cos^{-1}\left(\frac{(k_2 A_2 + \lambda_2)^2 - \alpha_2^2 - \beta_2^2}{-2\alpha_2 \beta_2}\right) + \tan^{-1}\left(\frac{\phi_2}{\gamma_2}\right) + \Omega_2 - 270°,$$
$$\theta_3 = \cos^{-1}\left(\frac{(k_3 A_3 + \lambda_3)^2 - \alpha_3^2 - \beta_3^2}{-2\alpha_3 \beta_3}\right) - \theta_2 + \tan^{-1}\left(\frac{\phi_3}{\gamma_3}\right) - 90°,$$
$$\theta_4 = -k_4 A_4 - \theta_2 - \theta_3 + \lambda_4 + 180°,$$
$$\theta_5 = -k_5 A_5 + \lambda_5.$$

(3.15)

A Figura 3.25 indica a fixação dos sistemas de referência aos elos. Nela, o manipulador é mostrado em uma posição correspondente ao vetor de junta $\Theta = (0, -90°, 90°, 90°, 0)$. A Figura 3.26 mostra os parâmetros de elos para o manipulador. As matrizes de transformação de elos resultantes são

$$^0_1 T = \begin{bmatrix} c\theta_1 & -s\theta_1 & 0 & 0 \\ s\theta_1 & c\theta_1 & 0 & 0 \\ 0 & 0 & 1 & 0 \\ 0 & 0 & 0 & 1 \end{bmatrix},$$

$$^1_2 T = \begin{bmatrix} c\theta_2 & -s\theta_2 & 0 & 0 \\ 0 & 0 & 1 & 0 \\ -s\theta_2 & -c\theta_2 & 0 & 0 \\ 0 & 0 & 0 & 1 \end{bmatrix},$$

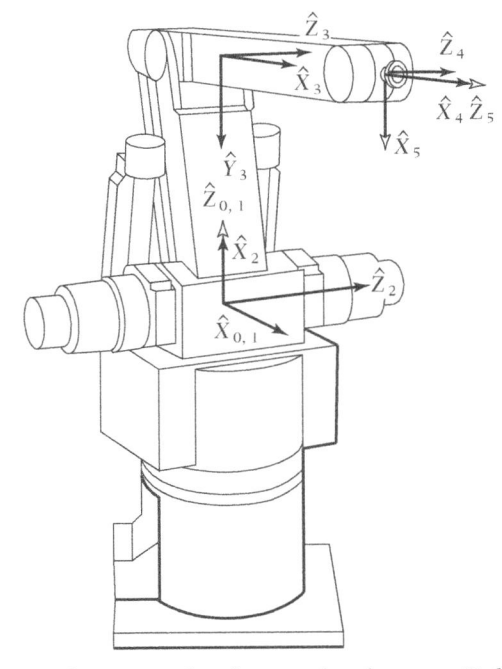

(3.16) continua

Figura 3.25: Atribuição de sistemas de referência dos elos para o Yaskawa Motoman L-3.

i	$\alpha_i - 1$	$a_i - 1$	d_i	θ_i
1	0	0	0	θ_1
2	$-90°$	0	0	θ_2
3	0	L_2	0	θ_3
4	0	L_3	0	θ_4
5	$90°$	0	0	θ_5

Figura 3.26: Parâmetros dos elos do manipulador Yaskawa Motoman L-3.

$$_3^2T = \begin{bmatrix} c\theta_3 & -s\theta_3 & 0 & l_2 \\ s\theta_3 & c\theta_3 & 0 & 0 \\ 0 & 0 & 1 & 0 \\ 0 & 0 & 0 & 1 \end{bmatrix},$$

$$_4^3T = \begin{bmatrix} c\theta_4 & -s\theta_4 & 0 & l_3 \\ s\theta_4 & c\theta_4 & 0 & 0 \\ 0 & 0 & 1 & 0 \\ 0 & 0 & 0 & 1 \end{bmatrix},$$

continuação (3.16)

$$_5^4T = \begin{bmatrix} c\theta_5 & -s\theta_5 & 0 & 0 \\ 0 & 0 & -1 & 0 \\ s\theta_5 & c\theta_5 & 0 & 0 \\ 0 & 0 & 0 & 1 \end{bmatrix}.$$

Formando o produto para obter $_5^0T$, obtemos

$$_5^0T = \begin{bmatrix} r_{11} & r_{12} & r_{13} & p_x \\ r_{21} & r_{22} & r_{23} & p_y \\ r_{31} & r_{32} & r_{33} & p_z \\ 0 & 0 & 0 & 1 \end{bmatrix},$$

em que

$$r_{11} = c_1 c_{234} c_5 - s_1 s_5 \,,$$
$$r_{21} = s_1 c_{234} c_5 + c_1 s_5 \,,$$
$$r_{31} = -s_{234} c_5 \,.$$

(3.17) continua

$$r_{12} = -c_1 c_{234} s_5 - s_1 c_5 ,$$
$$r_{22} = -s_1 c_{234} s_5 + c_1 c_5 ,$$
$$r_{32} = s_{234} s_5 ,$$

$$r_{13} = c_1 s_{234} ,$$
$$r_{23} = s_1 s_{234} ,$$
$$r_{33} = c_{234} ,$$

continuação (3.17)

$$p_x = c_1 (l_2 c_2 + l_3 c_{23}) ,$$
$$p_y = s_1 (l_2 c_2 + l_3 c_{23}) ,$$
$$p_z = -l_2 s_2 - l_3 s_{23} .$$

Desenvolvemos as equações cinemáticas para o Yaskawa Motoman L-3 em duas etapas. Na primeira, computamos um vetor de junta a partir de vetor de atuador; na segunda, calculamos uma posição e orientação do sistema de referência do punho a partir do vetor de junta. Se quisermos computar apenas a posição cartesiana e não os ângulos das juntas, é possível deduzir equações que mapeiem diretamente do espaço do atuador para o espaço cartesiano. Elas são um tanto mais simples, em termos computacionais, do que a abordagem em duas etapas. (Veja o Exercício 3.10.)

3.8 SISTEMAS DE REFERÊNCIA COM NOMES PADRÃO

Por uma questão de convenção, será útil atribuirmos nomes e localizações específicos a certos sistemas de referência "padrão" associados com um robô e seu espaço de trabalho. A Figura 3.27 mostra uma situação típica na qual um robô pegou uma ferramenta e posicionará sua ponta em um local definido pelo usuário. Os cinco sistemas de referência indicados na Figura 3.27 são mencionados com tanta frequência que definiremos nomes para eles. A denominação e o subsequente uso desses cinco sistemas de referência em um sistema de programação e controle robótico facilitam a determinação dos recursos gerais de forma facilmente compreensível. Todos os movimentos robóticos serão descritos em termos desses sistemas de referência.

Segue-se uma breve definição dos sistemas de referência mostrados na Figura 3.27.

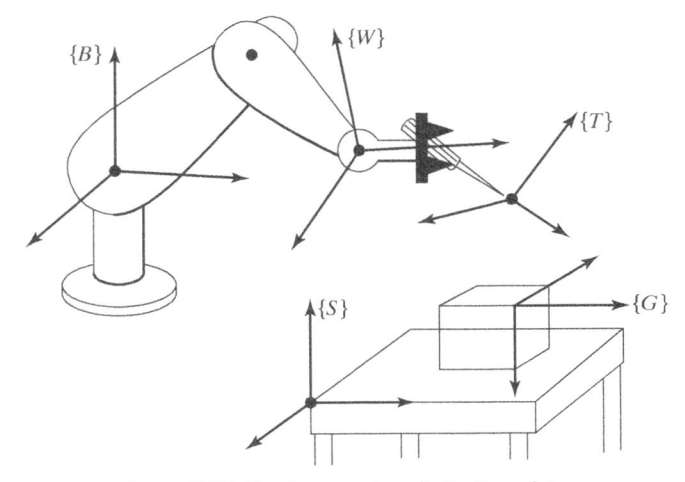

Figura 3.27: Os sistemas de referência padrão.

> **O sistema de referência da base (*base frame*) {B}**

{B} está localizado na base do manipulador. É apenas outro nome para {0}. Está fixado a uma parte imóvel do robô que, às vezes, é chamada de elo 0.

> **O sistema de referência da estação (*station frame*) {S}**

{S} está em um local relevante para a tarefa. Na Figura 3.28, localiza-se no canto de uma mesa sobre a qual o robô trabalhará. No que concerne ao usuário desse sistema, {S} é o sistema de referência universal e todas as ações do robô são realizadas em relação a ele. É, às vezes, chamado de sistema de referência da tarefa (*task frame*), sistema de referência do mundo (*world frame*) ou sistema de referência do universo (*universe frame*). O sistema de referência da estação é sempre especificado em relação ao sistema de referência da base, isto é ${}^{B}_{S}T$.

> **O sistema de referência do punho (*wrist frame*) {W}**

{W} é fixado ao último elo do manipulador. É outro nome para {N}, o sistema de referência fixado no último elo do robô. Muitas vezes, {W} tem sua origem fixada em um ponto chamado de punho do manipulador e {W} move-se com o último elo do manipulador, ou seja, $\{W\} = {}^{B}_{W}T = {}^{0}_{N}T$.

> **O sistema de referência da ferramenta (*tool frame*) {T}**

{T} é fixado à ponta de qualquer ferramenta que o robô esteja segurando. Quando a mão está vazia, {T} costuma ser localizado com a origem entre as pontas dos dedos do robô. O sistema de referência da ferramenta é sempre especificado em relação ao sistema de referência do punho. Na Figura 3.28, ele está definido com sua origem na ponta de um pino que o robô segura.

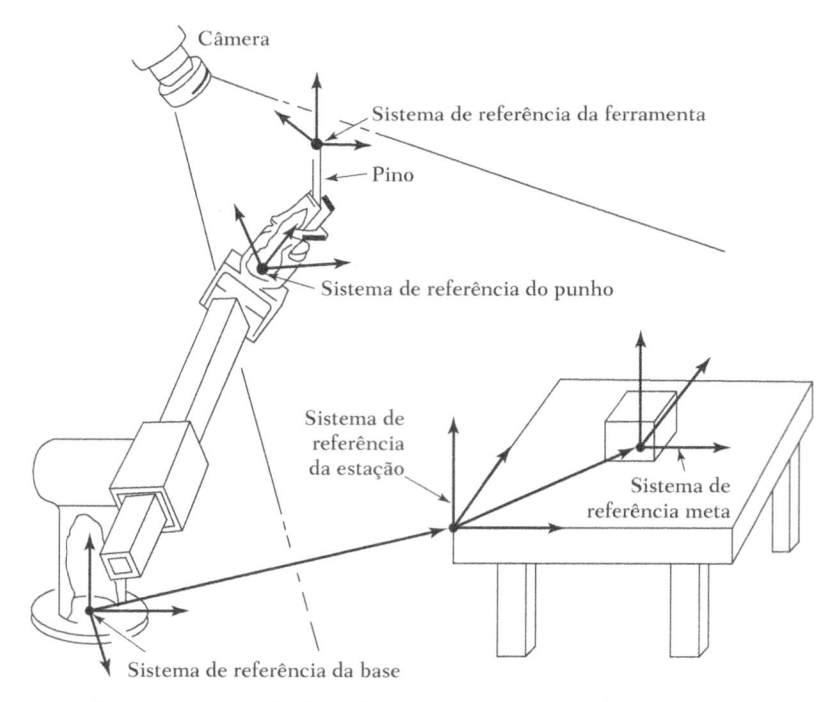

Figura 3.28: Exemplo de atribuição de sistemas de referência padrão.

> **O sistema de referência meta (*goal frame*) {G}**

{G} é a descrição do local aonde o robô deverá levar a ferramenta. Isso significa que, ao final do movimento, o sistema de referência da ferramenta deve ser trazido para coincidir com o sistema de referência meta. {G} é sempre especificado com relação ao sistema de referência da estação. Na Figura 3.28, a meta está localizada em um buraco dentro do qual queremos que o pino seja inserido.

Todos os movimentos robóticos podem ser descritos em termos desses sistemas de referência sem perda de generalização. Seu uso nos auxilia a ter uma linguagem padrão para falar sobre as tarefas robóticas.

3.9 ONDE ESTÁ A FERRAMENTA?

Um dos primeiros recursos que um robô deve ter é a capacidade de calcular a posição e a orientação da ferramenta que está segurando (ou de sua mão vazia), com relação a um sistema de coordenadas conveniente. Ou seja, queremos calcular o valor do sistema de referência da ferramenta, {T}, com relação ao sistema de referência da estação, {S}. Uma vez que $^B_W T$ tenha sido computado pelas equações cinemáticas, podemos usar as transformações cartesianas que estudamos no Capítulo 2 para calcular {T} com relação a {S}. Resolvendo uma simples equação de transformação, chegamos a

$$^S_T T = {^B_S T}^{-1} \, ^B_W T \, ^W_T T. \qquad (3.18)$$

A Equação (3.18) executa o que é chamado de função **WHERE** em alguns sistemas robóticos. Ela computa "onde"* o braço está. Para a situação da Figura 3.28, a saída de **WHERE** seria a posição e orientação do pino em relação ao tampo da mesa.

A Equação (3.18) pode ser considerada uma *generalização* da cinemática. $^S_T T$ computa a cinemática decorrente da geometria das conexões, junto com uma transformação geral (que pode ser considerada um elo fixo) na extremidade da base ($^B_S T$) e outra no efetuador ($^W_T T$). Essas transformações extras nos permitem incluir ferramentas com deslocamentos e torções, bem como operar com relação a um sistema de referência da estação arbitrário.

3.10 CONSIDERAÇÕES COMPUTACIONAIS

Em muitos sistemas manipuladores na prática, o tempo necessário para realizar um cálculo cinemático é importante. Nesta seção, abordamos com brevidade vários aspectos envolvidos no cálculo da cinemática dos manipuladores, conforme exemplificado em (3.14), para o caso do PUMA 560.

Uma escolha a ser feita é quanto ao uso de ponto fixo ou flutuante na representação das quantidades envolvidas. Muitas implementações usam ponto flutuante para facilitar o desenvolvimento de software porque o programador não tem que se preocupar com operações de escala que capturem a magnitude relativa das variáveis. No entanto, quando a velocidade é crucial,

---

* Nota do R.T.: *Where* é "onde" em inglês.

a representação com ponto fixo é possível porque as variáveis não têm um grande alcance dinâmico e esses alcances são razoavelmente bem conhecidos. Estimativas grosseiras do número de bits necessário nas representações em ponto fixo parecem indicar que 24 são suficientes [4].

A fatoração de equações como (3.14) possibilita reduzir o número de multiplicações e somas – ao custo de criar variáveis locais (o que, em geral, compensa). O objetivo é evitar a computação de termos comuns repetidas vezes no decorrer do cálculo. Existem algumas aplicações de fatoração automática auxiliada por computador de tais equações [5].

O maior consumo nos cálculos cinemáticos está, com frequência, no cálculo das funções transcendentais (seno e cosseno). Quando elas estão disponíveis em uma biblioteca padrão, são quase sempre computadas a partir de uma expansão em série gastando muito tempo de multiplicação. Ao custo de consumir alguma memória, muitos sistemas de manipulação utilizam recursos de consulta a tabelas das funções transcendentais. Dependendo do esquema, isso reduz o tempo necessário para calcular um seno ou cosseno a dois ou três tempos de multiplicação ou menos [6].

O cômputo da cinemática como em (3.14) é redundante, pois nove quantidades são calculadas para representar a orientação. Um dos meios que geralmente reduzem o cômputo é calcular apenas duas colunas da matriz rotacional e depois computar um produto vetorial (que requer apenas seis multiplicações e três somas) para calcular a terceira coluna. É óbvio que se escolhem as duas colunas menos complicadas para multiplicar.

BIBLIOGRAFIA

[1] DENAVIT, J. e HARTENBERG, R. S. "A Kinematic Notation for Lower-Pair Mechanisms Based on Matrices," *Journal of Applied Mechanics*, p. 215–221, jun. 1955.
[2] LENARCČIČ, J. "Kinematics," em *The International Encyclopedia of Robotics*, R. Dorf e S. Nof, Editores. Nova York: John C. Wiley and Sons, 1988.
[3] COLSON, J. e PERREIRA, N. D. "Kinematic Arrangements Used in Industrial Robots," 13th Industrial Robots Conference Proceedings, abr. 1983.
[4] TURNER, T. CRAIG, J. e GRUVER, W. "A Microprocessor Architecture for Advanced Robot Control," 14ª ISIR, Estocolmo, Suécia, out. 1984.
[5] SCHIEHLEN, W. "Computer Generation of Equations of Motion," em *Computer Aided* Analysis and Optimization of Mechanical System Dynamics, E. J. Haug, Editor. Berlim & Nova York: Springer-Verlag, 1984.
[6] RUOFF, C. "Fast Trigonometric Functions for Robot Control," *Robotics Age*, nov. 1981.

EXERCÍCIOS

3.1 [15] Calcule a cinemática do braço planar do Exemplo 3.3.
3.2 [37] Imagine um braço como o PUMA 560, exceto que a junta 3 é substituída por uma prismática. Presuma que a junta prismática desliza ao longo da direção de $\hat{X}_1$ na Figura 3.18. No entanto, ainda existe um deslocamento equivalente a d_3 que precisa ser considerado. Faça todas as conjecturas iniciais necessárias. Deduza as equações cinemáticas.
3.3 [25] O braço com três graus de liberdade mostrado na Figura 3.29 é como o do Exemplo 3.3, exceto que o eixo da junta 1 não é paralelo aos outros dois. Em vez disso, há uma torção com 90 graus de magnitude entre os eixos 1 e 2. Deduza os parâmetros dos elos e as equações cinemáticas para $^B_W T$. Observe que l_3 tem de ser definido.

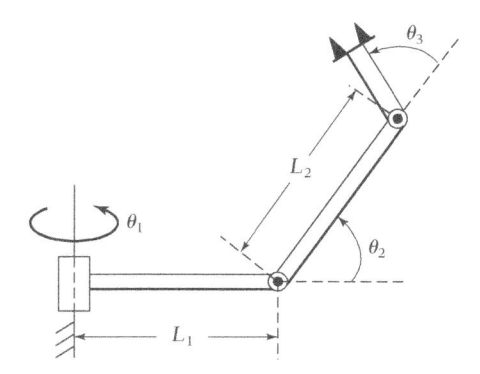

Figura 3.29: O braço 3R não planar (Exercício 3.3).

3.4 [22] O braço com três graus de liberdade mostrado na Figura 3.30 tem as juntas 1 e 2 perpendiculares e as juntas 2 e 3 paralelas. Conforme a ilustração, todas as juntas estão em seu local zero. Observe que o sentido positivo do ângulo de junta está indicado. Atribua os sistemas de referência dos elos {0} a {3} para esse braço – ou seja, esboce o braço, mostrando a fixação dos sistemas de referência. Depois, deduza as matrizes de transformação ^0_1T, ^1_2T e ^2_3T.

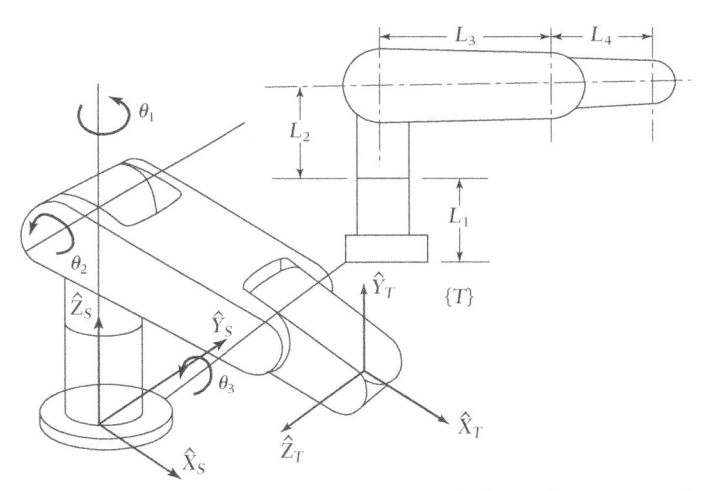

Figura 3.30: Duas perspectivas de um manipulador 3R (Exercício 3.4).

3.5 [26] Escreva uma sub-rotina para computar a cinemática de um PUMA 560. Codifique favorecendo a velocidade, procurando minimizar o número de multiplicações tanto quanto possível. Use o cabeçalho de procedimento a seguir (ou seu equivalente em C)

```
Procedure KIN(VAR theta: vec6; VAR wrelb: frame);
```

Considere o custo de uma avaliação de seno ou cosseno equivalente a 5 tempos de multiplicação. Conte o custo das somas como o equivalente a 0,333 de um tempo de multiplicação e as expressões de atribuição como o equivalente a 0,2 de um tempo de multiplicação. Considere o custo de um cálculo de raiz quadrada sendo o equivalente a 4 tempos de multiplicação. Quantos tempos de multiplicação serão necessários?

3.6 [20] Escreva uma sub-rotina para computar a cinemática do braço cilíndrico do Exemplo 3.4. Use o cabeçalho de procedimento a seguir (ou seu equivalente em C)

```
Procedure KIN(VAR jointvar: vec3; VAR wrelb: frame);
```

Considere o custo de uma avaliação de seno ou cosseno equivalente a 5 tempos de multiplicação. Considere o custo das somas como o equivalente a 0,333 de um tempo de multiplicação e as expressões de atribuição como o equivalente a 0,2 de um tempo de multiplicação. Considere o custo de um cálculo de raiz quadrada sendo o equivalente a 4 tempos de multiplicação. Quantos tempos de multiplicação serão necessários?

3.7 [22] Escreva uma sub-rotina para computar a cinemática do braço cilíndrico do Exercício 3.3. Use o cabeçalho de procedimento a seguir (ou seu equivalente em C)

```
Procedure KIN(VAR theta: vec3; VAR wrelb: frame);
```

Considere o custo de uma avaliação de seno ou cosseno equivalente a 5 tempos de multiplicação. Considere o custo das somas como o equivalente a 0,333 de um tempo de multiplicação e as expressões de atribuição como o equivalente a 0,2 de um tempo de multiplicação. Considere o custo de um cálculo de raiz quadrada sendo o equivalente a 4 tempos de multiplicação. Quantos tempos de multiplicação serão necessários?

3.8 [13] Na Figura 3.31, a localização da ferramenta $^{W}_{T}T$ não é conhecida com precisão. Usando controle de força, o robô tateia com a ponta da ferramenta até inseri-la no soquete (ou *goal*), no local $^{S}_{G}T$. Estando nessa configuração de calibração (na qual {G} e {T} são coincidentes), a posição do robô, $^{B}_{W}T$, é calculada pela leitura dos sensores nos ângulos de junta e do cômputo da cinemática. Presumindo que $^{B}_{S}T$ e $^{S}_{G}T$ são conhecidos, dê a equação de transformação para computar o sistema de referência da ferramenta desconhecido, $^{W}_{T}T$.

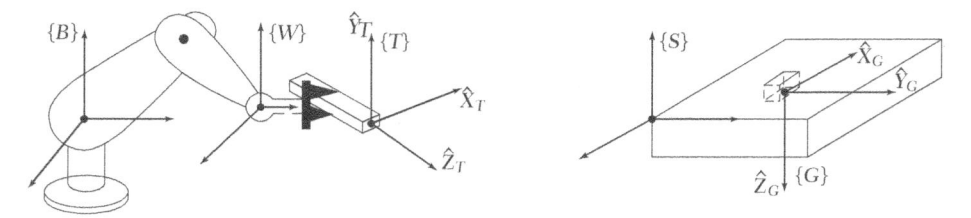

Figura 3.31: Determinação do sistema de referência da ferramenta (Exercício 3.8).

3.9 [11] Para o manipulador de dois elos mostrado na Figura 3.32(a), foram construídas as matrizes de transformação de elos $^{0}_{1}T$ e $^{1}_{2}T$. Seu produto é

$$^{0}_{2}T = \begin{bmatrix} c\theta_1 c\theta_2 & -c\theta_1 s\theta_2 & s\theta_1 & l_1 c\theta_1 \\ s\theta_1 c\theta_2 & -s\theta_1 s\theta_2 & -c\theta_1 & l_1 s\theta_1 \\ s\theta_2 & c\theta_2 & 0 & 0 \\ 0 & 0 & 0 & 1 \end{bmatrix}.$$

As atribuições de sistema de referência de elo usadas são as indicadas na Figura 3.32(b). Observe que o sistema de referência {0} é coincidente com o sistema de referência {1} quando $\theta_1 = 0$. O comprimento do segundo elo é l_2. Encontre uma expressão para o vetor $^{0}P_{ponta}$ que localiza a ponta do braço com relação ao sistema de referência {0}.

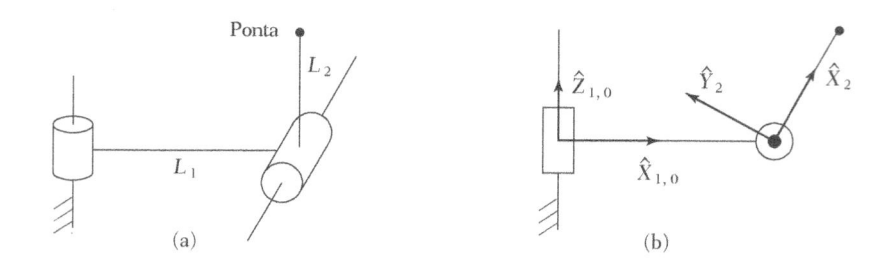

Figura 3.32: Braços de dois elos com atribuição dos sistemas de referência (Exercício 3.9).

3.10 [39] Deduza as equações cinemáticas para o robô Yaskawa Motoman L-3 (veja a Seção 3.7) que computam a posição e a orientação do sistema de referência do punho diretamente a partir dos valores do atuador, em vez de calcular primeiro os ângulos das juntas. Existe uma solução possível que requer apenas 33 multiplicações, duas raízes quadradas e seis avaliações de seno ou cosseno.

3.11 [17] A Figura 3.33 mostra a esquemática de um punho com três eixos que se cruzam e que não são ortogonais. Atribua os sistemas de referência de elo a esse punho (como se fosse um manipulador 3-DOF) e dê os parâmetros dos elos.

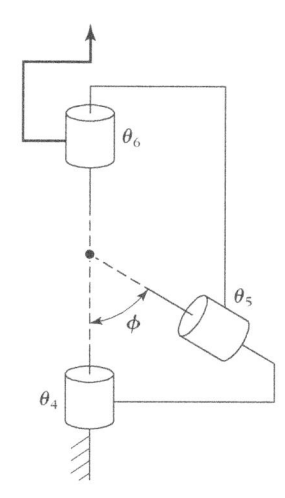

Figura 3.33: Robô 3R de eixo não ortogonal (Exercício 3.11).

3.12 [08] Uma transformação arbitrária de corpo rígido pode ser sempre expressa com quatro parâmetros (a, α, d, θ) na forma da Equação (3.6)?

3.13 [15] Mostre a fixação de sistemas de referência aos elos para o manipulador 5-DOF apresentado na Figura 3.34.

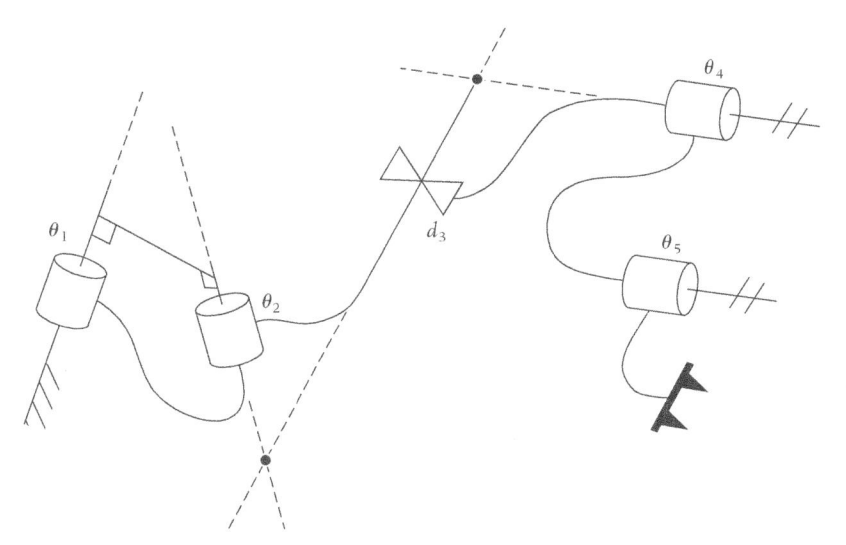

Figura 3.34: Esquema de um manipulador 2RP2R (Exercício 3.13).

3.14 [20] Como dissemos, a posição relativa de quaisquer duas linhas no espaço pode ser dada com dois parâmetros, a e α, sendo a o comprimento da perpendicular comum que liga os dois e α o ângulo formado pelos dois eixos quando projetados em um plano normal à perpendicular comum. Dada uma linha definida como passando pelo ponto p com direção de vetor unitário $\hat{m}$ e uma segunda linha passando pelo ponto q com direção de vetor unitário $\hat{n}$, escreva expressões para a e α.

3.15 [15] Mostre a fixação de sistemas de referência de elos para o manipulador 3-DOF indicado esquematicamente na Figura 3.35.

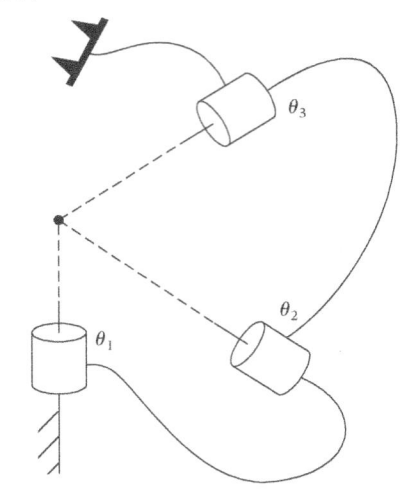

Figura 3.35: Esquema de um manipulador 3R (Exercício 3.15).

3.16 [15] Atribua sistemas de referência de elos para o robô planar *RPR* mostrado na Figura 3.36 e dê os parâmetros de conexão.

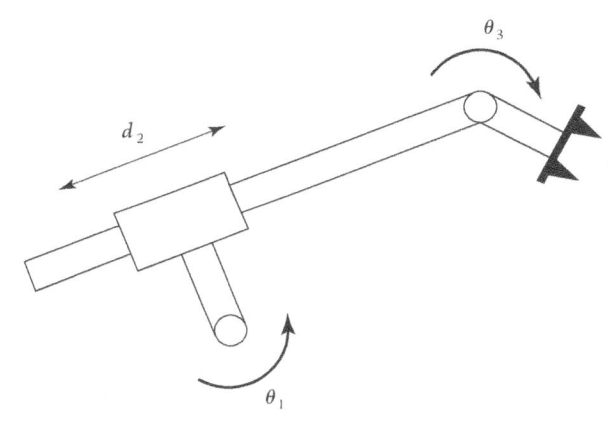

Figura 3.36: Robô planar *RPR* (Exercício 3.16).

3.17 [15] Mostre a fixação de sistemas de referência de elos ao robô de três elos mostrado na Figura 3.37.

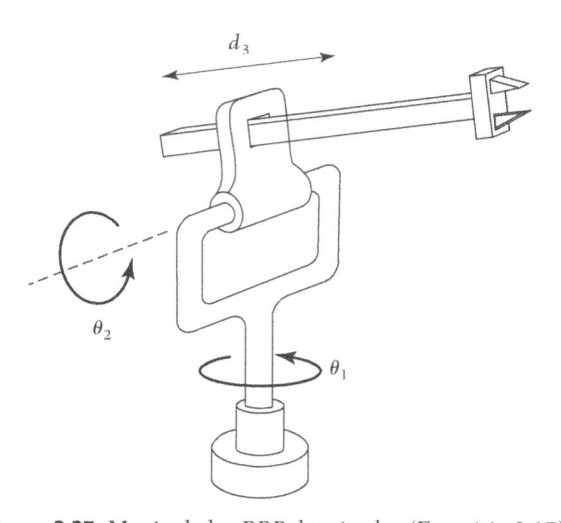

Figura 3.37: Manipulador *RRP* de três elos (Exercício 3.17).

3.18 [15] Mostre a fixação dos sistemas de referência dos elo no robô de três elos mostrado na Figura 3.38.

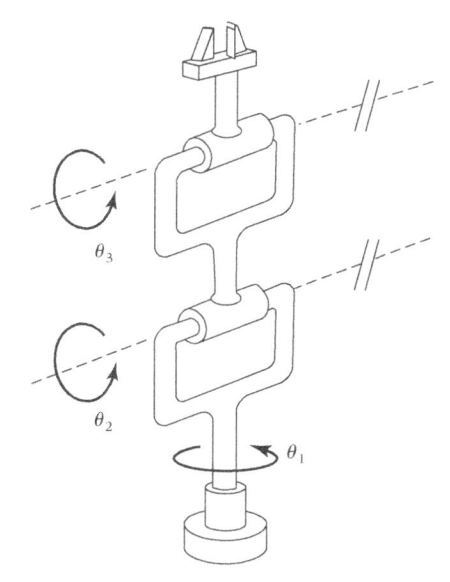

Figura 3.38: Manipulador *RRR* de três elos (Exercício 3.18).

3.19 [15] Mostre a fixação dos sistemas de referência de elo no robô de três elos mostrado na Figura 3.39.

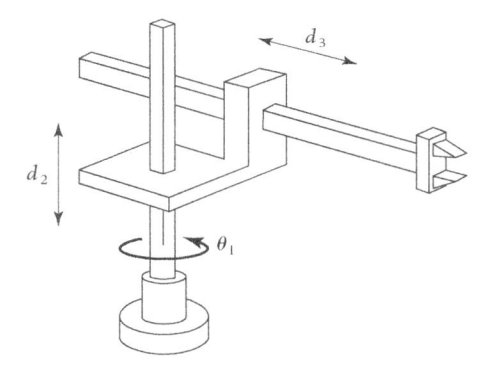

Figura 3.39: Manipulador *RPP* de três elos (Exercício 3.19).

3.20 [15] Mostre a fixação dos sistemas de referência de elo no robô de três elos mostrado na Figura 3.40.

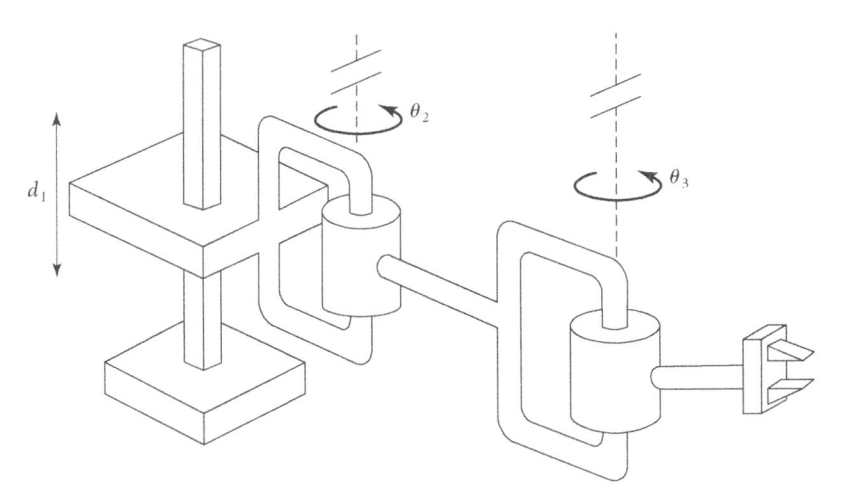

Figura 3.40: Manipulador *PRR* de três elos (Exercício 3.20).

3.21 [15] Mostre a fixação dos sistemas de referência de elo no robô de três elos mostrado na Figura 3.41.

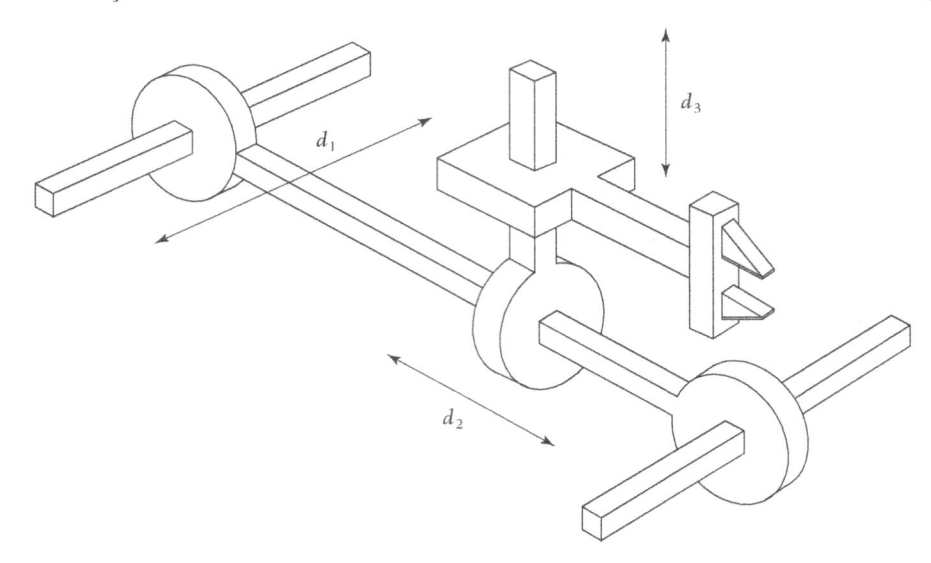

Figura 3.41: Manipulador *PPP* de três elos (Exercício 3.21).

3.22 [18] Mostre a fixação dos sistemas de referência de elo no robô *P3R* mostrado na Figura 3.42. Dada a atribuição dos sistemas de referência, quais são os sinais de d_2, d_3 e a_2.

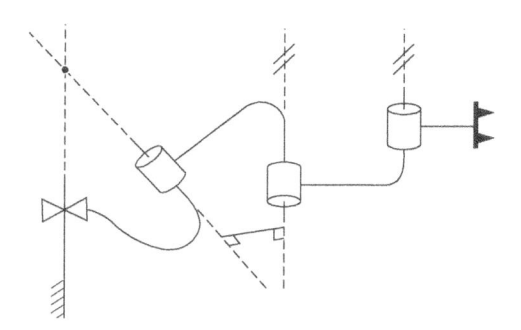

Figura 3.42: Esquema de um manipulador *P3R* (Exercício 3.22).

EXERCÍCIO DE PROGRAMAÇÃO (PARTE 3)

1. Escreva uma sub-rotina para computar a cinemática do robô planar 3R do Exemplo 3.3 – ou seja, uma rotina com os valores dos ângulos de junta como entrada e um sistema de referência (o sistema de referência do punho com relação ao sistema de referência da base) como saída. Use o cabeçalho de procedimento a seguir (ou seu equivalente em C)

   ```
   Procedure KIN(VAR theta: vec3; VAR wrelb: frame);
   ```

   em que "wrelb" é o sistema de referência do punho com relação ao sistema de referência da base, $^B_W T$. O tipo de dado "sistema de referência" consiste de uma matriz rotacional 2 × 2 e de um vetor posição 2 × 1. Se desejar, você pode representar o sistema de referência com uma transformação homogênea 3 × 3 na qual a terceira linha é [0 0 1]. (Os dados do manipulador são $l_1 = l_2 = 0{,}5$ metro.)

2. Escreva uma rotina que calcula onde a ferramenta está com relação ao sistema de referência da estação. A entrada para a rotina é um vetor de ângulos de junta:

   ```
   Procedure WHERE(VAR theta: vec3; VAR trels: RELS: frame);
   ```

É claro que WHERE terá de usar descrições do sistema de referência da ferramenta e do sistema de referência da base do robô a fim de computar a localização da ferramenta em relação ao sistema de referência da estação. Os valores de $^W_T T$ e $^S_B T$ devem ser armazenados na memória global (ou, como segunda opção, passados como argumentos para WHERE).

3. Um sistema de referência da ferramenta e um sistema de referência da estação para determinada tarefa são definidos pelo usuário como segue:

$$^W_T T = [x \quad y \quad \theta] = [0,1 \quad 0,2 \quad 30,0],$$
$$^B_S T = [x \quad y \quad \theta] = [-0,1 \quad 0,3 \quad 0,0].$$

Calcule a posição e a orientação da ferramenta com relação ao sistema de referência da estação para as três configurações seguintes (em unidades de graus) do braço:

$$\begin{bmatrix} \theta_1 & \theta_2 & \theta_3 \end{bmatrix} = \begin{bmatrix} 0,0 & 90,0 & -90,0 \end{bmatrix},$$
$$\begin{bmatrix} \theta_1 & \theta_2 & \theta_3 \end{bmatrix} = \begin{bmatrix} -23,6 & -30,3 & 48,0 \end{bmatrix},$$
$$\begin{bmatrix} \theta_1 & \theta_2 & \theta_3 \end{bmatrix} = \begin{bmatrix} 130,0 & 40,0 & 12,0 \end{bmatrix}.$$

EXERCÍCIO PARA O MATLAB 3

Este exercício enfoca os parâmetros DH e a transformação cinemática da postura para frente (posição e orientação) do robô 3R planar 3-DOF (das figuras 3.6 e 3.7). São dados os seguintes parâmetros de comprimento fixo: $L_1 = 4$, $L_2 = 3$ e $L_3 = 2$ (m).

a) Deduza os parâmetros DH. Você pode conferir os seus resultados com a Figura 3.8.
b) Deduza as matrizes de transformação homogêneas vizinhas $^{i-1}_i T$, $i = 1, 2, 3$. Estas são funções das variáveis de ângulo de junta θ_i, $i = 1, 2, 3$. Deduza, também, por inspeção, a constante $^3_H T$: a origem de {H} está no centro dos dedos da garra e sua orientação é sempre a mesma que a de {3}.
c) Use o Symbolic Toolbox do MATLAB para deduzir a solução cinemática da postura à frente $^0_3 T$ e $^0_H T$ simbolicamente (como função de θ_i). Abrevie a sua resposta usando $s_i = \text{sen}(\theta_i)$, $c_i = \cos(\theta_i)$ e assim por diante. Também há uma simplificação ($\theta_1 + \theta_2 + \theta_3$) usando fórmulas de somas dos ângulos, que é causada pelos eixos Z_i paralelos. Calcule os resultados cinemáticos da postura para frente ($^0_3 T$ e $^0_H T$) com o MATLAB para os seguintes casos de entrada:
  i) $\Theta = \{\theta_1 \quad \theta_2 \quad \theta_3\}^T = \{0 \quad 0 \quad 0\}^T$.
  ii) $\Theta = \{10° \quad 20° \quad 30°\}^T$.
  iii) $\Theta = \{90° \quad 90° \quad 90°\}^T$.

Nos três casos, confira os seus resultados projetando a configuração do manipulador e deduzindo a transformação cinemática da postura para frente por inspeção. (Pense na definição de $^0_H T$ como de uma matriz rotacional e um vetor posição.) Inclua os sistemas de referência {H}, {3} e {0} nos esboços.

d) Confira todos os seus resultados utilizando o Robotics Toolbox de Peter Corke para o MATLAB. Experimente as funções *link*(), *robot*() e *fkine*().*

---

* Nota do R.T.: algumas dessas funções mudaram de nome nas versões mais recentes do Toolbox.

Cinemática inversa do manipulador

CAPÍTULO 4

4.1 Introdução
4.2 Solvabilidade
4.3 A noção de subespaço do manipulador quando $n < 6$
4.4 Algébrico *versus* geométrico
4.5 Solução algébrica pela redução a polinômios
4.6 Solução de Pieper quando três eixos se cruzam
4.7 Exemplos de cinemática inversa de manipuladores
4.8 Os sistemas de referência padrão
4.9 Usando SOLVE em um manipulador
4.10 Repetibilidade e precisão
4.11 Considerações computacionais

4.1 INTRODUÇÃO

No último capítulo consideramos o problema de computar a posição e a orientação da ferramenta com relação à estação de trabalho do usuário quando são dados os ângulos de junta do manipulador. Neste capítulo investigamos o problema inverso, que é mais difícil: dadas a posição desejada e a orientação da ferramenta com relação à estação, como computamos o conjunto de ângulos de junta que atingirão esse resultado? Se no Capítulo 3 nós nos concentramos na **cinemática direta**, aqui o foco é a **cinemática inversa** dos manipuladores.

A solução do problema de encontrar os ângulos de junta necessários para posicionar o sistema de referência da ferramenta (*tool frame*), {T}, com relação ao sistema da estação de trabalho (*station frame*), {S}, divide-se em duas partes. Primeiro, fazemos as transformações para encontrar o sistema do punho (*wrist frame*), {W}, com relação ao sistema da base (*base frame*), {B} e, depois, usamos a cinemática inversa para calcular os ângulos das juntas.

4.2 SOLVABILIDADE

O problema de resolver as equações cinemáticas de um manipulador é não linear. Dado o valor numérico de $^0_N T$, tentamos encontrar os valores de $\theta_1, \theta_2, ..., \theta_n$. Considere as equações dadas em (3.14). No caso do manipulador PUMA 560, o enunciado preciso de nosso problema em vigor é: dado ^0_6T como dezesseis valores numéricos (quatro deles triviais), resolva (3.14) para os seis ângulos de junta θ_1 a θ_6.

Para o caso de um braço com seis graus de liberdade (como o que corresponde às equações em (3.14)), temos 12 equações e seis incógnitas. No entanto, entre as nove equações que surgem da porção de matriz rotacional de ^0_6T, somente três são independentes. Estas, somadas às equações da porção de vetor posição de ^0_6T, resultam em seis equações com seis incógnitas. Tais equações são não lineares, transcendentais, que podem ser bastante difíceis de resolver. As equações (3.14) são as de um robô com parâmetros de elos muito simples – vários dos α_i eram 0 ou ±90 graus. Muitos deslocamentos de elos e comprimentos eram zero. É fácil imaginar que para o caso de um mecanismo genérico com seis graus de liberdade (com todos os parâmetros de elos diferentes de zero), as equações cinemáticas ficariam muito mais complexas do que as de (3.14). Como em qualquer conjunto de equações não lineares, temos de nos preocupar com a existência de soluções, com múltiplas soluções e com o método de solução.

> ### Existência de soluções

A questão de saber se ao menos existe uma solução levanta a indagação sobre o **espaço de trabalho** do manipulador. A grosso modo, o espaço de trabalho é o volume de espaço que o efetuador do manipulador consegue alcançar. Para que uma solução exista, o alvo deve estar dentro do espaço de trabalho. Às vezes, vale a pena considerar duas definições: o **espaço de trabalho destro** é o volume de espaço que o efetuador do robô consegue alcançar em todas as orientações. Ou seja, o efetuador pode ser arbitrariamente orientado em todos os pontos do espaço de trabalho destro. O **espaço de trabalho alcançável** é o volume de espaço que o robô consegue alcançar em pelo menos uma orientação. É óbvio que o espaço de trabalho destro é um subconjunto do espaço de trabalho alcançável.

Considere o espaço de trabalho do manipulador de dois elos da Figura 4.1. Se $l_1 = l_2$, o espaço de trabalho alcançável consiste de um disco com raio $2l_1$. O espaço de trabalho destro consiste de um único ponto, a origem. Se $l_1 \neq l_2$, não existe espaço de trabalho destro e o espaço de trabalho alcançável torna-se um anel de raio externo $l_1 + l_2$ e raio interno $|l_1 - l_2|$. Dentro do espaço de trabalho alcançável há duas orientações possíveis para o efetuador. Nos limites do espaço de trabalho existe apenas uma orientação possível.

Tais considerações sobre o espaço de trabalho para o manipulador de dois elos presumem que todas as juntas podem rotacionar 360 graus. Isso poucas vezes é verdade para os mecanismos existentes. Se os limites da junta são um subconjunto do total de 360 graus, o espaço de trabalho sem dúvida também se reduz de forma correspondente, seja na extensão, seja no número de orientações alcançáveis. Por exemplo, se o braço da Figura 4.1 tem movimento de 360 graus completos

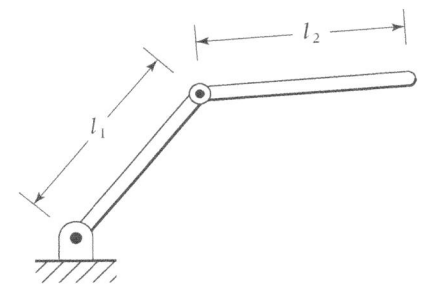

Figura 4.1: Manipulador de dois elos com comprimentos l_1 e l_2.

para θ_1, mas apenas $0 \leq \theta_2 \leq 180°$, então o espaço de trabalho alcançável tem a mesma extensão, mas só uma orientação é alcançável em cada ponto.

Quando um manipulador tem menos de seis graus de liberdade, ele não pode alcançar posições e orientações genéricas no espaço tridimensional. É evidente que o manipulador planar da Figura 4.1 não consegue alcançar fora do plano, assim qualquer ponto com uma coordenada Z de valor diferente de zero pode ser de pronto rejeitada como inalcançável. Em muitas situações reais, manipuladores com quatro ou cinco graus de liberdade são usados para operar fora de um plano, mas não podem, claro, alcançar metas genéricas. Cada manipulador tem de ser estudado para se entender o seu espaço de trabalho. No geral, o espaço de trabalho de um robô desse tipo é um subconjunto de um subespaço que pode ser associado a qualquer robô em particular. Dada uma especificação de sistema de referência meta genérico, surge um problema interessante com relação aos manipuladores com menos de seis graus de liberdade: qual é o sistema de referência meta alcançável mais próximo?

O espaço de trabalho também depende da transformação do sistema de referência da ferramenta, porque em geral a ponta da ferramenta é que é discutida quando falamos de pontos alcançáveis no espaço. Quase sempre a transformação da ferramenta é realizada de modo independente das cinemáticas direta e inversa do manipulador e, portanto, somos com frequência levados a considerar o espaço de trabalho do sistema do punho (*wrist frame*), {W}. Para um dado efetuador, um sistema de referência da ferramenta, {T}, é definido; dado o sistema de referência meta desejado, {G}, o {W} correspondente é calculado e, em seguida, perguntamos: tais posição e orientação desejadas estão no espaço de trabalho? Dessa forma, o espaço de trabalho ao qual devemos nos ater (no sentido computacional) é diferente daquele imaginado pelo usuário que está preocupado com o espaço de trabalho efetuado (o sistema de referência {T}).

Se a posição desejada e a orientação do sistema de referência do punho estão no espaço de trabalho, existe, pelo menos, uma solução.

> Múltiplas soluções

Outro problema possível encontrado na solução das equações cinemáticas é o das múltiplas soluções. Um braço planar com três juntas rotacionais tem um grande espaço de trabalho destro no plano (graças a "bons" comprimentos de elo e grande abrangência das juntas), porque qualquer posição dentro do seu espaço de trabalho pode ser alcançada em qualquer orientação. A Figura 4.2 mostra um braço planar de três elos com o efetuador em certa posição e orientação. As linhas pontilhadas indicam uma segunda configuração possível na qual as mesmas posição e orientação do efetuador são alcançadas.

O fato de um manipulador ter múltiplas soluções pode causar problemas, porque o sistema deve ser capaz de escolher uma. Os critérios nos quais basear a decisão variam, mas uma opção bastante razoável seria a solução *mais próxima*. Por exemplo, se o manipulador está no ponto A, como na Figura 4.3, e queremos levá-lo para o ponto B, uma boa escolha seria a solução que minimiza o quanto cada junta terá de se mover. Assim, na ausência do obstáculo, a configuração superior pontilhada da Figura 4.3 seria escolhida. Isso sugere que um argumento de entrada do nosso procedimento de cinemática inversa pode ser a posição atual do manipulador. Assim, se houver uma escolha, nosso algoritmo poderá escolher a solução mais próxima do espaço de junta. No entanto, a noção de "próxima" pode ser definida de várias maneiras. Por exemplo, robôs típicos podem ter três elos grandes seguidos de três elos orientadores menores próximos do efetuador. Nesse caso, podem-se atribuir pesos aos cálculos de qual é a solução "mais próxima", de forma que a escolha favoreça a movimentação

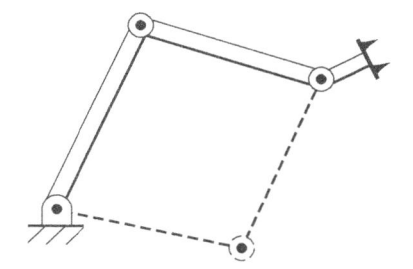

Figura 4.2: Manipulador de três elos. As linhas pontilhadas indicam uma segunda solução.

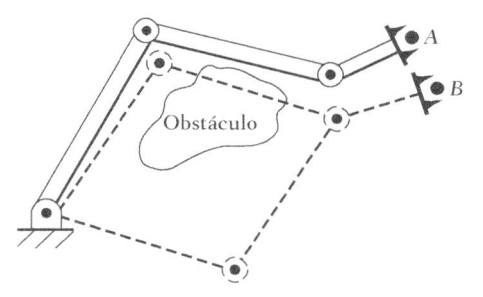

Figura 4.3: Uma das duas soluções possíveis para alcançar o ponto B causa uma colisão.

das juntas menores em vez das maiores, quando existir essa opção. A presença de obstáculos pode forçar a escolha de uma solução "mais distante" nos casos em que a solução "mais próxima" causaria uma colisão – portanto, em geral, temos de poder calcular todas as soluções possíveis. Assim, na Figura 4.3, a presença do obstáculo implica que a configuração pontilhada inferior será usada para atingir o ponto B.

O número de soluções depende do número de juntas do manipulador, mas também é uma função dos parâmetros de elos (α_i, a_i e d_i para um manipulador de juntas rotacionais) e dos alcances permitidos de movimentação das juntas. Por exemplo, o PUMA 560 pode alcançar certos alvos utilizando oito soluções diferentes. A Figura 4.4 mostra quatro soluções; todas colocam a mão nas mesmas posição e orientação. Para cada solução ilustrada há outra na qual as últimas três juntas "revertem" para uma configuração alternativa de acordo com as seguintes fórmulas:

$$\theta'_4 = \theta_4 + 180°,$$
$$\theta'_5 = -\theta_5, \qquad (4.1)$$
$$\theta'_6 = \theta_6 + 180°.$$

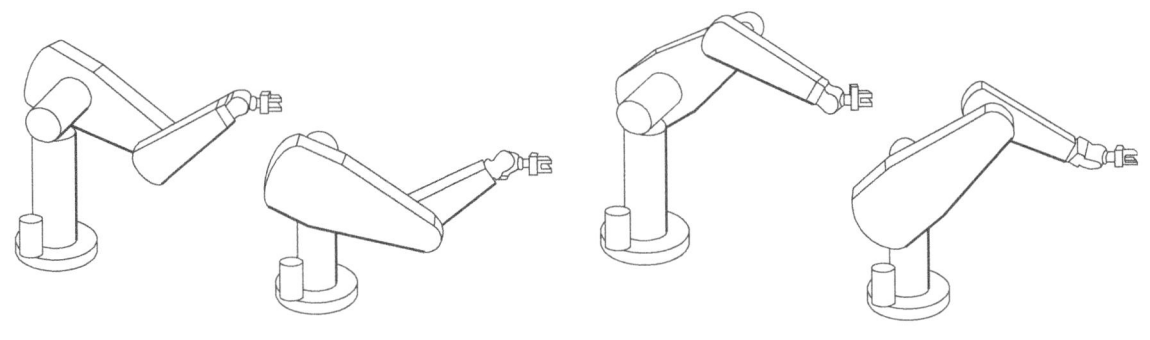

Figura 4.4: Quatro soluções do PUMA 560.

Portanto, no total, pode haver oito soluções para um único alvo. Devido aos limites no alcance das juntas, algumas dessas oito soluções podem ser inalcançáveis.

Em geral, quanto mais parâmetros diferentes de zero houver, mais maneiras haverá de se atingir uma determinada meta. Por exemplo, considere um manipulador com seis juntas rotacionais. A Figura 4.5 mostra como o número máximo de soluções se relaciona com quantos dos parâmetros de comprimento dos elos (os a_i) são zero. Quantos mais forem diferentes de zero, maior é o número máximo de soluções. Para um manipulador de juntas rotacionais completamente genérico, com seis graus de liberdade, existem até dezesseis soluções possíveis [1, 6].

a_i	Número de soluções
$a_1 = a_3 = a_5 = 0$	≤ 4
$a_3 = a_5 = 0$	≤ 8
$a_3 = 0$	≤ 16
Todo $a_i \neq 0$	≤ 16

Figura 4.5: Número de soluções *versus* a_i diferente de zero.

> Método de solução

À diferença das equações lineares, não existem algoritmos gerais que possam ser usados para resolver um conjunto de equações não lineares. Ao considerar os métodos de solução, é sensato definir o que constitui a "solução" de um dado manipulador.

Um manipulador será considerado solucionável se as variáveis das juntas puderem ser determinadas por algoritmo que permita determinar todos os conjuntos de variáveis de juntas associados a uma posição e orientação dadas [2].

O principal ponto dessa definição é que precisamos, no caso de múltiplas soluções, que seja possível calcular todas elas. Portanto, não consideramos alguns tipos de procedimentos numéricos iterativos como soluções para o manipulador, a saber, os métodos que não garantem encontrar todas as soluções.

Vamos dividir todas as estratégias de solução propostas para o manipulador em duas categorias amplas: **soluções de forma fechada** e **soluções numéricas**. Por sua natureza iterativa, as soluções numéricas em geral são muito mais lentas do que suas correspondentes de forma fechada. Isso tanto é verdade que na maioria das aplicações não estamos interessados na abordagem numérica para as soluções cinemáticas. A solução numérica iterativa para as equações cinemáticas constitui, em si, todo um campo de estudo (veja [6, 11, 12]) e está além do escopo deste texto.

Vamos restringir nossa atenção ao método de solução de forma fechada. Nesse contexto, "forma fechada" significa um método de solução baseado em expressões analíticas ou na solução de um polinômio de grau 4 ou menor, de forma que cálculos não iterativos são suficientes para chegar a uma solução. Dentro dessa categoria, distinguimos dois métodos para se obter a solução: o **algébrico** e o **geométrico**. Tal distinção é um tanto quanto nebulosa: todo método geométrico empregado é aplicado por expressões algébricas, portanto, os dois métodos são similares. Os métodos diferem, talvez, apenas em termos de abordagem.

Um importante resultado recente em cinemática é que, segundo nossa definição de solvabilidade, *todos os sistemas com juntas rotacionais e prismáticas com um total de seis graus de liberdade em uma única cadeia seriada são solucionáveis*. No entanto, essa solução genérica é numérica. Somente em casos especiais os robôs com seis graus de liberdade podem ser solucionados de modo analítico. Os robôs para os quais uma solução analítica (ou de forma fechada) existem, caracterizam-se por ter vários eixos de juntas que se cruzam, ou por ter muitos α_i iguais a 0 ou ±90 graus. Calcular as soluções numéricas costuma ser demorado em relação à avaliação das expressões analíticas; em consequência, considera-se muito importante projetar um manipulador para o qual exista uma solução de forma fechada. Os projetistas de manipuladores logo descobriram isso e, hoje, virtualmente todos os manipuladores industriais são projetados de forma simples o bastante para que uma solução de forma fechada possa ser desenvolvida.

Uma condição suficiente para que um manipulador com seis juntas rotacionais tenha uma solução de forma fechada é que três eixos de junta vizinhos se cruzem em um ponto. A Seção 4.6 discute essa condição. Quase todos os manipuladores com seis graus de liberdade construídos hoje em dia têm três eixos que se cruzam, por exemplo, os eixos 4, 5 e 6 do PUMA 560.

4.3 A NOÇÃO DE SUBESPAÇO DO MANIPULADOR QUANDO $n < 6$

O conjunto de sistemas de referência meta alcançáveis para um dado manipulador constitui seu espaço de trabalho alcançável. Para um manipulador com n graus de liberdade (sendo $n < 6$), esse espaço de trabalho alcançável pode ser pensado como uma porção de um **subespaço** com n graus de liberdade. Assim como o espaço de trabalho de um manipulador de seis graus de liberdade é um subconjunto do espaço, o de um manipulador mais simples é um subconjunto do seu subespaço. Por exemplo, o subespaço do robô de dois elos da Figura 4.1 é um plano, mas o espaço de trabalho é um subconjunto desse plano, a saber, um círculo de raio $l_1 + l_2$ para o caso em que $l_1 = l_2$.

Uma maneira de especificar o subespaço de um manipulador com n graus de liberdade é dar uma expressão para seu sistema de referência do punho ou sistema de referência da ferramenta, como uma função de n variáveis que o localizam. Se considerarmos essas n variáveis como livres, então, à medida que elas assumem todos os valores possíveis, o subespaço é gerado.

EXEMPLO 4.1

Dê uma descrição do subespaço de $^B_W T$ para o manipulador de três elos do Capítulo 3, Figura 3.6.

O subespaço de $^B_W T$ é dado por

$$^B_W T = \begin{bmatrix} c_\phi & -s_\phi & 0{,}0 & x \\ s_\phi & c_\phi & 0{,}0 & y \\ 0{,}0 & 0{,}0 & 1{,}0 & 0{,}0 \\ 0 & 0 & 0 & 1 \end{bmatrix}, \tag{4.2}$$

em que x e y dão a posição do punho e ϕ descreve a orientação do elo terminal. À medida que x, y e ϕ possam assumir valores arbitrários, o subespaço é gerado. Qualquer sistema de referência do punho que não tenha a estrutura de (4.2) ficará fora do subespaço (e, portanto, fora do espaço de trabalho) desse manipulador. O comprimento dos elos e o limite das juntas restringem o espaço de trabalho do manipulador em um subconjunto desse subespaço.

EXEMPLO 4.2

Dê uma descrição do subespaço de $_2^0T$ para o manipulador polar com dois graus de liberdade mostrado na Figura 4.6. Temos

$$^0P_{2ORG} = \begin{bmatrix} x \\ y \\ 0 \end{bmatrix}, \quad (4.3)$$

em que x e y podem assumir qualquer valor. A orientação é restrita porque o eixo $^0\hat{Z}_2$ deve apontar em uma direção que depende de x e y. O eixo $^0\hat{Y}_2$ sempre aponta para baixo e o eixo $^0\hat{X}_2$ pode ser computado como o produto vetorial $^0\hat{Y}_2 \times {}^0\hat{Z}_2$. Em termos de x e y, temos:

$$^0\hat{Z}_2 = \begin{bmatrix} \dfrac{x}{\sqrt{x^2+y^2}} \\ \dfrac{y}{\sqrt{x^2+y^2}} \\ 0 \end{bmatrix}. \quad (4.4)$$

O subespaço, portanto, pode ser dado como

$$_2^0T = \begin{bmatrix} \dfrac{y}{\sqrt{x^2+y^2}} & 0 & \dfrac{x}{\sqrt{x^2+y^2}} & x \\ \dfrac{-x}{\sqrt{x^2+y^2}} & 0 & \dfrac{y}{\sqrt{x^2+y^2}} & y \\ 0 & -1 & 0 & 0 \\ 0 & 0 & 0 & 1 \end{bmatrix}. \quad (4.5)$$

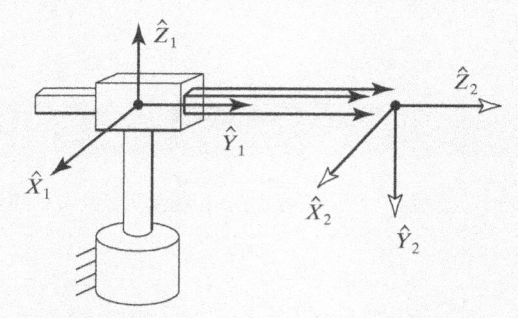

Figura 4.6: Um manipulador polar de dois elos.

Em geral, ao definir um alvo para um manipulador com n graus de liberdade, usamos n parâmetros para especificar a meta. Se, por outro lado, damos uma especificação para todos os seis graus de liberdade, não conseguiremos atingir o alvo com um manipulador $n < 6$. Nesse caso, podemos, em vez disso, estar interessados em atingir um que está no subespaço do manipulador e situado tão "próximo" quanto possível do original desejado.

Assim, ao especificar metas *genéricas* para um manipulador com menos de seis graus de liberdade, uma estratégia de solução é a seguinte:

1. Dado um sistema de referência de meta genérico, ${}^{S}_{G}T$, compute um sistema de referência de meta modificado, ${}^{S}_{G'}T$, de forma que este se situe no subespaço do manipulador e o mais "próximo" possível de ${}^{S}_{G}T$. É preciso escolher uma definição para "próximo".
2. Calcule a cinemática inversa para encontrar ângulos de junta usando ${}^{S}_{G'}T$ como alvo desejado. Observe que uma solução pode ainda não ser possível se o ponto do alvo não estiver no espaço de trabalho do manipulador.

Costuma fazer sentido colocar a origem do sistema de referência da ferramenta na localização desejada e depois escolher uma orientação alcançável que esteja próxima da orientação desejada. Como vimos nos exemplos 4.1 e 4.2, o cômputo do subespaço depende da geometria do manipulador. Cada manipulador deve ser considerado de maneira individual para se chegar a um método de fazer esse cálculo.

A Seção 4.7 dá um exemplo de *projeção* de uma meta geral no subespaço de um manipulador com cinco graus de liberdade a fim de computar os ângulos de junta que lhe possibilitarão chegar ao sistema de referência alcançável mais próximo do desejado.

4.4 ALGÉBRICO *VERSUS* GEOMÉTRICO

Como introdução para a solução das equações cinemáticas, vamos considerar duas abordagens diferentes para a solução de um manipulador planar simples de três elos.

> ### Solução algébrica

Considere o manipulador planar de três elos apresentado no Capítulo 3. Ele está ilustrado com seus parâmetros de elos na Figura 4.7.

Seguindo o método do Capítulo 3, podemos usar os parâmetros de elos com facilidade para encontrar as equações cinemáticas desse braço:

$${}^{B}_{W}T = {}^{0}_{3}T = \begin{bmatrix} c_{123} & -s_{123} & 0,0 & l_1 c_1 + l_2 c_{12} \\ s_{123} & c_{123} & 0,0 & l_1 s_1 + l_2 s_{12} \\ 0,0 & 0,0 & 1,0 & 0,0 \\ 0 & 0 & 0 & 1 \end{bmatrix}. \tag{4.6}$$

Para concentrar nossa discussão na cinemática inversa, vamos presumir que as transformações necessárias foram realizadas de forma que o ponto alvo é uma especificação do sistema de referência do punho em relação ao sistema de referência da base, ou seja, ${}^{B}_{W}T$. Como trabalhamos com um manipulador planar, a especificação desses pontos alvos pode ser obtida com mais facilidade especificando-se três números: x, y e ϕ, sendo ϕ a orientação do elo 3 no plano (em relação ao eixo $+\hat{X}$). Então, em vez de fornecer um ${}^{B}_{W}T$ genérico como especificação de alvo, vamos considerar uma transformação com a estrutura

$${}^{B}_{W}T = \begin{bmatrix} c_\phi & -s_\phi & 0,0 & x \\ s_\phi & c_\phi & 0,0 & y \\ 0,0 & 0,0 & 1,0 & 0,0 \\ 0 & 0 & 0 & 1 \end{bmatrix}. \tag{4.7}$$

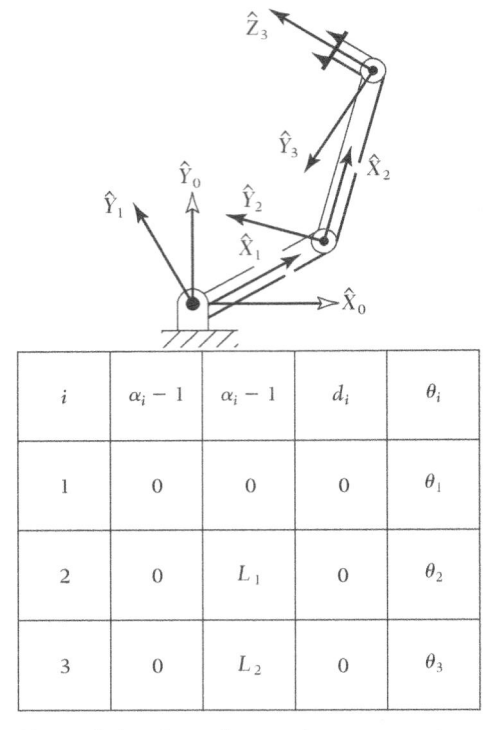

i	$\alpha_i - 1$	$a_i - 1$	d_i	θ_i
1	0	0	0	θ_1
2	0	L_1	0	θ_2
3	0	L_2	0	θ_3

Figura 4.7: Manipulador planar de três elos e seus parâmetros de elos.

Todos os alvos alcançáveis devem estar no subespaço indicado pela estrutura da Equação (4.7). Igualando (4.6) e (4.7), chegamos a um conjunto de quatro equações não lineares que devem ser resolvidas para θ_1, θ_2 e θ_3:

$$c_\phi = c_{123}, \tag{4.8}$$

$$s_\phi = s_{123}, \tag{4.9}$$

$$x = l_1 c_1 + l_2 c_{12}, \tag{4.10}$$

$$y = l_1 s_1 + l_2 s_{12}. \tag{4.11}$$

Agora começamos nossa solução algébrica das equações (4.8) a (4.11). Se elevarmos (4.10) e (4.11) ao quadrado e somarmos as duas, obtemos

$$x^2 + y^2 = l_1^2 + l_2^2 + 2l_1 l_2 c_2, \tag{4.12}$$

onde utilizamos

$$\begin{aligned} c_{12} &= c_1 c_2 - s_1 s_2, \\ s_{12} &= c_1 s_2 + s_1 c_2. \end{aligned} \tag{4.13}$$

Resolvendo (4.12) para c_2, obtemos

$$c_2 = \frac{x^2 + y^2 - l_1^2 - l_2^2}{2 l_1 l_2}. \tag{4.14}$$

Para que haja uma solução, o lado direito de (4.14) deve ter um valor entre −1 e 1. No algoritmo de solução, essa restrição seria verificada nesse ponto para se saber se uma solução existe. Fisicamente, se a restrição não é satisfeita, o ponto alvo está longe demais para que o manipulador o alcance.

Presumindo que a meta está no espaço de trabalho, escrevemos a expressão para s_2 como

$$s_2 = \pm\sqrt{1-c_2^2} \ . \tag{4.15}$$

Por fim, computamos θ_2 usando a rotina de arco tangente com dois argumentos:*

$$\theta_2 = \text{Atan2}(s_2, c_2) \ . \tag{4.16}$$

A escolha dos sinais em (4.15) corresponde à solução múltipla na qual podemos escolher a solução de "cotovelo para cima" ou de "cotovelo para baixo". Para determinar θ_2, usamos um dos métodos recorrentes para resolver relações cinemáticas do tipo que surge com frequência, a saber, determinar tanto o seno quanto o cosseno do ângulo de junta desejado e, em seguida, aplicar o arco tangente de dois argumentos. Isso garante que encontramos todas as soluções e que o ângulo resolvido está no quadrante adequado.

Tendo encontrado θ_2, podemos resolver (4.10) e (4.11) para θ_1. Escrevemos (4.10) e (4.11) na forma

$$x = k_1 c_1 - k_2 s_1 \ , \tag{4.17}$$

$$y = k_1 s_1 + k_2 c_1 \ , \tag{4.18}$$

em que

$$\begin{aligned} k_1 &= l_1 + l_2 c_2 \ , \\ k_2 &= l_2 s_2 \ . \end{aligned} \tag{4.19}$$

A fim de resolver uma equação nessa forma, fazemos uma troca de variáveis. Na realidade, estamos mudando a maneira de escrevermos as constantes k_1 e k_2.

Se

$$r = +\sqrt{k_1^2 + k_2^2} \tag{4.20}$$

e

$$\gamma = \text{Atan2}(k_2, k_1) \ ,$$

então

$$\begin{aligned} k_1 &= r \cos \gamma \ , \\ k_2 &= r \operatorname{sen} \gamma \ . \end{aligned} \tag{4.21}$$

As equações (4.17) e (4.18) podem agora ser escritas como

$$\frac{x}{r} = \cos \gamma \cos \theta_1 - \operatorname{sen} \gamma \operatorname{sen} \theta_1 \ , \tag{4.22}$$

$$\frac{y}{r} = \cos \gamma \operatorname{sen} \theta_1 + \operatorname{sen} \gamma \cos \theta_1 \ , \tag{4.23}$$

então

$$\cos(\gamma + \theta_1) = \frac{x}{r} \ , \tag{4.24}$$

---

* Ver Seção 2.8.

$$\operatorname{sen}(\gamma + \theta_1) = \frac{y}{r}. \tag{4.25}$$

Usando o arco tangente de dois argumentos, obtemos

$$\gamma + \theta_1 = \operatorname{Atan2}\left(\frac{y}{r}, \frac{x}{r}\right) = \operatorname{Atan2}(y, x), \tag{4.26}$$

e assim

$$\theta_1 = \operatorname{Atan2}(y, x) - \operatorname{Atan2}(k_2, k_1). \tag{4.27}$$

Observe que quando é feita uma escolha de sinal na solução de θ_2 anterior, ela provoca uma mudança de sinal em k_2, afetando em consequência θ_1. As substituições usadas, (4.20) e (4.21), constituem um método de solução de uma forma que aparece frequentemente em cinemática – a saber, a de (4.10) ou (4.11). Note também que se $x = y = 0$, então (4.27) torna-se indefinida – nesse caso, θ_1 é arbitrário.

Por fim, com base em (4.8) e (4.9), podemos resolver para a soma de θ_1 a θ_3:

$$\theta_1 + \theta_2 + \theta_3 = \operatorname{Atan2}(s_\phi, c_\phi) = \phi. \tag{4.28}$$

A partir daí, podemos resolver θ_3, porque conhecemos os primeiros dois ângulos. É típico que, quando se trata de manipuladores com dois ou mais elos movendo-se em um plano, no curso da solução, surjam expressões para somas de ângulos de juntas.

Em resumo, a abordagem algébrica para resolver equações cinemáticas é, na essência, a de manipulá-las para uma forma na qual a solução é conhecida. Ocorre que, para muitas geometrias comuns, várias formas de equações transcendentais costumam surgir. Encontramos algumas na seção precedente. No Apêndice C, outras estão listadas.

> Solução geométrica

Na abordagem geométrica para encontrar a solução de um manipulador, procuramos decompor a geometria espacial do braço em vários problemas de geometria plana. Para muitos manipuladores (em particular, quando $\alpha_i = 0$ ou ± 90), isso consegue ser feito com bastante facilidade. Os ângulos das juntas podem ser resolvidos usando-se as ferramentas da geometria plana [7]. Para o braço com três graus de liberdade mostrado na Figura 4.7, como é um braço planar, podemos aplicar a geometria plana diretamente para encontrar uma solução.

A Figura 4.8 mostra o triângulo formado por l_1, l_2 e a linha que une a origem do sistema de referência {0} com a origem do sistema de referência {3}. As linhas pontilhadas representam a outra configuração possível do triângulo que levaria à mesma posição do sistema de referência {3}. Considerando o triângulo contínuo, podemos aplicar a "lei dos cossenos" para resolver θ_2:

$$x^2 + y^2 = l_1^2 + l_2^2 - 2l_1 l_2 \cos(180 + \theta_2). \tag{4.29}$$

Agora, $\cos(180 + \theta_2) = -\cos(\theta_2)$, de forma que temos

$$c_2 = \frac{x^2 + y^2 - l_1^2 - l_2^2}{2l_1 l_2}. \tag{4.30}$$

Para que esse triângulo exista, a distância ao ponto alvo deve ser menor ou igual à soma do comprimento dos elos, $l_1 + l_2$. Em um algoritmo computacional, essa condição seria verificada

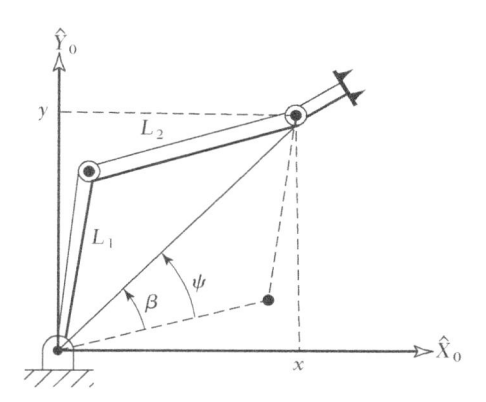

Figura 4.8: Geometria plana associada a um robô planar de três elos.

neste ponto, para confirmar a existência de soluções. Tal condição não é satisfeita quando o ponto alvo está fora do alcance do manipulador. Presumindo que uma solução existe, essa equação é resolvida por um valor de θ_2 que está entre 0 e −180 graus, porque somente para esses valores o triângulo da Figura 4.8 existe. A outra solução possível (indicada pelo triângulo pontilhado) é encontrada por simetria como $\theta'_2 = -\theta_2$.

Para resolver θ_1, encontramos expressões para os ângulos ψ e β, conforme a Figura 4.8. Primeiro, β pode estar em qualquer quadrante, dependendo dos sinais de x e y. Portanto, temos de usar um arco tangente de dois argumentos:

$$\beta = \text{Atan2}(y, x) \,. \tag{4.31}$$

Aplicamos mais uma vez a lei dos cossenos para encontrar ψ:

$$\cos\psi = \frac{x^2 + y^2 + l_1^2 - l_2^2}{2l_1\sqrt{x^2 + y^2}} \,. \tag{4.32}$$

Aqui, o arco cosseno deve ser resolvido de forma que $0 \leq \psi \leq 180°$ para que a geometria que leva a (4.32) seja preservada. São considerações típicas quando usamos uma abordagem geométrica – temos de aplicar as fórmulas que deduzimos somente em certo âmbito das variáveis, para que a geometria seja preservada. Então, temos

$$\theta_1 = \beta \pm \psi \,, \tag{4.33}$$

onde o sinal positivo é usado se $\theta_2 < 0$ e o negativo se $\theta_2 > 0$.

Sabemos que os ângulos de um plano se somam, portanto, a soma dos três ângulos de juntas deve ser a orientação do último elo:

$$\theta_1 + \theta_2 + \theta_3 = \phi \,. \tag{4.34}$$

Essa equação é resolvida para θ_3 a fim de completar nossa solução.

4.5 SOLUÇÃO ALGÉBRICA PELA REDUÇÃO A POLINÔMIOS

As equações transcendentais são quase sempre difíceis de resolver porque mesmo quando há apenas uma variável (digamos, θ) ela em geral aparece como sen θ e cos θ. No entanto, fazendo as substituições a seguir chegamos a uma expressão em termos de uma única variável, u:

$$u = \tan\frac{\theta}{2},$$

$$\cos\theta = \frac{1-u^2}{1+u^2}, \quad (4.35)$$

$$\sin\theta = \frac{2u}{1+u^2}.$$

Essa é uma substituição geométrica muito importante, usada com frequência para resolver equações cinemáticas. Tais substituições convertem equações transcendentais em polinomiais em u. O Apêndice A lista essa e outras entidades trigonométricas.

EXEMPLO 4.3

Converta a equação transcendental

$$a\cos\theta + b\sin\theta = c \quad (4.36)$$

em um polinômio na tangente do semiângulo e encontre θ.

Substituindo a partir de (4.35) e multiplicando dos dois lados por $1 + u^2$, temos

$$a(1 - u^2) + 2bu = c(1 + u^2). \quad (4.37)$$

Reunir as potências de u resulta em

$$(a + c)u^2 - 2bu + (c - a) = 0, \quad (4.38)$$

que resolvemos pela fórmula quadrática:

$$u = \frac{b \pm \sqrt{b^2 + a^2 - c^2}}{a+c}. \quad (4.39)$$

Assim,

$$\theta = 2\tan^{-1}\left(\frac{b \pm \sqrt{b^2 + a^2 - c^2}}{a+c}\right). \quad (4.40)$$

Se a solução de (4.39) para u for complexa, não existe solução verdadeira para a equação transcendental original. Observe que, se $a + c = 0$, o argumento do arco tangente torna-se infinito e, portanto, $\theta = 180°$. Em uma implementação para computador, essa divisão potencial por zero deve ser verificada com antecedência. Essa situação acontece quando o termo quadrático de (4.38) desaparece, de forma que a equação quadrática se degenera em uma linear.

Até o quarto grau os polinômios têm solução fechada [8, 9], e os manipuladores simples o bastante que podem ser resolvidos por equações algébricas desse grau (ou mais baixos) são chamados de manipuladores **solucionáveis em forma fechada**.

4.6 SOLUÇÃO DE PIEPER QUANDO TRÊS EIXOS SE CRUZAM

Como mencionamos antes, embora um robô completamente genérico com seis graus de liberdade não tenha uma solução em forma fechada, certos casos especiais importantes podem ser resolvidos. Pieper [3, 4] estudou manipuladores com seis graus de liberdade nos quais três eixos consecutivos se cruzam em um ponto.* Nesta seção, esboçamos o método que ele desenvolveu para o caso em que todas as juntas são rotacionais e pelo menos três eixos se cruzam. Seu método se aplica a outras configurações que incluem juntas prismáticas e o leitor interessado deve consultar [4]. O trabalho de Pieper se aplica à maioria dos robôs industriais disponíveis no mercado.

Quando os últimos três eixos se cruzam, as origens dos sistemas de referência de elos {4}, {5} e {6} estão localizadas nesse ponto de intersecção. Esse ponto é dado nas coordenadas básicas como

$$^0P_{4ORG} = {}^0_1T\,{}^1_2T\,{}^2_3T\,{}^3P_{4ORG} = \begin{bmatrix} x \\ y \\ z \\ 1 \end{bmatrix}, \quad (4.41)$$

ou, usando a quarta coluna de (3.6) para $i = 4$, como

$$^0P_{4ORG} = {}^0_1T\,{}^1_2T\,{}^2_3T \begin{bmatrix} a_3 \\ -d_4 s\alpha_3 \\ d_4 c\alpha_3 \\ 1 \end{bmatrix}, \quad (4.42)$$

ou como

$$^0P_{4ORG} = {}^0_1T\,{}^1_2T \begin{bmatrix} f_1(\theta_3) \\ f_2(\theta_3) \\ f_3(\theta_3) \\ 1 \end{bmatrix}, \quad (4.43)$$

em que

$$\begin{bmatrix} f_1 \\ f_2 \\ f_3 \\ 1 \end{bmatrix} = {}^2_3T \begin{bmatrix} a_3 \\ -d_4 s\alpha_3 \\ d_4 c\alpha_3 \\ 1 \end{bmatrix}. \quad (4.44)$$

Usar (3.6) para ${}^2_3T$ em (4.44) gera as seguintes expressões para f_i:

$$\begin{aligned} f_1 &= a_3 c_3 + d_4 s\alpha_3 s_3 + a_2, \\ f_2 &= a_3 c\alpha_2 s_3 - d_4 s\alpha_3 c\alpha_2 c_3 - d_4 s\alpha_2 c\alpha_3 - d_3 s\alpha_2, \\ f_3 &= a_3 s\alpha_2 s_3 - d_4 s\alpha_3 s\alpha_2 c_3 + d_4 c\alpha_2 c\alpha_3 + d_3 c\alpha_2. \end{aligned} \quad (4.45)$$

Usando (3.6) para ${}^0_1T$ e ${}^1_2T$ em (4.43), obtemos

$$^0P_{4ORG} = \begin{bmatrix} c_1 g_1 - s_1 g_2 \\ s_1 g_1 + c_1 g_2 \\ g_3 \\ 1 \end{bmatrix}, \quad (4.46)$$

---

* Nessa família de manipuladores incluem-se os que têm três eixos paralelos, porque eles se encontram no infinito.

em que

$$g_1 = c_2 f_1 - s_2 f_2 + a_1 ,$$
$$g_2 = s_2 c\alpha_1 f_1 + c_2 c\alpha_1 f_2 - s\alpha_1 f_3 - d_2 s\alpha_1 , \qquad (4.47)$$
$$g_3 = s_2 s\alpha_1 f_1 + c_2 s\alpha_1 f_2 + c\alpha_1 f_3 + d_2 c\alpha_1 .$$

Agora escrevemos uma expressão para a magnitude ao quadrado de $^0P_{4ORG}$ que vamos denotar como $r = x^2 + y^2 + z^2$ e que vemos a partir de (4.46) como sendo

$$r = g_1^2 + g_2^2 + g_3^2 ; \qquad (4.48)$$

de forma que, usando (4.47) para o g_i, temos

$$r = f_1^2 + f_2^2 + f_3^2 + a_1^2 + d_2^2 + 2d_2 f_3 + 2a_1 \left(c_2 f_1 - s_2 f_2 \right) . \qquad (4.49)$$

Agora escrevemos essa equação junto com a equação de componente Z de (4.46) como um sistema de duas equações na forma

$$r = \left(k_1 c_2 + k_2 s_2 \right) 2a_1 + k_3 ,$$
$$z = \left(k_1 s_2 - k_2 c_2 \right) s\alpha_1 + k_4 , \qquad (4.50)$$

em que

$$k_1 = f_1 ,$$
$$k_2 = -f_2 ,$$
$$k_3 = f_1^2 + f_2^2 + f_3^2 + a_1^2 + d_2^2 + 2d_2 f_3 , \qquad (4.51)$$
$$k_4 = f_3 c\alpha_1 + d_2 c\alpha_1 .$$

A Equação (4.50) é útil porque a dependência de θ_1 foi eliminada e a dependência de θ_2 assume uma forma simples.

Agora vamos considerar a solução de (4.50) para θ_3. Distinguimos três casos:

1. Se $a_1 = 0$, então temos $r = k_3$ onde, r é conhecido. O lado direito (k_3) é uma função apenas de θ_3. Após a substituição (4.35), uma equação quadrática em $\tan \frac{\theta_3}{2}$ pode ser resolvida para θ_3.
2. Se $s\alpha_1 = 0$, temos $z = k_4$ onde, z é conhecido. Mais uma vez, substituindo por meio de (4.35), surge uma equação quadrática que pode resolver θ_3.
3. Em outros casos, eliminando s_2 e c_2 de (4.50), obtemos

$$\frac{(r - k_3)^2}{4a_1^2} + \frac{(z - k_4)^2}{s^2 \alpha_1} = k_1^2 + k_2^2 . \qquad (4.52)$$

Essa equação, após a substituição em (4.35) para θ_3, resulta numa equação de grau 4 que pode dar a solução para θ_3.*

Uma vez encontrado θ_3, podemos encontrar θ_2 com (4.50) e θ_1 com (4.46).

Para completar nossa solução, temos de encontrar θ_4, θ_5 e θ_6. Esses eixos se cruzam, de forma que esses ângulos de junta afetam a orientação somente do último elo. Podemos computá-los a

---

* É útil observar que $f_1^2 + f_2^2 + f_3^2 = a_3^2 + d_4^2 + d_3^2 + a_2^2 + 2d_4 d_3 c\alpha_3 + 2a_2 a_3 c_3 + 2a_2 d_4 s\alpha_3 s_3$.

partir de nada mais que a porção rotacional do alvo especificado, $_6^0R$. Como já obtivemos θ_1, θ_2 e θ_3, podemos computar $_4^0R|_{\theta_4=0}$ por cuja notação indicamos a orientação do sistema de referência de elo {4} com relação ao sistema de referência da base quando $\theta_4 = 0$. A orientação desejada de {6} difere dessa orientação somente pela ação das três últimas juntas. Como o problema foi especificado com $_6^0R$ dado, podemos calcular

$$_6^4R|_{\theta_4=0} = {_4^0R^{-1}}|_{\theta_4=0}\, _6^0R\,. \tag{4.53}$$

Para muitos manipuladores, esses três últimos ângulos podem ser encontrados utilizando-se exatamente a solução dos ângulos Z-Y-Z de Euler, dada no Capítulo 2, aplicada a $_6^4R|_{\theta_4=0}$. Para qualquer manipulador (com eixos 4, 5 e 6 que se cruzam), os últimos três ângulos de juntas podem ser encontrados como um conjunto de ângulos de Euler adequadamente definidos. Há sempre duas soluções para as três últimas juntas, de forma que o número total de soluções para o manipulador será o dobro do número encontrado para as três primeiras juntas.

4.7 EXEMPLOS DE CINEMÁTICA INVERSA DE MANIPULADORES

Nesta seção, vamos calcular a cinemática inversa de dois robôs industriais. A solução para um dos manipuladores será feita de forma puramente algébrica. A segunda solução é em parte algébrica e em parte geométrica. As soluções a seguir não são métodos que funcionam como receitas de cozinha para resolver a cinemática de manipuladores, mas mostram muitas manipulações que aparecem com frequência na maioria das soluções cinemáticas. Observe que o método de solução de Pieper (abordado na seção anterior) pode ser usado para esses manipuladores, mas aqui escolhemos uma abordagem diferente para dar uma ideia dos vários métodos possíveis.

O Unimation PUMA 560

Como exemplo de solução algébrica aplicada a um manipulador com seis graus de liberdade, resolveremos as equações cinemáticas do PUMA 560 que foram desenvolvidas no Capítulo 3. Esta solução é no estilo de [5].

Queremos resolver

$$_6^0T = \begin{bmatrix} r_{11} & r_{12} & r_{13} & p_x \\ r_{21} & r_{22} & r_{23} & p_y \\ r_{31} & r_{32} & r_{33} & p_z \\ 0 & 0 & 0 & 1 \end{bmatrix} \tag{4.54}$$

$$= {_1^0T}(\theta_1)\,{_2^1T}(\theta_2)\,{_3^2T}(\theta_3)\,{_4^3T}(\theta_4)\,{_5^4T}(\theta_5)\,{_6^5T}(\theta_6)$$

e encontrar θ_i quando $_6^0T$ é dado como valores numéricos.

Reformulamos (4.54) colocando a dependência em θ_1 do lado esquerdo da equação, ou seja,

$$\left[{_1^0T}(\theta_1)\right]^{-1}\,{_6^0T} = {_2^1T}(\theta_2)\,{_3^2T}(\theta_3)\,{_4^3T}(\theta_4)\,{_5^4T}(\theta_5)\,{_6^5T}(\theta_6)\,. \tag{4.55}$$

Invertendo ^0_1T, escrevemos (4.55) como

$$\begin{bmatrix} c_1 & s_1 & 0 & 0 \\ -s_1 & c_1 & 0 & 0 \\ 0 & 0 & 1 & 0 \\ 0 & 0 & 0 & 1 \end{bmatrix} \begin{bmatrix} r_{11} & r_{12} & r_{13} & p_x \\ r_{21} & r_{22} & r_{23} & p_y \\ r_{31} & r_{32} & r_{33} & p_z \\ 0 & 0 & 0 & 1 \end{bmatrix} = {}^1_6T, \tag{4.56}$$

sendo ^1_6T dado pela Equação (3.13) desenvolvida no Capítulo 3. Essa técnica simples de multiplicar cada lado de uma equação de transformação por uma inversa é muito usada com vantagens para a separação de variáveis em busca de uma equação solucionável.

Igualando os elementos (2,4) dos dois lados de (4.56), temos

$$-s_1 p_x + c_1 p_y = d_3. \tag{4.57}$$

Para resolver uma equação com essa forma, fazemos as substituições trigonométricas

$$\begin{aligned} p_x &= \rho \cos\phi, \\ p_y &= \rho \operatorname{sen}\phi, \end{aligned} \tag{4.58}$$

em que

$$\begin{aligned} \rho &= \sqrt{p_x^2 + p_y^2}, \\ \phi &= \operatorname{Atan2}(p_y, p_x). \end{aligned} \tag{4.59}$$

Substituindo (4.58) em (4.57), obtemos

$$c_1 s_\phi - s_1 c_\phi = \frac{d_3}{\rho}. \tag{4.60}$$

A partir da fórmula de diferença dos ângulos,

$$\operatorname{sen}(\phi - \theta_1) = \frac{d_3}{\rho}. \tag{4.61}$$

Portanto,

$$\cos(\phi - \theta_1) = \pm\sqrt{1 - \frac{d_3^2}{\rho^2}}, \tag{4.62}$$

e, então,

$$\phi - \theta_1 = \operatorname{Atan2}\left(\frac{d_3}{\rho}, \pm\sqrt{1 - \frac{d_3^2}{\rho^2}}\right). \tag{4.63}$$

Por fim, a solução para θ_1 pode ser escrita como

$$\theta_1 = \operatorname{Atan2}(p_y, p_x) - \operatorname{Atan2}\left(d_3, \pm\sqrt{p_x^2 + p_y^2 - d_3^2}\right). \tag{4.64}$$

Observe que encontramos duas soluções possíveis para θ_1, correspondentes aos sinais de mais ou de menos em (4.64). Agora que θ_1 é conhecido, o lado esquerdo de (4.56) também é. Se igualarmos tanto os elementos (1,4) quanto os elementos (3,4) dos dois lados de (4.56), obteremos

$$c_1 p_x + s_1 p_y = a_3 c_{23} - d_4 s_{23} + a_2 c_2 \ ,$$
$$-p_x = a_3 s_{23} + d_4 c_{23} + a_2 s_2 \ . \tag{4.65}$$

Se elevarmos ao quadrado as equações (4.65) e (4.57) e somarmos as equações resultantes, obteremos

$$a_3 c_3 - d_4 s_3 = K \ , \tag{4.66}$$

em que

$$K = \frac{p_x^2 + p_y^2 + p_x^2 - a_2^2 - a_3^2 - d_3^2 - d_4^2}{2 a_2} \ . \tag{4.67}$$

Observe que a dependência de θ_1 foi eliminada de (4.66). A Equação (4.66) tem a mesma forma que (4.57) e, portanto, pode ser resolvida com o mesmo tipo de substituição trigonométrica para gerar uma solução para θ_3:

$$\theta_3 = \mathrm{Atan2}(a_3, d_4) - \mathrm{Atan2}\left(K, \pm \sqrt{a_3^2 + d_4^2 - K^2}\right) . \tag{4.68}$$

O sinal de mais ou menos em (4.68) leva a duas soluções diferentes para θ_3. Se considerarmos, de novo, (4.54), podemos reescrevê-la de forma que todo o lado esquerdo seja uma função de apenas termos conhecidos e θ_2:

$$\left[{}^{0}_{3}T(\theta_2)\right]^{-1} {}^{0}_{6}T = {}^{3}_{4}T(\theta_4) {}^{4}_{5}T(\theta_5) {}^{5}_{6}T(\theta_6) \ , \tag{4.69}$$

ou

$$\begin{bmatrix} c_1 c_{23} & s_1 c_{23} & -s_{23} & -a_2 c_3 \\ -c_1 s_{23} & -s_1 s_{23} & -c_{23} & a_2 s_3 \\ -s_1 & c_1 & 0 & -d_3 \\ 0 & 0 & 0 & 1 \end{bmatrix} \begin{bmatrix} r_{11} & r_{12} & r_{13} & p_x \\ r_{21} & r_{22} & r_{23} & p_y \\ r_{31} & r_{32} & r_{33} & p_z \\ 0 & 0 & 0 & 1 \end{bmatrix} = {}^{3}_{6}T \ , \tag{4.70}$$

em que ${}^{3}_{6}T$ é dado pela Equação (3.11) desenvolvida no Capítulo 3. Igualando tanto os elementos (1,4) quanto os elementos (2,4) dos dois lados de (4.70), obtemos

$$c_1 c_{23} p_x + s_1 c_{23} p_y - s_{23} p_z - a_2 c_3 = a_3 \ ,$$
$$-c_1 s_{23} p_x - s_1 s_{23} p_y - c_{23} p_z + a_2 s_3 = d_4 \ . \tag{4.71}$$

Essas equações podem ser resolvidas em simultâneo para s_{23} e c_{23}, resultando em

$$s_{23} = \frac{(-a_3 - a_2 c_3) p_z + (c_1 p_x + s_1 p_y)(a_2 s_3 - d_4)}{p_z^2 + (c_1 p_x + s_1 p_y)^2} \ ,$$
$$c_{23} = \frac{(a_2 s_3 - d_4) p_z - (a_3 + a_2 c_3)(c_1 p_x + s_1 p_y)}{p_z^2 + (c_1 p_x + s_1 p_y)^2} \ . \tag{4.72}$$

Os denominadores são iguais e positivos, de forma que resolvemos a soma de θ_2 e θ_3 como

$$\theta_{23} = \mathrm{Atan2}\left[(-a_3 - a_2 c_3) p_z - (c_1 p_x + s_1 p_y)(d_4 - a_2 s_3), \right.$$
$$\left. (a_2 s_3 - d_4) p_z - (a_3 + a_2 c_3)(c_1 p_x + s_1 p_y)\right] . \tag{4.73}$$

A Equação (4.73) calcula quatro valores de θ_{23}, de acordo com as quatro combinações possíveis de soluções para θ_1 e θ_3. Depois, as quatro soluções possíveis para θ_2 são computadas como

$$\theta_2 = \theta_{23} - \theta_3,\tag{4.74}$$

em que a solução apropriada para θ_3 é usada quando formamos a diferença.

Agora, todo o lado esquerdo de (4.70) é conhecido. Igualando tanto os elementos (1,3) quando os elementos (3,3) dos dois lados de (4.70), obtemos

$$\begin{aligned}r_{13}c_1c_{23} + r_{23}s_1c_{23} - r_{33}s_{23} &= -c_4 s_5,\\ -r_{13}s_1 + r_{23}c_1 &= s_4 s_5.\end{aligned}\tag{4.75}$$

Contanto que $s_5 \neq 0$, podemos encontrar θ_4 como

$$\theta_4 = \text{Atan2}(-r_{13}s_1 + r_{23}c_1,\, -r_{13}c_1c_{23} - r_{23}s_1c_{23} + r_{33}s_{23}).\tag{4.76}$$

Quando $\theta_5 = 0$, o manipulador está em uma configuração singular na qual os eixos das juntas 4 e 6 se alinham e provocam o mesmo movimento do último elo do robô. Nesse caso, a única coisa que importa (e a única coisa que se pode calcular) é a soma ou a diferença de θ_4 e θ_6. Tal situação é detectada verificando-se se os dois argumentos do Atan2 em (4.76) estão próximos de zero. Se for o caso, θ_4 é escolhido arbitrariamente,[*] e quando θ_6 é computado mais tarde, será calculado de acordo.

Se considerarmos, de novo, (4.54), poderemos agora reescrevê-la de forma que todo o lado esquerdo seja uma função de termos conhecidos e θ_4, expressando-a como

$$\left[{}^0_4T(\theta_4)\right]^{-1} {}^0_6T = {}^4_5T(\theta_5)\, {}^5_6T(\theta_6),\tag{4.77}$$

em que $[{}^0_4T(\theta_4)]^{-1}$ é dado por

$$\begin{bmatrix} c_1 c_{23} c_4 + s_1 s_4 & s_1 c_{23} c_4 - c_1 s_4 & -s_{23} c_4 & -a_2 c_3 c_4 + d_3 s_4 - a_3 c_4 \\ -c_1 c_{23} s_4 + s_1 c_4 & -s_1 c_{23} s_4 - c_1 c_4 & s_{23} s_4 & a_2 c_3 s_4 + d_3 c_4 + a_3 s_4 \\ -c_1 s_{23} & -s_1 s_{23} & -c_{23} & a_2 s_3 - d_4 \\ 0 & 0 & 0 & 1 \end{bmatrix},\tag{4.78}$$

e ${}^4_6T$ é dado pela Equação (3.10) desenvolvida no Capítulo 3. Igualando tanto os elementos (1,3) quanto os elementos (3,3) dos dois lados de (4.77), obtemos

$$\begin{aligned}r_{13}(c_1 c_{23} c_4 + s_1 s_4) + r_{23}(s_1 c_{23} c_4 - c_1 s_4) - r_{33}(s_{23} c_4) &= -s_5,\\ r_{13}(-c_1 s_{23}) + r_{23}(-s_1 s_{23}) + r_{33}(-c_{23}) &= c_5.\end{aligned}\tag{4.79}$$

Assim, podemos calcular θ_5 como

$$\theta_5 = \text{Atan2}(s_5, c_5),\tag{4.80}$$

em que s_5 e c_5 são dados por (4.79).

Aplicando o mesmo método mais uma vez, computamos $({}^0_5T)^{-1}$ e escrevemos (4.54) na forma

$$\left({}^0_5T\right)^{-1} {}^0_6T = {}^5_6T(\theta_6).\tag{4.81}$$

---

[*] Em geral, é escolhido para ser igual ao valor presente da junta 4.

Igualando tanto os elementos (3,1) quanto os elementos (1,1) dos dois lados de (4.77) como fizemos antes, obtemos

$$\theta_6 = \text{Atan2}(s_6, c_6), \quad (4.82)$$

sendo

$$s_6 = -r_{11}(c_1 c_{23} s_4 - s_1 c_4) - r_{21}(s_1 c_{23} s_4 + c_1 c_4) + r_{31}(s_{23} s_4),$$
$$c_6 = r_{11}\left[(c_1 c_{23} c_4 + s_1 s_4)c_5 - c_1 s_{23} s_5\right] + r_{21}\left[(s_1 c_{23} c_4 - c_1 s_4)c_5 - s_1 s_{23} s_5\right]$$
$$\quad - r_{31}(s_{23} c_4 c_5 + c_{23} s_5).$$

Por causa dos sinais de mais ou menos que aparecem em (4.64) e (4.68), essas equações calculam quatro soluções. Além disso, há mais quatro soluções obtidas "virando-se" o punho do manipulador. Para cada uma das quatro soluções computadas anteriormente, obtemos a solução virada por

$$\theta'_4 = \theta_4 + 180°,$$
$$\theta'_5 = -\theta_5, \quad (4.83)$$
$$\theta'_6 = \theta_6 + 180°.$$

Depois que todas as oito soluções foram computadas, algumas (ou mesmo todas) podem ter de ser descartadas por causa da violação dos limites das juntas. Entre as soluções válidas que restam, geralmente a que está mais próxima da presente configuração do manipulador é a escolhida.

O Yaskawa Motoman L-3

Como segundo exemplo, vamos escolher as equações cinemáticas do Yaskawa Motoman L-3 que foram desenvolvidas no Capítulo 3. Essa solução será em parte algébrica e em parte geométrica. O Motoman L-3 tem três características que tornam o problema da cinemática inversa muito diferente do PUMA. Primeiro, o manipulador tem apenas cinco juntas e, portanto, não é capaz de posicionar e orientar o efetuador para alcançar sistemas de referência alvos *genéricos*. Segundo, as conexões do tipo mecanismo de quatro barras e o esquema de correia de tração fazem um acionador movimentar duas ou mais juntas. Terceiro, os limites de posição do atuador não são constantes, mas dependem das posições dos outros atuadores, assim não é simples descobrir se um conjunto de valores calculados para os atuadores está dentro dos limites.

Se considerarmos a natureza do subespaço do manipulador Motoman (e o mesmo se aplica a muitos manipuladores com cinco graus de liberdade), logo percebemos que esse subespaço pode ser descrito atribuindo-se uma restrição à orientação atingível: a direção em que a ferramenta aponta, ou seja, o eixo $\hat{Z}_T$, deve estar no "plano do braço". Este é o plano vertical que contém o eixo da junta 1 e o ponto onde os eixos 4 e 5 se cruzam. A orientação mais próxima de uma orientação genérica é a que obtemos rotacionando a direção em que a ferramenta aponta, para que fique no plano, usando o mínimo de rotação. Sem desenvolver uma expressão explícita para esse subespaço, vamos construir um método para projetar nele um sistema de referência meta genérico. Observe que toda essa discussão é para o caso em que o sistema de referência do punho e o sistema de referência da ferramenta diferem apenas por uma translação ao longo de $\hat{Z}_W$.

Na Figura 4.9 indicamos o plano do braço pela sua normal, $\hat{M}$, e a direção desejada em que a ferramenta aponta por $\hat{Z}_T$. Tal direção deve ser rotacionada no ângulo θ em torno de algum vetor $\hat{K}$ a fim de chegar a uma nova direção em que ela aponte, $\hat{Z}'_T$, e fique no plano. É claro que o $\hat{K}$ que minimiza θ está no plano e é ortogonal tanto a $\hat{Z}_T$ quanto a $\hat{Z}'_T$.

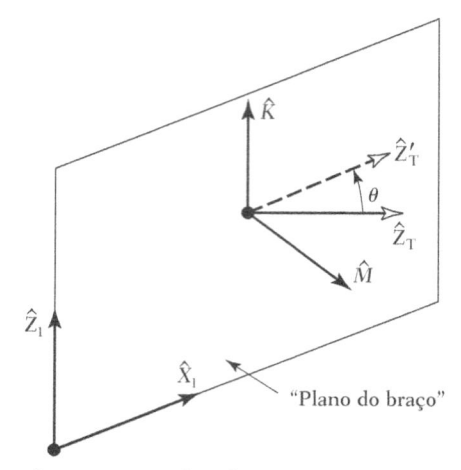

Figura 4.9: Rotacionando um sistema de referência meta para o subespaço do Motoman.

Para qualquer sistema de referência meta dado, $\hat{M}$ é definido como

$$\hat{M} = \frac{1}{\sqrt{p_x^2 + p_y^2}} \begin{bmatrix} -p_y \\ p_x \\ 0 \end{bmatrix}, \tag{4.84}$$

onde p_x e p_y são as coordenadas X e Y da posição desejada para a ferramenta. Então, K é dado por

$$K = \hat{M} \times \hat{Z}_T. \tag{4.85}$$

O novo $\hat{Z}'_T$ é

$$\hat{Z}'_T = \hat{K} \times \hat{M}. \tag{4.86}$$

A quantidade de rotação, θ, é dada por

$$\begin{aligned} \cos\theta &= \hat{Z}_T \cdot \hat{Z}'_T, \\ \operatorname{sen}\theta &= \left(\hat{Z}_T \times \hat{Z}'_T\right) \cdot \hat{K}. \end{aligned} \tag{4.87}$$

Usando a fórmula de Rodriques (veja o Exercício 2.20), temos

$$\hat{Y}'_T = c\theta\hat{Y}_T + s\theta\left(\hat{K} \times \hat{Y}_T\right) + (1 - c\theta)\left(\hat{K} \cdot \hat{Y}_T\right)\hat{K}. \tag{4.88}$$

Por fim, calculamos a coluna remanescente de incógnitas da nova matriz rotacional da ferramenta como

$$\hat{X}'_T = \hat{Y}'_T \times \hat{Z}'_T. \tag{4.89}$$

As equações (4.84) a (4.89) descrevem um método de projetar uma orientação de alvo genérico dada no subespaço do robô Motoman.

Presumindo que o sistema de referência do punho dado, $^B_W T$, está no subespaço do manipulador, resolvemos as equações cinemáticas como se segue. Ao deduzir as equações cinemáticas para o Motoman L-3, formamos o produto das transformações de elos:

$$^0_5T = {}^0_1T\,{}^1_2T\,{}^2_3T\,{}^3_4T\,{}^4_5T \ . \tag{4.90}$$

Se deixarmos que

$$^0_5T = \begin{bmatrix} r_{11} & r_{12} & r_{13} & p_x \\ r_{21} & r_{22} & r_{23} & p_y \\ r_{31} & r_{32} & r_{33} & p_z \\ 0 & 0 & 0 & 1 \end{bmatrix} \tag{4.91}$$

e multiplicarmos previamente os dois lados por $^0_1T^{-1}$, temos

$$^0_1T^{-1}\,{}^0_5T = {}^1_2T\,{}^2_3T\,{}^3_4T\,{}^4_5T \ , \tag{4.92}$$

onde o lado esquerdo é

$$\begin{bmatrix} c_1 r_{11} + s_1 r_{21} & c_1 r_{12} + s_1 r_{22} & c_1 r_{13} + s_1 r_{23} & c_1 p_x + s_1 p_y \\ -r_{31} & -r_{32} & -r_{33} & -p_z \\ -s_1 r_{11} + c_1 r_{21} & -s_1 r_{12} + c_1 r_{22} & -s_1 r_{13} + c_1 r_{23} & -s_1 p_x + c_1 p_y \\ 0 & 0 & 0 & 1 \end{bmatrix} \tag{4.93}$$

e o lado direito é

$$\begin{bmatrix} * & * & s_{234} & * \\ * & * & -c_{234} & * \\ s_5 & c_5 & 0 & 0 \\ 0 & 0 & 0 & 1 \end{bmatrix} ; \tag{4.94}$$

nesse último, vários dos elementos não foram mostrados. Igualando os elementos (3,4), obtemos:

$$-s_1 p_x + c_1 p_y = 0 \ , \tag{4.95}$$

o que nos dá[*]

$$\theta_1 = \text{Atan2}(p_y, p_x) \ . \tag{4.96}$$

Igualando os elementos (3,1) e (3,2), obtemos

$$s_5 = -s_1 r_{11} + c_1 r_{21} \ ,$$
$$c_5 = -s_1 r_{12} + c_1 r_{22} \ , \tag{4.97}$$

do qual calculamos θ_5 como

$$\theta_5 = \text{Atan2}\left(r_{21} c_1 - r_{11} s_1,\ r_{22} c_1 - r_{12} s_1\right) \ . \tag{4.98}$$

Igualando os elementos (2,3) e (1,3), obtemos

$$c_{234} = r_{33} \ ,$$
$$s_{234} = c_1 r_{13} + s_1 r_{23} \ , \tag{4.99}$$

---

[*] Uma segunda solução para esse manipulador violaria os limites das juntas e, portanto, não é calculada.

que leva a

$$\theta_{234} = \text{Atan2}(r_{13}c_1 + r_{23}s_1, r_{33}) .\tag{4.100}$$

Para calcularmos os ângulos individuais θ_2, θ_3 e θ_4, adotaremos uma abordagem geométrica. A Figura 4.10 mostra o plano do braço com o ponto A no eixo de junta 2, o ponto B no eixo de junta 3 e o ponto C no eixo de junta 4.

Com a aplicação da lei dos cossenos ao triângulo ABC, temos

$$\cos\theta_3 = \frac{p_x^2 + p_y^2 + p_z^2 - l_2^2 - l_3^2}{2l_2 l_3} .\tag{4.101}$$

A seguir, temos*

$$\theta_3 = \text{Atan2}\left(\sqrt{1 - \cos^2\theta_3}, \cos\theta_3\right) .\tag{4.102}$$

Pela Figura 4.10, vemos que $\theta_2 = -\phi - \beta$, ou

$$\theta_2 = -\text{Atan2}\left(p_z, \sqrt{p_x^2 + p_y^2}\right) - \text{Atan2}(l_3 \,\text{sen}\, \theta_3, l_2 + l_3 \cos\theta_3) .\tag{4.103}$$

Por fim, temos

$$\theta_4 = \theta_{234} - \theta_2 - \theta_3 .\tag{4.104}$$

Encontrados os quatro ângulos de juntas, temos de realizar outros cálculos para obter os valores dos atuadores. Recorrendo à Seção 3.7, resolvemos a Equação (3.16) para o A_i:

$$A_1 = \frac{1}{k_1}(\theta_1 - \lambda_1),$$

$$A_2 = \frac{1}{k_2}\left(\sqrt{-2\alpha_2\beta_2 \cos\left(\theta_2 - \Omega_2 - \tan^{-1}\left(\frac{\phi_2}{\gamma_2}\right) + 270°\right) + \alpha_2^2 + \beta_2^2} - \lambda_2\right),\tag{4.105}$$ continua

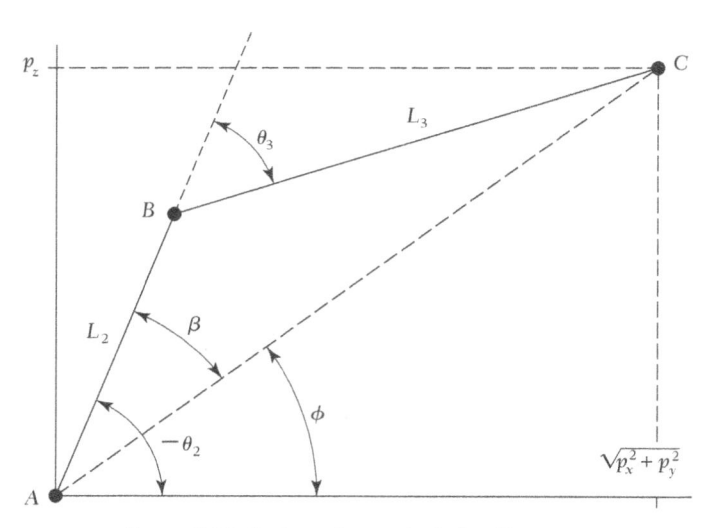

Figura 4.10: O plano do manipulador Motoman.

---

* Uma segunda solução para este manipulador violaria os limites da juntas e, portanto, não é calculada.

$$A_3 = \frac{1}{k_3}\left(\sqrt{-2\alpha_3\beta_3\cos\left(\theta_2+\theta_3-\tan^{-1}\left(\frac{\phi_3}{\gamma_3}\right)+90°\right)+\alpha_3^2+\beta_3^2}-\lambda_3\right),$$

$$A_4 = \frac{1}{k_4}\left(180°+\lambda_4-\theta_2-\theta_3-\theta_4\right),$$

$$A_5 = \frac{1}{k_5}\left(\lambda_5-\theta_5\right).$$

continuação (4.105)

Os atuadores têm alcance limitado de movimento e, portanto, temos de verificar se a solução que calculamos está dentro do limite. Essa verificação de "dentro do limite" é complicada pelo fato de que o arranjo mecânico faz os atuadores interagirem e afetarem o alcance permitido de movimento uns dos outros. No robô Motoman, os atuadores 2 e 3 interagem de forma que a seguinte relação deve ser sempre obedecida:

$$A_2 - 10.000 > A_3 > A_2 + 3.000. \tag{4.106}$$

Ou seja, os limites do atuador 3 são uma função da posição do atuador 2. De modo similar,

$$32.000 - A_4 < A_5 < 55.000. \tag{4.107}$$

Agora, uma revolução da junta 5 corresponde a 25.600 contagens do atuador de forma que quando $A_4 > 2.600$, há duas soluções possíveis para A_5. Essa é a única situação na qual o Yaskawa Motoman L-3 tem mais de uma solução.

4.8 OS SISTEMAS DE REFERÊNCIA PADRÃO

A capacidade de calcular os ângulos de juntas é, de fato, o elemento central em muitos sistemas de controle robóticos. Considere, novamente, o paradigma indicado na Figura 4.11, que mostra os sistemas de referência padrão.

A forma como esses sistemas de referência são usados em um sistema robótico genérico é a seguinte:

1. O usuário especifica para o sistema onde o sistema de referência da estação estará localizado. Pode ser no canto de uma superfície de trabalho, como na Figura 4.12, ou mesmo

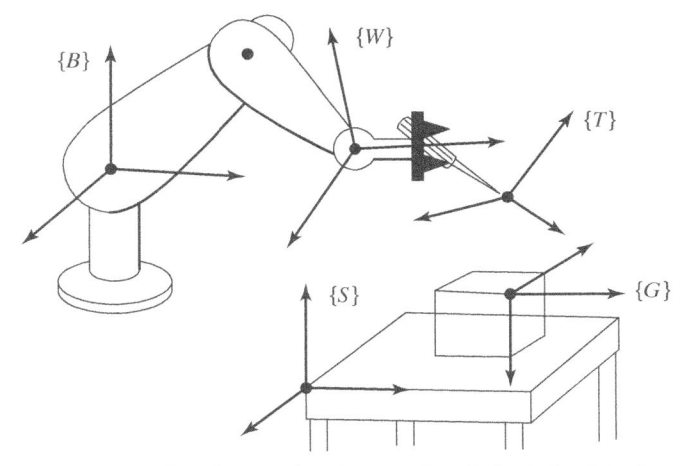

Figura 4.11: Localização dos sistemas de referência "padrões".

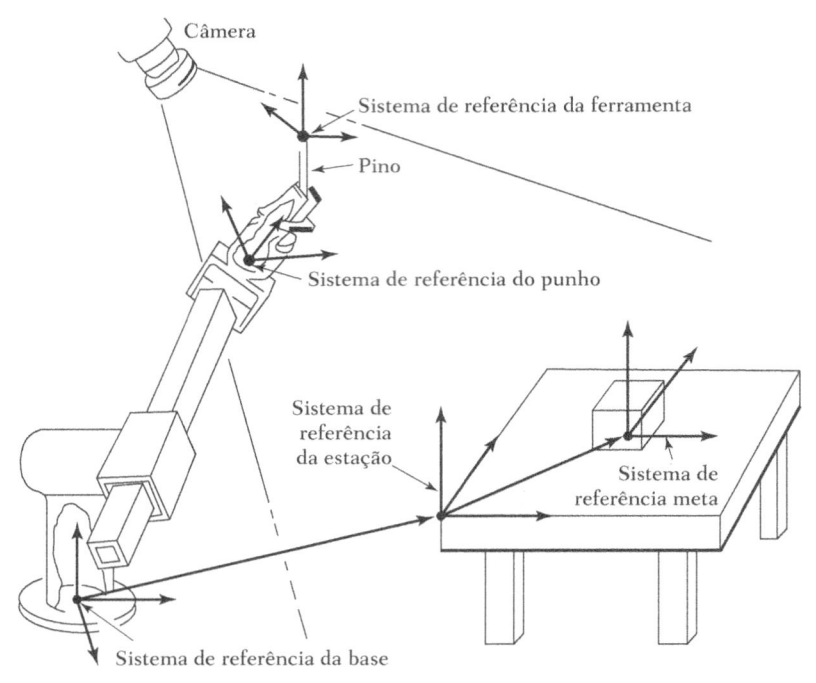

Figura 4.12: Exemplo de estação de trabalho.

afixado a uma esteira rolante. O sistema da estação, $\{S\}$, é definido em relação ao sistema da base $\{B\}$.

2. O usuário especifica a descrição da ferramenta que está sendo usada pelo robô fornecendo a especificação do sistema da ferramenta $\{T\}$. Cada ferramenta que o robô apanhar pode estar associada a um sistema de referência $\{T\}$ diferente. Observe que a mesma ferramenta de formas diferentes apanhada requer definições diferentes de $\{T\}$. $\{T\}$ é especificado em relação a $\{W\}$ – ou seja, $^{W}_{T}T$.

3. O usuário especifica o ponto alvo para um movimento do robô fornecendo a descrição do sistema de referência da meta, $\{G\}$, em relação ao sistema de referência da estação. Com frequência, as definições de $\{T\}$ e $\{S\}$ permanecem fixas para vários movimentos do robô. Nesse caso, uma vez definidas, o usuário fornece apenas uma série de especificações para $\{G\}$.

   Em muitos sistemas, a definição de sistema de referência da ferramenta ($^{W}_{T}T$) é constante (por exemplo, ele é definido com sua origem no centro das pontas dos dedos). Além disso, o sistema de referência da estação pode ser fixo ou pode ser facilmente ensinado pelo usuário com o próprio robô. Nesses sistemas, o usuário não precisa conhecer os cinco sistemas de referência padrões – ele ou ela apenas pensa em termos de mover a ferramenta para locais (alvos) em relação à área de trabalho especificada pelo sistema de referência da estação.

4. O sistema robótico calcula uma série de ângulos de junta através dos quais movimentará as juntas, a fim de que o sistema de referência da ferramenta se mova da sua localização inicial de forma suave até que $\{T\} = \{G\}$ ao final do movimento.

4.9 USANDO SOLVE EM UM MANIPULADOR

A função SOLVE realiza transformações cartesianas e designa a função cinemática inversa. Assim, a cinemática inversa é generalizada de forma que as definições arbitrárias de sistema de referência da ferramenta e sistema de referência da estação possam ser usadas com a nossa cinemática inversa básica, o que soluciona o sistema de referência do punho em relação ao sistema de referência da base.

Dada a especificação do sistema de referência meta, $^S_T T$, SOLVE usa as definições de ferramenta e estação para calcular a localização de $\{W\}$ em relação a $\{B\}$, $^B_W T$:

$$^B_W T = {}^B_S T \, {}^S_T T \, {}^W_T T^{-1} . \qquad (4.108)$$

Em seguida, a cinemática inversa toma $^B_W T$ como entrada e calcula de θ_1 a θ_n.

4.10 REPETIBILIDADE E PRECISÃO

Muitos robôs industriais se movem para pontos alvos que foram ensinados. Um **ponto ensinado** é aquele ao qual o manipulador é movido fisicamente e, em seguida, os sensores de posição das juntas são lidos e os ângulos das juntas gravados. Quando o robô é comandado a retornar àquele ponto no espaço, cada junta se movimenta para o valor armazenado. Em manipuladores simples como esses, do tipo "ensinar e reproduzir", o problema da cinemática inversa nunca surge porque os pontos alvos não são especificados em coordenadas cartesianas. Quando um fabricante define com que precisão um manipulador pode retornar a um ponto ensinado, ele está especificando a **repetibilidade** do manipulador.

Sempre que uma posição alvo e uma orientação forem especificadas em termos cartesianos, a cinemática inversa do dispositivo deve ser computada a fim de se calcularem os ângulos de juntas exigidos. Sistemas que permitem que os alvos sejam descritos em termos cartesianos são capazes de movimentar o manipulador a pontos nunca ensinados – pontos no espaço de trabalho aos quais ele talvez nunca tenha ido. Chamamos esses pontos de **pontos computados**. Tal recurso é necessário para muitas tarefas de um manipulador. Por exemplo, se um sistema de visão por computador é usado para localizar a peça que o robô deve apanhar, este deve ser capaz de se mover até as coordenadas cartesianas fornecidas pelo sensor de visão. A exatidão com a qual um ponto computado pode ser alcançado é chamada de **acurácia** do manipulador.

A acurácia de um manipulador é limitada pela repetibilidade. Sem dúvida, a acurácia é afetada pela exatidão dos parâmetros que aparecem nas equações cinemáticas do robô. Erros no conhecimento dos parâmetros de Denavit-Hartenberg farão as equações de cinemática inversa calcularem valores de ângulos de juntas errados. Portanto, embora a repetibilidade da maioria dos manipuladores industriais seja muito boa, a acurácia costuma ser bem pior e varia bastante de um manipulador para outro. Técnicas de calibração podem ser criadas para melhorar a acurácia de um manipulador por meio da estimativa dos parâmetros cinemáticos daquele manipulador em particular [10].

4.11 CONSIDERAÇÕES COMPUTACIONAIS

Em muitos esquemas de controle de trajeto, que estudaremos no Capítulo 7, é necessário calcular a cinemática inversa de um manipulador em velocidades bastante altas, por exemplo, 30 Hz ou mais. Portanto, a eficiência computacional é uma questão importante. Tais requisitos de velocidade eliminam o uso de técnicas numéricas de solução que são iterativas por natureza. Por esse motivo, não as levamos em consideração.

A maior parte dos comentários gerais da Seção 3.10, feitos para a cinemática direta, também é verdadeira para os problemas de cinemática inversa. Para o caso da cinemática inversa, uma rotina com tabela de consulta Atan2 é frequentemente usada para aumentar a velocidade.

A estrutura da computação de múltiplas soluções também é importante. Em geral, é de razoável eficiência gerar todas elas em paralelo em vez de buscar uma após a outra de forma serial. É claro que, em algumas aplicações, quando não são necessárias todas as soluções, poupa-se um tempo substancial computando-se apenas uma.

Quando uma abordagem geométrica é usada para desenvolver uma solução de cinemática inversa, às vezes múltiplas soluções são possíveis com operações simples nos vários ângulos calculados ao se obter a primeira solução. Ou seja, a primeira solução sai moderadamente cara em termos computacionais, mas as outras são encontradas muito depressa pela soma e diferença dos ângulos, subtração de π e assim por diante.

BIBLIOGRAFIA

[1] ROTH, B., RASTEGAR, J. e SCHEINMAN, V. "On the Design of Computer Controlled Manipulators," *On the Theory and Practice of Robots and Manipulators*, v. 1, Primeiro Simpósio CISM-IFToMM, set. 1973, p. 93–113.

[2] ROTH, B. "Performance Evaluation of Manipulators from a Kinematic Viewpoint". *Performance Evaluation of Manipulators*, National Bureau of Standards, edição especial, 1975.

[3] PIEPER, D. e ROTH, B. "The Kinematics of Manipulators Under Computer Control", *Proceedings of the Second International Congress on Theory of Machines and Mechanisms*, v. 2, Zakopane, Polônia, 1969, p. 159–169.

[4] PIEPER, D. "The Kinematics of Manipulators Under Computer Control". Tese de PhD não publicada, Universidade de Stanford, 1968.

[5] PAUL, R. P., SHIMANO, B. e MAYER, G. "Kinematic Control Equations for Simple Manipulators". *IEEE Transactions on Systems, Man, and Cybernetics*, v. SMC-11, n. 6, 1981.

[6] TSAI, L. e MORGAN, A. "Solving the Kinematics of the Most General Six-and-Five-degree-of-freedom Manipulators by Continuation Methods". Dissertação 84-DET-20, *ASME Mechanisms Conference*, Boston, 7–10 out. 1984.

[7] LEE, C. S. G. e ZIEGLER, M. "Geometric Approach in Solving Inverse Kinematics of PUMA Robots". *IEEE Transactions on Aerospace and Electronic Systems*, v. AES-20, n. 6, nov. 1984.

[8] BEYER, W. *CRC Standard Mathematical Tables*, 25. ed., CRC Press, Inc., Boca Raton, Flórida, 1980.

[9] BURINGTON, R. *Handbook of Mathematical Tables and Formulas*, 5. ed., Nova York: McGraw-Hill, 1973.

[10] HOLLERBACH, J. "A Survey of Kinematic Calibration" em *The Robotics Review*, KHATIB, O., CRAIG, J. e LOZANO-PEREZ, T. (Eds.), Cambridge, Massachusetts: MIT Press, 1989.

[11] NAKAMURA, Y. e HANAFUSA, H. "Inverse Kinematic Solutions with Singularity Robustness for Robot Manipulator Control". *ASME Journal of Dynamic Systems, Measurement, and Control*, v. 108, 1986.

[12] BAKER, D. e WAMPLER, C. "On the Inverse Kinematics of Redundant Manipulators". *International Journal of Robotics Research*, v. 7, n. 2, 1988.

[13] TSAI, L. W. *Robot Analysis: The Mechanics of Serial and Parallel Manipulators*. Nova York: Wiley, 1999.

EXERCÍCIOS

4.1 [15] Desenhe o espaço de trabalho das pontas dos dedos do manipulador de três elos do Capítulo 3, Exercício 3.3, para o caso $l_1 = 15,0$, $l_2 = 10,0$ e $l_3 = 3,0$.

4.2 [26] Deduza a cinemática inversa do manipulador de três elos do Capítulo 3, Exercício 3.3.

4.3 [12] Desenhe o espaço de trabalho das pontas dos dedos do manipulador 3-DOF do Capítulo 3, Exemplo 3.4.

4.4 [24] Deduza a cinemática inversa do manipulador 3-DOF do Capítulo 3, Exemplo 3.4.

4.5 [38] Escreva uma sub-rotina em Pascal (ou C) que calcule todas as soluções possíveis para o manipulador PUMA 560 que estejam dentro dos seguintes limites de juntas:

$-170,0 < \theta_1 < 170,0$,
$-225,0 < \theta_2 < 45,0$,
$-250,0 < \theta_3 < 75,0$,
$-135,0 < \theta_4 < 135,0$,
$-100,0 < \theta_5 < 100,0$,
$-180,0 < \theta_6 < 180,0$.

Use a equação deduzida na Seção 4.7 com estes valores numéricos (em polegadas):

$a_2 = 17,0$,
$a_3 = 0,8$,
$d_3 = 4,9$,
$d_4 = 17,0$.

4.6 [15] Descreva um algoritmo simples para escolher a solução mais próxima de um conjunto de soluções possíveis.

4.7 [10] Faça uma lista dos fatores que podem afetar a repetibilidade de um manipulador. Faça uma segunda lista de fatores adicionais que afetam a acurácia do manipulador.

4.8 [12] Dadas a posição e a orientação desejadas da mão de um manipulador planar de três juntas, existem duas soluções possíveis. Se acrescentarmos uma junta rotacional (de forma que o braço continue planar), quantas soluções existirão?

4.9 [26] A Figura 4.13 mostra um braço planar de dois elos com juntas rotacionais. Para esse braço, o segundo elo tem a metade do comprimento do primeiro – ou seja, $l_1 = 2l_2$. Os limites de alcance das juntas em graus são

$0 < \theta_1 < 180$,
$-90 < \theta_2 < 180$.

Desenhe o espaço de trabalho aproximado alcançável (uma área) da ponta do elo 2.

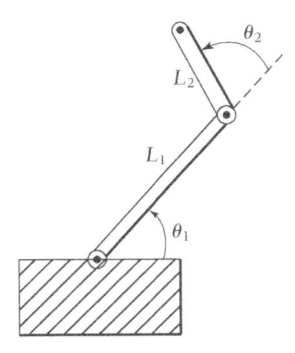

Figura 4.13: Manipulador planar de dois elos.

4.10 [23] Dê uma expressão para o subespaço do manipulador do Capítulo 3, Exemplo 3.4.

4.11 [24] Uma mesa de posicionamento 2-DOF é usada para orientar peças para solda por arco elétrico. A cinemática direta que localiza o leito da mesa (elo 2) com relação à base (elo 0) é

$$^0_2T = \begin{bmatrix} c_1c_2 & -c_1s_2 & s_1 & l_2s_1+l_1 \\ s_2 & c_2 & 0 & 0 \\ -s_1c_2 & s_1s_2 & c_1 & l_2c_1+h_1 \\ 0 & 0 & 0 & 1 \end{bmatrix}.$$

Dada qualquer direção unitária fixada no sistema de referência do leito (elo 2), $^2\hat{V}$, encontre a solução cinemática inversa para θ_1, θ_2 de forma que esse vetor esteja alinhado com $^0\hat{Z}$ (isto é, para cima). Existem múltiplas soluções? Existe uma condição singular para a qual uma solução única não pode ser obtida?

4.12 [22] A Figura 4.14 ilustra dois mecanismos 3R. Em ambos, os três eixos se cruzam em um ponto (e, em todas as configurações, esse ponto permanece fixo no espaço). O mecanismo da Figura 4.14(a) tem torções de elo (α_i) de 90 graus de magnitude. O mecanismo da Figura 4.14(b) tem uma torção de elo de ϕ de magnitude e outra de $180 - \phi$ de magnitude.

Pode-se ver que o mecanismo da Figura 4.14(a) está em correspondência com ângulos Z-Y-Z de Euler e, portanto, sabemos que é suficiente orientar o elo 3 (com seta na figura) arbitrariamente com relação ao elo fixo 0. Como ϕ não é igual a 90 graus, ocorre que o outro mecanismo não pode orientar o elo 3 arbitrariamente.

Descreva o conjunto de orientações que são *inatingíveis* com o segundo mecanismo. Note que presumimos que todas as juntas podem girar 360 graus (isto é, sem limitações) e que os elos podem passar através um do outro se for necessário (isto é, o espaço de trabalho não é limitado por autocolisões).

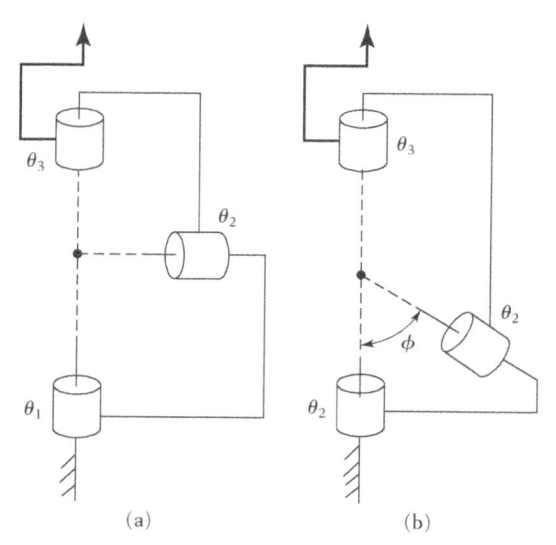

Figura 4.14: Dois mecanismos 3R (Exercício 4.12).

4.13 [13] Identifique dois motivos pelos quais as soluções cinemáticas analíticas de forma fechada são preferidas às soluções iterativas.

4.14 [14] Existem robôs 6-DOF para os quais a cinemática NÃO É solucionável por forma fechada. Existe algum robô 3-DOF para o qual a cinemática (de posição) não é solucionável por forma fechada?

4.15 [38] Escreva uma sub-rotina que resolve equações quárticas em forma fechada. (Veja [8, 9].)

4.16 [25] Um manipulador 4R é mostrado esquematicamente na Figura 4.15. Os parâmetros de elos diferentes de zero são $a_1 = 1$, $\alpha_2 = 45°$, $d_3 = \sqrt{2}$ e $a_3 = \sqrt{2}$, e o mecanismo está ilustrado na configuração correspondente a $\Theta = [0, 90°, -90°, 0]^T$. Cada junta tem, como limites, ±180°. Encontre todos os valores de θ_3 de forma que

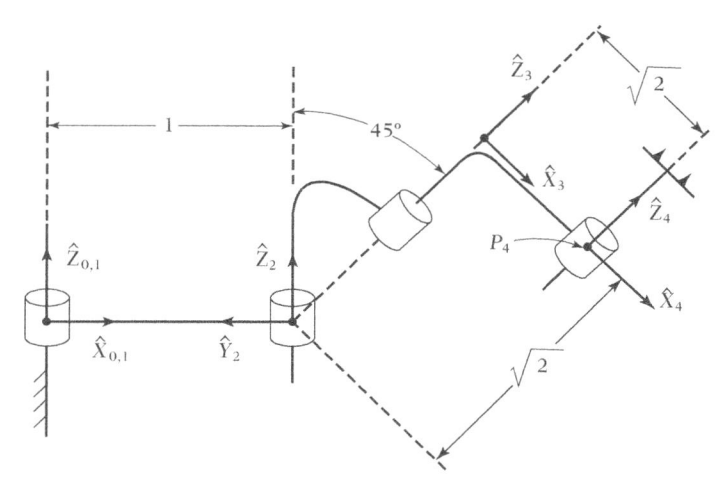

$$^0P_{4ORG} = [1,1,\ 1,5,\ 1,707]^T.$$

Figura 4.15: Um manipulador 4R mostrado na posição $\Theta = [0, 90°, -90°, 0]^T$ (Exercício 4.16).

4.17 [25] Um manipulador 4R é mostrado esquematicamente na Figura 4.16. Os parâmetros de elos diferentes de zero são: $\alpha_1 = -90°$, $d_2 = 1$, $\alpha_2 = 45°$, $d_3 = 1$ e $a_3 = 1$, e o mecanismo está ilustrado na configuração correspondente a $\Theta = [0, 0, 90°, 0]^T$. Cada junta tem, como limites, ±180°. Encontre todos os valores de θ_3 de forma que

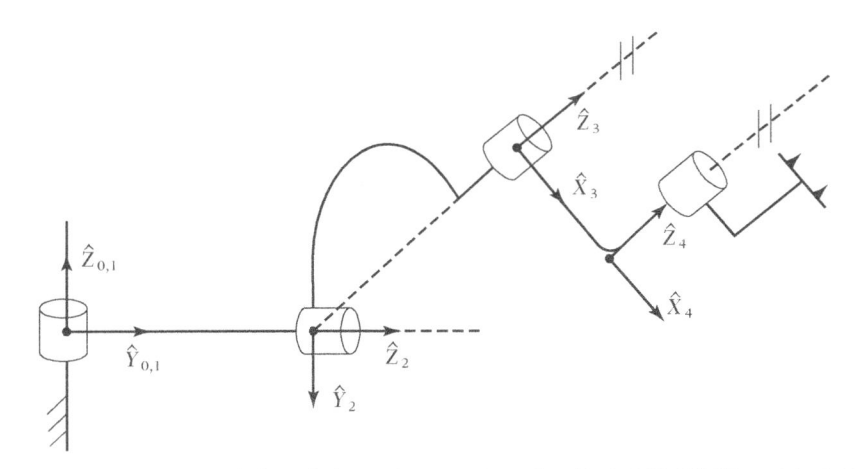

$$^0P_{4ORG} = [0,0,\ 1,0,\ 1,414]^T.$$

Figura 4.16: Um manipulador 4R ilustrado na posição $\Theta = [0, 0, 90°, 0]^T$ (Exercício 4.17).

4.18 [15] Considere o manipulador *RRP* mostrado na Figura 3.37. Quantas soluções têm as equações cinemáticas (de posição)?

4.19 [15] Considere o manipulador *RRR* mostrado na Figura 3.38. Quantas soluções têm as equações cinemáticas (de posição)?

4.20 [15] Considere o manipulador *RPP* mostrado na Figura 3.39. Quantas soluções têm as equações cinemáticas (de posição)?

4.21 [15] Considere o manipulador *PRR* mostrado na Figura 3.40. Quantas soluções têm as equações cinemáticas (de posição)?

4.22 [15] Considere o manipulador *PPP* mostrado na Figura 3.41. Quantas soluções têm as equações cinemáticas (de posição)?

4.23 [38] A seguinte equação cinemática surge em um determinado problema:

sen $\xi = a$ sen $\theta + b$,
sen $\phi = c \cos \theta + d$,
$\psi = \xi + \phi$.

Dados a, b, c, d e ψ, mostre que, no caso genérico, há quatro soluções para θ. Dê uma condição especial na qual há apenas duas soluções para θ.

4.24 [20] Dada a descrição do sistema de referência de elo $\{i\}$ em termos de sistema de referência de elo $\{i-1\}$, encontre os quatro parâmetros de Denavit-Hartenberg como funções dos elementos de $^{i-1}_{i}T$.

EXERCÍCIOS DE PROGRAMAÇÃO (PARTE 4)

1. Escreva uma sub-rotina para calcular a cinemática inversa do manipulador de três elos da Seção 4.4. A rotina deve passar argumentos na forma

   ```
   Procedure INVKIN(VAR wrelb: frame; VAR current, near, far: vec3; VAR sol: boolean);
   ```

   em que "wrelb", uma entrada, é o sistema de referência do punho especificado em relação ao sistema de referência da base; "current", uma entrada, é a posição atual do robô (dada como vetor de ângulos de juntas); "near" é a solução mais próxima; "far" é a segunda solução; e "sol" é uma variável que indica se as soluções foram encontradas (sol = FALSE, se não forem encontradas soluções). Os comprimentos dos (elos em metros são)

   $l_1 = l_2 = 0,5$.

   Os alcances dos movimentos das juntas

   $-170° \leq \theta_i \leq 170°$.

   Teste a sua rotina comparando-a com KIN para demonstrar que são, de fato, inversas uma da outra.

2. Uma ferramenta é anexada ao elo 3 do manipulador. Essa ferramenta é descrita como $^{W}_{T}T$, o sistema de referência da ferramenta relativo ao sistema de referência do punho. Além disso, um usuário descreveu sua área de trabalho, o sistema de referência da estação em relação à base do robô, como $^{B}_{S}T$. Escreva a sub-rotina

   ```
   Procedure SOLVE(VAR trels: frame; VAR current, near, far: vec3; VAR sol: boolean);
   ```

   sendo "trels" o sistema de referência $\{T\}$ especificado em relação ao $\{S\}$. Outros parâmetros são, idênticos aos da sub-rotina INVKIN. As definições de $\{T\}$ e $\{S\}$ devem ser variáveis globalmente definidas ou constantes. SOLVE deve usar chamadas para TMULT, TINVERT e INVKIN.

3. Escreva um programa principal que aceite um sistema de referência meta especificado em termos de x, y e ϕ. Essa especificação de alvo é dada por $\{T\}$ relativo a $\{S\}$, que é a forma como o usuário quer definir os alvos.
   O robô está usando a mesma ferramenta na mesma área de trabalho do Exercício de Programação (Parte 2), de forma que $\{T\}$ e $\{S\}$ são definidos como
   $^{W}_{T}T = [x \quad y \quad \theta] = [0,1 \quad 0,2 \quad 30,0]$,
   $^{B}_{S}T = [x \quad y \quad \theta] = [-0,1 \quad 0,3 \quad 0,0]$.

   Calcule os ângulos de juntas para cada um dos três sistemas de referência meta a seguir:

$[x_1\ y_1\ \phi_1] = [0{,}0\ \ 0{,}0\ \ -90{,}0]$,
$[x_2\ y_2\ \phi_2] = [0{,}6\ \ -0{,}3\ \ 45{,}0]$,
$[x_3\ y_3\ \phi_3] = [-0{,}4\ \ 0{,}3\ \ 120{,}0]$,
$[x_4\ y_4\ \phi_4] = [0{,}8\ \ 1{,}4\ \ 30{,}0]$.

Presuma que o robô começará com todos os ângulos iguais a 0,0, movendo-se para esses três alvos em sequência. O programa deve encontrar a solução mais próxima com relação ao ponto alvo anterior. Você deve chamar SOLVE e WHERE comparando para ter certeza de que são mesmo funções inversas.

EXERCÍCIO PARA O MATLAB 4

Este exercício enfoca a solução cinemática inversa de postura para o robô planar 3R 3-DOF. (Veja as figuras 3.6 e 3.7; os parâmetros DH são dados na Figura 3.8.) Os seguintes parâmetros de comprimento fixo são dados: $L_1 = 4$, $L_2 = 3$ e $L_3 = 2(m)$.

a) De modo analítico, deduza, à mão, a solução de postura inversa para este robô: dado ${}^0_H T$, calcule todas as possíveis múltiplas soluções para $\{\theta_1\ \theta_2\ \theta_3\}$. (Três métodos são apresentados no texto – escolha um deles.) Dica: para simplificar as equações, primeiro calcule ${}^0_3 T$ de ${}^0_H T$ e L_3.

b) Desenvolva um programa em MATLAB para resolver completamente o problema de cinemática inversa de postura desse robô planar 3R (isto é, dê todas as múltiplas soluções). Teste o programa usando os seguintes casos de entrada:

i) $\quad {}^0_H T = \begin{bmatrix} 1 & 0 & 0 & 9 \\ 0 & 1 & 0 & 0 \\ 0 & 0 & 1 & 0 \\ 0 & 0 & 0 & 1 \end{bmatrix}.$

ii) $\quad {}^0_H T = \begin{bmatrix} 0{,}5 & -0{,}866 & 0 & 7{,}5373 \\ 0{,}866 & 0{,}6 & 0 & 3{,}9266 \\ 0 & 0 & 1 & 0 \\ 0 & 0 & 0 & 1 \end{bmatrix}.$

iii) $\quad {}^0_H T = \begin{bmatrix} 0 & 1 & 0 & -3 \\ -1 & 0 & 0 & 2 \\ 0 & 0 & 1 & 0 \\ 0 & 0 & 0 & 1 \end{bmatrix}.$

iv) $\quad {}^0_H T = \begin{bmatrix} 0{,}866 & 0{,}5 & 0 & -3{,}1245 \\ -0{,}5 & 0{,}866 & 0 & 9{,}1674 \\ 0 & 0 & 1 & 0 \\ 0 & 0 & 0 & 1 \end{bmatrix}.$

Em todos os casos, use uma verificação circular para validar os resultados: coloque cada conjunto resultante de ângulos de juntas (para cada uma das múltiplas soluções) no programa em MATLAB para cinemática direta de postura a fim de demonstrar que você obtém o ${}^0_H T$ originalmente comandado.

c) Confira todos os resultados com o Robotics Toolbox para o MATLAB de Peter Corke. Experimente a função *ikine()*.

Jacobianos: velocidades e forças estáticas

5.1 Introdução
5.2 Notação para posição e orientação com variação no tempo
5.3 Velocidade linear e rotacional dos corpos rígidos
5.4 Mais sobre velocidade angular
5.5 Movimento dos elos de um robô
5.6 "Propagação" de velocidade de um elo para outro
5.7 Jacobianos
5.8 Singularidades
5.9 Forças estáticas nos manipuladores
5.10 Jacobianos no domínio da força
5.11 Transformação cartesiana de velocidades e forças estáticas

5.1 INTRODUÇÃO

Neste capítulo, expandimos nosso estudo dos manipuladores robóticos além dos problemas de posicionamento estático. Examinamos as noções de velocidade angular e linear de um corpo rígido e usamos esses conceitos para analisar o movimento de um manipulador. Consideraremos, também, as forças que agem sobre um corpo rígido e depois usaremos essas ideias para estudar a aplicação de forças estáticas em manipuladores.

Ocorre que o estudo tanto de velocidades como de forças estáticas leva a uma entidade matricial chamada **Jacobiano**[*] do manipulador, que apresentaremos neste capítulo.

O campo da cinemática dos mecanismos não será abordado aqui em grande profundidade. Quase sempre a apresentação ficará restrita, apenas, às ideias que são fundamentais ao problema

---

[*] Os matemáticos costumam chamá-la de "matriz Jacobiana", mas os roboticistas geralmente abreviam para "Jacobiano".

particular da robótica. Encorajamos o leitor interessado a estudar mais a fundo qualquer um dos vários textos sobre mecânica [1–3].

5.2 NOTAÇÃO PARA POSIÇÃO E ORIENTAÇÃO COM VARIAÇÃO NO TEMPO

Antes de investigar a descrição do movimento de um corpo rígido, discutimos resumidamente alguns fundamentos: a diferenciação de vetores, a representação da velocidade angular e a notação.

> Diferenciação de vetores de posição

Como base para o nosso estudo das velocidades (e, no Capítulo 6, das acelerações), precisamos da notação a seguir para a derivada de um vetor:

$$^{B}V_{Q} = \frac{d}{dt} {}^{B}Q = \lim_{\Delta t \to 0} \frac{{}^{B}Q(t+\Delta t) - {}^{B}Q(t)}{\Delta t}. \tag{5.1}$$

A velocidade de um vetor de posição pode ser entendida como a velocidade linear do ponto no espaço representado pelo vetor. Com base em (5.1), vemos que estamos calculando a derivada de Q com relação ao sistema de referência $\{B\}$. Por exemplo, se Q não se altera no tempo em relação a $\{B\}$, então a velocidade calculada é zero – mesmo que haja outro sistema de referência no qual Q varia. Portanto, é importante indicar o sistema de referência no qual o vetor é diferenciado.

Como com qualquer outro, um vetor de velocidade pode ser descrito como qualquer sistema de referência e este é identificado com um sobrescrito à frente. Portanto, o vetor de velocidade calculado para (5.1), quando expresso em termos do sistema de referência $\{A\}$, seria escrito

$$^{A}\left(^{B}V_{Q}\right) = \frac{^{A}d}{dt} {}^{B}Q. \tag{5.2}$$

Assim, vemos que, no caso geral, um vetor de velocidade está associado com um ponto no espaço, mas os valores numéricos que descrevem a velocidade desse ponto dependem de dois sistemas de referência: um com relação ao qual a diferenciação foi feita e outro no qual o vetor de velocidade resultante é expresso.

Em (5.1), a velocidade calculada é escrita em termos do sistema de referência de diferenciação, de forma que o resultado pode ser indicado com um B sobrescrito à frente, mas, para maior simplicidade, quando ambos os sobrescritos são iguais, não precisamos indicar o externo; ou seja, escrevemos

$$^{B}\left(^{B}V_{Q}\right) = {}^{B}V_{Q}. \tag{5.3}$$

Por fim, podemos sempre remover o sobrescrito externo à frente, incluindo de modo explícito a matriz rotacional que realiza a mudança no sistema de referência (veja a Seção 2.10); isto é, escrevemos

$$^{A}\left(^{B}V_{Q}\right) = {}_{B}^{A}R\, {}^{B}V_{Q}. \tag{5.4}$$

Escreveremos expressões na forma do lado direito de (5.4), assim os símbolos que representam velocidades sempre significarão a velocidade no sistema de referência de diferenciação e não terão sobrescritos externos à frente.

Em vez de considerar a velocidade de um ponto genérico em relação a um sistema de referência arbitrário, quase sempre consideraremos a velocidade da *origem de um sistema de referência* com relação a algum sistema de referência universal subentendido. Para esse caso especial, definimos uma notação resumida,

$$v_C = {}^U V_{CORG}, \tag{5.5}$$

na qual o ponto em questão é a origem do sistema de referência $\{C\}$ e o sistema de referência é $\{U\}$. Por exemplo, podemos usar a notação v_C para nos referirmos à velocidade da origem do sistema de referência $\{C\}$. Então, ${}^A v_C$ é a velocidade da origem de $\{C\}$ expressa como $\{A\}$ (embora tenha sido feita diferenciação em relação a $\{U\}$).

EXEMPLO 5.1

A Figura 5.1 mostra um sistema de referência universal fixo, $\{U\}$, outro fixado em um trem que viaja a 100 mph (160 km/h), $\{T\}$ e mais um fixado a um carro que viaja a 30 mph (48 km/h), $\{C\}$. Ambos os veículos seguem na direção $\hat{X}$ de $\{U\}$. As matrizes rotacionais, ${}^U_T R$ e ${}^U_C R$, são conhecidas e constantes.

Qual é $\dfrac{{}^U d}{dt}{}^U P_{CORG}$?

$$\dfrac{{}^U d}{dt}{}^U P_{CORG} = {}^U V_{CORG} = v_C = 30\hat{X}.$$

Qual é ${}^C\left({}^U V_{TORG}\right)$?

$${}^C\left({}^U V_{TORG}\right) = {}^C v_T = {}^C_U R\, v_T = {}^C_U R\left(100\hat{X}\right) = {}^U_C R^{-1} 100\hat{X}.$$

Qual é ${}^C\left({}^T V_{CORG}\right)$?

$${}^C\left({}^T V_{CORG}\right) = {}^C_T R\, {}^T V_{CORG} = -{}^U_C R^{-1}\, {}^U_T R\, 70\hat{X}.$$

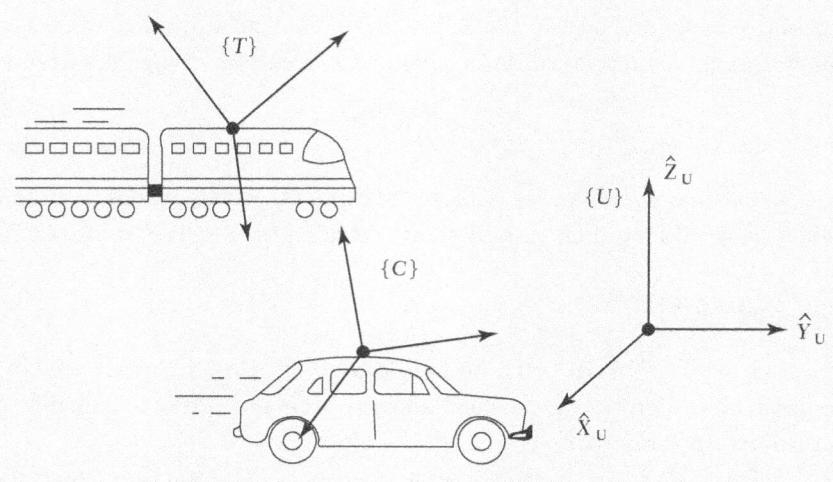

Figura 5.1: Exemplo de alguns sistemas de referência em movimento linear.

> **O vetor velocidade angular**

Apresentaremos agora o **vetor velocidade angular**, usando o símbolo Ω. Enquanto a velocidade linear descreve o atributo de um ponto, a angular descreve um atributo de um corpo. Sempre fixamos um sistema de referência aos corpos que consideramos, então também podemos pensar na velocidade angular como descrevendo o movimento rotacional de um sistema de referência.

Na Figura 5.2, $^A\Omega_B$ descreve a rotação do sistema de referência $\{B\}$ em relação ao sistema de referência $\{A\}$. Fisicamente, em qualquer momento, a direção de $^A\Omega_B$ indica o eixo instantâneo de rotação de $\{B\}$ com relação a $\{A\}$ e a magnitude de $^A\Omega_B$ revela a velocidade da rotação. Aqui, também, como com qualquer vetor, um vetor velocidade angular pode ser expresso em qualquer sistema de coordenadas, de forma que outro sobrescrito à frente pode ser acrescentado. Por exemplo, $^C(^A\Omega_B)$ é a velocidade angular do sistema de referência $\{B\}$ com relação a $\{A\}$ expressa em termos do sistema $\{C\}$.

Aqui, também, introduzimos uma notação simplificada para um caso especial importante. É o caso no qual há um sistema de referência subentendido, que não precisa ser mencionado na notação:

$$\omega_C = {}^U\Omega_C . \tag{5.6}$$

Aqui, ω_C é a velocidade angular do sistema de referência $\{C\}$ com relação a algum sistema de referência subentendido, $\{U\}$. Por exemplo, é a velocidade angular do sistema de referência $\{C\}$ expressa em relação ao sistema $\{A\}$ (embora a velocidade angular seja em relação a $\{U\}$).

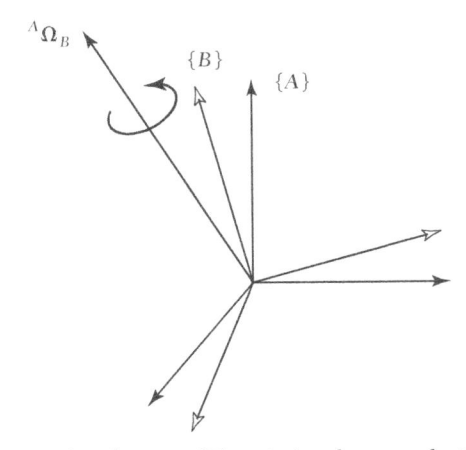

Figura 5.2: O sistema de referência $\{B\}$ está girando com velocidade angular $^A\Omega_B$ em relação ao sistema de referência $\{A\}$.

5.3 VELOCIDADE LINEAR E ROTACIONAL DOS CORPOS RÍGIDOS

Nesta seção, investigamos a descrição de movimento de um corpo rígido, pelo menos no que se refere à velocidade. Essas ideias estendem as noções de translações e orientações descritas no Capítulo 2 para o caso com variação no tempo. No Capítulo 6, ampliaremos ainda mais nosso estudo para as considerações com a aceleração.

Como no Capítulo 2, fixamos um sistema de coordenadas a qualquer corpo que queiramos descrever. Assim, o movimento dos corpos rígidos pode ser estudado de forma equivalente ao do movimento dos sistemas de referência com relação uns aos outros.

> Velocidade linear

Considere o sistema de referência {B} fixado a um corpo rígido. Queremos descrever o movimento de ^BQ em relação ao sistema de referência {A}, como na Figura 5.3. Podemos definir {A} como fixo.

O sistema de referência {B} está localizado em relação a {A}, conforme descrito por um vetor de posição, $^AP_{BORG}$, e uma matriz rotacional, ^A_BR. Por enquanto, vamos presumir que a orientação ^A_BR não se altera com o tempo – ou seja, o movimento do ponto Q em relação a {A} decorre da mudança de $^AP_{BORG}$ ou ^BQ no tempo.

Encontrar a velocidade linear do ponto Q em termos de {A} é bastante simples. Basta expressar ambos os componentes da velocidade em termos de {A} e somá-los:

$$^AV_Q = {}^AV_{BORG} + {}^A_BR\,{}^BV_Q \,. \tag{5.7}$$

A Equação (5.7) é apenas para o caso no qual a orientação relativa de {B} e {A} permanece constante.

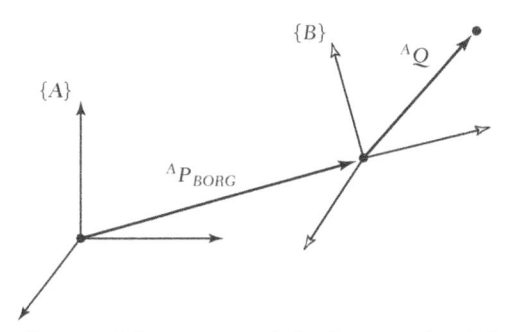

Figura 5.3: O sistema de referência {B} está se transladando com velocidade $^AV_{BORG}$ em relação a {A}.

> Velocidade rotacional

Agora, vamos considerar dois sistemas de referência com origens coincidentes e velocidade linear relativa zero. Suas origens permanecerão coincidentes todo o tempo. Um ou ambos podem estar fixados a corpos rígidos, mas, para maior clareza, esses corpos não são mostrados na Figura 5.4.

A orientação do sistema de referência {B} com relação ao sistema de referência {A} está mudando no tempo. Como indica a Figura 5.4, a velocidade rotacional de {B} com relação a {A} é descrita por um vetor chamado $^A\Omega_B$. Também indicamos um vetor ^BQ que localiza um ponto fixo em {B}. Agora, consideramos a questão de suma importância: como o vetor se altera com o tempo, conforme visto de {A}, quando está fixo em {B} e os sistemas estão girando?

Vamos considerar que o vetor Q é constante conforme visto do sistema de referência {B}; ou seja,

$$^BV_Q = 0 \,. \tag{5.8}$$

Embora seja constante com relação a {B}, é evidente que o ponto Q terá uma velocidade, conforme vista a partir de {A}, que é causada pela velocidade rotacional $^A\Omega_B$. Para encontrar a velocidade do ponto Q, usaremos uma abordagem intuitiva. A Figura 5.5 mostra dois instantes no tempo enquanto o vetor Q gira em torno de $^A\Omega_B$. Isso é o que um observador em {A} veria.

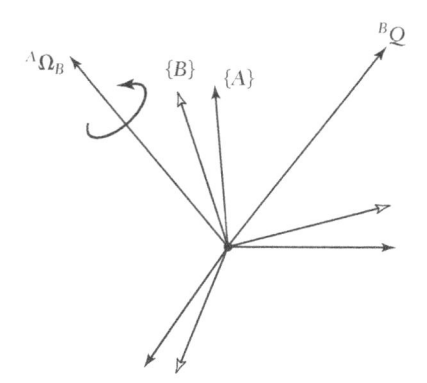

Figura 5.4: O vetor ^{B}Q, fixo no sistema de referência {B}, está girando em relação a {A} com velocidade angular $^{A}\Omega_{B}$.

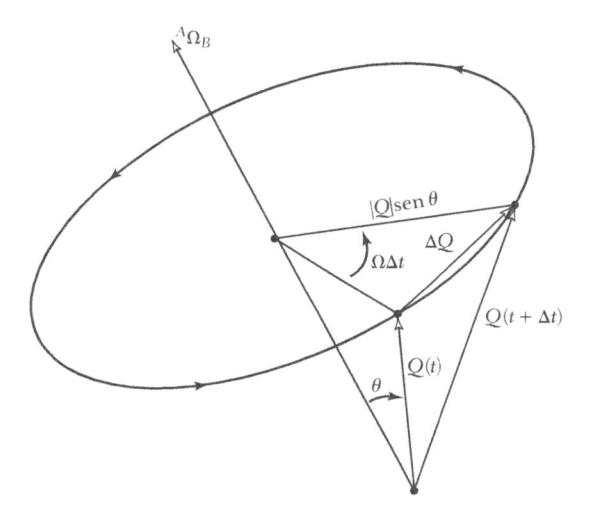

Figura 5.5: A velocidade de um ponto devido a uma velocidade angular.

Examinando a Figura 5.5, podemos calcular tanto a direção quanto a magnitude da mudança no vetor, conforme visto de {A}. Primeiro, é claro que a mudança diferencial em ^{A}Q deve ser perpendicular a ambos, $^{A}\Omega_{B}$ e ^{A}Q. Segundo, vemos pela Figura 5.5 que a magnitude da mudança diferencial é

$$|\Delta Q| = \left(|^{A}Q|\operatorname{sen}\theta\right)\left(|^{A}\Omega_{B}|\Delta t\right) . \tag{5.9}$$

Tais condições de magnitude e direção sugerem de imediato um produto vetorial. De fato, nossas conclusões sobre direção e magnitude são satisfeitas com a forma computacional

$$^{A}V_{Q} = {^{A}\Omega_{B}} \times {^{A}Q} . \tag{5.10}$$

No caso genérico, o vetor Q pode, também, estar mudando com relação ao sistema de referência {B}, de forma que, somando esse componente, temos

$$^{A}V_{Q} = {^{A}\left(^{B}V_{Q}\right)} + {^{A}\Omega_{B}} \times {^{A}Q} . \tag{5.11}$$

Usando uma matriz rotacional para remover o sobrescrito duplo e observando que a descrição de ^{A}Q a qualquer instante é $^{A}_{B}R\,^{B}Q$, terminamos com

$$^{A}V_{Q} = {^{A}_{B}R}\,^{B}V_{Q} + {^{A}\Omega_{B}} \times {^{A}_{B}R}\,^{B}Q . \tag{5.12}$$

> **Velocidades linear e rotacional simultâneas**

Podemos de forma muito simples expandir (5.12) quando as origens não são coincidentes, somando a velocidade linear da origem a (5.12) para derivar a fórmula geral para a velocidade de um vetor fixo no sistema de referência $\{B\}$, conforme visto a partir de $\{A\}$:

$$^{A}V_{Q} = {}^{A}V_{BORG} + {}^{A}_{B}R\,{}^{B}V_{Q} + {}^{A}\Omega_{B} \times {}^{A}_{B}R\,{}^{B}Q \;. \tag{5.13}$$

A Equação (5.13) é o resultado final para a derivada de um vetor em um sistema de referência em movimento, conforme visto de um sistema de referência estacionário.

5.4 MAIS SOBRE VELOCIDADE ANGULAR

Nesta seção, olhamos com maior profundidade a velocidade angular e, em particular, a derivação de (5.10). Enquanto a seção anterior adotou uma abordagem geométrica para mostrar a validade de (5.10), aqui adotamos uma abordagem matemática. Esta seção pode ser pulada por quem está lendo o livro pela primeira vez.

> **Uma propriedade da derivada de uma matriz ortonormal**

Podemos deduzir uma relação interessante entre a derivada de uma matriz ortonormal e uma certa matriz antissimétrica, como segue. Para qualquer matriz $n \times n$ ortonormal, R, temos

$$RR^{T} = I_{n} \tag{5.14}$$

em que I_{n} é a matriz identidade $n \times n$. Nosso interesse, aliás, é no caso em que $n = 3$ e R é uma matriz ortonormal *própria*, ou matriz rotacional. A diferenciação de (5.14) resulta em

$$\dot{R}R^{T} + R\dot{R}^{T} = 0_{n} \;, \tag{5.15}$$

em que 0_{n} é a matriz zero $n \times n$. A Equação (5.15) também pode ser escrita como

$$\dot{R}R^{T} + \left(\dot{R}R^{T}\right)^{T} = 0_{n} \;. \tag{5.16}$$

Definindo

$$S = \dot{R}R^{T} \;, \tag{5.17}$$

temos, a partir de (5.16), que

$$S + S^{T} = 0_{n} \;. \tag{5.18}$$

Assim, vemos que S é uma matriz antissimétrica. Portanto, uma propriedade relacionada à derivada das matrizes ortonormais com matrizes antissimétricas existe e pode ser expressa como

$$S = \dot{R}R^{-1} \;. \tag{5.19}$$

▶ Velocidade de um ponto devido ao sistema de referência rotacional

Considere um vetor fixo $^B P$ que não se altera em relação ao sistema de referência $\{B\}$. Sua descrição em outro sistema de referência $\{A\}$ é dada como

$$^A P = {}^A_B R \, ^B P \ . \tag{5.20}$$

Se o sistema de referência $\{B\}$ está girando (isto é, a derivada $^A_B \dot R$ é diferente de zero), então $^A P$ estará mudando embora $^B P$ seja constante; ou seja,

$$^A \dot P = {}^A_B \dot R \, ^B P \ , \tag{5.21}$$

ou, usando a nossa notação para velocidade,

$$^A V_P = {}^A_B \dot R \, ^B P \ . \tag{5.22}$$

Agora, reescreva (5.22) com as substituições para $^B P$ para obter

$$^A V_P = {}^A_B \dot R \, {}^A_B R^{-1} \, {}^A P \ . \tag{5.23}$$

Usando nosso resultado (5.19) para matrizes ortonormais, temos

$$^A V_P = {}^A_B S \, ^A P \ , \tag{5.24}$$

em que adornamos S com sub e sobrescritos para indicar que é a matriz antissimétrica associada à matriz rotacional específica $^A_B R$. Por causa de sua aparência em (5.24), e por outros motivos que serão vistos em breve, a matriz antissimétrica que apresentamos é chamada de **matriz de velocidade angular.**

▶ Matrizes antissimétricas e o produto vetorial

Se atribuirmos elementos a uma matriz antissimétrica S como se segue,

$$S = \begin{bmatrix} 0 & -\Omega_x & \Omega_y \\ \Omega_x & 0 & -\Omega_x \\ -\Omega_y & \Omega_x & 0 \end{bmatrix}, \tag{5.25}$$

e definirmos o vetor coluna 3×1

$$\Omega = \begin{bmatrix} \Omega_x \\ \Omega_y \\ \Omega_z \end{bmatrix}, \tag{5.26}$$

verificamos facilmente que

$$SP = \Omega \times P \ , \tag{5.27}$$

em que P é qualquer vetor e $\times$ é o produto vetorial.

O vetor 3×1 Ω, que corresponde à matriz de velocidade angular 3×3, é chamado de **vetor velocidade angular** e já foi apresentado na Seção 5.2.

Portanto, nossa relação (5.24) pode ser escrita

$$^A V_P = {}^A \Omega_B \times {}^A P, \qquad (5.28)$$

na qual mostramos a notação para Ω indicando ser o vetor velocidade angular que especifica o movimento do sistema de referência $\{B\}$ em relação a $\{A\}$.

> Obtendo percepção física com relação ao vetor velocidade angular

Uma vez que concluímos que existe um vetor Ω, tal que (5.28) é verdadeira, queremos agora adquirir alguma percepção quanto ao significado físico. Deduza Ω por diferenciação direta de uma matriz rotacional; ou seja,

$$\dot{R} = \lim_{\Delta t \to 0} \frac{R(t+\Delta t) - R(t)}{\Delta t}. \qquad (5.29)$$

Agora, escreva $R(t + \Delta t)$ como a composição de duas matrizes, a saber,

$$R(t+\Delta t) = R_K(\Delta\theta) R(t), \qquad (5.30)$$

em que, sobre o intervalo Δt, ocorreu uma pequena rotação de $\Delta\theta$ em torno do eixo $\hat{K}$. Usando (5.30), escreva (5.29) como

$$\dot{R} = \lim_{\Delta t \to 0} \left(\frac{R_K(\Delta\theta) - I_3}{\Delta t} R(t) \right); \qquad (5.31)$$

ou seja,

$$\dot{R} = \left(\lim_{\Delta t \to 0} \frac{R_K(\Delta\theta) - I_3}{\Delta t} \right) R(t). \qquad (5.32)$$

Agora, com as substituições de ângulos pequenos em (2.80), temos

$$R_K(\Delta\theta) = \begin{bmatrix} 1 & -k_z \Delta\theta & k_y \Delta\theta \\ k_z \Delta\theta & 1 & -k_x \Delta\theta \\ -k_y \Delta\theta & k_x \Delta\theta & 1 \end{bmatrix}. \qquad (5.33)$$

Portanto, (5.32) pode ser escrita

$$\dot{R} = \left(\lim_{\Delta t \to 0} \frac{\begin{bmatrix} 0 & -k_z \Delta\theta & k_y \Delta\theta \\ k_z \Delta\theta & 0 & -k_x \Delta\theta \\ -k_y \Delta\theta & k_x \Delta\theta & 0 \end{bmatrix}}{\Delta t} \right) R(t). \qquad (5.34)$$

Por fim, dividindo toda a matriz por Δt e tomando em seguida o limite, temos

$$\dot{R} = \begin{bmatrix} 0 & -k_z \dot{\theta} & k_y \dot{\theta} \\ k_z \dot{\theta} & 0 & -k_x \dot{\theta} \\ -k_y \dot{\theta} & k_x \dot{\theta} & 0 \end{bmatrix} R(t). \qquad (5.35)$$

Assim, vemos que

$$\dot{R}R^{-1} = \begin{bmatrix} 0 & -\Omega_z & \Omega_y \\ \Omega_z & 0 & -\Omega_x \\ -\Omega_y & \Omega_x & 0 \end{bmatrix}, \quad (5.36)$$

em que

$$\Omega = \begin{bmatrix} \Omega_x \\ \Omega_y \\ \Omega_z \end{bmatrix} = \begin{bmatrix} k_x \dot{\theta} \\ k_y \dot{\theta} \\ k_z \dot{\theta} \end{bmatrix} = \dot{\theta}\hat{K}. \quad (5.37)$$

O significado físico do vetor velocidade angular Ω é que, em qualquer momento, a mudança de orientação de um sistema de referência rotacional pode ser vista como uma rotação em torno de um eixo $\hat{K}$. Esse **eixo instantâneo de rotação**, tomado como vetor unitário e depois dimensionado pela velocidade de rotação em torno do eixo $(\dot{\theta})$, gera o vetor velocidade angular.

> ## Outras representações da velocidade angular

Outras representações da velocidade angular são possíveis. Por exemplo, imagine que a velocidade angular de um corpo em rotação está disponível como as velocidades do conjunto de ângulos Z-Y-Z de Euler:

$$\dot{\Theta}_{Z'Y'Z'} = \begin{bmatrix} \dot{\alpha} \\ \dot{\beta} \\ \dot{\gamma} \end{bmatrix}. \quad (5.38)$$

Dado esse estilo de descrição ou qualquer outro, usando um dos 24 **conjuntos de ângulos**, gostaríamos de derivar o vetor velocidade angular equivalente.

Já vimos que

$$\dot{R}R^T = \begin{bmatrix} 0 & -\Omega_z & \Omega_y \\ \Omega_z & 0 & -\Omega_x \\ -\Omega_y & \Omega_x & 0 \end{bmatrix}. \quad (5.39)$$

Dessa equação matricial, podemos extrair três equações independentes, a saber,

$$\begin{aligned} \Omega_x &= \dot{r}_{31}r_{21} + \dot{r}_{32}r_{22} + \dot{r}_{33}r_{23}, \\ \Omega_y &= \dot{r}_{11}r_{31} + \dot{r}_{12}r_{32} + \dot{r}_{13}r_{33}, \\ \Omega_z &= \dot{r}_{21}r_{11} + \dot{r}_{22}r_{12} + \dot{r}_{23}r_{13}. \end{aligned} \quad (5.40)$$

A partir de (5.40) e de uma descrição simbólica de R como um conjunto de ângulos, podemos derivar as expressões que relacionam as velocidades do conjunto de ângulos ao vetor velocidade angular equivalente. As expressões resultantes podem ser colocadas em forma matricial – por exemplo, para os ângulos Z-Y-Z de Euler,

$$\Omega = E_{Z'Y'Z'}(\Theta_{Z'Y'Z'})\dot{\Theta}_{Z'Y'Z'}, \quad (5.41)$$

Ou seja, $E(\cdot)$ é um Jacobiano que relaciona um vetor velocidade de um conjunto de ângulos ao vetor velocidade angular e é uma função dos valores instantâneos do conjunto de ângulos. A forma de $E(\cdot)$ depende do conjunto de ângulos para o qual for desenvolvido; assim, um subscrito é acrescentado para indicar qual.

EXEMPLO 5.2

Construa a matriz E que relaciona os ângulos Z-Y-Z de Euler ao vetor velocidade angular; ou seja, encontre $E_{Z'Y'Z'}$ em (5.41).

Usando (2.72) e (5.40) e fazendo as diferenciações simbólicas necessárias, obtemos

$$E_{Z'Y'Z'} = \begin{bmatrix} 0 & -s\alpha & c\alpha s\beta \\ 0 & c\alpha & s\alpha s\beta \\ 1 & 0 & c\beta \end{bmatrix}. \tag{5.42}$$

5.5 MOVIMENTO DOS ELOS DE UM ROBÔ

Ao considerar os movimentos dos elos de um robô, sempre usaremos o sistema de referência de elo $\{0\}$ como nosso sistema de referência. Portanto, v_i é a velocidade linear da origem do sistema de referência de elo $\{i\}$ e ω_i é a velocidade angular do sistema de referência de elo $\{i\}$.

A qualquer instante, cada elo de um robô em movimento tem alguma velocidade angular e linear. A Figura 5.6 mostra esses vetores para o elo i. Nesse caso, está indicado que eles estão escritos no sistema de referência $\{i\}$.

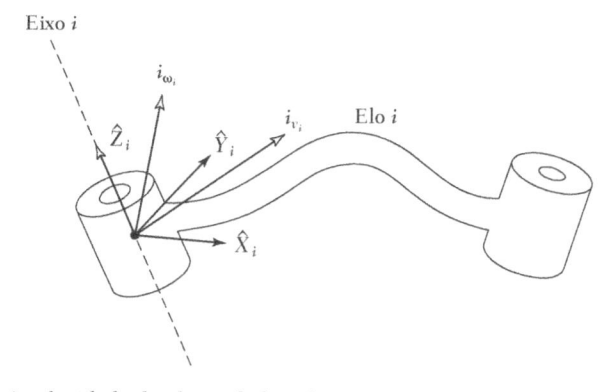

Figura 5.6: A velocidade do elo i é dada pelos vetores v_i e ω_i, que podem ser escritos em qualquer sistema de referência, até mesmo em $\{i\}$.

5.6 "PROPAGAÇÃO" DE VELOCIDADE DE UM ELO PARA OUTRO

Consideramos agora o problema de calcular as velocidades linear e angular dos elos de um robô. Um manipulador é uma cadeia de corpos, cada um deles capaz de movimento em relação aos seus vizinhos. Por causa dessa estrutura, podemos computar a velocidade de cada elo em ordem, começando pela base. A velocidade do elo $i + 1$ será a do elo i mais os novos componentes de velocidade que sejam acrescentados pelo elo $i + 1$.*

Como indica a Figura 5.6, vamos agora pensar em cada elo do mecanismo como um corpo rígido com vetores velocidade linear e angular que descrevem seu movimento. Além disso, vamos expressar essas velocidades com respeito ao próprio sistema de referência do elo e não ao sistema básico de coordenadas. A Figura 5.7 mostra os elos i e $i + 1$, junto com seus vetores velocidades definidos nos sistemas de referência de elos.

Velocidades rotacionais podem ser acrescentadas quando ambos os vetores ω forem escritos com relação ao mesmo sistema de referência. Assim, a velocidade angular do elo $i + 1$ é a mesma que a do elo i mais um novo componente causado pela velocidade rotacional na junta $i + 1$. Isso pode ser escrito, em termos de sistema de referência $\{i\}$, como

$$^{i}\omega_{i+1} = {^{i}\omega_{i}} + {^{i}_{i+1}R}\dot{\theta}_{i+1}{^{i+1}\hat{Z}_{i+1}} . \qquad (5.43)$$

Perceba que

$$\dot{\theta}_{i+1}{^{i+1}\hat{Z}_{i+1}} = {^{i+1}}\begin{bmatrix} 0 \\ 0 \\ \dot{\theta}_{i+1} \end{bmatrix}. \qquad (5.44)$$

Utilizamos a matriz rotacional relacionando os sistemas de referência $\{i\}$ e $\{i + 1\}$ a fim de representar o componente rotacional acrescentado por causa do movimento da junta no sistema de referência $\{i\}$. A matriz rotacional gira o eixo de rotação da junta $i + 1$ até sua descrição no sistema de referência $\{i\}$, de forma que os dois componentes de velocidade angular possam ser somados.

Multiplicando previamente os dois lados de (5.43) por $^{i+1}_{i}R$ podemos encontrar a descrição da velocidade angular do elo $i + 1$ com relação ao sistema de referência $\{i + 1\}$:

$$^{i+1}\omega_{i+1} = {^{i+1}_{i}R}{^{i}\omega_{i}} + \dot{\theta}_{i+1}{^{i+1}\hat{Z}_{i+1}} . \qquad (5.45)$$

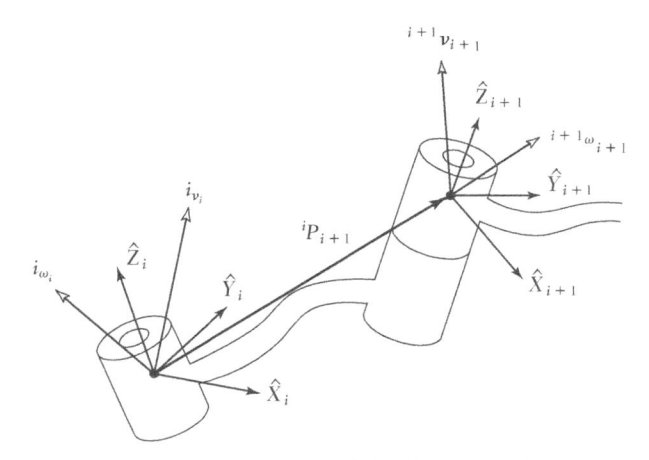

Figura 5.7: Vetores velocidades de elos vizinhos.

---

* Lembre-se de que a velocidade linear está associada a um ponto, mas a velocidade angular está associada a um corpo. Portanto, o termo "velocidade de um elo", aqui, significa a velocidade linear da origem do sistema de referência de elo e a velocidade rotacional do elo.

A velocidade linear da origem do sistema de referência $\{i + 1\}$ é a mesma que a do sistema de referência $\{i\}$ mais um novo componente causado pela velocidade rotacional do elo i. Essa é exatamente a situação descrita por (5.13), sendo que um termo desaparece porque $^iP_{i+1}$ é constante no sistema de referência $\{i\}$. Assim, temos

$$^iv_{i+1} = {}^iv_i + {}^i\omega_i \times {}^iP_{i+1} . \tag{5.46}$$

Multiplicando previamente ambos os lados por $^{i+1}_iR$, calculamos

$$^{i+1}v_{i+1} = {}^{i+1}_iR\left({}^iv_i + {}^i\omega_i \times {}^iP_{i+1}\right) . \tag{5.47}$$

As equações (5.45) e (5.47) talvez sejam os resultados mais importantes deste capítulo. As relações correspondentes para o caso em que a junta $i + 1$ é prismática são

$$\begin{aligned}^{i+1}\omega_{i+1} &= {}^{i+1}_iR\,{}^i\omega_i , \\ ^{i+1}v_{i+1} &= {}^{i+1}_iR\left({}^iv_i + {}^i\omega_i \times {}^iP_{i+1}\right) + \dot{d}_{i+1}\,{}^{i+1}\hat{Z}_{i+1} .\end{aligned} \tag{5.48}$$

Aplicando essas equações em sequência de elo para elo, podemos computar $^N\omega_N$ e ^Nv_N, as velocidades rotacional e linear do último elo. Observe que as velocidades resultantes são expressas como sistema de referência $\{N\}$. Isso acaba sendo útil, como veremos mais tarde. Se as velocidades são desejadas em termos do sistema de coordenadas da base, elas podem ser rotacionadas em coordenadas da base pela multiplicação com ^0_NR.

EXEMPLO 5.3

A Figura 5.8 mostra um manipulador de dois elos com juntas rotacionais. Calcule a velocidade da ponta do braço como função das velocidades das juntas. Dê a resposta em duas formas: em termos do sistema de referência $\{3\}$ e, também, de $\{0\}$.

O sistema de referência $\{3\}$ foi fixado à ponta do manipulador, conforme mostra a Figura 5.9, e queremos encontrar a velocidade da origem desse sistema de referência, expressa em $\{3\}$. Como segunda parte do problema, vamos expressar essas velocidades no sistema de referência $\{0\}$ também. Começaremos fixando sistemas de referência aos elos, como já fizemos antes (mostrado na Figura 5.9).

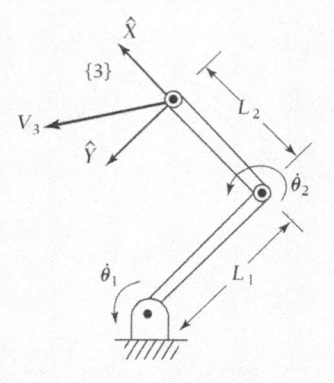

Figura 5.8: Um manipulador de dois elos.

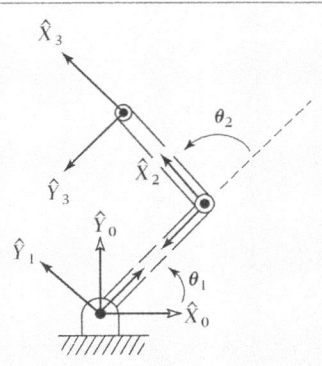

Figura 5.9: Atribuição de sistemas de referência para o manipulador de dois elos.

Usaremos (5.45) e (5.47) para calcular a velocidade da origem de cada sistema de referência, começando pelo sistema de referência de base {0}, que tem velocidade zero. Como (5.45) e (5.47) recorrerão às transformações de elos, nós as computamos:

$$^0_1T = \begin{bmatrix} c_1 & -s_1 & 0 & 0 \\ s_1 & c_1 & 0 & 0 \\ 0 & 0 & 1 & 0 \\ 0 & 0 & 0 & 1 \end{bmatrix},$$

$$^1_2T = \begin{bmatrix} c_2 & -s_2 & 0 & l_1 \\ s_2 & c_2 & 0 & 0 \\ 0 & 0 & 1 & 0 \\ 0 & 0 & 0 & 1 \end{bmatrix}, \quad (5.49)$$

$$^2_3T = \begin{bmatrix} 1 & 0 & 0 & l_2 \\ 0 & 1 & 0 & 0 \\ 0 & 0 & 1 & 0 \\ 0 & 0 & 0 & 1 \end{bmatrix}.$$

Note que elas correspondem ao manipulador do Exemplo 3.3, com a junta 3 fixa de modo permanente em zero graus. A transformação final entre os elos {2} e {3} não precisa ser colocada como transformação padrão de elo (embora fazer isso possa ser útil). Então, usando (5.45) e (5.47), sequencialmente de elo a elo, calculamos

$$^1\omega_1 = \begin{bmatrix} 0 \\ 0 \\ \dot{\theta}_1 \end{bmatrix}, \quad (5.50)$$

$$^1v_1 = \begin{bmatrix} 0 \\ 0 \\ 0 \end{bmatrix}, \quad (5.51)$$

$$^2\omega_2 = \begin{bmatrix} 0 \\ 0 \\ \dot{\theta}_1 + \dot{\theta}_2 \end{bmatrix}, \quad (5.52)$$

$$^2v_2 = \begin{bmatrix} c_2 & s_2 & 0 \\ -s_2 & c_2 & 0 \\ 0 & 0 & 1 \end{bmatrix} \begin{bmatrix} 0 \\ l_1\dot{\theta}_1 \\ 0 \end{bmatrix} = \begin{bmatrix} l_1 s_2 \dot{\theta}_1 \\ l_1 c_2 \dot{\theta}_1 \\ 0 \end{bmatrix}, \quad (5.53)$$

$$^3\omega_3 = {}^2\omega_2, \quad (5.54)$$

$$^3v_3 = \begin{bmatrix} l_1 s_2 \dot{\theta}_1 \\ l_1 c_2 \dot{\theta}_1 + l_2(\dot{\theta}_1 + \dot{\theta}_2) \\ 0 \end{bmatrix}. \quad (5.55)$$

A Equação (5.55) é a resposta. Além disso, a velocidade rotacional do sistema de referência {3} é encontrada em (5.54).

Para encontrar essas velocidades em relação ao sistema de referência de base, que é imóvel, nós as rotacionamos com a matriz rotacional ^0_3R, que é

$$^0_3R = {}^0_1R\; {}^1_2R\; {}^2_3R = \begin{bmatrix} c_{12} & -s_{12} & 0 \\ s_{12} & c_{12} & 0 \\ 0 & 0 & 1 \end{bmatrix}. \quad (5.56)$$

Essa rotação gera

$$^0v_3 = \begin{bmatrix} -l_1 s_1 \dot{\theta}_1 - l_2 s_{12}(\dot{\theta}_1 + \dot{\theta}_2) \\ l_1 c_1 \dot{\theta}_1 + l_2 c_{12}(\dot{\theta}_1 + \dot{\theta}_2) \\ 0 \end{bmatrix}. \quad (5.57)$$

É importante ressaltar as duas utilizações distintas para (5.45) e (5.47). Primeiro, elas podem ser usadas como meio de derivar expressões analíticas, como no Exemplo 5.3. Aqui, manipulamos as equações simbólicas até chegarmos a uma forma como (5.55), que pode ser avaliada com um computador em alguma aplicação. Segundo, podem servir diretamente para computar (5.45) e (5.47), como estão escritas. Elas podem ser facilmente escritas como sub-rotina, que é, em seguida, aplicada iterativamente para computar as velocidades de elos. Como tal, podem ser usadas para qualquer manipulador. No entanto, o cálculo gera um resultado numérico com a estrutura das equações ocultas. Estamos interessados na estrutura de um resultado analítico como (5.55). Também, se nos dermos ao trabalho (ou seja, de (5.50) a (5.57)), constatamos em geral que ficam menos cálculos para o computador realizar na aplicação final.

5.7 JACOBIANOS

O Jacobiano é uma forma multidimensional de derivada. Suponha, por exemplo, que temos seis funções, cada uma das quais é uma função de seis variáveis independentes:

$$y_1 = f_1(x_1, x_2, x_3, x_4, x_5, x_6),$$
$$y_2 = f_2(x_1, x_2, x_3, x_4, x_5, x_6),$$
$$\vdots$$
$$y_6 = f_6(x_1, x_2, x_3, x_4, x_5, x_6).$$
(5.58)

Podemos também usar notação vetorial para escrever essas equações:

$$Y = F(X).$$
(5.59)

Agora, se quisermos calcular os diferenciais de y_i como função dos diferenciais de x_j, basta usarmos a regra de cadeia para o cálculo e obtemos

$$\delta y_1 = \frac{\partial f_1}{\partial x_1}\delta x_1 + \frac{\partial f_1}{\partial x_2}\delta x_2 + \cdots + \frac{\partial f_1}{\partial x_6}\delta x_6,$$
$$\delta y_2 = \frac{\partial f_2}{\partial x_1}\delta x_1 + \frac{\partial f_2}{\partial x_2}\delta x_2 + \cdots + \frac{\partial f_2}{\partial x_6}\delta x_6,$$
$$\vdots$$
$$\delta y_6 = \frac{\partial f_6}{\partial x_1}\delta x_1 + \frac{\partial f_6}{\partial x_2}\delta x_2 + \cdots + \frac{\partial f_6}{\partial x_6}\delta x_6,$$
(5.60)

que, também, pode ser escrita de forma mais simples em notação vetorial:

$$\delta Y = \frac{\partial F}{\partial X}\delta X.$$
(5.61)

A matriz 6 × 6 de derivadas parciais em (5.61) é o que chamamos de Jacobiano, J. Note que se as funções de $f_1(X)$ a $f_6(X)$ forem não lineares, as derivadas parciais serão uma função de x_j, de forma que podemos usar a notação

$$\delta Y = J(X)\delta X.$$
(5.62)

Dividindo ambos os lados pelo elemento de tempo diferencial, podemos pensar no Jacobiano como um mapeamento das velocidades em X para as de Y:

$$\dot{Y} = J(X)\dot{X}.$$
(5.63)

Em qualquer instante específico, X tem um certo valor e $J(X)$ é uma transformação linear. A cada novo instante, X muda e, portanto, o mesmo acontece com a transformação linear. Jacobianos são transformações lineares com variação no tempo.

No campo da robótica, costumamos usar Jacobianos para relacionar velocidades de juntas a velocidades cartesianas da ponta do braço, por exemplo:

$$^0\nu = {}^0J(\Theta)\dot{\Theta},$$
(5.64)

sendo Θ o vetor dos ângulos de juntas do manipulador e ν um vetor de velocidades cartesianas. Em (5.64), acrescentamos um sobrescrito à frente em nossa notação jacobiana para indicar em que sistema de referência a velocidade cartesiana resultante está expressa. Às vezes, esse sobrescrito é omitido, quando o sistema de referência é óbvio, ou quando não é importante para o desenvolvimento. Observe que para qualquer configuração do manipulador dada, as velocidades das juntas estão relacionadas à da ponta, de forma linear, mas é apenas uma relação instantânea – no instante seguinte, o Jacobiano já se alterou um pouco. Para o caso genérico de um robô de seis juntas, o Jacobiano é 6 × 6, $\dot{\Theta}$ é 6 × 1 e ^0v é 6 × 1. Esse vetor de velocidade cartesiana 6 × 1 é o vetor de velocidade linear 3 × 1 e o vetor de velocidade rotacional 3 × 1 empilhados juntos:

$$^0v = \begin{bmatrix} ^0v \\ ^0\omega \end{bmatrix}. \tag{5.65}$$

Jacobianos de qualquer dimensão, inclusive não quadráticas, podem ser definidos. O número de linhas é igual ao número de graus de liberdade no espaço cartesiano que está sendo considerado. O número de colunas em um Jacobiano é igual ao número de juntas do manipulador. Ao lidar com um braço planar, por exemplo, não há motivo para que o Jacobiano tenha mais do que três linhas embora, para os manipuladores planares redundantes possa haver arbitrariamente muitas colunas (uma para cada junta).

No caso de um braço de dois elos, podemos escrever um Jacobiano 2 × 2 que relaciona as velocidades das juntas à velocidade do efetuador. A partir do resultado do Exemplo 5.3, podemos facilmente determinar o Jacobiano do nosso braço de dois elos. O Jacobiano escrito no sistema de referência {3} é visto (a partir de (5.55)) como sendo

$$^3J(\Theta) = \begin{bmatrix} l_1 s_2 & 0 \\ l_1 c_2 + l_2 & l_2 \end{bmatrix}, \tag{5.66}$$

e o Jacobiano escrito no sistema de referência {0} é (a partir de (5.57))

$$^0J(\Theta) = \begin{bmatrix} -l_1 s_1 - l_2 s_{12} & -l_2 s_{12} \\ l_1 c_1 + l_2 c_{12} & l_2 c_{12} \end{bmatrix}. \tag{5.67}$$

Observe que, em ambos os casos, preferimos escrever uma matriz quadrática que relaciona as velocidades das juntas à do efetuador. Poderíamos, também, considerar um Jacobiano 3 × 2 que incluísse a velocidade angular do efetuador.

Considerando (5.58) a (5.62), que definem o Jacobiano, vemos que ele pode também ser encontrado pela diferenciação direta das equações cinemáticas do mecanismo. Isso é direto para a velocidade linear, mas não existe vetor orientação 3 × 1 cuja derivada seja ω. Assim, introduzimos um método para derivar o Jacobiano usando sucessivamente a aplicação de (5.45) e (5.47). Há vários outros métodos que podem ser usados (veja, por exemplo, [4]), um dos quais será mostrado logo mais na Seção 5.8. Um dos motivos para derivar Jacobianos pelo método apresentado é que ele ajuda a nos prepararmos para o material do Capítulo 6, no qual vamos verificar que técnicas semelhantes se aplicam ao cálculo das equações dinâmicas dos movimentos de um manipulador.

Alterando o sistema de referência de um Jacobiano

Dado um Jacobiano escrito no sistema de referência {B}, ou seja,

$$\begin{bmatrix} ^Bv \\ ^B\omega \end{bmatrix} = ^Bv = ^BJ(\Theta)\dot{\Theta}, \tag{5.68}$$

podemos estar interessados em dar uma expressão para o Jacobiano em outro sistema de referência, {A}. Primeiro, observe que um vetor velocidade cartesiano 6 × 1 dado em {B} é descrito em relação a {A} pela transformação

$$\begin{bmatrix} {}^A v \\ {}^A \omega \end{bmatrix} = \begin{bmatrix} {}^A_B R & 0 \\ \hline 0 & {}^A_B R \end{bmatrix} \begin{bmatrix} {}^B v \\ {}^B \omega \end{bmatrix}. \tag{5.69}$$

Assim, podemos escrever

$$\begin{bmatrix} {}^A v \\ {}^A \omega \end{bmatrix} = \begin{bmatrix} {}^A_B R & 0 \\ \hline 0 & {}^A_B R \end{bmatrix} {}^B J(\Theta) \dot{\Theta}. \tag{5.70}$$

Agora está claro que podemos alterar o sistema de referência de um Jacobiano por meio da seguinte relação:

$$^A J(\Theta) = \begin{bmatrix} {}^A_B R & 0 \\ \hline 0 & {}^A_B R \end{bmatrix} {}^B J(\Theta). \tag{5.71}$$

5.8 SINGULARIDADES

Dado que temos uma transformação linear relacionando a velocidade de junta à cartesiana, uma pergunta razoável a se fazer é: a matriz é inversível? Ou seja, ela é não singular? Se a matriz é não singular, podemos invertê-la para calcular as velocidades das juntas a partir das velocidades cartesianas dadas:

$$\dot{\Theta} = J^{-1}(\Theta) v. \tag{5.72}$$

Essa é uma relação importante. Por exemplo, digamos que queremos que a mão do robô se movimente com um determinado vetor velocidade no espaço cartesiano. Usando (5.72), podemos calcular as velocidades necessárias das juntas a cada instante ao longo do percurso. A verdadeira questão da inversibilidade é: o Jacobiano é inversível para todos os valores de Θ? Se não, onde ele não é inversível?

A maioria dos manipuladores tem valores de Θ nos quais o Jacobiano torna-se singular. Tais locais são chamados de **singularidades do mecanismo** ou apenas de **singularidades**. Todos os manipuladores têm singularidades no limite do seu espaço de trabalho e a maioria também dentro do espaço de trabalho. Um estudo aprofundado da classificação das singularidades está além do escopo deste livro – para mais informações, veja [5]. Para os nossos objetivos e sem dar definições rigorosas, classificamos as singularidades em duas categorias:

1. **Singularidades do limite do espaço de trabalho** ocorrem quando o manipulador está totalmente estendido ou recuado em dobra de forma que o efetuador está no limite do espaço de trabalho ou muito próximo dele.
2. **Singularidades do interior do espaço de trabalho** ocorrem longe do limite do espaço de trabalho e em geral são causadas pelo alinhamento de dois ou mais eixos de juntas.

Quando um manipulador está em uma configuração singular, perdeu um ou mais graus de liberdade (do ponto de vista do espaço cartesiano). Isso significa que há alguma direção (ou subespaço) no espaço cartesiano ao longo do qual é impossível movimentar a mão do robô, seja qual for a velocidade selecionada das juntas. É óbvio que isso acontece pelo limite do espaço de trabalho dos robôs.

EXEMPLO 5.4

Onde estão as singularidades do braço simples de dois elos do Exemplo 5.3? Qual é a explicação física para as singularidades? Elas são singularidades do limite ou do interior do espaço de trabalho?

Para encontrar os pontos singulares de um mecanismo, temos de examinar o determinante do seu Jacobiano. Onde ele é igual a zero, o Jacobiano perde seu posto completo e torna-se singular:

$$DET[J(\Theta)] = \begin{bmatrix} l_1 s_2 & 0 \\ l_1 c_2 + l_2 & l_2 \end{bmatrix} = l_1 l_2 s_2 = 0 . \tag{5.73}$$

É evidente que a singularidade do mecanismo existe quando θ_2 é 0 ou 180 graus. Fisicamente, quando $\theta_2 = 0$, o braço está todo esticado. Nessa configuração, o movimento do efetuador é possível somente ao longo de uma direção cartesiana (a que é perpendicular ao braço). Portanto, o braço perdeu um grau de liberdade. Da mesma forma, quando $\theta_2 = 180$, o braço está completamente retraído e dobrado sobre si mesmo e o movimento da mão também só é possível por uma direção cartesiana em vez de duas. Classificaremos tais singularidades como singularidades como de limite do espaço de trabalho porque elas existem na beirada do espaço de trabalho do manipulador. Observe que o Jacobiano escrito com relação ao sistema de referência {0}, ou qualquer outro, teria chegado ao mesmo resultado.

O perigo de aplicar (5.72) a um sistema de controle robótico é que, em um ponto singular, o Jacobiano inverso explode! O resultado é que as velocidades de juntas aproximam-se do infinito à medida que a singularidade se aproxima.

EXEMPLO 5.5

Considere o robô de dois elos do Exemplo 5.3 enquanto movimenta seu efetuador pelo eixo $\hat{X}$ a 1 m/s, como na Figura 5.10. Mostre que as velocidades das juntas são razoáveis quando estão distantes de uma singularidade, mas que à medida que a singularidade se aproxima em $\theta_2 = 0$, as velocidades das juntas tendem ao infinito.

Começamos calculando a inversa do Jacobiano escrita em {0}:

$$^{0}J^{-1}(\Theta) = \frac{1}{l_1 l_2 s_2} \begin{bmatrix} l_2 c_{12} & l_2 s_{12} \\ -l_1 c_1 - l_2 c_{12} & -l_1 s_1 - l_2 s_{12} \end{bmatrix} . \tag{5.74}$$

Depois, usando a Equação (5.74) para uma velocidade de 1 m/s na direção $\hat{X}$, podemos calcular as velocidades das juntas como função da configuração do manipulador:

$$\dot{\theta}_1 = \frac{c_{12}}{l_1 s_2} ,$$
$$\dot{\theta}_2 = -\frac{c_1}{l_2 s_2} - \frac{c_{12}}{l_1 s_2} . \tag{5.75}$$

É evidente que à medida que o braço se estica em direção a $\theta_2 = 0$, ambas as velocidades das juntas tendem ao infinito.

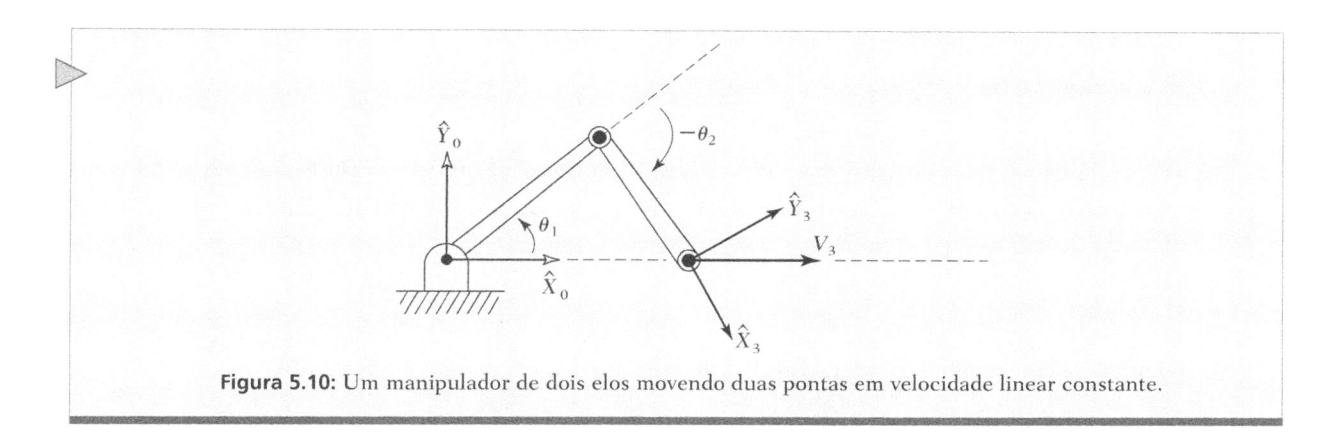

Figura 5.10: Um manipulador de dois elos movendo duas pontas em velocidade linear constante.

EXEMPLO 5.6

Para o manipulador PUMA 560, dê dois exemplos de singularidades que podem ocorrer.

Existe singularidade quando θ_3 está próximo de $-90,0$ graus. O cálculo do valor exato de θ_3 ficará para um exercício. (Veja o Exercício 5.14.) Nessa situação, os elos 2 e 3 estão "esticados" exatamente como no local singular do manipulador de dois elos do Exemplo 5.3. Ele está classificado como singularidade de limite do espaço de trabalho.

Sempre que $\theta_5 = 0,0$ grau, o manipulador estará em uma configuração singular. Nessa configuração, os eixos das juntas 4 e 6 se alinham – ambas as ações resultariam no mesmo movimento do efetuador, de forma que é como se um grau de liberdade fosse perdido. Como isso pode ocorrer dentro do envelope de trabalho, vamos classificá-lo como singularidade do interior do espaço de trabalho.

5.9 FORÇAS ESTÁTICAS NOS MANIPULADORES

A natureza de um manipulador, semelhante a uma cadeia, nos leva naturalmente a considerar como as forças e os momentos se "propagam" de um elo para o próximo. O robô típico está empurrando alguma coisa no ambiente com a ponta livre da cadeia (o efetuador) ou, talvez, sustentando uma carga com a mão. Queremos calcular os torques que devem estar agindo nas juntas para manter o sistema em equilíbrio estático.

Ao considerar as forças estáticas de um manipulador, primeiro travamos todas as juntas de forma que o manipulador se torne uma estrutura. Depois, consideramos cada elo dessa estrutura e escrevemos uma relação de equilíbrio força-momento em termos dos sistemas de referência dos elos. Por fim, computamos o torque estático que deve estar agindo em torno dos eixos das juntas para que o manipulador permaneça em equilíbrio estático. Dessa maneira, calculamos o conjunto de torques necessário para sustentar uma carga estática que age no efetuador.

Nesta seção, não iremos considerar a força sobre os elos devido à gravidade (deixaremos isso de lado até o Capítulo 6). As forças estáticas e torques que estamos considerando nas juntas são aquelas causadas por uma força estática ou torque (ou ambos) agindo sobre o último elo – por exemplo, como quando o efetuador do manipulador está em contato com o ambiente.

Definimos símbolos especiais para a força e torque exercidos por um elo vizinho:

f_i = força exercida sobre o elo i pelo elo $i - 1$,

n_i = torque exercido sobre o elo i pelo elo $i - 1$.

Adotaremos nossa convenção usual para atribuir sistemas de referência aos elos. A Figura 5.11 mostra as forças estáticas e momentos (exceto a força da gravidade) agindo sobre o elo i. Somando as forças e igualando-as a zero, temos

$$^i f_i - {}^i f_{i+1} = 0 . \tag{5.76}$$

Somando os torques em torno da origem do sistema de referência $\{i\}$, temos

$$^i n_i - {}^i n_{i+1} - {}^i P_{i+1} \times {}^i f_{i+1} = 0 . \tag{5.77}$$

Se começarmos com uma descrição de força e momento aplicados pela mão, podemos calcular a força e o momento aplicados por cada elo, trabalhando do último até a base (elo 0). Para isso, formulamos as expressões força-momento (5.76) e (5.77) de forma que especifiquem iterações de elos de número mais alto para os de número mais baixo. O resultado pode ser escrito como

$$^i f_i = {}^i f_{i+1} , \tag{5.78}$$

$$^i n_i = {}^i n_{i+1} + {}^i P_{i+1} \times {}^i f_{i+1} . \tag{5.79}$$

Para escrevermos essas equações em termos apenas das forças e momentos definidos dentro de seus próprios sistemas de referência, fazemos a transformação com a matriz rotacional que descreve o sistema de referência $\{i + 1\}$ em relação ao sistema de referência $\{i\}$. Isso nos leva ao resultado mais importante para a "propagação" da força estática de elo para elo:

$$^i f_i = {}^{i}_{i+1}R \, {}^{i+1}f_{i+1} , \tag{5.80}$$

$$^i n_i = {}^{i}_{i+1}R \, {}^{i+1}n_{i+1} + {}^i P_{i+1} \times {}^i f_i . \tag{5.81}$$

Por fim, surge a questão importante: que torques são necessários nas juntas para equilibrar as forças de reação e momentos que agem sobre os elos? Todos os componentes dos vetores força e momento

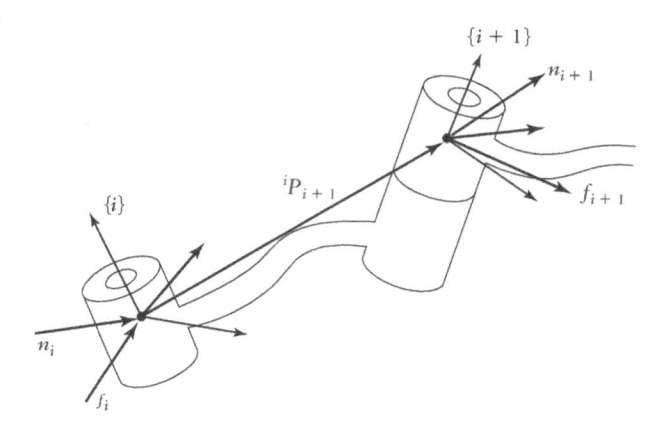

Figura 5.11: Equilíbrio estático força-momento para um único elo.

sofrem a resistência da estrutura do mecanismo em si, exceto pelo torque em torno dos eixos de junta. Portanto, para encontrar o torque de junta necessário ao equilíbrio estático, computamos o produto escalar do vetor do eixo da junta com o vetor momento em ação sobre o elo:

$$\tau_i = {^i}n_i^T \, {^i}\hat{Z}_i. \tag{5.82}$$

No caso em que a junta i é prismática, computamos a força do atuador da junta como

$$\tau_i = {^i}f_i^T \, {^i}\hat{Z}_i. \tag{5.83}$$

Note que estamos usando o símbolo τ mesmo para a força de uma junta linear.

Por convenção, em geral definimos a direção positiva do torque da junta como a que tenderia a mover a junta na direção de um ângulo de junta maior.

As equações (5.80) a (5.83) dão meios de computar os torques das juntas necessários para aplicar qualquer força ou momento com o efetuador de um manipulador no caso estático.

EXEMPLO 5.7

O manipulador de dois elos do Exemplo 5.3 está aplicando um vetor força ^3F com seu efetuador. (Considere que essa força está agindo na origem de {3}.) Encontre os torques de juntas exigidos como uma função de configuração e da força aplicada. (Veja a Figura 5.12.)

Aplicamos as equações (5.80) a (5.82), começando do último elo e seguindo até a base do robô:

$$^2f_2 = \begin{bmatrix} f_x \\ f_y \\ 0 \end{bmatrix}, \tag{5.84}$$

$$^2n_2 = l_2\hat{X}_2 \times \begin{bmatrix} f_x \\ f_y \\ 0 \end{bmatrix} = \begin{bmatrix} 0 \\ 0 \\ l_2 f_y \end{bmatrix}, \tag{5.85}$$

$$^1f_1 = \begin{bmatrix} c_2 & -s_2 & 0 \\ s_2 & c_2 & 0 \\ 0 & 0 & 1 \end{bmatrix} \begin{bmatrix} f_x \\ f_y \\ 0 \end{bmatrix} = \begin{bmatrix} c_2 f_x - s_2 f_y \\ s_2 f_x + c_2 f_y \\ 0 \end{bmatrix}, \tag{5.86}$$

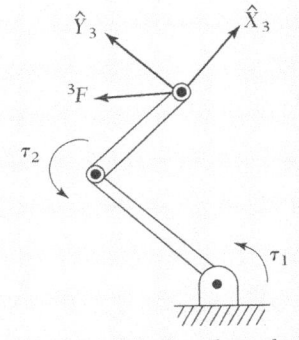

Figura 5.12: Um manipulador de dois elos aplicando uma força à ponta.

$$^1n_1 = \begin{bmatrix} 0 \\ 0 \\ l_2 f_y \end{bmatrix} + l_1 \hat{X}_1 \times {}^1 f_1 = \begin{bmatrix} 0 \\ 0 \\ l_1 s_2 f_x + l_1 c_2 f_y + l_2 f_y \end{bmatrix}. \tag{5.87}$$

Portanto, temos

$$\tau_1 = l_1 s_2 f_x + (l_2 + l_1 c_2) f_y, \tag{5.88}$$

$$\tau_2 = l_2 f_y. \tag{5.89}$$

Essa relação pode ser escrita como um operador matricial:

$$\tau = \begin{bmatrix} l_1 s_2 & l_2 + l_1 c_2 \\ 0 & l_2 \end{bmatrix} \begin{bmatrix} f_x \\ f_y \end{bmatrix}. \tag{5.90}$$

Não é coincidência que essa matriz seja a transposta do Jacobiano que encontramos em (5.66)!

5.10 JACOBIANOS NO DOMÍNIO DA FORÇA

Encontramos torques de juntas que equilibrarão exatamente forças na mão no caso estático. Quando forças agem sobre um mecanismo, o trabalho (no sentido técnico) é feito se o mecanismo se mover por um deslocamento. Trabalho é definido como uma força que age ao longo de uma distância e é um escalar com unidades de energia. O princípio do **trabalho virtual** permite-nos certas expressões sobre o caso estático admitindo que o valor desse deslocamento seja infinitesimal. O trabalho tem as unidades de energia, de forma que deve ser o mesmo quando medido em qualquer conjunto generalizado de coordenadas. De modo específico, podemos igualar o trabalho feito em termos cartesianos com o feito em termos de espaço de junta. No caso multidimensional, o trabalho é o produto escalar de um vetor força ou torque e um vetor deslocamento. Assim, temos

$$\mathcal{F} \cdot \delta_\chi = \tau \cdot \delta \Theta, \tag{5.91}$$

em que $\mathcal{F}$ é um vetor força-momento cartesiano 6×1 agindo no efetuador, δ_χ é um deslocamento infinitesimal cartesiano 6×1 do efetuador, τ é um vetor 6×1 de torques nas juntas e $\delta \Theta$ é um vetor 6×1 de deslocamentos infinitesimais de juntas. A expressão (5.91) também pode ser escrita como

$$\mathcal{F}^T \delta_\chi = \tau^T \delta \Theta. \tag{5.92}$$

A definição do Jacobiano é

$$\delta_\chi = J \delta \Theta, \tag{5.93}$$

então podemos escrever

$$\mathcal{F}^T J \delta \theta = \tau^T \delta \Theta, \tag{5.94}$$

que deve ser verdadeiro para todo $\delta \Theta$; portanto, temos

$$\mathcal{F}^T J = \tau^T. \tag{5.95}$$

A transposição de ambos os lados resulta em:

$$\tau = J^T \mathcal{F}. \tag{5.96}$$

A Equação (5.96) verifica, em geral, o que vimos no caso particular do manipulador de dois elos do Exemplo 5.6: a transposição do Jacobiano mapeia as forças cartesianas que estão agindo na mão, nos torques de juntas equivalentes. Quando o Jacobiano é escrito com relação ao sistema de referência {0}, os vetores força escritos em {0} podem ser transformados, como fica claro pela seguinte notação:

$$\tau = {}^0J^T \, {}^0\mathcal{F}. \tag{5.97}$$

Quando o Jacobiano perde o posto completo, há certas direções nas quais o efetuador não consegue exercer forças estáticas, mesmo que isso seja desejado. Ou seja, em (5.97), se o Jacobiano é singular, $\mathcal{F}$ pode ser aumentado ou diminuído em certas direções (as que definem o espaço nulo do Jacobiano [6]) sem afetar o valor calculado para τ. Isso também significa que, próximo de configurações singulares, a vantagem mecânica tende ao infinito de forma que com pequenos torques de juntas grandes forças podem ser geradas no efetuador.* Assim, as singularidades se manifestam no domínio das forças tanto quanto no domínio das posições.

Observe que (5.97) é um relacionamento muito interessante pois nos permite converter uma quantidade cartesiana em quantidade de espaço de junta sem calcular quaisquer funções cinemáticas inversas. Faremos uso disso quando considerarmos o problema do controle nos capítulos posteriores.

5.11 TRANSFORMAÇÃO CARTESIANA DE VELOCIDADES E FORÇAS ESTÁTICAS

Podemos querer pensar em termos de representações 6×1 para a velocidade geral de um corpo:

$$\mathbf{v} = \begin{bmatrix} v \\ \omega \end{bmatrix}. \tag{5.98}$$

Da mesma forma, podemos considerar representações 6×1 para os vetores força gerais, como

$$\mathcal{F} = \begin{bmatrix} F \\ N \end{bmatrix}, \tag{5.99}$$

em que F é um vetor força 3×1 e N é um vetor momento 3×1. É então natural pensar em transformações 6×6 que mapeiem tais quantidades de um sistema de referência para outro. Isso é exatamente o que já fizemos ao considerar a propagação de velocidades e forças de elo para elo. Aqui, escrevemos (5.45) e (5.47) na forma de operador matricial para transformar vetores velocidade genéricos do sistema de referência {A} na sua descrição no sistema de referência {B}.

Os dois sistemas de referência envolvidos aqui estão rigidamente conectados, de forma que $\dot{\theta}_{i+1}$, que aparece em (5.45), é ajustado em zero na derivação da relação

---

* Considere um manipulador planar de dois elos quase totalmente estendido com o efetuador em contato com uma superfície de reação. Nessa configuração, forças arbitrariamente grandes poderiam ser exercidas com "pequenos" torques das juntas.

$$\begin{bmatrix} {}^{B}\upsilon_{B} \\ {}^{B}\omega_{B} \end{bmatrix} = \begin{bmatrix} {}^{B}_{A}R & -{}^{B}_{A}R\,{}^{A}P_{BORG} \times \\ 0 & {}^{B}_{A}R \end{bmatrix} \begin{bmatrix} {}^{A}\upsilon_{A} \\ {}^{A}\omega_{A} \end{bmatrix}, \qquad (5.100)$$

em que entende-se que o produto vetorial é o operador matricial

$$P\times = \begin{bmatrix} 0 & -p_{x} & p_{y} \\ p_{x} & 0 & -p_{x} \\ -p_{y} & p_{x} & 0 \end{bmatrix}. \qquad (5.101)$$

Agora, (5.100) relaciona as velocidades de um sistema de referência às de outro, de forma que o operador 6 × 6 será chamado de **transformação de velocidade**, para o qual usaremos o símbolo T_υ. Nesse caso, é uma transformação de velocidade que mapeia as velocidades em $\{A\}$ para velocidades em $\{B\}$ e, por isso, usamos a seguinte notação para expressar (5.100) de forma compacta:

$${}^{B}\upsilon_{B} = {}^{B}_{A}T_{\upsilon}\,{}^{A}\upsilon_{A}. \qquad (5.102)$$

Podemos inverter (5.100) a fim de computar a descrição de velocidade em termos de $\{A\}$, dadas as quantidades em $\{B\}$:

$$\begin{bmatrix} {}^{A}\upsilon_{A} \\ {}^{A}\omega_{A} \end{bmatrix} = \begin{bmatrix} {}^{A}_{B}R & {}^{A}P_{BORG} \times {}^{A}_{B}R \\ 0 & {}^{A}_{B}R \end{bmatrix} \begin{bmatrix} {}^{B}\upsilon_{B} \\ {}^{B}\omega_{B} \end{bmatrix}, \qquad (5.103)$$

ou

$${}^{A}\upsilon_{A} = {}^{A}_{B}T_{\upsilon}\,{}^{B}\upsilon_{B}. \qquad (5.104)$$

Observe que esses mapeamentos de velocidades de sistema de referência para sistema de referência dependem de ${}^{A}_{B}T$ (ou de seu inverso) e, portanto, devem ser interpretados como resultados instantâneos, a menos que o relacionamento entre os dois sistemas de referência seja estático. De modo similar, com base em (5.80) e (5.81), escrevemos a matriz 6 × 6 que transforma vetores força genéricos escritos em termos de $\{B\}$ na descrição no sistema de referência $\{A\}$, a saber,

$$\begin{bmatrix} {}^{A}F_{A} \\ {}^{A}N_{A} \end{bmatrix} = \begin{bmatrix} {}^{A}_{B}R & 0 \\ {}^{A}P_{BORG} \times {}^{A}_{B}R & {}^{A}_{B}R \end{bmatrix} \begin{bmatrix} {}^{B}F_{B} \\ {}^{B}N_{B} \end{bmatrix}, \qquad (5.105)$$

que pode ser escrita de forma compacta como

$${}^{A}\mathcal{F}_{A} = {}^{A}_{B}T_{f}\,{}^{B}\mathcal{F}_{B}, \qquad (5.106)$$

em que T_f é usado para denotar uma **transformação força-momento**.

Transformações de velocidade e força são semelhantes a Jacobianos pois relacionam velocidades e forças em sistemas diferentes de coordenadas. Como nos Jacobianos, temos

$${}^{A}_{B}T_{f} = {}^{A}_{B}T_{\upsilon}^{T}, \qquad (5.107)$$

como se pode verificar examinando (5.105) e (5.103).

EXEMPLO 5.8

A Figura 5.13 mostra um efetuador segurando uma ferramenta. No ponto onde o efetuador se liga ao manipulador há um punho com um sensor de força. Este é um dispositivo que mede as forças e torques aplicados a ele.

Considere que a saída desse sensor é um vetor 6×1, $^S\mathcal{F}$, composto de três forças e três torques, expresso em $\{S\}$, o sistema de referência do sensor. Nosso verdadeiro interesse está em saber as forças e torques aplicados na ponta da ferramenta, $^T\mathcal{F}$. Encontre a transformação 6×6 que transforma o vetor força-momento de $\{S\}$ para o sistema de referência da ferramenta, $\{T\}$. A transformação que relaciona $\{T\}$ a $\{S\}$, $^S_T T$, é conhecida. (Note que aqui $\{S\}$ é o sistema de referência do sensor e não o sistema de referência da estação.)

Essa é, apenas, uma aplicação de (5.106). Primeiro, a partir de $^S_T T$, calculamos a inversa, $^T_S T$, que é composta por $^T_S R$, e $^T P_{SORG}$. Em seguida, aplicamos (5.106) para obter

$$^T\mathcal{F}_T = {^T_S T_f} \, ^S\mathcal{F}_S , \tag{5.108}$$

sendo

$$^T_S T_f = \begin{bmatrix} ^T_S R & 0 \\ ^T P_{SORG} \times {^T_S R} & ^T_S R \end{bmatrix}. \tag{5.109}$$

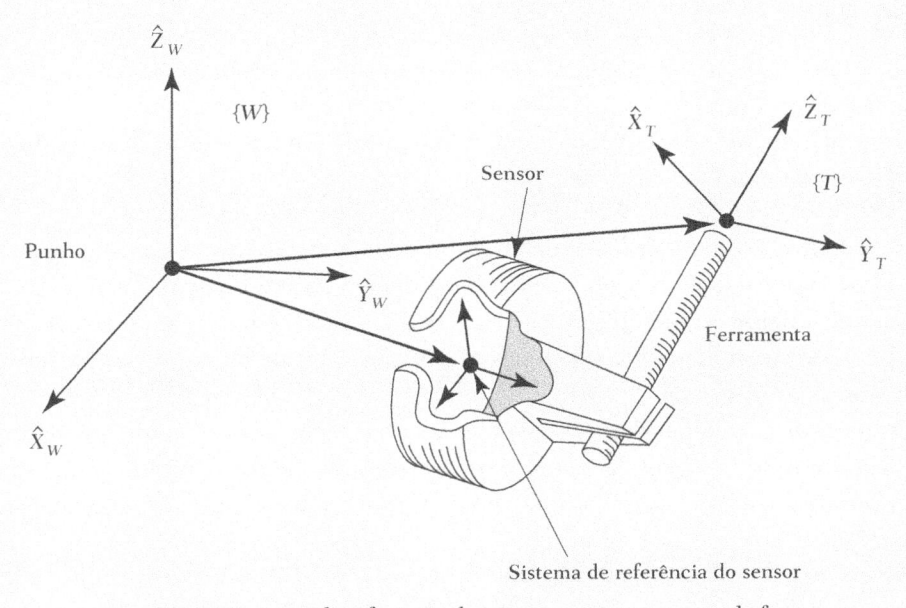

Figura 5.13: Sistemas de referência de interesse com um sensor de força.

BIBLIOGRAFIA

[1] HUNT, K. *Kinematic Geometry of Mechanisms*. Nova York: Oxford University Press, 1978.
[2] Symon, K. R. *Mechanics*. Reading, Massachusetts: Addison-Wesley, 3. ed., 1971.
[3] SHAMES, I. *Engineering Mechanics*. Englewood Cliffs, Nova Jersey: Prentice-Hall, 2. ed., 1967.

[4] ORIN, D. e SCHRADER, W. "Efficient Jacobian Determination for Robot Manipulators" em *Robotics Research: The First International Symposium*. M. Brady e R. P. Paul (Eds.), Cambridge, Massachusetts: MIT Press, 1984.
[5] GORLA, B. e RENAUD, M. *Robots Manipulateurs*. Toulouse: Cépaduès-Éditions, 1984.
[6] NOBLE, B. *Applied Linear Algebra*. Englewood Cliffs, Nova Jersey: Prentice-Hall, 1969.
[7] SALISBURY, J. K. e CRAIG, J. "Articulated Hands: Kinematic and Force Control Issues." *International Journal of Robotics Research*. v. 1, n. 1, primav. 1982.
[8] WAMPLER, C. "Wrist Singularities: Theory and Practice" em *The Robotics Review* 2, O. Khatib, J. Craig e T. Lozano-Perez (Eds.), Cambridge, Massachusetts: MIT Press, 1992.
[9] WHITNEY, D. E. "Resolved Motion Rate Control of Manipulators and Human Prostheses". *IEEE Transactions on Man-Machine Systems*, 1969.

EXERCÍCIOS

5.1 [10] Repita o Exemplo 5.3, mas usando o Jacobiano escrito no sistema de referência {0}. Os resultados são iguais aos do Exemplo 5.3?

5.2 [25] Encontre o Jacobiano do manipulador com três graus de liberdade do Exercício 3 no Capítulo 3. Escreva-o em termos de um sistema de referência {4} localizado na ponta da mão e que tenha a mesma orientação do sistema de referência {3}.

5.3 [35] Encontre o Jacobiano do manipulador com três graus de liberdade do Exercício 3 no Capítulo 3. Escreva-o em termos de um sistema de referência {4} localizado na ponta da mão e que tenha a mesma orientação do sistema de referência {3}. Deduza o Jacobiano de três formas diferentes: propagação de velocidade da base para a ponta, propagação da força estática da ponta para a base e pela diferenciação direta das equações cinemáticas.

5.4 [8] Prove que singularidades no domínio da força existem nas mesmas configurações que as singularidades no domínio da posição.

5.5 [39] Calcule o Jacobiano do PUMA 560 no sistema de referência {6}.

5.6 [47] É verdade que qualquer mecanismo com juntas rotacionais e comprimentos de elo diferentes de zero deve ter um local de pontos singulares dentro do seu espaço de trabalho?

5.7 [7] Desenhe a figura de um mecanismo com três graus de liberdade cujo Jacobiano de velocidade linear é a matriz identidade 3 × 3 de todas as configurações do manipulador. Descreva a cinemática em uma ou duas sentenças.

5.8 [18] Os mecanismos genéricos às vezes têm certas configurações chamadas "pontos isotrópicos", onde as colunas do Jacobiano tornam-se ortogonais e de igual magnitude [7]. Para o manipulador de dois elos do Exemplo 5.3, descubra se existe algum ponto isotrópico. Dica: existe algum requisito para l_1 e l_2?

5.9 [50] Descubra as condições necessárias para que os pontos isotrópicos existam em um manipulador genérico com seis graus de liberdade. (Veja o Exercício 5.8.)

5.10 [7] Para o manipulador de dois elos do Exemplo 5.2, dê a transformação que mapearia os torques das juntas em um vetor força 2 × 1, ^3F, na mão.

5.11 [14] Dado

$$^A_BT = \begin{bmatrix} 0{,}866 & -0{,}500 & 0{,}000 & 10{,}0 \\ 0{,}500 & 0{,}866 & 0{,}000 & 0{,}0 \\ 0{,}000 & 0{,}000 & 1{,}000 & 5{,}0 \\ 0 & 0 & 0 & 1 \end{bmatrix},$$

se o vetor velocidade na origem de {A} é

$$A_v = \begin{bmatrix} 0,0 \\ 2,0 \\ -3,0 \\ 1,414 \\ 1,414 \\ 0,0 \end{bmatrix},$$

encontre o vetor velocidade 6 × 1 com relação ao ponto de origem de {B}.

5.12 [15] Para o manipulador de três elos do Exercício 3.3, dê um conjunto de ângulos de juntas para os quais o manipulador está em uma singularidade de limite do espaço de trabalho e outro conjunto de ângulos para os quais o manipulador está em uma singularidade do interior do espaço de trabalho.

5.13 [9] Um certo manipulador de dois elos tem o seguinte Jacobiano:

$$^0J(\Theta) = \begin{bmatrix} -l_1 s_1 - l_2 s_{12} & -l_2 s_{12} \\ l_1 c_1 + l_2 c_{12} & l_2 c_{12} \end{bmatrix}.$$

Ignorando a gravidade, quais são os torques de juntas necessários a fim de que o manipulador aplique um vetor força estática $^0F = 10\hat{X}_0$?

5.14 [18] Se o parâmetro de elo a_3 do PUMA 560 fosse zero, uma singularidade no limite do espaço de trabalho aconteceria quando $\theta_3 = -90,0°$. Dê uma expressão para o valor de θ_3 na qual a singularidade ocorre e mostre que, se a_3 fosse zero, o resultado seria $\theta_3 = -90,0°$. *Dica:* nessa configuração, uma linha reta atravessa os eixos das juntas 2 e 3 e o ponto onde os eixos 4, 5 e 6 se cruzam.

5.15 [24] Dê o Jacobiano 3 × 3 que calcula a velocidade linear da ponta da ferramenta a partir das três velocidades das juntas do manipulador do Exemplo 3.4 no Capítulo 3. Dê o Jacobiano no sistema de referência {0}.

5.16 [20] Um manipulador 3R tem cinemática que corresponde exatamente ao conjunto de ângulos Z-Y-Z de Euler (isto é, a cinemática direta é dada por (2.72) com $\alpha = \theta_1$, $\beta = \theta_2$ e $\gamma = \theta_3$). Dê o Jacobiano que relaciona as velocidades das juntas à velocidade angular para o elo final.

5.17 [31] Imagine que para um robô 6-DOF genérico temos disponíveis $^0\hat{Z}_i$ e $^0P_{iorg}$ para todo i, isto é, conhecemos os valores para os vetores Z unitários de cada sistema de referência do elo em termos do sistema de referência da base e temos a localização das origens de todos os sistemas de referência dos elos em termos do sistema de referência da base. Digamos, ainda, que estejamos interessados na velocidade da ponta da ferramenta (fixa em relação ao elo n) e que também conhecemos $^0P_{ferramenta}$. Agora, para uma junta rotacional, a velocidade da ponta da ferramenta decorrente da velocidade da junta i é dada por

$$^0v_i = \dot{\theta}_i \, ^0\hat{Z}_i \times \left(^0P_{ferramenta} - {}^0P_{iorg}\right) \qquad (5.110)$$

e a velocidade angular de n decorrente da velocidade dessa junta é dada por

$$^0\omega_i = \dot{\theta}_i \, ^0\hat{Z}_i . \qquad (5.111)$$

As velocidades linear e angular totais da ferramenta são dadas pelas somas de ^0v_i e $^0\omega_i$, respectivamente. Dê equações análogas a (5.110) e (5.111) para o caso de junta i prismática e escreva a matriz jacobiana 6 × 6 de um manipulador 6-DOF arbitrário em termos de $\hat{Z}_i$, P_{iorg} e $P_{ferramenta}$.

5.18 [18] A cinemática de um robô 3R é dada por

$$
{}^0_3T = \begin{bmatrix} c_1 c_{23} & -c_1 s_{23} & s_1 & l_1 c_1 + l_2 c_1 c_2 \\ s_1 c_{23} & -s_1 s_{23} & -c_1 & l_1 s_1 + l_2 s_1 c_2 \\ s_{23} & c_{23} & 0 & l_2 s_2 \\ 0 & 0 & 0 & 1 \end{bmatrix}.
$$

Encontre ${}^0J(\Theta)$, que, quando multiplicado pelo vetor velocidade de junta, dá a velocidade linear da origem do sistema de referência {3} em relação ao sistema de referência {0}.

5.19 [15] A posição da origem do elo 2 para um manipulador RP é dada por

$$
{}^0P_{2ORG} = \begin{bmatrix} a_1 c_1 - d_2 s_1 \\ a_1 s_1 + d_2 c_1 \\ 0 \end{bmatrix}.
$$

Dê o Jacobiano 2 × 2 que relaciona as duas velocidades de juntas à velocidade linear da origem do sistema de referência {2}. Dê o valor de Θ onde o dispositivo está em uma singularidade.

5.20 [20] Explique qual pode ser o significado da expressão: "Um manipulador n-DOF em uma singularidade pode ser tratado como manipulador redundante em um espaço de dimensão $n - 1$".

EXERCÍCIOS DE PROGRAMAÇÃO (PARTE 5)

1. Dois sistemas de referência {A} e {B}, não estão se movendo em relação um ao outro – ou seja, ${}^A_BT$ é constante. No caso planar, definimos a velocidade do sistema de referência {A} como

$$
{}^Av_A = \begin{bmatrix} {}^A\dot{x}_A \\ {}^A\dot{y}_A \\ {}^A\dot{\theta}_A \end{bmatrix}.
$$

Escreva uma rotina que, dados ${}^A_BT$ e ${}^Av_A$, compute ${}^Bv_B$. *Dica*: esse é o planar análogo a (5.100). Use um cabeçalho de procedimento (ou equivalente em C) que seja algo como:

`Procedure Veltrans (VAR brela: frame; VAR vrela, vrelb: vec3);`

no qual "vrela" é a velocidade relativa ao sistema de referência {A}, ou ${}^Av_A$, e "vrelb" é a saída da rotina (a velocidade relativa ao sistema de referência {B}), ou ${}^Bv_B$.

2. Determine o Jacobiano 3 × 3 do manipulador planar de três elos (do Exemplo 3.3). A fim de deduzir o Jacobiano, você deve recorrer à análise de propagação de velocidade (como no Exemplo 5.2), ou à análise de força estática (como no Exemplo 5.6). Entregue o trabalho mostrando como deduziu o Jacobiano.

Escreva uma rotina para computar o Jacobiano no sistema de referência {3} – isto é, ${}^3J(\Theta)$ – como função dos ângulos de juntas. Observe que o sistema de referência {3} é o sistema de referência padrão, com origem no eixo da junta 3. Use um cabeçalho de procedimento (ou equivalente em C) que seja algo como:

`Procedure Jacobian (VAR theta: vec3; Var Jac: mat33);`

Os dados do manipulador são $l_2 = l_2 = 0{,}5\ m$.

3. Um sistema de referência da ferramenta e um sistema de referência da estação são definidos pelo usuário como segue para certa tarefa (as unidades são metros e graus):

$$_{T}^{W}T = \begin{bmatrix} x & y & \theta \end{bmatrix} = \begin{bmatrix} 0{,}1 & 0{,}2 & 30{,}0 \end{bmatrix},$$

$$_{S}^{B}T = \begin{bmatrix} x & y & \theta \end{bmatrix} = \begin{bmatrix} 0{,}0 & 0{,}0 & 0{,}0 \end{bmatrix}.$$

Em determinado instante, a ponta da ferramenta está na posição

$$_{T}^{S}T = \begin{bmatrix} x & y & \theta \end{bmatrix} = \begin{bmatrix} 0{,}6 & -0{,}3 & 45{,}0 \end{bmatrix}.$$

No mesmo instante, a medida das velocidades das juntas (em graus por segundo) é

$$\dot{\Theta} = \begin{bmatrix} \dot{\theta}_1 & \dot{\theta}_2 & \dot{\theta}_3 \end{bmatrix} = \begin{bmatrix} 20{,}0 & -10{,}0 & 12{,}0 \end{bmatrix}.$$

Calcule as velocidades linear e angular da ponta da ferramenta em relação ao seu próprio sistema de referência, ou seja, $^{T}v_{T}$. Se houver mais de uma, calcule todas as respostas possíveis.

EXERCÍCIO PARA O MATLAB 5

Este exercício enfoca a matriz jacobiana e seu determinante, controle simulado usando um esquema do tipo velocidade resolvida (em inglês, *resolved-rate*) e estática inversa para o robô planar 3R 3-DOF. (Veja as figuras 3.6 e 3.7; os parâmetros DH são dados na Figura 3.8.)

O método de controle do tipo *resolved-rate* [9] baseia-se na equação de velocidade do manipulador $^{k}\dot{X} = {}^{k}J\dot{\Theta}$, sendo ^{k}J a matriz Jacobiana, $\dot{\Theta}$ o vetor das velocidades de juntas relativas, $^{k}\dot{X}$ o vetor das velocidades cartesianas comandadas (ambas, translacional e rotacional) e k o sistema de referência de expressão para a matriz jacobiana e as velocidades cartesianas. Essa figura mostra um diagrama de blocos que simula o algoritmo de controle do tipo *resolved-rate*:

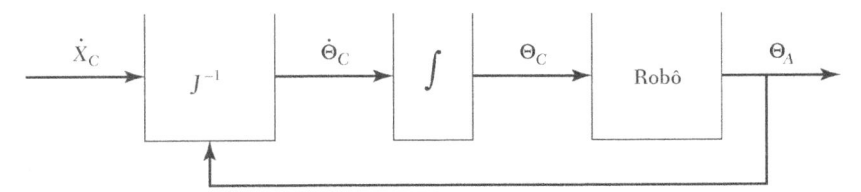

Diagrama de bloco de algoritmo para o controle do tipo *resolved-rate*

Conforme mostra a figura, o algoritmo *resolved-rate* calcula as velocidades de juntas comandadas necessárias $\dot{\Theta}_{C}$ a fim de proporcionar as velocidades cartesianas comandadas $\dot{X}_{C}$. Esse diagrama deve ser calculado a cada etapa do tempo simulado. A matriz jacobiana muda com a configuração Θ_{A}. Para fins de simulação, presuma que os ângulos de juntas comandados Θ_{C} são sempre idênticos aos ângulos de juntas de fato obtidos, Θ_{A} (um resultado que raramente é verdadeiro na vida real). Para o robô planar 3R 3-DOF em questão, as equações de velocidade $^{k}\dot{X} = {}^{k}J\dot{\Theta}$ para $k = 0$ são

$$^{0}\begin{Bmatrix} \dot{x} \\ \dot{y} \\ \omega_z \end{Bmatrix} = {}^{0}\begin{bmatrix} -L_1 s_1 - L_2 s_{12} - L_3 s_{123} & -L_2 s_{12} - L_3 s_{123} & -L_3 s_{123} \\ L_1 c_1 + L_2 c_{12} + L_3 c_{123} & L_2 c_{12} + L_3 c_{123} & L_3 c_{123} \\ 1 & 1 & 1 \end{bmatrix} \begin{Bmatrix} \dot{\theta}_1 \\ \dot{\theta}_2 \\ \dot{\theta}_3 \end{Bmatrix},$$

em que $s_{123} = \text{sen}(\theta_1 + \theta_2 + \theta_3)$, $c_{123} = \cos(\theta_1 + \theta_2 + \theta_3)$ e assim por diante. Observe que $^{0}\dot{X}$ dá as velocidades cartesianas da origem do sistema de coordenadas da garra (no centro das garras na Figura 3.6) em relação à origem do sistema de referência da base $\{0\}$, expressas em coordenadas do sistema $\{0\}$.

Agora, na maioria dos robôs industriais não se consegue comandar $\dot{\Theta}_C$ diretamente, de forma que precisamos primeiro integrar essas velocidades de junta relativas aos ângulos de junta comandados Θ_C, que podem ser comandados ao robô a cada etapa de tempo. Na prática, o sistema de integração mais simples possível funciona bem, presumindo-se uma etapa de tempo de controle curta Δt: $\Theta_{novo} = \Theta_{velho} + \dot{\Theta}\Delta t$. Na sua simulação no MATLAB, presuma que o Θ_{novo} comandado pode ser perfeitamente alcançado pelo robô virtual. (Os capítulos 6 e 9 trazem material sobre dinâmica e controle para o qual não temos de usar esse pressuposto simplificador.) Certifique-se de atualizar a matriz jacobiana com a nova configuração Θ_{novo}, antes de completar os cálculos de velocidade para a próxima etapa de tempo.

Desenvolva um programa no MATLAB para calcular a matriz jacobiana e simular o controle *resolved-rate* para o robô planar 3R. Dados os comprimentos do robô $L_1 = 4$, $L_2 = 3$ e $L_3 = 2$ (m); os ângulos de juntas iniciais $\Theta = \{\theta_1 \ \theta_2 \ \theta_3\}^T = \{10° \ 20° \ 30°\}^T$ e as velocidades cartesianas constantes comandadas $^0\{\dot{X}\} = \{\dot{x} \ \dot{y} \ \omega_z\}^T = \{0{,}2 \ -0{,}3 \ -0{,}2\}^T$ (m/s, m/s, rad/s), simule para exatamente cinco segundos, usando etapas de tempo idênticas a $dt = 0{,}1$ s. No mesmo laço do programa, calcule o problema de estática inversa – ou seja, calcule os torques das juntas $T = \{\tau_1 \ \tau_2 \ \tau_3\}^T$ (Nm), dada a torção cartesiana constante comandada $^0\{W\} = (f_x \ f_y \ m_z)^T = \{1 \ 2 \ 3\}$ (N, N, Nm). Também, no mesmo laço, faça a animação do robô na tela a cada etapa de tempo para que você possa ver o movimento simulado, verificando se ele está correto.

a) Para os números específicos designados, apresente cinco diagramas (cada conjunto em um gráfico diferente, por favor):
   1. as velocidades das três juntas ativas $\dot{\Theta} = \{\dot{\theta}_1 \ \dot{\theta}_2 \ \dot{\theta}_3\}^T$ *versus* o tempo;
   2. os ângulos das três juntas ativas $\Theta = \{\theta_1 \ \theta_2 \ \theta_3\}^T$ *versus* o tempo;
   3. os três componentes cartesianos de $^0_H T$, $X = \{x \ y \ \phi\}^T$ (rad está ótimo para ϕ, de forma que se encaixará) *versus* o tempo;
   4. o determinante da matriz jacobiana $|J|$ *versus* o tempo – comente sobre a proximidade de singularidades durante o movimento simulado;
   5. os torques das três juntas ativas $T = \{\tau_1 \ \tau_2 \ \tau_3\}^T$ *versus* o tempo.

   Identifique com cuidado (à mão está ótimo!) cada componente em cada diagrama. Identifique, também, os eixos, com nomes e unidades.

b) Confira os resultados da sua matriz jacobiana quanto aos conjuntos junta-ângulo inicial e final utilizando o Robotics Toolbox para o MATLAB de Peter Corke. Experimente a função *jacob0()*. **Cuidado**: as funções Jacobianas do Toolbox são o movimento de {3} em relação a {0}, não para {H} em relação a {0} como pede o problema. A função precedente dá o resultado Jacobiano em coordenadas {0}; *jacobn()* daria o resultado em coordenadas de {3}.

Dinâmica dos manipuladores

6.1 Introdução
6.2 Aceleração de um corpo rígido
6.3 Distribuição de massa
6.4 Equação de Newton, equação de Euler
6.5 Formulação dinâmica iterativa de Newton-Euler
6.6 Iterativo *versus* forma fechada
6.7 Um exemplo de equações dinâmicas de forma fechada
6.8 A estrutura das equações dinâmicas de um manipulador
6.9 Formulação Lagrangiana da dinâmica dos manipuladores
6.10 Formulando a dinâmica dos manipuladores no espaço cartesiano
6.11 Inclusão dos efeitos de corpos não rígidos
6.12 Simulação dinâmica
6.13 Considerações computacionais

6.1 INTRODUÇÃO

Até agora nosso estudo dos manipuladores enfocou apenas as considerações cinemáticas. Estudamos posições estáticas, forças estáticas e velocidades. Mas não consideramos *as forças necessárias para causar o movimento*. Neste capítulo, estudamos as equações de movimento dos manipuladores – como o movimento do manipulador surge dos torques aplicados pelos atuadores ou de forças externas aplicadas ao manipulador.

A dinâmica dos mecanismos é um campo no qual muitos livros foram escritos. De fato, podemos passar anos estudando esse assunto. É óbvio que não podemos cobrir o material na abrangência que ele merece. No entanto, certas formulações do problema dinâmico parecem especialmente adequadas à aplicação em manipuladores. Em particular, métodos que fazem uso da natureza de cadeia serial dos manipuladores são candidatos naturais ao nosso estudo.

Há dois problemas relacionados à dinâmica dos manipuladores que queremos resolver. No primeiro, temos um ponto de trajetória Θ, $\dot{\Theta}$ e $\ddot{\Theta}$ e queremos encontrar o vetor necessário para os torques de juntas, τ. Essa formulação dinâmica é útil para o problema de controle do manipulador (Capítulo 10). O segundo problema é calcular como o mecanismo se moverá sob a aplicação de um conjunto de torques de juntas. Ou seja, dado um vetor torque, τ, calcular o movimento resultante do manipulador, Θ, $\dot{\Theta}$ e $\ddot{\Theta}$. Isso é útil para simular o manipulador.

6.2 ACELERAÇÃO DE UM CORPO RÍGIDO

Vamos agora estender nossa análise de movimento de um corpo rígido para o caso das acelerações. A qualquer instante, os vetores velocidade linear e angular têm derivadas que são chamadas, respectivamente, de aceleração linear e aceleração angular. Ou seja,

$$^{B}\dot{V}_{Q} = \frac{d}{dt}\,^{B}V_{Q} = \lim_{\Delta t \to 0} \frac{^{B}V_{Q}(t+\Delta t) - {}^{B}V_{Q}(t)}{\Delta t}, \qquad (6.1)$$

e

$$^{A}\dot{\Omega}_{B} = \frac{d}{dt}\,^{A}\Omega_{B} = \lim_{\Delta t \to 0} \frac{^{A}\Omega_{B}(t+\Delta t) - {}^{A}\Omega_{B}(t)}{\Delta t}. \qquad (6.2)$$

Como acontece com as velocidades, quando o sistema de referência de diferenciação é entendido como um sistema de referência universal, $\{U\}$, usamos a notação

$$\dot{v}_{A} = {}^{U}\dot{V}_{AORG} \qquad (6.3)$$

e

$$\dot{\omega}_{A} = {}^{U}\dot{\Omega}_{A}. \qquad (6.4)$$

> Aceleração linear

Começamos expressando outra vez a Equação (5.12), um resultado importante do Capítulo 5, que descreve a velocidade de um vetor ^{B}Q como visto do sistema de referência $\{A\}$ quando as origens são coincidentes:

$$^{A}V_{Q} = {}^{A}_{B}R\,^{B}V_{Q} + {}^{A}\Omega_{B} \times {}^{A}_{B}R\,^{B}Q. \qquad (6.5)$$

O lado esquerdo dessa equação descreve como ^{A}Q se altera no tempo. Portanto, como as origens são coincidentes, podemos reescrever (6.5) como

$$\frac{d}{dt}\left({}^{A}_{B}R\,^{B}Q\right) = {}^{A}_{B}R\,^{B}V_{Q} + {}^{A}\Omega_{B} \times {}^{A}_{B}R\,^{B}Q. \qquad (6.6)$$

Essa forma da equação será útil para derivar a equação de aceleração correspondente.

Diferenciando (6.5), podemos derivar expressões para a aceleração de ^{B}Q conforme visto de $\{A\}$ quando as origens de $\{A\}$ e $\{B\}$ coincidem:

$$^{A}\dot{V}_{Q} = \frac{d}{dt}\left({}^{A}_{B}R\,^{B}V_{Q}\right) + {}^{A}\dot{\Omega}_{B} \times {}^{A}_{B}R\,^{B}Q + {}^{A}\Omega_{B} \times \frac{d}{dt}\left({}^{A}_{B}R\,^{B}Q\right). \qquad (6.7)$$

Agora, aplicamos (6.6) duas vezes – uma ao primeiro termo e outra ao último termo. O lado direito da Equação (6.7) torna-se

$$\,_{B}^{A}R\,^{B}\dot{V}_{Q} + \,^{A}\Omega_{B} \times \,_{B}^{A}R\,^{B}V_{Q} + \,^{A}\dot{\Omega}_{B} \times \,_{B}^{A}R\,^{B}Q + \,^{A}\Omega_{B} \times \left(\,_{B}^{A}R\,^{B}V_{Q} + \,^{A}\Omega_{B} \times \,_{B}^{A}R\,^{B}Q\right).$$ (6.8)

Combinando os dois termos, obtemos

$$\,_{B}^{A}R\,^{B}\dot{V}_{Q} + 2\,^{A}\Omega_{B} \times \,_{B}^{A}R\,^{B}V_{Q} + \,^{A}\dot{\Omega}_{B} \times \,_{B}^{A}R\,^{B}Q + \,^{A}\Omega_{B} \times \left(\,^{A}\Omega_{B} \times \,_{B}^{A}R\,^{B}Q\right).$$ (6.9)

Por fim, para generalizar o caso no qual as origens não são coincidentes, acrescentamos um termo que dá a aceleração linear da origem de {B}, resultando na fórmula geral final:

$$\,^{A}\dot{V}_{BORG} + \,_{B}^{A}R\,^{B}\dot{V}_{Q} + 2\,^{A}\Omega_{B} \times \,_{B}^{A}R\,^{B}V_{Q} + \,^{A}\dot{\Omega}_{B} \times \,_{B}^{A}R\,^{B}Q + \,^{A}\Omega_{B} \times \left(\,^{A}\Omega_{B} \times \,_{B}^{A}R\,^{B}Q\right).$$ (6.10)

Um caso particular que vale a pena destacar é o que quando ^{B}Q é constante, ou

$$^{B}V_{Q} = \,^{B}\dot{V}_{Q} = 0.$$ (6.11)

Nesse caso, simplifica-se (6.10) para

$$^{A}\dot{V}_{Q} = \,^{A}\dot{V}_{BORG} + \,^{A}\Omega_{B} \times \left(\,^{A}\Omega_{B} \times \,_{B}^{A}R\,^{B}Q\right) + \,^{A}\dot{\Omega}_{B} \times \,_{B}^{A}R\,^{B}Q.$$ (6.12)

Usaremos esse resultado para calcular a aceleração linear dos elos de um manipulador com juntas rotacionais. Quando houver uma junta prismática, a forma mais genérica de (6.10) será usada.

> **Aceleração angular**

Considere o caso no qual {B} está girando em relação a {A} com $^{A}\Omega_{B}$ e {C} está girando em relação a {B} com $^{B}\Omega_{C}$. Para calcular $^{A}\Omega_{C}$, somamos os vetores do sistema de referência {A}:

$$^{A}\Omega_{C} = \,^{A}\Omega_{B} + \,_{B}^{A}R\,^{B}\Omega_{C}.$$ (6.13)

Diferenciando, obtemos

$$^{A}\dot{\Omega}_{C} = \,^{A}\dot{\Omega}_{B} + \frac{d}{dt}\left(\,_{B}^{A}R\,^{B}\Omega_{C}\right).$$ (6.14)

Agora, aplicando (6.6) ao último termo de (6.14), obtemos

$$^{A}\dot{\Omega}_{C} = \,^{A}\dot{\Omega}_{B} + \,_{B}^{A}R\,^{B}\dot{\Omega}_{C} + \,^{A}\Omega_{B} \times \,_{B}^{A}R\,^{B}\Omega_{C}.$$ (6.15)

Usaremos esse resultado para calcular a aceleração dos elos de um manipulador.

6.3 DISTRIBUIÇÃO DE MASSA

Em sistemas com um único grau de liberdade, falamos com frequência sobre a massa de um corpo rígido. No caso do movimento rotacional em torno de um único eixo, a noção de *momento de inércia* é familiar. Para um corpo livre que tem liberdade de se mover em três dimensões, existem infinitos eixos de rotação possíveis. No caso de rotação em torno de um eixo arbitrário, precisamos de uma maneira completa de caracterizar a distribuição de massa de um corpo rígido. Aqui, introduzimos o **tensor de inércia** que, para nossos propósitos, pode ser considerado uma generalização do momento escalar de inércia de um objeto.

Agora vamos definir um conjunto de quantidades que dão informações sobre a distribuição de massa de um corpo rígido em relação a um sistema de referência. A Figura 6.1 mostra um corpo rígido com um sistema de referência fixado. Os tensores de inércia podem ser definidos em relação a qualquer sistema de referência, mas sempre consideraremos o caso de um tensor de inércia definido para um sistema de referência fixado ao corpo rígido. Indicaremos, onde for importante, com um sobrescrito à frente, o sistema de referência de um tensor de inércia dado. O tensor de inércia relativo ao sistema de referência $\{A\}$ é expresso na forma matricial como a matriz 3×3

$$^A I = \begin{bmatrix} I_{xx} & -I_{xy} & -I_{xz} \\ -I_{xy} & I_{yy} & -I_{yz} \\ -I_{xz} & -I_{yz} & I_{zz} \end{bmatrix}, \tag{6.16}$$

na qual os elementos escalares são dados por

$$\begin{aligned} I_{xx} &= \iiint_V (y^2 + z^2)\rho\, dv, \\ I_{yy} &= \iiint_V (x^2 + z^2)\rho\, dv, \\ I_{zz} &= \iiint_V (x^2 + y^2)\rho\, dv, \\ I_{xy} &= \iiint_V xy\rho\, dv, \\ I_{xz} &= \iiint_V xz\rho\, dv, \\ I_{yz} &= \iiint_V yz\rho\, dv, \end{aligned} \tag{6.17}$$

no qual o corpo rígido é composto com diferentes elementos, dv, contendo material de densidade ρ. Cada elemento de volume está localizado com um vetor, $^A P = [xyz]^T$, como mostra a Figura 6.1.

Os elementos I_{xx}, I_{yy} e I_{zz} são chamados **momentos de inércia de massa**. Observe que, em cada caso, estamos integrando os elementos de massa, ρdv, multiplicados pelos quadrados das distâncias perpendiculares do eixo correspondente. Os elementos com índices mistos são chamados de **produtos de inércia de massa**. Esse conjunto de seis quantidades independentes estará sujeito, para um corpo

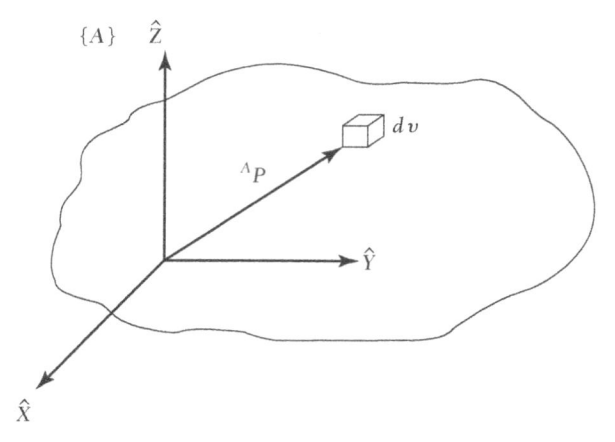

Figura 6.1: O tensor de inércia de um objeto descreve a distribuição de massa desse objeto. Aqui, o vetor $^A P$ localiza o elemento de volume diferencial, dv.

dado, à posição e orientação do sistema de referência no qual estão definidas. Se formos livres para escolher a orientação do sistema de referência, será possível fazer com que os produtos da inércia sejam zero. Os eixos do sistema de referência, quando alinhados dessa forma, são chamados de **eixos principais** e os momentos de massa correspondentes são os **momentos principais** de inércia.

EXEMPLO 6.1

Encontre o tensor de inércia para o corpo retangular de densidade uniforme ρ com relação ao sistema de coordenadas mostrado na Figura 6.2.

Primeiro, computamos I_{xx}. Usando os elementos de volume $dv = dx\,dy\,dz$, obtemos

$$\begin{aligned}
I_{xx} &= \int_0^h \int_0^l \int_0^\omega (y^2 + z^2)\rho\, dx\, dy\, dz \\
&= \int_0^h \int_0^l (y^2 + z^2)\omega\rho\, dy\, dz \\
&= \int_0^h \left(\frac{l^3}{3} + z^2 l\right)\omega\rho\, dz \\
&= \left(\frac{hl^3\omega}{3} + \frac{h^3 l\omega}{3}\right)\rho \\
&= \frac{m}{3}(l^2 + h^2),
\end{aligned}$$
(6.18)

sendo m a massa total do corpo. Permutando os termos, podemos obter I_{yy} e I_{zz} por inspeção:

$$I_{yy} = \frac{m}{3}(\omega^2 + h^2) \tag{6.19}$$

e

$$I_{zz} = \frac{m}{3}(l^2 + \omega^2). \tag{6.20}$$

Em seguida, computamos I_{xy}:

$$I_{xy} = \int_0^h \int_0^l \int_0^\omega xy\rho\, dx\, dy\, dz \tag{6.21}$$

continua

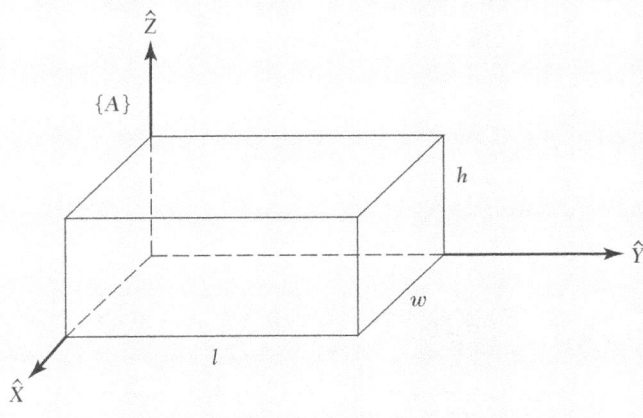

Figura 6.2: Um corpo de densidade uniforme.

$$= \int_0^h \int_0^l \frac{\omega^2}{2} y\rho\, dy\, dz$$

$$= \int_0^h \frac{\omega^2 l^2}{4} \rho\, dz \qquad \text{continuação (6.21)}$$

$$= \frac{m}{4}\omega l\ .$$

Permutando os termos, temos

$$I_{xz} = \frac{m}{4} h\omega \qquad (6.22)$$

e

$$I_{yz} = \frac{m}{4} hl\ . \qquad (6.23)$$

Portanto, o tensor de inércia para este objeto é

$$^A I = \begin{bmatrix} \frac{m}{3}(l^2+h^2) & -\frac{m}{4}\omega l & -\frac{m}{4}h\omega \\ -\frac{m}{4}\omega l & \frac{m}{3}(\omega^2+h^2) & -\frac{m}{4}hl \\ -\frac{m}{4}h\omega & -\frac{m}{4}hl & \frac{m}{3}(l^2+\omega^2) \end{bmatrix}. \qquad (6.24)$$

Como observamos, o tensor de inércia é uma função da localização e orientação do sistema de referência. Um resultado bem conhecido, o **teorema dos eixos paralelos**, é uma maneira de computar como o tensor de inércia se altera sob as *translações* do sistema de coordenadas de referência. O teorema dos eixos paralelos relaciona o tensor de inércia em um sistema de referência com origem no centro de massa, com o tensor de inércia em relação a outro sistema de referência. Estando {C} localizado no centro de massa do corpo e {A} é um sistema de referência arbitrariamente transladado, o teorema pode ser expresso [1] como

$$^A I_{zz} = {}^C I_{zz} + m(x_c^2 + y_c^2),$$
$$^A I_{xy} = {}^C I_{xy} - m x_c y_c, \qquad (6.25)$$

em que $P_c = [x_c, y_c, z_c]^T$ localiza o centro da massa em relação a {A}. Os momentos e produtos de inércia restantes são computados a partir de permutações de x, y e z em (6.25). O teorema pode ser expresso na forma de vetor-matriz como

$$^A I = {}^C I + m\left[P_c^T P_c I_3 - P_c P_c^T\right], \qquad (6.26)$$

em que I_3 é a matriz identidade 3×3.

EXEMPLO 6.2

Encontre o tensor de inércia para o mesmo corpo do Exemplo 6.1, quando é descrito em um sistema de coordenadas com origem no centro de massa do corpo.

Podemos aplicar o teorema dos eixos paralelos, (6.25), em que

$$\begin{bmatrix} x_c \\ y_c \\ z_c \end{bmatrix} = \frac{1}{2} \begin{bmatrix} \omega \\ l \\ h \end{bmatrix}.$$

Em seguida, encontramos

$$^C I_{zz} = \frac{m}{12}(\omega^2 + l^2),$$ (6.27)
$$^C I_{xy} = 0.$$

Os outros elementos são encontrados por simetria. O tensor de inércia resultante escrito no sistema de referência no centro de massa é

$$^C I = \begin{bmatrix} \frac{m}{12}(h^2 + l^2) & 0 & 0 \\ 0 & \frac{m}{12}(\omega^2 + h^2) & 0 \\ 0 & 0 & \frac{m}{12}(l^2 + \omega^2) \end{bmatrix}.$$ (6.28)

O resultado é diagonal, de forma que o sistema de referência {C} deve representar os principais eixos deste corpo.

Alguns fatos adicionais sobre os tensores de inércia são os seguintes:

1. Se dois eixos do sistema de referência formam um plano de simetria para a distribuição de massa do corpo, os produtos de inércia tendo como índice a coordenada que é normal ao plano de simetria serão zero.
2. Momentos de inércia sempre têm de ser positivos. Produtos de inércia podem ter qualquer sinal.
3. A soma dos três momentos de inércia é invariante sob mudanças de orientação no sistema de referência.
4. Os autovalores de um tensor de inércia são os momentos principais para o corpo. Os autovetores associados são os eixos principais.

A maioria dos manipuladores tem elos cuja geometria e composição são um tanto complexas, de forma que a aplicação de (6.17) é difícil na prática. Uma opção pragmática é medir em vez de calcular o momento de inércia de cada elo, usando um dispositivo de medição (por exemplo, um *pêndulo de inércia*).

6.4 EQUAÇÃO DE NEWTON, EQUAÇÃO DE EULER

Definiremos cada elo do manipulador como um corpo rígido. Se conhecermos a localização do centro de massa e o tensor de inércia do elo, sua distribuição de massa estará completamente caracterizada. Para movimentar os elos, precisamos acelerá-los e desacelerá-los. As forças necessárias para esse movimento são uma função da aceleração desejada e da distribuição de massa dos elos.

A equação de Newton, junto com sua análoga rotacional, a equação de Euler, descreve como forças, inércias e acelerações se relacionam.

> Equação de Newton

A Figura 6.3 mostra um corpo rígido cujo centro de massa está acelerando com aceleração $\dot{v}_C$. Em uma situação como essa, a força, F, agindo no centro de massa e causando essa aceleração, é dada pela equação de Newton

$$F = m\dot{v}_C , \qquad (6.29)$$

sendo m a massa total do corpo.

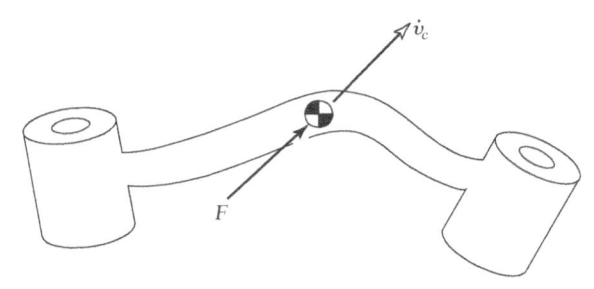

Figura 6.3: Uma força F agindo no centro de massa de um corpo faz com que o corpo acelere a $\dot{v}_C$.

> Equação de Euler

A Figura 6.4 mostra um corpo rígido girando com velocidade angular ω e com aceleração $\dot{\omega}$. Em uma situação como essa, o momento N, que deve estar agindo sobre o corpo para causar esse movimento, é dado pela equação de Euler

$$N = {}^C I \dot{\omega} + \omega \times {}^C I \omega , \qquad (6.30)$$

em que ${}^C I$ é o tensor de inércia do corpo escrito em um sistema de referência $\{C\}$ cuja origem está localizada no centro de massa.

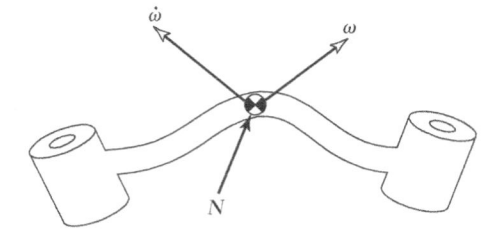

Figura 6.4: Um momento N está agindo sobre um corpo, e o corpo está girando com velocidade ω e aceleração $\dot{\omega}$.

6.5 FORMULAÇÃO DINÂMICA ITERATIVA DE NEWTON-EULER

Agora consideraremos o problema de computar os torques que correspondem a uma trajetória dada de um manipulador. Presumimos que sabemos a posição, a velocidade e a aceleração das juntas $(\Theta, \dot{\Theta}, \ddot{\Theta})$. Com esse conhecimento, e sabendo, também, a cinemática e a distribuição de massa do robô, podemos calcular os torques das juntas necessários para causar o movimento. O algoritmo apresentado baseia-se no método publicado por Luh, Walker e Paul em [2].

> **Iterações "para fora" para computar velocidades e acelerações**

Para computar as forças inerciais que agem sobre os elos, é necessário calcular a velocidade rotacional e a aceleração linear e rotacional do centro de massa de cada elo do manipulador em qualquer dado instante. Essas computações serão feitas de forma iterativa, começando com o elo 1 e movendo-se sucessivamente, elo a elo, "*para fora*" (em inglês, *outward*) para o elo n.

A "propagação" da velocidade rotacional, de elo a elo, foi discutida no Capítulo 5 e é dada (para a junta rotacional $i + 1$) por

$$^{i+1}\omega_{i+1} = {}^{i+1}_{i}R\,{}^{i}\omega_i + \dot{\theta}_{i+1}\,{}^{i+1}\hat{Z}_{i+1}. \tag{6.31}$$

De (6.15) obtemos a equação para transformar a aceleração angular de um elo para o outro:

$$^{i+1}\dot{\omega}_{i+1} = {}^{i+1}_{i}R\,{}^{i}\dot{\omega}_i + {}^{i+1}_{i}R\,{}^{i}\omega_i \times \dot{\theta}_{i+1}\,{}^{i+1}\hat{Z}_{i+1} + \ddot{\theta}_{i+1}\,{}^{i+1}\hat{Z}_{i+1}. \tag{6.32}$$

Quando a junta $i + 1$ é prismática, isso se simplifica para

$$^{i+1}\dot{\omega}_{i+1} = {}^{i+1}_{i}R\,{}^{i}\dot{\omega}_i. \tag{6.33}$$

A aceleração linear da origem de cada *sistema de referência* é obtida com a aplicação de (6.12):

$$^{i+1}\dot{v}_{i+1} = {}^{i+1}_{i}R\left[{}^{i}\dot{\omega}_i \times {}^{i}P_{i+1} + {}^{i}\omega_i \times \left({}^{i}\omega_i \times {}^{i}P_{i+1}\right) + {}^{i}\dot{v}_i\right], \tag{6.34}$$

Para a junta prismática $i + 1$, (6.34) torna-se (a partir de (6.10))

$$\begin{aligned}^{i+1}\dot{v}_{i+1} = {}^{i+1}_{i}R\left({}^{i}\dot{\omega}_i \times {}^{i}P_{i+1} + {}^{i}\omega_i \times \left({}^{i}\omega_i \times {}^{i}P_{i+1}\right) + {}^{i}\dot{v}_i\right) \\ + 2\,{}^{i+1}\omega_{i+1} \times \dot{d}_{i+1}\,{}^{i+1}\hat{Z}_{i+1} + \ddot{d}_{i+1}\,{}^{i+1}\hat{Z}_{i+1}.\end{aligned} \tag{6.35}$$

Vamos precisar, também, da aceleração linear do centro de massa de cada elo, que também pode ser encontrada aplicando-se (6.12):

$$^{i}\dot{v}_{C_i} = {}^{i}\dot{\omega}_i \times {}^{i}P_{C_i} + {}^{i}\omega_i \times \left({}^{i}\omega_i \times {}^{i}P_{C_i}\right) + {}^{i}\dot{v}_i, \tag{6.36}$$

Aqui, imaginamos um sistema de referência, $\{C_i\}$, fixado a cada elo, com sua origem localizada no centro de massa do elo e com a mesma orientação do sistema de referência do elo $\{i\}$. A Equação (6.36) não envolve qualquer movimento de junta e, portanto, é válida para a junta $i + 1$, seja ela rotacional ou prismática.

Observe que a aplicação das equações ao elo 1 é especialmente simples, porque ${}^{0}\omega_0 = {}^{0}\dot{\omega}_0 = 0$.

> **Força e torque agindo sobre um elo**

Uma vez computadas as acelerações linear e angular do centro de massa de cada elo, podemos aplicar as equações de Newton-Euler (Seção 6.4) para computar a força inercial e o torque em ação no centro de massa de cada elo. Assim, temos

$$F_i = m\dot{v}_{C_i},$$
$$N_i = {}^{C_i}I\dot{\omega}_i + \omega_i \times {}^{C_i}I\omega_i,$$
(6.37)

em que $\{C_i\}$ tem sua origem no centro de massa do elo e a mesma orientação que o sistema de referência do elo, $\{i\}$.

> ### Iterações "para dentro" para computar forças e torques

Computadas as forças e torques que agem em cada elo, precisamos agora calcular os torques das juntas que resultarão nessas forças e torques líquidos aplicados a cada elo.

Podemos fazer isso escrevendo uma equação de equilíbrio de forças e equilíbrio de momentos baseada em um diagrama de corpo livre de um elo típico. (Veja a Figura 6.5.) Forças e torques são exercidos sobre cada elo, pelos elos vizinhos, além da força e torque inerciais. No Capítulo 5, definimos símbolos especiais para a força e o torque exercidos por um elo vizinho, que repetimos aqui:

f_i = força exercida sobre o elo i pelo elo $i - 1$,

n_i = torque exercido sobre o elo i pelo elo $i - 1$.

Somando as forças que agem sobre o elo i, chegamos à relação de equilíbrio de forças:

$${}^iF_i = {}^if_i - {}^i_{i+1}R\,{}^{i+1}f_{i+1}.$$
(6.38)

Somando os torques em torno do centro de massa e igualando-os a zero, chegamos à equação de equilíbrio de torques:

$${}^iN_i = {}^in_i - {}^in_{i+1} + \left(-{}^iP_{C_i}\right) \times {}^if_i - \left({}^iP_{i+1} - {}^iP_{C_i}\right) \times {}^if_{i+1}.$$
(6.39)

Usando o resultado da relação força-equilíbrio (6.38) e acrescentando algumas matrizes rotacionais, podemos escrever (6.39) como

$${}^iN_i = {}^in_i - {}^i_{i+1}R\,{}^{i+1}n_{i+1} - {}^iP_{C_i} \times {}^iF_i - {}^iP_{i+1} \times {}^i_{i+1}R\,{}^{i+1}f_{i+1}.$$
(6.40)

Por fim, podemos rearranjar as equações de força e torque de forma que apareçam como relações iterativas do vizinho de número mais alto para o de número mais baixo:

$${}^if_i = {}^i_{i+1}R\,{}^{i+1}f_{i+1} + {}^iF_i,$$
(6.41)

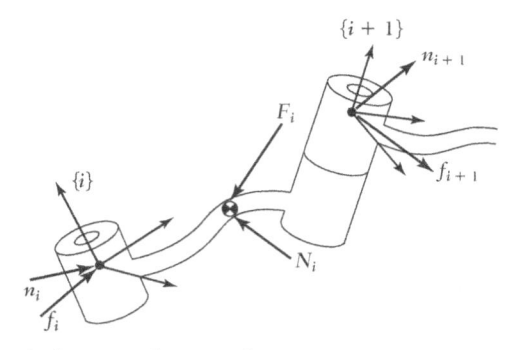

Figura 6.5: O equilíbrio de forças, inclusive as forças inerciais, em um único elo de manipulador.

$${}^{i}n_i = {}^{i}N_i + {}^{i}_{i+1}R\,{}^{i+1}n_{i+1} + {}^{i}P_{C_i} \times {}^{i}F_i + {}^{i}P_{i+1} \times {}^{i}_{i+1}R\,{}^{i+1}f_{i+1}.\qquad(6.42)$$

Essas equações são avaliadas elo a elo, começando do elo n e prosseguindo "para dentro" (em inglês, *inward*) em direção à base do robô. Essas *iterações "para dentro" da força* são análogas às iterações de força estática apresentadas no Capítulo 5, exceto que as forças inerciais e torques são agora considerados a cada elo.

Como no caso estático, os torques de junta necessários são encontrados tomando-se o componente $\hat{Z}$ do torque aplicado por um elo ao seu vizinho:

$$\tau_i = {}^{i}n_i^{T}\,{}^{i}\hat{Z}_i.\qquad(6.43)$$

Para uma junta i prismática, usamos

$$\tau_i = {}^{i}f_i^{T}\,{}^{i}\hat{Z}_i,\qquad(6.44)$$

onde utilizamos o símbolo τ para uma força linear do atuador.

Observe que, para um robô que se movimenta no espaço livre, ${}^{N+1}f_{N+1}$ e ${}^{N+1}n_{N+1}$ são igualados a zero, de forma que a primeira aplicação das equações para o elo n é muito simples. Se o robô está em contato com o ambiente, as forças e torques devido a esse contato podem ser incluídos no equilíbrio de força através de ${}^{N+1}f_{N+1}$ e ${}^{N+1}n_{N+1}$ diferentes de zero.

> O algoritmo dinâmico iterativo de Newton-Euler

O algoritmo completo para computar torques de juntas a partir do movimento das juntas é composto por duas partes. Primeiro, velocidades de elos e acelerações são iterativamente computadas, saindo do elo 1 ao elo n, e as equações de Newton-Euler são aplicadas a cada elo. Segundo, forças e torques de interação e torques de atuadores de juntas são computados recursivamente, voltando do elo n ao elo 1. As equações estão resumidas a seguir para o caso em que todas as juntas são rotacionais:

Iterações "para fora": $i: 0 \to 5$

$$^{i+1}\omega_{i+1} = {}^{i+1}_{i}R\,{}^{i}\omega_i + \dot{\theta}_{i+1}\,{}^{i+1}\hat{Z}_{i+1},\qquad(6.45)$$

$$^{i+1}\dot{\omega}_{i+1} = {}^{i+1}_{i}R\,{}^{i}\dot{\omega}_i + {}^{i+1}_{i}R\,{}^{i}\omega_i \times \dot{\theta}_{i+1}\,{}^{i+1}\hat{Z}_{i+1} + \ddot{\theta}_{i+1}\,{}^{i+1}\hat{Z}_{i+1},\qquad(6.46)$$

$$^{i+1}\dot{v}_{i+1} = {}^{i+1}_{i}R\left({}^{i}\dot{\omega}_i \times {}^{i}P_{i+1} + {}^{i}\omega_i \times \left({}^{i}\omega_i \times {}^{i}P_{i+1}\right) + {}^{i}\dot{v}_i\right),\qquad(6.47)$$

$$^{i+1}\dot{v}_{C_{i+1}} = {}^{i+1}\dot{\omega}_{i+1} \times {}^{i+1}P_{C_{i+1}} + {}^{i+1}\omega_{i+1} \times \left({}^{i+1}\omega_{i+1} \times {}^{i+1}P_{C_{i+1}}\right) + {}^{i+1}\dot{v}_{i+1},\qquad(6.48)$$

$$^{i+1}F_{i+1} = m_{i+1}\,{}^{i+1}\dot{v}_{C_{i+1}},\qquad(6.49)$$

$$^{i+1}N_{i+1} = {}^{C_{i+1}}I_{i+1}\,{}^{i+1}\dot{\omega}_{i+1} + {}^{i+1}\omega_{i+1} \times {}^{C_{i+1}}I_{i+1}\,{}^{i+1}\omega_{i+1}.\qquad(6.50)$$

Iterações "para dentro": $i: 6 \to 1$

$$^i f_i = {}_{i+1}^{i}R\, {}^{i+1}f_{i+1} + {}^i F_i ,\qquad(6.51)$$

$$^i n_i = {}^i N_i + {}_{i+1}^{i}R\, {}^{i+1}n_{i+1} + {}^i P_{C_i} \times {}^i F_i \\ + {}^i P_{i+1} \times {}_{i+1}^{i}R\, {}^{i+1}f_{i+1} ,\qquad(6.52)$$

$$\tau_i = {}^i n_i^T \, {}^i \hat{Z}_i .\qquad(6.53)$$

> **Inclusão da força da gravidade no algoritmo dinâmico**

O efeito da carga da gravidade sobre os elos pode ser incluído simplesmente ajustando-se $^0\dot{v}_0 = G$, em que G tem a magnitude do vetor gravidade, mas apontando na direção oposta. Isso equivale a dizer que a base do robô está acelerando para cima, com uma aceleração de 1 g. Essa aceleração fictícia para cima tem sobre os elos o mesmo efeito que a gravidade teria. Dessa forma, o efeito da gravidade é calculado sem um esforço computacional maior.

6.6 ITERATIVO *VERSUS* FORMA FECHADA

As equações (6.46) a (6.53) fornecem um esquema computacional pelo qual, dadas as posições, velocidades e acelerações das juntas, podemos computar os torques de juntas necessários. Como no desenvolvimento das equações para calcular o Jacobiano no Capítulo 5, essas relações podem ser usadas de duas formas: como algoritmo computacional numérico, ou como algoritmo usado analiticamente para desenvolver equações simbólicas.

O uso das equações como algoritmo computacional numérico é atraente porque elas se aplicam a qualquer robô. Uma vez que os tensores de inércia, massa dos elos, vetores P_{C_i} e matrizes $_{i}^{i+1}R$ tenham sido especificados para um determinado manipulador, as equações podem ser aplicadas diretamente para estimar os torques das juntas correspondentes a qualquer movimento.

No entanto, com frequência estamos interessados em obter uma percepção melhor da estrutura das equações. Por exemplo, qual é a forma dos termos de gravidade? Como os efeitos da magnitude da gravidade se comparam com os da inércia? Para investigar essas e outras questões, é útil escrever equações dinâmicas de forma fechada. Tais equações podem ser derivadas aplicando-se as equações recursivas de Newton-Euler simbolicamente a Θ, $\dot{\Theta}$ e $\ddot{\Theta}$. Isso é análogo ao que fizemos no Capítulo 5 para derivar a forma simbólica do Jacobiano.

6.7 UM EXEMPLO DE EQUAÇÕES DINÂMICAS DE FORMA FECHADA

Aqui computamos as equações dinâmicas de forma fechada para o manipulador planar de dois elos mostrado na Figura 6.6. Por simplicidade, presumimos que a distribuição de massa é extremamente simples: toda a massa existe como uma massa pontual na extremidade distal de cada elo. Essas massas são m_1 e m_2.

Primeiro, determinamos os valores de várias quantidades que aparecerão nas equações recursivas de Newton-Euler. Os vetores que localizam o centro de massa para cada elo são

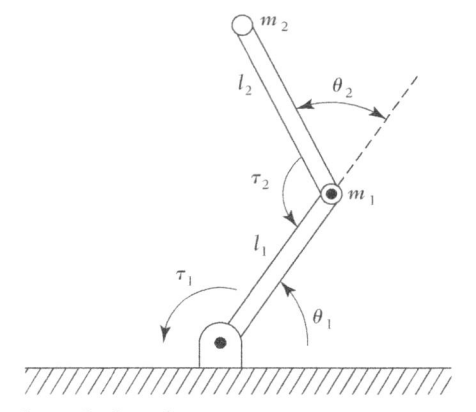

Figura 6.6: Manipulador planar de dois elos com massas pontuais na extremidade distal dos elos.

$$^1P_{C_1} = l_1\hat{X}_1,$$
$$^2P_{C_2} = l_2\hat{X}_2.$$

Por causa do pressuposto de massa pontual, o tensor de inércia escrito no centro de massa de cada elo é a matriz zero:

$$^{C_1}I_1 = 0,$$
$$^{C_2}I_2 = 0.$$

Como não há forças agindo no efetuador, temos

$$f_3 = 0,$$
$$n_3 = 0.$$

A base do robô não está girando, de forma que temos

$$\omega_0 = 0,$$
$$\dot{\omega}_0 = 0.$$

Para incluir a força da gravidade, usaremos

$$^0\dot{v}_0 = g\hat{Y}_0.$$

A rotação entre os sucessivos sistemas de referência é dada por

$$^{i}_{i+1}R = \begin{bmatrix} c_{i+1} & -s_{i+1} & 0{,}0 \\ s_{i+1} & c_{i+1} & 0{,}0 \\ 0{,}0 & 0{,}0 & 1{,}0 \end{bmatrix},$$

$$^{i+1}_{i}R = \begin{bmatrix} c_{i+1} & s_{i+1} & 0{,}0 \\ -s_{i+1} & c_{i+1} & 0{,}0 \\ 0{,}0 & 0{,}0 & 1{,}0 \end{bmatrix}.$$

Agora aplicamos as equações (6.46) a (6.53).

As iterações "para fora" para o elo 1 são como segue:

$${}^1\omega_1 = \dot{\theta}_1 \hat{Z}_1 = \begin{bmatrix} 0 \\ 0 \\ \dot{\theta}_1 \end{bmatrix},$$

$${}^1\dot{\omega}_1 = \ddot{\theta}_1 \hat{Z}_1 = \begin{bmatrix} 0 \\ 0 \\ \ddot{\theta}_1 \end{bmatrix},$$

$${}^1\dot{v}_1 = \begin{bmatrix} c_1 & s_1 & 0 \\ -s_1 & c_1 & 0 \\ 0 & 0 & 1 \end{bmatrix} \begin{bmatrix} 0 \\ g \\ 0 \end{bmatrix} = \begin{bmatrix} gs_1 \\ gc_1 \\ 0 \end{bmatrix},$$

$${}^1\dot{v}_{C_1} = \begin{bmatrix} 0 \\ l_1\ddot{\theta}_1 \\ 0 \end{bmatrix} + \begin{bmatrix} -l_1\dot{\theta}_1^2 \\ 0 \\ 0 \end{bmatrix} + \begin{bmatrix} gs_1 \\ gc_1 \\ 0 \end{bmatrix} = \begin{bmatrix} -l_1\dot{\theta}_1^2 + gs_1 \\ l_1\ddot{\theta}_1 + gc_1 \\ 0 \end{bmatrix},$$

(6.54)

$${}^1F_1 = \begin{bmatrix} -m_1 l_1 \dot{\theta}_1^2 + m_1 gs_1 \\ m_1 l_1 \ddot{\theta}_1 + m_1 gc_1 \\ 0 \end{bmatrix},$$

$${}^1N_1 = \begin{bmatrix} 0 \\ 0 \\ 0 \end{bmatrix}.$$

As iterações "para fora" para o elo 2 são como segue:

$${}^2\omega_2 = \begin{bmatrix} 0 \\ 0 \\ \dot{\theta}_1 + \dot{\theta}_2 \end{bmatrix},$$

$${}^2\dot{\omega}_2 = \begin{bmatrix} 0 \\ 0 \\ \ddot{\theta}_1 + \ddot{\theta}_2 \end{bmatrix},$$

$${}^2\dot{v}_2 = \begin{bmatrix} c_2 & s_2 & 0 \\ -s_2 & c_2 & 0 \\ 0 & 0 & 1 \end{bmatrix} \begin{bmatrix} -l_1\dot{\theta}_1^2 + gs_1 \\ l_1\ddot{\theta}_1 + gc_1 \\ 0 \end{bmatrix} = \begin{bmatrix} l_1\ddot{\theta}_1 s_2 - l_1\dot{\theta}_1^2 c_2 + gs_{12} \\ l_1\ddot{\theta}_1 c_2 + l_1\dot{\theta}_1^2 s_2 + gc_{12} \\ 0 \end{bmatrix},$$

(6.55) continua

$${}^2\dot{v}_{C_2} = \begin{bmatrix} 0 \\ l_2(\ddot{\theta}_1 + \ddot{\theta}_2) \\ 0 \end{bmatrix} + \begin{bmatrix} -l_2(\dot{\theta}_1 + \dot{\theta}_2)^2 \\ 0 \\ 0 \end{bmatrix}$$

$$+ \begin{bmatrix} l_1\ddot{\theta}_1 s_2 - l_1\dot{\theta}_1^2 c_2 + gs_{12} \\ l_1\ddot{\theta}_1 c_2 + l_1\dot{\theta}_1^2 s_2 + gc_{12} \\ 0 \end{bmatrix},$$

$$^2F_2 = \begin{bmatrix} m_2l_1\ddot{\theta}_1 s_2 - m_2l_1\dot{\theta}_1^2 c_2 + m_2 g s_{12} - m_2 l_2(\dot{\theta}_1 + \dot{\theta}_2)^2 \\ m_2l_1\ddot{\theta}_1 c_2 + m_2l_1\dot{\theta}_1^2 s_2 + m_2 g c_{12} + m_2 l_2(\ddot{\theta}_1 + \ddot{\theta}_2) \\ 0 \end{bmatrix},$$

$$^2N_2 = \begin{bmatrix} 0 \\ 0 \\ 0 \end{bmatrix}.$$

continuação (6.55)

As iterações "para dentro" para o elo 2 são como segue:

$$^2f_2 = {}^2F_2,$$

$$^2n_2 = \begin{bmatrix} 0 \\ 0 \\ m_2 l_1 l_2 c_2 \ddot{\theta}_1 + m_2 l_1 l_2 s_2 \dot{\theta}_1^2 + m_2 l_2 g c_{12} + m_2 l_2^2 (\ddot{\theta}_1 + \ddot{\theta}_2) \end{bmatrix}. \tag{6.56}$$

As iterações "para dentro" para o elo 1 são como segue:

$$^1f_1 = \begin{bmatrix} c_2 & -s_2 & 0 \\ s_2 & c_2 & 0 \\ 0 & 0 & 1 \end{bmatrix} \begin{bmatrix} m_2 l_1 s_2 \ddot{\theta}_1 - m_2 l_1 c_2 \dot{\theta}_1^2 + m_2 g s_{12} - m_2 l_2 (\dot{\theta}_1 + \dot{\theta}_2)^2 \\ m_2 l_1 c_2 \ddot{\theta}_1 + m_2 l_1 s_2 \dot{\theta}_1^2 + m_2 g c_{12} + m_2 l_2 (\ddot{\theta}_1 + \ddot{\theta}_2) \\ 0 \end{bmatrix}$$

$$+ \begin{bmatrix} -m_1 l_1 \dot{\theta}_1^2 + m_1 g s_1 \\ m_1 l_1 \ddot{\theta}_1 + m_1 g c_1 \\ 0 \end{bmatrix},$$

$$^1n_1 = \begin{bmatrix} 0 \\ 0 \\ m_2 l_1 l_2 c_2 \ddot{\theta}_1 + m_2 l_1 l_2 s_2 \dot{\theta}_1^2 + m_2 l_2 g c_{12} + m_2 l_2^2 (\ddot{\theta}_1 + \ddot{\theta}_2) \end{bmatrix} \tag{6.57}$$

$$+ \begin{bmatrix} 0 \\ 0 \\ m_1 l_1^2 \ddot{\theta}_1 + m_1 l_1 g c_1 \end{bmatrix}$$

$$+ \begin{bmatrix} 0 \\ 0 \\ m_2 l_1^2 \ddot{\theta}_1 - m_2 l_1 l_2 s_2 (\dot{\theta}_1 + \dot{\theta}_2)^2 + m_2 l_1 g s_2 s_{12} \\ + m_2 l_1 l_2 c_2 (\ddot{\theta}_1 + \ddot{\theta}_2) + m_2 l_1 g c_2 c_{12} \end{bmatrix}.$$

Extraindo os componentes $\hat{Z}$ de $^i n_i$, encontramos os torques das juntas:

$$\tau_1 = m_2 l_2^2 (\ddot{\theta}_1 + \ddot{\theta}_2) + m_2 l_1 l_2 c_2 (2\ddot{\theta}_1 + \ddot{\theta}_2) + (m_1 + m_2) l_1^2 \ddot{\theta}_1 - m_2 l_1 l_2 s_2 \dot{\theta}_2^2$$
$$- 2 m_2 l_1 l_2 s_2 \dot{\theta}_1 \dot{\theta}_2 + m_2 l_2 g c_{12} + (m_1 + m_2) l_1 g c_1, \tag{6.58}$$
$$\tau_2 = m_2 l_1 l_2 c_2 \ddot{\theta}_1 + m_2 l_1 l_2 s_2 \dot{\theta}_1^2 + m_2 l_2 g c_{12} + m_2 l_2^2 (\ddot{\theta}_1 + \ddot{\theta}_2).$$

As equações (6.58) fornecem expressões para os torques em todos os atuadores como uma função de posição, velocidade e aceleração das juntas. Note que essas funções um tanto complexas surgiram de um dos manipuladores mais simples que se pode imaginar. É óbvio que as equações de forma fechada para um manipulador com seis graus de liberdade serão muito complexas.

6.8 A ESTRUTURA DAS EQUAÇÕES DINÂMICAS DE UM MANIPULADOR

É muitas vezes conveniente expressar as equações dinâmicas de um manipulador em uma única equação que oculta alguns dos detalhes, mas mostra parte da estrutura das equações.

A equação no espaço de estado

Quando as equações de Newton-Euler são avaliadas simbolicamente para qualquer manipulador, geram uma equação dinâmica que pode ser escrita na forma

$$\tau = M(\Theta)\ddot{\Theta} + V(\Theta, \dot{\Theta}) + G(\Theta), \qquad (6.59)$$

em que $M(\Theta)$ é a **matriz de massa** $n \times n$ do manipulador, $V(\Theta, \dot{\Theta})$ é um vetor $n \times 1$ de termos centrífugos e de Coriolis, e $G(\Theta)$ é um vetor $n \times 1$ de termos de gravidade. Usamos o nome **equação no espaço de estado** porque o termo $V(\Theta, \dot{\Theta})$, que aparece em (6.59), depende tanto de posição quanto de velocidade [3].

Cada elemento de $M(\Theta)$ e $G(\Theta)$ é uma função complexa que depende de Θ, a posição de todas as juntas do manipulador. Cada elemento de $V(\Theta, \dot{\Theta})$ é uma função complexa tanto de Θ como de $\dot{\Theta}$.

Podemos separar os vários tipos de termos que aparecem nas equações dinâmicas e formar a matriz de massa do manipulador, o vetor centrífugo e de Coriolis, e o vetor gravidade.

EXEMPLO 6.3

Dê $M(\Theta)$, $V(\Theta, \dot{\Theta})$ e $G(\Theta)$ para o manipulador da Seção 6.7.

A Equação (6.59) define a matriz de massa do manipulador, $M(\Theta)$; ela é composta de todos os termos que multiplicam $\ddot{\Theta}$ e é uma função de Θ. Portanto, temos

$$M(\Theta) = \begin{bmatrix} l_2^2 m_2 + 2 l_1 l_2 m_2 c_2 + l_1^2(m_1 + m_2) & l_2^2 m_2 + l_1 l_2 m_2 c_2 \\ l_2^2 m_2 + l_1 l_2 m_2 c_2 & l_2^2 m_2 \end{bmatrix}. \qquad (6.60)$$

Toda matriz de massa de manipulador é simétrica e positivo-definida, e é, portanto, sempre invertível.

O termo de velocidade, $V(\Theta, \dot{\Theta})$, contém todos os termos que têm qualquer dependência da velocidade das juntas. Assim, obtemos

$$V(\Theta, \dot{\Theta}) = \begin{bmatrix} -m_2 l_1 l_2 s_2 \dot{\theta}_2^2 - 2 m_2 l_1 l_2 s_2 \dot{\theta}_1 \dot{\theta}_2 \\ m_2 l_1 l_2 s_2 \dot{\theta}_1^2 \end{bmatrix}. \qquad (6.61)$$

Um termo como $-m_2 l_1 l_2 s_2 \dot{\theta}_2^2$ é causado por uma **força centrífuga** e reconhecido como tal porque depende do quadrado de uma velocidade de junta. Já $-2 m_2 l_1 l_2 s_2 \dot{\theta}_1 \dot{\theta}_2$ é causado por uma **força de Coriolis** e sempre conterá o produto de duas velocidades de juntas.

O termo de gravidade, $G(\Theta)$, contém todos aqueles termos nos quais a constante gravitacional, g, aparece. Portanto, temos

$$G(\Theta) = \begin{bmatrix} m_2 l_2 g c_{12} + (m_1 + m_2) l_1 g c_1 \\ m_2 l_2 g c_{12} \end{bmatrix}. \tag{6.62}$$

Observe que o termo de gravidade depende apenas de Θ e não de suas derivadas.

A equação no espaço de configuração

Escrevendo o termo dependente da velocidade, $V(\Theta, \dot{\Theta})$, de uma forma diferente, podemos representar a equação dinâmica como

$$\tau = M(\Theta)\ddot{\Theta} + B(\Theta)[\dot{\Theta}\dot{\Theta}] + C(\Theta)[\dot{\Theta}^2] + G(\Theta), \tag{6.63}$$

na qual $B(\Theta)$ é uma matriz de dimensões $n \times n(n-1)/2$ de coeficientes de Coriolis, $[\dot{\Theta}\dot{\Theta}]$ é um vetor $n(n-1)/2 \times 1$ de produtos das velocidade das juntas, dadas por

$$[\dot{\Theta}\dot{\Theta}] = \begin{bmatrix} \dot{\theta}_1\dot{\theta}_2 & \dot{\theta}_1\dot{\theta}_3 & \dots & \dot{\theta}_{n-1}\dot{\theta}_n \end{bmatrix}^T, \tag{6.64}$$

$C(\Theta)$ é uma matriz $n \times n$ de coeficientes centrífugos e $[\dot{\Theta}^2]$ é um vetor $n \times 1$ dado por

$$\begin{bmatrix} \dot{\theta}_1^2 & \dot{\theta}_2^2 & \dots & \dot{\theta}_n^2 \end{bmatrix}^T. \tag{6.65}$$

Chamaremos (6.63) de **equação no espaço de configuração**, porque as matrizes são funções apenas da posição do manipulador [3].

Nessa representação das equações dinâmicas, a complexidade da computação é vista na forma do cálculo de vários parâmetros que são uma função somente da posição do manipulador, Θ. Isso é importante nas aplicações (como no controle computadorizado de um manipulador) nas quais as equações dinâmicas devem ser atualizadas à medida que o manipulador se move. (A Equação (6.63) oferece uma forma na qual os parâmetros são uma função apenas da posição das juntas e podem ser atualizados a uma velocidade relacionada à rapidez com que o manipulador muda a configuração.) No Capítulo 10, voltaremos a considerar essa forma com relação ao problema de controle do manipulador.

EXEMPLO 6.4

Dê $B(\Theta)$ e $C(\Theta)$ (de (6.63)) para o manipulador da Seção 6.7.

Para esse manipulador simples de dois elos, temos

$$[\dot{\Theta}\dot{\Theta}] = \begin{bmatrix} \dot{\theta}_1\dot{\theta}_2 \end{bmatrix},$$

$$[\dot{\Theta}^2] = \begin{bmatrix} \dot{\theta}_1^2 \\ \dot{\theta}_2^2 \end{bmatrix}. \tag{6.66}$$

Então, vemos que

$$B(\Theta) = \begin{bmatrix} -2m_2 l_1 l_2 s_2 \\ 0 \end{bmatrix} \qquad (6.67)$$

e

$$C(\Theta) = \begin{bmatrix} 0 & -m_2 l_1 l_2 s_2 \\ m_2 l_1 l_2 s_2 & 0 \end{bmatrix}. \qquad (6.68)$$

6.9 FORMULAÇÃO LAGRANGIANA DA DINÂMICA DOS MANIPULADORES

A abordagem de Newton-Euler se baseia nas fórmulas dinâmicas elementares (6.29) e (6.30) e em uma análise das forças e momentos de restrição agindo entre os elos. Como alternativa ao método de Newton-Euler, nesta seção apresentaremos, de modo resumido, a formulação **Lagrangiana da dinâmica**. Enquanto se pode dizer que a formulação de Newton-Euler é uma abordagem da dinâmica baseada no "equilíbrio de forças", a Lagrangiana é uma abordagem "baseada na energia". É claro que, para o mesmo manipulador, ambas resultarão nas mesmas equações de movimento. Nossa expressão da dinâmica Lagrangiana será breve e um tanto específica para o caso de um manipulador mecânico de cadeia com elos rígidos. Para uma referência mais completa e geral, veja [4].

Começamos desenvolvendo uma expressão para a energia cinética de um manipulador. A energia cinética do i-ésimo elo, k_i, pode ser expressa como

$$k_i = \tfrac{1}{2} m_i v_{C_i}^T v_{C_i} + \tfrac{1}{2}\, {}^i\omega_i^T\, {}^{C_i}I_i\, {}^i\omega_i, \qquad (6.69)$$

na qual o primeiro termo é energia cinética devido à velocidade linear no centro de massa do elo e o segundo é energia cinética devido à velocidade angular do elo. A energia cinética total do manipulador é a soma da dos elos individuais, ou seja,

$$k = \sum_{i=1}^{n} k_i . \qquad (6.70)$$

Os v_{C_i} e os ${}^i\omega_i$ em (6.69) são funções de Θ e $\dot{\Theta}$, portanto, vemos que a energia cinética de um manipulador pode ser descrita por uma fórmula escalar como uma função da posição e da velocidade da junta, $k(\Theta, \dot{\Theta})$. De fato, a energia cinética de um manipulador é dada por

$$k(\Theta, \dot{\Theta}) = \tfrac{1}{2} \dot{\Theta}^T M(\Theta) \dot{\Theta}, \qquad (6.71)$$

em que $M(\Theta)$ é a matriz $n \times n$ de massa do manipulador, já apresentada na Seção 6.8. Uma expressão da forma de (6.71) é conhecida como **forma quadrática** [5], já que quando é expandida a equação escalar resultante é composta unicamente por termos cuja dependência de $\dot{\theta}_i$ é quadrática. Além disso, como a energia cinética total deve ser sempre positiva, a matriz de massa do manipulador deve ser do tipo **positivo-definida**. Matrizes positivo-definidas são as que têm a propriedade de sua forma quadrática ser sempre um escalar positivo. A Equação (6.71) pode ser vista como análoga à expressão familiar para a energia cinética de uma massa pontual:

$$k = \tfrac{1}{2} m v^2 . \qquad (6.72)$$

O fato de a matriz de massa de um manipulador dever ser positivo-definida é análogo ao de uma massa escalar ser sempre um número positivo.

A energia potencial do i-ésimo elo, u_i, pode ser expressa como

$$u_i = -m_i \,^0g^T \,^0P_{C_i} + u_{ref_i} , \qquad (6.73)$$

onde ^0g é o vetor gravidade 3×1, $^0P_{C_i}$ é o vetor que localiza o centro de massa do i-ésimo elo e u_{ref_i} é uma constante escolhida de forma que o valor mínimo de u_i seja zero.* A energia potencial total armazenada no manipulador é a soma da energia potencial nos elos individuais, ou seja,

$$u = \sum_{i=1}^{n} u_i . \qquad (6.74)$$

Como os $^0P_{C_i}$ em (6.73) são funções de Θ, vemos que a energia potencial de um manipulador pode ser descrita por uma fórmula escalar como função da posição de junta, $u(\Theta)$.

A formulação Lagrangiana da dinâmica fornece meios para derivar as equações de movimento a partir de uma função escalar chamada **Lagrangiana** que é definida como a diferença entre a energia cinética e a energia potencial de um sistema mecânico. Em nossa notação, a Lagrangiana de um manipulador é

$$\mathcal{L}(\Theta, \dot{\Theta}) = k(\Theta, \dot{\Theta}) - u(\Theta) . \qquad (6.75)$$

As equações de movimento para o manipulador são dadas por

$$\frac{d}{dt} \frac{\partial \mathcal{L}}{\partial \dot{\Theta}} - \frac{\partial \mathcal{L}}{\partial \Theta} = \tau , \qquad (6.76)$$

em que τ é o vetor $n \times 1$ dos torques de atuador. No caso de um manipulador, essa equação torna-se

$$\frac{d}{dt} \frac{\partial k}{\partial \dot{\Theta}} - \frac{\partial k}{\partial \Theta} + \frac{\partial u}{\partial \Theta} = \tau , \qquad (6.77)$$

onde os argumentos de $k(\cdot)$ e $u(\cdot)$ foram excluídos por concisão.

EXEMPLO 6.5

Os elos de um manipulador RP, mostrado na Figura 6.7, têm os tensores de inércia e massa total m_1 e m_2. Como mostra a Figura 6.7, o centro de massa do elo 1 está localizado a uma distância l_1 do eixo da junta 1 e o centro de massa do elo 2 está à distância variável d_2 do eixo da junta 1. Use a dinâmica Lagrangiana para determinar a equação de movimentos para esse manipulador.

$$^{C_1}I_1 = \begin{bmatrix} I_{xx1} & 0 & 0 \\ 0 & I_{yy1} & 0 \\ 0 & 0 & I_{zz1} \end{bmatrix}, \qquad (6.78) \text{ continua}$$

---

* De fato, somente a derivada parcial da energia potencial com relação a Θ aparecerá na dinâmica, assim, essa constante é arbitrária. Isso corresponde a definir a energia potencial relativa a uma referência arbitrária de altura zero.

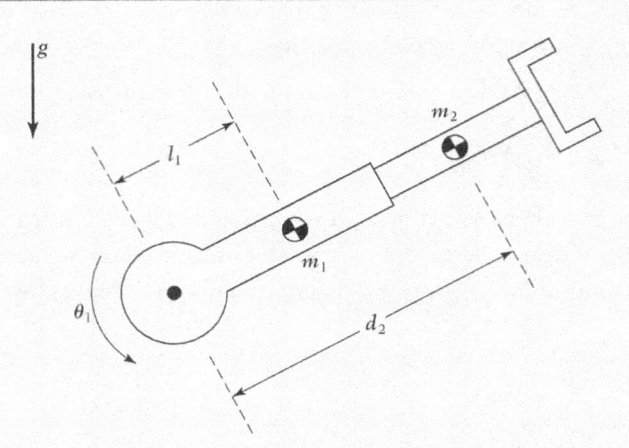

Figura 6.7: O manipulador RP do Exemplo 6.5.

$$^{C_2}I_2 = \begin{bmatrix} I_{xx2} & 0 & 0 \\ 0 & I_{yy2} & 0 \\ 0 & 0 & I_{zz2} \end{bmatrix}, \qquad \text{continuação (6.78)}$$

Usando (6.69), escrevemos a energia cinética do elo 1 como

$$k_1 = \tfrac{1}{2} m_1 l_1^2 \dot\theta_1^2 + \tfrac{1}{2} I_{zz1} \dot\theta_1^2 \tag{6.79}$$

e a energia cinética do elo 2 como

$$k_2 = \tfrac{1}{2} m_2 \left(d_2^2 \dot\theta_1^2 + \dot d_2^2 \right) + \tfrac{1}{2} I_{zz2} \dot\theta_1^2 \ . \tag{6.80}$$

Assim, a energia cinética total é dada por

$$k(\Theta, \dot\Theta) = \tfrac{1}{2}\left(m_1 l_1^2 + I_{zz1} + I_{zz2} + m_2 d_2^2 \right) \dot\theta_1^2 + \tfrac{1}{2} m_2 \dot d_2^2 \ . \tag{6.81}$$

Usando (6.73), escrevemos a energia potencial do elo 1 como

$$u_1 = m_1 l_1 g \operatorname{sen}(\theta_1) + m_1 l_1 g \tag{6.82}$$

e a energia potencial do elo 2 como

$$u_2 = m_2 g d_2 \operatorname{sen}(\theta_1) + m_2 g d_{2max} \ , \tag{6.83}$$

onde d_{2max} é a extensão máxima da junta 2. Portanto, a energia potencial total é dada por

$$u(\Theta) = g(m_1 l_1 + m_2 d_2) \operatorname{sen}(\theta_1) + m_1 l_1 g + m_2 g d_{2max} \ . \tag{6.84}$$

A seguir, tomamos derivadas parciais conforme necessário para (6.77):

$$\frac{\partial k}{\partial \dot\Theta} = \begin{bmatrix} (m_1 l_1^2 + I_{zz1} + I_{zz2} + m_2 d_2^2)\dot\theta_1 \\ m_2 \dot d_2 \end{bmatrix}, \tag{6.85}$$

$$\frac{\partial k}{\partial \Theta} = \begin{bmatrix} 0 \\ m_2 d_2 \dot{\theta}_1^2 \end{bmatrix}, \tag{6.86}$$

$$\frac{\partial u}{\partial \Theta} = \begin{bmatrix} g(m_1 l_1 + m_2 d_2)\cos(\theta_1) \\ g m_2 \sen(\theta_1) \end{bmatrix}. \tag{6.87}$$

Por fim, substituindo em (6.77), temos

$$\begin{aligned}
\tau_1 &= \left(m_1 l_1^2 + I_{zz1} + I_{zz2} + m_2 d_2^2\right)\ddot{\theta}_1 + 2 m_2 d_2 \dot{\theta}_1 \dot{d}_2 \\
&\quad + (m_1 l_1 + m_2 d_2) g \cos(\theta_1), \\
\tau_2 &= m_2 \ddot{d}_2 - m_2 d_2 \dot{\theta}_1^2 + m_2 g \sen(\theta_1).
\end{aligned} \tag{6.88}$$

A partir de (6.89), podemos ver que

$$\begin{aligned}
M(\Theta) &= \begin{bmatrix} (m_1 l_1^2 + I_{zz1} + I_{zz2} + m_2 d_2^2) & 0 \\ 0 & m_2 \end{bmatrix}, \\
V(\Theta, \dot{\Theta}) &= \begin{bmatrix} 2 m_2 d_2 \dot{\theta}_1 \dot{d}_2 \\ -m_2 d_2 \dot{\theta}_1^2 \end{bmatrix}, \\
G(\Theta) &= \begin{bmatrix} (m_1 l_1 + m_2 d_2) g \cos(\theta_1) \\ m_2 g \sen(\theta_1) \end{bmatrix}.
\end{aligned} \tag{6.89}$$

6.10 FORMULANDO A DINÂMICA DOS MANIPULADORES NO ESPAÇO CARTESIANO

Nossas equações dinâmicas foram desenvolvidas em termos das derivadas de posição e tempo dos ângulos de juntas do manipulador, ou **espaço de juntas**, com a forma geral

$$\tau = M(\Theta)\ddot{\Theta} + V(\Theta, \dot{\Theta}) + G(\Theta). \tag{6.90}$$

Desenvolvemos essa equação no espaço de juntas porque poderíamos usar a natureza de elos seriais do mecanismo com vantagens para derivar as equações. Nesta seção, discutiremos a formulação das equações dinâmicas que relacionam a aceleração do efetuador expressa no espaço cartesiano às forças cartesianas e momentos que agem sobre o efetuador.

A equação no espaço de estado cartesiano

Como explicaremos nos capítulos 10 e 11, pode ser desejável expressar a dinâmica de um manipulador com relação às variáveis cartesianas na forma geral [6]

$$\mathcal{F} = M_x(\Theta)\ddot{\chi} + V_x(\Theta, \dot{\Theta}) + G_x(\Theta), \tag{6.91}$$

onde $\mathcal{F}$ é um vetor força-torque que age sobre o efetuador do robô e χ é um vetor cartesiano próprio que representa a posição e a orientação do efetuador [7]. De modo análogo às quantidades do espaço de juntas, $M_x(\Theta)$ é a **matriz cartesiana de massa**, $V_x(\Theta, \dot{\Theta})$ é um vetor velocidade em termos do espaço cartesiano e $G_x(\Theta)$ é um vetor de termos de gravidade no espaço cartesiano. Observe que as forças fictícias que agem sobre o efetuador, $\mathcal{F}$, podem de fato ser aplicadas pelos atuadores nas juntas, usando a relação

$$\tau = J^T(\Theta)\mathcal{F}, \tag{6.92}$$

em que o Jacobiano, $J(\Theta)$, é escrito no mesmo sistema de referência de $\mathcal{F}$ e $\ddot{\chi}$, em geral o sistema de referência da ferramenta (*tool frame*), $\{T\}$.

Podemos derivar a relação entre os termos de (6.90) e os de (6.91) da forma explicada a seguir. Primeiro, multiplicamos antecipadamente (6.90) pela inversa da transposta do Jacobiano para obter

$$J^{-T}\tau = J^{-T}M(\Theta)\ddot{\Theta} + J^{-T}V(\Theta, \dot{\Theta}) + J^{-T}G(\Theta), \tag{6.93}$$

ou

$$\mathcal{F} = J^{-T}M(\Theta)\ddot{\Theta} + J^{-T}V(\Theta, \dot{\Theta}) + J^{-T}G(\Theta). \tag{6.94}$$

Em seguida, desenvolvemos uma relação entre o espaço de junta e a aceleração cartesiana, começando com a definição do Jacobiano

$$\dot{\chi} = J\dot{\Theta}, \tag{6.95}$$

e diferenciando para obter

$$\ddot{\chi} = \dot{J}\dot{\Theta} + J\ddot{\Theta}. \tag{6.96}$$

Resolvendo (6.96) e encontrando a aceleração do espaço de junta, chegamos a

$$\ddot{\Theta} = J^{-1}\ddot{\chi} - J^{-1}\dot{J}\dot{\Theta}. \tag{6.97}$$

Substituindo (6.97) em (6.94), temos

$$\mathcal{F} = J^{-T}M(\Theta)J^{-1}\ddot{\chi} - J^{-T}M(\Theta)J^{-1}\dot{J}\dot{\Theta} + J^{-T}V(\Theta, \dot{\Theta}) + J^{-T}G(\Theta), \tag{6.98}$$

de onde derivamos as expressões para os termos na dinâmica cartesiana como

$$\begin{aligned} M_x(\Theta) &= J^{-T}(\Theta)M(\Theta)J^{-1}(\Theta), \\ V_x(\Theta, \dot{\Theta}) &= J^{-T}(\Theta)\left(V(\Theta, \dot{\Theta}) - M(\Theta)J^{-1}(\Theta)\dot{J}(\Theta)\dot{\Theta}\right), \\ G_x(\Theta) &= J^{-T}(\Theta)G(\Theta). \end{aligned} \tag{6.99}$$

Observe que o Jacobiano que aparece na Equação (6.100) é escrito nos mesmos sistemas de referência que $\mathcal{F}$ e χ em (6.91); a escolha desse sistema de referência é arbitrária.[*] Observe que no momento em que o manipulador aproxima-se de uma singularidade, certas quantidades da dinâmica cartesiana tornam-se infinitas.

---

[*] Certas escolhas podem facilitar o cálculo.

EXEMPLO 6.6

Derive a forma em espaço cartesiano da dinâmica para o braço planar de dois elos da Seção 6.7. Escreva a dinâmica em termos de um sistema de referência fixado à ponta do segundo elo.

Para esse manipulador, já obtivemos a dinâmica (na Seção 6.7) e o Jacobiano (Equação (5.66)), que repetimos aqui:

$$J(\Theta) = \begin{bmatrix} l_1 s_2 & 0 \\ l_1 c_2 + l_2 & l_2 \end{bmatrix}. \tag{6.100}$$

Primeiro, calcule a inversa do Jacobiano

$$J^{-1}(\Theta) = \frac{1}{l_1 l_2 s_2} \begin{bmatrix} l_2 & 0 \\ -l_1 c_2 - l_2 & l_1 s_2 \end{bmatrix}. \tag{6.101}$$

Em seguida, obtenha a derivada no tempo do Jacobiano:

$$\dot{J}(\Theta) = \begin{bmatrix} l_1 c_2 \dot{\theta}_2 & 0 \\ -l_1 s_2 \dot{\theta}_2 & 0 \end{bmatrix}. \tag{6.102}$$

Usando (6.100) e os resultados da Seção 6.7, obtemos

$$
\begin{aligned}
M_x(\Theta) &= \begin{bmatrix} m_2 + \frac{m_1}{s_2^2} & 0 \\ 0 & m_2 \end{bmatrix}, \\
V_x(\Theta, \dot{\Theta}) &= \begin{bmatrix} -(m_2 l_1 c_2 + m_2 l_2)\dot{\theta}_1^2 - m_2 l_2 \dot{\theta}_2^2 - \left(2 m_2 l_2 + m_2 l_1 c_2 + m_1 l_1 \frac{c_2}{s_2^2}\right)\dot{\theta}_1 \dot{\theta}_2 \\ m_2 l_1 s_2 \dot{\theta}_1^2 + l_1 m_2 s_2 \dot{\theta}_1 \dot{\theta}_2 \end{bmatrix}, \\
G_x(\Theta) &= \begin{bmatrix} m_1 g \frac{c_1}{s_2} + m_2 g s_{12} \\ m_2 g c_{12} \end{bmatrix}.
\end{aligned}
\tag{6.103}
$$

Quando $s_2 = 0$, o manipulador está em uma posição singular e alguns dos termos dinâmicos tendem ao infinito. Por exemplo, quando $\theta_2 = 0$ (braço totalmente estendido), a massa cartesiana efetiva do efetuador torna-se infinita na direção $\hat{X}_2$ no sistema de referência da ponta do elo 2, como esperado. Em geral, em uma configuração singular, há certa direção, a *direção singular*, na qual o movimento é impossível, mas o movimento em geral no subespaço "ortogonal" para essa direção é possível [8].

> **A equação de torque no espaço de configuração cartesiano**

Combinando (6.91) e (6.92), podemos escrever torques de juntas equivalentes com a dinâmica expressa no espaço cartesiano:

$$\tau = J^T(\Theta)\left(M_x(\Theta)\ddot{\chi} + V_x(\Theta, \dot{\Theta}) + G_x(\Theta)\right). \tag{6.104}$$

Veremos que é útil escrever essa equação na forma

$$\tau = J^T(\Theta) M_x(\Theta) \ddot{\chi} + B_x(\Theta)[\dot{\Theta}\dot{\Theta}] + C_x(\Theta)[\dot{\Theta}^2] + G(\Theta),\qquad(6.105)$$

em que $B_x(\Theta)$ é uma matriz de dimensão $n \times n(n-1)/2$ de coeficientes de Coriolis, $[\dot{\Theta}\dot{\Theta}]$ é um vetor $n(n-1)/2 \times 1$ de produtos de velocidade das juntas dado por

$$[\dot{\Theta}\dot{\Theta}] = \begin{bmatrix} \dot{\theta}_1\dot{\theta}_2 & \dot{\theta}_1\dot{\theta}_3 & \dots & \dot{\theta}_{n-1}\dot{\theta}_n \end{bmatrix}^T,\qquad(6.106)$$

$C_x(\Theta)$ é uma matriz $n \times n$ de coeficientes centrífugos e $[\dot{\Theta}^2]$ é um vetor $n \times 1$ dado por

$$\begin{bmatrix} \dot{\theta}_1^2 & \dot{\theta}_2^2 & \dots & \dot{\theta}_n^2 \end{bmatrix}^T.\qquad(6.107)$$

Note que, em (6.105), $G(\Theta)$ é o mesmo que na equação de espaço de juntas, mas, em geral, $B_x(\Theta) \neq B(\Theta)$ e $C_x(\Theta) \neq C(\Theta)$.

EXEMPLO 6.7

Encontre $B_x(\Theta)$ e $C_x(\Theta)$ (a partir de (6.105)) para o manipulador da Seção 6.7.

Se formarmos o produto $J^T(\Theta) V_x(\Theta, \dot{\Theta})$, veremos que

$$B_x(\Theta) = \begin{bmatrix} m_1 l_1^2 \dfrac{c_2}{s_2} - m_2 l_1 l_2 s_2 \\ m_2 l_1 l_2 s_2 \end{bmatrix}\qquad(6.108)$$

e

$$C_x(\Theta) = \begin{bmatrix} 0 & -m_2 l_1 l_2 s_2 \\ m_2 l_1 l_2 s_2 & 0 \end{bmatrix}.\qquad(6.109)$$

6.11 INCLUSÃO DOS EFEITOS DE CORPOS NÃO RÍGIDOS

É importante entender que as equações dinâmicas que derivamos até agora *não abrangem todos os efeitos que agem sobre um manipulador*. Elas incluem apenas as forças decorrentes da mecânica dos corpos rígidos. A fonte mais importante de forças que *não* estão incluídas é o atrito. Todos os mecanismos são, é claro, afetados pelas forças oriundas do atrito. Nos manipuladores atuais, nos quais é típico que as engrenagens sejam de porte significativo, tais forças podem ser, de fato, muito grandes – igualando, talvez, 25% do torque necessário para mover o manipulador em situações típicas.

A fim de fazer com que as situações dinâmicas reflitam a realidade do dispositivo físico, é importante modelar (pelo menos de modo aproximado) essas forças de atrito. Um modelo muito simples é o **atrito viscoso**, no qual o torque causado pela fricção é proporcional à velocidade do movimento da junta. Assim, temos

$$\tau_{atrito} = v\dot{\theta},\qquad(6.110)$$

sendo v uma constante de atrito viscoso. O **atrito de Coulomb** é outra opção de modelo simples que às vezes é usada. O atrito de Coulomb é constante exceto pela dependência de sinal em relação à velocidade de junta e é dado por

$$\tau_{atrito} = c\,sgn(\dot{\theta}), \tag{6.111}$$

em que c é uma constante do atrito de Coulomb. O valor de c costuma ser definido com um valor quando $\dot{\theta} = 0$ – o coeficiente estático –, e um outro valor menor – o coeficiente dinâmico – quando $\dot{\theta} \neq 0$. Se a junta de um determinado manipulador tem atrito viscoso ou de Coulomb, é uma questão complicada e pertinente à lubrificação e outros efeitos. Um modelo razoável consiste em incluir os dois, porque ambos os efeitos são prováveis de ocorrer:

$$\tau_{atrito} = c\,sgn(\dot{\theta}) + v\dot{\theta}. \tag{6.112}$$

Ocorre que nas juntas de muitos manipuladores, o atrito também exibe dependência da posição da junta. Uma das principais causas desse efeito pode ser que as engrenagens não sejam rodas perfeitas – sua excentricidade provocaria alteração no atrito conforme a posição da junta. Assim, que um modelo de atrito de razoável complexidade teria a forma

$$\tau_{atrito} = f(\theta, \dot{\theta}). \tag{6.113}$$

Esses modelos de atrito são, então, acrescentados aos outros termos dinâmicos derivados do modelo de corpo rígido, resultando em um mais completo

$$\tau = M(\Theta)\ddot{\Theta} + V(\Theta,\dot{\Theta}) + G(\Theta) + F(\Theta,\dot{\Theta}). \tag{6.114}$$

Há ainda outros efeitos negligenciados nesse modelo. Por exemplo, o pressuposto de elos de corpos rígidos significa que não incluímos os efeitos de flexão (que dão origem a ressonâncias) em nossas equações de movimento. Entretanto, eles são extremamente difíceis de modelar e estão além do escopo deste livro. (Veja [9, 10].)

6.12 SIMULAÇÃO DINÂMICA

Para simular o movimento de um manipulador, precisamos usar um modelo dinâmico tal como o que acabamos de desenvolver. Dada a dinâmica escrita em forma fechada como em (6.59), a simulação requer a solução da equação dinâmica para aceleração:

$$\ddot{\Theta} = M^{-1}(\Theta)\left[\tau - V(\Theta,\dot{\Theta}) - G(\Theta) - F(\Theta,\dot{\Theta})\right]. \tag{6.115}$$

Podemos, então, aplicar qualquer uma entre várias técnicas conhecidas de **integração numérica** para integrar a aceleração e calcular futuras posições e velocidades.

Dadas as condições iniciais do movimento do manipulador, em geral na forma

$$\begin{aligned}\Theta(0) &= \Theta_0, \\ \dot{\Theta}(0) &= 0,\end{aligned} \tag{6.116}$$

integramos (6.115) avançando numericamente no tempo em etapas de tamanho Δt. Há muitos métodos para realizar uma integração numérica [11]. Aqui, apresentamos o esquema de integração mais simples, chamado *integração de Euler*: começando com $t = 0$, calcule de modo iterativo

$$\dot{\Theta}(t + \Delta t) = \dot{\Theta}(t) + \ddot{\Theta}(t)\Delta t ,$$

$$\Theta(t + \Delta t) = \Theta(t) + \dot{\Theta}(t)\Delta t + \tfrac{1}{2}\ddot{\Theta}(t)\Delta t^2 ,$$

(6.117)

em que, para cada iteração, (6.115) é computada para calcular $\ddot{\Theta}$. Dessa maneira, a posição, velocidade e aceleração do manipulador causadas por uma função de entrada de torque podem ser computadas numericamente.

A integração de Euler é conceitualmente simples, mas outras técnicas de integração mais sofisticadas são recomendadas para uma simulação eficiente e precisa [11]. Como escolher o tamanho de Δt é uma questão muito discutida. Deve ser pequeno o suficiente de forma que quebrar o tempo contínuo nesses pequenos incrementos seja uma aproximação razoável. E deve ser grande o bastante para que não seja necessário um tempo exagerado do computador para o cálculo da simulação.

6.13 CONSIDERAÇÕES COMPUTACIONAIS

Como as equações dinâmicas de movimento para os manipuladores típicos são tão complexas, é importante considerar os aspectos computacionais. Nesta seção, restringimos nossa atenção à dinâmica do espaço de juntas. Alguns aspectos da eficiência computacional da dinâmica cartesiana são discutidos em [7, 8].

> **Nota histórica com relação à eficiência**

Contando o número de multiplicações e somas das equações (6.46) a (6.53) ao considerarmos o primeiro cômputo simples "para fora" e o último cômputo simples "para dentro", obtemos

$126n - 99$ multiplicações,

$106n - 92$ somas,

sendo n o número de elos (aqui, pelo menos dois). Embora ainda seja um tanto complexa, a formulação é de tremenda eficiência comparada a outras sugeridas antes para a dinâmica dos manipuladores. A primeira formulação da dinâmica dos manipuladores [12, 13] foi feita por uma abordagem Lagrangiana razoavelmente direta cujos cômputos exigidos resultaram em cerca de [14]

$32n^4 + 86n^3 + 171n^2 + 53n - 128$ multiplicações,

$25n^4 + 66n^3 + 129n^2 + 42n - 96$ somas.

Para um caso típico, $n = 6$, o esquema iterativo Newton-Euler é cerca de cem vezes mais eficiente! As duas abordagens devem, é claro, resultar em equações equivalentes e os cálculos numéricos chegariam aos mesmos resultados, mas a estrutura das equações é muito diferente. Isso não significa que a abordagem Lagrangiana não possa ser feita de forma a produzir equações eficientes. Em vez disso, a comparação indica que, ao formular um esquema computacional para esse problema, deve-se tomar cuidado quanto à eficiência. A relativa eficiência do método que apresentamos resulta de colocarmos os cômputos como iterações de elo a elo e nas particularidades de como as várias quantidades estão representadas [15].

Renaud [16] e Liegois et al. [17] fizeram contribuições pioneiras na formulação das descrições de distribuição de massa dos elos. Enquanto estudavam a modelagem dos membros humanos, Stepanenko e Vukobratovik [18] começaram a investigar uma abordagem de "Newton-Euler" para a dinâmica, em vez da Lagrangiana, um tanto mais tradicional. Esse trabalho foi revisado quanto à sua eficiência por Orin et al. [19] em uma aplicação para as pernas de robôs que andam. O grupo de Orin melhorou um pouco mais a eficiência ao escrever as forças e momentos nos sistemas de referência locais dos elos, em vez de no inercial. Eles observaram, também, a natureza sequencial dos cálculos de um elo para o próximo e especularam que uma formulação recursiva eficiente poderia existir. Armstrong [20] e Luh, Walker e Paul [2] observaram atentamente os detalhes de eficiência e publicaram um algoritmo que é $O(n)$ em complexidade. Isso foi conseguido montando os cálculos de uma forma iterativa (ou recursiva) e expressando as velocidades e acelerações dos elos nos sistemas de referência locais. Hollerbach [14] e Silver [15] aprofundaram a exploração de vários algoritmos computacionais. Hollerbach e Sahar [21] mostraram que, para certas geometrias especializadas, a complexidade do algoritmo seria ainda mais reduzida.

> ## Eficiência da forma fechada *versus* a forma iterativa

O esquema iterativo introduzido neste capítulo é bastante eficiente como meio geral de computar a dinâmica de qualquer manipulador, mas as equações de forma fechada derivadas para um manipulador específico em geral serão mais eficientes. Considere o manipulador planar de dois elos da Seção 6.7. Utilizando $n = 2$ nas fórmulas dadas na Seção 6.13, constatamos que nosso esquema iterativo precisaria de 153 multiplicações e 120 somas para computar a dinâmica de um manipulador genérico de dois elos. No entanto, nosso braço de dois elos em particular é bastante simples: ele é planar e as massas são tratadas como massas pontuais. Portanto, se considerarmos as equações de forma fechada que desenvolvemos na Seção 6.7, veremos que o cômputo da dinâmica nessa forma requer cerca de 30 multiplicações e 13 somas. Esse é um caso extremo porque o manipulador em questão é muito simples, mas ilustra o ponto de que as equações simbólicas de forma fechada são provavelmente as formulações mais eficientes para a dinâmica. Vários autores publicaram artigos mostrando que, para qualquer manipulador dado, a dinâmica de forma fechada feita sob medida para o manipulador é mais eficiente até mesmo do que o melhor dos esquemas genéricos [22–27].

Portanto, se manipuladores forem projetados para serem *simples* no âmbito cinemático e dinâmico, terão equações dinâmicas simples. Podemos definir um manipulador **cinematicamente simples** como o que tem muitas (ou todas) as torções de elo iguais a 0°, 90° ou −90° e a maioria dos comprimentos e deslocamentos de elo igual a zero. Podemos definir um manipulador **dinamicamente simples** como aquele para o qual cada tensor de inércia de elo é uma diagonal no sistema de referência $\{C_i\}$.

A desvantagem de se formularem equações de forma fechada é apenas que isso requer uma quantidade razoável de esforço humano. No entanto, já foram desenvolvidos programas simbólicos de manipulação que podem derivar as equações de movimento de forma fechada de um dispositivo, fatorar automaticamente termos comuns e realizar as substituições trigonométricas [25, 28–30].

> ## Dinâmica eficiente para simulação

Quando a dinâmica deve ser computada com o objetivo de realizar a simulação numérica de um manipulador, estamos interessados em encontrar a aceleração das juntas, dadas a posição e a velocidade atuais do manipulador, bem como os torques de entrada. Um esquema computacional eficiente deve, portanto, tratar do cômputo das equações dinâmicas que estudamos neste capítulo e, também, de esquemas eficientes para resolver equações (para aceleração das juntas) e fazer a integração numérica. Vários métodos eficientes para a simulação dinâmica dos manipuladores são relatados em [31].

> **Esquemas de memorização**

Em qualquer esquema computacional, uma troca compensadora pode ser feita entre os cálculos e o uso da memória. No problema de computar a equação dinâmica de um manipulador (6.59), assumimos implicitamente que quando um valor de τ é necessário, ele é calculado o mais depressa possível a partir de Θ, $\dot{\Theta}$ e $\ddot{\Theta}$ durante o tempo de execução. Se quisermos, podemos trocar essa carga computacional que requer uma quantidade tremenda de memória calculando de antemão (6.59) para todos os valores possíveis de Θ, $\dot{\Theta}$ e $\ddot{\Theta}$ (adequadamente quantizados). Então, quando a informação dinâmica for necessária, a resposta será encontrada por consulta à tabela.

A quantidade de memória necessária é grande. Presuma que cada alcance de ângulo de junta esteja quantizado em dez valores discretos; da mesma forma, presuma que as velocidades e acelerações estão quantizadas em dez alcances cada. Para um manipulador de seis juntas, o número de células no espaço (Θ, $\dot{\Theta}$, $\ddot{\Theta}$) quantizado é $(10 \times 10 \times 10)^6$. Em cada uma dessas células, há seis valores de torque. Considerando que cada valor de torque requer uma palavra de computador, o tamanho dessa memória é 6×10^{18} palavras! Note, também, que a tabela precisa ser computada de novo para mudanças de massa da carga – ou outra dimensão tem de ser acrescida para atender a todas as cargas possíveis.

Há muitas soluções intermediárias que compensam a memória por computação de várias formas. Por exemplo, se as matrizes que aparecem na Equação (6.63) forem previamente computadas, a tabela teria apenas uma dimensão (em Θ) em vez de três. Depois que as funções de Θ são consultadas, uma quantidade modesta de computação (dada por (6.63)) é feita. Para mais detalhes e outras parametrizações possíveis do problema, veja [3] e [6].

BIBLIOGRAFIA

[1] SHAMES, I. *Engineering Mechanics*. 2. ed., Englewood Cliffs, Nova Jersey: Prentice-Hall, 1967.
[2] LUH, J. Y. S., WALKER, M. W. e PAUL, R. P. "On-Line Computational Scheme for Mechanical Manipulators," *Transactions of the ASME Journal of Dynamic Systems, Measurement, and Control*, 1980.
[3] RAIBERT, M. "Mechanical Arm Control Using a State Space Memory," ensaio SME MS77-750, 1977.
[4] SYMON, K. R. *Mechanics*, 3. ed., Reading, Massachusetts: Addison-Wesley, 1971.
[5] NOBLE, B. *Applied Linear Algebra*. Englewood Cliffs, Nova Jersey: Prentice-Hall, 1969.
[6] KHATIB, O. "Commande Dynamique dans L'Espace Operationnel des Robots Manipulateurs en Présence d'Obstacles," Tese de doutorado em engenharia. École Nationale Supérieure de l'Aéronautique et de l'Espace (ENSAE), Toulouse.
[7] KHATIB, O. "Dynamic Control of Manipulators in Operational Space," Sixth IFTOMM Congress on Theory of Machines and Mechanisms, Nova Delhi, 15–20 dez. 1983.
[8] KHATIB, O. "The Operational Space Formulation in Robot Manipulator Control," 15. ISIR, Tóquio, 11–13 set. 1985.
[9] SCHMITZ, E. "Experiments on the End-Point Position Control of a Very Flexible One-Link Manipulator," Tese de PhD não publicada, Departmento de aeronáutica e astronáutica da Universidade de Stanford, SUDAAR Nº 547, n. jun. 1985.
[10] BOOK, W. "Recursive Lagrangian Dynamics of Flexible Manipulator Arms," *International Journal of Robotics Research*, v. 3, n. 3, 1984.
[11] CONTE, S. e DeBOOR, C. *Elementary Numerical Analysis: An Algorithmic Approach*, 2. ed., Nova York: McGraw-Hill, 1972.

[12] UICKER, J. "On the Dynamic Analysis of Spatial Linkages Using 4 × 4 Matrices," Dissertação de PhD não publicada, Universidade Northwestern, Evanston, Illinois, 1965.

[13] UICKER, J. "Dynamic Behaviour of Spatial Linkages," *ASME Mechanisms*, v. 5, n. 68, p. 1–15.

[14] HOLLERBACH, J. M. "A Recursive Lagrangian Formulation of Manipulator Dynamics and a Comparative Study of Dynamics Formulation Complexity" em *Robot Motion*, M. Brady et al. (Eds.), Cambridge, Massachusetts: MIT Press, 1983.

[15] SILVER, W. "On the Equivalence of Lagrangian and Newton-Euler Dynamics for Manipulators," *International Journal of Robotics Research*, v. 1, n. 2, p. 60–70.

[16] RENAUD, M. "Contribution à l'Étude de la Modélisation et de la Commande des Systèmes Mécaniques Articulés," Tese de doutorado em engenharia, Universidade Paul Sabatier, Toulouse, dez. 1975.

[17] LIEGOIS, A., KHALIL, W., DUMAS, J. M. e RENAUD, M. "Mathematical Models of Interconnected Mechanical Systems," Symposium on the Theory and Practice of Robots and Manipulators, Polônia, 1976.

[18] STEPANENKO, Y. e VUKOBRATOVIC, M. "Dynamics of Articulated Open-Chain Active Mechanisms," *Math-Biosciences* v. 28, 1976, p.137–170.

[19] ORIN, D. E. et al., "Kinematic and Kinetic Analysis of Open-Chain Linkages Utilizing Newton-Euler Methods," *Math-Biosciences* v. 43, 1979, p. 107–130.

[20] ARMSTRONG, W. W. "Recursive Solution to the Equations of Motion of an N-Link Manipulator," *Proceedings of the 5th World Congress on the Theory of Machines and Mechanisms*, Montréal, jul. 1979.

[21] HOLLERBACH, J. M. e SAHAR, G. "Wrist-Partitioned Inverse Accelerations and Manipulator Dynamics," MIT AI Memo n.717, abr. 1983.

[22] KANADE, T. K., KHOSLA, P. K. e TANAKA, N. "Real-Time Control of the CMU Direct Drive Arm II Using Customized Inverse Dynamics," *Proceedings of the 23rd IEEE Conference on Decision and Control*, Las Vegas, Nevada, dez. 1984.

[23] IZAGUIRRE, A. e PAUL, R. P. "Computation of the Inertial and Gravitational Coefficients of the Dynamic Equations for a Robot Manipulator with a Load," *Proceedings of the 1985 International Conference on Robotics and Automation*, p. 1024–1032, St. Louis, mar. 1985.

[24] ARMSTRONG, B., KHATIB, O. e BURDICK, J. "The Explicit Dynamic Model and Inertial Parameters of the PUMA 560 Arm," *Proceedings of the 1986 IEEE International Conference on Robotics and Automation*, São Francisco, abr. 1986, p. 510–518.

[25] BURDICK, J. W. "An Algorithm for Generation of Efficient Manipulator Dynamic Equations," *Proceedings of the 1986 IEEE International Conference on Robotics and Automation*, São Francisco, 7-11 abr. 1986, p. 212–218.

[26] KANE, T. R. e LEVINSON, D. A. "The Use of Kane's Dynamical Equations in Robotics" *The International Journal of Robotics Research*, v. 2, n. 3, outono 1983, p. 3–20.

[27] RENAUD, M. "An Efficient Iterative Analytical Procedure for Obtaining a Robot Manipulator Dynamic Model," *First International Symposium of Robotics Research*, New Hampshire, ago. 1983.

[28] SCHIEHLEN, W. "Computer Generation of Equations of Motion" em *Computer Aided Analysis and Optimization of Mechanical System Dynamics*, E. J. Haug (Ed.), Berlim e Nova York: Springer-Verlag, 1984.

[29] CESAREO, G., NICOLO, F. e NICOSIA, S. "DYMIR: A Code for Generating Dynamic Model of Robots" em *Advanced Software in Robotics*. Norte da Holanda: Elsevier Science Publishers, 1984.

[30] MURRAY, J. e NEUMAN, C. "ARM: An Algebraic Robot Dynamic Modelling Program," *IEEE International Conference on Robotics*, Atlanta, mar. 1984.

[31] WALKER, M. e ORIN, D. "Efficient Dynamic Computer Simulation of Robotic Mechanisms," *ASME Journal of Dynamic Systems, Measurement, and Control*, v. 104, 1982.

EXERCÍCIOS

6.1 [12] Encontre o tensor de inércia de um cilindro reto de densidade homogênea em relação a um sistema de referência cuja origem está no centro de massa do corpo.

6.2 [32] Construa as equações dinâmicas para o manipulador de dois elos da Seção 6.7 quando cada elo é modelado como um sólido retangular de densidade homogênea. Cada elo tem as dimensões l_i, ω_i e h_i e massa total m_i.

6.3 [43] Construa as equações dinâmicas para o manipulador de três elos do Capítulo 3, Exercício 3.3. Considere cada elo um retângulo sólido de densidade homogênea com as dimensões l_i, ω_i e h_i e massa total m_i.

6.4 [13] Escreva o conjunto de equações que corresponde a (6.46)–(6.53) para o caso no qual o mecanismo pode ter juntas prismáticas.

6.5 [30] Construa as equações dinâmicas para o manipulador não planar de dois elos mostrado na Figura 6.8. Presuma que toda a massa dos elos pode ser considerada uma massa pontual localizada na extremidade distal (mais externa) do elo. Os valores de massa são m_1 e m_2 e os comprimentos dos elos são l_1 e l_2. O manipulador é como os primeiros dois elos do braço do Exercício 3.3. Presuma, também, que o atrito viscoso está agindo em cada junta com os coeficientes v_1 e v_2.

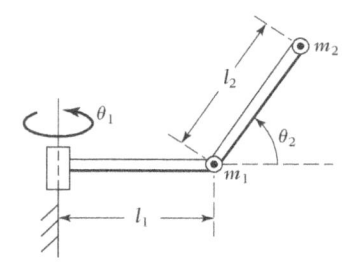

Figura 6.8: Manipulador não planar de dois elos com massas pontuais nas extremidades distais dos elos.

6.6 [32] Derive a forma da dinâmica no espaço cartesiano para o manipulador planar de dois elos da Seção 6.7 em termos do sistema de referência da base. *Dica*: veja o Exemplo 6.5, mas use o Jacobiano escrito no sistema de referência da base.

6.7 [18] Quantas posições de memória seriam necessárias para armazenar as equações dinâmicas de um manipulador genérico de três elos em uma tabela? Quantize cada posição de junta, velocidade e aceleração em 16 intervalos. Faça todos os pressupostos necessários.

6.8 [32] Derive as equações dinâmicas para o manipulador de dois elos mostrado na Figura 4.6. O elo 1 tem um tensor de inércia dado por

$$C_1 I = \begin{bmatrix} I_{xx1} & 0 & 0 \\ 0 & I_{yy1} & 0 \\ 0 & 0 & I_{zz1} \end{bmatrix}.$$

Considere que o elo 2 tem toda a sua massa, m_2, localizada em um ponto do efetuador. Presuma que a gravidade está direcionada para baixo (oposta a $\hat{Z}_1$).

6.9 [37] Derive as equações dinâmicas para o manipulador de três elos com uma junta prismática mostrado na Figura 3.9. O elo 1 tem um tensor de inércia dado por

$$C_1 I = \begin{bmatrix} I_{xx1} & 0 & 0 \\ 0 & I_{yy1} & 0 \\ 0 & 0 & I_{zz1} \end{bmatrix}.$$

O elo 2 tem uma massa pontual m_2 localizada na origem do seu sistema de referência. O elo 3 tem um tensor de inércia dado por

$$^{C_3}I = \begin{bmatrix} I_{xx3} & 0 & 0 \\ 0 & I_{yy3} & 0 \\ 0 & 0 & I_{zz3} \end{bmatrix}.$$

Presuma que a gravidade está dirigida em oposição a $\hat{Z}_1$ e que a magnitude do atrito viscoso v_1 está ativa em todas as juntas.

6.10 [35] Derive as equações dinâmicas no espaço cartesiano para o manipulador do Exercício 6.8. Escreva as equações no sistema de referência {2}.

6.11 [20] Certo manipulador de um elo tem

$$^{C_1}I = \begin{bmatrix} I_{xx1} & 0 & 0 \\ 0 & I_{yy1} & 0 \\ 0 & 0 & I_{zz1} \end{bmatrix}.$$

Suponha que essa é apenas a inércia do elo em si. Se o induzido do motor tem um momento de inércia I_m e a relação das marchas é 100, qual é a inércia total da perspectiva do eixo do motor [1]?

6.12 [20] O "manipulador" com apenas um grau de liberdade da Figura 6.9 tem massa total $m = 1$, com o centro de massa em

$$^1P_C = \begin{bmatrix} 2 \\ 0 \\ 0 \end{bmatrix},$$

e tem um tensor de inércia

$$^C I_1 = \begin{bmatrix} 1 & 0 & 0 \\ 0 & 2 & 0 \\ 0 & 0 & 2 \end{bmatrix}.$$

Do repouso em $t = 0$, o ângulo da junta θ_1 move-se de acordo com a função de tempo

$$\theta_1(t) = bt + ct^2$$

em radianos. Dê a aceleração angular do elo e a aceleração linear do centro de massa em termos do sistema de referência {1} em função de t.

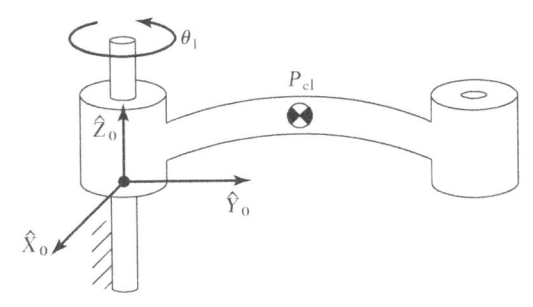

Figura 6.9: "Manipulador" de um elo do Exercício 6.12.

6.13 [40] Construa as equações dinâmicas cartesianas do manipulador não planar de dois elos mostrado na Figura 6.8. Suponha que toda a massa dos elos pode ser considerada uma massa pontual localizada na extremidade distal (mais externa) do elo. Os valores de massa são m_1 e m_2 e os comprimentos dos elos são l_1 e l_2. O manipulador é como os dois primeiros elos do braço no Exercício 3.3. Presuma, também, que o atrito viscoso está agindo em cada junta com os coeficientes v_1 e v_2. Escreva a dinâmica cartesiana no sistema de referência {3} que está localizado na ponta do manipulador e que tem a mesma orientação que o sistema de referência {2}.

6.14 [18] As equações a seguir foram derivadas para um manipulador RP 2-DOF:

$$\tau_1 = m_1\left(d_1^2 + d_2\right)\ddot{\theta}_1 + m_2 d_2^2 \ddot{\theta}_1 + 2m_2 d_2 \dot{d}_2 \dot{\theta}_1$$
$$+ g\cos(\theta_1)\left[m_1\left(d_1 + d_2\dot{\theta}_1\right) + m_2\left(d_2 + \dot{d}_2\right)\right]$$
$$\tau_2 = m_1\dot{d}_2\ddot{\theta}_1 + m_2\ddot{d}_2 - m_1 d_1 \dot{d}_2 - m_2 d_2 \dot{\theta}^2 + m_2(d_2+1)g\,\text{sen}(\theta_1)$$

Alguns dos termos estão obviamente incorretos. Indique os termos incorretos.

6.15 [28] Derive a equação dinâmica para o manipulador RP do Exemplo 6.5, usando o procedimento de Newton-Euler em vez da técnica Lagrangiana.

6.16 [25] Derive as equações de movimento para o manipulador PR mostrado na Figura 6.10. Negligencie o atrito, mas inclua a gravidade. (Aqui, $\hat{X}_0$ é para cima.) Os tensores de inércia dos elos são diagonais, com momentos I_{xx1}, I_{yy1}, I_{zz1} e I_{xx2}, I_{yy2}, I_{zz2}. Os centros de massa para os elos são dados por

$$^1P_{C_1} = \begin{bmatrix} 0 \\ 0 \\ -l_1 \end{bmatrix},$$

$$^2P_{C_2} = \begin{bmatrix} 0 \\ 0 \\ 0 \end{bmatrix}.$$

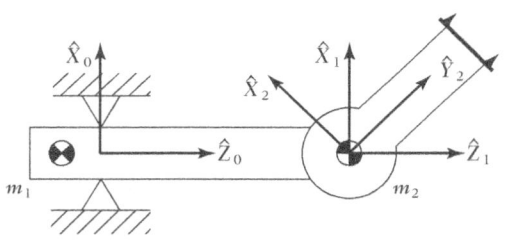

Figura 6.10: Manipulador PR do Exercício 6.16.

6.17 [40] Os termos relacionados à velocidade que aparecem na equação dinâmica de um manipulador podem ser escritos como um produto matriz-vetor, isto é

$$V(\Theta, \dot{\Theta}) = V_m(\Theta, \dot{\Theta})\dot{\Theta},$$

em que o subscrito m significa "forma matricial". Mostre que existe um relacionamento interessante entre a derivada de tempo da matriz de massa do manipulador e $V_m(\cdot)$, a saber,

$$\dot{M}(\Theta) = 2V_m(\Theta, \dot{\Theta}) - S,$$

na qual S é uma matriz antissimétrica.

6.18 [15] Dê duas propriedades que qualquer modelo de atrito razoável (isto é, o termo $F(\Theta, \dot{\Theta})$ em (6.114)) teria.

6.19 [28] Faça o Exercício 6.5, usando as equações de Lagrange.

6.20 [28] Derive as equações dinâmicas do manipulador 2-DOF da Seção 6.7, usando uma formulação Lagrangiana.

EXERCÍCIO DE PROGRAMAÇÃO (PARTE 6)

1. Derive as equações dinâmicas de movimento para o manipulador de três elos (do Exemplo 3.3). Ou seja, faça a expansão da Seção 6.7 para o caso de três elos. Os seguintes valores numéricos descrevem o manipulador:

$l_1 = l_2 = 0,5$ m,
$m_1 = 4,6$ kg,
$m_2 = 2,3$ kg,
$m_3 = 1,0$ kg,
$g = 9,8$ m/s².

Para os primeiros dois elos, presumimos que a massa está toda concentrada na extremidade distal. Para o elo 3, consideramos que o centro de massa está localizado na origem do sistema de referência {3} – ou seja, na extremidade proximal do elo. O tensor de inércia para o elo 3 é

$$^{C_3}I = \begin{bmatrix} 0,05 & 0 & 0 \\ 0 & 0,1 & 0 \\ 0 & 0 & 0,1 \end{bmatrix} \text{kg-m}^2.$$

Os vetores que localizam cada centro de massa com relação ao respectivo sistema de referência são

$^1P_{C_1} = l_1\hat{X}_1$,
$^2P_{C_2} = l_2\hat{X}_2$,
$^3P_{C_3} = 0$.

2. Escreva um simulador para o manipulador de três elos. Uma simples rotina de integração de Euler será suficiente para realizar a integração numérica (como na Seção 6.12). Para manter o seu código modular, pode ser útil definir a rotina

```
Procedure UPDATE(VAR tau: vec3; VAR period: real; VAR
theta, thetadot: vec3);
```

em que "tau" é o comando de torque para o manipulador (sempre zero nesta tarefa), "period" é a extensão de tempo que você quer avançar (em segundos) e "theta" e "thetadot" são o *estado* do manipulador. Theta e thetadot são atualizados por "period" segundos cada vez que você chama UPDATE. Observe que "period" normalmente seria mais longo do que o tamanho da etapa de integração, Δt, usada na integração numérica. Por exemplo, embora o tamanho da etapa da integração numérica possa ser 0,001 segundo, você talvez queira imprimir a posição e a velocidade do manipulador somente a cada 0,1 segundo.

Para testar a sua simulação, ajuste os comandos de torque de junta em zero (para todo o tempo) e realize estes testes:

(a) Ajuste a posição inicial do manipulador para

$[\theta_1 \, \theta_2 \, \theta_3] = [-90 \, 0 \, 0]$.

Simule por alguns segundos. O movimento do manipulador é o que você esperava?

(b) Ajuste a posição inicial do manipulador para

$[\theta_1 \, \theta_2 \, \theta_3] = [30 \, 30 \, 10]$.

Simule por alguns segundos. O movimento do manipulador é o que você esperava?

(c) Acrescente algum atrito viscoso a cada junta do manipulador simulado – ou seja, acrescente um termo à dinâmica de cada junta na forma $\tau_f = v\dot{\theta}$, em que $v = 5{,}0$ newtons segundo por metro para cada junta. Repita o teste de (b) anterior. O movimento é o que você esperava?

EXERCÍCIO PARA O MATLAB 6A

Este exercício enfoca a análise da dinâmica inversa (em uma estrutura de controle com esquema *resolved-rate* – veja o Exercício para o MATLAB 5) para o robô planar 2R 2-DOF. Este robô equivale às duas primeiras juntas rotacionais e aos dois primeiros elos móveis do robô planar 3-DOF 3R. (Veja as figuras 3.6 e 3.7. Os parâmetros DH são dados nas primeiras duas linhas da Figura 3.8).

Para o robô planar 2R, calcule os torques de juntas necessários (isto é, resolva o problema da dinâmica inversa) para proporcionar o movimento comandado a cada etapa de tempo em um esquema de controle *resolved-rate*. Você pode usar a recursão numérica de Newton-Euler, as equações analíticas do resultado do Exercício 6.2 ou ambas.

Dados: $L_1 = 1{,}0$ m, $L_2 = 0{,}5$ m; ambos os elos são de aço maciço com densidade de massa $\rho = 7.806$ kg/m^3; ambos têm as dimensões de largura e espessura $w = t = 5$ cm. Presume-se que as juntas rotacionais sejam perfeitas, conectando os elos exatamente nas suas beiradas (o que não é fisicamente possível).

Os ângulos iniciais são $\Theta = \left\{ \begin{array}{c} \theta_1 \\ \theta_2 \end{array} \right\} = \left\{ \begin{array}{c} 10° \\ 90° \end{array} \right\}$.

A velocidade cartesiana (constante) comandada é $^0\dot{X} = {}^0\left\{ \begin{array}{c} \dot{x} \\ \dot{y} \end{array} \right\} = {}^0\left\{ \begin{array}{c} 0 \\ 0{,}5 \end{array} \right\}$ (m/s).

Simule o movimento por 1 s com uma etapa de controle de tempo de 0,01 s.
Apresente cinco gráficos (cada conjunto em um gráfico separado, por favor):
1. os dois ângulos de juntas (graus) $\Theta = \{\theta_1\ \theta_2\}^T$ *versus* tempo;
2. as duas velocidades de juntas (rad/s) $\dot{\Theta} = \{\dot{\theta}_1\ \dot{\theta}_2\}^T$ *versus* tempo;
3. as duas acelerações de juntas (rad/s^2) $\ddot{\Theta} = \{\ddot{\theta}_1\ \ddot{\theta}_2\}^T$ *versus* tempo;
4. os três componentes cartesianos de $^0_H T$, $X = \{x\ y\ \phi\}^T$ (radianos está ótimo para ϕ, de forma que irá se encaixar) *versus* tempo;
5. a dinâmica inversa dos dois torques de juntas (Nm) $T = \{\tau_1\ \tau_2\}^T$ *versus* tempo;

Identifique com cuidado (à mão está ótimo!) cada componente em cada diagrama. Identifique, também, os nomes e as unidades dos eixos.

Realize essa simulação duas vezes. Na primeira, despreze a gravidade (o plano de movimento é normal ao efeito da gravidade). Na segunda vez, considere a gravidade g na direção Y negativa.

EXERCÍCIO PARA O MATLAB 6B

Este exercício enfoca a solução de dinâmica inversa para o robô planar 3R 3-DOF (das figuras 3.6 e 3.7; os parâmetros DH são dados na Figura 3.8) para um instantâneo do movimento apenas no tempo. Os parâmetros de comprimento fixo, a seguir, são dados: $L_1 = 4$, $L_2 = 3$ e $L_3 = 2$ (m). Para a dinâmica, precisamos também da informação sobre massa e momento de inércia: $m_1 = 20$, $m_2 = 15$, $m_3 = 10$ (kg), $^C I_{ZZ1} = 0{,}5$, $^C I_{ZZ2} = 0{,}2$ e $^C I_{ZZ3} = 0{,}1$ (kgm^2). Presuma que o CG de cada elo está no seu centro geométrico.

Além disso, presuma que a gravidade age na direção $-Y$ do plano de movimento. Para este exercício, ignore a dinâmica do atuador e as engrenagens das juntas.

a) Escreva um programa em MATLAB para implementar a solução recursiva de dinâmica inversa de Newton-Euler (isto é, dado o movimento comandado, calcule os torques de juntas necessários) para o seguinte instantâneo do movimento no tempo:

$$\Theta = \left\{ \begin{array}{c} \theta_1 \\ \theta_2 \\ \theta_3 \end{array} \right\} = \left\{ \begin{array}{c} 10° \\ 20° \\ 30° \end{array} \right\} \quad \dot{\Theta} = \left\{ \begin{array}{c} \dot{\theta}_1 \\ \dot{\theta}_2 \\ \dot{\theta}_3 \end{array} \right\} = \left\{ \begin{array}{c} 1 \\ 2 \\ 3 \end{array} \right\} (\text{rad/s}) \quad \ddot{\Theta} = \left\{ \begin{array}{c} \ddot{\theta}_1 \\ \ddot{\theta}_2 \\ \ddot{\theta}_3 \end{array} \right\} = \left\{ \begin{array}{c} 0,5 \\ 1 \\ 1,5 \end{array} \right\} (\text{rad/s}^2)$$

b) Verifique os seus resultados em (a) utilizando o Robotics ToolBox para o MATLAB de Peter Corke. Experimente as funções *rne()* e *gravload()*.

EXERCÍCIO PARA O MATLAB 6C

Este exercício enfoca a solução em dinâmica direta para o robô planar 3R 3-DOF (cujos parâmetros estão no Exercício para o MATLAB 6B) para o movimento no tempo. Neste caso, ignore a gravidade (isto é, presuma que a gravidade age em uma direção normal ao plano do movimento). Use o Robotics Toolbox para o MATLAB de Peter Corke para resolver o problema da dinâmica direta (dados os torques de juntas acionadores, calcule o movimento robótico resultante) para os seguintes torques de juntas constantes, bem como os ângulos e velocidades iniciais das juntas dados:

$$T = \left\{ \begin{array}{c} \tau_1 \\ \tau_2 \\ \tau_3 \end{array} \right\} = \left\{ \begin{array}{c} 20 \\ 5 \\ 1 \end{array} \right\} (\text{Nm, constante}) \quad \Theta_0 = \left\{ \begin{array}{c} \theta_{10} \\ \theta_{20} \\ \theta_{30} \end{array} \right\} = \left\{ \begin{array}{c} -60° \\ 90° \\ 30° \end{array} \right\}$$

$$\dot{\Theta}_0 = \left\{ \begin{array}{c} \dot{\theta}_{10} \\ \dot{\theta}_{20} \\ \dot{\theta}_{30} \end{array} \right\} = \left\{ \begin{array}{c} 0 \\ 0 \\ 0 \end{array} \right\} (\text{rad/s})$$

Faça essa simulação durante quatro segundos. Experimente a função *fdyn()*.

Apresente dois gráficos para o movimento robótico resultante (cada conjunto em um gráfico separado, por favor):
1. os três ângulos de juntas (graus) $\Theta = \{\theta_1 \ \theta_2 \ \theta_3\}^T$ versus tempo;
2. as três velocidades das juntas (rad/s) $\dot{\Theta} = \{\dot{\theta}_1 \ \dot{\theta}_2 \ \dot{\theta}_3\}^T$ versus tempo.

Identifique com muito cuidado (à mão está ótimo!) cada componente em cada diagrama. Identifique, também, os nomes e unidades dos eixos.

Geração de trajetórias

7.1 Introdução
7.2 Considerações gerais sobre a descrição e geração de trajetórias
7.3 Esquemas do espaço de juntas
7.4 Esquemas do espaço cartesiano
7.5 Problemas geométricos com trajetórias cartesianas
7.6 Geração de trajetória em tempo de execução
7.7 Descrição de trajetórias com uma linguagem de programação de robôs
7.8 Planejamento de trajetórias usando o modelo dinâmico
7.9 Planejamento de trajetória livre de colisão

7.1 INTRODUÇÃO

Neste capítulo nos preocupamos com os métodos para computar uma trajetória que descreve o movimento desejado de um manipulador no espaço multidimensional. Aqui, **trajetória** se refere a um histórico de posição, velocidade e aceleração em função do tempo, para cada grau de liberdade.

A questão inclui o problema de interface humana de como desejamos *especificar* uma trajetória ou percurso pelo espaço. A fim de tornar a descrição do movimento do manipulador fácil para o usuário humano de um sistema robótico, o usuário não deve ter a necessidade de escrever funções complicadas de tempo e espaço para especificar a tarefa. Em vez disso, devemos permitir o recurso de especificar trajetórias com descrições simples do movimento desejado e deixar que o sistema calcule os detalhes. Por exemplo, o usuário talvez queira poder especificar nada além da posição meta desejada e da orientação do efetuador, deixando para o sistema decidir quanto à forma exata do percurso para chegar até lá, sua duração, o perfil de velocidade e outros detalhes.

Estamos interessados, também, em como as trajetórias são *representadas* no computador depois de terem sido planejadas. Por fim, há o problema de computar, de fato, a trajetória a partir da representação interna – ou *geração* da trajetória. A geração ocorre em *tempo de execução*. No caso mais genérico, posição, velocidade e aceleração são computadas. Essas trajetórias são calculadas em computadores digitais a certa velocidade, chamada de **velocidade de atualização de trajetória**. Em sistemas manipuladores típicos, essa taxa fica entre 60 e 2.000 Hz.

7.2 CONSIDERAÇÕES GERAIS SOBRE A DESCRIÇÃO E GERAÇÃO DE TRAJETÓRIAS

Em geral, consideraremos os movimentos de um manipulador como os movimentos do sistema de referência da ferramenta (*tool frame*), {T}, em relação ao sistema de referência da estação (*station frame*), {S}. É dessa maneira que um eventual usuário do sistema pensaria, e projetar uma descrição de trajetória e um sistema gerador nesses termos resultará em algumas vantagens importantes.

Quando especificamos trajetórias como movimentos do sistema de referência da ferramenta em relação ao sistema de referência da estação, dissociamos a descrição de movimento de qualquer robô, efetuador ou peça de trabalho específico. Isso resulta em certa modularidade e permite que a mesma descrição de trajetória seja usada em um manipulador diferente – ou no mesmo, mas com uma ferramenta de outro tamanho. Além disso, podemos especificar e planejar movimentos relativos a uma estação de trabalho móvel (talvez uma esteira transportadora) planejando os movimentos em relação ao sistema de referência da estação como sempre e, em tempo de execução, fazer com que a definição de {S} se altere no tempo.

Conforme mostra a Figura 7.1, o problema básico é movimentar o manipulador de uma posição inicial para uma final desejada – ou seja, queremos mover o sistema de referência da ferramenta do seu valor atual, $\{T_{inicial}\}$, para um valor final desejado, $\{T_{final}\}$. Observe que, em geral, esse movimento implica tanto uma mudança de orientação quanto uma mudança de posição da ferramenta em relação à estação.

Às vezes, é necessário especificar o movimento em muito mais detalhe do que apenas expressar a configuração final desejada. Uma maneira de incluir mais detalhes em uma descrição de trajetória é fornecer uma sequência de **pontos de passagem** (ou *via points*) desejados (pontos intermediários entre a posição inicial e a posição final). Assim, para completar o movimento, a ferramenta deve passar por um conjunto de posições e orientações intermediárias, conforme descritas pelos pontos de passagem. Cada um deles é, na prática, um sistema de referência que especifica tanto a posição quanto a orientação da ferramenta em relação à estação. A expressão **pontos de trajetória** *t* inclui todos os pontos de passagem mais os pontos inicial e final. Lembre-se de que, apesar de usarmos genericamente o termo "pontos", eles são de fato sistemas de referência que fornecem tanto a posição quanto a orientação. Junto com essas restrições *espaciais*, o usuário pode também querer especificar atributos *temporais* do movimento. Por exemplo, o lapso de tempo entre os pontos de passagem pode ser especificado na descrição da trajetória.

Em geral, é desejável que o movimento do manipulador seja *suave*. Para nossos propósitos, definiremos uma função suave como aquela que é contínua e tem uma primeira derivada contínua.

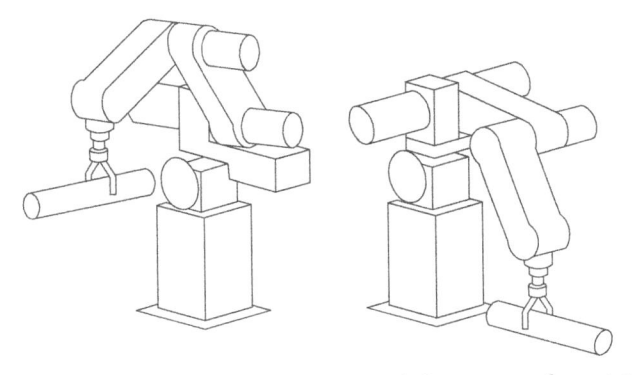

Figura 7.1: Ao executar uma trajetória, o manipulador se move da posição inicial para uma posição meta desejada de forma suave.

Às vezes, uma segunda derivada é, também, desejável. Movimentos bruscos, com solavancos, tendem a causar um maior desgaste do mecanismo, além de causar vibrações provocando ressonâncias no manipulador. A fim de garantir uma trajetória suave, devemos colocar algumas restrições nas qualidades espacial e temporal do percurso *entre* os pontos de passagem.

Nesse ponto, há muitas escolhas que podem ser feitas e, em consequência, uma grande variedade na maneira como as trajetórias podem ser especificadas e planejadas. Qualquer função de tempo suave que passe através dos pontos de passagem pode ser usada para especificar a forma exata do trajeto. Neste capítulo, vamos discutir algumas escolhas simples para essas funções. Outras abordagens podem ser encontradas em [1–2] e [13–16].

7.3 ESQUEMAS DO ESPAÇO DE JUNTAS

Nesta seção, consideramos métodos de geração de trajetórias nas quais as formas de percurso (no espaço e no tempo) são descritas em termos de funções dos ângulos das juntas.

Cada ponto da trajetória costuma ser especificado em termos de uma posição e uma orientação desejadas do sistema de referência da ferramenta, $\{T\}$, em relação ao sistema de referência da estação $\{S\}$. Esses pontos de passagem são "convertidos" um a um em um conjunto de ângulos de junta desejados pela aplicação de cinemática inversa. Em seguida, uma função suave é encontrada para cada uma das n juntas que passam através dos pontos de passagem e terminam no ponto-alvo. O tempo exigido para um segmento é o mesmo para cada junta, de forma que todas as juntas alcançarão o ponto de passagem ao mesmo tempo, resultando, assim, na posição cartesiana desejada de $\{T\}$ em cada ponto de passagem. Além de especificar a mesma duração para cada junta, a determinação da função de ângulo desejada para uma junta em particular não depende das funções para as outras.

Assim, os esquemas de espaços de juntas atingem a posição e a orientação desejadas nos pontos de passagem. Entre estes, a forma da trajetória, embora mais simples no espaço de juntas, é complexa quando descrita no espaço cartesiano. Os esquemas de espaços de juntas são, de modo geral, os mais fáceis de computar e, como não temos uma correspondência contínua entre o espaço de juntas e o cartesiano, não existem, essencialmente, problemas com singularidades do mecanismo.

▶ Polinômios cúbicos

Considere o problema de movimentar a ferramenta da sua posição inicial até uma posição meta em um determinado tempo. A cinemática inversa permite calcular o conjunto de ângulos de juntas que correspondem à posição e orientação pretendidas. A posição inicial do manipulador é também conhecida na forma de um conjunto de ângulos de junta. O que precisamos é de uma função para cada junta cujo valor em t_0 seja sua posição inicial e cujo valor em t_f seja a posição meta desejada. Conforme a Figura 7.2, há muitas funções suaves, $\theta(t)$, que podem ser usadas para interpolar o valor da junta.

Em um único movimento suave, pelo menos quatro restrições em $\theta(t)$ são evidentes. Duas restrições no valor da função vêm da escolha dos valores inicial e final:

$$\theta(0) = \theta_0,$$
$$\theta(t_f) = \theta_f.$$

(7.1)

Duas restrições adicionais são de que a função seja contínua em velocidade, o que nesse caso significa que a velocidade inicial e a velocidade final são zero:

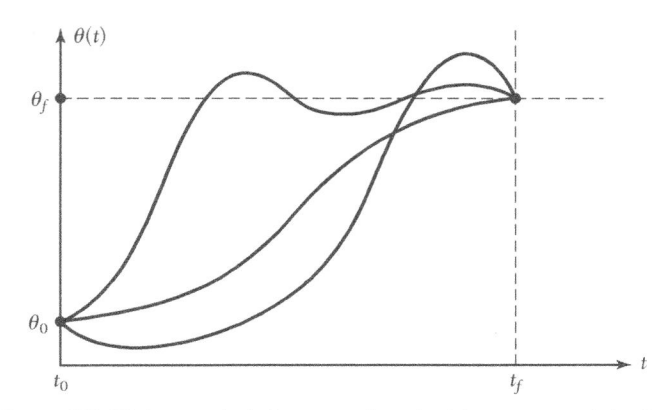

Figura 7.2: Vários possíveis formatos de trajetória para uma única junta.

$$\dot{\theta}(0) = 0 ,$$
$$\dot{\theta}(t_f) = 0 . \tag{7.2}$$

Essas quatro restrições podem ser satisfeitas por um polinômio de, pelo menos, terceiro grau. (Um polinômio cúbico tem quatro coeficientes, então pode satisfazer as quatro restrições dadas por (7.1) e (7.2).) Tais restrições especificam de forma única um polinômio cúbico em particular. Um polinômio cúbico tem a forma

$$\theta(t) = a_0 + a_1 t + a_2 t^2 + a_3 t^3 , \tag{7.3}$$

de forma que a velocidade e a aceleração ao longo dessa trajetória são, claramente,

$$\dot{\theta}(t) = a_1 + 2a_2 t + 3a_3 t^2 ,$$
$$\ddot{\theta}(t) = 2a_2 + 6a_3 t . \tag{7.4}$$

Combinando (7.3) e (7.4) com as quatro restrições desejadas, obtemos quatro equações com quatro incógnitas:

$$\begin{aligned}\theta_0 &= a_0, \\ \theta_f &= a_0 + a_1 t_f + a_2 t_f^2 + a_3 t_f^3 , \\ 0 &= a_1 , \\ 0 &= a_1 + 2a_2 t_f + 3a_3 t_f^2 .\end{aligned} \tag{7.5}$$

Encontrando o a_i dessas equações, obtemos

$$\begin{aligned}a_0 &= \theta_0 , \\ a_1 &= 0 , \\ a_2 &= \frac{3}{t_f^2}(\theta_f - \theta_0) , \\ a_3 &= -\frac{2}{t_f^3}(\theta_f - \theta_0) .\end{aligned} \tag{7.6}$$

Usando (7.6), podemos calcular o polinômio cúbico que conecta qualquer posição inicial de ângulo de junta com qualquer posição final desejada. Essa solução é para o caso em que a junta começa e termina em velocidade zero.

EXEMPLO 7.1

Um robô de um único elo com uma junta rotacional está imóvel em $\theta = 15$ graus. Desejamos mover a junta de forma suave para $\theta = 75$ graus em três segundos. Encontre os coeficientes de um polinômio cúbico que realiza esse movimento trazendo o manipulador ao repouso no alvo. Faça o diagrama de posição, velocidade e aceleração da junta, como uma função de tempo.

Com base em (7.6), constatamos que

$$a_0 = 15,0 ,$$
$$a_1 = 0,0 ,$$
$$a_2 = 20,0 ,$$
$$a_3 = -4,44 .$$
(7.7)

Usando (7.3) e (7.4), obtemos

$$\theta(t) = 15,0 + 20,0t^2 - 4,44t^3 ,$$
$$\dot{\theta}(t) = 40,0t - 13,33t^2 ,$$
$$\ddot{\theta}(t) = 40,0 - 26,66t .$$
(7.8)

A Figura 7.3 mostra as funções de posição, velocidade e aceleração para esse movimento em uma amostra a 40 Hz. Observe que o perfil de velocidade para qualquer função cúbica é uma parábola e que o perfil de aceleração é linear.

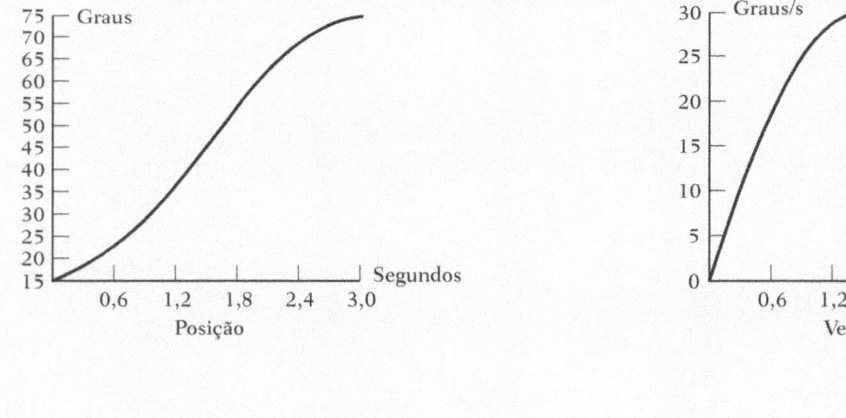

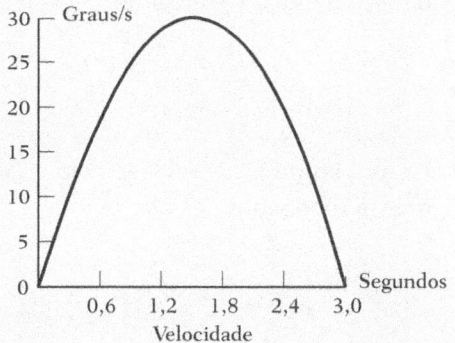

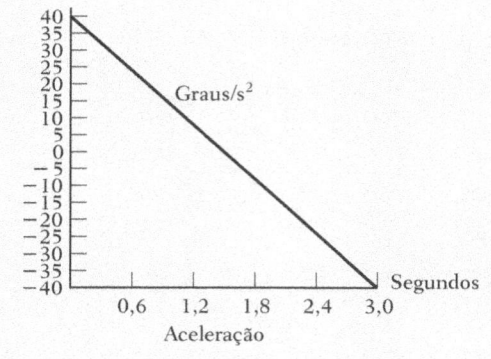

Figura 7.3: Perfis de posição, velocidade e aceleração para um único segmento cúbico que começa e termina em repouso.

> Polinômios cúbicos para uma trajetória com pontos de passagem

Até agora, consideramos movimentos descritos por uma duração desejada e um ponto-alvo final. Em geral, queremos especificar trajetórias que incluam pontos de passagem intermediários. Se o manipulador ficará em repouso em cada ponto de passagem, podemos usar a solução do polinômio cúbico da Seção 7.3.

Geralmente, queremos poder passar através de um ponto de passagem sem parar e, para isso, precisamos generalizar a maneira na qual encaixamos os polinômios cúbicos nas restrições do percurso.

Como no caso de um único ponto-alvo, cada ponto de passagem costuma ser especificado em termos de uma posição e de uma orientação desejadas do sistema de referência da ferramenta em relação ao sistema de referência da estação. Cada um desses pontos de passagem é "convertido" em um conjunto de ângulos de junta desejados pela aplicação da cinemática inversa. Podemos, então, considerar o problema de computar polinômios cúbicos que conectam os valores dos pontos de passagem para cada junta unindo-os de forma suave.

Se as velocidades desejadas das juntas nos pontos de passagem forem conhecidas, podemos construir polinômios cúbicos como já fizemos. No entanto, agora as restrições de velocidade em cada extremidade não são zero, mas alguma velocidade conhecida. As restrições de (7.3) tornam-se

$$\dot{\theta}(0) = \dot{\theta}_0,$$
$$\dot{\theta}(t_f) = \dot{\theta}_f. \tag{7.9}$$

As quatro equações que descrevem esse polinômio cúbico genérico são

$$\theta_0 = a_0,$$
$$\theta_f = a_0 + a_1 t_f + a_2 t_f^2 + a_3 t_f^3,$$
$$\dot{\theta}_0 = a_1,$$
$$\dot{\theta}_f = a_1 + 2a_2 t_f + 3a_3 t_f^2. \tag{7.10}$$

Encontrando o a_i dessas equações, obtemos

$$a_0 = \theta_0,$$
$$a_1 = \dot{\theta}_0,$$
$$a_2 = \frac{3}{t_f^2}(\theta_f - \theta_0) - \frac{2}{t_f}\dot{\theta}_0 - \frac{1}{t_f}\dot{\theta}_f,$$
$$a_3 = -\frac{2}{t_f^3}(\theta_f - \theta_0) + \frac{1}{t_f^2}(\dot{\theta}_f + \dot{\theta}_0). \tag{7.11}$$

Usando (7.11), podemos calcular o polinômio cúbico que liga quaisquer posições iniciais e finais com quaisquer velocidades iniciais e finais.

Se tivermos as velocidades das juntas desejadas em cada ponto de passagem, basta aplicarmos (7.11) a cada segmento para encontrar os polinômios cúbicos necessários. Existem várias maneiras pelas quais as velocidades desejadas nos pontos de passagem podem ser especificadas:

1. O usuário especifica a velocidade desejada em cada ponto de passagem em termos de velocidade cartesiana linear e angular do sistema de referência da ferramenta naquele instante.

2. O sistema automaticamente escolhe as velocidades nos pontos de passagem aplicando uma heurística adequada no espaço cartesiano ou no espaço de juntas.
3. O sistema automaticamente escolhe as velocidades nos pontos de passagem de forma que a aceleração nos pontos de passagem seja contínua.

Na primeira opção, as velocidades cartesianas desejadas nos pontos de passagem são "mapeadas" nas velocidades de juntas desejadas usando-se a inversa do Jacobiano do manipulador avaliado no ponto de passagem. Se o manipulador estiver em um ponto singular em um determinado ponto de passagem, o usuário não estará livre para atribuir uma velocidade arbitrária a esse ponto. Poder satisfazer a velocidade desejada que o usuário especifica é um recurso útil em um esquema de geração de trajetória, mas seria um ônus exigir que o usuário sempre fizesse essas especificações. Portanto, um sistema conveniente deve incluir a opção 2 ou a opção 3 (ou ambas).

Na opção 2, o sistema automaticamente escolhe velocidades intermediárias razoáveis usando algum tipo de heurística. Considere a trajetória especificada pelos pontos de passagem mostrados para uma junta, θ, na Figura 7.4.

Na Figura 7.4, fizemos uma escolha razoável de velocidades das juntas nos pontos de passagem, conforme indicado com pequenos segmentos de linha representando tangentes à curva em cada ponto de passagem. Essa escolha é o resultado da aplicação de uma heurística conceitual e computacionalmente simples. Imagine os pontos de passagem conectados por segmentos de linha retos. Se a inclinação dessas linhas muda de sinal no ponto de passagem, escolha a velocidade zero. Se não mudar, escolha a média das duas inclinações como a velocidade de passagem. Assim, apenas a partir dos pontos de passagem desejados o sistema pode escolher a velocidade em cada ponto.

Na opção 3, o sistema escolhe velocidades de forma que a aceleração é contínua no ponto de passagem. Para isso, é necessária uma nova abordagem. Nesse tipo de conjunto de dados, chamado de função *spline*[*], substituímos as duas restrições de velocidade na conexão de dois polinômios cúbicos com as restrições de que a velocidade e a aceleração sejam contínuas.

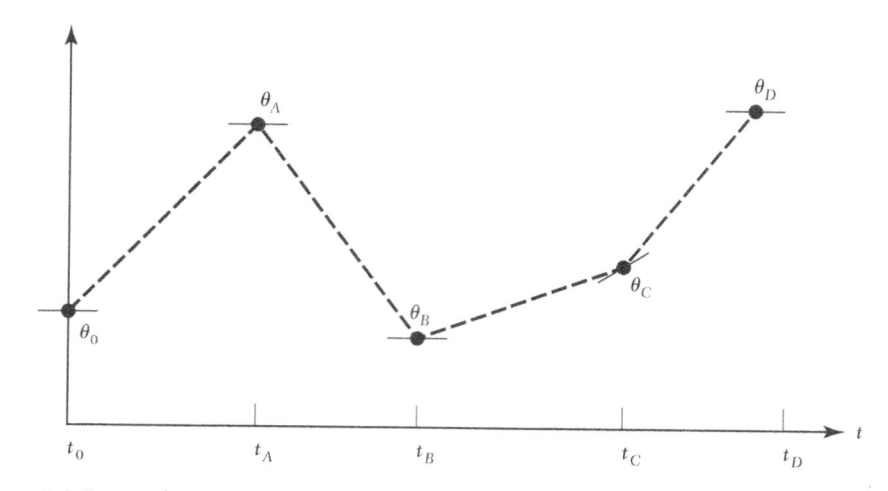

Figura 7.4: Pontos de passagem com as velocidades desejadas nos pontos indicados pelas tangentes.

---

[*] Para nossa utilização, o termo "spline" significa simplesmente uma função do tempo.

EXEMPLO 7.2

Encontre os coeficientes de dois polinômios cúbicos que estão conectados por uma função *spline* de dois segmentos com aceleração contínua no ponto de passagem intermediário. O ângulo inicial é θ_0, o ponto de passagem é θ_v e o ponto-alvo é θ_g.

O primeiro polinômio cúbico é

$$\theta(t) = a_{10} + a_{11}t + a_{12}t^2 + a_{13}t^3 , \qquad (7.12)$$

e o segundo é

$$\theta(t) = a_{20} + a_{21}t + a_{22}t^2 + a_{23}t^3 . \qquad (7.13)$$

Cada polinômio cúbico será avaliado no decorrer de um intervalo que começa em $t = 0$ e termina em $t = t_{fi}$, sendo $i = 1$ ou $i = 2$.

As restrições que queremos impor são

$$\begin{aligned}
\theta_0 &= a_{10} , \\
\theta_v &= a_{10} + a_{11}t_{f1} + a_{12}t_{f1}^2 + a_{13}t_{f1}^3 , \\
\theta_v &= a_{20} , \\
\theta_g &= a_{20} + a_{21}t_{f2} + a_{22}t_{f2}^2 + a_{23}t_{f2}^3 , \\
0 &= a_{11} , \\
0 &= a_{21} + 2a_{22}t_{f2} + 3a_{23}t_{f2}^2 , \\
a_{11} + 2a_{12}t_{f1} + 3a_{13}t_{f1}^2 &= a_{21} , \\
2a_{12} + 6a_{13}t_{f1} &= 2a_{22} .
\end{aligned} \qquad (7.14)$$

Essas restrições especificam um problema de equação linear com oito equações e oito incógnitas. Resolvendo para o caso em que $t_f = t_{f1} = t_{f2}$, obtemos

$$\begin{aligned}
a_{10} &= \theta_0 , \\
a_{11} &= 0 , \\
a_{12} &= \frac{12\theta_v - 3\theta_g - 9\theta_0}{4t_f^2} , \\
a_{13} &= \frac{-8\theta_v + 3\theta_g + 5\theta_0}{4t_f^3} , \\
a_{20} &= \theta_v , \\
a_{21} &= \frac{3\theta_g - 3\theta_0}{4t_f} , \\
a_{22} &= \frac{-12\theta_v + 6\theta_g + 6\theta_0}{4t_f^2} , \\
a_{23} &= \frac{8\theta_v - 5\theta_g - 3\theta_0}{4t_f^3} .
\end{aligned} \qquad (7.15)$$

Para o caso geral, que implica n segmentos cúbicos, as equações que surgem da insistência na aceleração contínua nos pontos de passagem podem ser colocadas em forma matricial que é resolvida para computar as velocidades nos pontos de passagem. A matriz é tridiagonal e facilmente resolvida [4].

> Polinômios de ordem superior

Polinômios de ordem superior são, às vezes, usados para segmentos da trajetória. Por exemplo, se queremos especificar posição, velocidade e aceleração no início e no fim de um segmento de trajetória, um polinômio de quinta ordem é necessário, a saber

$$\theta(t) = a_0 + a_1 t + a_2 t^2 + a_3 t^3 + a_4 t^4 + a_5 t^5 , \qquad (7.16)$$

cujas restrições são dadas como

$$\begin{aligned}
\theta_0 &= a_0 , \\
\theta_f &= a_0 + a_1 t_f + a_2 t_f^2 + a_3 t_f^3 + a_4 t_f^4 + a_5 t_f^5 , \\
\dot{\theta}_0 &= a_1 , \\
\dot{\theta}_f &= a_1 + 2a_2 t_f + 3a_3 t_f^2 + 4a_4 t_f^3 + 5a_5 t_f^4 , \\
\ddot{\theta}_0 &= 2a_2 , \\
\ddot{\theta}_f &= 2a_2 + 6a_3 t_f + 12a_4 t_f^2 + 20a_5 t_f^3 .
\end{aligned} \qquad (7.17)$$

Tais restrições especificam um conjunto linear de seis equações com seis incógnitas, cuja solução é

$$\begin{aligned}
a_0 &= \theta_0 , \\
a_1 &= \dot{\theta}_0 , \\
a_2 &= \frac{\ddot{\theta}_0}{2} , \\
a_3 &= \frac{20\theta_f - 20\theta_0 - \left(8\dot{\theta}_f + 12\dot{\theta}_0\right)t_f - \left(3\ddot{\theta}_0 - \ddot{\theta}_f\right)t_f^2}{2t_f^3} , \\
a_4 &= \frac{30\theta_0 - 30\theta_f + \left(14\dot{\theta}_f + 16\dot{\theta}_0\right)t_f + \left(3\ddot{\theta}_0 - 2\ddot{\theta}_f\right)t_f^2}{2t_f^4} , \\
a_5 &= \frac{12\theta_f - 12\theta_0 - \left(6\dot{\theta}_f + 6\dot{\theta}_0\right)t_f - \left(\ddot{\theta}_0 - \ddot{\theta}_f\right)t_f^2}{2t_f^5} .
\end{aligned} \qquad (7.18)$$

Há vários algoritmos disponíveis para computar funções suaves (polinomiais ou não) que passam por um dado conjunto de pontos [3, 4]. Uma abordagem completa ultrapassa o escopo deste livro.

> Função linear com combinações parabólicas

Outra opção de formato de trajetória é a linear. Ou seja, basta interpolarmos linearmente para mover da posição atual da junta para a final, como na Figura 7.5. Lembre-se de que, embora o movimento de cada junta nesse esquema seja linear, o efetuador não se move em linha reta no espaço.

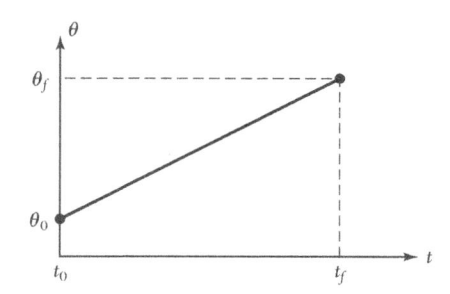

Figura 7.5: Interpolação linear que requer aceleração infinita.

No entanto, a interpolação linear direta causaria a descontinuidade da velocidade no início e no fim do movimento. Para criar uma trajetória suave com posição e velocidade contínuas, começamos com a função linear, mas acrescentamos uma região de *combinação* parabólica em cada ponto do trajeto.

Durante a porção combinatória da trajetória, a aceleração constante é usada para mudar a velocidade suavemente. A Figura 7.6 mostra uma trajetória simples construída dessa forma. A função linear e as duas funções parabólicas são unidas "de forma suave" (em inglês, *splined*) de forma que o percurso todo é contínuo em posição e velocidade.

A fim de construir esse segmento isolado, vamos presumir que ambas as combinações parabólicas têm a mesma duração e, portanto, a mesma aceleração constante (ajustando-se o sinal) é usada nas duas. Como indica a Figura 7.7, há muitas soluções para o problema – mas note que a resposta é sempre simétrica por volta do ponto médio do tempo, t_h, e por volta do ponto médio da posição, θ_h. A velocidade ao final da região combinatória deve ser igual à da seção linear e, portanto, temos

$$\ddot{\theta} t_b = \frac{\theta_h - \theta_b}{t_h - t_b} , \qquad (7.19)$$

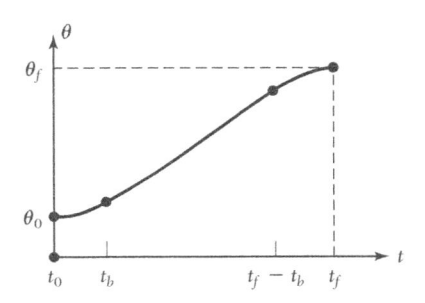

Figura 7.6: Segmento linear com combinações parabólicas.

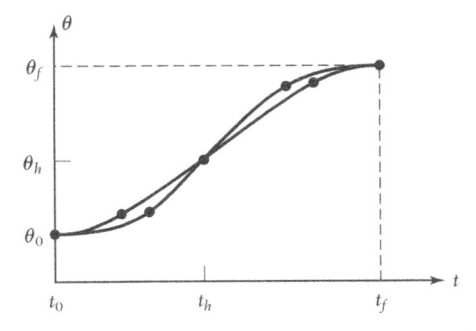

Figura 7.7: Segmento linear com combinações parabólicas.

em que θ_b é o valor de θ ao final da região combinatória e $\ddot{\theta}$ é a aceleração agindo no decorrer da região combinatória. O valor de θ_b é dado por

$$\theta_b = \theta_0 + \tfrac{1}{2}\ddot{\theta}t_b^2 \,. \tag{7.20}$$

Combinando (7.19), (7.20) e $t = 2t_h$ temos

$$\ddot{\theta}t_b^2 - \ddot{\theta}tt_b + \left(\theta_f - \theta_0\right) = 0 \,, \tag{7.21}$$

onde t é a duração desejada do movimento. Dados quaisquer θ_f, θ_0 e t, podemos seguir qualquer uma das trajetórias dadas pelas escolhas de $\ddot{\theta}$ e t_b que satisfazem (7.21). Geralmente, uma aceleração, $\ddot{\theta}$, é escolhida e (7.21) é resolvida encontrando-se o t_b correspondente. A aceleração escolhida deve ser alta o suficiente, ou não existirá uma solução. Resolvendo (7.21) e encontrando t_b em termos da aceleração e outros parâmetros conhecidos, obtemos

$$t_b = \frac{t}{2} - \sqrt{\frac{\ddot{\theta}^2 t^2 - 4\ddot{\theta}\left(\theta_f - \theta_0\right)}{2\ddot{\theta}}} \,. \tag{7.22}$$

A restrição à aceleração usada na combinação é

$$\ddot{\theta} \geq \frac{4\left(\theta_f - \theta_0\right)}{t^2} \,. \tag{7.23}$$

Quando ocorre igualdade em (7.23), a porção linear encolheu ao comprimento zero e a trajetória é composta por duas combinações com inclinação equivalente. À medida que a aceleração usada aumenta, o comprimento da região combinatória torna-se cada vez mais curto. No limite, com aceleração infinita, estamos de volta ao caso da interpolação linear simples.

EXEMPLO 7.3

Para a mesma trajetória de um único segmento discutido no Exemplo 7.1, mostre dois exemplos de um percurso linear com combinações parabólicas.

A Figura 7.8(a) mostra uma possibilidade onde foi escolhido um $\ddot{\theta}$ bastante alto. Nesse caso, aceleramos rápido, depois permanecemos em velocidade constante para, por fim, desacelerar. A Figura 7.8(b) mostra uma trajetória na qual a aceleração é mantida em nível bastante baixo, de forma que a seção linear praticamente desaparece.

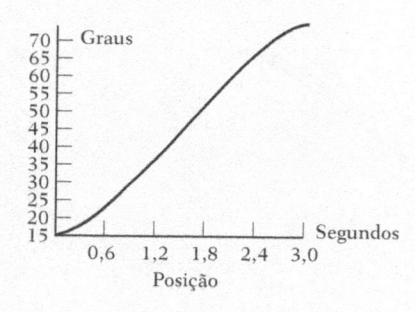

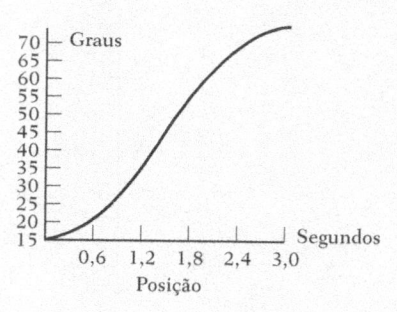

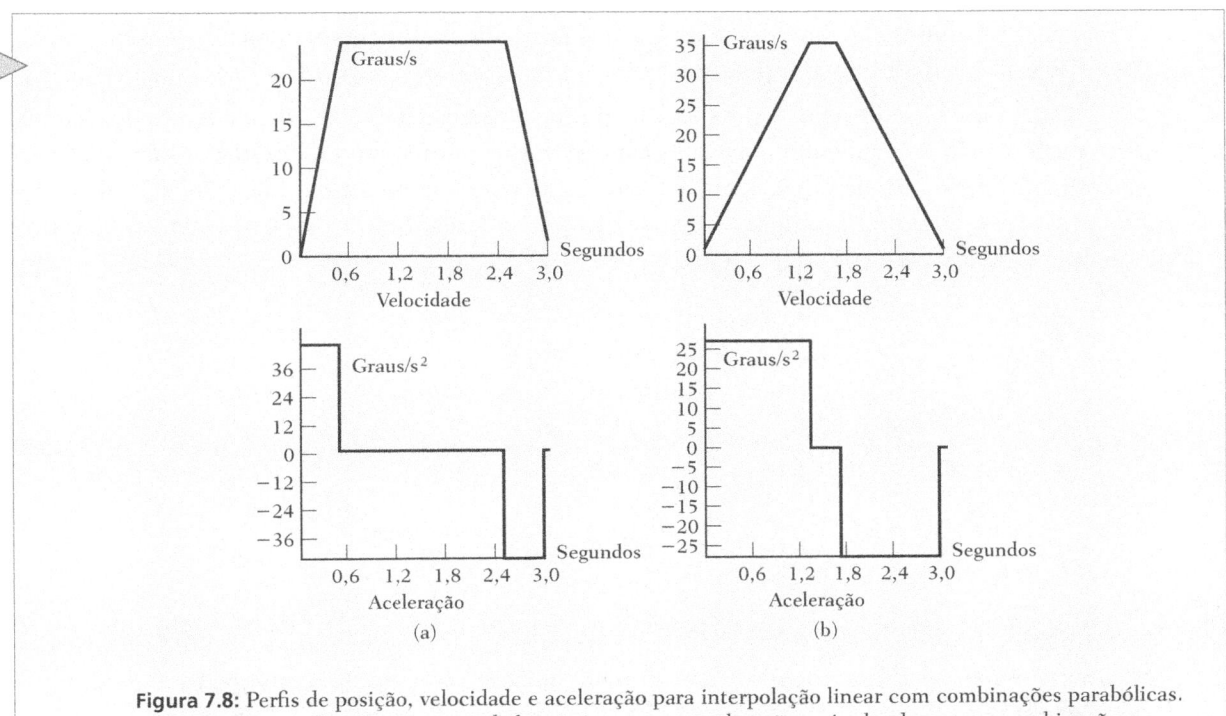

Figura 7.8: Perfis de posição, velocidade e aceleração para interpolação linear com combinações parabólicas. O conjunto de curvas à esquerda baseia-se em uma aceleração mais alta durante as combinações do que o da esquerda.

> ### Função linear com combinações parabólicas para uma trajetória com pontos de passagem

Agora consideramos os percursos lineares com combinações parabólicas para o caso no qual o número de pontos de passagem especificados é arbitrário. A Figura 7.9 mostra um conjunto de pontos de passagem no espaço de junta da junta θ. As funções lineares conectam os pontos de passagem e as combinações parabólicas são acrescentadas ao redor de cada ponto de passagem.

Usaremos a seguinte notação: considere três pontos de trajetória vizinhos que chamaremos de ponto j, k e l. A duração da região de combinação no ponto k do percurso é t_k. A duração da porção linear entre os pontos j e k é t_{jk}. A duração geral do segmento que conecta os pontos j e k é t_{djk}.

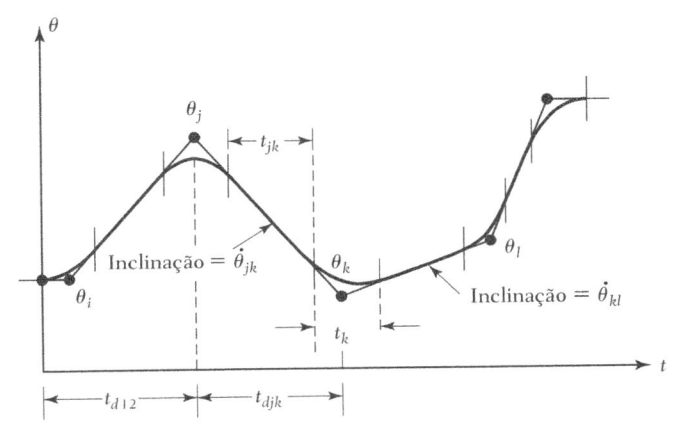

Figura 7.9: Trajetória de múltiplos segmentos lineares com combinações.

A velocidade durante a porção linear é $\dot{\theta}_{jk}$ e a aceleração durante a combinação no ponto j é $\ddot{\theta}_j$. Veja a Figura 7.9 para um exemplo.

Como no caso do segmento único, há muitas soluções possíveis, dependendo do valor da aceleração usada em cada combinação. Dados todos os pontos de trajetória θ_k, as durações desejadas t_{djk} e a magnitude da aceleração a ser usada em cada ponto da trajetória $|\ddot{\theta}_k|$, podemos computar a combinação multiplicada por t_k. Para os pontos internos da trajetória, isso decorre simplesmente das equações

$$\dot{\theta}_{jk} = \frac{\theta_k - \theta_j}{t_{djk}},$$
$$\ddot{\theta}_k = SGN(\dot{\theta}_{kl} - \dot{\theta}_{jk})|\ddot{\theta}_k|,$$
$$t_k = \frac{\dot{\theta}_{kl} - \dot{\theta}_{jk}}{\ddot{\theta}_k},$$
$$t_{jk} = t_{djk} - \frac{1}{2}t_j - \frac{1}{2}t_k.$$
(7.24)

O primeiro e o último segmentos devem ser tratados de forma ligeiramente diferente, porque toda uma região combinatória em uma extremidade deve ser contada no tempo total de duração do segmento.

Para o primeiro segmento, encontramos t_1 igualando duas expressões quanto à velocidade durante sua fase linear:

$$\frac{\theta_2 - \theta_1}{t_{12} - \frac{1}{2}t_1} = \ddot{\theta}_1 t_1. \tag{7.25}$$

Assim podemos calcular t_1, o tempo de combinação no ponto inicial. Em seguida, $\dot{\theta}_{12}$ e t_{12} podem ser facilmente computados:

$$\ddot{\theta}_1 = SGN(\theta_2 - \theta_1)|\ddot{\theta}_1|,$$
$$t_1 = t_{d12} - \sqrt{t_{d12}^2 - \frac{2(\theta_2 - \theta_1)}{\ddot{\theta}_1}},$$
$$\dot{\theta}_{12} = \frac{\theta_2 - \theta_1}{t_{d12} - \frac{1}{2}t_1},$$
$$t_{12} = t_{d12} - t_1 - \frac{1}{2}t_2.$$
(7.26)

Da mesma forma, para o último segmento (o que conecta os pontos $n-1$ e n), temos

$$\frac{\theta_{n-1} - \theta_n}{t_{d(n-1)n} - \frac{1}{2}t_n} = \ddot{\theta}_n t_n, \tag{7.27}$$

que leva à solução

$$\ddot{\theta}_n = SGN(\theta_{n-1} - \theta_n)|\ddot{\theta}_n|,$$
$$t_n = t_{d(n-1)} - \sqrt{t_{d(n-1)n}^2 + \frac{2(\theta_n - \theta_{n-1})}{\ddot{\theta}_n}},$$
(7.28) continua

$$\dot{\theta}_{(n-1)n} = \frac{\theta_n - \theta_{n-1}}{t_{d(n-1)n} - \frac{1}{2}t_n},$$

$$t_{(n-1)n} = t_{d(n-1)n} - t_n - \frac{1}{2}t_{n-1}.$$

continuação (7.28)

Usando (7.24) a (7.28), podemos calcular os tempos e velocidades das combinações para uma trajetória com múltiplos segmentos. Em geral, o usuário especifica apenas os pontos de passagem e a duração desejada dos segmentos. Nesse caso, o sistema usa os valores predefinidos para a aceleração em cada junta. Às vezes, para simplificar ainda mais as coisas para o usuário, o sistema calcula as durações com base em velocidades predefinidas. Em todas as combinações, uma aceleração suficientemente grande deve ser usada de forma que haja tempo suficiente para entrar na porção linear do segmento antes que a próxima região de combinação comece.

EXEMPLO 7.4

A trajetória de uma determinada junta é especificada como segue: pontos do percurso em graus, 10, 35, 25, 10. A duração desses três segmentos deve ser 2, 1 e 3 segundos, respectivamente. A magnitude da aceleração predefinida a ser usada em todos os pontos é 50 graus/segundo². Calcule as velocidades de todos os segmentos, e tempos combinatórios e lineares.

No primeiro segmento, aplicamos (7.26) para encontrar

$$\ddot{\theta}_1 = 50,0 . \tag{7.29}$$

Aplicando (7.26) para calcular o tempo combinatório no ponto inicial, obtemos

$$t_1 = 2 - \sqrt{4 - \frac{2(35-10)}{50,0}} = 0,27 . \tag{7.30}$$

A velocidade, $\dot{\theta}_{12}$, é calculada a partir de (7.26) como

$$\dot{\theta}_{12} = \frac{35-10}{2-0,5(0,27)} = 13,50 . \tag{7.31}$$

A velocidade, $\dot{\theta}_{23}$, é calculada a partir de (7.24) como

$$\dot{\theta}_{23} = \frac{25-35}{1} = -10,0 . \tag{7.32}$$

A seguir, aplicamos (7.24) para encontrar

$$\ddot{\theta}_2 = -50,0 . \tag{7.33}$$

Depois, t_2 é calculado a partir de (7.24) e obtemos

$$t_2 = \frac{-10,0 - 13,50}{-50,0} = 0,47 . \tag{7.34}$$

A porção de comprimento linear do segmento 1 é, então, calculada a partir de (7.26):

$$t_{12} = 2 - 0,27 - \tfrac{1}{2}(0,47) = 1,50 . \tag{7.35}$$

Em seguida, a partir de (7.29), temos

$$\ddot{\theta}_4 = 50,0 \ . \tag{7.36}$$

Portanto, para o último segmento, (7.28) é usada para computar t_4 e temos

$$t_4 = 3 - \sqrt{9 + \frac{2(10-25)}{50,0}} = 0,102 \ . \tag{7.37}$$

A velocidade, $\dot{\theta}_{34}$, é calculada a partir de (7.28) como

$$\dot{\theta}_{34} = \frac{10-25}{3-0,050} = -5,10 \ . \tag{7.38}$$

A seguir, (7.24) é usada para obter

$$\ddot{\theta}_3 = 50,0 \ . \tag{7.39}$$

Em seguida, t_3 é calculado a partir de (7.24):

$$t_3 = \frac{-5,10-(-10,0)}{50} = 0,098 \ . \tag{7.40}$$

Por fim, a partir de (7.24), computamos

$$t_{23} = 1 - \tfrac{1}{2}(0,47) - \tfrac{1}{2}(0,098) = 0,716 \ , \tag{7.41}$$

$$t_{34} = 3 - \tfrac{1}{2}(0,098) - 0,012 = 2,849 \ . \tag{7.42}$$

Os resultados desses cálculos constituem um "plano" para a trajetória. No tempo de execução, esses números seriam usados pelo **gerador de trajetória** para computar os valores de θ, $\dot{\theta}$ e $\ddot{\theta}$ à velocidade de atualização de percurso.

Nessas *splines* combinatórias lineares parabólicas, observe que os pontos de passagem não são, de fato, alcançados, a menos que o manipulador pare. Com frequência, quando a capacidade de aceleração é alta o suficiente, as trajetórias chegam bem perto do ponto de passagem desejado. Se quisermos, de fato, passar por um ponto, chegando para isso a parar, o ponto de passagem é simplesmente repetido na especificação do percurso.

Se o usuário quiser especificar que o manipulador passe *exatamente* por um ponto de passagem, sem parar, tal especificação pode ser acomodada usando-se a mesma formulação de antes, mas com o seguinte acréscimo: o sistema automaticamente substitui os pontos de passagem pelos quais queremos que o manipulador passe por dois *pseudopontos de passagem*, um de cada lado do original (como na Figura 7.10). Em seguida, a geração de trajeto ocorre como antes. O ponto de passagem original ficará, agora, na região linear do trajeto que conecta os dois pseudopontos. Além de solicitar que o manipulador passe exatamente por um ponto de passagem, o usuário pode, também, querer que ele passe a certa velocidade. Se o usuário não especificar essa velocidade, o sistema a escolherá por meio de uma heurística adequada. O termo **ponto de travessia** pode ser usado (em vez de ponto de passagem) para especificar um ponto de trajeto *pelo* qual forçamos o manipulador passar exatamente.

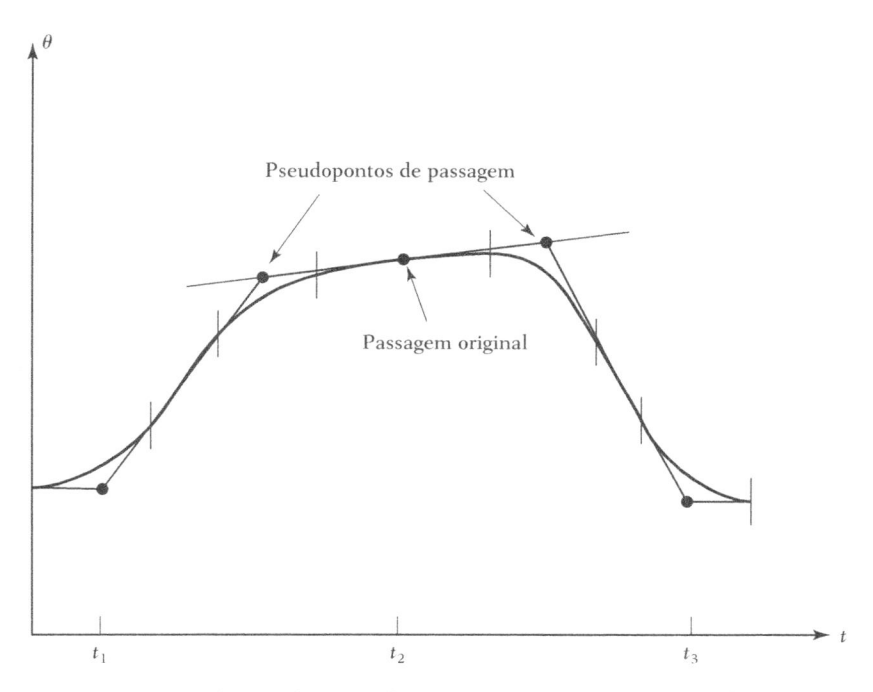

Figura 7.10: Uso de pseudopontos de passagem para criar um ponto "de travessia".

7.4 ESQUEMAS DO ESPAÇO CARTESIANO

Como mencionamos na Seção 7.3, trajetórias computadas no espaço de juntas podem garantir que os pontos de passagem e pontos meta desejados sejam atingidos, mesmo quando esses pontos de trajetória forem especificados por meio de sistemas de referência cartesianos. No entanto, a forma espacial do percurso feito pelo efetuador não é uma linha reta pelo espaço; em vez disso, é uma forma complicada que depende da cinemática específica do manipulador que está sendo usado. Nesta seção, consideramos métodos de geração de trajetória nos quais as formas das trajetórias são descritas em termos de funções que computam a posição e a orientação cartesianas como funções do tempo. Desse modo, podemos especificar também a forma espacial da trajetória entre os pontos da trajetória. A mais comum é uma linha reta, mas circular, senoidal ou outras formas podem ser usadas.

Cada ponto da trajetória é em geral especificado em termos de uma posição e uma orientação desejadas do sistema de referência da ferramenta em relação ao sistema de referência da estação. Nos esquemas de geração de trajetória com base cartesiana, as funções *spline* que formam a trajetória são funções de tempo que representam variáveis cartesianas. Esses percursos podem ser *planejados* diretamente a partir da definição de pontos da trajetória feita pelo usuário, que são especificações de $\{T\}$ em relação a $\{S\}$, sem realizar primeiro a cinemática inversa. No entanto, os esquemas cartesianos são computacionalmente mais dispendiosos de executar porque, durante o tempo de execução, a cinemática inversa deve ser resolvida à velocidade de atualização do percurso – ou seja, depois que o percurso é gerado no espaço cartesiano, o cálculo da cinemática inversa é realizado como última etapa para determinar os ângulos de junta desejados.

Vários esquemas para gerar trajetórias cartesianas foram propostos em livros da comunidade ligada à pesquisa e produção de robôs industriais [1, 2]. Na seção a seguir, introduzimos um esquema como exemplo. Nele, podemos usar o mesmo método de união suave de linhas e parabólicas baseadas em *splines* que desenvolvemos para o caso do espaço de juntas.

> **Movimento cartesiano em linha reta**

Muitas vezes, gostaríamos de especificar com facilidade uma trajetória espacial que faça a ponta da ferramenta movimentar-se pelo espaço em linha reta. Claro, se especificarmos muitos pontos de passagem próximos um do outro que estão em linha reta, a ponta da ferramenta aparentemente percorrerá uma linha reta, seja qual for a função suave escolhida para interconectar os pontos de passagem. No entanto, será muito mais conveniente que a ferramenta faça trajetórias em linha reta entre pontos de passagem mais distantes entre si. Esse modo de especificação e execução de trajetória é chamado de **movimento cartesiano em linha reta**. Definir movimentos em termos de linhas retas é um subconjunto de um recurso mais genérico, o **movimento cartesiano**, no qual funções arbitrárias das variáveis cartesianas como funções de tempo podem ser usadas para especificar um percurso. Em um sistema que permite o movimento cartesiano genérico, formas de trajetória como elipses ou senoides podem ser executadas.

Ao planejar e gerar trajetórias cartesianas em linha reta, é apropriado usar uma função *spline* de funções lineares com partes parabólicas. Durante a porção linear de cada segmento, todos os três componentes de posição alteram-se linearmente e o efetuador move-se no espaço em linha reta. No entanto, se estamos especificando a orientação como uma matriz rotacional em cada ponto de passagem, não podemos interpolar linearmente seus elementos porque isso não resultaria sempre em uma matriz rotacional válida. Uma matriz rotacional deve ser composta de colunas ortonormais e tal condição não poderia ser garantida se ela fosse construída por interpolação linear de elementos entre duas matrizes válidas. Em vez disso, usaremos outra representação da orientação.

Como dissemos no Capítulo 2, a chamada representação **ângulo-eixo** pode ser usada para especificar uma orientação com três números. Se combinarmos essa representação de orientação com a representação de posição cartesiana 3×1, teremos uma representação cartesiana 6×1 de posição e orientação. Considere um ponto de passagem especificado em relação ao sistema de referência da estação como $^S_A T$. Ou seja, o sistema de referência $\{A\}$ especifica um ponto de passagem com a posição do efetuador dada por $^S P_{AORG}$ e a orientação do efetuador dada por $^S_A R$. Essa matriz rotacional pode ser convertida na representação ângulo-eixo $ROT(^S \hat{K}_A, \theta_{SA})$ – ou, simplesmente, $^S K_A$. Usaremos o símbolo χ para representar esse vetor cartesiano 6×1 de posição e orientação. Assim, temos

$$^S \chi_A = \begin{bmatrix} ^S P_{AORG} \\ ^S K_A \end{bmatrix},$$

(7.43)

onde $^S K_A$ é formado pelo dimensionamento do vetor unitário $^S \hat{K}_A$ pela quantidade de rotação, θ_{SA}. Se todos os pontos da trajetória forem especificados nessa representação, teremos de descrever funções *spline* que variem suavemente essas seis quantidades de ponto de trajetória em ponto de trajetória como funções de tempo. Se forem usadas funções *spline* lineares com combinações parabólicas, a forma do percurso entre os pontos de passagem será linear. Na passagem pelos pontos de passagem, a velocidade linear e angular do efetuador se altera suavemente.

Note que à diferença de alguns outros esquemas de movimento cartesiano em linha reta que foram propostos, esse método não garante que as rotações ocorram em torno de um único "eixo equivalente" no movimento de ponto a ponto. Mais exatamente, nosso esquema é simples e proporciona mudanças suaves de orientação, permitindo o uso da mesma matemática que já desenvolvemos para o planejamento das trajetórias com interpolação das juntas.

Uma ligeira complicação surge em decorrência do fato de que a representação de orientação por ângulo-eixo não é exclusiva, ou seja,

$$\left({}^S\hat{K}_A, \theta_{SA}\right) = \left({}^S\hat{K}_A, \theta_{SA} + n360°\right),\tag{7.44}$$

em que n é qualquer número inteiro positivo ou negativo. Na passagem de um ponto de passagem $\{A\}$ para um ponto de passagem $\{B\}$, a rotação total deve ser minimizada. Se a nossa representação da orientação de $\{A\}$ é dada como ${}^S K_A$, temos de escolher o ${}^S K_B$ específico de forma que $|{}^S K_B - {}^S K_A|$ seja minimizado. Por exemplo, a Figura 7.11 mostra quatro diferentes ${}^S K_B$ possíveis e sua relação com o ${}^S K_A$ dado. Os vetores de diferença (linhas pontilhadas) são comparados para descobrirmos qual ${}^S K_B$ resultará na rotação mínima – nesse caso, ${}^S K_{B(-1)}$.

Uma vez selecionados os seis valores de χ para cada ponto de passagem, podemos usar a mesma matemática que já desenvolvemos para gerar *splines* compostos de seções lineares e parabólicas. No entanto, temos de adicionar uma restrição: o tempo de combinação para cada grau de liberdade deve ser o mesmo. Isso garante que o movimento resultante de todos os graus de liberdade será uma linha reta no espaço. Como todos os tempos de combinação serão iguais, a aceleração usada durante a combinação para cada grau será diferente. Por isso, especificamos uma duração de combinação e, usando (7.24), computamos a aceleração necessária (em vez de fazer o inverso). O tempo de combinação pode ser escolhido de forma que certo limite superior de aceleração não seja ultrapassado.

Muitos outros esquemas para representar e interpolar a porção de orientação de uma trajetória cartesiana podem ser usados. Entre eles, estão o uso de algumas das outras representações de orientação 3 × 1 apresentadas na Seção 2.8. Por exemplo, alguns robôs industriais movimentam-se por trajetórias cartesianas em linha reta nas quais a interpolação da orientação é feita por uma representação similar aos ângulos Z-Y-Z de Euler.

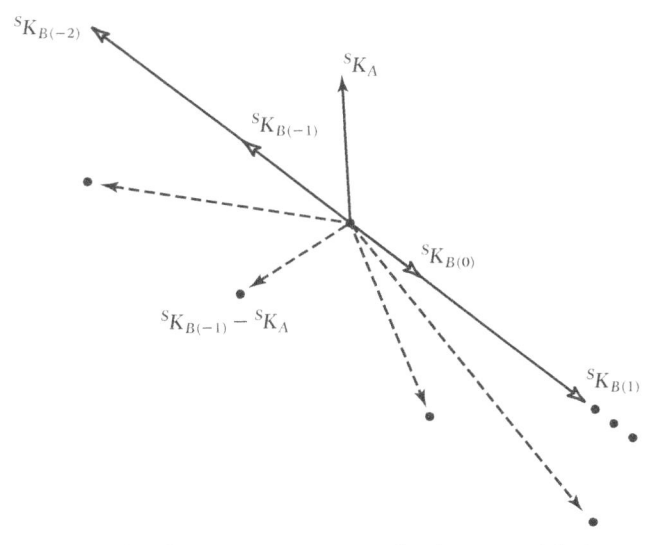

Figura 7.11: Escolhendo a representação ângulo-eixo para minimizar a rotação.

7.5 PROBLEMAS GEOMÉTRICOS COM TRAJETÓRIAS CARTESIANAS

Como uma correspondência contínua é estabelecida entre um formato de trajetória descrito no espaço cartesiano e nas posições das juntas, as trajetórias cartesianas tendem a ter vários problemas na relação com o espaço de trabalho e as singularidades.

> **Problemas do tipo 1: pontos intermediários inalcançáveis**

Embora a localização inicial do manipulador e o ponto-alvo final estejam, ambos, dentro do seu espaço de trabalho, é possível que nem todos os pontos que estão na linha reta ligando esses dois pontos estejam no espaço de trabalho. Como exemplo, considere o robô planar de dois elos da Figura 7.12 e o espaço de trabalho a ele associado. Nesse caso, o elo 2 é mais curto que o elo 1, de forma que o espaço de trabalho contém um buraco no meio, cujo raio é a diferença entre o comprimento dos elos. Desenhado no espaço de trabalho temos um ponto inicial A e um ponto-alvo B. O movimento de A para B não seria problema no espaço de juntas, mas se um movimento cartesiano em linha reta fosse tentado, os pontos intermediários ao longo da trajetória não seriam alcançáveis. Esse é um exemplo de situação na qual um percurso no espaço de juntas poderia ser facilmente executado, mas um percurso cartesiano em linha reta falharia.*

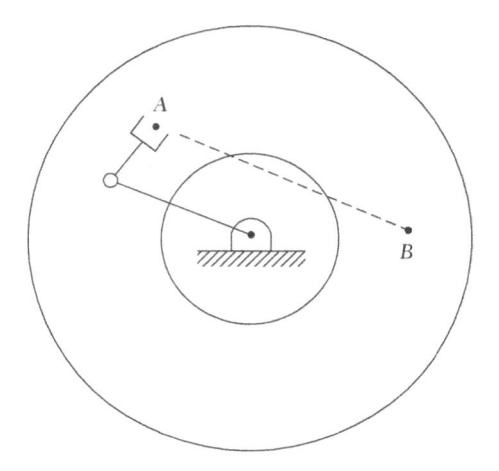

Figura 7.12: Problema do tipo 1 da trajetória cartesiana.

> **Problemas do tipo 2: alta velocidade das juntas próxima a singularidades**

Vimos no Capítulo 5 que há locais no espaço de trabalho do manipulador onde é impossível escolher velocidades finitas para as juntas de forma a gerar a velocidade desejada para o efetuador no espaço cartesiano. Portanto, não deve surpreender que existam certas trajetórias (descritas em termos cartesianos) impossíveis de serem executadas pelo manipulador. Se, por exemplo, um manipulador está seguindo uma trajetória cartesiana em linha reta e se aproxima de uma configuração singular do mecanismo, a velocidade de uma ou mais juntas pode aumentar ao infinito. Como as velocidades do mecanismo têm um limite superior, a situação na prática resulta no desvio do manipulador do curso desejado.

Como exemplo, a Figura 7.13 mostra um manipulador planar de dois elos (com comprimentos iguais) movendo-se em uma trajetória do ponto A ao ponto B. A trajetória desejada consiste em mover a ponta do manipulador a uma velocidade linear constante ao longo do percurso em linha reta. Na figura, várias posições intermediárias foram desenhadas para ajudar a visualizar seu movimento. Todos os pontos ao longo da trajetória são alcançáveis, mas quando o robô passa pela

---

* Alguns sistemas robóticos alertariam o usuário de que há um problema antes de mover o manipulador. Em outros, o movimento começaria ao longo do percurso até que alguma das juntas atingisse o seu limite e, nesse momento, o movimento do manipulador seria interrompido.

porção central, a velocidade da junta um fica muito alta. Quanto mais a trajetória se aproximar do eixo da junta um, maior será essa velocidade. Uma abordagem possível é subdimensionar a velocidade geral da trajetória de forma que todas as juntas fiquem dentro dos seus limites de velocidade. Assim, os atributos temporais desejados da trajetória podem se perder, mas pelo menos o aspecto espacial da definição da trajetória será mantido.

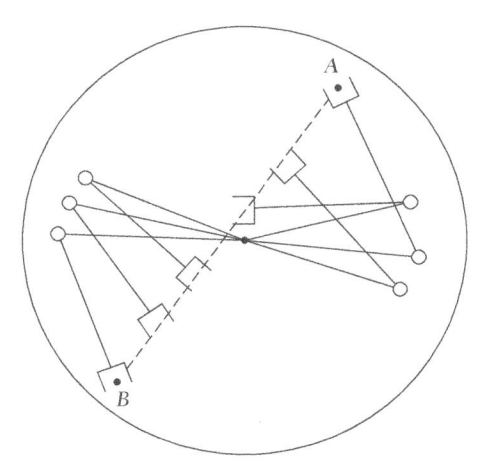

Figura 7.13: Problema do tipo 2 da trajetória cartesiana.

> Problemas do tipo 3: início e alvo atingíveis por diferentes soluções

Um terceiro tipo de problema que pode surgir é mostrado na Figura 7.14. Aqui, um manipulador planar de dois elos com comprimentos iguais tem limites de juntas que restringem o número de soluções com as quais pode chegar a um ponto dado no espaço. Em particular, surgirá um problema se o ponto-alvo não puder ser alcançado na solução física em que o robô está no ponto inicial. Na Figura 7.14, o manipulador consegue alcançar todos os pontos da trajetória com algumas das soluções, mas não com uma única solução. Nessa situação, o sistema de planejamento da trajetória pode detectar o problema antes de tentar mover o robô pelo percurso e pode sinalizar o erro para o usuário.

Para lidar com esses problemas de trajetórias especificados no espaço cartesiano, a maioria dos sistemas de controle de manipuladores industriais suporta tanto a geração de trajetórias pelo

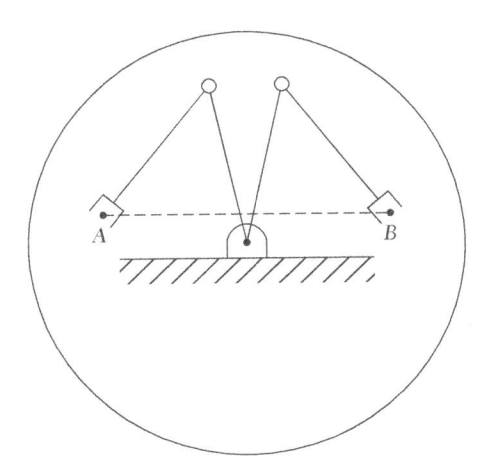

Figura 7.14: Problema do tipo 3 da trajetória cartesiana.

espaço cartesiano quanto pelo espaço de juntas. O usuário rapidamente aprende que, pelas dificuldades com as trajetórias cartesianas, os percursos em espaços de juntas devem ser o padrão e aqueles em espaço cartesiano devem ser usados apenas quando a aplicação os requer.

7.6 GERAÇÃO DE TRAJETÓRIA EM TEMPO DE EXECUÇÃO

Em **tempo de execução**, a rotina de geração de trajetória a constrói geralmente em termos de θ, $\dot{\theta}$ e $\ddot{\theta}$, e alimenta essa informação ao sistema de controle do manipulador. Esse gerador de caminhos computa a trajetória à velocidade de atualização desta.

> Geração de trajetória no espaço das juntas

O resultado de planejar uma trajetória usando qualquer um dos métodos com funções *splines* citados na Seção 7.3 é um conjunto de dados para cada segmento da trajetória. Esses dados são usados pelo gerador de trajetória em tempo de execução para calcular θ, $\dot{\theta}$ e $\ddot{\theta}$.

No caso dos *splines* cúbicos, o gerador de trajetória simplesmente computa (7.3) à medida que o tempo t avança. Quando o fim de um segmento é alcançado, um novo conjunto de coeficientes cúbicos é evocado, t é ajustado de volta a zero e a geração continua.

No caso de *splines* lineares com combinações parabólicas, o valor do tempo, t, é verificado a cada atualização para determinar instantaneamente se estamos na porção linear ou na porção combinatória do segmento. Na porção linear, a trajetória para cada junta é calculada como

$$\begin{aligned}\theta &= \theta_j + \dot{\theta}_{jk} t, \\ \dot{\theta} &= \dot{\theta}_{jk}, \\ \ddot{\theta} &= 0,\end{aligned} \quad (7.45)$$

sendo t o tempo desde o j-ésimo ponto de passagem e $\dot{\theta}_{jk}$ foi calculado no tempo de planejamento da trajetória a partir de (7.24). Na região combinatória, a trajetória para cada junta é calculada como

$$\begin{aligned}t_{inb} &= t - \left(\tfrac{1}{2} t_j + t_{jk}\right), \\ \theta &= \theta_j + \dot{\theta}_{jk}\left(t - t_{inb}\right) + \tfrac{1}{2}\ddot{\theta}_k t_{inb}^2, \\ \dot{\theta} &= \dot{\theta}_{jk} + \ddot{\theta}_k t_{inb}, \\ \ddot{\theta} &= \ddot{\theta}_k,\end{aligned} \quad (7.46)$$

onde $\dot{\theta}_{jk}$, $\ddot{\theta}_k$, t_j e t_{jk} foram calculados no tempo de planejamento da trajetória a partir das equações de (7.24) a (7.28). Isso continua, com t reajustado a $\tfrac{1}{2} t_k$ quando um novo segmento linear é introduzido, até que tenhamos percorrido todos os conjuntos de dados que representam os segmentos do percurso.

> Geração de trajetórias no espaço cartesiano

Para o esquema de trajetória cartesiana apresentado na Seção 7.4, usamos o gerador de trajetória para o percurso com função *spline* linear com combinação parabólica. No entanto, os valores computados representam a posição e a orientação cartesianas e não valores das variáveis de juntas, de forma que reescrevemos (7.45) e (7.46) com o símbolo x representando um componente do vetor da orientação e posição cartesianas. Na porção linear do segmento, cada grau de liberdade em χ é calculado como

$$\begin{aligned} x &= x_j + \dot{x}_{jk} t \,, \\ \dot{x} &= \dot{x}_{jk} \,, \\ \ddot{x} &= 0 \,, \end{aligned} \quad (7.47)$$

onde t é o tempo decorrido desse o j-ésimo ponto de passagem e $\dot{x}_{jk}$ foi calculado em tempo de planejamento de trajetória usando-se uma equação análoga a (7.24). Na região combinatória, a trajetória para cada grau de liberdade é calculada como

$$\begin{aligned} t_{inb} &= t - \left(\tfrac{1}{2} t_j + t_{jk}\right) , \\ x &= x_j + \dot{x}_{jk}\left(t - t_{inb}\right) + \tfrac{1}{2} \ddot{x}_k t_{inb}^2 \,, \\ \dot{x} &= \dot{x}_{jk} + \ddot{x}_k t_{inb} \,, \\ \ddot{x} &= \ddot{x}_k \,, \end{aligned} \quad (7.48)$$

onde as quantidades $\dot{x}_{jk}$, $\ddot{x}_k$, t_j e t_{jk} foram computadas em tempo de planejamento, exatamente como no caso do espaço de juntas.

Por fim, essa trajetória cartesiana (χ, $\dot{\chi}$ e $\ddot{\chi}$) deve ser convertida em quantidades equivalentes no espaço de juntas. Uma solução analítica completa para esse problema usaria a cinemática inversa para calcular as posições das juntas, a inversa do Jacobiano para as velocidades e a inversa do Jacobiano mais sua derivada para a aceleração [5]. Uma maneira mais simples muito usada na prática é a seguinte: à velocidade de atualização da trajetória, convertemos χ em sua representação de sistema de referência equivalente, $^S_G T$. Em seguida, usamos a rotina SOLVE (veja a Seção 4.8) para calcular o vetor necessário para os ângulos de juntas, Θ. A diferenciação numérica é, então, usada para computar $\dot{\Theta}$ e $\ddot{\Theta}$.[*] Assim, o algoritmo é

$$\begin{aligned} \chi &\to {}^S_G T \,, \\ \Theta(t) &= SOLVE\left({}^S_G T\right), \\ \dot{\Theta}(t) &= \frac{\Theta(t) - \Theta(t - \delta t)}{\delta t} \,, \\ \ddot{\Theta}(t) &= \frac{\dot{\Theta}(t) - \dot{\Theta}(t - \delta t)}{\delta t} \,. \end{aligned} \quad (7.49)$$

Depois, Θ, $\dot{\Theta}$ e $\ddot{\Theta}$ são fornecidos ao sistema de controle do manipulador.

7.7 DESCRIÇÃO DE TRAJETÓRIAS COM UMA LINGUAGEM DE PROGRAMAÇÃO DE ROBÔS

No Capítulo 12, discutiremos de modo aprofundado as **linguagens de programação de robôs**. Aqui, vamos ilustrar como vários tipos de trajetórias que foram discutidos neste capítulo podem ser especificados em linguagem robótica. Nesses exemplos, usamos a sintaxe de **AL**, uma linguagem de programação de robôs desenvolvida na Universidade de Stanford [6].

---

[*] Essa diferenciação pode ser feita de forma não causal para trajetórias previamente planejadas, resultando em $\dot{\Theta}$ e $\ddot{\Theta}$ de melhor qualidade. Além disso, muitos sistemas de controle não requerem a entrada de $\ddot{\Theta}$, de forma que ele não seria computado.

Os símbolos A, B, C e D representam as variáveis do tipo "sistema de referência" nos exemplos de linguagem AL a seguir. Tais sistemas de referência especificam os pontos de trajetória que presumiremos terem sido ensinados ou textualmente descritos ao sistema. Considere que o manipulador começa na posição A. Para movimentá-lo no modo do espaço de juntas ao longo dos percursos de combinação linear-parabólica, diríamos

```
move ARM to C with duration = 3*seconds;
```

(mover BRAÇO para C com duração = 3*segundos)

Para mover para a mesma posição e orientação em linha reta poderíamos dizer

```
move ARM to C linearly with duration = 3*seconds;
```

(mover BRAÇO para C linearmente com duração = 3*segundos)

em que a palavra-chave "linearly" (linearmente) denota que o movimento cartesiano em linha reta deve ser usado. Se a duração não for importante, o usuário pode omitir essa especificação e o sistema usará a velocidade predefinida, ou seja,

```
move ARM to C;
```

(mover BRAÇO para C)

Um ponto de passagem pode ser acrescentado e nesse caso escrevemos

```
move ARM to C via B;
```

(mover BRAÇO para C via B)

ou todo um conjunto de pontos de passagem pode ser especificado por

```
move ARM to C via B, A, D;
```

(mover BRAÇO para C via B, A, D)

Observe que em

```
move ARM to C via B with duration = 6*seconds;
```

(mover BRAÇO para C via B com duração = 6*segundos)

a duração é dada para o movimento total. O sistema decide como dividir o tempo entre os dois segmentos. Em AL, é possível especificar a duração de um único segmento, por exemplo, dessa forma:

```
move ARM to C via B where duration = 3*seconds;
```

(mover BRAÇO para C via B onde duração = 3*segundos)

O primeiro segmento que leva ao ponto B terá uma duração de três segundos.

7.8 PLANEJAMENTO DE TRAJETÓRIAS USANDO O MODELO DINÂMICO

Em geral, quando as trajetórias são planejadas, usamos uma aceleração predefinida ou máxima em cada ponto de combinação. Na prática, a quantidade de aceleração de que o manipulador é capaz em um instante qualquer é uma função da dinâmica do braço e dos limites do atuador. A maior parte dos atuadores não se caracteriza por um torque ou aceleração máximo fixo, mas sim por uma curva de torque/velocidade.

Quando planejamos uma trajetória presumindo que exista uma aceleração máxima em cada junta ou ao longo de cada grau de liberdade, estamos fazendo uma tremenda simplificação. A fim de ter cuidado para não exceder os verdadeiros recursos do dispositivo, essa aceleração máxima deve ser escolhida de forma conservadora. Portanto, não estamos utilizando plenamente os recursos de aceleração do manipulador nas trajetórias planejadas com os métodos apresentados neste capítulo.

Poderíamos formular a seguinte pergunta: dada uma trajetória espacial desejada do efetuador, encontre a informação de tempo (que transforma uma descrição de um percurso espacial em uma trajetória) de forma que o manipulador alcance o ponto meta no mínimo de tempo. Tais problemas foram solucionados por métodos numéricos [7, 8]. A solução considera tanto a dinâmica de corpo rígido quanto as curvas de restrição a velocidade/torque do atuador.

7.9 PLANEJAMENTO DE TRAJETÓRIA LIVRE DE COLISÃO

Seria de extrema conveniência se pudéssemos apenas dizer ao sistema robótico qual é o ponto meta desejado do movimento do manipulador, deixando que o sistema determinasse onde e quantos pontos de passagem são necessários, de forma que a meta seja atingida sem que o manipulador bata em qualquer obstáculo. Para fazer isso, o sistema precisa ter modelos do manipulador, da área de trabalho e de todos os possíveis obstáculos que nela se encontram. Um segundo manipulador pode, inclusive, estar trabalhando na mesma área. Nesse caso, cada braço teria de ser considerado um obstáculo móvel em relação ao outro.

Não existem, no mercado, sistemas que planejam trajetórias livres de colisão. As pesquisas nessa área levaram a duas técnicas principais que competem entre si e a várias combinações de ambas. Uma das abordagens soluciona o problema formando uma representação gráfica conectada do espaço livre e buscando, no gráfico, uma trajetória livre de colisão [9–11, 17, 18]. Infelizmente, essas técnicas têm uma complexidade exponencial em relação ao número de juntas do dispositivo. A segunda abordagem baseia-se na criação de campos artificiais potenciais em torno dos obstáculos, os quais fazem o manipulador evitar os obstáculos quando são levados a um polo artificial de atração no ponto-alvo [12]. Infelizmente, esses métodos costumam ter uma visão localizada do ambiente e estão sujeitos a ficar "presos" em mínimos locais do campo artificial.

BIBLIOGRAFIA

[1] PAUL, R. P. e ZONG, H. "Robot Motion Trajectory Specification and Generation," 2º Simpósio Internacional de Pesquisas sobre Robótica, Kyoto, Japão: ago. 1984.
[2] TAYLOR, R. "Planning and Execution of Straight Line Manipulator Trajectories," em *Robot Motion*. Brady et al. (Eds.), Cambridge, Massachusetts: MIT Press, 1983.
[3] DeBOOR, C. *A Practical Guide to Splines*. Nova York: Springer-Verlag, 1978.

[4] ROGERS, D. e ADAMS, J. A. *Mathematical Elements for Computer Graphics*. Nova York: McGraw-Hill, 1976.

[5] GORLA B. e RENAUD, M. *Robots Manipulateurs*. Toulouse: Cépaduès-Éditions, 1984.

[6] GOLDMAN, R. *Design of an Interactive Manipulator Programming Environment*. Ann Arbor, MI: UMI Research Press, 1985.

[7] BOBROW, J., DUBOWSKY, S. e GIBSON, J. "On the Optimal Control of Robotic Manipulators with Actuator Constraints," *Proceedings of the American Control Conference*, jun. 1983.

[8] SHIN, K. e McKAY, N. "Minimum-Time Control of Robotic Manipulators with Geometric Path Constraints," *IEEE Transactions on Automatic Control*, jun. 1985.

[9] LOZANO-PEREZ, T. "Spatial Planning: A Configuration Space Approach," AI Memo 605, laboratório de Inteligência Artificial do MIT, Cambridge, Massachusetts, 1980.

[10] LOZANO-PEREZ, T. "A Simple Motion Planning Algorithm for General Robot Manipulators," *IEEE Journal of Robotics and Automation*, v. RA-3, n. 3, jun. 1987.

[11] BROOKS, R. "Solving the Find-Path Problem by Good Representation of Free Space," *IEEE Transactions on Systems, Man, and Cybernetics*, SMC-13: 190–197, 1983.

[12] KHATIB, O. "Real-Time Obstacle Avoidance for Manipulators and Mobile Robots," *The International Journal of Robotics Research*. v. 5, n. 1, primav. 1986.

[13] PAUL, R. P. "Robot Manipulators: Mathematics, Programming, and Control," Cambridge, Massachusetts: MIT Press, 1981.

[14] CASTAIN, R. e PAUL, R. P. "An Online Dynamic Trajectory Generator," *The International Journal of Robotics Research*, v. 3, 1984.

[15] LIN, C. S. e CHANG, P. R. "Joint Trajectory of Mechanical Manipulators for Cartesian Path Approximation," *IEEE Transactions on Systems, Man, and Cybernetics*, v. SMC-13, 1983.

[16] LIN, C. S., CHANG, P. R. e LUH, J. Y. S. "Formulation and Optimization of Cubic Polynomial Joint Trajectories for Industrial Robots," *IEEE Transactions on Automatic Control*, v. AC-28, 1983.

[17] KAVRAKI, L., SVESTKA, P., LATOMBE, J. C. e OVERMARS, M. "Probabilistic Roadmaps for Path Planning in High-Dimensional Configuration Spaces," *IEEE Transactions on Robotics and Automation*, 12(4): 566–580, 1996.

[18] BARRAQUAND, J., KAVRAKI, L., LATOMBE, J. C., LI, T. Y., MOTWANI, R. e RAGHAVAN, P. "A Random Sampling Scheme for Path Planning," *International Journal of Robotics Research*, 16(6): 759–774, 1997.

EXERCÍCIOS

7.1 [8] Quantos polinômios cúbicos individuais são computados quando um robô de seis juntas se movimenta por uma trajetória de função *spline* passando por dois pontos de passagem e parando no ponto-alvo? Quantos coeficientes ficam armazenados para descrever esses polinômios cúbicos?

7.2 [13] Um robô de um único elo com junta rotacional está imóvel em $\theta = -5°$. Queremos que ele movimente a junta de forma suave até $\theta = 80°$ em 4 segundos. Encontre os coeficientes de um polinômio cúbico que realize esse movimento e leve o braço ao repouso no alvo. Faça um gráfico da posição, velocidade e aceleração da junta em função do tempo.

7.3 [14] Um robô de um único elo com junta rotacional está imóvel em $\theta = -5°$. Queremos que ele movimente a junta de forma suave até $\theta = 80°$ em 4 segundos e pare suavemente. Calcule os parâmetros correspondentes de uma trajetória linear com combinações parabólicas. Faça um gráfico da posição, velocidade e aceleração da junta em função do tempo.

7.4 [30] Escreva uma rotina de software para planejamento de trajetória que execute (7.24) a (7.28) de forma genérica para trajetórias descritas por um número arbitrário de pontos de trajetória. Por exemplo, essa rotina pode ser usada para resolver o Exemplo 7.4.

7.5 [18] Desenhe gráficos de posição, velocidade e aceleração para a função *spline* de dois segmentos e aceleração contínua dada no Exemplo 7.2. Faça o projeto para uma junta na qual $\theta_0 = 5{,}0°$, $\theta_v = 15{,}0°$, $\theta_g = 40{,}0°$, e cada segmento dura 1,0 segundo.

7.6 [18] Desenhe gráficos de posição, velocidade e aceleração para a função *spline* de dois segmentos na qual cada segmento é um polinômio cúbico, usando os coeficientes dados em (7.11). Faça o gráfico para uma junta na qual $\theta_0 = 5{,}0°$ para o ponto inicial, $\theta_v = 15{,}0°$ é um ponto de passagem e $\theta_g = 40{,}0°$ é o ponto meta desejado. Presuma que cada segmento tem uma duração de 1,0 segundo e que a velocidade nos pontos de passagem deve ser 17,5 graus/segundo.

7.7 [20] Calcule $\dot{\theta}_{12}$, $\dot{\theta}_{23}$, t_1, t_2 e t_3 para uma função *spline* linear de dois segmentos com combinações parabólicas. (Use (7.24) a (7.28).) Para essa junta, $\theta_1 = 5{,}0°$, $\theta_2 = 15{,}0°$, $\theta_3 = 40{,}0°$. Presuma que $t_{d12} = t_{d23} = 1{,}0$ segundo e que a aceleração predefinida a ser usada durante as combinações é 80 graus/segundo². Faça diagramas de posição, velocidade e aceleração de θ.

7.8 [18] Desenhe gráficos de posição, velocidade e aceleração para a função *spline* de dois segmentos e aceleração contínua dada no Exemplo 7.2. Faça o projeto para uma junta na qual $\theta_0 = 5{,}0°$, $\theta_v = 15{,}0°$, $\theta_g = -10{,}0°$, e cada segmento dura 2,0 segundos.

7.9 [18] Desenhe gráficos de posição, velocidade e aceleração para a função *spline* de dois segmentos em que cada segmento é um polinômio cúbico, usando os coeficientes dados em (7.11). Faça os projetos para uma junta na qual $\theta_0 = 5{,}0°$ para o ponto inicial, $\theta_v = 15{,}0°$ é um ponto de passagem e $\theta_g = -10{,}0°$ é o ponto-alvo. Assuma que cada segmento tem duração de 2,0 segundos e que a velocidade do ponto de passagem é 0,0 grau/segundo.

7.10 [20] Calcule $\dot{\theta}_{12}$, $\dot{\theta}_{23}$, t_1, t_2 e t_3 para uma função *spline* linear de dois segmentos com combinações parabólicas. (Use (7.24) a (7.28).) Para essa junta, $\theta_1 = 5{,}0°$, $\theta_2 = 15{,}0°$, $\theta_3 = -10{,}0°$. Presuma que $t_{d12} = t_{d23} = 2{,}0$ segundos e que a aceleração predefinida a ser usada durante as combinações é 60 graus/segundo². Faça gráficos de posição, velocidade e aceleração de θ.

7.11 [6] Dê a representação cartesiana 6×1 de posição e orientação ${}^S\chi_G$ que é equivalente a ${}^S_G T$ em que ${}^S_G R = ROT(\hat{Z}, 30°)$ e ${}^S P_{GORG} = [10{,}0\ 20{,}0\ 30{,}0]^T$.

7.12 [6] Dê a ${}^S_G T$ que é equivalente à representação cartesiana 6×1 de posição e orientação ${}^S\chi_G = [5{,}0\ -20{,}0\ 10{,}0\ 45{,}0\ 0{,}0\ 0{,}0]^T$.

7.13 [30] Escreva um programa que usa a equação dinâmica da Seção 6.7 (o manipulador planar de dois elos) para computar o histórico de tempo dos torques necessários para movimentar o braço ao longo da trajetória do Exercício 7.8. Quais são os torques máximos necessários e onde eles ocorrem ao longo da trajetória?

7.14 [32] Escreva um programa que usa as equações dinâmicas da Seção 6.7 (o manipulador planar de dois elos) para computar o histórico de tempo dos torques necessários para movimentar o braço ao longo da trajetória do Exercício 7.8. Faça gráficos separados dos torques de junta necessários devido à inércia, termos de velocidade e gravidade.

7.15 [22] Faça o Exemplo 7.2 quando $t_{f1} \neq t_{f2}$.

7.16 [25] Queremos movimentar uma única junta de θ_0 a θ_f começando em repouso e terminando em repouso no tempo t_f. Os valores de θ_0 e θ_f são dados, mas queremos computar t_f de forma que $\|\dot{\theta}(t)\| < \dot{\theta}_{max}$ e $\|\ddot{\theta}(t)\| < \ddot{\theta}_{max}$ para todo t, em que $\dot{\theta}_{max}$ e $\ddot{\theta}_{max}$ são constantes positivas dadas. Use um único segmento cúbico e dê uma expressão para t_f e para os coeficientes do polinômio cúbico.

7.17 [10] Uma única trajetória cúbica é dada por

$$\theta(t) = 10 + 90t^2 - 60t^3$$

e é usada no decorrer do intervalo de tempo de $t = 0$ a $t = 1$. Quais são as posições, velocidades e acelerações iniciais e finais?

7.18 [12] Uma única trajetória cúbica é dada por

$$\theta(t) = 10 + 90t^2 - 60t^3$$

e é usada no decorrer do intervalo de tempo de $t = 0$ a $t = 2$. Quais são as posições, velocidades e acelerações iniciais e finais?

7.19 [13] Uma única trajetória cúbica é dada por

$$\theta(t) = 10 + 5t + 70t^2 - 45t^3$$

e é usada no decorrer do intervalo de tempo de $t = 0$ a $t = 1$. Quais são as posições, velocidades e acelerações iniciais e finais?

7.20 [15] Uma única trajetória cúbica é dada por

$$\theta(t) = 10 + 5t + 70t^2 - 45t^3$$

e é usada no decorrer do intervalo de tempo de $t = 0$ a $t = 2$. Quais são as posições, velocidades e acelerações iniciais e finais?

EXERCÍCIOS DE PROGRAMAÇÃO (PARTE 7)

1. Escreva um sistema de planejamento de trajetória com *splines* cúbicas no espaço de juntas. Uma rotina que seu sistema deve incluir é

   ```
   Procedure CUBCOEF (VAR th0, thf, thdot0, thdotf: real; VAR cc: vec4);
   ```

   em que

   th0 = posição inicial de θ no início do segmento,
   thf = posição final de θ no fim do segmento,
   thdot0 = velocidade inicial do segmento,
   thdotf = velocidade final do segmento.

   Essas quatro quantidades são entradas, e "cc", um arranjo dos quatro coeficientes cúbicos, é a saída. O seu programa deve aceitar até (pelo menos) cinco especificações de pontos de passagem – na forma de sistema de referência da ferramenta (*tool frame*), $\{T\}$ em relação ao sistema de referência da estação (*station frame*), $\{S\}$ – no formato comum ao usuário: (x, y, ϕ). Para simplificar as coisas, todos os segmentos terão a mesma duração. O seu sistema deve encontrar os coeficientes dos polinômios cúbicos usando alguma heurística razoável para a atribuição de velocidades de juntas aos pontos de passagem. *Dica*: veja a opção 2 na Seção 7.3.

2. Escreva um sistema de geração de trajetória que calcule a trajetória em espaço de juntas com base em conjuntos de coeficientes cúbicos para cada segmento. Ele deve ser capaz de gerar a trajetória de múltiplos segmentos que você planejou no Problema 1. A duração dos segmentos será especificada pelo usuário. Ela deve produzir informações de posição, velocidade e aceleração à velocidade de atualização de trajetória, que também será especificada pelo usuário.

3. O manipulador de três elos é o mesmo usado antes. As definições dos sistemas de referência $\{T\}$ e $\{S\}$ são as mesmas que as anteriores:

$${}^{W}_{T}T = \begin{bmatrix} x & y & \theta \end{bmatrix} = \begin{bmatrix} 0,1 & 0,2 & 30,0 \end{bmatrix},$$
$${}^{B}_{S}T = \begin{bmatrix} x & y & \theta \end{bmatrix} = \begin{bmatrix} 0,0 & 0,0 & 0,0 \end{bmatrix}.$$

Usando uma duração de 3,0 segundos por segmento, planeje e execute a trajetória que começa com o manipulador na posição

$$[x_1 \ y_1 \ \phi_1] = [0{,}758 \ 0{,}173 \ 0{,}0],$$

passa pelos pontos de passagem

$$[x_2 \ y_2 \ \phi_2] = [0{,}6 \ -0{,}3 \ 45{,}0]$$

e

$$[x_3 \ y_3 \ \phi_3] = [-0{,}4 \ 0{,}3 \ 120{,}0],$$

e termina no ponto meta (que nesse caso é o mesmo que o ponto inicial)

$$[x_4 \ y_4 \ \phi_4] = [0{,}758 \ 0{,}173 \ 0{,}0].$$

Use uma velocidade de atualização de trajetória de 40 Hz, mas imprima a posição apenas a cada 0,2 segundo. Imprima as posições na forma cartesiana usada pelo usuário. Você não precisa imprimir as velocidades e acelerações, embora possa se interessar em fazê-lo.

EXERCÍCIO PARA O MATLAB 7

O objetivo deste exercício é implementar equações polinomiais de geração de trajetória em espaço de juntas para uma única juntas. (Para múltiplas juntas, seriam necessárias n aplicações do resultado.) Escreva um programa em MATLAB para efetuar a geração de trajetória em espaço de juntas para os três casos a seguir. Relate os seus resultados para as tarefas específicas. Para cada caso, dê as funções polinomiais para o ângulo de junta, a velocidade angular, a aceleração angular e o tranco angular (a derivada de tempo da aceleração). Para cada caso, faça um gráfico dos resultados. (Arrume os gráficos verticalmente com ângulo, velocidade, aceleração e, depois, tranco, todos com a mesma escala de tempo – experimente a função *subplot* do MATLAB para fazer isso.) Não se limite a fazer gráficos dos resultados – discuta o que obteve; os seus resultados fazem sentido? Aqui estão os três casos:

a) *Polinômio de terceira ordem*. Force a velocidade angular para que seja zero no início e no fim. Dados: $\theta_s = 120°$ (início), $\theta_f = 60°$ (fim) e $t_f = 1$ s.
b) *Polinômio de quinta ordem*. Force a velocidade angular e a aceleração para que sejam zero no início e no fim. Dados: $\theta_s = 120°$, $\theta_f = 60°$ e $t_f = 1$ s. Compare seus resultados (funções e diagramas) com esse mesmo exemplo, mas usando um único polinômio de terceira ordem, como no problema (a).
c) *Dois polinômios de terceira ordem com ponto de passagem*. Force a velocidade angular para que seja zero no início e no fim. Não force a velocidade angular a zero no ponto de passagem – você deve correlacionar velocidade e aceleração nesse ponto para os dois polinômios que se encontram naquele ponto no tempo. Demonstre que essa condição é satisfeita. Dados: $\theta_s = 60°$ (início), $\theta_v = 120°$ (passagem), $\theta_f = 30°$ (fim), e $t_1 = t_2 = 1$ s (etapas de tempo relativas – isto é, $t_f = 2$ segundos).
d) Confira os resultados de (a) e (b) utilizando o Robotics Toolbox para o MATLAB de Peter Corke. Experimente a função *jtraj()*.

Projeto do mecanismo do manipulador

8.1 Introdução
8.2 Baseando o projeto nos requisitos das tarefas
8.3 Configuração cinemática
8.4 Medidas quantitativas dos atributos do espaço de trabalho
8.5 Estruturas redundantes e de cadeia fechada
8.6 Esquemas de acionamento
8.7 Rigidez e deflexões
8.8 Sensores de posição
8.9 Sensores de força

8.1 INTRODUÇÃO

Nos capítulos anteriores, vimos que a estrutura específica de um manipulador influencia a análise cinemática e dinâmica. Por exemplo, algumas configurações cinemáticas serão fáceis de resolver; outras não terão solução cinemática de forma fechada. Da mesma forma, a complexidade das equações dinâmicas pode variar muito com a configuração cinemática e a distribuição de massa dos elos. Nos próximos capítulos, veremos que o controle dos manipuladores depende não só da dinâmica dos corpos rígidos, mas também do atrito e da flexibilidade dos sistemas de acionamento.

As tarefas que um manipulador consegue realizar também variam muito conforme o projeto. Embora de forma geral lidemos com o robô manipulador como uma entidade abstrata, seu desempenho, em última instância, é limitado por fatores pragmáticos como capacidade de carga, velocidade, tamanho do espaço de trabalho e repetibilidade. Para certas aplicações, o tamanho total do manipulador, seu peso, consumo de energia e custo serão fatores importantes.

Este capítulo discute algumas das questões envolvidas no projeto do manipulador. Em geral, métodos de projeto e até mesmo a avaliação de um projeto acabado são tópicos em parte subjetivos. É difícil estreitar o espectro das opções de projeto com muitas regras rigorosas.

Os elementos de um sistema robótico grosso modo se encaixam em quatro categorias:

1. o manipulador, inclusive seus sensores internos ou **proprioceptivos**;
2. o efetuador, ou **ferramenta de trabalho na ponta do braço**;
3. sensores externos e efetuadores, tais como sistemas de visão e alimentadores de peças; e
4. o controlador.

A extensão das disciplinas de engenharia abrangidas força-nos a restringir nossa atenção exclusivamente ao projeto do manipulador.

Ao desenvolver o projeto de um manipulador, começaremos examinando os fatores que provavelmente terão maior influência no projeto como um todo e, depois, consideraremos as questões mais detalhadas. No entanto, em última instância, o projeto de um manipulador é um processo iterativo. Na maioria dos casos, os problemas que surgem na solução de um detalhe de projeto forçarão a repensar decisões anteriores, de nível mais elevado.

8.2 BASEANDO O PROJETO NOS REQUISITOS DAS TAREFAS

Embora em teoria os robôs sejam máquinas "universalmente programáveis", capazes de realizar uma ampla variedade de tarefas, aspectos econômicos e práticos obrigam que diferentes manipuladores sejam projetados para tipos específicos de tarefas. Por exemplo, robôs grandes capazes de manipular cargas que pesam centenas de quilos geralmente não conseguem inserir componentes eletrônicos em placas de circuito impresso. Como veremos, não somente o tamanho, mas o número de juntas, sua disposição e os tipos de acionamento, sensoriamento e controle irão variar muito com o tipo de tarefa a ser realizada.

Número de graus de liberdade

O número de graus de liberdade em um manipulador deve corresponder ao número exigido pela tarefa. Nem todas as tarefas requerem todos os seis graus de liberdade.

Essa circunstância ocorre mais comumente quando o efetuador tem um eixo de simetria. A Figura 8.1 mostra um manipulador posicionando um esmerilhador de duas formas diferentes. Nesse caso, a orientação da ferramenta em relação ao seu eixo, $\hat{Z}_T$, não tem importância porque o esmerilhador está girando a várias centenas de RPM. Para dizer que podemos posicionar esse robô 6-DOF (do inglês, *degrees of freedom* – graus de liberdade) de uma infinidade de maneiras para essa tarefa (a rotação em torno de $\hat{Z}_T$ é uma variável livre), dizemos que o robô é **redundante** para a tarefa. Solda em arco, solda ponto, rebarbagem, cola e polimento são outros exemplos de tarefas que costumam usar efetuadores com pelo menos um eixo de simetria.

Ao analisar a situação da ferramenta simétrica, às vezes é útil imaginar uma *junta fictícia* cujo eixo fica ao longo do eixo de simetria. Para colocarmos qualquer efetuador em uma posição específica, precisamos de um total de seis graus de liberdade. Como um desses seis é nossa junta fictícia, o manipulador, de fato, não precisa ter mais do que cinco graus de liberdade. Se um robô de cinco DOF fosse usado na aplicação da Figura 8.1, voltaríamos ao caso usual no qual apenas um número finito de soluções são possíveis para posicionar a ferramenta. Na prática, uma grande percentagem dos robôs industriais possui cinco DOF, o que confirma a relativa predominância das aplicações com ferramentas simétricas.

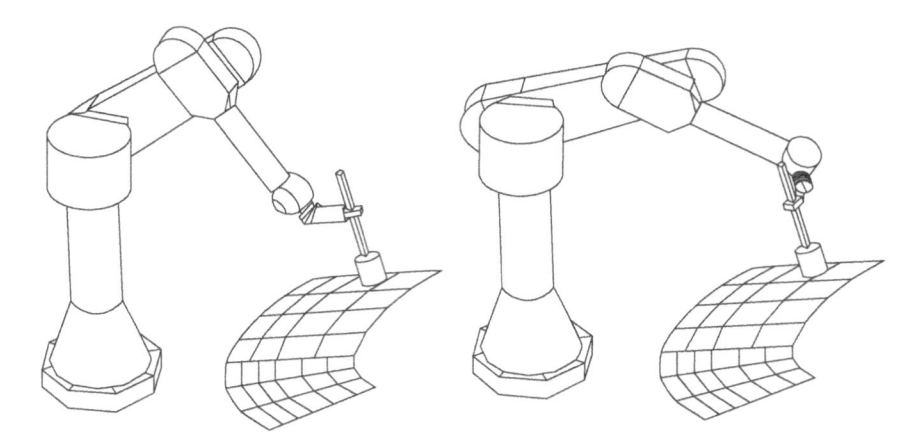

Figura 8.1: Um manipulador 6-DOF com uma ferramenta simétrica contém um grau de liberdade redundante.

Algumas tarefas são realizadas em domínios que, em essência, têm menos do que seis graus de liberdade. A colocação de componentes em placas de circuito impresso é um exemplo comum. As placas de circuito impresso geralmente são planares e contêm peças de várias alturas. Posicionar peças em uma superfície planar requer três graus de liberdade (x, y e θ); a fim de erguer e inserir peças, um quarto movimento, normal ao plano, é acrescentado (z).

Robôs com menos de seis graus de liberdade podem também realizar tarefas nas quais um dispositivo ativo de posicionamento apresenta as peças. Na soldagem de tubos, por exemplo, uma plataforma que inclina e gira, como a mostrada na Figura 8.2, frequentemente apresenta as peças a serem soldadas. Na contagem do número de graus de liberdade entre os tubos e o efetuador, a plataforma que inclina e gira responde por dois. Isso, mais o fato de que a soldagem em arco é uma tarefa de ferramenta simétrica, significa que, em teoria, um manipulador 3-DOF poderia ser usado. Na prática, realidades como a necessidade de evitar colisões com a peça de trabalho costumam ditar o uso de um robô com mais graus de liberdade.

Peças com um eixo de simetria também reduzem os graus de liberdade necessários para o manipulador. Por exemplo, peças cilíndricas podem, em muitos casos, serem apanhadas e inseridas independentemente da orientação da garra com respeito ao eixo do cilindro. Observe, porém, que depois que a peça é apanhada, sua orientação em torno do eixo assimétrico tem de ser irrelevante para *todas* as operações subsequentes, porque sua orientação não é garantida.

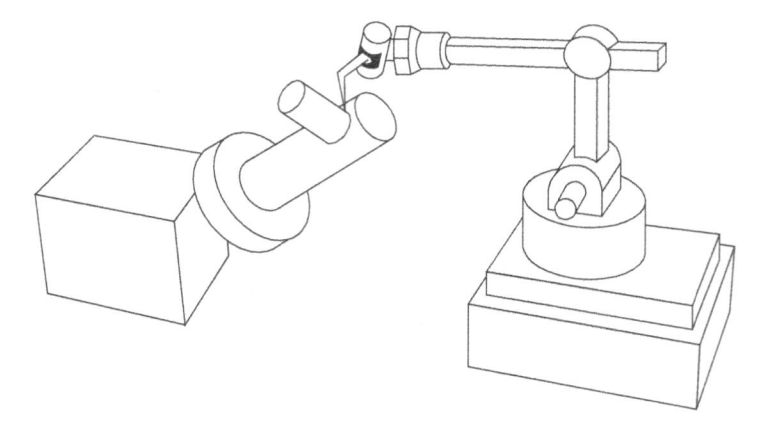

Figura 8.2: Uma plataforma que inclina e gira proporciona dois graus de liberdade para o sistema total do manipulador.

> Espaço de trabalho

Ao realizar tarefas, um manipulador tem de alcançar certo número de peças de trabalho ou instrumentos. Em alguns casos, eles podem ser posicionados conforme necessário para se adequar ao espaço de trabalho do manipulador. Em outros casos, um robô pode ser instalado em um ambiente fixo com requisitos rígidos para o espaço de trabalho. O **espaço de trabalho** também é, às vezes, chamado de **volume de trabalho** ou **envelope de trabalho**.

A escala geral da tarefa determina o espaço de trabalho do manipulador. Em alguns casos, os detalhes da forma do espaço de trabalho e a localização de suas singularidades são considerações importantes.

A intrusão do próprio manipulador no espaço de trabalho pode, às vezes, ser um fator. Dependendo do projeto cinemático, operar um manipulador em determinada aplicação pode exigir mais ou menos espaço em torno dos instrumentos a fim de evitar colisões. Ambientes restritos podem afetar a escolha da configuração cinemática.

> Capacidade de carga

A **capacidade de carga** de um manipulador depende do dimensionamento de seus membros estruturais, sistema de transmissão de força e dos atuadores. A carga colocada nos atuadores e no sistema acionador é uma função da configuração do robô, da percentagem de tempo suportando a carga e carregamento dinâmico devido a forças inerciais e relacionadas à velocidade.

> Velocidade

Um objetivo óbvio do projeto é criar manipuladores cada vez mais rápidos. A alta velocidade oferece vantagens em muitas aplicações quando a solução robótica proposta tem de competir, em termos de custo, com automação específica ou mão de obra humana. No entanto, em algumas aplicações, é o processo em si e não o manipulador o que limita a velocidade. É o caso de muitas aplicações de soldagem e pintura a jato.

Uma distinção importante é entre a velocidade máxima do efetuador e o **tempo de ciclo** total para uma determinada tarefa. Para aplicações de pegar e apanhar, o manipulador precisa acelerar e desacelerar ao ir e vir dos locais de *apanhar* e *colocar*, com algumas limitações quanto à precisão das posições. Com frequência, as fases de aceleração e desaceleração consomem a maior parte do tempo do ciclo. Assim, a capacidade de aceleração, e não só o pico de velocidade, é muito importante.

> Repetibilidade e precisão

Alta repetibilidade e precisão, embora desejáveis no projeto de qualquer manipulador, têm um alto custo. Por exemplo, seria absurdo o projeto de um robô para pintura a jato com precisão de 0,001 polegadas, quando o diâmetro do ponto a ser pintado tem 8 pol ±2 pol. Em grande parte, a precisão de um modelo específico de robô industrial depende mais dos detalhes da sua fabricação do que do projeto. A alta precisão é obtida com um bom conhecimento dos parâmetros de elo (entre outros). O que torna isso possível são medidas precisas após a fabricação ou uma atenção cuidadosa às tolerâncias durante o processo de manufatura.

8.3 CONFIGURAÇÃO CINEMÁTICA

Uma vez que o número necessário de graus de liberdade tenha sido decidido, uma configuração específica das juntas deve ser escolhida para atingir esses graus de liberdade. Para acoplamentos cinemáticos seriais, o número de juntas é igual ao número de graus de liberdade necessários. A maioria dos manipuladores é projetada de forma que pelo menos as últimas $n - 3$ juntas orientam o efetuador, têm eixos que se cruzam no ponto do punho e cujas primeiras três juntas posicionam esse **ponto do punho**. Pode-se dizer que os manipuladores com esse projeto são compostos de uma **estrutura de posicionamento** seguida de uma **estrutura de orientação** ou **punho**. Como vimos no Capítulo 4, esses manipuladores sempre têm soluções cinemáticas de forma fechada. Embora existam outras configurações que tenham tais soluções, quase todos os manipuladores industriais pertencem a essa categoria de mecanismos com **partição no punho**. Além disso, a estrutura de posicionamento é quase que sem exceção projetada para ser cinematicamente simples, com torções de elo iguais a 0° ou ±90° e com muitos dos comprimentos de elo e deslocamentos iguais a zero.

Já se tornou costume classificar os manipuladores da classe cinematicamente simples com partição no punho conforme o projeto das três primeiras juntas (a estrutura de posicionamento). Os próximos parágrafos descrevem sucintamente as mais comuns dessas classificações.

Cartesiana

Um manipulador cartesiano tem, talvez, a configuração mais simples. Conforme a Figura 8.3, as juntas de 1 a 3 são prismáticas, mutuamente ortogonais e correspondem às direções cartesianas $\hat{X}$, $\hat{Y}$ e $\hat{Z}$. A solução de cinemática inversa para essa configuração é trivial.

Essa configuração produz robôs com estruturas muito rígidas. Em consequência, robôs muito grandes podem ser construídos. Eles são frequentemente chamados de **robôs pórticos** e se parecem com guindastes de pórtico. Robôs pórticos, às vezes, manipulam automóveis completos ou inspecionam aviões inteiros.

As outras vantagens dos manipuladores cartesianos derivam do fato de que as três primeiras juntas são *desacopláveis*. Isso as torna mais fáceis de projetar e evita singularidades cinemáticas decorrentes das três primeiras juntas.

A principal desvantagem é que todos os alimentadores e instrumentos associados com uma aplicação devem estar "dentro" do robô. Em consequência, as células de trabalho das aplicações

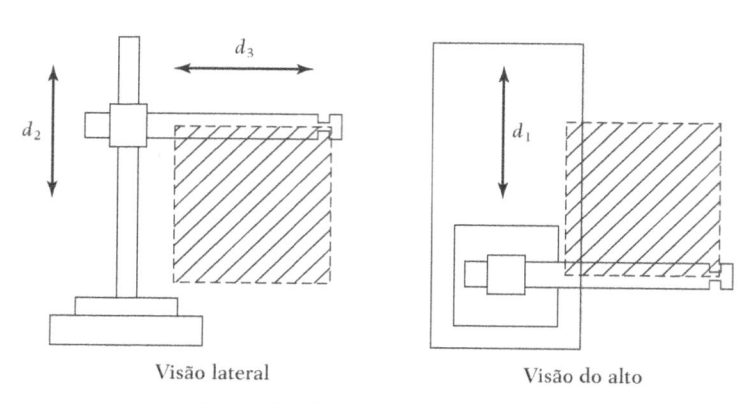

Figura 8.3: Manipulador cartesiano.

com robôs cartesianos tornam-se muito dependentes das máquinas. O tamanho da estrutura de suporte do robô limita o tamanho e colocação dos instrumentos e sensores. Essas limitações tornam extremamente difícil a adaptação de robôs cartesianos em células de trabalho já existentes.

Articulada

A Figura 8.4 mostra um **manipulador articulado**, às vezes chamado de manipulador com **juntas**, **com cotovelo** ou **antropomórfico**. Um manipulador desse tipo consiste de duas juntas no "ombro" (uma para rotação em torno de um eixo vertical e uma de elevação para fora do plano horizontal), uma junta no "cotovelo" (cujo eixo é geralmente paralelo à junta de elevação do ombro) e duas ou três juntas no punho, na ponta do manipulador. Tanto o PUMA 560 quanto o Motoman L-3 que estudamos nos capítulos anteriores pertencem a essa classe.

Os robôs articulados minimizam a intrusão da estrutura do manipulador no espaço de trabalho, tornando-os capazes de alcançar espaços confinados. Eles requerem uma estrutura geral muito menor que a dos robôs cartesianos, e isso os torna mais baratos para aplicações que requerem espaços de trabalho menores.

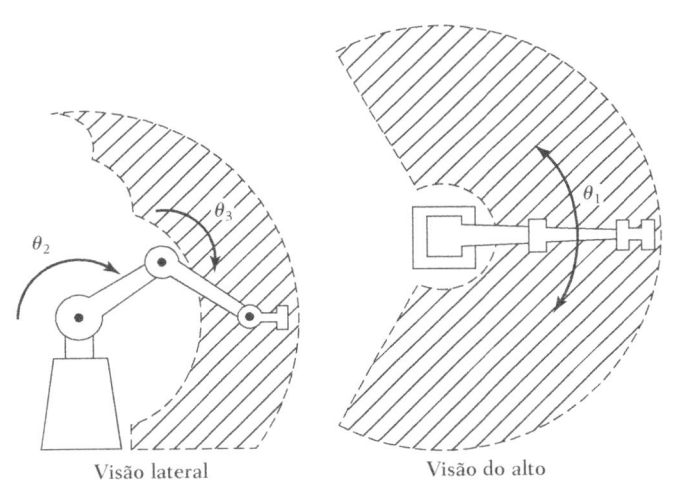

Figura 8.4: Manipulador articulado.

SCARA

A configuração **SCARA**,* apresentada na Figura 8.5, tem três juntas rotacionais paralelas (permitindo movimentação e orientação em um plano) com uma quarta junta prismática para movimentar o efetuador em direção perpendicular ao plano. A principal vantagem é que as primeiras três juntas não precisam suportar qualquer peso do manipulador ou da carga. Além disso, o elo 0 pode facilmente abrigar os atuadores para as primeiras duas juntas. Os atuadores podem ser bastante grandes para que o robô se movimente com muita rapidez. Por exemplo, o manipulador SCARA Adept One consegue se movimentar a até 30 pés (9 metros) por segundo, cerca de dez vezes mais rápido que a maioria dos robôs articulados industriais [1]. Essa configuração é mais adequada a tarefas planares.

---

* SCARA é acrônimo de *Selective Compliant Assembly Robot Arm* (braço robótico de montagem com complacência seletiva).

Visão lateral   Visão do alto

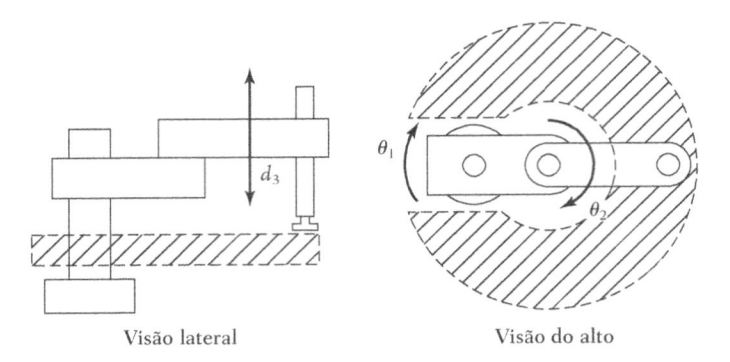

Figura 8.5: Manipulador SCARA.

> Esférica

A configuração **esférica** da Figura 8.6 tem muitas semelhanças com o manipulador articulado, mas com a junta do cotovelo substituída por uma junta prismática. Para algumas aplicações, esse projeto é mais adequado que o de cotovelo. O elo que se move prismaticamente pode ser telescópico e até "esticar-se para trás" quando retraído.

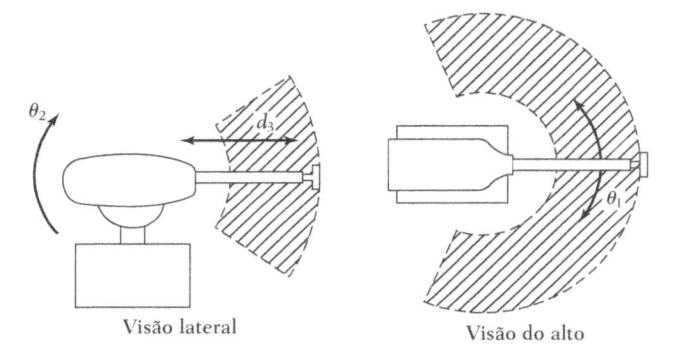

Visão lateral   Visão do alto

Figura 8.6: Manipulador esférico.

> Cilíndrica

Os manipuladores **cilíndricos** (Figura 8.7) consistem de uma junta prismática para a translação vertical do braço, uma junta rotacional com um eixo vertical, outra junta prismática ortogonal ao eixo da junta rotacional e, por fim, um punho de algum tipo.

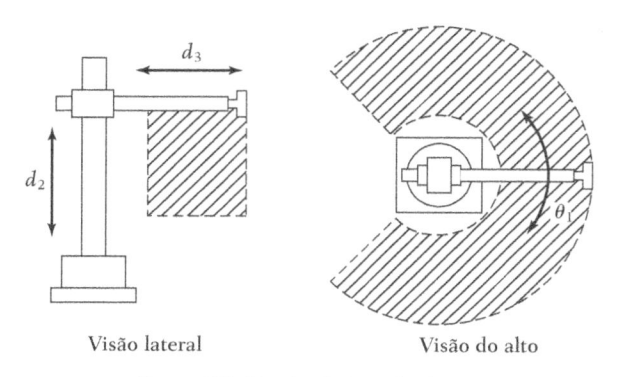

Visão lateral   Visão do alto

Figura 8.7: Manipulador cilíndrico.

Punhos

As configurações mais comuns de punhos consistem de duas ou três juntas rotacionais com eixos ortogonais que se cruzam. A primeira junta do punho geralmente é a junta 4 do manipulador.

Uma configuração com três eixos ortogonais garante que qualquer orientação pode ser obtida (presumindo que não haja limite de ângulo de junta) [2]. Como foi dito no Capítulo 4, qualquer manipulador com três eixos consecutivos que se cruzam terá uma solução cinemática de forma fechada. Portanto, um punho com três eixos ortogonais pode ser colocado na ponta de um manipulador em qualquer orientação desejada, sem ônus. A Figura 8.8 é o esquema de um possível projeto desse punho que usa vários conjuntos de engrenagens cônicas para acionar o mecanismo a partir de atuadores remotos.

Na prática, é difícil montar um punho com três eixos ortogonais que não esteja sujeito a sérias limitações de ângulo de junta. Um projeto interessante usado em vários robôs fabricados pela Cincinatti Milacron (Figura 1.4) usa um punho que tem três eixos que se cruzam, mas que não são ortogonais. Nesse projeto, chamado de "three roll wrist" (punho de rolagem tripla), todas as três juntas do punho conseguem girar continuamente, sem limites. No entanto, a não ortogonalidade dos eixos cria um conjunto de orientações impossíveis de serem alcançadas com esse punho. Tal conjunto de orientações inatingíveis é descrito por um cone dentro do qual o terceiro eixo do punho não pode estar. (Veja o Exercício 8.11.) No entanto, o punho pode ser acoplado ao elo 3 do manipulador de uma forma tal que a estrutura dos elos ocupa esse cone bloqueando o acesso de qualquer forma. A Figura 8.9 mostra dois projetos desse punho [24].

Alguns robôs industriais possuem punhos que não têm eixos que se cruzam. Isso quer dizer que uma solução cinemática de forma fechada pode não existir. Porém, se o punho for montado em um manipulador articulado de forma que o eixo da junta 4 fique paralelo aos eixos das juntas 2 e 3, como na Figura 8.10, *haverá* uma solução cinemática de forma fechada. Da mesma forma, um punho com eixos que não se cruzam montado em um robô cartesiano resulta em um manipulador solucionável por forma fechada.

Os robôs de solda com 5-DOF usam punhos de dois eixos orientados conforme a Figura 8.11. Observe que se o robô tem uma ferramenta simétrica, essa "junta fictícia" deve seguir as regras do projeto do punho. Ou seja, a fim de atingir todas as orientações, a ferramenta deve estar montada com seu eixo de simetria ortogonal ao eixo da junta 5. Na pior das hipóteses, quando o eixo de simetria fica paralelo ao eixo da junta 5, o sexto eixo fictício fica em uma configuração permanentemente singular.

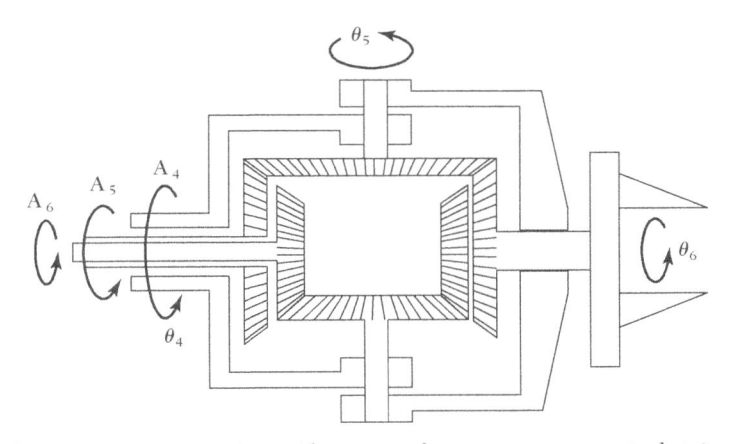

Figura 8.8: Um punho com eixos ortogonais movido por atuadores remotos por meio de três eixos concêntricos.

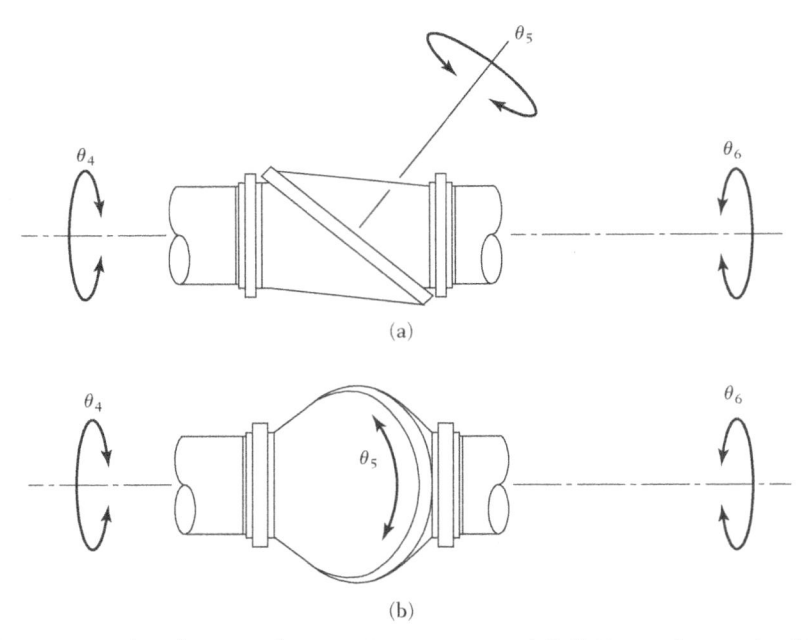

Figura 8.9: Duas perspectivas de um punho com eixo não ortogonal [24]. Fontes: *International Encyclopedia of Robotics* de R. Dorf e S. Nof (editores) e "Wrists" de M. Rosheim, John C. Wiley and Sons, Inc., Nova York, NY © 1988. Reprodução autorizada.

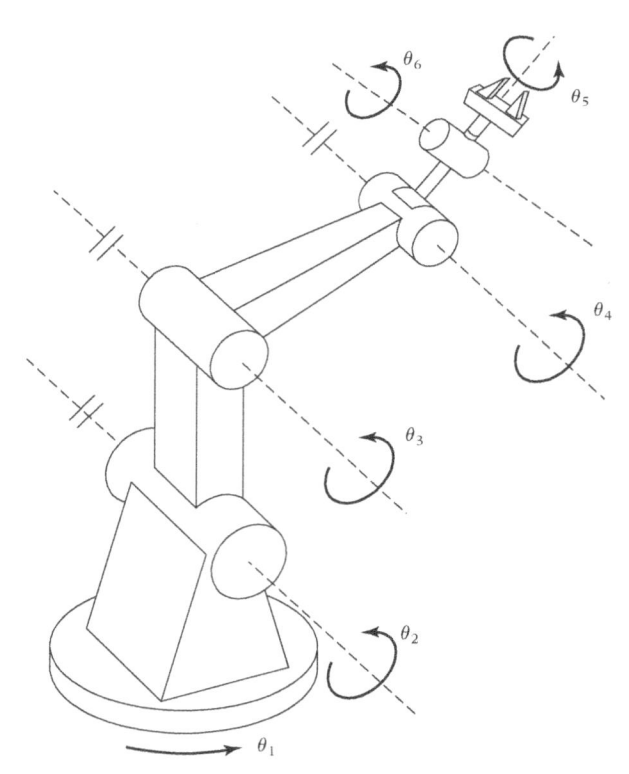

Figura 8.10: Um manipulador com um punho cujos eixos não se cruzam. No entanto, este robô tem uma solução cinemática de forma fechada.

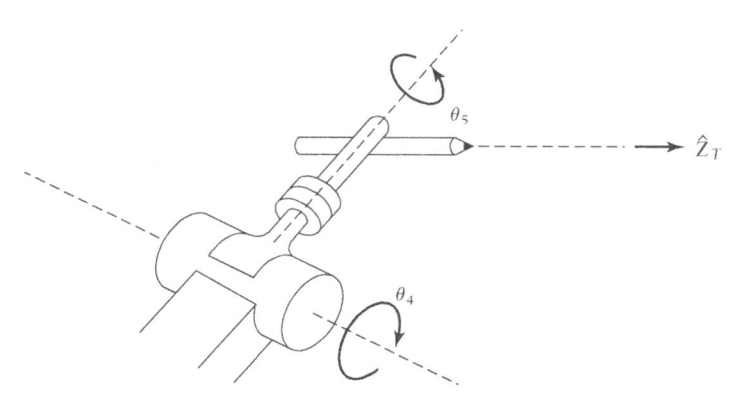

Figura 8.11: Projeto típico do punho de um robô de solda de 5-DOF.

8.4 MEDIDAS QUANTITATIVAS DOS ATRIBUTOS DO ESPAÇO DE TRABALHO

Os projetistas de manipuladores já propuseram diversas medidas quantitativas interessantes para vários atributos do espaço de trabalho.

> **Eficiência do projeto em termos de geração de espaço de trabalho**

Alguns projetistas perceberam que, aparentemente, a construção de um manipulador cartesiano requer mais material do que a de um manipulador articulado com um espaço de trabalho de volume similar. Para avaliar isso quantitativamente, primeiro definimos a **somatória do comprimento** de um manipulador como

$$L = \sum_{i=1}^{N}(a_{i-1} + d_i), \qquad (8.1)$$

em que a_{i-1} e d_i são o comprimento de elo e deslocamento de junta conforme definidos no Capítulo 3. Assim, a somatória do comprimento de um manipulador fornece uma medida grosseira do "comprimento" da cadeia completa. Note que no caso de juntas prismáticas, d_i nesse caso deve ser interpretado como uma constante igual ao comprimento do percurso entre os limites de percurso das juntas.

Em [3], o **índice de comprimento estrutural**, Q_L, é definido como a relação entre a somatória do comprimento do manipulador e a raiz cúbica do volume do espaço de trabalho, isto é,

$$Q_L = L/\sqrt[3]{w}, \qquad (8.2)$$

onde L é dado em (8.1) e W é o volume do espaço de trabalho do manipulador. Dessa forma, Q_L pretende indexar a dimensão relativa da estrutura (comprimento da cadeia) necessária em diferentes configurações para gerar determinado volume de trabalho. Nesse sentido, um bom projeto seria aquele no qual o manipulador, apesar de uma pequena somatória de comprimento, teria um grande volume de espaço de trabalho. Os bons projetos têm um Q_L baixo.

Considerando apenas a estrutura de posicionamento de um manipulador cartesiano (e, portanto, o espaço de trabalho do ponto do punho), o valor de Q_L é minimizado quando todas as três juntas têm o mesmo comprimento de percurso. Esse valor mínimo é $Q_L = 3,0$. Por outro lado, um manipulador articulado ideal, como o da Figura 8.4, tem $Q_L = \frac{1}{\sqrt[3]{4\pi/3}} \cong 0,62$. Isso ajuda a quantificar nossa afirmação anterior de que os manipuladores articulados são superiores a outras configurações no sentido de que sua intrusão no próprio espaço de trabalho é mínima. É claro que, na prática, para qualquer estrutura de manipulador, o número que acabamos de dar ficaria um tanto maior por influência dos limites das juntas na redução do volume do espaço de trabalho.

EXEMPLO 8.1

Um manipulador SCARA como o da Figura 8.5 tem os elos 1 e 2 de comprimento igual $l/2$ e o alcance de movimento da sua junta prismática 3 é dado por d_3. Para facilitar, presuma que os limites das juntas estão ausentes e encontre Q_L. Que valor de d_3 minimiza Q_L e qual é esse valor mínimo?

A somatória do comprimento desse manipulador é $L = l/2 + l/2 + d_3 = l + d_3$ e o volume do espaço de trabalho é o de um cilindro reto de raio l e comprimento d_3; portanto,

$$Q_L = \frac{l + d_3}{\sqrt[3]{\pi l^2 d_3}} . \tag{8.3}$$

Minimizar Q_L como função da relação d_3/l dá $d_3 = l/2$ como ótimo [3]. O valor mínimo de Q_L correspondente é 1,29.

> Projetando espaços de trabalho bem-condicionados

Em pontos singulares, um manipulador perde efetivamente um ou mais graus de liberdade e certas tarefas não podem ser realizadas nesses pontos. De fato, nas proximidades dos pontos singulares (inclusive nas singularidades dos limites do espaço de trabalho), as ações do manipulador podem não ser **bem-condicionadas**. Em certo sentido, quanto mais longe o manipulador estiver das singularidades, melhor ele se movimentará com uniformidade e aplicará uniformemente as forças em todas as direções. Várias medidas já foram sugeridas para quantificar esse efeito. Usá--las no momento do projeto pode resultar em um projeto de manipulador com um subespaço do espaço de trabalho que seja bem-condicionado e grande ao máximo.

Configurações singulares são dadas por

$$\det(J(\Theta)) = 0 , \tag{8.4}$$

de forma que é natural usar o determinante do Jacobiano em uma medida de destreza do manipulador. Em [4], a **medida de manipulabilidade**, w, é definida como

$$w = \sqrt{\det(J(\Theta) J^T(\Theta))} , \tag{8.5}$$

que, para um manipulador não redundante, se reduz a

$$w = |\det(J(\Theta))| . \tag{8.6}$$

Um bom projeto de manipulador tem grandes áreas do seu espaço de trabalho caracterizadas por altos valores de w.

Enquanto a análise de velocidade motivou (8.6), outros pesquisadores propuseram medidas de manipulabilidade com base na análise da aceleração ou nos recursos de aplicação de força. Asada [5] sugeriu um exame dos autovalores da matriz cartesiana de massa

$$M_x(\Theta) = J^{-T}(\Theta) M(\Theta) J^{-1}(\Theta) \tag{8.7}$$

como medida da capacidade de aceleração do manipulador em várias direções cartesianas. Ele sugere uma representação gráfica dessa medida como uma **elipsoide de inércia** dada por

$$X^T M_x(\Theta) X = 1, \tag{8.8}$$

a equação de uma elipse n-dimensional, onde n é a dimensão de X. Os eixos da elipsoide dados em (8.8) estão nas direções dos autovetores de $M_x(\Theta)$, e as recíprocas das raízes quadradas dos autovalores correspondentes fornecem os comprimentos dos eixos da elipsoide. Os pontos bem-condicionados no espaço de trabalho do manipulador se caracterizam por elipsoides de inércia que são esféricos (ou quase).

A Figura 8.12 mostra graficamente as propriedades de um manipulador planar de dois elos. No centro do espaço de trabalho, o manipulador é bem-condicionado, como indicam as elipsoides quase circulares. Nos limites do espaço de trabalho, as elipses se achatam, indicando a dificuldade do manipulador para acelerar em certas direções.

Outras medidas do condicionamento do espaço de trabalho foram propostas em [6–8, 25].

Figura 8.12: Espaço de trabalho de um braço planar de 2-DOF, mostrando elipsoides de inércia, extraído de [5] (© 1984 IEEE). A linha pontilhada indica um local de pontos isotrópicos no espaço de trabalho. Reprodução autorizada.

8.5 ESTRUTURAS REDUNDANTES E DE CADEIA FECHADA

Em geral, o escopo deste livro limita-se aos manipuladores que são concatenações em cadeias seriais de seis juntas no máximo. Nesta seção, porém, vamos discutir de maneira breve manipuladores que estão fora dessa categoria.

> **Micromanipuladores e outras redundâncias**

A capacidade de posicionamento espacial geral requer apenas seis graus de liberdade, mas há vantagens em ter ainda mais juntas controláveis.

Uma aplicação para esses graus a mais de liberdade já vem encontrando aplicações práticas [9, 10] e atraindo cada vez mais o interesse da comunidade de pesquisas: o **micromanipulador**. Um micromanipulador é em geral composto de vários graus de liberdade rápidos e precisos localizados nas proximidades da extremidade distal de um manipulador "convencional". O manipulador convencional realiza grandes movimentos, enquanto o micromanipulador, cujas juntas costumam ter movimentos de pequeno alcance, realizam o movimento mais refinado e o controle de força.

Juntas adicionais também pode ajudar um mecanismo a evitar singularidades, como sugerido em [11, 12]. Por exemplo, qualquer punho com três graus de liberdade sofrerá com configurações singulares (quando todos os três eixos estiverem em um plano), mas um punho com quatro graus de liberdade pode de fato evitar tais configurações [13–15].

A Figura 8.13 apresenta duas configurações sugeridas [11, 12] para manipuladores com sete graus de liberdade.

Os robôs redundantes têm um grande potencial de utilização nos espaços de trabalho atulhados onde é preciso evitar colisões. Como já vimos, um manipulador com seis graus de liberdade pode alcançar uma dada posição e orientação somente de um número finito de formas. O acréscimo de uma sétima articulação acomoda uma infinidade de maneiras, permitindo que o desejo de evitar obstáculos influencie a escolha.

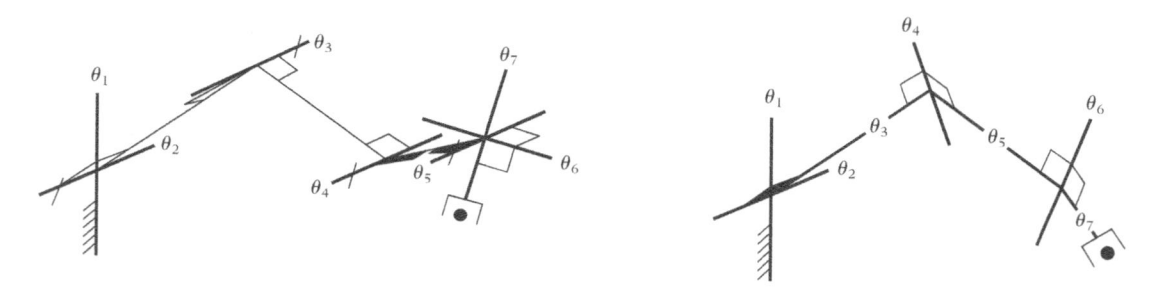

Figura 8.13: Duas sugestões de projeto de manipuladores com sete graus de liberdade [3].

Estruturas de laço fechado

Embora, em nossa análise, tenhamos considerado apenas manipuladores de cadeia serial, alguns contêm **estruturas de laço fechado**. Por exemplo, o robô Motoman L-3 descrito nos capítulos 3 e 4 tem estruturas de laço fechado no mecanismo de acionamento das juntas 2 e 3. As estruturas de laço fechado oferecem uma vantagem: uma rigidez maior do mecanismo [16]. Por outro lado, as estruturas de laço fechado geralmente reduzem o alcance permitido de movimento das juntas e, assim, diminuem o espaço de trabalho.

A Figura 8.14 ilustra um **mecanismo de Stewart**, uma alternativa em laço fechado para o manipulador de 6-DOF. A posição e orientação do "efetuador" é controlada pelos comprimentos dos seis atuadores lineares que o conectam à base. Na extremidade da base, cada atuador é conectado por uma junta universal com dois graus de liberdade. No efetuador, cada atuador é conectado com uma junta de esfera com três graus de liberdade. Ele tem características comuns à maioria dos mecanismos de laço fechado: pode se tornar muito rígido, mas os elos têm um alcance de movimento bem mais limitado do que os encadeamentos seriais. O mecanismo de Stewart, em particular, demonstra uma reversão interessante na natureza das soluções cinemáticas direta e inversa: a solução inversa é bastante simples enquanto a direta é bastante complexa e às vezes desprovida de uma formulação de forma fechada. (Veja os exercícios 8.7 e 8.12.)

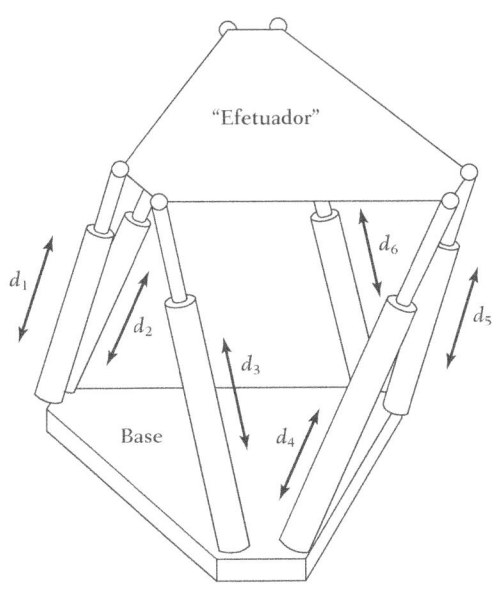

Figura 8.14: O mecanismo de Stewart é um manipulador totalmente paralelo com seis graus de liberdade.

Em geral, o número de graus de liberdade de um mecanismo de laço fechado não é óbvio. O número total de graus de liberdade pode ser computado por meio da fórmula de **Grübler** [17],

$$F = 6(l - n - 1) + \sum_{i=1}^{n} f_i , \qquad (8.9)$$

em que F é o número total de graus de liberdade do mecanismo, l é o número de elos (inclusive a base), n é o número total de juntas e f_i é o número de graus de liberdade associados à i-ésima junta. Uma versão planar da fórmula de Grübler (na qual se considera que todos os objetos têm três graus de liberdade se não estiverem restringidos) é obtida substituindo-se o 6 em (8.9) por um 3.

EXEMPLO 8.2

Use a fórmula de Grübler para verificar se o mecanismo de Stewart (Figura 8.14) tem, de fato, seis graus de liberdade.

O número de juntas é 18 (6 universais, 6 de esfera e 6 prismáticas nos atuadores). O número de elos é 14 (2 partes para cada atuador, o efetuador e a base). A soma de todos os graus de liberdade das juntas é 36. Usando a fórmula de Grübler, podemos verificar que o número total de graus de liberdade é seis:

$$F = 6(14 - 18 - 1) + 36 = 6 . \qquad (8.10)$$

8.6 ESQUEMAS DE ACIONAMENTO

Uma vez que a estrutura cinemática geral de um manipulador tenha sido escolhida, a próxima grande preocupação é o acionamento das juntas. Em geral, o atuador, a redução e a transmissão estão intimamente conectados e devem ser projetados juntos.

Localização do atuador

A escolha mais simples para o local do atuador é nas proximidades ou na própria junta que ele aciona. Se o atuador puder produzir torque ou força suficiente, sua saída pode ser conectada diretamente à junta. Essa disposição, conhecida como configuração de **acionamento direto** [18], oferece as vantagens de simplicidade no projeto e uma maior capacidade de controle – ou seja, sem elementos de transmissão ou redução entre o atuador e a junta, os movimentos da junta podem ser controlados com a mesma facilidade que o próprio atuador.

Infelizmente, muitos atuadores são mais adequados a velocidades um tanto altas e torques baixos e, portanto, requerem um **sistema de redução de velocidade**. Além disso, os atuadores tendem a ser muito pesados. Se eles puderem ficar localizados longe da junta e mais próximos da base do manipulador, a inércia geral do manipulador poderá ser bastante reduzida. Isso, por sua vez, diminui o tamanho necessário para os atuadores. Para concretizar esses benefícios, é necessário um **sistema de transmissão** para transferir o movimento do atuador para a junta.

Em um sistema de acionamento de junta com atuador remoto, o sistema de redução pode ser colocado tanto no atuador como na junta. Algumas disposições combinam as funções de transmissão e redução. À parte a complexidade acrescentada, a maior desvantagem dos sistemas de redução e transmissão é que eles introduzem atrito e flexibilidade adicionais ao mecanismo. Quando a redução estiver na junta, a transmissão funcionará em velocidades mais altas e torque mais baixos. Um torque mais baixo significa que a flexibilidade será menos problemática. No entanto, se o peso do redutor for significativo, parte da vantagem dos atuadores instalados remotamente se perde.

No Capítulo 3, demos detalhes do esquema de atuação do Yaskawa Motoman L-3, que tem um projeto típico no qual os atuadores são instalados remotamente e os movimentos resultantes das juntas são acoplados. As equações (3.16) mostram como os movimentos do atuador resultam no movimento da junta. Note, por exemplo, que o movimento do atuador 2 causa o das juntas 2, 3 e 4.

A distribuição ótima dos estágios de redução no decorrer da transmissão dependerá, em última instância, da flexibilidade da transmissão, do peso do sistema de redução, do atrito associado a este e da facilidade de incorporar esses componentes no projeto do manipulador como um todo.

Sistemas de redução e transmissão

Engrenagens são os elementos mais comuns usados para redução. Elas permitem grandes reduções em configurações relativamente compactas. Os pares de engrenagens vêm em várias configurações para eixos paralelos (engrenagens retas), eixos ortogonais que se cruzam (engrenagens cônicas), eixos inclinados (engrenagens helicoidais) e outras configurações. Diferentes tipos de engrenagem têm diferentes capacidades de carga, características de desgaste e propriedades de atrito.

A principal desvantagem no uso de engrenagens são a **folga** e o atrito. A folga, que surge do encaixe imperfeito das engrenagens, pode ser definida como o movimento angular máximo da engrenagem de saída quando a de entrada permanece fixa. Se os dentes das engrenagens se encaixarem com firmeza para eliminar a folga, pode haver atrito demais. Engrenagens e montagem muito precisas minimizam esses problemas, mas também aumentam o custo.

A **relação das engrenagens**, η, descreve os efeitos de redução de velocidade e aumento de torque de um par de engrenagens. Para sistemas de redução de velocidade, definiremos $\eta > 1$; então, as relações entre velocidades e torques de entrada e saída são dadas por

$$\dot{\theta}_s = (1/\eta)\dot{\theta}_e$$
$$\tau_s = \eta\tau_e,$$
(8.11)

onde $\dot{\theta}_s$ e $\dot{\theta}_e$ são velocidades de saída e entrada, respectivamente, e τ_s e τ_e são torques de saída e entrada, respectivamente.

A segunda grande categoria de elementos de redução inclui anéis flexíveis, cabos e correias. Como todos esses elementos têm de ser flexíveis o suficiente para se dobrarem em volta de polias, também tendem a ser flexíveis na direção longitudinal. A flexibilidade desses elementos é proporcional ao comprimento. Como esses sistemas são flexíveis, deve haver algum mecanismo de pré-carga do laço para garantir que a correia ou o cabo ficará engatado na polia. Pré-cargas muito grandes podem acrescentar uma tensão indevida ao elemento flexível e introduzir atrito excessivo.

Cabos ou cintas flexíveis podem ser usados em laço fechado ou como elementos unilaterais que ficam sempre tensionados por algum tipo de pré-carga. Em uma junta acionada por mola em uma direção, um cabo unilateral pode ser usado para puxar em direção contrária. Em alternância, dois sistemas unilaterais ativos podem se opor um ao outro. Esse arranjo elimina o problema de pré-cargas excessivas, mas acrescenta mais atuadores.

Correntes de rolo são semelhantes às cintas flexíveis, mas podem se dobrar em volta de polias relativamente pequenas, mantendo uma alta rigidez. Como resultado do desgaste e de cargas muito altas nos pinos que conectam os elos, os sistemas com correias dentadas são mais compactos do que correntes de rolo para certas aplicações.

O acionamento por cintas, cabos, correias e correntes tem a capacidade de combinar a transmissão com a redução. Conforme a Figura 8.15, quando a polia de entrada tem raio r_1 e a polia de saída tem raio r_2, a relação de transmissão do sistema de "engrenagem" é

$$\eta = \frac{r_2}{r_1}.$$
(8.12)

Parafusos de avanço ou parafusos de esferas constituem outro meio muito usado para obter uma grande redução com um conjunto compacto (veja na Figura 8.16). Os parafusos de avanço são muito rígidos, podem suportar cargas muito grandes e têm a propriedade de transformar o movimento rotativo em linear. Os parafusos de esferas são semelhantes aos de avanço, mas em

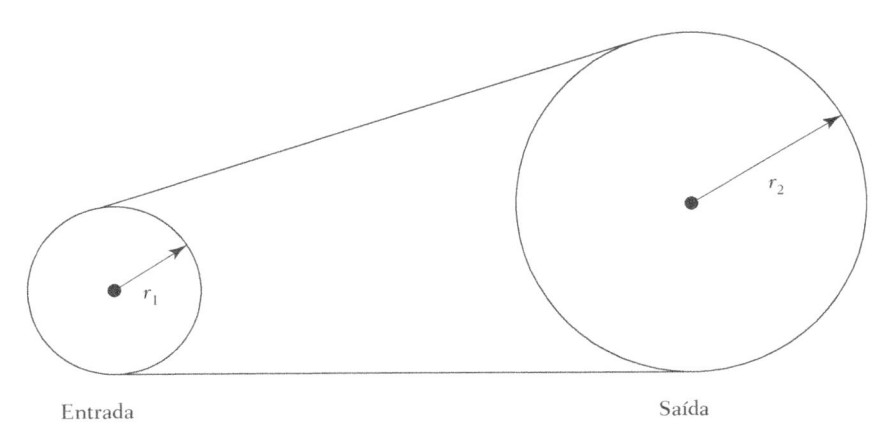

Figura 8.15: O acionamento por cintas, cabos, correias e correntes tem a capacidade de combinar a transmissão com a redução.

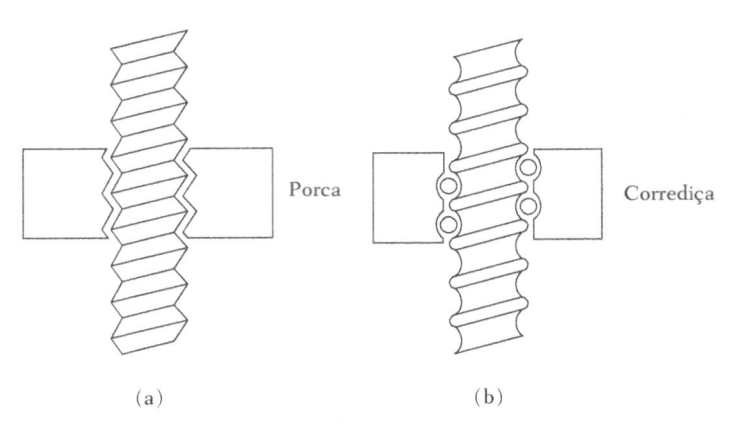

Figura 8.16: Parafusos de avanço (a) e parafusos de esferas (b) combinam uma grande redução e transformação do movimento rotativo em linear.

vez dos sulcos da porca encostarem diretamente nos sulcos do parafuso, rolamentos circulam em um circuito entre um e outro. Os parafusos de esferas têm atrito muito baixo e são, geralmente, passíveis de serem acionados externamente (do inglês, *backdrivable*).

8.7 RIGIDEZ E DEFLEXÕES

Um objetivo importante no projeto da maior parte dos manipuladores é a rigidez geral da estrutura e do sistema de transmissão. Os sistemas rígidos acarretam dois benefícios principais. Primeiro, como os manipuladores típicos não têm sensores para medir diretamente a localização do sistema de referência da ferramenta, ela é calculada através de cinemática direta com base nas posições de juntas sensoriadas. Para um cálculo preciso, os elos não podem ceder sob a gravidade ou outras cargas. Em outras palavras, queremos que a nossa descrição de Denavit-Hartenberg dos acoplamentos permaneça fixa em várias condições de carga. Segundo, flexibilidades na estrutura ou na unidade motriz levam a **ressonâncias**, que têm um efeito indesejável no desempenho do manipulador. Nesta seção, estudaremos as questões de rigidez e a deflexão resultante sob as cargas. Deixaremos outras discussões sobre ressonância para o Capítulo 9.

> ### Elementos flexíveis em paralelo e em série

Como pode ser facilmente demonstrado (veja o Exercício 8.21), a combinação de dois membros flexíveis de rigidez k_1 e k_2 "conectados em paralelo" produz a rigidez líquida

$$k_{paralelo} = k_1 + k_2 \; ; \tag{8.13}$$

"conectados em série", a combinação produz a rigidez líquida

$$\frac{1}{k_{série}} = \frac{1}{k_1} + \frac{1}{k_2} \; . \tag{8.14}$$

Ao considerarmos os sistemas de transmissão, é comum termos o caso de um estágio de redução ou transmissão em série com um estágio seguinte de redução ou transmissão; assim, (8.14) torna-se útil.

> Eixos

Um método comum para transmitir o movimento giratório é por meio de eixos. A rigidez de torção de um eixo redondo pode ser calculada [19] como

$$k = \frac{G\pi d^4}{32l}, \tag{8.15}$$

em que d é o diâmetro do eixo, l é o comprimento do eixo e G é o módulo transversal de elasticidade (cerca de $7,5 \times 10^{10}$ Nt/m² para o aço e cerca de um terço desse valor para o alumínio).

> Engrenagens

As engrenagens, embora sejam de costume bastante rígidas, introduzem conformidade no sistema de acionamento. Uma fórmula aproximada para estimar a rigidez da engrenagem de saída (presumindo que a de entrada seja fixa) é dada em [20] como

$$k = C_g b r^2, \tag{8.16}$$

sendo b a largura nominal das engrenagens, r o raio da engrenagem de saída e $C_g = 1,34 \times 10^{10}$ Nt/m² para o aço.

A transmissão por engrenagens também tem o efeito de alterar a rigidez do sistema de acionamento por um fator de η^2. Se a rigidez do sistema de transmissão antes da redução (isto é, do lado da entrada) é k_e, de forma que

$$\tau_e = k_e \delta\theta_e, \tag{8.17}$$

e a rigidez do lado da saída das reduções é k_s, de forma que

$$\tau_s = k_s \delta\theta_s, \tag{8.18}$$

podemos calcular a relação entre k_s e k_o (sob o pressuposto de um par de engrenagens perfeitamente rígido), como

$$k_s = \frac{\tau_s}{\delta\theta_s} = \frac{\eta k_e \delta\theta_e}{(1/\eta)\delta\theta_e} = \eta^2 k_e. \tag{8.19}$$

Assim, uma redução de engrenagem tem o efeito de aumentar a rigidez pelo quadrado da razão da engrenagem.

EXEMPLO 8.3

Um eixo com rigidez de torção igual a 500,0 Nt-m/radiano está conectado ao lado da entrada de um conjunto de engrenagens com $\eta = 10$, cuja engrenagem de saída (quando a engrenagem de entrada é fixa) tem uma rigidez de 5.000,0 Nt-m/radiano. Qual é a rigidez de saída do sistema de acionamento combinado?

Usando (8.14) e (8.19), temos

$$\frac{1}{k_{série}} = \frac{1}{5000,0} + \frac{1}{10^2(500,0)} , \qquad (8.20)$$

ou

$$k_{série} = \frac{50000}{11} \cong 4545,4 \text{ Nt-m/radiano} . \qquad (8.21)$$

Quando uma redução de velocidade relativamente grande é o último elemento de um sistema de transmissão com múltiplos elementos, a rigidez dos precedentes pode, em geral, ser ignorada.

> **Correias**

Em uma transmissão por correia como a da Figura 8.15, a rigidez é dada por

$$k = \frac{AE}{l} , \qquad (8.22)$$

em que A é a área do corte transversal da correia, E é o seu módulo de elasticidade e l é o comprimento da correia livre entre as polias mais um terço do comprimento da correia em contato com as polias [19].

> **Elos**

Como aproximação grosso modo da rigidez de um elo, podemos modelar um único elo como uma viga em cantiléver e calcular a rigidez no ponto extremo, como na Figura 8.17. Para uma viga redonda oca, essa rigidez é dada por

$$k = \frac{3\pi E \left(d_s^4 - d_e^4\right)}{64 l^3} , \qquad (8.23)$$

onde d_e e d_s são os diâmetros interno e externo da viga tubular, l é o comprimento e E é o módulo de elasticidade (cerca de 2×10^{11} Nt/m² para o aço e cerca de um terço disso para o alumínio). Para o corte transversal de uma viga quadrada, essa rigidez é dada por

$$k = \frac{E \left(w_o^4 - w_i^4\right)}{4 l^3} , \qquad (8.24)$$

em que w_e e w_s são as larguras interna e externa da viga (isto é, a espessura da parede é $w_s - w_e$).

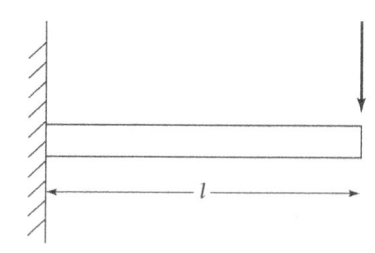

Figura 8.17: Viga em cantiléver simples usada como modelo de rigidez de um elo em relação a uma carga final.

EXEMPLO 8.4

O corte transversal quadrado de um elo com dimensões 5 × 5 × 50 cm e espessura da parede de 1 cm é acionado por um conjunto de engrenagens rígidas com $\eta = 10$ e a entrada das engrenagens é acionada por um eixo com 0,5 cm de diâmetro e 30 cm de comprimento. Qual é a deflexão causada por uma força de 100 Nt na extremidade do elo?

Usando (8.24), calculamos a rigidez do elo como

$$k_{elo} = \frac{(2 \times 10^{11})(0,05^4 - 0,04^4)}{4(0,5)} \cong 3,69 \times 10^5 .\tag{8.25}$$

Portanto, para uma carga de 100 Nt, há uma deflexão no elo, em si, de

$$\delta x = \frac{100}{k_{elo}} \cong 2,7 \times 10^{-4} \text{m} ,\tag{8.26}$$

ou 0,027 cm.

Além disso, 100 Nt na ponta de um elo de 50 cm coloca um torque de 50 Nt-m na engrenagem de saída. As engrenagens são rígidas, mas a flexibilidade do eixo de entrada é

$$k_{eixo} = \frac{(7,5 \times 10^{10})(3,14)(5 \times 10^{-3})^4}{(32)(0,3)} \cong 15,3 \text{ Nt-m/radiano} ,\tag{8.27}$$

que, visto da engrenagem de saída, é

$$k'_{eixo} = (15,3)(10^2) = 1530,0 \text{ Nt-m/radiano} .\tag{8.28}$$

Uma carga de 50 Nt-m provoca uma deflexão angular de

$$\delta\theta = \frac{50,0}{1530,0} \cong 0,0326 \text{ radiano} ,\tag{8.29}$$

de modo que a deflexão total linear na extremidade do elo é

$$\delta x \cong 0,027 + (0,0326)(50) = 0,027 + 1,630 = 1,657 \text{ cm} .\tag{8.30}$$

Em nossa solução, presumimos que o eixo e o elo são feitos de aço. A rigidez de ambos os membros é linear em E, o módulo de elasticidade, de forma que para os elementos de alumínio podemos multiplicar nosso resultado por cerca de 3.

Nesta seção, examinamos algumas fórmulas simples para estimar a rigidez de engrenagens, eixos, correias e elos. Seu objetivo é dar alguma orientação para o dimensionamento de membros estruturais e elementos da transmissão. No entanto, nas aplicações práticas, muitas fontes de flexibilidade são difíceis de modelar. É comum que a unidade motriz introduza significativamente mais flexibilidade do que um elo de manipulador. Além disso, muitas fontes de flexibilidade do sistema de acionamento não foram consideradas aqui (flexibilidade dos rolamentos, do suporte do atuador etc.). Em geral, qualquer tentativa de prever analiticamente a rigidez resulta em uma previsão alta demais, porque muitas fontes não são consideradas.

Em geral, o **método dos elementos finitos** pode ser usado para prever a rigidez (e outras propriedades) de elementos estruturais mais realistas com maior precisão. Esse é, em si, todo um campo de estudo e está além do escopo deste livro.

> Atuadores

Entre os vários tipos de atuadores, os de **pistão hidráulicos** e os **rotativos de palhetas** eram, tradicionalmente, os mais populares para uso em manipuladores. De tamanho bastante compacto, eles conseguem produzir força suficiente para acionar as juntas sem um sistema de redução. A velocidade de operação depende da bomba e do sistema acumulador, geralmente localizados à distância do manipulador. O controle de posição dos sistemas hidráulicos é bem conhecido e relativamente simples. Todos os primeiros robôs industriais e muitos dos robôs industriais de grande porte usam atuadores hidráulicos.

Infelizmente, os sistemas hidráulicos requerem muito equipamento, como bombas, acumuladores, mangueiras e servoválvulas. Os sistemas hidráulicos também tendem a ser por natureza sujos, o que os torna inadequados para algumas aplicações. Com o advento de estratégias mais avançadas para o controle de robôs, nas quais a força dos atuadores deve ser aplicada com precisão, os sistemas hidráulicos revelaram-se desvantajosos devido ao atrito causado por seus selos.

Os **pistões pneumáticos** têm todos os atributos favoráveis dos sistemas hidráulicos e são mais limpos – o que sai é ar e não fluido hidráulico. No entanto, os atuadores pneumáticos mostraram-se difíceis de controlar com precisão, pela compressibilidade do ar e o alto nível de atrito dos selos.

Os motores elétricos são os atuadores mais populares para manipuladores. Embora não tenham a mesma relação entre potência e peso dos sistemas hidráulicos e pneumáticos, sua controlabilidade e facilidade de interface os tornam atraentes para manipuladores de tamanho pequeno ou médio.

Motores de escova de corrente contínua (CC)[*] (Figura 8.18) são os mais simples em termos de interface e controle. A corrente é conduzida para a bobina do rotor por escovas que fazem contato com o comutador giratório. O desgaste das escovas e o atrito podem ser um problema. Novos materiais magnéticos tornaram possíveis altos picos de torque. O fator limitador na saída de torque desses motores é o superaquecimento da bobina. Em tarefas de ciclo curto, torques altos podem ser atingidos, mas somente torques muito mais baixos podem ser mantidos por longos períodos de tempo.

Motores sem escovas (em inglês, **brushless**) resolvem os problemas de atrito e desgaste das escovas. Aqui, a bobina permanece estacionária e a peça do campo magnético é que gira. Um sensor no rotor detecta o ângulo do eixo e é, então, usado por sistemas eletrônicos externos para realizar a comutação. Outra vantagem é que a bobina é externa, ligada à carcaça do motor, o que

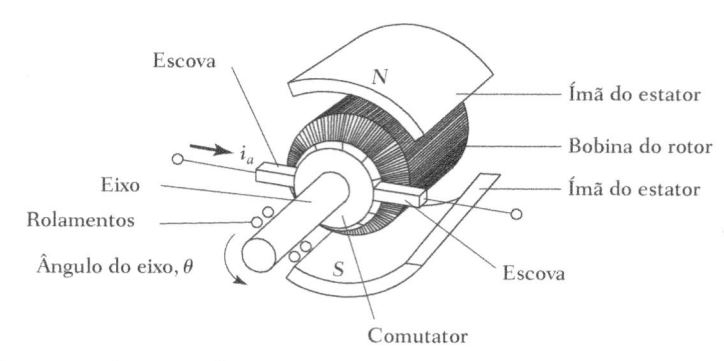

Figura 8.18: Os motores de escova de corrente contínua estão entre os atuadores de uso mais frequente no projeto de manipuladores. Franklin, Powell, Emami-Naeini, *Feedback Control of Dynamic Systems*, © 1988, Addison-Wesley, Reading, MA. Reprodução autorizada.

---

[*] Nota do R.T.: Ou DC, do inglês *direct current*.

proporciona um resfriamento muito mais eficiente. As taxas de torque sustentadas tendem a ser um tanto mais altas do que em motores de escova de tamanho similar.

Motores de corrente alternada (CA)* e motores de passo são raramente usados em robôs industriais. A dificuldade de controle dos primeiros e o baixo torque dos segundos limitam sua utilização.

8.8 SENSORES DE POSIÇÃO

Virtualmente, todos os manipuladores são mecanismos servocontrolados – ou seja, o comando de força ou torque para um atuador baseia-se em um erro entre a posição sensoriada da junta e a posição desejada. Isso requer que cada junta tenha algum tipo de dispositivo sensor de posição.

A abordagem mais comum é localizar o sensor de posição diretamente no eixo do atuador. Se a unidade motriz for rígida e não houver folga, os ângulos de juntas verdadeiros podem ser calculados a partir das posições do eixo do atuador. Esses pares de sensores e atuadores **dispostos em conjunto** são mais fáceis de controlar.

O dispositivo de realimentação de posição mais utilizado é o **codificador** (ou **encoder**) **ótico rotativo**. À medida que o eixo do codificador gira, um eixo contendo um padrão de linhas finas interrompe um feixe de luz. Um fotossensor transforma os pulsos de luz em onda binária. Em geral, há dois canais desse tipo com trens de pulsos de ondas defasados em 90 graus. O ângulo do eixo é determinado pela contagem dos pulsos e a direção da rotação é determinada pela fase relativa das duas ondas perpendiculares. Além disso, os codificadores costumam emitir um **pulso indexador** em um local, que serve para determinar uma posição zero a fim de computar uma posição angular absoluta.

Resolvedores (ou **resolvers**) são dispositivos com saída de dois sinais analógicos – um no seno do ângulo do eixo e outro no cosseno. O ângulo do eixo é computado a partir da magnitude relativa dos dois sinais. A resolução é uma função da qualidade do resolvedor e da quantidade de ruído captado no equipamento eletrônico e nos cabos. Tais dispositivos são frequentemente mais confiáveis do que os codificadores óticos, mas sua resolução é mais baixa. Os resolvedores não podem ser colocados diretamente na junta sem equipamentos adicionais para melhorar a resolução.

Potenciômetros proporcionam a forma mais simples de sensoriamento de posição. Ligados a uma configuração em ponte, eles produzem uma voltagem proporcional à posição do eixo. Dificuldades com resolução, linearidade e suscetibilidade ao ruído limitam o seu uso.

Tacômetros às vezes são usados para fornecer um sinal analógico proporcional à velocidade do eixo. Na ausência de tais sensores de velocidade, a realimentação de velocidade é derivada tomando-se a diferença das posições sensoriadas no decorrer do tempo. Essa **diferenciação numérica** pode introduzir tanto ruído quanto atraso. Apesar desses possíveis problemas, a maioria dos manipuladores não tem sensoriamento direto de velocidade.

8.9 SENSORES DE FORÇA

Há uma variedade de dispositivos projetados para medir as forças de contato entre o efetuador de um manipulador e o ambiente que ele toca. A maioria desses sensores usa elementos transdutores chamados **extensômetros** (em inglês, *strain gauges*), que podem ser do tipo semicondutor ou

---

*   Nota do R.T.: Ou AC, do inglês *alternating current*.

de folha metálica. Os extensômetros são ligados a uma estrutura metálica e produzem uma saída proporcional à tensão sobre o metal. Nesse tipo de projeto para o sensor de força, as questões que o projetista deve levar em conta incluem:

1. Quantos sensores são necessários para obter a informação desejada?
2. Como os sensores estão instalados em relação um ao outro na estrutura?
3. Que estrutura permite uma boa sensibilidade mantendo ao mesmo tempo a rigidez?
4. Como a proteção contra a sobrecarga mecânica pode ser embutida no dispositivo?

Há três lugares nos quais esses sensores são em geral colocados em um manipulador:

1. Nos atuadores das juntas. Esses sensores medem o torque ou força de saída do atuador ou da redução em si. São úteis para alguns esquemas de controle, mas geralmente não proporcionam um bom sensoriamento do contato entre o efetuador e o ambiente.
2. Entre o efetuador e a última junta do manipulador. Esses sensores costumam ser chamados de **sensores do punho**. Eles são estruturas mecânicas equipadas com extensômetros que podem medir as forças e torques agindo sobre o efetuador.
3. Nas "pontas dos dedos" do efetuador. Geralmente, esses **dedos sensores de força** têm extensômetros embutidos para medir entre um e quatro componentes de força agindo na ponta de cada dedo.

Como exemplo, a Figura 8.19 é o projeto da estrutura interna de um sensor de força do punho projetado por Scheinman [22]. Ligados à estrutura de barra transversal do dispositivo há oito pares de extensômetros semicondutores. Cada par está ligado a um dispositivo de divisão de voltagem. Cada vez que o punho é consultado, oito voltagens analógicas são digitalizadas e informadas ao computador. Foram projetados esquemas de calibração para se chegar a uma **matriz de calibração** constante 6×8 que mapeia essas oito medidas de tensão no vetor de força-torque $\mathcal{F}$ que está agindo sobre o efetuador. O vetor de força-torque sensoriado pode ser transformado para o sistema de referência de interesse, como vimos no Exemplo 5.8.

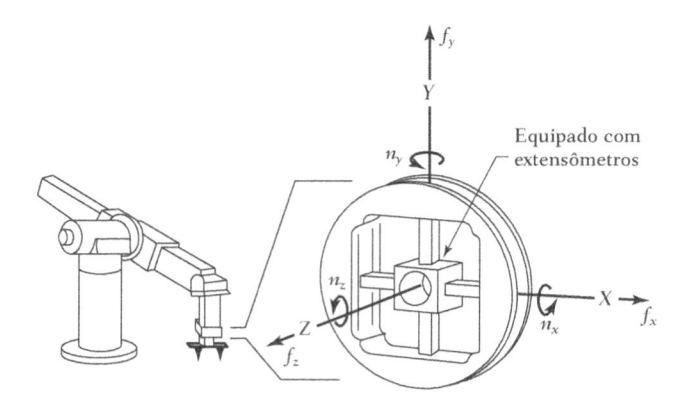

Figura 8.19: Estrutura interna de um típico punho com sensoriamento de força.

Aspectos do projeto de sensores de força

O uso de extensômetros na medição de forças depende da medição da deflexão de um **flexor** tensionado. Portanto, um dos dilemas básicos é entre a rigidez e a sensibilidade do sensor. Um sensor mais rígido é inerentemente menos sensível.

A rigidez do sensor também afeta a construção da **proteção de sobrecarga**. Extensômetros podem ser avariados com cargas de impacto e, portanto, precisam ser protegidos contra tais sobrecargas. As avarias aos transdutores podem ser evitadas com **limitadores de fim de curso**, que evitam a deflexão dos flexores além de um certo ponto. Infelizmente, um sensor muito rígido pode defletir, apenas, uns poucos décimos de milésimos de polegada. A fabricação de limitadores de fim de curso para intervalos tão pequenos é muito difícil. Em consequência, para muitos tipos de transdutores, certa flexibilidade *tem* de ser inerente a fim de possibilitar paradas limites que sejam eficazes.

A eliminação da **histerese** é uma das restrições mais incômodas no projeto de sensores. A maior parte dos metais usados como flexores, se não for sobrecarregada, tem muito pouca histerese. No entanto, juntas parafusadas, encaixadas por pressão ou soldadas próximas da flexão, provocam-na. O ideal é que o flexor e o material nas suas proximidades sejam feitos da mesma peça de metal.

É importante, também, usar medidas diferenciais para aumentar a linearidade e a rejeição de interferência dos sensores de torque. Configurações físicas diferentes para os transdutores podem eliminar influências devido aos efeitos da temperatura e das forças externas ao eixo.

Extensômetros de folha metálica são relativamente duráveis, mas têm uma resistência muito limitada sob tensão total. Eliminar o ruído no cabeamento do extensômetro e no equipamento eletrônico de amplificação é de importância crucial para um bom alcance dinâmico.

Extensômetros semicondutores são muito mais suscetíveis a avarias decorrentes de sobrecarga. A seu favor, há o fato de que produzem uma alteração de resistência que é cerca de setenta vezes a dos extensômetros de folha metálica para uma determinada tensão. Isso torna a tarefa de processamento de sinal muito mais simples para um determinado alcance dinâmico.

BIBLIOGRAFIA

[1] ROWE, W. (Ed.), *Robotics Technical Directory 1986*. Research Triangle Park, Carolina do Norte: Instrument Society of America, 1986.
[2] VIJAYKUMAR, R. e WALDRON, K. "Geometric Optimization of Manipulator Structures for Working Volume and Dexterity," *International Journal of Robotics Research*, v.5, n. 2, 1986.
[3] WALDRON, K. "Design of Arms," em *The International Encyclopedia of Robotics*, R. Dorf e S. Nof (Eds.), Nova York: John Wiley and Sons, 1988.
[4] YOSHIKAWA, T. "Manipulability of Robotic Mechanisms," *The International Journal of Robotics Research*, v.4, n. 2, Cambridge, Massachusetts: MIT Press, 1985.
[5] ASADA, H. "Dynamic Analysis and Design of Robot Manipulators Using Inertia Ellipsoids," *Proceedings of the IEEE International Conference on Robotics*, Atlanta, mar. 1984.
[6] SALISBURY, J. K. e CRAIG, J. "Articulated Hands: Force Control and Kinematic Issues," *The International Journal of Robotics Research*, v.1, n. 1, 1982.
[7] KHATIB O. e BURDICK, J. "Optimization of Dynamics in Manipulator Design: The Operational Space Formulation," *International Journal of Robotics and Automation*, v.2, n. 2, IASTED, 1987.
[8] YOSHIKAWA, T. "Dynamic Manipulability of Robot Manipulators," *Proceedings of the IEEE International Conference on Robotics and Automation*, St. Louis, mar. 1985.
[9] TREVELYAN, J., KOVESI, P. e ONG, M. "Motion Control for a Sheep Shearing Robot," *The 1st International Symposium of Robotics Research*, Cambridge, Massachusetts: MIT Press, 1984.
[10] MARCHAL, P., CORNU, J. e DETRICHE, J. "Self Adaptive Arc Welding Operation by Means of an Automatic Joint Following System," *Proceedings of the 4th Symposium on Theory and Practice of Robots and Manipulators*, Zaburow, Polônia: set. 1981.

[11] HOLLERBACH, J. M. "Optimum Kinematic Design for a Seven Degree of Freedom Manipulator," *Proceedings of the 2nd International Symposium of Robotics Research*. Kyoto, Japão, ago. 1984.

[12] WALDRON, K. e REIDY, J. "A Study of Kinematically Redundant Manipulator Structure," *Proceedings of the IEEE Robotics and Automation Conference*, São Francisco, abr. 1986.

[13] MILENKOVIC, V. "New Nonsingular Robot Wrist Desgin," *Proceedings of the Robots 11/17th ISIR Conference*, SME, 1987.

[14] RIVIN, E. *Mechanical Desgin of Robots*, Nova York: McGraw-Hill, 1988.

[15] YOSHIKAWA, T. "Manipulability of Robotic Mechanisms," em *Proceedings of the 2nd International Symposium on Robotics Research*, Kyoto, Japão, 1984.

[16] LEU, M., DUKOWSKI, V. e WANG, K. "An Analytical and Experimental Study of the Stiffness of Robot Manipulators with Parallel Mechanisms," em *Robotics and Manufacturing Automation*, M. Donath e M. Leu (Eds.), Nova York: ASME, 1985.

[17] HUNT, K. *Kinematic Geometry of Mechanisms*. Cambridge, Massachusetts: Cambridge University Press, 1978.

[18] ASADA, H. e YOUCEF-TOUMI, K. Design *of Direct Drive Manipulators*. Cambridge, Massachusetts: MIT Press, 1987.

[19] SHIGLEY, J. *Mechanical Engineering Design*, 3. ed. Nova York: McGraw-Hill, 1977.

[20] WELBOURNE, D. "Fundamental Knowledge of Gear Noise – A Survey," em *Proceedings of the Conference on Noise and Vibrations of Engines and Transmissions*, Institute of Mechanical Engineers, Cranfield, Reino Unido, 1979.

[21] ZIENKIEWICZ, O. *The Finite Element Method*, 3. ed. Nova York: McGraw-Hill, 1977.

[22] SCHEINMAN, V. "Design of a Computer Controlled Manipulator," Tese de mestrado, Departamento de Engenharia Mecânica, Universidade de Stanford, 1969.

[23] LAU, K., DAGALAKIS N. e MEYERS, D. "Testing," em *The International Encyclopedia of Robotics*, R. Dorf and S. Nof (Eds.), Nova York: John Wiley and Sons, 1988.

[24] ROSHIEM, M. "Wrists," em *The International Encyclopedia of Robotics*, R. Dorf e S. Nof, (Eds.), Nova York: John Wiley and Sons, 1988.

[25] BOWLING, A. e KHATIB, O. "Robot Acceleration Capability: The Actuation Efficiency Measure," *Proceedings of the IEEE International Conference on Robotics and Automation*, São Francisco, abr. 2000.

EXERCÍCIOS

8.1 [15] Um robô é usado para posicionar um dispositivo de corte a laser. O laser produz um feixe preciso e não divergente. Para tarefas de corte em geral, de quantos graus de liberdade o robô posicionador precisa? Justifique a sua resposta.

8.2 [15] Desenhe uma possível configuração de junta para o robô posicionador de laser do Exercício 8.1, presumindo que ele será usado principalmente para o corte em ângulos estranhos através de placas de 8×8 pés com 1 polegada de espessura.

8.3 [17] Para um robô esférico como o da Figura 8.6, se as juntas 1 e 2 não têm limites e a junta 3 tem um limite inferior de l e um limite superior de u, encontre o índice de comprimento estrutural Q_L para o ponto do punho desse robô.

8.4 [25] Um eixo de aço com 30 cm de comprimento e 0,2 cm de diâmetro aciona a engrenagem de entrada de uma redução com $\eta = 8$. A engrenagem de saída movimenta um eixo de aço com 30 cm de comprimento e 0,3 cm de diâmetro. Se as engrenagens não introduzem qualquer conformidade, qual é a rigidez geral do sistema de transmissão?

8.5 [20] Na Figura 8.20, um elo é passado através de um eixo após uma redução de engrenagem. Modele o elo como rígido de massa 10 kg localizado em um ponto a 30 cm do eixo do eixo.

Presuma que as engrenagens são rígidas e que a redução, η, é grande. O eixo é de aço e tem de ter 30 cm de comprimento. Se as especificações de projeto requerem que o centro de massa do elo seja submetido a acelerações de 2,0 g, qual deve ser o diâmetro do eixo para limitar as deflexões dinâmicas a 0,1 radiano no ângulo da junta?

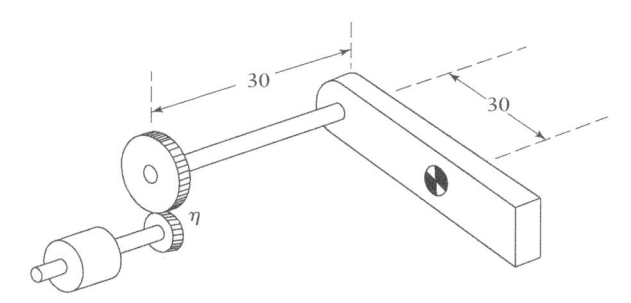

Figura 8.20: Um elo acionado através de um eixo após uma redução de engrenagem.

8.6 [15] Se a engrenagem de saída tem uma rigidez de 1.000 Nt-m/radiano com engrenagem de entrada travada e o eixo tem rigidez de 300 Nt-m/radiano, qual é a rigidez combinada do sistema de acionamento da Figura 8.20?

8.7 [43] O critério de Pieper para manipuladores de elos seriais diz que o manipulador será solucionável se três eixos consecutivos se cruzarem no mesmo ponto ou forem paralelos. Isso se baseia na ideia de que a cinemática inversa pode ser diferenciada analisando-se a posição do ponto do punho, independentemente da orientação do sistema de referência do punho. Proponha um resultado semelhante para o mecanismo de Stewart da Figura 8.14 para permitir que a solução de cinemática direta seja diferenciada de forma similar.

8.8 [20] No mecanismo de Stewart da Figura 8.14, se as juntas universais com 2-DOF da base fossem substituídas por juntas de esfera de 3-DOF, qual seria o número total de graus de liberdade do mecanismo? Use a fórmula de Grübler.

8.9 [22] A Figura 8.21 mostra um esquema simplificado da unidade motriz da junta 4 do PUMA 560 [23]. A rigidez relativa à torção dos acoplamentos é de 100 Nt-m/radiano cada, a do eixo é 400 Nt-m/radiano e cada um dos pares de redução foram aferidos com rigidez de saída de 2.000 Nt-m/radiano com as engrenagens de entrada fixas. Tanto a primeira quanto a segunda redução têm $\eta = 6$.[*] Presumindo que a estrutura e o rolamento são perfeitamente rígidos, qual é a rigidez da junta (isto é, quando o eixo do motor está travado)?

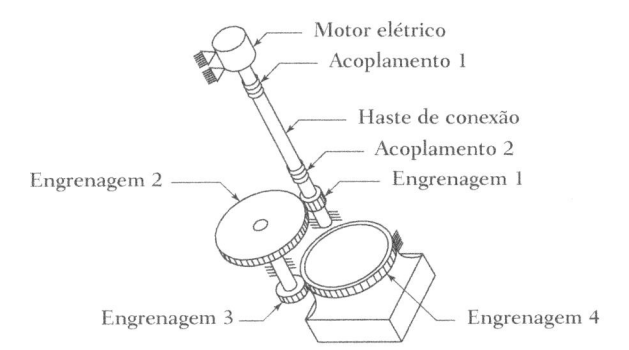

Figura 8.21: Versão simplificada da unidade motriz da junta 4 de um manipulador PUMA 560 (de [23]). Extraído de *International Encyclopedia of Robotics*, de R. Dorf e S. Nof, editores. Extraído de "Testing," de K. Law, N. Dagalakis e D. Myers.

---

[*] Nenhum dos valores numéricos deste exercício pretende ser realista!

8.10 [25] Qual é o erro se aproximarmos a resposta do Exercício 8.9 considerando apenas a rigidez das engrenagens finais de redução de velocidade?

8.11 [20] A Figura 4.14 mostra um punho de eixo ortogonal e outro de eixo não ortogonal. O punho com eixo ortogonal tem torções de elo com 90° de magnitude; o punho com eixo não ortogonal tem torções de elo com ϕ e $180° - \phi$ de magnitude. Descreva um conjunto de orientações que são *inatingíveis* com o mecanismo não ortogonal. Presuma que todos os eixos podem girar 360° e que os elos podem passar através uns dos outros se necessário (isto é, o espaço de trabalho não é limitado pela autocolisão).

8.12 [18] Escreva uma solução geral de cinemática inversa para o mecanismo de Stewart mostrado na Figura 8.22. Dada a localização de $\{T\}$ em relação ao sistema de referência da base $\{B\}$, encontre as variáveis de posição das juntas de d_1 a d_6. Os ^Bp_i são vetores 3×1 que localizam as conexões de base dos atuadores lineares em relação ao sistema de referência $\{B\}$. Os ^Tq_i são vetores 3×1 que localizam as conexões superiores dos atuadores lineares em relação ao sistema de referência $\{T\}$.

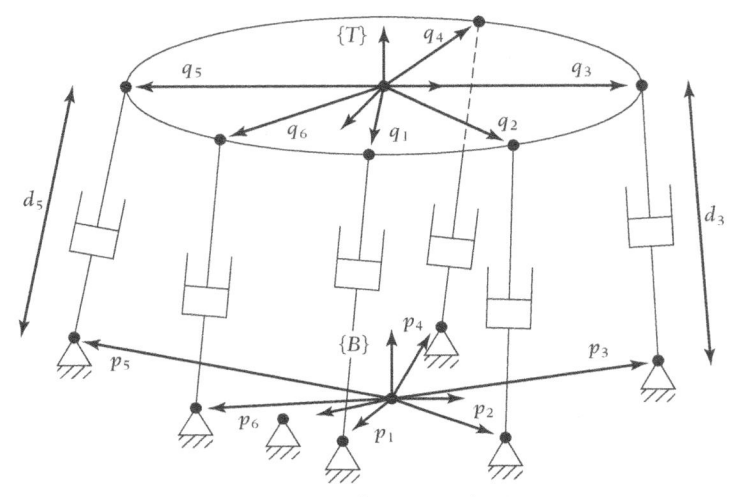

Figura 8.22: Mecanismo de Stewart do Exercício 8.12.

8.13 [20] O planar de dois elos do Exemplo 5.3 tem a determinante do seu Jacobiano dada por

$$\det(J(\Theta)) = l_1 l_2 s_2. \tag{8.31}$$

Se a soma do comprimento dos dois elos, $l_1 + l_2$, for considerada igual a uma constante, quais devem ser os comprimentos relativos a fim de minimizar a manipulabilidade do manipulador conforme definido por (8.6)?

8.14 [28] Para um robô SCARA, dado que a soma dos comprimentos dos elos 1 e 2 deve ser constante, qual é a escolha ótima de comprimento relativo em termos do índice de manipulabilidade dado em (8.6)? Resolver primeiro o Exercício 8.13 pode ser útil.

8.15 [35] Mostre que a medida de manipulabilidade definida em (8.6) também é igual ao produto dos autovalores de $J(\Theta)$.

8.16 [15] Qual é a rigidez de torção de uma haste de alumínio de 40 cm com raio de 0,1 cm?

8.17 [5] Qual é a redução de "engrenagem" efetiva, η, de um sistema de correia com polia de entrada de 2,0 cm de raio e polia de saída com 12,0 cm de raio?

8.18 [10] Quantos graus de liberdade são necessários em um manipulador usado para posicionar formas cilíndricas em um plano? As peças cilíndricas são perfeitamente simétricas em torno de seus eixos principais.

8.19 [25] A Figura 8.23 mostra uma mão com três dedos segurando um objeto. Cada dedo tem três juntas com um grau de liberdade. Os pontos de contato entre as pontas dos dedos e o objeto são modelados como "contato pontual" – ou seja, a posição é fixa, mas a orientação relativa é livre nos três graus de liberdade. Assim, esses pontos de contato podem ser substituídos por juntas de esfera com 3-DOF para fins de análise. Aplique a fórmula de Grübler para calcular quantos graus de liberdade o sistema possui como um todo.

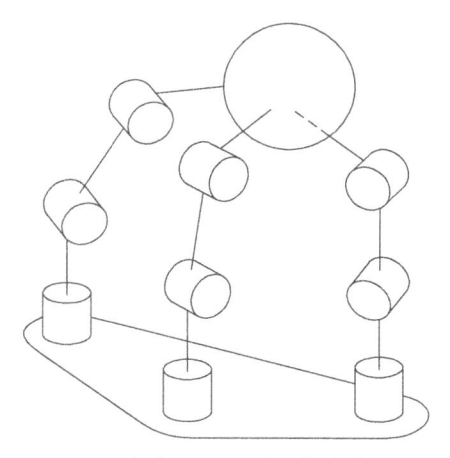

Figura 8.23: Uma mão com três dedos, na qual cada dedo tem três graus de liberdade, segura um objeto com "contato pontual".

8.20 [23] A Figura 8.24 mostra um objeto conectado ao chão com três hastes. Cada haste está ligada ao objeto por uma junta universal de 2-DOF e ao chão por uma junta de esfera com 3-DOF. Quantos graus de liberdade o sistema tem?

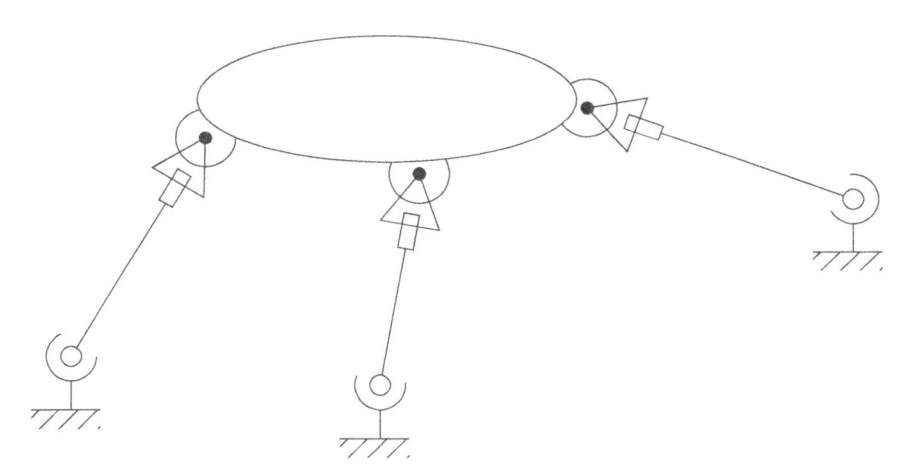

Figura 8.24: Mecanismo de laço fechado do Exercício 8.20.

8.21 [18] Confirme que se dois sistemas de transmissão estão conectados em série, a rigidez equivalente do sistema como um todo é dada por (8.14). É, talvez, mais simples pensar na conexão serial de duas molas lineares com coeficientes de rigidez k_1 e k_2 e nas equações resultantes:

$$f = k_1 \delta x_1,$$
$$f = k_2 \delta x_2, \tag{8.32}$$
$$f = k_{soma} (\delta x_1 + \delta x_2).$$

8.22 [20] Deduza a fórmula para a rigidez de um sistema de transmissão por correia em termos do raio das polias (r_1 e r_2) e a distância entre os centros das polias, d_c. Comece com (8.22).

EXERCÍCIO DE PROGRAMAÇÃO (PARTE 8)

1. Escreva um programa para calcular a determinante de uma matriz 3 × 3.
2. Escreva um programa para movimentar um robô de três elos em 20 passos em linha reta e orientação constante de

$$_3^0T = \begin{bmatrix} 0,25 \\ 0,0 \\ 0,0 \end{bmatrix}$$

para

$$_3^0T = \begin{bmatrix} 0,95 \\ 0,0 \\ 0,0 \end{bmatrix}$$

em incrementos de 0,05 metro. Em cada local, calcule a medida de manipulabilidade do robô naquela configuração (isto é, o determinante do Jacobiano). Relacione ou, melhor ainda, faça um gráfico dos valores como função da posição ao longo do eixo $\hat{X}_0$. Gere os dados anteriores para os dois casos:

(a) $l_1 = l_2 = 0,5$ metro, e
(b) $l_1 = 0,625$ metro, $l_2 = 0,375$ metro.

Qual dos projetos de manipulador você considera o melhor? Explique a sua resposta.

EXERCÍCIO PARA O MATLAB 8

A Seção 8.5 apresentou o conceito de robôs cinematicamente redundantes. Esse exercício trata da simulação de controle tipo velocidade resolvida (*resolved-rate*) de um robô cinematicamente redundante. Vamos nos concentrar no robô planar 4-R 4-DOF com um grau de redundância cinemática (quatro juntas para proporcionar três movimentos cartesianos: duas translações e uma rotação). Esse robô é obtido acrescentando-se uma quarta junta R e um quarto elo móvel L_4 ao robô planar 3R 3-DOF (das figuras 3.6 e 3.7; os parâmetros DH podem ser estendidos acrescentando-se uma linha à Figura 3.8).

Para o robô planar 4R, deduza as expressões analíticas para a matriz Jacobiana 3 × 4. Depois, faça a simulação de controle tipo *resolved-rate* no MATLAB (como no Exercício para o MATLAB 5). Mais uma vez, a equação de velocidade é $^k\dot{X} = {^kJ}\dot{\Theta}$; no entanto, essa equação não pode ser invertida com a inversa matricial normal porque a matriz Jacobiana é não quadrada (três equações, quatro incógnitas, infinitas soluções para $\dot{\Theta}$). Portanto, vamos usar a pseudo inversa J^* de Moore-Penrose para a matriz Jacobiana: $J^* = J^T(JJ^T)^{-1}$. Para as resultantes velocidades relativas comandadas às juntas no caso do algoritmo tipo *resolved-rate*, $\dot{\Theta} = {^kJ^*}\dot{X}$, escolha a solução de norma mínima a partir de infinitas possibilidades (isto é, o $\dot{\Theta}$ específico é o menor possível para satisfazer as velocidades cartesianas comandadas $^k\dot{X}$).

Essa solução representa apenas a solução particular – ou seja, existe uma solução homogênea para otimizar o desempenho (evitando as singularidades do manipulador ou os limites das juntas, por exemplo), além de satisfazer o movimento cartesiano comandado. A otimização do desempenho está além do escopo deste exercício.

Dados: $L_1 = 1,0$ m, $L_2 = 1,0$ m, $L_3 = 0,2$ m, $L_4 = 0,2$ m.

Os ângulos iniciais são:

$$\Theta = \left\{\begin{array}{c} \theta_1 \\ \theta_2 \\ \theta_3 \\ \theta_4 \end{array}\right\} = \left\{\begin{array}{c} -30° \\ 70° \\ 30° \\ 40° \end{array}\right\}.$$

A velocidade (constante) cartesiana comandada é

$$^0\dot{X} = {}^0\left\{\begin{array}{c} \dot{x} \\ \dot{y} \\ \omega_z \end{array}\right\} = {}^0\left\{\begin{array}{c} -0,2 \\ -0,2 \\ 0,2 \end{array}\right\} \text{ (m/s, rad/s)}.$$

Simule o movimento *resolved-rate*, apenas para uma solução particular, para três segundos, com uma etapa de tempo de controle de 0,1 s. Também, no mesmo laço, faça a animação do robô na tela durante cada etapa de tempo, de forma que você possa assistir o movimento simulado e verificar se está correto.

a) Apresente quatro gráficos (cada conjunto em um gráfico separado, por favor):
   1. os quatro ângulos das juntas (graus) $\Theta = \{\theta_1\ \theta_2\ \theta_3\ \theta_4\}^T$, *versus* tempo;
   2. as quatro velocidades das juntas (rad/s) $\dot{\Theta} = \{\dot{\theta}_1\ \dot{\theta}_2\ \dot{\theta}_3\ \dot{\theta}_4\}^T$, *versus* tempo;
   3. a norma euclidiana para a velocidade das juntas $\|\dot{\Theta}\|$ (magnitude de vetor), *versus* tempo;
   4. os três componentes cartesianos de ^0_HT, $X = \{x\ y\ \phi\}^T$ (rad está ótimo para que ϕ se encaixe) *versus* tempo.

   Identifique cuidadosamente (à mão está ótimo!) cada componente de cada gráfico. Identifique, também, os nomes e unidades dos eixos.

b) Confira o resultado da sua matriz Jacobiana para os conjuntos inicial e final dos ângulos das juntas com o Robotics Toolbox para o MATLAB de Peter Corke. Experimente a função *jacob0()*. Cuidado: as funções Jacobianas do toolbox são para o movimento de {4} em relação a {0}, não para {H} em relação a {0}, como no problema. A função anterior dá o resultado do Jacobiano em coordenadas de {0}; *jacobn()* daria o resultado em coordenadas do sistema {4}.

Controle linear dos manipuladores

9.1 Introdução
9.2 Realimentação e controle de laço fechado
9.3 Sistemas lineares de segunda ordem
9.4 Controle de sistemas de segunda ordem
9.5 Particionamento da lei de controle
9.6 Controle de acompanhamento de trajetória
9.7 Rejeição de perturbação
9.8 Controle de tempo contínuo *versus* tempo discreto
9.9 Modelagem e controle de uma única junta
9.10 Arquitetura do controlador de um robô industrial

9.1 INTRODUÇÃO

Equipados com o material anterior, agora temos os meios para calcular os históricos de tempo das posições das juntas que correspondem aos movimentos desejados do efetuador através do espaço. Neste capítulo, começamos a discutir como fazer o manipulador realizar de fato esses movimentos desejados.

Os métodos de controle que discutiremos enquadram-se na categoria chamada de sistemas de **controle linear**. A rigor, o uso de técnicas de controle linear é válido somente quando o sistema que está sendo estudado pode ser modelado matematicamente por equações diferenciais *lineares*. Para o caso de controle de manipuladores, tais métodos lineares devem ser vistos como métodos aproximados, já que, como vimos no Capítulo 6, a dinâmica de um manipulador é representada melhor por equações diferenciais *não lineares*. Mesmo assim, veremos que muitas vezes é razoável fazer tais aproximações e também que os métodos lineares são os mais usados na prática no meio industrial, atualmente.

Por fim, o estudo da abordagem linear servirá como base para o tratamento mais complexo de sistemas de controle não lineares no Capítulo 10. Embora abordemos o controle linear como um método aproximado para o controle de manipuladores, a justificativa para seu uso não é apenas empírica. No Capítulo 10, provaremos que certo controle linear leva a um sistema de controle razoável, mesmo sem recorrer à aproximação linear da dinâmica dos manipuladores. Os leitores familiarizados com sistemas de controle linear talvez prefiram pular as quatro primeiras seções deste capítulo.

9.2 REALIMENTAÇÃO E CONTROLE DE LAÇO FECHADO

Vamos modelar um manipulador como um mecanismo equipado com sensores em cada junta para medir o ângulo de junta e que tem um atuador em cada junta para aplicar torques ao elo vizinho (o próximo mais alto).* Embora outras disposições físicas sejam às vezes usadas, a grande maioria dos robôs tem um sensor de posição em cada junta. Às vezes, sensores de velocidade (tacômetros) também estão presentes. Vários esquemas de acionamento e transmissão são preponderantes nos robôs industriais, mas muitos deles podem ser modelados supondo-se que existe um único atuador em cada junta.

Queremos fazer as juntas do manipulador seguirem trajetórias de posição determinadas, mas os atuadores são comandados em termos de torque, de forma que precisamos usar algum tipo de **sistema de controle** para calcular adequadamente os comandos que realizarão o movimento desejado. Quase sempre esses torques são determinados pelo uso de **realimentação** (em inglês, *feedback*) dos sensores das juntas a fim de calcular o torque necessário.

A Figura 9.1 mostra a relação entre o gerador de trajetória e o robô físico. O robô aceita um vetor de torques de junta, τ, do sistema de controle. Os sensores do manipulador permitem que o controlador leia os vetores das posições, Θ, e das velocidades das juntas, $\dot{\Theta}$. Todas as linhas de sinais da Figura 9.1 têm $N \times 1$ vetores (sendo N o número de juntas do manipulador).

Vejamos que algoritmo pode ser executado no bloco identificado como "sistema de controle" na Figura 9.1. Uma possibilidade é usar a equação dinâmica do robô (como estudamos no Capítulo 6) para calcular os torques necessários para uma determinada trajetória. São dados Θ_d, $\dot{\Theta}_d$ e $\ddot{\Theta}_d$ pelo gerador de trajetória, de forma que poderíamos usar (6.59) para computar

$$\tau = M(\Theta_d)\ddot{\Theta}_d + V(\Theta_d, \dot{\Theta}_d) + G(\Theta_d).\tag{9.1}$$

Assim, calculamos os torques que, segundo nosso modelo, seriam necessários para realizar a trajetória desejada. Se o modelo dinâmico fosse completo, preciso e não houvesse qualquer "ruído" ou outras perturbações, o uso contínuo de (9.1) ao longo da trajetória desejada realizaria essa trajetória. Infelizmente, a imperfeição do modelo dinâmico e a presença inevitável de interferências tornam esse esquema impraticável para uso nas aplicações reais. Essa técnica de controle é chamada de esquema de **laço aberto**, já que a realimentação com os dados dos sensores das juntas não é utilizado (isto é, (9.1) é uma função da trajetória desejada, Θ_d e suas derivadas e *não* uma função de Θ, que é a trajetória de fato).

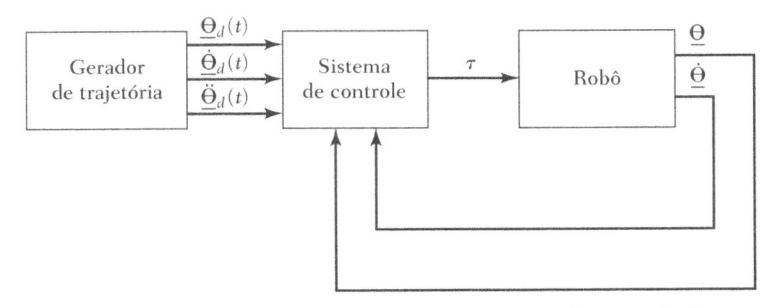

Figura 9.1: Diagrama de blocos de alto nível para o sistema de controle de um robô.

---

* Lembre-se: todas as observações referentes a juntas rotacionais valem analogamente para juntas lineares, e vice-versa.

Geralmente, a única maneira de construir um sistema de controle de alto desempenho é utilizar a realimentação dos sensores das juntas, como indica a Figura 9.1. Essa realimentação é usada para calcular qualquer **erro do servomecanismo**, encontrando a diferença entre a posição desejada e a posição de fato e a diferença entre a velocidade desejada e a velocidade de fato:

$$E = \Theta_d - \Theta,$$
$$\dot{E} = \dot{\Theta}_d - \dot{\Theta}.$$
(9.2)

O sistema de controle pode, então, calcular o torque necessário dos atuadores como uma função do erro. Claro que a ideia básica é calcular os torques do atuador que tenderiam a reduzir os erros. Um sistema de controle que utiliza realimentação é chamado de sistema de **laço fechado**. O "laço" fechado por esse sistema de controle em torno do manipulador é evidente na Figura 9.1.

O principal problema no projeto de um sistema de controle é garantir que o sistema de laço fechado resultante atenda a certas especificações de desempenho. O mais básico desses critérios é que o sistema permaneça **estável**. Para os propósitos deste livro, definiremos um sistema como estável se os erros permanecerem "pequenos" durante a execução de várias trajetórias desejadas, mesmo na presença de algumas perturbações "moderadas". Deve-se notar que um sistema de controle mal projetado pode, às vezes, resultar em desempenho **instável**, no qual os erros são amplificados em vez de reduzidos. Portanto, a primeira tarefa de um engenheiro de controle é comprovar que seu projeto resulta em um sistema estável; a segunda é comprovar que o desempenho do sistema em laço fechado é satisfatório. Na prática, tais "provas" vão desde provas matemáticas baseadas em certos pressupostos e modelos a resultados mais empíricos, tais como os obtidos através de simulação ou experimentação.

A Figura 9.1, na qual todas as linhas de sinais representam vetores $N \times 1$, resume o fato de que o problema de controle dos manipuladores é um problema de controle **de múltiplas entradas, múltiplas saídas** (**MIMO** – *multi-input, multi-output*). Neste capítulo, adotamos uma abordagem simples para construir o sistema de controle, tratando cada junta como um sistema separado a ser controlado. Dessa forma, para um manipulador de N juntas, vamos projetar N sistemas de controle independentes **de uma entrada, de uma saída** (**SISO** – *single-input, single-output*). Essa é a abordagem de projeto adotada pela maioria dos fornecedores de robôs industriais. A abordagem de **controle independente das juntas** é um método aproximado de movimento no qual as equações de movimento (desenvolvidas no Capítulo 6) não são independentes, mas sim altamente acopladas. Mais tarde, neste capítulo, apresentaremos a justificativa para a abordagem linear, pelo menos para o caso de manipuladores com muitas engrenagens e reduções nas transmissões.

9.3 SISTEMAS LINEARES DE SEGUNDA ORDEM

Antes de abordarmos o problema de controle do manipulador, vamos voltar um pouco e começar considerando um mecanismo simples. A Figura 9.2 mostra um bloco de massa m ligado a uma mola de rigidez k e sujeita a atrito de coeficiente b. A Figura 9.2 também indica a posição zero e o sentido positivo de x, a posição do bloco. Presumindo uma força de atrito proporcional à velocidade do bloco, um diagrama de corpo livre das forças que agem sobre ele leva diretamente à equação de movimento

$$m\ddot{x} + b\dot{x} + kx = 0.$$
(9.3)

Portanto, a dinâmica de laço aberto desse sistema com um grau de liberdade é descrita por uma equação diferencial linear de segunda ordem com coeficiente constante [1]. A solução para a

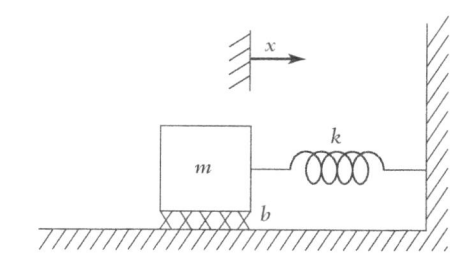

Figura 9.2: Sistema do tipo massa-mola com atrito.

Equação diferencial (9.3) é uma função que varia com o tempo, $x(t)$, que especifica o movimento do bloco. Essa solução dependerá das **condições iniciais** do bloco – ou seja, sua posição e velocidade e iniciais.

Usaremos esse sistema mecânico simples como exemplo para rever alguns conceitos básicos de sistemas de controle. Infelizmente, é impossível fazer justiça, aqui, ao campo da teoria de controle com apenas uma simples introdução. Vamos discutir o problema de controle, presumindo apenas que o estudante está familiarizado com as equações diferenciais simples. Assim, não usaremos muitas das ferramentas populares nos campos da engenharia de controle. Por exemplo, as **transformadas de Laplace** e outras técnicas comuns não são um pré-requisito e não serão apresentadas aqui. Uma boa referência para esse campo é [4].

A intuição sugere que o sistema da Figura 9.2 pode exibir várias características de movimento diferentes. Por exemplo, no caso de uma mola muito fraca (ou seja, em que k é pequeno) e atrito muito alto (em que b é grande), imagina-se que, se o bloco fosse perturbado, voltaria à sua posição de repouso de forma muito lenta e arrastada. No entanto, com uma mola muito rígida e atrito muito baixo, o bloco pode oscilar várias vezes antes de chegar ao repouso. Essas diferentes possibilidades existem porque o caráter da solução para (9.3) depende dos valores dos parâmetros m, b e k.

Com base no estudo das equações diferenciais [1], sabemos que a forma da solução para uma equação da forma de (9.3) depende das raízes da sua **equação característica**,

$$ms^2 + bs + k = 0 \ . \tag{9.4}$$

Essa equação tem as raízes

$$\begin{aligned} s_1 &= -\frac{b}{2m} + \frac{\sqrt{b^2 - 4mk}}{2m} \ , \\ s_2 &= -\frac{b}{2m} - \frac{\sqrt{b^2 - 4mk}}{2m} \ . \end{aligned} \tag{9.5}$$

A localização de s_1 e s_2 (às vezes, chamados de **polos** do sistema) no plano real-imaginário dita a natureza dos movimentos do sistema. Se s_1 e s_2 forem reais, o comportamento do sistema será lento e não oscilatório. Se forem complexos (ou seja, se tiverem um componente imaginário), o comportamento do sistema será oscilatório. Se incluirmos o caso especial limitador entre os dois comportamentos, teremos três classes de respostas para estudar:

1. **Raízes reais e desiguais.** É o caso em que $b^2 > 4mk$; ou seja, o atrito é predominante e resulta em comportamento moroso. Essa resposta é chamada de **sobreamortecida**.
2. **Raízes complexas.** É o caso em que $b^2 < 4mk$; ou seja, a rigidez predomina e resulta em comportamento oscilatório. Essa resposta é chamada de **subamortecida**.

3. **Raízes reais e iguais**. Esse é o caso especial em que $b^2 = 4mk$; ou seja, o atrito e a rigidez são "equilibrados", gerando a resposta não oscilatória mais rápida possível. Essa resposta é chamada de **criticamente amortecida**.

O terceiro caso (amortecimento crítico) é geralmente uma situação desejável: o sistema anula as condições iniciais diferentes de zero e retorna à posição nominal o mais depressa possível, mas sem comportamento oscilatório.

> Raízes reais e desiguais

Pode ser facilmente demonstrado (pela substituição direta em (9.3)) que a solução, $x(t)$, que dá o movimento do bloco no caso de raízes reais e desiguais tem a forma

$$x(t) = c_1 e^{s_1 t} + c_2 e^{s_2 t} , \qquad (9.6)$$

em que s_1 e s_2 são dados por (9.5). Os coeficientes c_1 e c_2 são constantes que podem ser calculadas para qualquer conjunto inicial de condições dado (ou seja, posição e velocidade iniciais do bloco).

A Figura 9.3 apresenta um exemplo de localizações polo e a resposta no tempo correspondente a uma condição inicial diferente de zero. Quando os polos de um sistema de segunda ordem são reais e desiguais, o sistema exibe movimento moroso ou sobreamortecido.

Nos casos em que um dos polos tem uma magnitude muito maior que a do outro, o de maior magnitude pode ser negligenciado porque o termo correspondente a ele cairá para zero rapidamente em comparação com o outro, **polo dominante**. Essa mesma noção de dominância se estende a sistemas de ordem mais alta – por exemplo, frequentemente um sistema de terceira ordem pode ser estudado como sistema de segunda ordem considerando-se apenas dois polos dominantes.

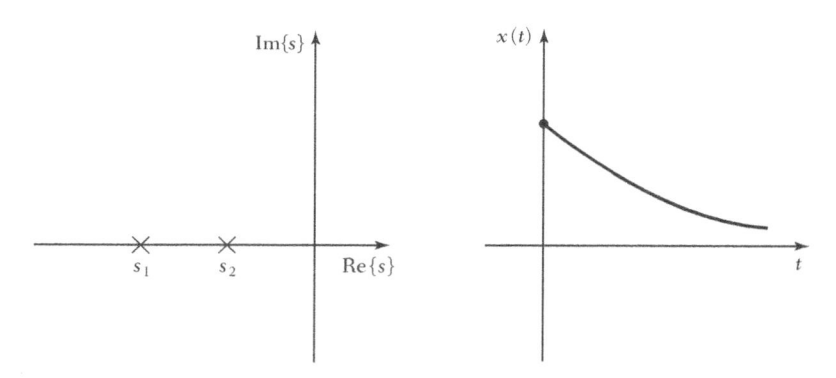

Figura 9.3: Localização da raiz e resposta às condições iniciais para um sistema sobreamortecido.

EXEMPLO 9.1

Determine o movimento do sistema da Figura 9.2 se os parâmetros de valores são $m = 1$, $b = 5$ e $k = 6$, e é o bloco (inicialmente em repouso) é liberado da posição $x = -1$.

$$s^2 + 5s + 6 = 0 , \qquad (9.7)$$

que tem as raízes $s_1 = -2$ e $s_2 = -3$. Portanto, a resposta tem a forma

$$x(t) = c_1 e^{-2t} + c_2 e^{-3t} . \tag{9.8}$$

Agora usamos as condições iniciais dadas, $x(0) = -1$ e $\dot{x}(0) = 0$, para calcular c_1 e c_2. Para satisfazer essas condições em $t = 0$, temos de ter

$$c_1 + c_2 = -1$$

e

$$-2c_1 - 3c_2 = 0 , \tag{9.9}$$

que são satisfeitos por $c_1 = -3$ e $c_2 = 2$. Portanto, o movimento do sistema para $t \geq 0$ é dado por

$$x(t) = -3e^{-2t} + 2e^{-3t} . \tag{9.10}$$

Raízes complexas

Para o caso em que a equação característica tem raízes complexas na forma

$$\begin{aligned} s_1 &= \lambda + \mu i , \\ s_2 &= \lambda - \mu i , \end{aligned} \tag{9.11}$$

ainda é o caso em que a solução tem a forma

$$x(t) = c_1 e^{s_1 t} + c_2 e^{s_2 t} . \tag{9.12}$$

No entanto, a Equação (9.12) é difícil de usar diretamente porque implica números imaginários explicitamente. Pode ser demonstrado (veja o Exercício 9.1) que a **fórmula de Euler**,

$$e^{ix} = \cos x + i \operatorname{sen} x , \tag{9.13}$$

permite que a solução (9.12) seja manipulada na forma

$$x(t) = c_1 e^{\lambda t} \cos(\mu t) + c_2 e^{\lambda t} \operatorname{sen}(\mu t) . \tag{9.14}$$

Como antes, os coeficientes c_1 e c_2 são constantes que podem ser calculadas para qualquer conjunto dado de condições iniciais (isto é, posição e velocidade iniciais do bloco). Se escrevermos as constantes c_1 e c_2 na forma

$$\begin{aligned} c_1 &= r \cos \delta , \\ c_2 &= r \operatorname{sen} \delta , \end{aligned} \tag{9.15}$$

então, (9.14) pode ser escrita na forma

$$x(t) = r e^{\lambda t} \cos(\mu t - \delta) , \tag{9.16}$$

em que

$$\begin{aligned} r &= \sqrt{c_1^2 + c_2^2} , \\ \delta &= \operatorname{Atan2}(c_2, c_1) . \end{aligned} \tag{9.17}$$

Nessa forma, é mais fácil ver que o movimento resultante é uma oscilação cuja amplitude é exponencialmente decrescente em direção a zero.

Outra maneira comum de descrever sistemas oscilatórios de segunda ordem é em termos de **taxa de amortecimento** e **frequência natural**. Esses termos são definidos pela parametrização da equação característica dada por

$$s^2 + 2\zeta\omega_n s + \omega_n^2 = 0 \ , \tag{9.18}$$

em que ζ é a taxa de amortecimento (um número sem dimensão entre 0 e 1) e ω_n é a frequência natural.* As relações entre a localização dos polos e esses parâmetros são

$$\lambda = -\zeta\omega_n$$

e

$$\mu = \omega_n\sqrt{1-\zeta^2} \ . \tag{9.19}$$

Nessa terminologia, μ, a parte imaginária dos polos, é às vezes chamada de **frequência natural amortecida**. Para um sistema amortecido do tipo massa-mola como o da Figura 9.2, a taxa de amortecimento e a frequência natural são, respectivamente,

$$\zeta = \frac{b}{2\sqrt{km}} \ ,$$
$$\omega_n = \sqrt{k/m} \ . \tag{9.20}$$

Quando não há amortecimento (no nosso exemplo $b = 0$), a taxa de amortecimento torna-se zero; para amortecimento crítico ($b^2 = 4km$), a taxa de amortecimento é 1.

A Figura 9.4 mostra um exemplo de localização de polos e de resposta no tempo correspondente a uma condição inicial igual a zero. Quando os polos de um sistema de segunda ordem são complexos, o sistema exibe movimento oscilatório ou subamortecido.

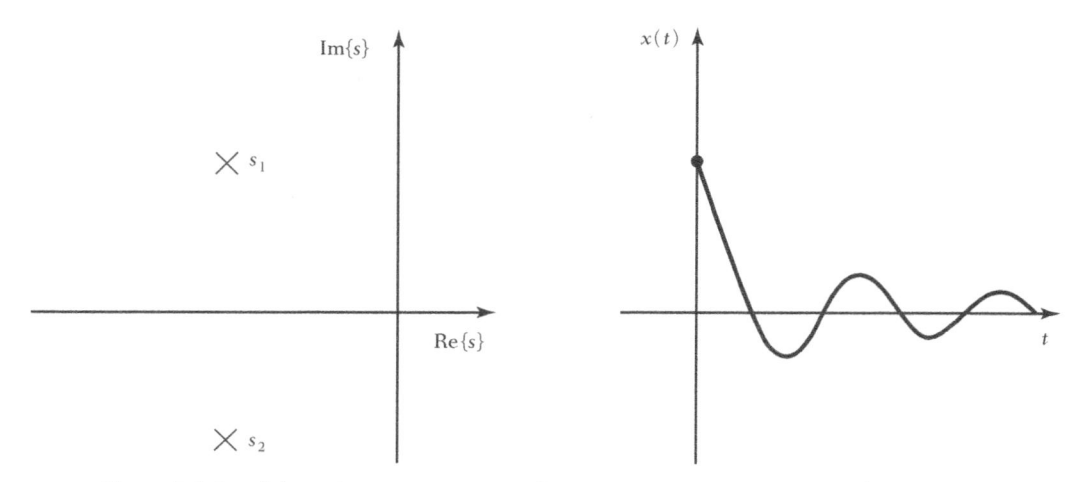

Figura 9.4: Local das raízes e resposta a condições iniciais para um sistema subamortecido.

---

* Os termos *taxa de amortecimento* e *frequência natural* também podem ser aplicados aos sistemas sobreamortecidos, nesse caso $\zeta > 1,0$.

EXEMPLO 9.2

Encontre o movimento do sistema da Figura 9.2 se os valores dos parâmetros são $m = 1$, $b = 1$ e $k = 1$, e o bloco (inicialmente em repouso) é liberado da posição $x = -1$.

A equação característica é

$$s^2 + s + 1 = 0 , \qquad (9.21)$$

que tem as raízes $s_i = -\frac{1}{2} \pm \frac{\sqrt{3}}{2}i$. Portanto, a resposta tem a forma

$$x(t) = e^{-\frac{t}{2}}\left(c_1 \cos\frac{\sqrt{3}}{2}t + c_2 \operatorname{sen}\frac{\sqrt{3}}{2}t\right). \qquad (9.22)$$

Agora usamos as condições iniciais dadas, $x(0) = -1$ e $\dot{x}(0) = 0$, para calcular c_1 e c_2. Para satisfazer essas condições em $t = 0$, temos de ter

$$c_1 = -1$$

e

$$-\frac{1}{2}c_1 - \frac{\sqrt{3}}{2}c_2 = 0 , \qquad (9.23)$$

que são satisfeitas por $c_1 = -1$ e $c_2 = -\frac{\sqrt{3}}{3}$. Portanto, o movimento do sistema para $t \geq 0$ é dado por

$$x(t) = e^{-\frac{t}{2}}\left(-\cos\frac{\sqrt{3}}{2}t - \frac{\sqrt{3}}{3}\operatorname{sen}\frac{\sqrt{3}}{2}t\right). \qquad (9.24)$$

Esse resultado também pode ser colocado na forma de (9.16), como

$$x(t) = \frac{2\sqrt{3}}{3}e^{-\frac{t}{2}}\cos\left(\frac{\sqrt{3}}{2}t + 120°\right). \qquad (9.25)$$

> Raízes reais e iguais

Pela substituição em (9.3), podemos demonstrar que, no caso de raízes reais e iguais (isto é, **raízes repetidas**), a solução tem a forma

$$x(t) = c_1 e^{s_1 t} + c_2 t e^{s_2 t} , \qquad (9.26)$$

a qual, nesse caso, $s_1 = s_2 = -\frac{b}{2m}$, portanto (9.26) pode ser escrita

$$x(t) = (c_1 + c_2 t)e^{-\frac{b}{2m}t} . \qquad (9.27)$$

Caso não esteja claro, uma aplicação rápida da **regra de l'Hôpital** [2] mostra que para qualquer c_1, c_2 e a,

$$\lim_{t \to \infty}(c_1 + c_2 t)e^{-at} = 0 . \qquad (9.28)$$

A Figura 9.5 mostra um exemplo de localização de polos e de resposta no tempo correspondente a uma condição inicial diferente de zero. Quando os polos de um sistema de segunda ordem são reais e iguais, o sistema exibe movimento criticamente amortecido, a resposta não oscilatória mais rápida possível.

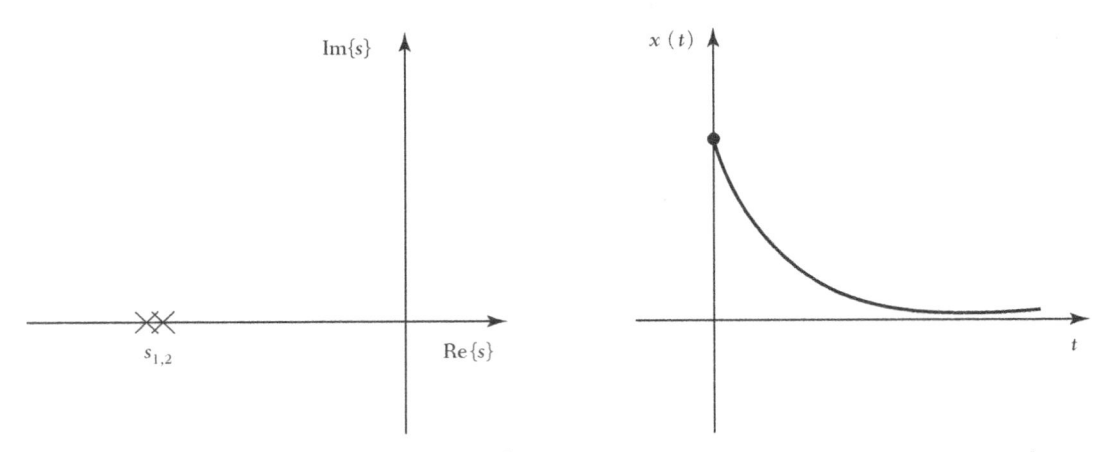

Figura 9.5: Local das raízes e resposta a condições iniciais para um sistema criticamente amortecido.

EXEMPLO 9.3

Calcule o movimento do sistema da Figura 9.2 se os parâmetros de valores forem $m = 1$, $b = 4$ e $k = 4$, e o bloco (inicialmente em repouso) for liberado da posição $x = -1$.

A equação característica é

$$s^2 + 4s + 4 = 0 , \qquad (9.29)$$

que tem as raízes $s_1 = s_2 = -2$. Portanto, a resposta tem a forma

$$x(t) = (c_1 + c_2 t)e^{-2t} . \qquad (9.30)$$

Agora usamos as condições iniciais dadas, $x(0) = -1$ e $\dot{x}(0) = 0$, para calcular c_1 e c_2. Para satisfazer essas condições em $t = 0$, temos de ter

$$c_1 = -1$$

e

$$-2c_1 + c_2 = 0 , \qquad (9.31)$$

que são satisfeitas por $c_1 = -1$ e $c_2 = -2$. Portanto, o movimento do sistema para $t \geq 0$ é dado por

$$x(t) = (-1 - 2t)e^{-2t} . \qquad (9.32)$$

Nos exemplos 9.1 a 9.3, todos os sistemas eram estáveis. Para qualquer sistema físico passivo como o da Figura 9.2, esse será o caso. Tais sistemas mecânicos sempre têm as propriedades

$$\begin{aligned} m &> 0 , \\ b &> 0 , \\ k &> 0 . \end{aligned} \qquad (9.33)$$

Na próxima seção, veremos que a ação de um sistema de controle é, de fato, a de alterar o valor de um ou mais desses coeficientes. Será, então, necessário considerar se o sistema resultante é estável.

9.4 CONTROLE DE SISTEMAS DE SEGUNDA ORDEM

Suponha que a resposta natural do nosso sistema mecânico de segunda ordem não é o que queremos que seja. Talvez ele esteja subamortecido e oscilatório e queremos que seja criticamente amortecido. Ou, talvez, a mola esteja ausente por completo ($k = 0$), de forma que o sistema nunca volta a $x = 0$ se for perturbado. Com o uso de sensores, de um atuador e de um sistema de controle, podemos modificar o comportamento do sistema conforme desejado.

A Figura 9.6 mostra um sistema do tipo massa-mola amortecido com o acréscimo de um atuador, com o qual é possível aplicar uma força f ao bloco. Um diagrama de corpo livre leva à equação de movimento,

$$m\ddot{x} + b\dot{x} + kx = f \ . \tag{9.34}$$

Vamos também presumir que temos sensores capazes de detectar a posição do bloco e sua velocidade. Agora propomos uma **lei de controle** que calcula a força que deve ser aplicada pelo atuador como uma função da realimentação percebida:

$$f = -k_p x - k_v \dot{x} \ . \tag{9.35}$$

A Figura 9.7 é um diagrama de blocos do sistema de laço fechado no qual a porção à esquerda da linha tracejada é o sistema de controle (geralmente executado em um computador) e a porção à direita é o sistema físico. Estão implícitas na figura as interfaces entre o computador de controle, os comandos de saída do atuador e a informação de entrada do sensor.

O sistema de controle que propusemos é um sistema de **regulação de posição** – ele apenas procura manter a posição do bloco em um lugar fixo, independentemente das forças de perturbação

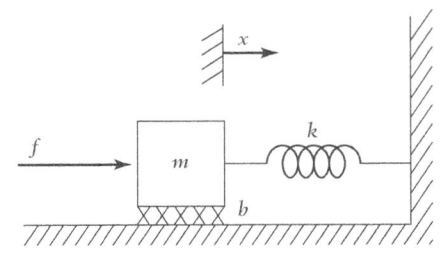

Figura 9.6: Sistema amortecido do tipo massa-mola com atuador.

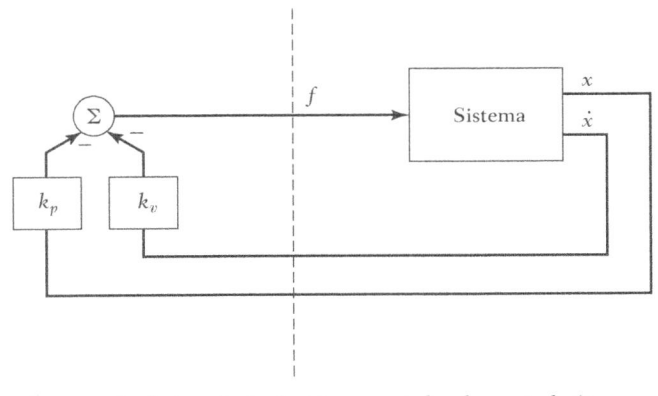

Figura 9.7: Um sistema de controle de laço fechado. O computador de controle (à esquerda da linha tracejada) lê a entrada do sensor e envia comandos de saída para o atuador.

aplicadas a ele. Em uma seção posterior, construiremos um sistema de controle de **acompanhamento de trajetória** que pode fazer o bloco seguir uma trajetória com posições desejadas.

Igualando a dinâmica de laço aberto de (9.34) com a lei de controle de (9.35), podemos deduzir a dinâmica de laço fechado como

$$m\ddot{x} + b\dot{x} + kx = -k_p x - k_v \dot{x},\qquad(9.36)$$

ou

$$m\ddot{x} + (b+k_v)\dot{x} + (k+k_p)x = 0,\qquad(9.37)$$

ou

$$m\ddot{x} + b'\dot{x} + k'x = 0,\qquad(9.38)$$

em que $b' = b + k_v$ e $k' = k + k_p$. A partir de (9.37) e (9.38), fica claro que estabelecendo os **ganhos de controle**, k_v e k_p, podemos fazer o sistema de laço fechado parecer ter qualquer comportamento secundário de sistema que desejemos. Frequentemente, ganhos serão escolhidos para obter o amortecimento crítico (isto é, $b' = 2\sqrt{mk'}$ e alguma **rigidez de laço fechado** desejada, dada diretamente por k'.

Observe que k_v e k_p podem ser positivos ou negativos, dependendo dos parâmetros do sistema original. No entanto, se b' ou k' tornarem-se negativos, o resultado será um sistema de controle instável. Essa instabilidade ficará óbvia se escrevermos a solução da equação diferencial de segunda ordem (na forma de (9.6), (9.14) ou (9.26)). Também faz sentido, intuitivamente, que se b' ou k' forem negativos, os erros tenderão a ser amplificados em vez de reduzidos.

EXEMPLO 9.4

Se os parâmetros do sistema na Figura 9.6 são $m = 1$, $b = 1$ e $k = 1$, encontre os ganhos k_p e k_v para uma lei de controle de regulação de posição que resulte em um sistema criticamente amortecido com uma rigidez de laço fechado de 16,0.

Se queremos que k' seja 16,0, então para um amortecimento crítico, queremos que $b' = 2\sqrt{mk'} = 8,0$. Agora, $k = 1$ e $b = 1$, de forma que precisamos de

$$k_p = 15,0,$$
$$k_v = 7,0.\qquad(9.39)$$

9.5 PARTICIONAMENTO DA LEI DE CONTROLE

Na preparação para o projeto de leis de controle para sistemas mais complicados, vamos considerar uma estrutura de controlador um pouco diferente para o problema da Figura 9.6. Neste método, vamos particionar o controlador em uma **porção baseada em modelo** e em uma **porção servo**. O resultado é que os parâmetros do sistema (isto é, m, b e k, nesse caso) aparecem somente na porção baseada em modelo enquanto a porção servo é independente desses parâmetros. No momento, tal distinção pode não parecer importante, mas sua importância se tornará mais evidente quando considerarmos os sistemas não lineares no Capítulo 10. Adotaremos essa abordagem de **particionamento da lei de controle** até o final do livro.

A equação de movimento em laço aberto para o sistema é

$$m\ddot{x} + b\dot{x} + kx = f .\tag{9.40}$$

Queremos decompor o controlador para esse sistema em duas partes. Neste caso, a porção baseada em modelo da lei de controle usará o suposto conhecimento de m, b e k. Essa porção da lei de controle é montada de forma que *reduz o sistema para que ele pareça ser uma unidade de massa*. Isso se tornará claro quando resolvermos o Exemplo 9.5. A segunda parte da lei de controle usa a realimentação para modificar o comportamento do sistema. A parte baseada em modelo tem um efeito de fazer o sistema parecer uma unidade de massa, de forma que o projeto do servo de posição é muito simples: os ganhos serão escolhidos para controlar um sistema composto de uma única unidade de massa (isto é, não há atrito ou rigidez).

A porção do controle baseada em modelo aparece em uma lei de controle com a forma

$$f = \alpha f' + \beta ,\tag{9.41}$$

onde α e β são funções ou constantes e são escolhidas de forma que se f' for considerada a nova *entrada* do sistema, o *sistema se parecerá com uma unidade de massa*. Com essa estrutura de lei de controle, a equação do sistema (o resultado da combinação de (9.40) e (9.41)) é

$$m\ddot{x} + b\dot{x} + kx = \alpha f' + \beta .\tag{9.42}$$

Obviamente, para que o sistema pareça uma unidade de massa a partir da entrada de f', para esse sistema em particular devemos escolher α e β como segue:

$$\begin{aligned}\alpha &= m ,\\ \beta &= b\dot{x} + kx .\end{aligned}\tag{9.43}$$

Fazendo essas atribuições e encaixando-as em (9.42), temos a equação do sistema

$$\ddot{x} = f' .\tag{9.44}$$

Essa é a equação de movimento para uma unidade de massa. Agora vamos proceder como se (9.44) fosse a dinâmica de laço aberto de um sistema a ser controlado. Projetamos uma lei de controle para computar f', exatamente como fizemos antes:

$$f' = -k_v \dot{x} - k_p x .\tag{9.45}$$

Combinando essa lei de controle com (9.44) chegamos a

$$\ddot{x} + k_v \dot{x} + k_p x = 0 .\tag{9.46}$$

Com essa metodologia, estabelecer os ganhos de controle é simples e independente dos parâmetros do sistema; ou seja,

$$k_v = 2\sqrt{k_p}\tag{9.47}$$

deve se verdade para se ter o amortecimento crítico. A Figura 9.8 mostra um diagrama de blocos de um controlador particionado usado para o controle do sistema da Figura 9.6.

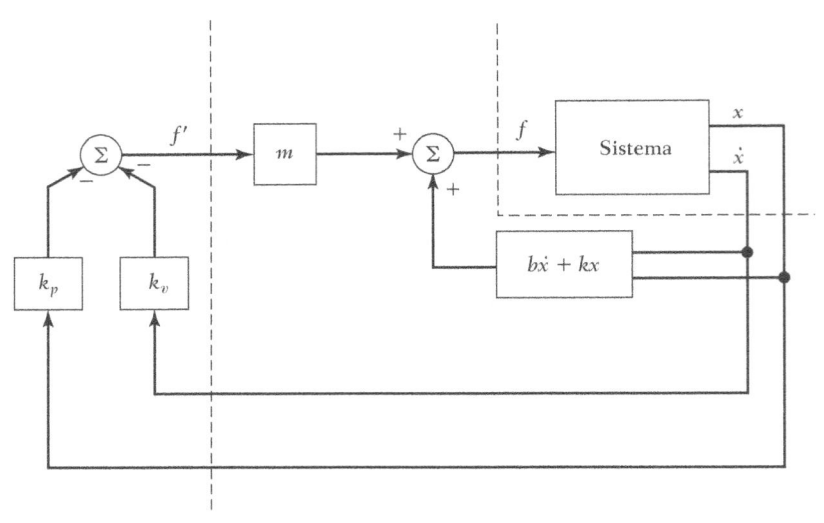

Figura 9.8: Um sistema de controle de laço fechado usando o método de controle particionado.

EXEMPLO 9.5

Se os parâmetros do sistema da Figura 9.6 são $m = 1$, $b = 1$ e $k = 1$, encontre α, β e os ganhos k_p e k_v para uma lei de controle de regra de posição que resulte em um sistema criticamente amortecido com uma rigidez de laço fechado de 16,0.

Escolhemos

$$\alpha = 1,$$
$$\beta = \dot{x} + x, \quad (9.48)$$

para que o sistema pareça uma unidade de massa a partir da entrada fictícia f'. Em seguida, estabelecemos o ganho k_p para a rigidez de laço fechado desejada e estabelecemos $k_v = 2\sqrt{k_p}$ para o amortecimento crítico. Isso dá

$$k_p = 16,0,$$
$$k_v = 8,0. \quad (9.49)$$

9.6 CONTROLE DE ACOMPANHAMENTO DE TRAJETÓRIA

Em vez de apenas manter o bloco em um local desejado, vamos melhorar nosso controlador de forma que possamos fazer com que o bloco siga uma trajetória. A trajetória é dada por uma função de tempo, $x_d(t)$, que especifica a posição desejada do bloco. Presumimos que a trajetória é suave (isto é, as duas primeiras derivadas existem) e que o nosso gerador de trajetória fornece x_d, $\dot{x}_d$ e $\ddot{x}_d$ em todos os tempos t. Definimos o erro entre a trajetória atual e a trajetória desejada como $e = x_d - x$. Uma lei de servocontrole que resultaria no acompanhamento dessa trajetória é

$$f' = \ddot{x}_d + k_v \dot{e} + k_p e. \quad (9.50)$$

Vemos que (9.50) é uma boa escolha se a combinarmos com a equação de movimento de uma unidade de massa (9.44), que leva a

Controle linear dos manipuladores

$$\ddot{x} = \ddot{x}_d + k_v \dot{e} + k_p e, \tag{9.51}$$

ou

$$\ddot{e} + k_v \dot{e} + k_p e = 0. \tag{9.52}$$

Essa é uma equação diferencial de segunda ordem para a qual podemos escolher os coeficientes, de forma que podemos projetar qualquer resposta que quisermos. (Frequentemente, a escolha feita é o amortecimento crítico.) Essa equação é muitas vezes dita como escrita no **espaço de erro** porque ela descreve a evolução dos erros em relação à trajetória desejada. A Figura 9.9 apresenta um diagrama de blocos do nosso controlador de acompanhamento de trajetória.

Se o nosso modelo for perfeito (isto é, nosso conhecimento de m, b e k) e se não houver ruído ou erro inicial, o bloco seguirá a trajetória desejada com exatidão. Se houver um erro inicial, ele será suprimido conforme (9.52) e daí em diante o sistema seguirá a trajetória com exatidão.

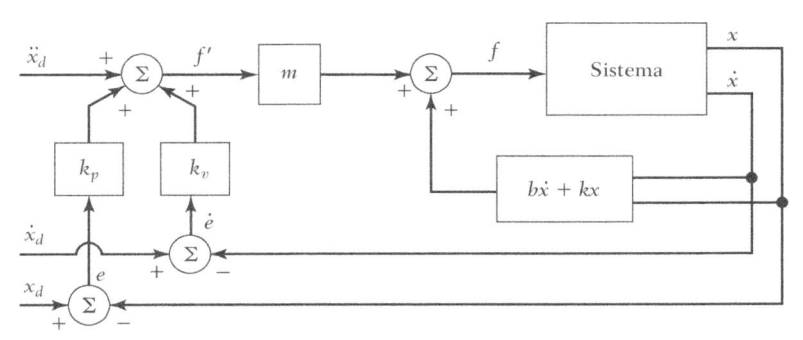

Figura 9.9: Um controlador de acompanhamento de trajetória para o sistema da Figura 9.6.

9.7 REJEIÇÃO DE PERTURBAÇÃO

Um dos objetivos de um sistema de controle é a **rejeição de perturbações**, ou seja, manter um bom desempenho (isto é, minimizar erros) mesmo na presença de alguma perturbação externa ou **ruído**. Na Figura 9.10, mostramos um controlador de acompanhamento de trajetória com uma entrada adicional: uma força de interferência f_{dist}. Uma análise do nosso sistema de laço fechado leva à equação de erro

$$\ddot{e} + k_v \dot{e} + k_p e = f_{dist}. \tag{9.53}$$

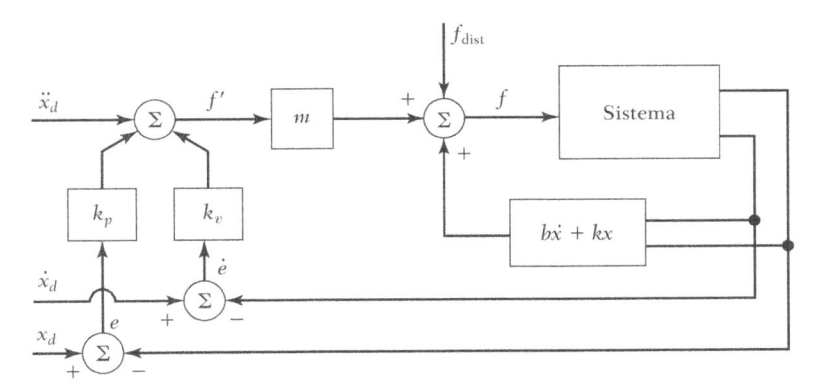

Figura 9.10: Um controlador de acompanhamento de trajetória sob a ação de uma perturbação.

A Equação (9.53) é de uma equação diferencial movida por uma função de força. Se for conhecido que f_{dist} é **limitada** – ou seja, que existe uma constante a de forma que

$$\max_{t} f_{dist}(t) < a ,\qquad(9.54)$$

então a solução da equação diferencial $e(t)$ também é limitada. Tal resultado deve-se a uma propriedade dos sistemas lineares estáveis conhecida como estabilidade **limitada de entrada limitada de saída** ou **BIBO** (*bounded-input, bounded-output*) [3, 4]. Esse resultado bastante básico garante que para uma ampla categoria de perturbações possíveis, podemos pelo menos ter a certeza de que o sistema permanecerá estável.

> Erro de estado estacionário

Vamos considerar o tipo mais simples de perturbação, a saber, que f_{dist} é uma constante. Nesse caso, podemos realizar uma **análise de estado estacionário** analisando o sistema em repouso (isto é, as derivadas de todas as variáveis do sistema são zero). Determinando que as derivadas sejam zero em (9.53), chegamos à equação de estado estacionário

$$k_p e = f_{dist} ,\qquad(9.55)$$

ou

$$e = f_{dist}/k_p .\qquad(9.56)$$

O valor de e dado por (9.56) representa um **erro de estado estacionário**. Assim, fica claro que quanto maior o ganho de posição k_p, menor será o erro de estado estacionário.

> Acréscimo de um termo integral

A fim de eliminar o erro de estado estacionário, às vezes é usada uma lei de controle modificada. A modificação implica o acréscimo de um termo integral. A lei de controle torna-se

$$f' = \ddot{x}_d + k_v \dot{e} + k_p e + k_i \int e\, dt ,\qquad(9.57)$$

que resulta em uma equação de erro

$$\ddot{e} + k_v \dot{e} + k_p e + k_i \int e\, dt = f_{dist} .\qquad(9.58)$$

O termo é acrescentado de forma que o sistema não terá erro de estado estacionário na presença de perturbações constantes. Se $e(t) = 0$ para $t < 0$, podemos escrever (9.58) para $t > 0$ como

$$\dddot{e} + k_v \ddot{e} + k_p \dot{e} + k_i e = \dot{f}_{dist} ,\qquad(9.59)$$

que, no estado estacionário (para uma perturbação constante), torna-se

$$k_i e = 0 ,\qquad(9.60)$$

de forma que

$$e = 0 .\qquad(9.61)$$

Com essa lei de controle, o sistema torna-se de terceira ordem e pode-se resolver a equação diferencial de terceira ordem correspondente para calcular a resposta às condições iniciais. Com frequência, k_i é mantido bem pequeno para que o sistema de terceira ordem seja "próximo" do de segunda ordem sem esse termo (isto é, pode ser feita uma análise de polo dominante). A forma da lei de controle (9.57) é chamada de **lei de controle PID**, ou seja, "proporcional, integral, derivada" [4]. Para simplificar, nas leis de controle que desenvolvemos neste livro as equações exibidas geralmente não mostram um termo integral.

9.8 CONTROLE DE TEMPO CONTÍNUO *VERSUS* TEMPO DISCRETO

Nos sistemas de controle que discutimos, assumimos que o computador de controle realiza o cálculo da lei de controle em tempo zero (isto é, infinitamente rápido), de forma que o valor da força acionadora *f* é uma função contínua de tempo. É claro que, na realidade, a computação requer algum tempo e a força de comando resultante é, portanto, uma função discreta em "escada". Usaremos essa aproximação até o final do livro. Ela é boa se a taxa na qual os novos valores de *f* forem computados for muito mais rápida do que a frequência natural do sistema que está sendo controlado. No campo do **controle discreto do tempo**, ou **controle digital**, não se faz essa aproximação, mas leva-se em consideração a taxa de atualização (em inglês, *servo rate*) do sistema de controle quando o mesmo é analisado [3].

Vamos em geral presumir que os cálculos podem ser realizados rápido o bastante para que o pressuposto de tempo contínuo seja válido. Isso levanta a questão: quão rápido é rápido o bastante? Há vários pontos que devem ser considerados na escolha de uma taxa de atualização (ou de amostragem) suficientemente rápida:

- **Rastreamento de entradas de referência:** o conteúdo da frequência da entrada desejada ou de referência estabelece um limite inferior absoluto na taxa de amostragem. A taxa de amostragem deve ser, pelo menos, o dobro da largura de banda das entradas de referência. Esse, geralmente, não é o fator limitador.
- **Rejeição de perturbação:** na rejeição de perturbação um limite superior para o desempenho é dado por um sistema de tempo contínuo. Se o período de amostra for mais longo que o tempo de correlação dos efeitos de perturbação (presumindo-se um modelo estatístico para as perturbações aleatórias), essas interferências não serão suprimidas. Talvez uma boa regra geral seja a de que o período de amostra deve ser dez vezes mais curto que o tempo de correlação do ruído [3].
- *Antialiasing*: sempre que um sensor analógico for usado em um esquema de controle digital haverá um problema de *aliasing* a menos que a saída do sensor tenha a banda estritamente limitada. Na maioria dos casos, os sensores não têm uma saída com banda limitada, de forma que deve ser escolhida uma taxa de amostragem tal que a quantidade de energia que aparece no sinal afetado pelo *aliasing* seja pequena.
- **Ressonâncias estruturais:** não incluímos modos de deformação na nossa caracterização da dinâmica dos manipuladores. Todos os mecanismos, na prática, têm uma rigidez finita e, portanto, estão sujeitos a vários tipos de vibração. Se for importante suprimir essas vibrações (e esse frequentemente é o caso), temos de escolher uma taxa de amostragem que seja, pelo menos, o dobro da frequência natural dessas ressonâncias. Voltaremos ao tópico das ressonâncias mais tarde neste capítulo.

9.9 MODELAGEM E CONTROLE DE UMA ÚNICA JUNTA

Nesta seção, vamos desenvolver um modelo simplificado de uma única junta rotacional de um manipulador. Alguns pressupostos serão feitos para permitir que modelemos o sistema resultante como um sistema linear de segunda ordem. Para um modelo mais completo de uma junta com atuador, veja [5].

Um atuador comum encontrado em muitos robôs industriais é o motor de corrente contínua (como o da Figura 8.8). A parte fixa do motor (o **estator**), consiste de uma carcaça, o rolamento e ímãs permanentes ou eletroímãs. Os ímãs do estator estabelecem um campo magnético ao redor da parte giratória do motor (o **rotor**). O rotor consiste de um eixo e bobinas pelas quais a corrente passa para acionar o motor. A corrente é conduzida para a bobina por escovas que fazem o contato com o comutador. Este é conectado às várias bobinas (também chamadas de **armadura** ou **induzido**) de forma que o torque seja sempre produzido na direção desejada. O fenômeno físico subjacente [6] que faz com que o motor gere um torque quando a corrente passa através das bobinas pode ser expresso como

$$F = qV \times B , \quad (9.62)$$

em que a carga q, movendo-se com velocidade V por um campo magnético B, sofre uma força F. As cargas são as dos elétrons que se movem pelas bobinas e o campo magnético é o estabelecido pelos ímãs do estator. Geralmente, a capacidade de produção de torque de um motor é expressa por meio de uma única **constante de torque do motor**, que relaciona a corrente do induzido à saída de torque como

$$\tau_m = k_m i_a . \quad (9.63)$$

Quando um motor está girando, ele funciona como um gerador e a voltagem se desenvolve através do induzido. Uma segunda constante do motor, a **constante da força contraeletromotriz**, descreve a voltagem gerada para uma velocidade rotacional dada:

$$v = k_e \dot{\theta}_m . \quad (9.64)$$

Em geral, o fato de que o comutador está trocando a corrente pelos vários conjuntos de bobinas faz com que o torque produzido contenha alguma **oscilação**. Embora às vezes seja importante, esse efeito pode geralmente ser ignorado. (De qualquer forma, é bastante difícil de modelar e muito difícil de compensar, mesmo que seja modelado.)

Indutância motor-induzido

A Figura 9.11 mostra o circuito elétrico de um induzido. Os principais componentes são uma fonte de voltagem, v_a, a indutância das bobinas do induzido, l_a, a resistência das bobinas do induzido, r_a, e a força contraeletromagnética gerada, v. O circuito é descrito por uma equação diferencial de primeira ordem:

$$l_a \dot{i}_a + r_a i_a = v_a - k_e \dot{\theta}_m . \quad (9.65)$$

Costuma ser desejável controlar o torque gerado pelo motor (em vez da velocidade) com circuitos eletrônicos de acionamento do motor. Esses circuitos de acionamento monitoram a corrente que passa pelo induzido e ajustam continuamente a fonte de voltagem v_a de forma que uma corrente desejada passe pelo induzido. O circuito desse tipo é chamado de acionador de motor **amplificador de corrente** [7]. Nesses sistemas de acionamento por corrente, a velocidade pela qual a corrente

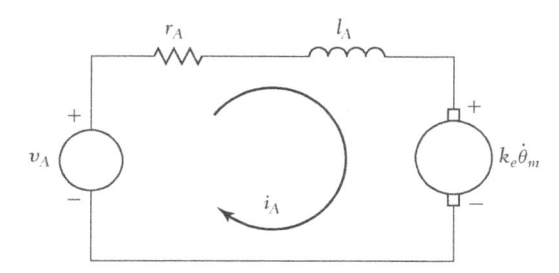

Figura 9.11: O circuito do induzido de um motor de CC.

do induzido pode ser comandada é limitada pela indutância do motor l_a e pelo limite superior da capacidade de voltagem da fonte de voltagem v_a. O efeito líquido é o de um **filtro passa-baixo** entre a corrente solicitada e o torque de saída.

Nosso primeiro pressuposto simplificador é o de que a indutância do motor pode ser negligenciada. Esse é um pressuposto razoável quando a frequência natural do sistema de controle de laço fechado é bastante baixa em comparação à de corte do filtro passa-baixo implícito no circuito de acionamento por corrente devido à indutância. Esse pressuposto, mais o pressuposto de que a oscilação de torque é um efeito negligenciável, significa que podemos, em essência, comandar diretamente torques. Embora possa existir um fator de escala (por exemplo, k_m) com o qual tenhamos de lidar, vamos presumir que o atuador funciona como uma fonte de torque pura que podemos comandar diretamente.

> **Inércia efetiva**

A Figura 9.12 apresenta um modelo mecânico do rotor de um motor de corrente contínua conectado através de uma redução por engrenagem a uma carga inerte. O torque aplicado ao motor, τ_m, é dado por (9.63) como uma função da corrente i_a passando pelo circuito induzido. A relação das engrenagens (η) provoca um aumento no torque percebido na carga e uma redução na velocidade da carga, dada por

$$\tau = \eta \tau_m ,$$
$$\dot{\theta} = (1/\eta)\dot{\theta}_m ,$$
(9.66)

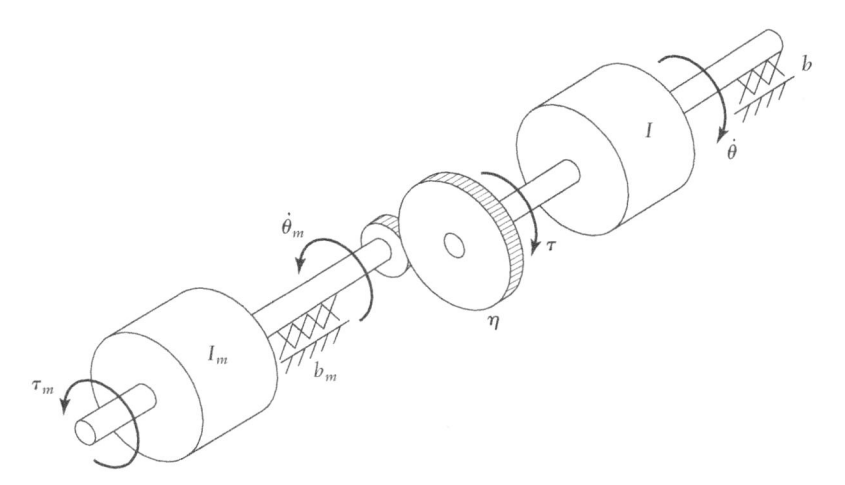

Figura 9.12: Modelo mecânico de um motor de CC conectado por engrenagens a uma carga inercial.

onde $\eta > 1$. Se expressarmos o equilíbrio de torque para esse sistema em termos de torque no rotor, teremos

$$\tau_m = I_m\ddot{\theta}_m + b_m\dot{\theta}_m + (1/\eta)(I\ddot{\theta} + b\dot{\theta}),\qquad(9.67)$$

onde I_m e I são as inércias do rotor do motor e da carga, respectivamente, e b_m e b são os coeficientes de atrito para o rotor e os rolamentos da carga, respectivamente. Usando as relações (9.66), podemos escrever (9.67) em termos de variáveis do motor como

$$\tau_m = \left(I_m + \frac{I}{\eta^2}\right)\ddot{\theta}_m + \left(b_m + \frac{b}{\eta^2}\right)\dot{\theta}_m \qquad(9.68)$$

ou em termos de variáveis de carga como

$$\tau = \left(I + \eta^2 I_m\right)\ddot{\theta} + \left(b + \eta^2 b_m\right)\dot{\theta}.\qquad(9.69)$$

O termo $I + \eta^2 I_m$ é às vezes chamado de **inércia efetiva** "vista" na saída (no lado do elo) da engrenagem. Da mesma forma, o termo $b + \eta^2 b_m$ pode ser chamado de **amortecimento efetivo**. Observe que, em uma junta com uma alta taxa de redução nas engrenagens (ou seja, $\eta \gg 1$), a inércia do rotor do motor pode ser uma porção significativa da inércia efetiva combinada. Esse é um efeito que nos permite pressupor que a inércia efetiva é uma constante. Sabemos pelo que vimos no Capítulo 6 que a inércia, I, de uma junta do mecanismo varia na prática conforme a configuração e a carga. No entanto, em robôs com alta taxa de redução, as variações representam uma percentagem menor do que representariam em um manipulador de **acionamento direto** (isto é, $\eta = 1$). Para ter certeza de que o movimento do elo do robô nunca ficará subamortecido, o valor usado para I deve ser o máximo de uma gama de valores que I assume; chamaremos esse valor de I_{max}. Tal escolha resultará em um sistema criticamente amortecido ou sobreamortecido em todas as situações. No Capítulo 10, vamos tratar diretamente da variação da inércia e não precisaremos mais fazer esse pressuposto.

EXEMPLO 9.6

Se a inércia aparente de elo, I, varia entre 2 e 6 kg-m², a inércia do rotor é $I_m = 0{,}01$ e a relação das engrenagens é $\eta = 30$, quais são o máximo e o mínimo da inércia efetiva?

O mínimo da inércia efetiva é

$$I_{min} + \eta^2 I_m = 2{,}0 + (900)(0{,}01) = 11{,}0;\qquad(9.70)$$

e o máximo é

$$I_{max} + \eta^2 I_m = 6{,}0 + (900)(0{,}01) = 15{,}0.\qquad(9.71)$$

Assim, vemos que, como uma percentagem da inércia total efetiva, a variação da inércia é reduzida pelas engrenagens.

> **Flexibilidade não modelada**

O outro grande pressuposto que fazemos no nosso modelo é o de que as engrenagens, os eixos, os rolamentos e o elo acionado não são flexíveis. Na realidade, todos esses elementos têm uma rigidez finita e sua flexibilidade, se fosse modelada, aumentaria a ordem do sistema. O argumento para se ignorar os efeitos da flexibilidade é o de que se o sistema for suficientemente rígido, as frequências naturais dessas **ressonâncias não modeladas** são muito altas e podem ser negligenciadas se comparadas à influência dominante dos polos de segunda ordem que modelamos.* O termo "não modelada" refere-se ao fato de que para os propósitos de análise e projeto de sistemas de controle, negligenciamos esses efeitos e usamos um modelo dinâmico mais simples, como (9.69).

Como decidimos não modelar as flexibilidades estruturais do sistema, temos de ter cuidado para não provocar essas ressonâncias. Uma regra prática [8] é a de que, se a menor ressonância estrutural é ω_{res}, temos de limitar nossa frequência natural de laço fechado segundo

$$\omega_n \leq \frac{1}{2}\omega_{res}. \tag{9.72}$$

Isso nos dá alguma orientação de como escolher os ganhos do nosso controlador. Já vimos que aumentar os ganhos leva a respostas mais rápidas e a um erro de estado estacionário menor, mas agora vemos que ressonâncias estruturais não modeladas limitam a magnitude dos ganhos. Manipuladores industriais típicos têm ressonâncias estruturais na faixa entre 5 Hz e 25 Hz [8]. Projetos recentes que utilizam arranjos de acionamento direto que não contêm flexibilidade introduzida pelos sistemas de transmissão e redução têm ressonâncias estruturais de até 70 Hz [9].

EXEMPLO 9.7

Considere o sistema da Figura 9.7 com os valores de parâmetros $m = 1$, $b = 1$ e $k = 1$. Além disso, sabemos que a ressonância não modelada mais baixa do sistema é de 8 radianos/segundo. Encontre α, β e os ganhos k_p e k_v para uma lei de controle de posição, de forma que o sistema seja criticamente amortecido, não provoque dinâmica não modelada e tenha a maior rigidez de laço fechado possível.

Escolhemos

$$\alpha = 1, \\ \beta = \dot{x} + x, \tag{9.73}$$

de forma que o sistema parece uma unidade de massa a partir da entrada fictícia f'. Usando nossa regra prática (9.72), escolhemos $\omega_n = 4$ radianos/s como frequência natural de laço fechado. A partir de (9.18) e (9.46), temos $k_p = \omega_n^2$, de forma que

$$k_p = 16,0, \\ k_v = 8,0. \tag{9.74}$$

> Estimando a frequência ressonante

As mesmas fontes de flexibilidade estrutural discutidas no Capítulo 8 fazem surgir as ressonâncias. Em cada caso no qual uma flexibilidade estrutural pode ser identificada, é possível uma

---

* Este é, em essência, o mesmo argumento que usamos para negligenciar o polo devido à indutância do motor. Incluí-lo teria aumentado a ordem do sistema como um todo.

análise aproximada da vibração resultante se pudermos descrever a massa efetiva ou inércia do membro flexível. Isso é feito aproximando-se a situação com um sistema simples do tipo massa-mola, o qual, conforme dado em (9.20), tem a frequência natural

$$\omega_n = \sqrt{k/m} \;, \tag{9.75}$$

em que k é a rigidez do membro flexível e m é a massa equivalente deslocada nas vibrações.

EXEMPLO 9.8

Um eixo (presumido como de massa igual a zero) com rigidez de 400 Nt-m/radiano aciona uma inércia rotacional de 1 kg-m². Se a rigidez do eixo for negligenciada na modelagem dinâmica, qual será a frequência da ressonância não modelada?

Usando (9.75), temos

$$\omega_{res} = \sqrt{400/1} = 20 \text{ radianos/segundo} = 20/(2\pi)\text{Hz} \cong 3{,}2 \text{ Hz} \;. \tag{9.76}$$

Para os propósitos de uma estimativa grosso modo da frequência ressonante mais baixa de suportes e eixos, [10] sugere o uso de um **modelo de massa concentrada**. Já temos fórmulas para estimar a rigidez nas extremidades dos suportes e eixos; os modelos concentrados fornecem a massa ou inércia efetiva necessária para nossa estimativa de frequência ressonante. A Figura 9.13 mostra o resultado de uma análise de energia [10] a qual sugere que um suporte de massa m seja substituído por uma massa pontual no final de 0,23m e, da mesma forma, que uma inércia distribuída de I seja substituída por uma I concentrada de 0,33 I na extremidade do eixo.

Figura 9.13: Modelos concentrados de suportes para estimativa das menores ressonâncias lateral e de torção.

EXEMPLO 9.9

Um elo com massa de 4,347 kg tem uma rigidez lateral de 3.600 Nt/m na extremidade. Presumindo que o sistema de acionamento seja completamente rígido, a ressonância devido à flexibilidade do elo limitará os ganhos de controle. Qual é ω_{res}?

A massa de 4,347 kg está distribuída ao longo do elo. Usando o método da Figura 9.13, a massa efetiva é $(0{,}23)(4{,}347) \cong 1{,}0$ kg. Portanto, a frequência vibracional é

$$\omega_{res} = \sqrt{3600/1{,}0} = 60 \text{ radianos/segundo} = 60/(2\pi)\text{Hz} \cong 9{,}6 \text{ Hz} \;. \tag{9.77}$$

A inclusão de flexibilidades estruturais no modelo do sistema usado para a síntese da lei de controle é necessária se quisermos atingir larguras de banda de laço fechado mais altas do que as dadas por (9.75). Os modelos de sistemas resultantes são de ordem mais alta e as técnicas de controle aplicáveis a essa situação tornam-se bastante sofisticadas. Tais esquemas de controle estão atualmente além do que existe de mais moderno na prática industrial, mas são um campo dinâmico de pesquisas [11, 12].

Controle de uma única junta

Em resumo, temos três pressupostos principais, que são:

1. A indutância do motor l_a pode ser negligenciada.
2. Levando em consideração a alta taxa de redução nas engrenagens, modelamos a inércia efetiva como uma constante igual a $I_{max} + \eta^2 I_m$.
3. As flexibilidades estruturais são negligenciadas, exceto que a ressonância estrutural mais baixa ω_{res} é usada para estabelecer os ganhos do sistema.

Com esses pressupostos, uma única junta de um manipulador pode ser controlada com o controlador particionado dado por

$$\alpha = I_{max} + \eta^2 I_m,$$
$$\beta = (b + \eta^2 b_m)\dot{\theta},$$
(9.78)

$$\tau' = \ddot{\theta}_d + k_v \dot{e} + k_p e.$$
(9.79)

A dinâmica do sistema de laço fechado resultante é

$$\ddot{e} + k_v \dot{e} + k_p e = \tau_{dist},$$
(9.80)

em que os ganhos são escolhidos como

$$k_p = \omega_n^2 = \frac{1}{4}\omega_{res}^2,$$
$$k_v = 2\sqrt{k_p} = \omega_{res}.$$
(9.81)

9.10 ARQUITETURA DO CONTROLADOR DE UM ROBÔ INDUSTRIAL

Nesta seção, veremos em resumo a arquitetura do sistema de controle do robô industrial Unimation PUMA 560. Conforme mostra a Figura 9.14, a arquitetura de hardware tem dois níveis de hierarquia, com o computador DEC LSI-11 funcionando como controle "mestre" de nível mais alto e passando comandos a seis microprocessadores Rockwell 6503.[*] Cada um desses microprocessadores controla uma junta individual com uma lei de controle PID semelhante à que apresentamos neste capítulo. Cada junta do PUMA 560 é equipada com um encoder ótico incremental. Os encoders fazem interface com um contador crescente/decrescente que o microprocessador consegue ler para obter a atual posição da junta. Não há tacômetros no PUMA 560; em vez disso, as posições das juntas são diferenciadas em ciclos subsequentes, para se obter uma estimativa das velocidades de junta. A fim de enviar comandos de torques para os motores CC,

---

[*] Esses computadores simples de 8 bits já são tecnologia ultrapassada. É comum nos dias de hoje controladores de robô serem baseados em microprocessadores de 32 bits.

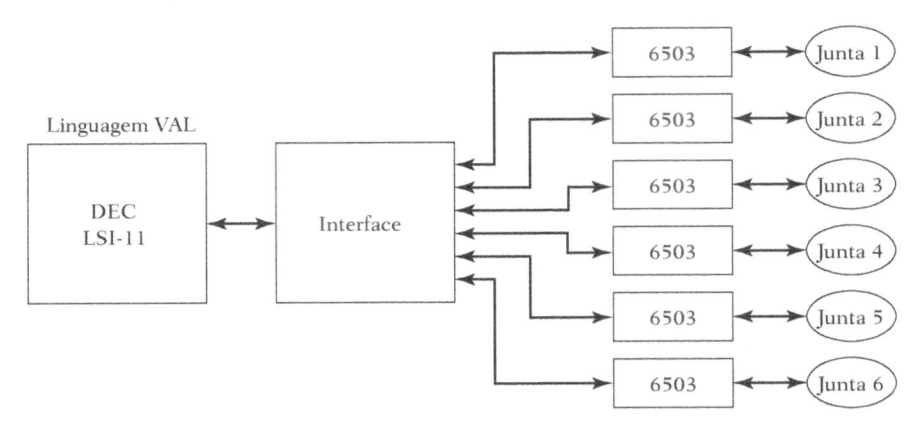

Figura 9.14: Arquitetura hierárquica de computação do sistema de controle do robô PUMA 560.

o microprocessador faz a interface com um conversor digital-analógico (DAC) de forma que as correntes do motor possam ser comandadas para o circuito de acionamento de corrente. A corrente que passa pelo motor é controlada por circuito analógico, ajustando, conforme necessário, a voltagem que passa pelo induzido para manter a corrente desejada no induzido. A Figura 9.15 mostra um diagrama de bloco.

A cada 28 milissegundos, o computador LSI-11 envia um novo comando de posição (**valor-alvo**, ou em inglês *setpoint*) para os microprocessadores das juntas. Estes funcionam com um ciclo de 0,875 milissegundos. Nesse tempo, eles interpolam o valor-alvo de posição desejado, computam o erro, computam a lei de controle PID e comandam um novo valor de torque para os motores.

O computador LSI-11 realiza todas as operações de alto nível do sistema de controle como um todo. Antes de tudo, ele cuida de interpretar, um a um, os comandos do programa VAL (a linguagem de programação dos robôs Unimation). Depois que um comando de movimento é interpretado, o LSI-11 tem de realizar todos os cálculos de cinemática inversa, planejar uma trajetória e começar a gerar os pontos de passagem da trajetória a cada 28 milissegundos para os controladores das juntas.

O LSI-11 também tem interface com periféricos padrão como um terminal e um drive de disquete. Além disso, ele tem interface com um **teach pendant**. Um *teach pendant* é um controle remoto móvel que permite ao operador movimentar o robô de vários modos. Por exemplo, o sistema do PUMA 560 permite que o usuário movimente o robô incrementalmente em coordenadas de juntas ou em coordenadas cartesianas, a partir do *teach pendant*. Nesse modo, os botões do *teach pendant* fazem com que uma trajetória seja computada "*on the fly*" (em tempo real) e passada para os microprocessadores que controlam as juntas.

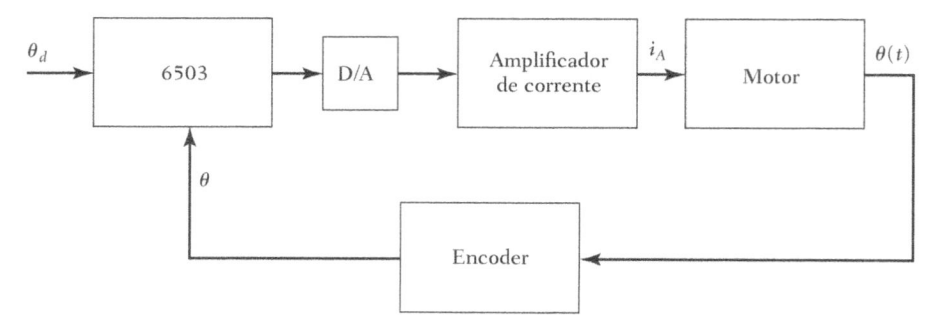

Figura 9.15: Blocos funcionais do sistema de controle das juntas do PUMA 560.

BIBLIOGRAFIA

[1] BOYCE, W. e DiPRIMA, R. *Elementary Differential Equations*. 3. ed. Nova York: John Wiley and Sons, 1977.
[2] PURCELL, E. *Calculus with Analytic Geometry*. Nova York: Meredith Corporation, 1972.
[3] FRANKLIN, G. e POWELL, J. D. *Digital Control of Dynamic Systems*. Reading, Massachusetts: Addison-Wesley, 1980.
[4] FRANKLIN, G., POWELL, J. D. e EMAMI-NAEINI, A. *Feedback Control of Dynamic Systems*. Reading, Massachusetts: Addison-Wesley, 1986.
[5] LUH, J. "Conventional Controller Design for Industrial Robots – a Tutorial," *IEEE Transactions on Systems, Man, and Cybernetics*, v.SMC-13, n. 3, jun. 1983.
[6] HALLIDAY, D. e RESNIK, R. *Fundamentals of Physics*. Nova York: Wiley, 1970.
[7] KOREN, Y. e ULSOY, A. "Control of DC Servo-Motor Driven Robots," *Proceedings of Robots 6 Conference*, Detroit: SME, mar. 1982.
[8] PAUL, R. P. *Robot Manipulators*. Cambridge, Massachusetts: MIT Press, 1981.
[9] ASADA, H. e YOUCEF-TOUMI, K. *Direct-Drive Robots – Theory and Practice*, Cambridge, Massachusetts: MIT Press, 1987.
[10] SHIGLEY, J. *Mechanical Engineering Design*, 3. ed. Nova York: McGraw-Hill, 1977.
[11] BOOK, W. "Recursive Lagrangian Dynamics of Flexible Manipulator Arms," *The International Journal of Robotics Research*, v.3, n. 3, 1984.
[12] CANNON, R e SCHMITZ, E. "Initial Experiments on the End-Point Control of a Flexible One Link Robot," *The International Journal of Robotics Research*, v.3, n. 3, 1984.
[13] NYZEN, R. J. *"Analysis and Control of an Eight-Degree-of-Freedom Manipulator,"* Tese de Mestrado em Engenharia Mecânica na Universidade de Ohio, Dr. Robert L. Williams II, Orientador, ago. 1999.
[14] WILLIAMS II, R. L. *"Local Performance Optimization for a Class of Redundant Eight-Degree-of--Freedom Manipulators,"* Documento técnico da NASA 3417, Centro de Pesquisas da NASA em Langley, Hampton, Virgínia, mar. 1994.

EXERCÍCIOS

9.1 [20] Para uma equação diferencial de segunda ordem com raízes complexas

$$s_1 = \lambda + \mu_i,$$
$$s_2 = \lambda - \mu_i,$$

mostre que a solução geral

$$x(t) = c_1 e^{s_1 t} + c_2 e^{s_2 t},$$

pode ser escrita como

$$x(t) = c_1 e^{\lambda t} \cos(\mu t) + c_2 e^{\lambda t} \operatorname{sen}(\mu t).$$

9.2 [13] Calcule o movimento do sistema da Figura 9.2 se os valores dos parâmetros forem $m = 2$, $b = 6$ e $k = 4$, e o bloco (inicialmente em repouso) for liberado da posição $x = 1$.

9.3 [13] Calcule o movimento do sistema da Figura 9.2 se os valores dos parâmetros forem $m = 1$, $b = 2$ e $k = 1$, e o bloco (inicialmente em repouso) for liberado da posição $x = 4$.

9.4 [13] Calcule o movimento do sistema da Figura 9.2 se os valores dos parâmetros forem $m = 1$, $b = 4$ e $k = 5$, e o bloco (inicialmente em repouso) for liberado da posição $x = 2$.

9.5 [15] Calcule o movimento do sistema da Figura 9.2 se os valores dos parâmetros forem $m = 1$, $b = 7$ e $k = 10$, e o bloco for liberado da posição $x = 1$ com uma velocidade inicial de $\dot{x} = 2$.

9.6 [15] Use o elemento (1, 1) de (6.60) para calcular a variação (como percentagem do máximo) da inércia "vista" pela junta 1 desse robô à medida que ele muda de configuração. Use os valores numéricos

$l_1 = l_2 = 0{,}5 \ m$,

$m_1 = 4{,}0 \ Kg$,

$m_2 = 2{,}0 \ Kg$.

Considere que o robô tem acionamento direto e que a inércia do rotor é negligenciável.

9.7 [17] Repita o Exercício 9.6 para o caso de um robô com engrenagens (use $\eta = 20$) e uma inércia rotor de $I_m = 0{,}01$ Kg-m².

9.8 [18] Considere o sistema da Figura 9.6 com os valores de parâmetros $m = 1$, $b = 4$ e $k = 5$. Sabe-se, também, que o sistema tem uma ressonância não modelada de $\omega_{res} = 6{,}0$ radianos/segundo. Determine os ganhos k_v e k_p que irão deixar o sistema criticamente amortecido com uma rigidez tão alta quanto for razoável.

9.9 [25] Em um sistema como aquele da Figura 9.12, a carga inercial, I, varia entre 4 e 5 kg-m². A inércia do rotor é $I_m = 0{,}01$ kg-m² e a relação das engrenagens é $\eta = 10$. O sistema tem ressonâncias não modeladas em 8,0, 12,0 e 20,0 radianos/segundo. Faça o projeto de α e β do controlador particionado e dê os valores de k_p e k_v de forma que o sistema nunca fique subamortecido e nunca provoque ressonâncias, mas seja o mais rígido possível.

9.10 [18] O projetista de um robô com acionamento direto suspeita que a ressonância devido à flexibilidade do suporte em si será a causa da menor ressonância não modelada. Se o elo é aproximadamente uma viga de corte transversal quadrado de dimensões 5 × 5 × 50 cm com 1 cm de espessura da chapa e massa total de 5 kg, estime ω_{res}.

9.11 [15] O elo de um robô com acionamento direto é passado por um eixo com rigidez de 1.000 Nt-m/radiano. A inércia do elo é 1 kg-m². Presumindo que o eixo não tem massa, qual é ω_{res}?

9.12 [18] Um eixo com rigidez de 500 Nt-m/radiano aciona a entrada de um par de engrenagens rígidas com $\eta = 8$. A saída das engrenagens aciona um elo de inércia 1 kg-m². Qual é a ω_{res} causada pela flexibilidade do eixo?

9.13 [25] Um eixo com rigidez de 500 Nt-m/radiano aciona a entrada de um par de engrenagens rígidas com $\eta = 8$. A saída das engrenagens aciona um elo de inércia 1 kg-m². Qual é a ω_{res} causada pela flexibilidade do eixo?

9.14 [28] Em um sistema como o da Figura 9.12, a carga inercial, I, varia entre 4 e 5 kg-m². A inércia do rotor é $I_m = 0{,}01$ kg-m² e a relação das engrenagens é $\eta = 10$. O sistema tem uma ressonância não modelada devido à rigidez do ponto extremo do elo que é de 2.400 Nt-m/radiano. Projete α e β do controlador particionado e dê os valores de k_p e k_v de forma que o sistema nunca fique subamortecido e nunca provoque ressonâncias, mas seja o mais rígido possível.

9.15 [25] Um eixo de aço com 30 cm de comprimento e 0,2 cm de diâmetro aciona a engrenagem de entrada de uma redução de $\eta = 8$. A engrenagem rígida de saída aciona um eixo de aço de 30 cm de comprimento e 0,3 cm de diâmetro. Qual é o alcance das frequências ressonantes observadas se a carga de inércia varia entre 1 e 4 kg-m²?

EXERCÍCIO DE PROGRAMAÇÃO (PARTE 9)

Queremos simular um sistema de controle simples de acompanhamento de trajetória para o braço planar de três elos. Ele será implementado com uma lei de controle PD (proporcional mais derivada) de

Controle linear dos manipuladores **275**

junta independente. Ajuste os ganhos para atingir rigidez em laço fechado de 175,0, 110,0 e 20,0 para as juntas de 1 a 3, respectivamente. Procure chegar ao amortecimento crítico aproximado.

Use a rotina de simulação **UPDATE** para simular um servo em tempo discreto funcionando em 100 Hz – ou seja, calcule a lei de controle a 100 Hz, não à frequência do processo de integração numérica. Verifique o esquema de controle com os seguintes testes:

1. Comece com o braço em $\Theta = (60, -110, 20)$ e comande que ele permaneça assim até *tempo* = 3,0, quando os *setpoints* devem mudar instantaneamente para $\Theta = (60, -50, 20)$. Ou seja, dê uma entrada que é um degrau de 60 graus à junta 2. Registre o histórico da variação do erro no tempo para cada junta.
2. Controle o braço para que ele siga a trajetória *spline* cúbica da Parte 7 do Exercício de Programação. Registre o histórico da variação do erro no tempo para cada junta.

EXERCÍCIO PARA O MATLAB 9

Este exercício enfoca uma simulação de controle independente de junta para a junta do ombro (junta 2) do AAI ARMII (Manipulador de Pesquisas Avançadas II – Advanced Research Manipulator II) da NASA que tem oito eixos – veja [14]. Presume-se que haja familiaridade com sistemas lineares clássicos de controle por realimentação, inclusive diagramas de bloco e transformadas de Laplace. Usaremos o Simulink, a interface gráfica de usuário do MATLAB.

A Figura 9.16 apresenta um modelo linearizado de laço aberto da dinâmica de sistema para o elo eletromecânico da junta do ombro do ARMII, acionado por um servomotor CC com controle no induzido. A entrada de laço aberto é a voltagem de referência V_{ref} (elevada à voltagem do induzido por um amplificador) e a saída de interesse é o ângulo do eixo de carga TetaL. A figura também mostra o diagrama de controle por realimentação para o controlador PID. A Tabela 9.1 descreve todos os parâmetros e variáveis do sistema.

Refletindo a inércia e o amortecimento do eixo de carga no eixo do motor, a inércia polar efetiva e o coeficiente de amortecimento são $J = J_M + J_L(t)/n^2$ e $C = C_M + C_L/n^2$. Por causa da alta relação das engrenagens n, esses valores efetivos não são muito diferentes dos valores do eixo do motor. Assim, a relação das engrenagens nos permite ignorar variações na inércia do eixo de carga dependente da configuração $J_L(t)$ e estabelecer apenas um valor médio razoável.

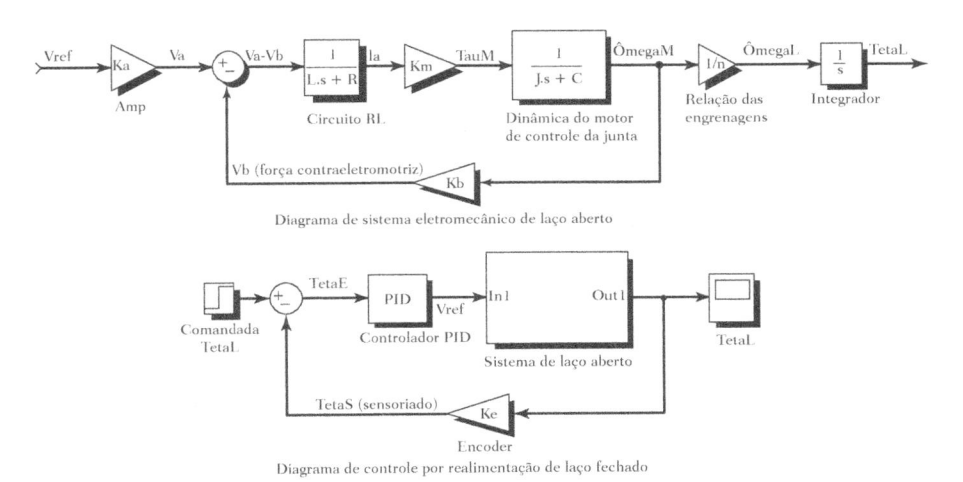

Figura 9.16: Modelo linearizado de laço aberto de dinâmica do sistema para o elo eletromecânico da junta do ombro, acionado por um servomotor CC controlado no induzido.

Os parâmetros constantes da junta do ombro do ARMII são dados na tabela em anexo [13]. Note que podemos usar diretamente as unidades de medida inglesas, porque seu efeito se cancela dentro do diagrama de controle. Podemos também usar o grau como unidade para o ângulo. Desenvolva um modelo no Simulink para simular o modelo de controle de uma única junta a partir do diagrama de controle por realimentação mostrado; use os parâmetros específicos da tabela. Para o caso nominal, determine os ganhos de PID por tentativa e erro para um "bom" desempenho (percentagem razoável de sobressinal máximo, tempo de subida, tempo de pico e tempo de acomodação). Simule o movimento resultante da movimentação dessa junta de ombro para uma entrada degrau de 0 a 60 graus. Faça o gráfico do valor simulado do ângulo de carga ao longo do tempo, mais a velocidade angular do eixo de carga ao longo do tempo. Além disso, faça o gráfico do esforço de controle, isto é, da voltagem do induzido, V_a, ao longo do tempo. (No mesmo gráfico, dê também a força contraeletromotriz V_b.)

Agora, tente algumas mudanças – o Simulink é tão fácil e agradável de alterar:

1) A entrada em degrau é frustrante para o projeto do controlador, por isso, em vez dela, experimente a entrada em rampa. Faça a rampa de 0 a 60 graus em 1,5 segundo e, em seguida, mantenha o comando de 60 graus para todo tempo maior que 1,5 segundo. Redesenhe os ganhos de PID e simule outra vez.
2) Investigue se o indutor L é significativo no sistema. (O sistema elétrico sobe muito mais depressa do que o sistema mecânico. Esse efeito pode ser representado por constantes de tempo).
3) Não temos uma boa estimativa para a carga de inércia e amortecimento (J_L e C_L). Com o seu melhor ganho PID anterior, investigue até onde esses valores podem crescer (escalone também para cima os parâmetros nominais) antes de afetarem o sistema.
4) Agora, inclua o efeito da gravidade como uma perturbação para o motor de torque T_M. Presuma que a massa do robô em movimento é de 200 lb e que o comprimento em movimento além da junta 2 é de 6,4 pés. Faça o teste para os "bons" ganhos nominais de PID que encontrou. Redesenhe, se necessário. A configuração zero do ângulo θ_2 de carga do ombro é direto para cima.

Tabela 9.1: Parâmetros constantes da junta do ombro do ARMII.

$V_a(t)$	Voltagem do induzido	$\tau_M(t)$	Torque do motor gerado	$\tau_L(t)$	Torque de carga
$L = 0,0006$H	Indutância do induzido	$\theta_M(t)$	Ângulo do eixo do motor	$\theta_L(t)$	Ângulo do eixo da carga
$R = 1,40\Omega$	Resistência do induzido	$\omega_M(t)$	Velocidade do eixo do motor	$\omega_L(t)$	Velocidade do eixo da carga
$i_a(t)$	Corrente do induzido	$J_M = 0,00844$ lb_f-pol-s^2	Inércia polar concentrada do motor	$J_L(t) = 1$ lb_f-pol-s^2	Inércia polar concentrada da carga
$V_b(t)$	Voltagem da força contraeletromotriz	$C_M = 0,00013$ lb_f-pol/grau/s	Coeficiente de amortecimento viscoso do eixo do motor	$C_L = 0,5$ lb_f-pol/grau/s	Coeficiente de amortecimento viscoso do eixo da carga
$K_a = 12$	Ganho do amplificador	$n = 200$	Relação das engrenagens	$g = 0$ pol/s^2	Gravidade (ignorar inicialmente a gravidade)
$K_b = 0,00867$ V/grau/s	Constante da força contraeletromotriz	$K_M = 4,375$ lb_f-pol/A	Constante de torque	$K_e = 1$	Função de transferência do encoder

Controles não lineares de manipuladores

10.1 Introdução
10.2 Sistemas não lineares e com variação no tempo
10.3 Sistemas de controle de múltiplas entradas e múltiplas saídas
10.4 O problema de controle dos manipuladores
10.5 Considerações práticas
10.6 Os sistemas de controle de robôs industriais atuais
10.7 Análise de estabilidade de Lyapunov
10.8 Sistemas de controle com base cartesiana
10.9 Controle adaptativo

10.1 INTRODUÇÃO

No capítulo anterior, fizemos várias aproximações para permitir uma análise linear do problema de controle de manipuladores. O mais importante nessas aproximações foi que cada junta pode ser considerada à parte e que a inércia "vista" por cada atuador de junta era constante. Nas implementações de controladores lineares, como os introduzidos no capítulo anterior, essas aproximações resultam em amortecimento não uniforme em todo o espaço de trabalho, além de outros efeitos indesejáveis. Neste capítulo, apresentaremos uma técnica de controle mais avançada para a qual esse pressuposto não será necessário.

No Capítulo 9, modelamos o manipulador com n equações diferenciais de segunda ordem independentes e baseamos nosso controlador nesse modelo. Neste capítulo, vamos basear o controle do nosso manipulador diretamente na equação diferencial não linear de movimento vetorial $n \times 1$ derivada no Capítulo 6 para um manipulador genérico.

O campo da teoria de controle não linear é amplo; devemos, portanto, restringir nossa atenção a um ou dois métodos que pareçam adequados aos manipuladores mecânicos. Consequentemente, o foco principal do capítulo será em um método em particular, aparentemente primeiro proposto em [1] e chamado de **método de torque computado** em [2, 3]. Vamos também introduzir um método de análise de estabilidade de sistemas não lineares, conhecido como método de **Lyapunov** [4].

Para começar nossa discussão, voltamos mais uma vez a um sistema do tipo massa-mola muito simples, com atrito e um grau de liberdade.

10.2 SISTEMAS NÃO LINEARES E COM VARIAÇÃO NO TEMPO

No desenvolvimento anterior, lidamos com uma equação diferencial linear de coeficiente constante. Essa forma matemática surgiu porque o sistema do tipo massa-mola com atrito da Figura 9.6 foi modelado como sendo linear e sem variação no tempo. Para sistemas cujos parâmetros variam no tempo, ou sistemas que são por natureza não lineares, as soluções são mais difíceis.

Quando as não linearidades não são severas, a **linearização local** pode ser usada para a derivação de modelos lineares que são aproximações das equações não lineares nas vizinhanças de um **ponto de operação**. Infelizmente, o problema de controle de um manipulador não é adequado para essa abordagem, porque os manipuladores estão sempre se movimentando por regiões do seu espaço de trabalho tão distanciadas que não se pode encontrar uma linearização válida para todas as regiões.

Outra abordagem é mover o ponto de operação com o manipulador, à medida que ele se move, linearizando sempre em torno da posição desejada do manipulador. O resultado desse tipo de *linearização móvel* é um sistema linear, mas com variação no tempo. Embora tal linearização quase estática do sistema original seja útil em algumas técnicas de análise e projeto, não a utilizaremos no nosso procedimento de síntese da lei de controle. Em vez disso, vamos lidar diretamente com as equações não lineares de movimento, sem recorrer a linearizações para derivar um controlador.

Se a mola da Figura 9.6 não fosse linear mas contivesse um elemento não linear, consideraríamos o sistema quase estaticamente e, a cada instante, calcularíamos onde seus polos estão localizados. Constataríamos que estes "se movem" em torno do plano real-imaginário como uma função da posição do bloco. Portanto, não poderíamos selecionar ganhos fixos que manteriam os polos em um local desejado (por exemplo, em amortecimento crítico). Assim, podemos ser tentados a considerar uma lei de controle mais complicada na qual os ganhos variam no tempo (na verdade, variando em função da posição do bloco), de forma que o sistema esteja sempre criticamente amortecido. Em essência, isso seria feito computando-se k_p de forma que a combinação do efeito não linear da mola seria exatamente cancelada por um termo não linear da lei de controle de maneira que a rigidez geral permanecesse sempre constante. Esse esquema de controle pode ser chamado de lei de controle de **linearização**, porque usa um termo de controle não linear para "cancelar" uma não linearidade do sistema de controle de forma que o sistema de malha fechada no geral seja linear.

Agora voltaremos à nossa lei de controle particionada para ver se ela é capaz de realizar essa função de linearização. Em nosso esquema de lei de controle particionada, a lei do servo permanece a mesma de sempre, mas a partição baseada em modelo agora conterá um modelo da não linearidade. Assim, a partição do controle baseada em modelo faz uma linearização da função. Isso é mais bem demonstrado com um exemplo.

EXEMPLO 10.1

Considere a característica de mola não linear mostrada na Figura 10.1. Em vez da equação de mola linear usual, $f = kx$, essa mola é descrita por $f = qx^3$. Se ela faz parte do sistema físico mostrado na Figura 9.6, construa uma lei de controle para manter o sistema criticamente amortecido com uma rigidez de k_{CL}.

A equação de malha aberta é

$$m\ddot{x} + b\dot{x} + qx^3 = f. \qquad (10.1)$$

A partição do controle baseada em modelo é $f = \alpha f' + \beta$, em que agora usamos

$$\alpha = m,$$
$$\beta = b\dot{x} + qx^3 ; \qquad (10.2)$$

a partição do servo é, como sempre

$$f' = \ddot{x}_d + k_v \dot{e} + k_p e, \qquad (10.3)$$

em que os valores dos ganhos são calculados com base em alguma especificação de desempenho desejada. A Figura 10.2 mostra um diagrama de bloco desse sistema de controle. O sistema de malha fechada resultante mantém os polos em localizações fixas.

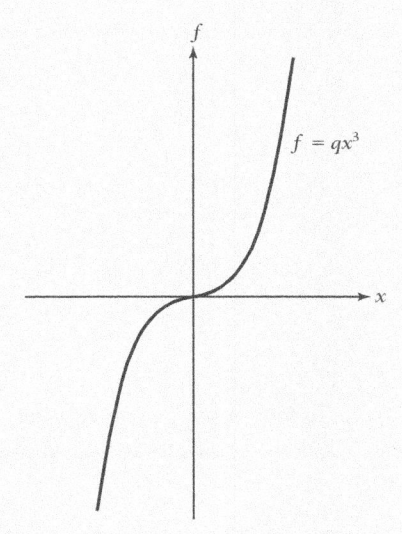

Figura 10.1: A característica de força *versus* distância de uma mola não linear.

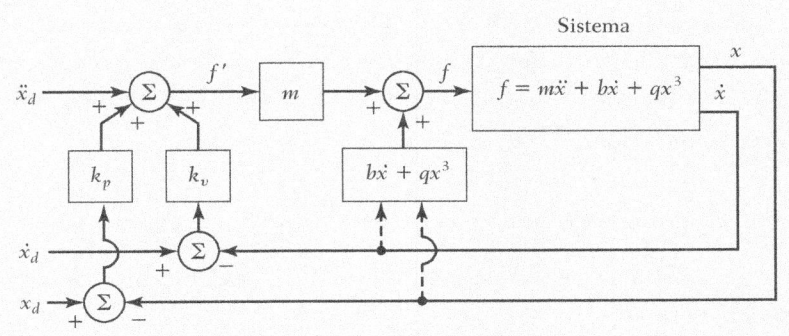

Figura 10.2: Um sistema de controle não linear para um sistema com mola não linear.

EXEMPLO 10.2

Considere a característica de atrito não linear mostrada na Figura 10.3. Enquanto o atrito linear é descrito por $f = b\dot{x}$, esse **atrito de Coulomb** é descrito por $f = b_c sgn(\dot{x})$. Na maior parte dos manipuladores atuais, o atrito da junta no seu mancal (seja ela rotacional ou linear) é modelado com mais precisão por essa característica não linear do que pelo modelo simples, linear. Se esse tipo de atrito está presente no sistema da Figura 9.6, projete um sistema de controle que usa uma partição baseada em modelo não linear para amortecer criticamente o sistema o tempo todo.

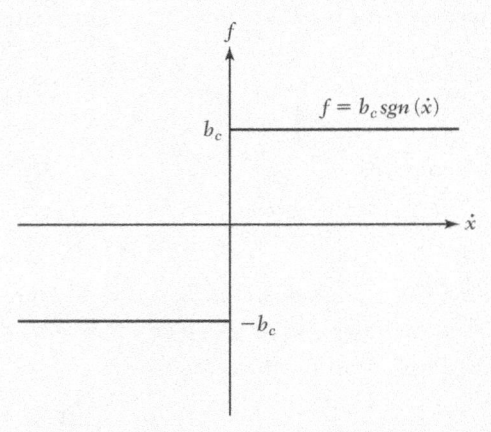

Figura 10.3: A característica de força *versus* velocidade do atrito de Coulomb.

A equação de malha aberta é

$$m\ddot{x} + b_c sgn(\dot{x}) + kx = f .\qquad(10.4)$$

A lei de controle particionada é $f = \alpha f' + \beta$, sendo

$$\begin{aligned}\alpha &= m ,\\ \beta &= b_c sgn(\dot{x}) + kx ,\\ f' &= \ddot{x}_d + k_v \dot{e} + k_p e ,\end{aligned}\qquad(10.5)$$

em que os valores dos ganhos são calculados com base em uma especificação de desempenho desejado.

EXEMPLO 10.3

Considere o manipulador de um único elo da Figura 10.4. Ele tem uma junta rotacional. A massa é entendida como localizada em um ponto na extremidade distal do elo e, portanto, o momento de inércia é ml^2. O atrito de Coulomb e o atrito viscoso agem sobre a junta e há uma carga decorrente da gravidade.

O modelo do manipulador é

$$\tau = ml^2\ddot{\theta} + v\dot{\theta} + c\,sgn(\dot{\theta}) + mlg\cos(\theta) .\qquad(10.6)$$

Como sempre, o sistema de controle tem duas partes, a partição linearizante baseada em modelo e a partição da lei do servo.

A partição do controle baseada em modelo é $f = \alpha f' + \beta$, em que

$$\alpha = ml^2,$$
$$\beta = v\dot{\theta} + c\,sgn(\dot{\theta}) + ml\,g\cos(\theta); \tag{10.7}$$

a partição do servo, como sempre, é

$$f' = \ddot{\theta}_d + k_v \dot{e} + k_p e, \tag{10.8}$$

sendo os valores dos ganhos calculados a partir de uma especificação de desempenho desejado.

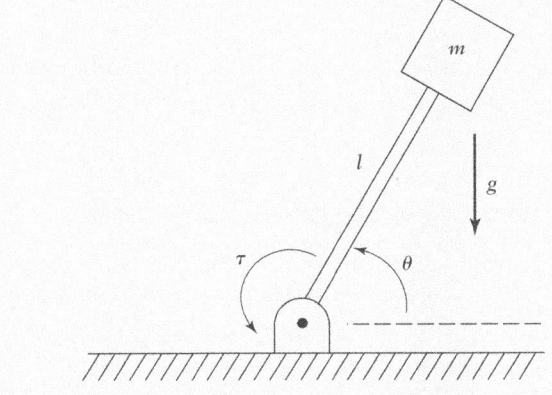

Figura 10.4: Pêndulo invertido ou manipulador de um único elo.

Já vimos que, em certos casos simples, não é difícil projetar um controlador não linear. O método geral empregado nos exemplos simples precedentes é o mesmo que usaremos para o problema de controle de manipulador.

1. Calcule uma lei de controle não linear baseada em modelo que "cancele" as não linearidades do sistema a ser controlado.
2. Reduza o sistema a um sistema linear que pode ser controlado com a lei de servo simples desenvolvida para a massa unitária.

Em certo sentido, a lei de controle de linearização aplica um *modelo inverso* do sistema que está sendo controlado. As não linearidades do sistema cancelam as do modelo inverso. Isso, junto com a lei do servo, resulta em um sistema linear de malha fechada. Obviamente, para fazer esse cancelamento, temos de conhecer os parâmetros e a estrutura do sistema não linear. Esse é com frequência o problema na aplicação prática do método.

10.3 SISTEMAS DE CONTROLE DE MÚLTIPLAS ENTRADAS E MÚLTIPLAS SAÍDAS

Ao contrário dos exemplos simples que discutimos até agora, controlar um manipulador é um problema de múltiplas entradas e múltiplas saídas (MIMO, do inglês *multi-input, multi-output*). Ou seja, temos um vetor de posições, velocidades e acelerações desejadas das juntas e a lei de controle precisa computar um vetor de sinais de atuadores das juntas. Nosso esquema básico – o particionamento da lei de controle em uma partição baseada em modelo e uma partição servo – ainda se aplica, mas surge agora na forma de matriz-vetor. A lei de controle assume a forma

$$F = \alpha F' + \beta ,\qquad(10.9)$$

em que, para um sistema com n graus de liberdade, F, F' e β são vetores $n \times 1$ e α é uma matriz $n \times n$. Veja que a matriz α não é necessariamente diagonal, e sim mais escolhida para **desacoplar** as n equações de movimento. Se α e β forem corretamente escolhidos, a partir da entrada F', os sistemas parecerão ser n massas unitárias independentes. Por essa razão, no caso multidimensional, a partição da lei de controle baseada em modelo é chamada de lei de **controle de linearização e desacoplamento**. A lei de servo para um sistema multidimensional torna-se

$$F' = \ddot{X}_d + K_v \dot{E} + K_p E ,\qquad(10.10)$$

em que K_v e K_p são agora matrizes $n \times n$ escolhidas geralmente para serem diagonais com ganhos constantes na diagonal. E e $\dot{E}$ são vetores $n \times 1$ dos erros de posição e velocidade, respectivamente.

10.4 O PROBLEMA DE CONTROLE DOS MANIPULADORES

No caso de controle dos manipuladores, desenvolvemos um modelo e as equações de movimento correspondentes no Capítulo 6. Como vimos, essas equações são bastante complicadas. A dinâmica de corpo rígido tem a forma

$$\tau = M(\Theta)\ddot{\Theta} + V(\Theta, \dot{\Theta}) + G(\Theta) ,\qquad(10.11)$$

em que $M(\Theta)$ é a matriz $n \times n$ de inércia do manipulador, $V(\Theta, \dot{\Theta})$ é um vetor $n \times 1$ dos termos centrífugo e de Coriolis e $G(\Theta)$ é um vetor $n \times 1$ dos termos da gravidade. Cada elemento de $M(\Theta)$ e $G(\Theta)$ é uma função complexa que depende de Θ, a posição de todas as juntas do manipulador. Cada elemento de $V(\Theta, \dot{\Theta})$ é uma função complexa de ambos, Θ e $\dot{\Theta}$.

Além disso, poderíamos incorporar um modelo de atrito (ou de outro efeito de corpos não rígidos). Presumindo que nosso modelo de atrito é uma função das posições e velocidades das juntas, acrescentamos o termo $F(\Theta, \dot{\Theta})$ a (10.11) para chegar ao modelo

$$\tau = M(\Theta)\ddot{\Theta} + V(\Theta, \dot{\Theta}) + G(\Theta) + F(\Theta, \dot{\Theta}) .\qquad(10.12)$$

O problema de controle de um sistema complexo como (10.12) pode ser administrado pelo esquema do controlador particionado que apresentamos neste capítulo. Nesse caso, temos

$$\tau = \alpha \tau' + \beta ,\qquad(10.13)$$

sendo τ o vetor $n \times 1$ dos torques das juntas. Escolhemos

$$\begin{aligned}\alpha &= M(\Theta) ,\\ \beta &= V(\Theta, \dot{\Theta}) + G(\Theta) + F(\Theta, \dot{\Theta}) ,\end{aligned}\qquad(10.14)$$

com a lei de servo

$$\tau' = \ddot{\Theta}_d + K_v \dot{E} + K_p E ,\qquad(10.15)$$

sendo

$$E = \Theta_d - \Theta .\qquad(10.16)$$

A Figura 10.5 mostra o sistema de controle resultante.

Usando (10.12) a (10.15), é bastante fácil demonstrar que o sistema de malha fechada se caracteriza pela equação de erro

$$\ddot{E} + K_v \dot{E} + K_p E = 0 \ . \tag{10.17}$$

Observe que essa equação vetorial é desacoplada: as matrizes K_v e K_p são diagonais, de forma que (10.17) poderia também ser escrita numa base junta por junta como

$$\ddot{e}_i + k_{vi}\dot{e}_i + k_{pi}e = 0 \ . \tag{10.18}$$

O desempenho ideal representado por (10.17) é inatingível na prática por vários motivos, sendo os dois mais importantes

1. A natureza discreta da implementação de um computador digital, em oposição à lei de controle ideal de tempo contínuo implicada por (10.14) e (10.15).
2. A inexatidão do modelo do manipulador (necessário para o cálculo de (10.14)).

Na próxima seção, trataremos (pelo menos em parte) desses dois aspectos.

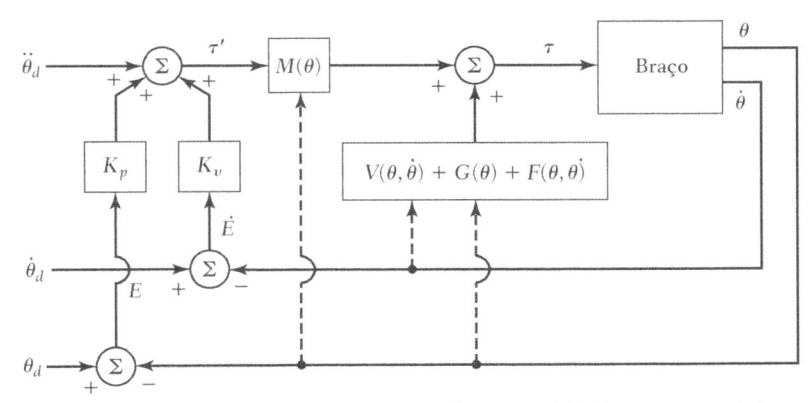

Figura 10.5: Um sistema de controle baseado em modelo de um manipulador.

10.5 CONSIDERAÇÕES PRÁTICAS

Ao desenvolver o controle desacoplador e linearizante das últimas seções, fizemos implicitamente alguns pressupostos que raramente são verdadeiros na prática.

Tempo necessário para computar o modelo

Em todas as considerações de nossa estratégia de lei de controle particionada, presumimos que o sistema todo estaria funcionando em tempo contínuo e que os cálculos da lei de controle exigiriam tempo zero para serem realizados. Dada qualquer quantidade de cálculo, com um computador grande o bastante poderíamos fazer isso com rapidez suficiente para que essa seja uma aproximação razoável; no entanto, o custo do computador poderia tornar o esquema economicamente inviável. No caso do controle de manipuladores, a equação dinâmica inteira do manipulador, (10.14), deve ser computada na lei de controle. Esses cálculos são bastante complexos; em consequência, como discutimos no Capítulo 6, há um grande interesse no desenvolvimento de esquemas computacionais rápidos para que eles sejam feitos de forma eficiente. À medida que os computadores forem cada vez mais acessíveis, as leis de controle que requerem uma grande quantidade de cálculos se tornarão mais e mais exequíveis. Várias aplicações experimentais de leis de controle baseadas em modelos não lineares já foram registradas [5–9] e execuções parciais estão começando a aparecer nos controladores industriais.

Como discutimos no Capítulo 9, quase todos os sistemas de controle de manipuladores são hoje realizados por meio de circuitos digitais e funcionam a uma determinada **taxa de amostragem**. Isso significa que os sensores de posição (e possivelmente outros, também) são lidos em pontos discretos no tempo. Com base nesses valores, um comando de atuador é calculado e enviado ao atuador. Portanto, a leitura dos sensores e o envio dos comandos aos atuadores não são feitos continuamente, mas sim a uma taxa de amostragem finita. Para analisar o efeito do retardo causado pela computação e pela taxa de amostragem finita, precisamos usar ferramentas do campo do **controle em tempo discreto**. No tempo discreto, equações diferenciais transformam-se em relações de recorrência e há um conjunto completo de ferramentas desenvolvido para responder às perguntas sobre estabilidade e localização de polos para esses sistemas. A teoria de controle em tempo discreto está além do escopo deste livro, embora para os pesquisadores que trabalhem na área de controle de manipuladores, muitos dos conceitos dos sistemas em tempo discreto sejam essenciais. (Veja [10].)

Apesar de importantes, ideias e métodos da teoria de controle em tempo discreto são muitas vezes difíceis de aplicar ao caso dos sistemas não lineares. Ao passo que conseguimos escrever uma equação diferencial complexa de movimento para a equação dinâmica do manipulador, uma equivalente em tempo discreto é em geral impossível de obter porque, para um manipulador genérico, a única maneira de calcular seu movimento para um dado conjunto de condições iniciais, uma entrada e um intervalo finito é pela integração numérica (como vimos no Capítulo 6). Os modelos em tempo discreto são possíveis se estivermos dispostos a usar soluções em série para as equações diferenciais, ou se fizermos aproximações. No entanto, se precisamos fazer aproximações para desenvolver um modelo discreto, não fica claro se temos um modelo melhor do que teríamos quando usamos o modelo contínuo e fazemos a aproximação de tempo contínuo. Basta dizer que a análise do problema de controle do manipulador em tempo discreto é difícil e, geralmente, recorre-se à simulação para avaliar o efeito que determinada taxa de amostragem terá no desempenho.

Presumiremos em geral que os cálculos podem ser realizados com rapidez e frequência suficientes para que a aproximação em tempo contínuo seja válida.

Controle não linear de alimentação antecipada

O uso do **controle de alimentação antecipada** (ou pré-alimentação, do inglês *feedforward*) já foi proposto como método para se utilizar um modelo dinâmico não linear em uma lei de controle sem a necessidade de cálculos complexos e demorados a serem realizados à taxa de servomecanismo [11]. Na Figura 10.5, a partição de controle baseada em modelo da lei de controle está "na malha do servo" no sentido de que os sinais "fluem" por aquela caixa preta a cada tique do relógio do servo. Se quisermos selecionar uma taxa de amostragem de 200 Hz, o modelo dinâmico do manipulador deverá ser computado a essa taxa. Outro sistema possível é mostrado na Figura 10.6. Aqui, o controle baseado em modelo está "fora" da malha do servo. Assim, é possível ter uma malha de servo interna mais rápida que consiste, simplesmente, em multiplicar os erros pelos ganhos, com os torques baseados em modelos acrescentados a uma taxa mais lenta.

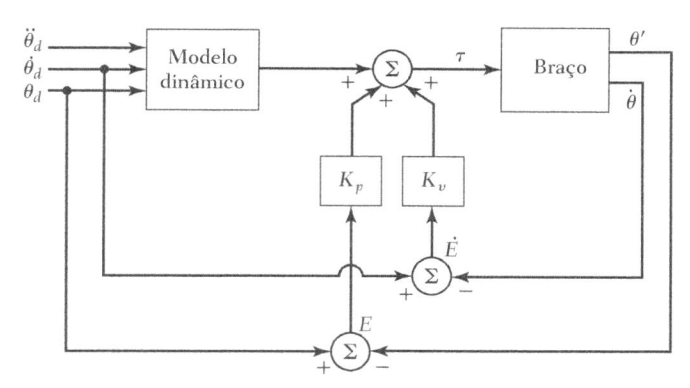

Figura 10.6: Esquema de controle com a partição baseada em modelo "fora" da malha do servo.

Infelizmente, o esquema de alimentação antecipada da Figura 10.6 não fornece um desacoplamento total. Se escrevermos as equações do sistema,* veremos que a equação de erro do sistema é

$$\ddot{E} + M^{-1}(\Theta)K_v\dot{E} + M^{-1}(\Theta)K_p E = 0 \ . \tag{10.19}$$

Claro, à medida que a configuração do braço se altera, o ganho efetivo de malha fechada se altera e os polos quase estáticos se movimentam no plano real-imaginário. No entanto, a Equação (10.19) pode ser usada como ponto de partida para o projeto de um **controlador robusto** – aquele que encontra um bom conjunto de ganhos constantes de forma que, apesar do "movimento" dos polos, continuarão com certeza em locais razoavelmente favoráveis. Como alternativa, podem-se considerar esquemas nos quais os ganhos variáveis são previamente computados com alteração na configuração do robô, de forma que os polos quase estáticos permanecem em posições fixas.

Observe que, no sistema da Figura 10.6, o modelo dinâmico é computado como uma função apenas da trajetória desejada, de forma que, quando esta é conhecida de antemão, os valores podem ser computados "*off-line*", antes que o movimento comece. Durante o tempo de execução, os históricos de torque previamente computados são lidos da memória. Da mesma forma, se ganhos com variação do tempo forem computados, eles também podem ser calculados e armazenados antes. Por conseguinte, um esquema desses seria computacionalmente de baixo custo durante o tempo de execução e atingiria uma alta taxa de servo.

> Implementação de torque computado com duas velocidades

A Figura 10.7 mostra o diagrama de bloco de uma possível aplicação prática do sistema de desacoplamento e linearização do controle de posição. O modelo dinâmico está expresso na forma de *espaço de configuração* de forma que os parâmetros dinâmicos do manipulador aparecerão, apenas, como funções da posição do manipulador. Tais funções podem, então, ser computadas por um processo *secundário* ou por um segundo computador de controle [8] ou, ainda, consultadas em uma tabela previamente calculada [12]. Nessa arquitetura, os parâmetros dinâmicos podem ser atualizados a uma velocidade menor do que a do servo da malha fechada. Por exemplo, a computação secundária pode prosseguir a 60 Hz enquanto a do servo da malha fechada funcionaria a 250 Hz.

---

* Usamos os pressupostos simplificadores $M(\Theta_d) \cong M(\Theta)$, $V(\Theta_d, \dot{\Theta}_d) \cong (V(\Theta, \dot{\Theta}), G(\Theta_d)) \cong G(\Theta)$ e $F(\Theta_d, \dot{\Theta}_d) \cong F(\Theta, \dot{\Theta})$.

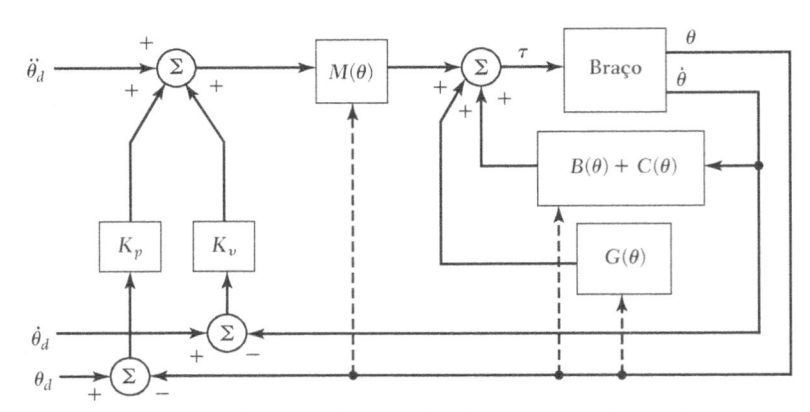

Figura 10.7: Aplicação do sistema de controle do manipulador baseado em modelo.

> ### Falta de conhecimento dos parâmetros

A segunda possível dificuldade encontrada no uso do algoritmo de controle de torque computado é que o modelo dinâmico do manipulador muitas vezes não é conhecido com precisão. Isso é particularmente verdade em relação a certos componentes da dinâmica como os efeitos do atrito. De fato, costuma ser extremamente difícil conhecer a estrutura do modelo de atrito, quanto mais os valores dos parâmetros [13]. Por fim, se o manipulador tem alguma parte da sua dinâmica que não é repetível – porque, por exemplo, ela se modifica à medida que o robô envelhece –, é difícil manter sempre, no modelo, bons valores para os parâmetros.

Pela própria natureza, os robôs, na maioria, apanharão diversas peças e ferramentas. Quando um robô está segurando uma ferramenta, a inércia e o peso desta alteram a dinâmica do manipulador. Em uma situação industrial, as propriedades de massa das ferramentas podem ser conhecidas e, nesse caso, consideradas na partição modelada da lei de controle. Quando uma ferramenta é apanhada, a matriz de inércia, a massa total e o centro de massa do último elo do manipulador podem ser atualizados para novos valores que representem o efeito combinado do último elo mais a ferramenta. No entanto, em muitas aplicações, as propriedades de massa dos objetos que o manipulador apanha não são geralmente conhecidas, de forma que é difícil manter um modelo dinâmico acurado.

A situação não ideal mais simples possível é aquela na qual ainda presumimos um modelo perfeito aplicado em tempo contínuo, mas com o ruído externo agindo como perturbação no sistema. Na Figura 10.8, indicamos um vetor de torques de perturbação em ação nas juntas. Escrevendo a equação de erro do sistema com a inclusão dessas interferências conhecidas, chegamos a

$$\ddot{E} + K_v \dot{E} + K_p E = M^{-1}(\Theta)\tau_d, \tag{10.20}$$

onde τ_d é o vetor dos torques de perturbação nas juntas. O lado esquerdo de (10.20) é desacoplado, mas pelo lado direito vemos que uma perturbação em uma única junta qualquer introduzirá erros em todas as outras juntas porque $M(\Theta)$ não é, geralmente, diagonal.

Algumas análises simples podem ser feitas com base em (10.20). Por exemplo, é fácil calcular o erro de servo em estado estacionário devido a uma perturbação constante como

$$E = K_p^{-1} M^{-1}(\Theta)\tau_d. \tag{10.21}$$

Quando nosso modelo da dinâmica do manipulador não é perfeito, a análise do sistema de malha fechada resultante torna-se mais difícil. Definimos a seguinte notação: $\hat{M}(\Theta)$ é o nosso

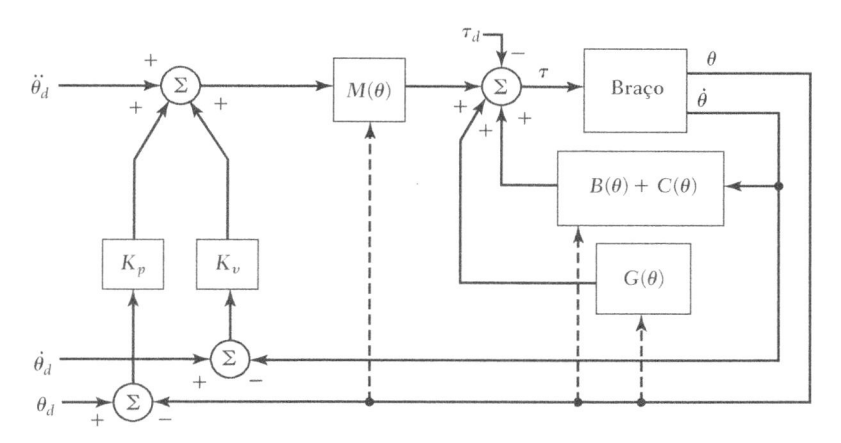

Figura 10.8: O controlador baseado em modelo com a ação de uma perturbação externa.

modelo da matriz de inércia do manipulador, $M(\Theta)$. Da mesma forma, $\hat{V}(\Theta, \dot{\Theta})$, $\hat{G}(\Theta)$ e $\hat{F}(\Theta, \dot{\Theta})$ são nossos modelos dos termos de velocidade, gravidade e atrito do mecanismo atual. O conhecimento perfeito do modelo significaria que

$$\begin{aligned}\hat{M}(\Theta) &= M(\Theta), \\ \hat{V}(\Theta, \dot{\Theta}) &= V(\Theta, \dot{\Theta}), \\ \hat{G}(\Theta) &= G(\Theta), \\ \hat{F}(\Theta, \dot{\Theta}) &= F(\Theta, \dot{\Theta}).\end{aligned} \quad (10.22)$$

Portanto, embora a dinâmica do manipulador seja dada por

$$\tau = M(\Theta)\ddot{\Theta} + V(\Theta, \dot{\Theta}) + G(\Theta) + F(\Theta, \dot{\Theta}), \quad (10.23)$$

nossa lei de controle determina que

$$\begin{aligned}\tau &= \alpha\tau' + \beta, \\ \alpha &= \hat{M}(\Theta), \\ \beta &= \hat{V}(\Theta, \dot{\Theta}) + \hat{G}(\Theta) + \hat{F}(\Theta, \dot{\Theta}).\end{aligned} \quad (10.24)$$

O desacoplamento e a linearização, portanto, não serão atingidos com perfeição quando os parâmetros não forem conhecidos com exatidão. Ao escrever a equação de malha fechada do sistema, obtemos

$$\begin{aligned}\ddot{E} &+ K_v\dot{E} + K_pE \\ &= \hat{M}^{-1}\left[(M - \hat{M})\ddot{\Theta} + (V - \hat{V}) + (G - \hat{G}) + (F - \hat{F})\right],\end{aligned} \quad (10.25)$$

em que os argumentos das funções dinâmicas não são mostrados por concisão. Observe que se o modelo fosse exato, de forma que (10.22) fosse verdadeira, o lado direito de (10.25) seria zero e os erros desapareceriam. Quando os parâmetros não são conhecidos com exatidão, a disparidade entre os parâmetros reais e os modelados provocará erros do servo (resultando talvez, até, em um sistema instável [21]) conforme a, um tanto complicada, Equação (10.25).

A discussão sobre a análise de estabilidade de um sistema não linear de malha fechada ficará adiada até a Seção 10.7.

10.6 OS SISTEMAS DE CONTROLE DE ROBÔS INDUSTRIAIS ATUAIS

Por causa dos problemas para se ter um bom conhecimento dos parâmetros, não fica claro se faz sentido ter o trabalho de computar uma lei de controle complicada para controlar o manipulador. O custo da potência computacional necessária para computar o modelo do manipulador a uma velocidade suficiente pode não valer a pena, principalmente se o desconhecimento dos parâmetros anular os benefícios dessa abordagem. Os fabricantes de robôs industriais decidiram, talvez por razões econômicas, que tentar usar um modelo completo do manipulador no controlador não vale a pena. Em vez disso, os manipuladores atuais são controlados por leis de controle muito simples e que em geral são todas voltadas para os erros e são aplicadas em arquiteturas como as que estudamos na Seção 9.10. A Figura 10.9 mostra um robô industrial com um sistema servo de alto desempenho.

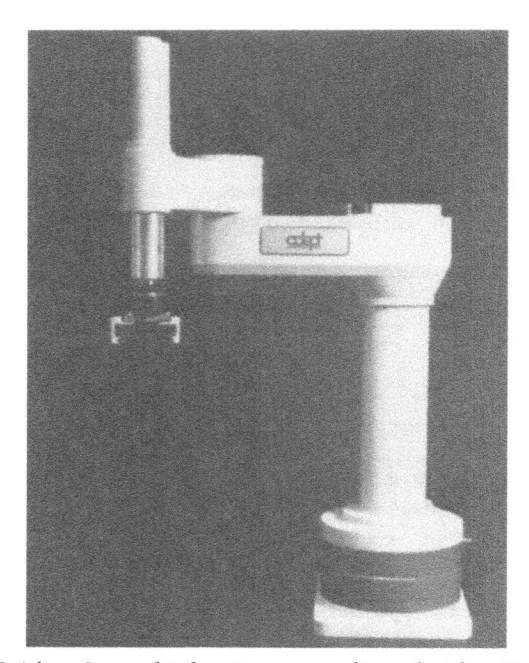

Figura 10.9: O Adept One, robô de acionamento direto da Adept Technology, Inc.

Controle PID de juntas individuais

A maioria dos robôs industriais tem hoje um esquema de controle que em nossa notação seria descrito como

$$\alpha = I,$$
$$\beta = 0,$$
(10.26)

em que I é a matriz identidade $n \times n$. A porção servo é

$$\tau' = \ddot{\Theta}_d + K_v \dot{E} + K_p E + K_i \int E\,dt,$$
(10.27)

sendo K_v, K_p e K_i matrizes diagonais constantes. Em muitos casos, $\ddot{\Theta}_d$ não está disponível e esse termo é, simplesmente, ajustado para zero. Ou seja, a maioria dos controladores de robôs simples não usa, *em absoluto*, qualquer componente baseado em modelo na sua lei de controle. Esse tipo de esquema de controle PID é simples porque cada junta é controlada com um sistema separado. Com frequência, um microprocessador por junta é usado para executar (10.27), como discutimos na Seção 9.10.

O desempenho de um manipulador controlado dessa maneira não é simples de descrever. Não há desacoplamento, de forma que o movimento de cada junta afeta as demais. Tais interações causam erros que são suprimidos pela lei de controle voltada para os erros. É impossível selecionar ganhos fixos que amortecerão criticamente as respostas às interferências para todas as configurações. Portanto, são escolhidos ganhos "médios" que aproximam o amortecimento crítico no centro do espaço de trabalho do robô. Em várias configurações extremas do braço, o sistema torna-se subamortecido ou sobreamortecido. Dependendo dos detalhes do projeto mecânico, tais efeitos podem ser razoavelmente pequenos, caso em que o controle é bom. Nesses sistemas, é importante manter os ganhos o mais alto possível, de forma que as perturbações inevitáveis sejam suprimidas rapidamente.

> **Acréscimo de compensação da gravidade**

Os termos de gravidade tendem a causar erros de posicionamento estático e, por isso, alguns fabricantes de robôs incluem um modelo da gravidade, $G(\theta)$, na lei de controle (ou seja, $\beta = \hat{G}(\Theta)$ na nossa notação). A lei de controle completa assume a forma

$$\tau' = \ddot{\Theta}_d + K_v \dot{E} + K_p E + K_i \int E\, dt + \hat{G}(\Theta) \ . \tag{10.28}$$

Tal lei é, talvez, o exemplo mais simples de um controlador baseado em modelo. Como (10.28) não pode mais ser aplicada numa base rigorosamente junta a junta, a arquitetura do controlador deve permitir a comunicação entre os controladores das juntas ou deve usar um processador central em vez de processadores individuais em cada junta.

> **Várias aproximações de controle com desacoplamento**

Há várias maneiras de simplificar as equações dinâmicas de determinado manipulador [3, 14]. Depois da simplificação, pode-se derivar uma lei aproximada de desacoplamento e linearização. Uma simplificação usual pode ser desconsiderar os componentes de torque causados por termos de velocidade, ou seja, modelar apenas os termos de inércia e gravidade. Os modelos de atrito quase nunca são incluídos no controlador, porque o atrito é tão difícil de modelar corretamente. Às vezes, a matriz de inércia é simplificada de forma que responde pelos acoplamentos principais dos eixos, mas não para os efeitos menores de acoplamento cruzado. Por exemplo, [14] apresenta uma versão simplificada da matriz de massa do PUMA 560 que requer apenas 10% dos cálculos necessários para se calcular a matriz de massa completa, mas que tem uma precisão com margem de 1%.

10.7 ANÁLISE DE ESTABILIDADE DE LYAPUNOV

No Capítulo 9, examinamos analiticamente os sistemas de controle lineares para avaliar a estabilidade e também a resposta dinâmica em termos de amortecimento e largura de banda de malha fechada. As mesmas análises são válidas para um sistema linear que tenha sido desacoplado e linearizado por meio de um controlador não linear baseado em modelo que seja perfeito, porque o sistema geral resultante é, novamente, linear. No entanto, quando o desacoplamento e a linearização não são realizados pelo controlador, estão incompletos ou são imprecisos, o sistema de malha fechada, em geral, permanece não linear. Nos sistemas não lineares, a análise de estabilidade e desempenho é muito mais difícil. Nesta seção, apresentamos um método de análise de estabilidade aplicável tanto aos sistemas lineares quanto aos não lineares.

Considere o sistema de atrito simples do tipo massa-mola, apresentado no Capítulo 9, cuja equação de movimento é

$$m\ddot{x} + b\dot{x} + kx = 0 \ . \tag{10.29}$$

A energia total do sistema é dada por

$$v = \frac{1}{2}m\dot{x}^2 + \frac{1}{2}kx^2 \ , \tag{10.30}$$

em que o primeiro termo dá a energia cinética da massa e o segundo, a energia potencial armazenada na mola. Observe que o valor, v, da energia do sistema é sempre não negativo (isto é, positivo ou zero). Vamos encontrar a velocidade de mudança da energia total, diferenciando (10.30) com relação ao tempo, para obter

$$\dot{v} = m\dot{x}\ddot{x} + kx\dot{x} \ . \tag{10.31}$$

A substituição de (10.29) por $m\ddot{x}$ em (10.31) resulta em

$$\dot{v} = -b\dot{x}^2 \ , \tag{10.32}$$

que observamos ser sempre não positivo (porque $b > 0$). Dessa forma, a energia está sempre deixando o sistema, a menos que $\dot{x} = 0$. Isso implica que seja qual for a forma da perturbação inicial, o sistema perderá energia até chegar ao repouso. A investigação das possíveis posições de repouso pela análise de estado estacionário de (10.29), resulta em

$$kx = 0 \ , \tag{10.33}$$

ou

$$x = 0 \ . \tag{10.34}$$

Assim, por meio de uma análise de energia, demonstramos que o sistema de (10.29) em quaisquer condições iniciais (isto é, qualquer energia inicial) acabará chegando ao repouso no ponto de equilíbrio. Essa prova de estabilidade por meio de uma análise de energia é um exemplo simples de uma técnica mais ampla chamada **análise de estabilidade de Lyapunov**, ou **método direto de Lyapunov**, ou ainda **segundo método de Lyapunov**, em homenagem a um matemático russo do século XIX [15].

Uma característica interessante desse método é que podemos concluir a estabilidade sem calcular a solução da equação diferencial que governa o sistema. No entanto, embora o método de Lyapunov seja útil para o exame da *estabilidade*, ele em geral não fornece qualquer informação sobre a resposta transitória ou *desempenho* do sistema. Note que nossa análise de energia não informou se o sistema estava sobre ou subamortecido, ou quanto tempo levaria para suprimir uma perturbação. É importante distinguir entre estabilidade e desempenho: um sistema estável pode, mesmo assim, exibir um controle de desempenho insatisfatório para a utilização a que se destina.

O método de Lyapunov é um tanto mais genérico do que o nosso exemplo indica. Ele é uma das poucas técnicas que podem ser aplicadas diretamente a sistemas não lineares para investigar sua estabilidade. Como meio de obter logo uma ideia sobre o método de Lyapunov (em detalhe suficiente para nossas necessidades), veremos uma introdução extremamente sucinta da teoria e depois prosseguiremos direto para vários exemplos. Um tratamento mais completo da teoria de Lyapunov pode ser encontrado em [16, 17].

O método de Lyapunov preocupa-se em determinar a estabilidade de uma equação diferencial

$$\dot{X} = f(X),\qquad(10.35)$$

em que X é $m \times 1$ e $f(\cdot)$ pode ser não linear. Note que equações diferenciais de ordem mais elevada conseguem sempre ser escritas como um conjunto de equações de primeira ordem na forma (10.35). Para comprovar que um sistema é estável pelo método de Lyapunov, temos de propor uma função generalizada de energia $v(X)$ que tenha as seguintes propriedades:

1. $v(X)$ tem primeiras derivadas parciais contínuas e $v(X) > 0$ para todo X exceto $v(0) = 0$.
2. $\dot{v}(X) \leq 0$. Aqui, $\dot{v}(X)$ significa a mudança em $v(X)$ ao longo de todas as trajetórias do sistema.

Tais propriedades podem ser verdadeiras apenas para uma região, ou podem ser globais, com os resultados de estabilidade correspondentemente mais fortes ou mais fracos. A ideia intuitiva é a de mostrar que uma função de estado "semelhante à energia" positiva definida sempre decresce ou permanece constante e, portanto, o sistema é estável, visto que o tamanho do vetor de estado é limitado.

Quando $\dot{v}(X)$ é estritamente menor que zero, a convergência assintótica do estado para o vetor zero pode ser concluída. O trabalho original de Lyapunov foi expandido de forma importante por LaSalle e Lefschetz [4], os quais demonstraram que, em determinadas situações, mesmo quando $\dot{v}(X) \leq 0$ (observe a igualdade incluída), a estabilidade assintótica pode ser demonstrada. Para nossos propósitos, podemos lidar com o caso em que $\dot{v}(X) = 0$ realizando uma análise de estado estacionário para descobrir se a estabilidade é assintótica ou se o sistema que está sendo estudado pode "emperrar" em outro lugar diferente de $v(X) = 0$.

Um sistema descrito por (10.35) é chamado de **autônomo** porque a função $f(\cdot)$ não é explícita em função do tempo. O método de Lyapunov também se estende a sistemas não autônomos, nos quais o tempo é um argumento da função não linear. Para detalhes, veja [4, 17].

EXEMPLO 10.4

Considere o sistema linear

$$\dot{X} = -AX,\qquad(10.36)$$

em que A é $m \times m$ e definida positiva. Proponha a **candidata função de Lyapunov**

$$v(X) = \frac{1}{2} X^T X,\qquad(10.37)$$

que é contínua e sempre não negativa. A diferenciação resulta em

$$\begin{aligned}\dot{v}(X) &= X^T \dot{X} \\ &= X^T(-AX) \\ &= -X^T A X,\end{aligned}\qquad(10.38)$$

que é sempre não positiva porque A é uma matriz definida positiva. Portanto, (10.37) é, de fato, uma função de Lyapunov para o sistema de (10.36). O sistema é assintoticamente estável porque $\dot{v}(X)$ pode ser zero somente em $X = 0$; em qualquer outra situação, X deve decrescer.

EXEMPLO 10.5

Considere um sistema mecânico mola-amortecedor, no qual tanto um quanto outro são não lineares:

$$\ddot{x} + b(\dot{x}) + k(x) = 0 \ . \tag{10.39}$$

As funções $b(\cdot)$ e $k(\cdot)$ são contínuas no primeiro e no terceiro quadrantes de forma que

$$\begin{aligned} \dot{x}b(\dot{x}) &> 0 \text{ para } x \neq 0 \ , \\ xk(x) &> 0 \text{ para } x \neq 0 \ . \end{aligned} \tag{10.40}$$

Uma vez proposta a função de Lyapunov

$$v(x, \dot{x}) = \frac{1}{2}\dot{x}^2 + \int_0^x k(\lambda)d\lambda \ , \tag{10.41}$$

somos levados a

$$\begin{aligned} \dot{v}(x, \dot{x}) &= \dot{x}\ddot{x} + k(x)\dot{x} \ , \\ &= -\dot{x}b(\dot{x}) - k(x)\dot{x} + k(x)\dot{x} \ , \\ &= -\dot{x}b(\dot{x}) \ . \end{aligned} \tag{10.42}$$

Assim, $\dot{v}(\cdot)$ é não positivo, mas apenas semidefinido porque não é uma função de x, mas apenas de $\dot{x}$. A fim de concluir a estabilidade assintótica, temos de garantir que não é possível que o sistema "emperre" com x diferente de zero. Para estudar todas as trajetórias para as quais $\dot{x} = 0$, temos de considerar

$$\ddot{x} = -k(x) \ , \tag{10.43}$$

para a qual $x = 0$ é a única solução. Portanto, o sistema ficará em repouso somente se $x = \dot{x} = \ddot{x} = 0$.

EXEMPLO 10.6

Considere um manipulador com dinâmica dada por

$$\tau = M(\Theta)\ddot{\Theta} + V(\Theta, \dot{\Theta}) + G(\Theta) \tag{10.44}$$

e controlado pela lei de controle

$$\tau = K_p E - K_d \dot{\Theta} + G(\Theta) \ , \tag{10.45}$$

onde K_p e K_d são matrizes diagonais de ganho. Note que esse controlador não força o manipulador a seguir uma trajetória, mas o move a um ponto meta ao longo de uma trajetória especificada pela dinâmica do manipulador para depois regular, ali, a posição. O sistema de malha fechada resultante obtido igualando-se (10.44) e (10.45) é

$$M(\Theta)\ddot{\Theta} + V(\Theta, \dot{\Theta}) + K_d \dot{\Theta} + K_p \Theta = K_p \Theta_d \ ; \tag{10.46}$$

e pode ser comprovado como assintoticamente estável pelo método de Lyapunov [18, 19].

Considere a candidata à função de Lyapunov

$$v = \frac{1}{2}\dot{\Theta}^T M(\Theta)\dot{\Theta} + \frac{1}{2}E^T K_p E \ . \tag{10.47}$$

A função (10.47) é sempre positiva ou zero, porque a matriz de massa do manipulador, $M(\Theta)$, e a de ganho de posição, K_p, são matrizes definidas positivas. A diferenciação de (10.47) resulta em

$$\begin{aligned}\dot{v} &= \frac{1}{2}\dot{\Theta}^T \dot{M}(\Theta)\dot{\theta} + \dot{\theta}^T M(\theta)\ddot{\Theta} - E^T K_p \dot{\Theta} \\ &= \frac{1}{2}\dot{\Theta}^T \dot{M}(\Theta)\dot{\Theta} - \dot{\Theta}^T K_d \dot{\Theta} - \dot{\Theta}^T V(\Theta, \dot{\Theta}) \\ &= -\dot{\Theta}^T K_d \dot{\Theta} \ , \end{aligned} \tag{10.48}$$

que é não positiva desde que K_d seja definida positiva. Na última etapa de (10.48), utilizamos a identidade interessante

$$\frac{1}{2}\dot{\Theta}^T \dot{M}(\Theta)\dot{\Theta} = \dot{\Theta}^T V(\Theta, \dot{\Theta}) \ , \tag{10.49}$$

que pode ser demonstrada pela investigação da estrutura das equações de movimento de Lagrange [18–20]. (Veja também o Exercício 6.17.)

Em seguida, investigamos se o sistema pode "emperrar" com erro diferente de zero. Como $\dot{v}$ pode permanecer zero somente ao longo de trajetórias que têm $\dot{\Theta} = 0$ e $\ddot{\Theta} = 0$, vemos a partir de (10.46) que, nesse caso,

$$K_p E = 0 \ , \tag{10.50}$$

e como K_p é não singular, temos

$$E = 0 \ . \tag{10.51}$$

Portanto, a lei de controle (10.45) aplicada ao sistema (10.44) atinge estabilidade assintótica global.

Essa prova é importante, já que explica, até certo ponto, porque os robôs industriais de hoje funcionam. A maior parte desses robôs utiliza um servo simples direcionado por erro que às vezes tem modelos de gravidade e que, em consequência, são bastante semelhantes a (10.45).

Veja os exercícios 10.11 a 10.16 para mais exemplos de leis de controle não lineares de manipuladores cuja estabilidade pode ser comprovada pelo método de Lyapunov. Em tempos recentes, essa teoria vem se tornando cada vez mais preponderante nas publicações de pesquisas sobre robótica [18–25].

10.8 SISTEMAS DE CONTROLE COM BASE CARTESIANA

Nesta seção, apresentamos a noção de **controle com base cartesiana**. Embora a abordagem não seja atualmente usada nos robôs industriais, várias instituições pesquisam esquemas desse tipo.

> Comparação com esquemas baseados em juntas

Em todos os esquemas de controle de manipuladores que discutimos até agora, presumimos que a trajetória desejada estaria disponível em termos de históricos de posição das juntas, velocidade e aceleração. Dado que essas entradas desejadas estariam disponíveis, projetamos esquemas de **controle baseados em juntas**, ou seja, nos quais desenvolvemos erros de trajetória encontrando a diferença entre as quantidades desejadas expressas no espaço das juntas e suas correspondentes de fato. Queremos com frequência que o efetuador do manipulador siga linhas retas ou outras formas de trajetória descritas em coordenadas cartesianas. Como vimos no Capítulo 7, é possível computar os históricos de tempo da trajetória do espaço das juntas que correspondem às trajetórias cartesianas em linha reta. A Figura 10.10 mostra essa abordagem de controle de trajetória de manipulador. Uma característica básica dessa abordagem é o processo de **conversão das trajetórias** usado para calcular as trajetórias das juntas. Isso é seguido por algum tipo de esquema servo baseado nas juntas, como os que temos estudado.

O processo de conversão de trajetória é bastante difícil (em termos de custo computacional) se for feito analiticamente. Os cálculos necessários seriam

$$\Theta_d = CININV(\chi_d),$$
$$\dot{\Theta}_d = J^{-1}(\Theta)\dot{\chi}_d,$$
$$\ddot{\Theta}_d = \dot{J}^{-1}(\Theta)\dot{\chi}_d + J^{-1}(\Theta)\ddot{\chi}_d.$$
(10.52)

Quando essa computação é feita nos sistemas atuais, limita-se, geralmente, à solução apenas de Θ_d, por meio de cinemática inversa e, em seguida, as velocidades e acelerações das juntas são computadas numericamente pela primeira e segunda diferenças. No entanto, tal diferenciação numérica tende a amplificar o ruído e introduz uma defasagem a menos que possa ser feita com um filtro não causal.[*] Portanto, estamos interessados em encontrar uma maneira computacionalmente menos custosa de calcular (10.52) ou em sugerir um esquema de controle no qual essa informação não seja necessária.

Uma abordagem alternativa é apresentada na Figura 10.11. Aqui, a posição detectada do manipulador é de imediato transformada por meio de equações cinemáticas em uma descrição cartesiana de posição. Essa posição cartesiana é, então, comparada à desejada a fim de formar erros no espaço cartesiano. Esquemas de controle baseados na formação de erros no espaço cartesiano são chamados de esquemas de **controle com base cartesiana**. Para simplificar, o retorno de velocidade não é mostrado na Figura 10.11, mas estaria presente em qualquer aplicação.

O processo de conversão de trajetória é substituído por algum tipo de conversão de coordenada dentro da malha do servo. Observe que os controladores com base cartesiana têm de

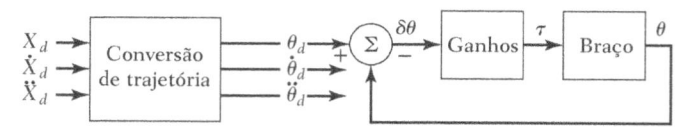

Figura 10.10: Um esquema de controle baseado nas juntas com entrada de trajetória cartesiana.

---

[*] A diferenciação numérica introduz uma defasagem, a menos que possa se basear em valores passados, presentes e futuros. Quando toda a trajetória é previamente planejada, esse tipo de diferenciação numérica não causal pode ser feita.

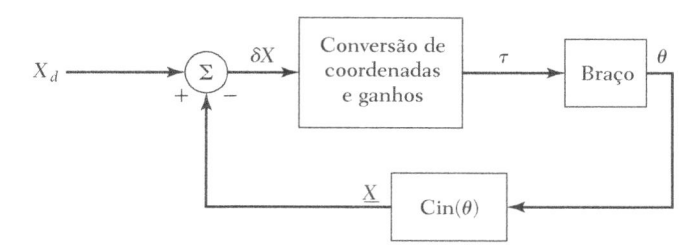

Figura 10.11: Conceito de um esquema de controle com base cartesiana.

realizar muitas computações na malha; a cinemática e outras transformações estão agora "dentro da malha". Isso pode ser uma desvantagem dos métodos com base cartesiana: o sistema resultante pode funcionar em uma frequência de amostragem mais baixa, em comparação com os sistemas baseados em juntas (dado um computador com a mesma capacidade). Isso, geralmente, degradaria a estabilidade e os recursos de rejeição de perturbação do sistema.

Esquemas intuitivos de controle cartesiano

A Figura 10.12 apresenta um esquema de controle possível que surge intuitivamente. Aqui, a posição cartesiana é comparada à posição desejada para formar um erro, δX, no espaço cartesiano. Esse erro, que se pode presumir que será pequeno se o sistema de controle estiver cumprindo sua função, consegue ser mapeado como um pequeno deslocamento no espaço das juntas por meio da inversa do Jacobiano. Os erros resultantes no espaço de juntas, $\delta\theta$, são, então, multiplicados pelos ganhos para calcular torques que terão a tendência de reduzir esses erros. Note que a Figura 10.12 mostra um controlador simplificado no qual, para maior clareza, a realimentação da velocidade não foi mostrada. Ela poderia ser acrescentada diretamente. Chamaremos esse esquema de **controlador por inversa do Jacobiano**.

Outro esquema que vem à mente é o que mostra a Figura 10.13. Aqui, o vetor de erro cartesiano é multiplicado por um ganho para computar um vetor de força cartesiano. Isso pode ser pensado como uma força cartesiana que, se aplicada ao efetuador do robô, o empurraria em uma

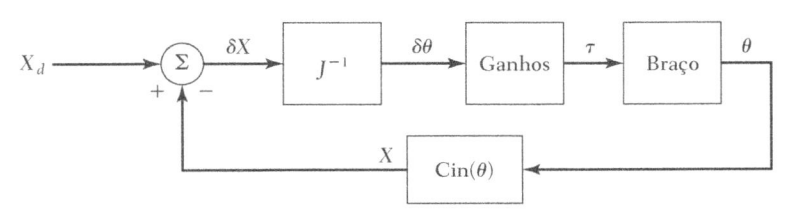

Figura 10.12: Esquema de controle por inversa do Jacobiano.

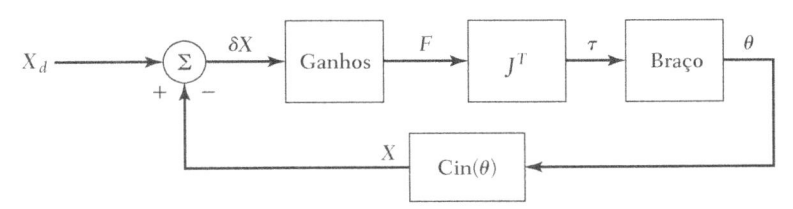

Figura 10.13: Esquema de controle por transposta do Jacobiano.

direção que tenderia a reduzir o erro cartesiano. Esse vetor de força cartesiano (que é, de fato, um vetor de força-momento) é, então, mapeado pela transposta do Jacobiano para computar os torques de junta equivalentes que tenderiam a reduzir os erros observados. Chamamos esse esquema de **controlador por transposta do Jacobiano**.

Chegamos intuitivamente tanto ao controlador por inversa do Jacobiano quanto ao controlador por transposta do Jacobiano. Não podemos ter certeza de que tais arranjos seriam estáveis, menos ainda de que teriam um bom desempenho. É curioso, também, que os sistemas sejam extremamente semelhantes, exceto que um contém a inversa do Jacobiano e o outro a sua transposta. Lembre-se de que a inversa, em geral, não é igual à transposta (apenas no caso de um manipulador estritamente cartesiano é que $J^T = J^{-1}$). O desempenho dinâmico exato desses sistemas (se expresso em uma equação de segunda ordem de erro-espaço, por exemplo) é muito complicado. Ocorre que os dois esquemas funcionarão (isto é, podem ser feitos estáveis), mas não bem (o desempenho não é bom em todo o espaço de trabalho). Ambos podem ser feitos estáveis pela seleção adequada do ganho, incluindo alguma forma de realimentação de velocidade (que não foi mostrada nas figuras 10.12 e 10.13). Embora ambos funcionem, nenhum é correto, pois não podemos escolher ganhos fixos que resultarão em polos fixos de malha fechada. A resposta dinâmica de tais controladores irá variar conforme a configuração do braço.

> Esquema de desacoplamento cartesiano

Para os controladores com base cartesiana, como os controladores baseados em juntas, o bom desempenho seria caracterizado por uma dinâmica com erro constante em todas as configurações do manipulador. Os erros são expressos no espaço cartesiano por esquemas com base cartesiana, o que significa que gostaríamos de projetar um sistema no qual, em todas as configurações possíveis, os erros cartesianos seriam suprimidos de maneira criticamente amortecida.

Da mesma forma que atingimos um bom controle com um controlador baseado em juntas, a partir de um modelo de linearização e desacoplamento do braço, podemos fazer o mesmo no caso cartesiano. No entanto, precisamos agora escrever as equações dinâmicas de movimento do manipulador em termos de variáveis cartesianas. Isso pode ser feito como discutimos no Capítulo 6. A forma resultante das equações de movimento é bastante análoga à versão do espaço de juntas. A dinâmica de corpo rígido pode ser expressa como

$$\mathcal{F} = M_x(\Theta)\ddot{\chi} + V_x(\Theta, \dot{\Theta}) + G_x(\Theta) , \qquad (10.53)$$

em que $\mathcal{F}$ é um vetor força-momento fictício em ação no efetuador do robô e χ é um vetor cartesiano apropriado que representa a posição e a orientação do efetuador [8]. De modo análogo às quantidades do espaço de juntas, $M_x(\Theta)$ é a matriz de massa no espaço cartesiano, $V_x(\Theta, \dot{\Theta})$ é um vetor de termos de velocidade no espaço cartesiano e $G_x(\Theta)$ é um vetor de termos de gravidade no espaço cartesiano.

Como fizemos no caso do espaço de juntas, podemos usar as equações dinâmicas em um controlador desacoplante e linearizador. Como (10.53) calcula $\mathcal{F}$, um vetor força cartesiano que deve ser aplicado à mão, teremos também de usar a transposta do Jacobiano para executar o controle – isto é, depois que $\mathcal{F}$ for calculado por (10.53), não podemos de fato fazer uma força cartesiana ser aplicada ao efetuador; em vez disso, computamos os torques de juntas necessários para equilibrar efetivamente o sistema se aplicássemos essa força:

$$\tau = J^T(\Theta)\mathcal{F} . \qquad (10.54)$$

A Figura 10.14 mostra um sistema cartesiano de controle de braço que utiliza desacoplamento dinâmico completo. Observe que o braço é precedido por uma transposta do Jacobiano. Veja que o controlador da Figura 10.14 permite que trajetórias cartesianas sejam descritas diretamente, sem a necessidade de conversão de trajetórias.

Como no caso do espaço de juntas, uma aplicação prática pode ser mais bem obtida com o uso de um sistema de controle de dupla velocidade. A Figura 10.15 apresenta o diagrama de blocos de um controlador com desacoplamento e linearização com base cartesiana no qual os parâmetros dinâmicos são escritos apenas como funções da posição do manipulador. Esses parâmetros dinâmicos são atualizados a uma velocidade menor que a do servo por meio de um processo secundário ou de um segundo computador de controle. Isso é adequado porque queremos um servo rápido (funcionando, talvez, a 500 Hz ou até mais) para maximizar rejeição de perturbação e estabilidade. Os parâmetros dinâmicos são funções apenas da posição do manipulador, de forma que precisam ser atualizados a uma velocidade relacionada apenas à rapidez com que o manipulador muda de configuração. A velocidade de atualização de parâmetros provavelmente não precisará ser maior do que 100 Hz [8].

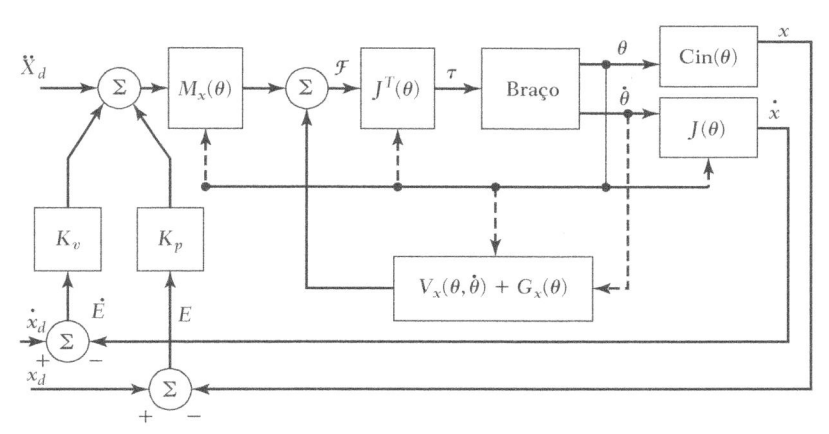

Figura 10.14: Esquema de controle cartesiano baseado em modelo.

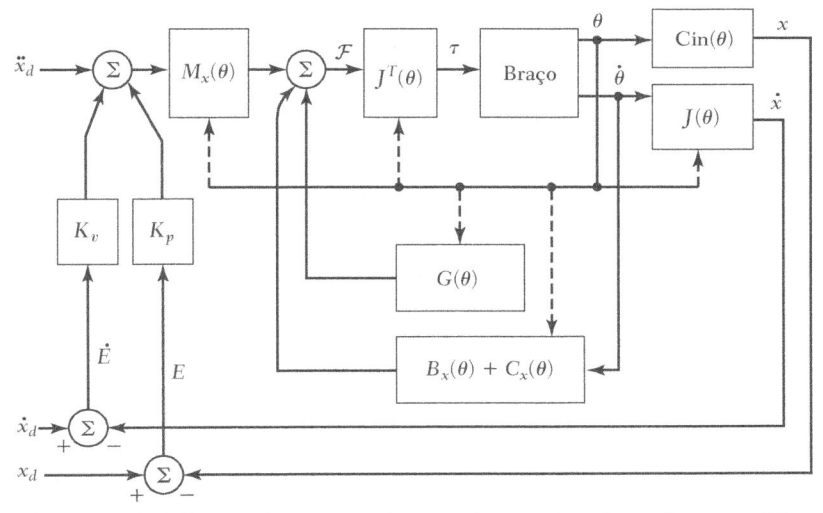

Figura 10.15: Aplicação do esquema de controle cartesiano baseado em modelo.

10.9 CONTROLE ADAPTATIVO

Na discussão de controles baseados em modelos, observamos que, muitas vezes, os parâmetros do manipulador não são conhecidos com exatidão. Quando os parâmetros do modelo não correspondem aos parâmetros do dispositivo real, ocorrerão erros de servo, como fica explícito em (10.25). Tais erros podem ser usados para acionar algum esquema de adaptação que procure atualizar os valores dos parâmetros do modelo até que os erros desapareçam. Vários esquemas adaptativos desse tipo já foram propostos.

Um esquema adaptativo ideal pode ser como o da Figura 10.16. Aqui, usamos uma lei de controle baseada em modelo como a que foi desenvolvida neste capítulo. Há um processo de adaptação que, dadas as observações dos erros de servo e de estado do manipulador, ajusta os parâmetros do modelo não linear até que o erro desapareça. Tal sistema aprenderia suas próprias propriedades dinâmicas. O projeto e análise de sistemas adaptativos estão além do escopo deste livro. Um método que tem estrutura idêntica à mostrada na Figura 10.16 e que foi comprovado como globalmente estável, é apresentado em [20, 21]. Uma técnica correlata é a de [22].

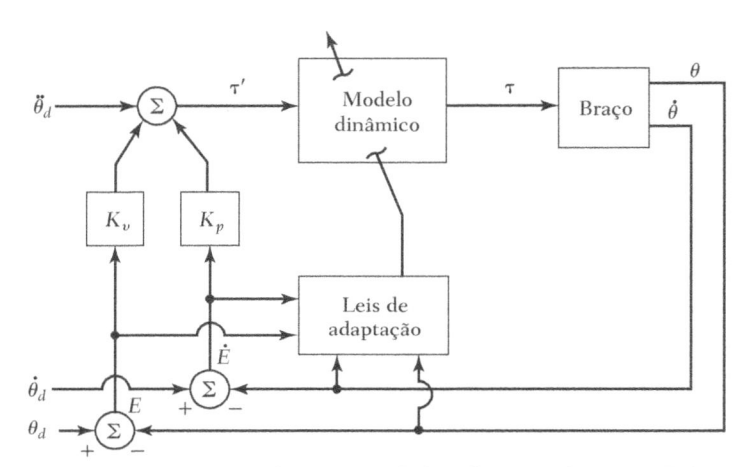

Figura 10.16: Conceito de um controlador adaptativo de manipulador.

BIBLIOGRAFIA

[1] PAUL, R. P. "Modeling, Trajectory Calculation e Servoing of a Computer Controlled Arm," *Relatório Técnico AIM-177*, Laboratório de Inteligência Artificial da Universidade de Stanford, 1972.

[2] MARKIEWICZ, B. "Analysis of the Computed Torque Drive Method and Comparison with Conventional Position Servo for a Computer-Controlled Manipulator," *Memorando Técnico 33–601 do Laboratório de Propulsão a Jato*, mar. 1973.

[3] BEJCZY, A. "Robot Arm Dynamics and Control," *Memorando Técnico 33–669 do Laboratório de Propulsão a Jato*, fev. 1974.

[4] LaSALLE, J. e LEFSCHETZ, S. *Stability by Liapunov's Direct Method with Applications*. Nova York: Academic Press, 1961.

[5] KHOSLA, P. K. "Some Experimental Results on Model-Based Control Schemes," *IEEE Conference on Robotics and Automation*. Filadélfia, abr. 1988.

[6] LEAHY, M., VALAVANIS, K. e SARIDIS, G. "The Effects of Dynamic Models on Robot Control," *IEEE Conference on Robotics and Automation*. São Francisco, abr., 1986.

[7] SCIAVICCO, L. e SICILIANO, B. *Modelling and Control of Robot Manipulators*, 2. ed., Londres: Springer-Verlag, 2000.

[8] KHATIB, O. "A Unified Approach for Motion and Force Control of Robot Manipulators: The Operational Space Formulation," *IEEE Journal of Robotics and Automation*, v.RA-3, n.1, 1987.

[9] AN, C. ATKESON, C. e HOLLERBACH, J. "Model-Based Control of a Direct Drive Arm, Part II: Control," *IEEE Conference on Robotics and Automation*, Filadélfia, abr. 1988.

[10] FRANKLIN, G., POWELL, J. e WORKMAN, M. *Digital Control of Dynamic Systems*, 2. ed., Massachusetts: Addison-Wesley, Reading, 1989.

[11] LIEGEOIS, A., FOURNIER, A. e ALDON, M. "Model Reference Control of High Velocity Industrial Robots," *Proceedings of the Joint Automatic Control Conference*, São Francisco, 1980.

[12] RAIBERT, M. "Mechanical Arm Control Using a State Space Memory," *Ensaio SME* MS77-750, 1977.

[13] ARMSTRONG, B. "Friction: Experimental Determination, Modeling and Compensation," *IEEE Conference on Robotics and Automation*, Filadélfia, abr. 1988.

[14] ARMSTRONG, B., KHATIB, O. e BURDICK, J. "The Explicit Dynamic Model and Inertial Parameters of the PUMA 560 Arm," *IEEE Conference on Robotics and Automation*, São Francisco, abr. 1986.

[15] LYAPUNOV, A. M. "On the General Problem of Stability of Motion," (em russo), *Sociedade Matemática Kharkov*, União Soviética, 1892.

[16] DESOER, C. e VIDYASAGAR, M. *Feedback Systems: Input–Output Properties*, Nova York: Academic Press, 1975.

[17] VIDYASAGAR, M. *Nonlinear Systems Analysis*, Nova Jersey: Prentice-Hall, Englewood Cliffs, 1978.

[18] ARIMOTO, S. e MIYAZAKI, F. "Stability and Robustness of PID Feedback Control for Robot Manipulators of Sensory Capability," *Third International Symposium of Robotics Research*, Gouvieux, França, jul. 1985.

[19] KODITSCHEK, D. "Adaptive Strategies for the Control of Natural Motion," *Proceedings of the 24th Conference on Decision and Control*, Ft. Lauderdale, Flórida, dez. 1985.

[20] CRAIG, J., HSU, P. e SASTRY, S. "Adaptive Control of Mechanical Manipulators," *IEEE Conference on Robotics and Automation*, São Francisco, abr. 1986.

[21] CRAIG, J. *Adaptive Control of Mechanical Manipulators*, Massachusetts: Addison-Wesley, Reading, 1988.

[22] SLOTINE, J. J. e LI, W. "On the Adaptive Control of Mechanical Manipulators," *The International Journal of Robotics Research*, v.6, n. 3, 1987.

[23] KELLY, R. e ORTEGA, R. "Adaptive Control of Robot Manipulators: An Input–Output Approach," *IEEE Conference on Robotics and Automation*, Filadélfia, abr. 1988.

[24] DAS, H., SLOTINE, J. J. e SHERIDAN, T. "Inverse Kinematic Algorithms for Redundant Systems," *IEEE Conference on Robotics and Automation*, Filadélfia, abr. 1988.

[25] YABUTA, T., CHONA, A. e BENI, G. "On the Asymptotic Stability of the Hybrid Position/Force Control Scheme for Robot Manipulators," *IEEE Conference on Robotics and Automation*, Filadélfia, abr. 1988.

EXERCÍCIOS

10.1 [15] Dê as equações de controle não lineares para um controlador α, β-particionado para o sistema

$$\tau = \left(2\sqrt{\theta} + 1\right)\ddot{\theta} + 3\dot{\theta}^2 - \operatorname{sen}(\theta).$$

Escolha os ganhos de forma que esse sistema esteja sempre criticamente amortecido com $k_{CL} = 10$.

10.2 [15] Dê as equações de controle não lineares para um controlador α, β-particionado para o sistema

$$\tau = 5\theta\dot{\theta} + 2\ddot{\theta} - 13\dot{\theta}^3 + 5.$$

Escolha os ganhos de forma que esse sistema esteja sempre criticamente amortecido com $k_{CL} = 10$.

10.3 [19] Desenhe um diagrama de blocos mostrando um controlador por espaço de juntas para o braço de dois elos da Seção 6.7, de forma que o braço esteja criticamente amortecido em todo o espaço de trabalho. Mostre as equações dentro dos blocos do diagrama de blocos.

10.4 [20] Desenhe um diagrama de blocos mostrando um controlador por espaço cartesiano para o braço de dois elos da Seção 6.7, de forma que o braço esteja criticamente amortecido em todo o espaço de trabalho. (Veja o Exemplo 6.6.) Mostre as equações dentro dos blocos do diagrama de blocos.

10.5 [18] Projete um sistema de controle de acompanhamento de trajetória para o sistema cuja dinâmica é dada por

$$\tau_1 = m_1 l_1^2 \ddot{\theta}_1 + m_1 l_1 l_2 \dot{\theta}_1 \dot{\theta}_2 ,$$
$$\tau_2 = m_2 l_2^2 (\ddot{\theta}_1 + \ddot{\theta}_2) + v_2 \dot{\theta}_2 .$$

Você acha que essas equações podem representar um sistema real?

10.6 [17] No sistema de controle projetado para o manipulador de um único elo do Exemplo 10.3, dê uma expressão para o erro de posição em estado estacionário como uma função de erro no parâmetro de massa. Considere $\psi_m = m - \hat{m}$. O resultado deve ser uma função de l, g, θ, ψ_m, $\hat{m}$ e k_p. Em que posição do manipulador isso chega ao máximo?

10.7 [26] Para o sistema mecânico com dois graus de liberdade da Figura 10.17, projete um controlador que pode usar x_1 e x_2 para seguir trajetórias e suprimir perturbações de forma criticamente amortecida.

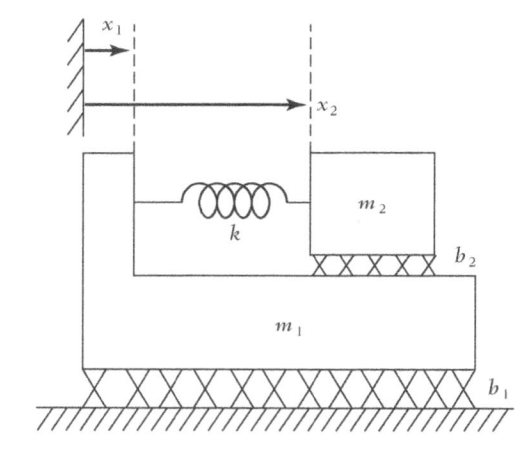

Figura 10.17: Sistema mecânico com dois graus de liberdade.

10.8 [30] Considere as equações dinâmicas do manipulador de dois elos da Seção 6.7 na forma de configuração de espaço. Deduza as expressões para a sensibilidade do valor de torque computado *versus* os pequenos desvios em Θ. Você pode dizer algo sobre com que frequência a dinâmica deve ser recalculada em um controlador como o da Figura 10.7, em função das velocidades médias das juntas esperadas durante as operações normais?

10.9 [32] Considere as equações dinâmicas do manipulador de dois elos do Exemplo 6.6 na forma do espaço de configuração cartesiano. Deduza as expressões para a sensibilidade dos valores de torque computado *versus* os pequenos desvios em Θ. Você pode dizer algo sobre com que frequência a dinâmica deve ser recalculada em um controlador como o da Figura 10.15 em função das velocidades médias das juntas esperadas durante as operações normais?

10.10 [15] Projete um sistema de controle para o sistema

$$f = 5x\dot{x} + 2\ddot{x} - 12 .$$

Escolha ganhos de forma que o sistema esteja sempre criticamente amortecido com uma rigidez de malha fechada de 20.

10.11 [20] Considere um sistema de ajuste de posição que (sem perda de generalidade) procura manter $\Theta_d = 0$. Prove que a lei de controle

$$\tau = -K_p\Theta - M(\Theta)K_v\dot{\Theta} + G(\Theta)$$

resulta em um sistema não linear assintoticamente estável. Você pode classificar K_v como tendo a forma $K_v = k_v I_n$, em que k_v é um escalar e I_n é a matriz identidade $n \times n$. *Dica*: este exercício é semelhante ao Exemplo 10.6.

10.12 [20] Considere um sistema de ajuste de posição que (sem perda de generalidade) procura manter $\Theta_d = 0$. Prove que a lei de controle

$$\tau = -K_p\Theta - \hat{M}(\Theta)K_v\dot{\Theta} + G(\Theta)$$

resulta em um sistema não linear assintoticamente estável. Você pode considerar K_v como tendo a forma $K_v = k_v I_n$, onde k_v é um escalar e I_n é a matriz identidade $n \times n$. A matriz $\hat{M}(\Theta)$ é uma estimativa definida positiva da matriz de massa do manipulador. *Dica*: este exercício é semelhante ao Exemplo 10.6.

10.13 [25] Considere um sistema de ajuste de posição que (sem perda de generalidade) procura manter $\Theta_d = 0$. Prove que a lei de controle

$$\tau = -M(\Theta)\left[K_p\Theta + K_v\dot{\Theta}\right] + G(\Theta)$$

resulta em um sistema não linear assintoticamente estável. Você pode considerar K_v como tendo a forma $K_v = k_v I_n$, em que k_v é um escalar e I_n é a matriz identidade $n \times n$. *Dica*: este exercício é semelhante ao Exemplo 10.6.

10.14 [25] Considere um sistema de ajuste de posição que (sem perda de generalidade) procura manter $\Theta_d = 0$. Prove que a lei de controle

$$\tau = -\hat{M}(\Theta)\left[K_p\Theta + K_v\dot{\Theta}\right] + G(\Theta)$$

resulta em um sistema não linear assintoticamente estável. Você pode considerar K_v como tendo a forma $K_v = k_v I_n$, em que k_v é um escalar e I_n é a matriz identidade $n \times n$. A matriz $\hat{M}(\Theta)$ é uma estimativa definida positiva da matriz de massa do manipulador. *Dica*: este exercício é semelhante ao Exemplo 10.6.

10.15 [28] Considere um sistema de ajuste de posição que (sem perda de generalidade) procura manter $\Theta_d = 0$. Prove que a lei de controle

$$\tau = -K_p\Theta - K_v\dot{\Theta}$$

resulta em um sistema não linear estável. Mostre que a estabilidade não é assintótica e dê uma expressão para o erro de estado estacionário. *Dica*: este exercício é semelhante ao Exemplo 10.6.

10.16 [30] Prove a estabilidade global do controlador cartesiano por transposta do Jacobiano apresentado na Seção 10.8. Use uma forma adequada de realimentação de velocidade para estabilizar o sistema. *Dica*: veja [18].

10.17 [15] Projete um controlador de seguimento de trajetória com a dinâmica dada por

$$f = ax^2\ddot{x} + b\dot{x}^2 + c\,\text{sen}(x),$$

de forma que os erros sejam suprimidos de forma criticamente amortecida em todas as configurações.

10.18 [15] Um sistema com dinâmica de malha aberta dado por

$$\tau = m\ddot{\theta} + b\dot{\theta}^2 + c\dot{\theta}$$

é controlado com a lei de controle

$$\tau = m\left[\ddot{\theta}_d + k_v \dot{e} + k_p e\right] + \mathrm{sen}(\theta).$$

Dê a equação diferencial que caracteriza a ação de malha fechada do sistema.

EXERCÍCIO DE PROGRAMAÇÃO (PARTE 10)

Repita o Exercício de Programação da Parte 9 e use os mesmos testes, mas com um novo controlador que utilize um modelo dinâmico completo do manipulador de três elos para desacoplar e linearizar o sistema. Para este caso, use

$$K_p = \begin{bmatrix} 100{,}0 & 0{,}0 & 0{,}0 \\ 0{,}0 & 100{,}0 & 0{,}0 \\ 0{,}0 & 0{,}0 & 100{,}0 \end{bmatrix}.$$

Escolha uma K_v diagonal que garanta amortecimento crítico em todas as configurações do braço. Compare os resultados com aqueles obtidos com o controlador mais simples usado no Exercício de Programação da Parte 9.

Controle de força dos manipuladores

CAPÍTULO 11

11.1 Introdução
11.2 Aplicação de robôs industriais nas tarefas de montagem
11.3 Uma estrutura para controle em tarefas parcialmente restritas
11.4 O problema do controle híbrido de posição e força
11.5 Controle de força de um sistema do tipo massa-mola
11.6 O esquema de controle híbrido de posição e força
11.7 Esquemas de controle dos robôs industriais atuais

11.1 INTRODUÇÃO

Controle de posição é apropriado quando o manipulador está seguindo uma trajetória no espaço, mas quando qualquer contato é feito entre o efetuador e o ambiente do manipulador, o mero controle de posição pode não ser suficiente. Considere um manipulador que está lavando uma janela com uma esponja. A rigidez da esponja pode possibilitar a regulagem da força aplicada à janela pelo controle de posição do efetuador em relação ao vidro. Se a esponja for pouco rígida ou se a posição do vidro for conhecida com muita precisão, essa técnica poderia funcionar muito bem.

Se, no entanto, a rigidez do efetuador, da ferramenta ou do ambiente for muito alta, torna-se cada vez mais difícil realizar operações nas quais o manipulador faz pressão contra uma superfície. Em vez de lavar com uma esponja, imagine que o manipulador está raspando a tinta da superfície de vidro, usando uma ferramenta rígida. Se houver qualquer incerteza quanto à posição da superfície de vidro ou erro na posição do manipulador, a tarefa se tornaria impossível. O vidro se quebraria ou o manipulador agitaria a ferramenta de raspagem sobre o vidro sem que ocorresse qualquer contato.

Tanto na tarefa de lavagem como na de raspagem, seria mais razoável não especificar a posição do painel de vidro, mas sim *especificar uma força que deverá ser mantida perpendicular à superfície*.

Mais do que nos capítulos anteriores, neste apresentamos métodos que ainda não são usados por robôs industriais, exceto de forma simplificada ao extremo. O tema principal do capítulo é a apresentação do **controlador híbrido de posição e força**, um formalismo pelo qual os robôs industriais poderão, algum dia, ser controlados a fim de realizarem tarefas que requerem controle de força. No entanto, seja qual for o método que venha a firmar-se como aplicação industrial prática, muitos dos conceitos apresentados neste capítulo com certeza permanecerão válidos.

11.2 APLICAÇÃO DE ROBÔS INDUSTRIAIS NAS TAREFAS DE MONTAGEM

A maior parte da população de robôs industriais é usada em **aplicações relativamente simples**, como solda a ponto, pintura a jato e operações de pegar e colocar. O controle de força já surgiu em algumas poucas aplicações; por exemplo, alguns robôs já são capazes de um controle de força simples que permite a execução de tarefas como polimento e rebarbagem. Parece que a próxima grande área de aplicação serão as tarefas em linhas de montagem nas quais uma ou mais peças são unidas. Nessas tarefas de **união de peças**, o monitoramento e controle das forças de contato é de extrema importância.

O controle preciso dos manipuladores diante de incertezas e variações no seu ambiente de trabalho é um pré-requisito para a aplicação de manipuladores robóticos nas operações de montagem na indústria. Parece que, ao se equipar a mão do manipulador com sensores que conseguem dar informações sobre o andamento das tarefas de manipulação, um progresso importante pode ser feito em direção à utilização de robôs nas tarefas de montagem. Hoje, a destreza dos manipuladores ainda é muito baixa e continua limitando sua aplicação no campo da montagem automatizada.

O uso de manipuladores para as tarefas de montagem requer que a precisão de colocação das partes, uma em relação à outra, seja bastante alta. Os atuais robôs industriais frequentemente não têm a precisão necessária para essas tarefas e a construção de robôs que a tenham pode não fazer sentido. Manipuladores de maior precisão podem ser obtidos apenas à custa de tamanho, peso e custo. No entanto, a habilidade de medir e controlar as forças de contato geradas na mão oferece uma alternativa possível à ampliação da precisão efetiva da manipulação. Como são usadas medidas relativas, os erros absolutos na posição do manipulador e dos objetos manipulados não são tão importantes quanto seriam em um sistema controlado puramente por posição. Pequenas variações na posição relativa geram grandes forças de contato quando peças com rigidez moderada interagem, de forma que o conhecimento e o controle dessas forças podem levar a um aumento tremendo na efetiva precisão de posicionamento.

11.3 UMA ESTRUTURA PARA CONTROLE EM TAREFAS PARCIALMENTE RESTRITAS

A abordagem apresentada neste capítulo baseia-se em uma estrutura para controle em situações nas quais o movimento do manipulador é parcialmente restrito pelo contato com uma ou mais superfícies [1–3]. Tal sistema baseia-se em um modelo simplificado da interação entre o efetuador do manipulador e o ambiente: estamos interessados em descrever contato e liberdades, de forma que consideraremos apenas as forças decorrentes do contato. Isso equivale a fazer uma análise quase estática e ignorar as outras forças estáticas, tais como certos componentes de atrito e gravidade. A análise é razoável onde forças decorrentes do contato entre objetos relativamente rígidos são a origem predominante das forças que agem no sistema. Observe que a metodologia apresentada aqui é um tanto simplista e tem algumas limitações, mas é uma boa maneira de apresentar os conceitos básicos envolvidos e o faz em nível adequado ao texto. Para uma metodologia correlata, porém mais genérica e rigorosa, veja [19].

Toda tarefa de manipulação pode ser dividida em subtarefas, as quais são definidas por uma situação de contato particular que ocorre entre o efetuador (ou ferramenta) do manipulador e o ambiente de trabalho. A cada subtarefa, podemos associar um conjunto de restrições, chamadas de **restrições naturais**, que resultam das características mecânicas e geométricas específicas da configuração da tarefa. Por exemplo, uma mão em contato com uma superfície estacionária e rígida não tem a liberdade de se mover através dessa superfície; portanto, existe uma restrição *natural* de posição. Se a superfície é isenta de atrito, a mão não tem liberdade de aplicar forças tangentes à superfície; em consequência, existe uma restrição *natural* de força.

Em nosso modelo de contato com o ambiente, para cada configuração de subtarefa, uma **superfície genérica** pode ser definida com restrições de posição ao longo das perpendiculares à superfície e as restrições de força ao longo das tangentes. Esses dois tipos de restrição, força e posição, particionam os graus de liberdade dos movimentos possíveis do efetuador em dois conjuntos ortogonais que devem ser controlados conforme critérios diferentes. Note que esse modelo de contato não inclui todas as situações de contato possíveis. (Veja [19] para um esquema mais geral.)

A Figura 11.1 mostra duas tarefas representativas juntamente com as respectivas restrições naturais. Observe que, em cada caso, a tarefa é descrita em termos de um sistema de referência $\{C\}$, o chamado **sistema de referência de restrição** cuja localização é relevante para a tarefa. Conforme a tarefa, $\{C\}$ pode ser fixo no ambiente ou mover-se com o efetuador do manipulador. Na Figura 11.1(a), o sistema de referência de restrição está fixado à manivela e se movimenta com ela, sendo a direção $\hat{X}$ sempre voltada para o ponto de articulação da manivela. O atrito em ação nas pontas dos dedos garante uma pegada segura do cabo que fica em um fuso de forma que possa girar em relação ao braço da manivela. Na Figura 11.1(b), o sistema de referência de restrição está fixado à ponta da chave de parafuso e se movimenta com ela no decorrer da tarefa. Observe que na direção $\hat{Y}$ a força é restrita a zero porque a fenda do parafuso permitiria que a chave de parafuso escorregasse saindo nessa direção. Nesses exemplos, um conjunto dado de restrições permanece verdadeiro no decorrer de toda a tarefa. Em situações mais complexas, a tarefa é dividida em subtarefas para as quais um conjunto constante de restrições naturais pode ser identificado.

Na Figura 11.1, as restrições de posição foram indicadas atribuindo-se valores aos componentes de velocidade do efetuador, $\mathcal{V}$, descritos no sistema de referência $\{C\}$. Poderíamos, da mesma forma,

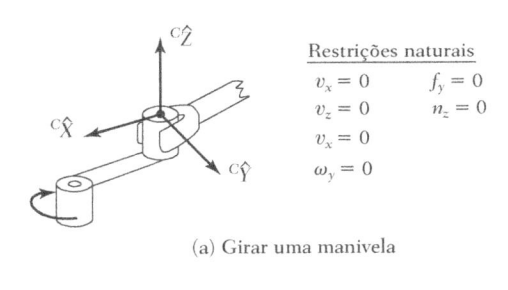

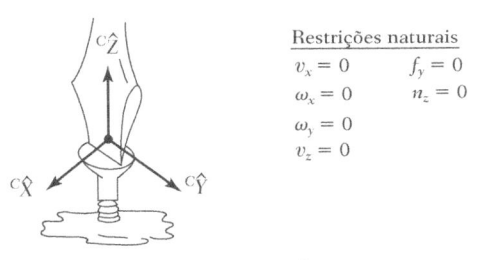

Restrições naturais

$v_x = 0$	$f_y = 0$
$v_z = 0$	$n_z = 0$
$v_x = 0$	
$\omega_y = 0$	

(a) Girar uma manivela

Restrições naturais

$v_x = 0$	$f_y = 0$
$\omega_x = 0$	$n_z = 0$
$\omega_y = 0$	
$v_z = 0$	

(b) Girar um parafuso

Figura 11.1: As restrições naturais para duas tarefas diferentes.

ter indicado restrições de posição atribuindo expressões para posição em vez de velocidades. No entanto, em muitos casos é mais simples especificar uma restrição de posição como uma restrição de "velocidade igual a zero". Da mesma forma, as restrições de força foram especificadas atribuindo-se valores aos componentes do vetor força-momento, $\mathcal{F}$, que age no efetuador descrito no sistema de referência $\{C\}$. Observe que, ao falarmos em *restrições de posição*, queremos dizer de posição ou orientação, e quando falamos em *restrições de força*, queremos dizer de força ou momento. O termo *restrições naturais* é usado para indicar que essas restrições surgem naturalmente a partir da situação de contato particular. Elas nada têm a ver com o movimento desejado ou pretendido do manipulador.

Restrições adicionais, chamadas de **restrições artificiais**, são introduzidas de acordo com as restrições naturais para especificar os movimentos ou a aplicação de força desejados. Ou seja, cada vez que o usuário especifica uma trajetória desejada, seja em posição ou força, uma restrição artificial é definida. Essas restrições também ocorrem ao longo de tangentes e normais da superfície genérica de restrição, mas ao contrário das naturais, as restrições artificiais de força são especificadas ao longo de perpendiculares à superfície, e as restrições artificiais de posição ao longo de tangentes – dessa forma, a consistência com as restrições naturais é preservada.

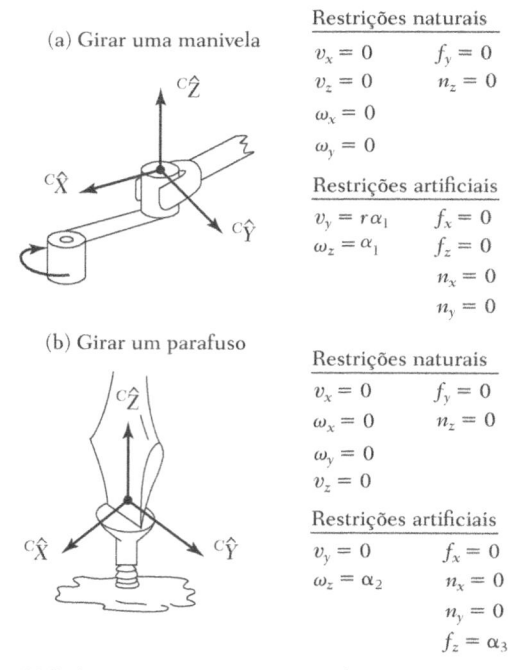

A Figura 11.2 mostra as restrições naturais e artificiais para duas tarefas. Observe que uma restrição natural de posição, ao ser dada para um determinado grau de liberdade em $\{C\}$, uma restrição de força artificial deve ser especificada e vice-versa. A todo instante, todos os graus de liberdade dados no sistema de referência de restrição são controlados para atender uma restrição de posição ou de força.

Estratégia de montagem é um termo que se refere a uma sequência de restrições artificiais planejadas que fazem uma tarefa desenrolar-se de uma maneira desejada. Tais estratégias devem incluir métodos pelos quais o sistema possa detectar alterações na situação de contato de forma que as transições das restrições naturais possam ser rastreadas. A cada mudança nas restrições naturais, um novo conjunto de restrições artificiais é recuperado do conjunto de estratégias de montagem e imposto pelo sistema de controle. Métodos de escolha automática de restrições para uma tarefa de montagem ainda dependem de novas pesquisas. Neste capítulo, vamos presumir

(a) Girar uma manivela

Restrições naturais	
$v_x = 0$	$f_y = 0$
$v_z = 0$	$n_z = 0$
$\omega_x = 0$	
$\omega_y = 0$	

Restrições artificiais	
$v_y = r\alpha_1$	$f_x = 0$
$\omega_z = \alpha_1$	$f_z = 0$
	$n_x = 0$
	$n_y = 0$

(b) Girar um parafuso

Restrições naturais	
$v_x = 0$	$f_y = 0$
$\omega_x = 0$	$n_z = 0$
$\omega_y = 0$	
$v_z = 0$	

Restrições artificiais	
$v_y = 0$	$f_x = 0$
$\omega_z = \alpha_2$	$n_x = 0$
	$n_y = 0$
	$f_z = \alpha_3$

Figura 11.2: As restrições naturais e artificiais para duas tarefas.

Controle de força dos manipuladores **307**

que a tarefa já foi analisada para determinar as restrições naturais e que um planejador humano já determinou uma **estratégia de montagem** para o controle do manipulador.

Observe que em nossa análise das tarefas geralmente ignoraremos as forças de atrito entre as superfícies em contato. Isso será o suficiente para nossa introdução ao problema e, inclusive, resultará em estratégias que funcionam em muitos casos. Em geral, as forças de atrito no deslizamento agem nas direções escolhidas para controle de posição, de forma que essas forças aparecem como interferências no servo de posição e são superadas pelo sistema de controle.

EXEMPLO 11.1

A Figura 11.3(a)–(d) apresenta uma sequência de montagem usada para colocar um pino redondo em um buraco redondo. O pino é baixado até a superfície à esquerda do buraco e depois deslizado ao longo da superfície até cair no buraco. Em seguida, é inserido até que atinja o fundo do buraco, quando a montagem se completa. Cada uma das quatro situações de contato indicadas define uma subtarefa. Para cada subtarefa mostrada dê as restrições naturais e artificiais. Indique, também, como o sistema detecta a mudança nas restrições naturais à medida que a operação avança.

Primeiro, iremos fixar um sistema de referência de restrições ao pino, conforme mostra a Figura 11.3(a). Nela, o pino está no espaço livre e, portanto, as restrições naturais são

$$^{C}\mathcal{F} = 0 . \tag{11.1}$$

Portanto, as restrições artificiais nesse caso constituem toda uma trajetória de posição que move o pino na direção $^{C}\hat{Z}$ para a superfície. Por exemplo,

$$C_{v} = \begin{bmatrix} 0 \\ 0 \\ v_{\text{aproximação}} \\ 0 \\ 0 \\ 0 \end{bmatrix} , \tag{11.2}$$

em que $v_{\text{aproximação}}$ é a velocidade de aproximação da superfície.

Na Figura 11.3(b), o pino chegou à superfície. Para descobrirmos que isso aconteceu, observamos a força na direção $^{C}\hat{Z}$. Quando a força percebida excede um determinado limiar, detectamos contato, o que implica uma nova situação de contato com um novo conjunto de restrições naturais. Presumindo que a situação de contato é como apresenta a Figura 11.3(b), o pino não tem liberdade de

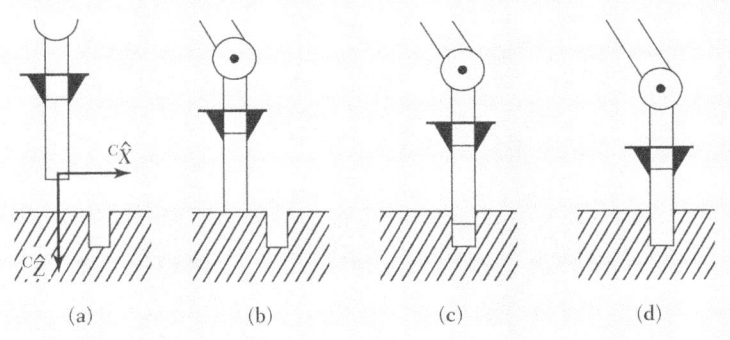

Figura 11.3: Sequência de quatro situações de contato para a inserção de um pino.

se mover em $^C\hat{Z}$ ou de girar em torno de $^C\hat{X}$ ou $^C\hat{Y}$. Nos outros três graus de liberdade, ele não está livre para aplicar forças; portanto, as restrições naturais são

$$C_{v_z} = 0,$$
$$C_{\omega_x} = 0,$$
$$C_{\omega_y} = 0,$$
$$C_{f_x} = 0, \qquad (11.3)$$
$$C_{f_y} = 0,$$
$$C_{n_z} = 0.$$

As restrições artificiais descrevem a estratégia de deslizar ao longo da superfície na direção $^C\hat{X}$ aplicando, ao mesmo tempo, pequenas forças para garantir que o contato seja mantido. Assim, temos

$$C_{v_x} = v_{\text{deslizar}},$$
$$C_{v_y} = 0,$$
$$C_{\omega_z} = 0,$$
$$C_{f_z} = f_{\text{contato}}, \qquad (11.4)$$
$$C_{n_x} = 0,$$
$$C_{n_y} = 0.$$

em que f_{contato} é a força aplicada perpendicularmente à superfície à medida que o pino é deslizado e v_{deslizar} é a velocidade com a qual se deseja deslizar ao longo da superfície.

Na Figura 11.3(c), o pino caiu ligeiramente no buraco. A situação é percebida pela observação da velocidade na direção $^C\hat{Z}$, esperando-se que ela atravesse um limiar (torne-se diferente de zero, no caso ideal). Quando isso for observado, sinalizará que, mais uma vez, as restrições naturais mudaram e que, portanto, nossa estratégia (conforme incorporada nas restrições artificiais) deve mudar. As novas restrições naturais são

$$C_{v_x} = 0,$$
$$C_{v_y} = 0,$$
$$C_{\omega_x} = 0,$$
$$C_{\omega_y} = 0, \qquad (11.5)$$
$$C_{f_x} = 0,$$
$$C_{n_z} = 0.$$

Escolhemos as restrições artificiais

$$C_{v_z} = v_{\text{inserir}},$$
$$C_{\omega_z} = 0,$$
$$C_{f_x} = 0,$$
$$C_{f_y} = 0, \qquad (11.6)$$
$$C_{n_x} = 0,$$
$$C_{n_y} = 0,$$

> em que $v_{inserir}$ é a velocidade com a qual o pino é inserido no buraco. Por fim, a situação mostrada na Figura 11.3(d) é detectada quando a força na direção $^C\hat{Z}$ aumenta acima de um limiar.

É interessante notar que mudanças nas restrições naturais são sempre detectadas observando-se a variável de posição ou força que não está sendo controlada. Por exemplo, para detectar a transição da Figura 11.3(b) para a Figura 11.3(c), monitoramos a velocidade em $^C\hat{Z}$ enquanto estamos controlando a força em $^C\hat{Z}$. Para descobrir quando o pino atingiu o fundo do buraco, monitoramos ^Cf_z, embora estejamos controlando ^Cv_z.

O sistema que introduzimos é um tanto simplista. Um método mais genérico e rigoroso de "dividir" tarefas em componentes controlados por posição e componentes controlados por força pode ser encontrado em [19].

Determinar estratégias de montagem para a união de peças mais complicadas é bastante complexo. Também negligenciamos os efeitos da incerteza na nossa análise simples dessa tarefa. O desenvolvimento de sistemas automáticos de planejamento que incluem os efeitos da incerteza e que podem ser aplicados a situações práticas é tópico de pesquisas [4–8]. Para uma boa revisão desses métodos, veja [9].

11.4 O PROBLEMA DO CONTROLE HÍBRIDO DE POSIÇÃO E FORÇA

A Figura 11.4 mostra dois exemplos extremos de situações de contato. Na Figura 11.4(a), o manipulador está se movendo pelo espaço livre. Nesse caso, as restrições naturais são todas de força – não há nada contra o que reagir, de forma que todas as forças são restritas a zero.[*] Com um braço com seis graus de liberdade, podemos mover com seis graus de liberdade em posição, mas não podemos exercer forças em nenhuma direção. A Figura 11.4(b) mostra a situação extrema de um manipulador com seu efetuador grudado a uma parede. Nesse caso, o manipulador está sujeito a seis restrições naturais de posição, porque não está livre para ser reposicionado. No entanto, está livre para exercer forças e torques no objeto com seis graus de liberdade.

Nos capítulos 9 e 10 estudamos o problema de controle de posição que se aplica à situação da Figura 11.4(a). A situação da Figura 11.4(b) não ocorre com frequência na prática; em geral, temos de considerar o controle de força no contexto de tarefas parcialmente restritas, nas quais alguns graus de liberdade do sistema estão sujeitos a controle de posição e outros a controle de força. Assim, neste capítulo estamos interessados em considerar os esquemas de controle **híbrido de posição e força**.

O controlador híbrido de posição e força deve resolver três problemas:

1. Controle de posição do manipulador ao longo de direções nas quais existe uma restrição natural de força.
2. Controle de força do manipulador ao longo de direções nas quais existe uma restrição natural de posição.
3. Um esquema para aplicar a combinação arbitrária desses modos ao longo dos graus ortogonais de liberdade de um sistema de referência arbitrário, $\{C\}$.

---

[*] É importante lembrar que, aqui, estamos preocupados com as *forças de contato* entre o efetuador e o ambiente, não com forças inerciais.

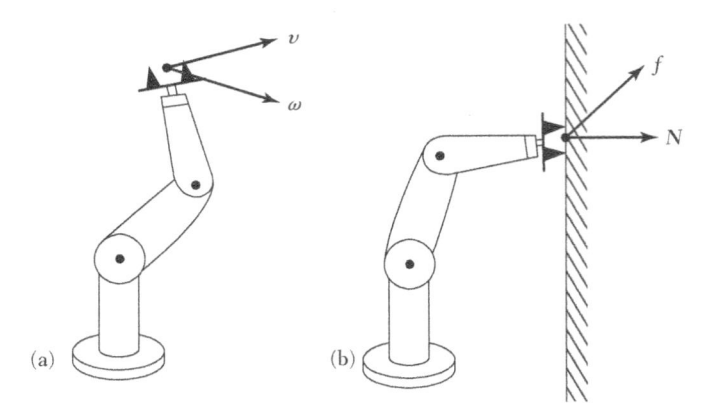

Figura 11.4: Os dois extremos de situações de contato. O manipulador à esquerda se move no espaço livre quando não há superfície de reação. O manipulador à direita está colado à parede de forma que nenhum movimento livre é possível.

11.5 CONTROLE DE FORÇA DE UM SISTEMA DO TIPO MASSA-MOLA

No Capítulo 9, começamos nosso estudo do problema completo de controle de posição com o estudo do problema muito simples de controlar um bloco de massa. Conseguimos depois, no Capítulo 10, usar um modelo do manipulador de forma que o problema de controlar todo o manipulador tornou-se equivalente a controlar n massas independentes (para um manipulador com n juntas). De forma semelhante, começamos nosso estudo do controle de força controlando a força aplicada a um sistema simples com um único grau de liberdade.

Ao considerar as forças de contato, temos de fazer algum modelo do ambiente no qual estamos agindo. Para os propósitos do desenvolvimento conceitual, usaremos um modelo muito simples de interação entre um corpo controlado e o ambiente. Modelamos o contato com o ambiente como uma mola – ou seja, presumimos que nosso sistema é rígido e que o ambiente tem alguma rigidez, k_e.

Vamos considerar o controle de uma massa ligada a uma mola, como na Figura 11.5. Vamos, também, incluir uma força de interferência desconhecida, f_{int}, que pode ser pensada como a modelagem do atrito desconhecido ou os dentes das engrenagens do manipulador. A variável que queremos controlar é a força que está agindo no ambiente, f_e, que é a força em ação sobre a mola:

$$f_e = k_e x . \qquad (11.7)$$

A equação que descreve o sistema físico é

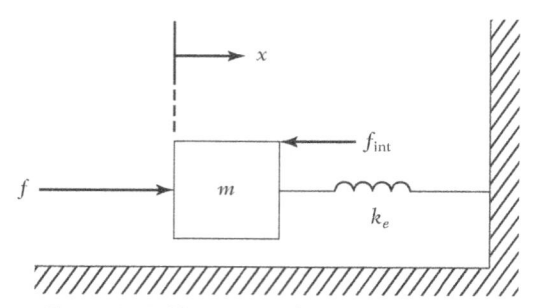

$$f = m\ddot{x} + k_e x + f_{int} , \qquad (11.8)$$

Figura 11.5: Um sistema do tipo massa-mola.

ou, escrita em termos da variável f_e, que queremos controlar,

$$f = mk_e^{-1}\ddot{f}_e + f_e + f_{\text{int}} .\tag{11.9}$$

Usando o conceito de controlador particionado, bem como

$$\alpha = mk_e^{-1}$$

e

$$\beta = f_e + f_{\text{int}}$$

chegamos à lei de controle

$$f = mk_e^{-1}\left[\ddot{f}_d + k_{vf}\dot{e}_f + k_{pf}e_f\right] + f_e + f_{\text{int}} ,\tag{11.10}$$

em que $e_f = f_d - f_e$ é o erro de força entre a força desejada, f_d, e a força detectada no ambiente, f_e. Se pudéssemos calcular (11.10), teríamos o sistema de malha fechada

$$\ddot{e}_f + k_{vf}\dot{e}_f + k_{pf}e_f = 0 .\tag{11.11}$$

No entanto, não podemos usar o conhecimento de f_{int} na nossa lei de controle e, portanto, (11.10) não é viável. Podemos deixar esse termo fora da lei de controle, mas uma análise de estado estacionário mostra que há uma opção melhor, principalmente quando a rigidez do ambiente, k_e, é alta (o que é a situação usual).

Se optarmos por deixar o termo f_{int} fora da lei de controle, igualarmos (11.9) e (11.10) e fizermos uma análise de estado estacionário ajustando todas as derivadas de tempo em zero, veremos que

$$e_f = \frac{f_{\text{int}}}{\alpha} ,\tag{11.12}$$

sendo $\alpha = mk_e^{-1}k_{pf}$, o ganho efetivo de realimentação de força. No entanto, se optarmos por usar f_d na lei de controle (11.10) no lugar do termo $f_e + f_{\text{int}}$, veremos que o erro de estado estacionário é

$$e_f = \frac{f_{\text{int}}}{1+\alpha} .\tag{11.13}$$

Quando o ambiente é rígido, como quase sempre é o caso, α pode ser pequeno e, portanto, o erro de estado estacionário calculado em (11.13) melhora muito em relação ao de (11.12). Portanto, sugerimos a lei de controle

$$f = mk_e^{-1}\left[\ddot{f}_d + k_{vf}\dot{e}_f + k_{pf}e_f\right] + f_d .\tag{11.14}$$

A Figura 11.6 é um diagrama de blocos do sistema de malha fechada usando a lei de controle (11.14).

Em geral, por causa de considerações práticas, a aplicação de um servo de controle de força sofre muitas alterações do ideal mostrado na Figura 11.6. Primeiro, as trajetórias de força costumam ser constantes – ou seja, estamos em geral interessados em controlar a força de contato para que esteja em um nível constante. Aplicações nas quais as forças de contato têm de seguir uma função arbitrária de tempo são raras. Portanto, as entradas de $\dot{f}_d$ e $\ddot{f}_d$ do sistema de controle são com muita frequência ajustadas de modo permanente em zero. Outra realidade é que as forças detectadas têm muito "ruído" e a diferenciação numérica para computar $\dot{f}_e$ não é aconselhada. No entanto, $f_e = k_e x$, de forma que podemos obter a derivada de força no ambiente

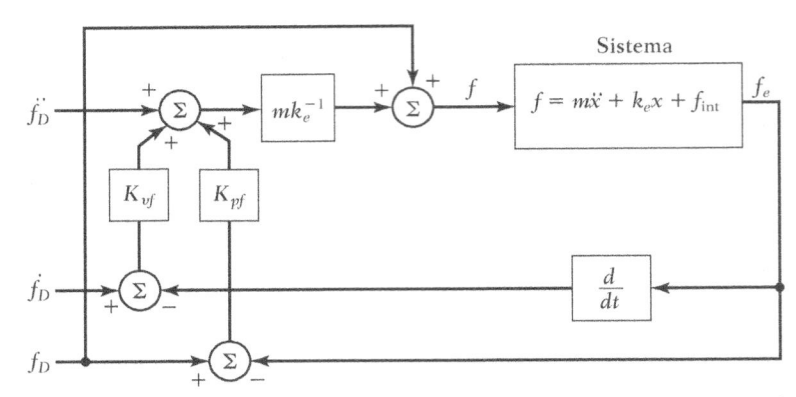

Figura 11.6: Um sistema de controle de força para o sistema do tipo massa-mola.

como $\dot{f}_e = k_e \dot{x}$. Isso é muito mais realista, pois a maioria dos manipuladores tem meios de obter boas medidas de velocidade. Uma vez feitas essas duas escolhas pragmáticas, escrevemos a lei de controle como

$$f = m\left[k_{pf}k_e^{-1}e_f - k_{vf}\dot{x}\right] + f_d \,, \tag{11.15}$$

com o diagrama de blocos correspondente mostrado na Figura 11.7.

Observe que uma interpretação do sistema da Figura 11.7 é que os erros de força geram um ponto de ajuste para uma malha interna de controle de velocidade com ganho k_{vf}. Algumas leis de controle de força também incluem um termo integral para melhorar o desempenho de estado estacionário.

Um importante problema que resta é que a rigidez do ambiente, k_e, aparece na nossa lei de controle, mas é com frequência desconhecida e pode mudar de tempos em tempos. No entanto, os robôs de montagem costumam lidar com peças rígidas e pode-se supor que k_e seja bastante elevada. Geralmente, esse é o pressuposto e os ganhos são escolhidos de forma que o sistema seja um tanto robusto em relação a variações de k_e.

O objetivo de construir uma lei de controle para controlar a força de contato foi o de mostrar uma sugestão de estrutura e expor algumas questões. Pelo restante deste capítulo, vamos apenas considerar que tal servo controlador de força seria construído e abstraído para uma caixa preta, conforme mostra a Figura 11.8. Na prática, não é fácil construir um servo de alto desempenho e essa é, hoje, uma área de pesquisa em andamento [11–14]. Para uma boa revisão dessa área, veja [15].

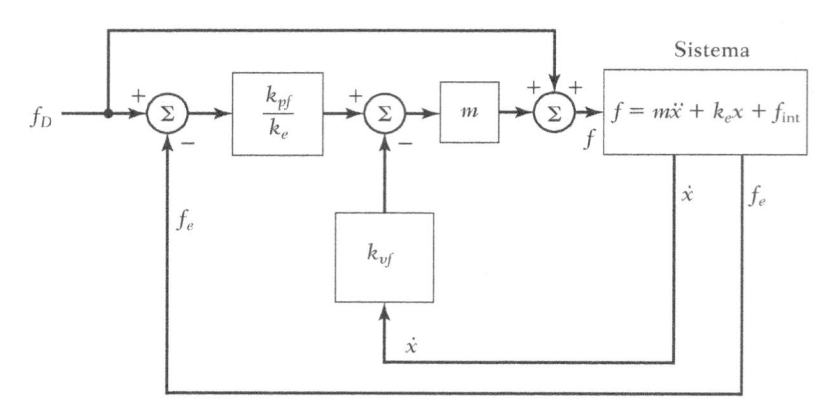

Figura 11.7: Um sistema prático de controle de força para o sistema do tipo massa-mola.

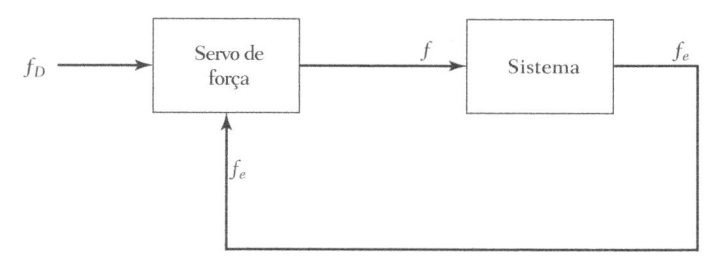

Figura 11.8: O servo de controle de força como uma caixa-preta.

11.6 O ESQUEMA DE CONTROLE HÍBRIDO DE POSIÇÃO E FORÇA

Nesta seção, apresentamos uma arquitetura para um sistema de controle que implementa o controlador híbrido de posição e força.

> Um manipulador cartesiano alinhado com {C}

Vamos primeiro considerar o caso simples de um manipulador com três graus de liberdade, com juntas prismáticas agindo nas direções $\hat{Z}$, $\hat{Y}$ e $\hat{X}$. Para simplificar, vamos presumir que cada elo tem massa m e desliza sobre mancais sem atrito. Vamos também presumir que os movimentos das juntas estão exatamente alinhados com o sistema de referência de restrição, {C}. O efetuador está em contato com uma superfície de rigidez k_e, orientada com sua normal na direção $-^C\hat{Y}$. Portanto, o controle de força é exigido nessa direção e o controle de posição nas direções $^C\hat{X}$ e $^C\hat{Z}$. (Veja a Figura 11.9.)

Nesse caso, a solução para o problema do controle híbrido de posição e força é claro. Devemos controlar as juntas 1 e 3 com o controlador de posição desenvolvido para uma unidade de massa do Capítulo 9. A junta 2 (que opera na direção $\hat{Y}$) deve ser controlada com o controlador de força desenvolvido na Seção 11.4. Podemos, então, fornecer uma trajetória de posição nas direções $^C\hat{X}$ e $^C\hat{Z}$ enquanto forçamos independentemente uma trajetória de força (talvez uma constante) na direção $^C\hat{Y}$.

Se quisermos conseguir trocar a natureza da superfície de restrição, de forma que sua perpendicular possa, também, ser $\hat{X}$ ou $\hat{Z}$, podemos generalizar um pouco nosso sistema cartesiano de controle do braço, como segue: montamos a estrutura do controlador de forma a conseguirmos especificar uma trajetória de posição completa nos três graus de liberdade e, também,

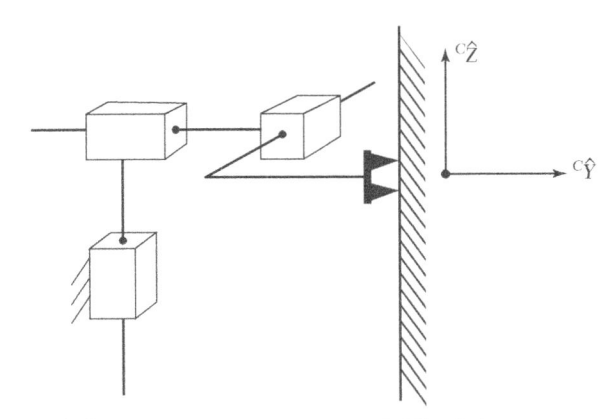

Figura 11.9: Um manipulador cartesiano com três graus de liberdade em contato com uma superfície.

uma trajetória de força em todos os graus de liberdade. É claro que não podemos exercer um controle que atenda a essas seis restrições ao mesmo tempo; em vez disso, estabelecemos modos que indiquem quais componentes de qual trajetória serão seguidos a qualquer tempo específico.

Considere o controlador mostrado na Figura 11.10. Aqui, indicamos o controle de todas as três juntas do nosso braço cartesiano simples em um único diagrama, mostrando tanto o controlador de posição quanto o de força. As matrizes S e S′ foram introduzidas para controlar qual modo – posição ou força – é usado para controlar cada junta do braço cartesiano. A matriz S é diagonal, com uns e zeros na diagonal. Quando um 1 está presente em S, um 0 está presente em S′ e o controle de posição está em ação. Quando um 0 está presente em S, um 1 está presente em S′ e o controle de força está em ação. Portanto, as matrizes S e S′ são apenas comutadores que estabelecem o modo de controle a ser usado com cada grau de liberdade em $\{C\}$. Conforme o ajuste de S, há sempre três componentes da trajetória sendo controlados, embora a combinação entre controles de posição e de força seja arbitrária. Os outros três componentes da trajetória desejada e os erros de servo associados estão sendo ignorados. Assim, quando certo grau de liberdade está sob o controle de força, os erros de posição nesse grau de liberdade são ignorados.

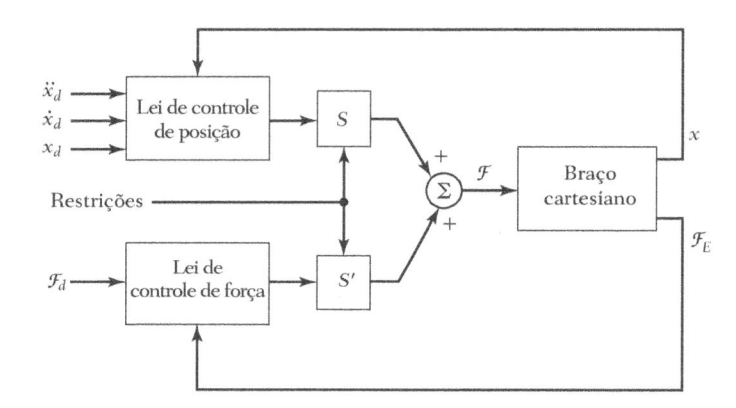

Figura 11.10: O controlador híbrido para um braço cartesiano 3-DOF.

EXEMPLO 11.2

Para a situação mostrada na Figura 11.9, com movimentos na direção $^C\hat{Y}$ restritos pela superfície de reação, dê as matrizes S e S′.

Como os componentes de $\hat{X}$ e $\hat{Z}$ devem ser controlados quanto à posição, colocamos uns na diagonal de S correspondendo a esses dois componentes. Isso fará o servo de posição ficar ativo nessas duas direções e a trajetória de entrada será seguida. Qualquer entrada de trajetória de posição para o componente $\hat{Y}$ será ignorada. A matriz S′ tem os uns e zeros na diagonal invertida. Portanto, temos

$$S = \begin{bmatrix} 1 & 0 & 0 \\ 0 & 0 & 0 \\ 0 & 0 & 1 \end{bmatrix},$$

$$S' = \begin{bmatrix} 0 & 0 & 0 \\ 0 & 1 & 0 \\ 0 & 0 & 0 \end{bmatrix}.$$

(11.16)

A Figura 11.10 mostra o controlador híbrido para o caso especial em que as juntas se alinham exatamente com o sistema de referência de restrição, {C}. Na subseção seguinte, usamos técnicas estudadas nos capítulos anteriores para generalizar o controlador de forma que ele trabalhe com manipuladores genéricos e para um {C} arbitrário. No entanto, no caso ideal, o sistema funciona como se o manipulador tivesse um atuador "alinhado" com cada grau de liberdade de {C}.

Um manipulador genérico

Dentro do conceito de controle com base cartesiana, é fácil generalizar o controlador híbrido mostrado na Figura 11.10 para que um manipulador genérico possa ser usado. No Capítulo 6, discutimos como as equações de movimento de um manipulador poderiam ser escritas em termos de movimento cartesiano do efetuador e, no Capítulo 10, mostramos como tal formulação pode ser usada para se chegar ao controle cartesiano desacoplado de posição de um manipulador. A ideia principal é de que pelo uso de um modelo dinâmico escrito no espaço cartesiano é possível o controle para que o sistema combinado do manipulador de fato e do modelo computado apareçam como um conjunto de massas unitárias independentes e desacopladas. Uma vez feitos o desacoplamento e a linearização, podemos aplicar o servo simples já desenvolvido na Seção 11.4.

A Figura 11.11 mostra a compensação baseada na formulação da dinâmica do manipulador no espaço cartesiano, de forma que o manipulador aparece como um conjunto de massas unitárias desacopladas. Para utilização no sistema de controle híbrido, a dinâmica cartesiana e o Jacobiano são escritos no sistema de referência de restrição, {C}. Da mesma forma, as cinemáticas são computadas em relação ao sistema de referência de restrição.

Como projetamos o controlador híbrido para um manipulador cartesiano alinhado com um sistema de referência de restrição e como o esquema cartesiano de desacoplamento proporciona um sistema com as mesmas propriedades de entrada-saída, precisamos apenas combinar os dois para gerar o controlador híbrido genérico de posição e força.

A Figura 11.12 é um diagrama de blocos do controlador híbrido para um manipulador genérico. Note que a dinâmica está escrita no sistema de referência de restrição, como também o Jacobiano. A cinemática foi escrita incluindo a transformação de coordenadas para o sistema de referência de restrição e as forças detectadas são, da mesma forma, transformadas para {C}. Os erros do servo são calculados em {C} e os modos de controle em {C} são estabelecidos pela escolha adequada de S.[*] A Figura 11.13 mostra um manipulador controlado por esse sistema.

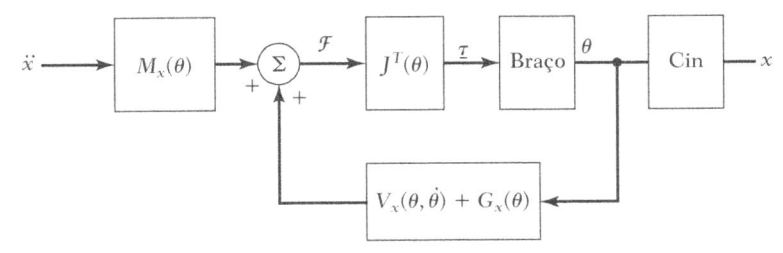

Figura 11.11: O esquema de desacoplamento cartesiano introduzido no Capítulo 10.

---

[*] O particionamento dos modos de controle ao longo de certas direções relacionadas a tarefas foi generalizado em [10] a partir da abordagem mais básica apresentada neste capítulo.

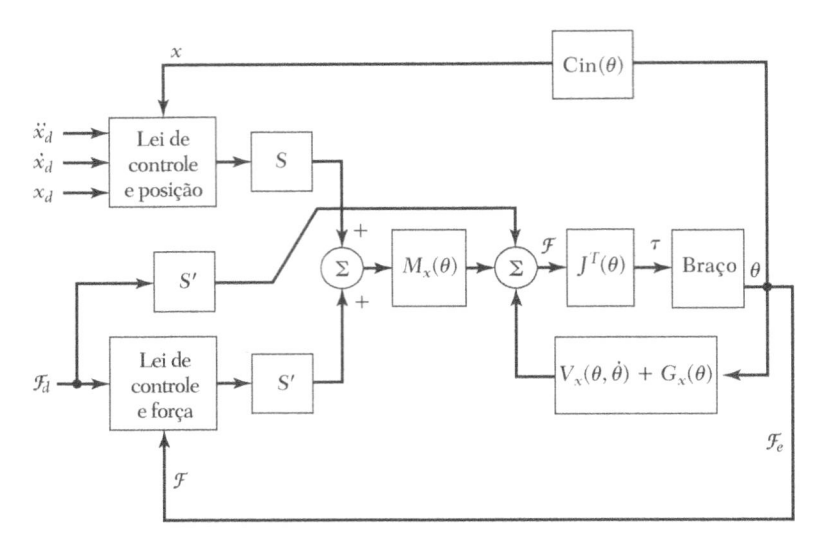

Figura 11.12: O controlador híbrido de posição e força para um manipulador genérico. Para simplificar, a malha de realimentação de velocidade não foi mostrada.

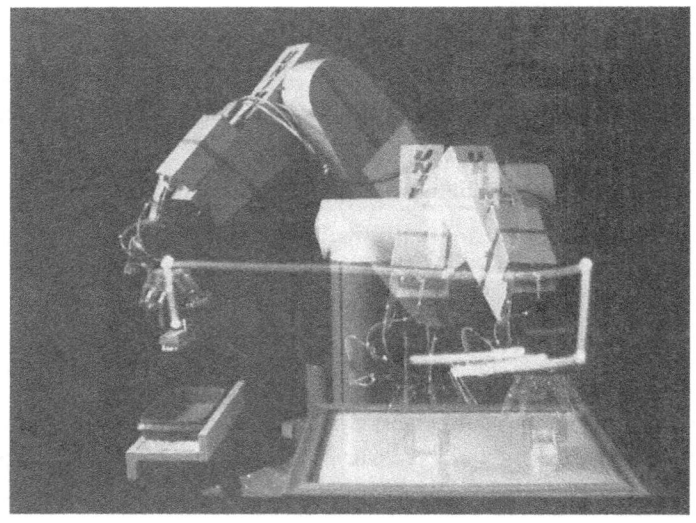

Figura 11.13: Manipulador PUMA 560 lavando uma janela sob o controle do sistema COSMOS desenvolvido sob O. Khatib na Universidade de Stanford. Esses experimentos utilizam dedos com sensores de força e uma estrutura de controle semelhante à da Figura 11.12 [10].

Acrescentando rigidez variável

Controlar um grau de liberdade com um controle rígido de posição ou força significa exercer o controle em duas extremidades do espectro da rigidez de servo. Uma posição de servo ideal é infinitamente rígida e rejeita todas as interferências de força que agem sobre o sistema. Em contrapartida, um servo de força ideal tem rigidez zero e mantém a aplicação da força desejada, não obstantes as interferências de posição. Talvez seja útil conseguir controlar o efetuador para demonstrar rigidez diferente de zero ou infinita. Em geral, podemos querer controlar a **impedância mecânica** do efetuador [14, 16, 17].

Em nossa análise de contato, imaginamos que o ambiente é muito rígido. Quando o contato é com um ambiente rígido, usamos um controle de força com rigidez zero. Quando é com rigidez zero (movimento no espaço livre), usamos um controle de posição de alta rigidez. Assim, parece que controlar o efetuador para que manifeste uma rigidez que seja aproximadamente inversa ao ambiente localizado é, talvez, uma boa estratégia. Portanto, ao lidar com peças plásticas ou molas, podemos ajustar a rigidez do servo para que seja diferente de zero ou infinita.

Dentro da estrutura do controlador híbrido, basta usar o controle de posição e diminuir o ganho de posição correspondente ao grau de liberdade apropriado em $\{C\}$. Em geral, quando isso é feito, o ganho de velocidade correspondente diminui e então o grau de liberdade permanece criticamente amortecido. A capacidade de mudar os ganhos tanto de posição quanto de velocidade do servo de posição ao longo dos graus de liberdade de $\{C\}$ permite que o controlador híbrido de posição e força aplique a impedância generalizada do efetuador [17]. No entanto, em muitas situações práticas lidamos com a interação de peças rígidas, assim o controle puro de posição ou de força é desejável.

11.7 ESQUEMAS DE CONTROLE DOS ROBÔS INDUSTRIAIS ATUAIS

O verdadeiro controle de força, como o do controlador híbrido de posição e força introduzido neste capítulo, não existe hoje nos robôs industriais. Entre os problemas para a sua execução prática estão a quantidade enorme de computação necessária, a falta de parâmetros precisos para o modelo dinâmico, a falta de sensores de força robustos e a necessidade de sobrecarregar o usuário com a dificuldade de especificar uma estratégia de posição e força.

Complacência passiva

Manipuladores de extrema rigidez com servos de posição muito inflexíveis não são adequados para tarefas nas quais as peças entram em contato e forças de contato são geradas. Em tais situações, as peças ficam com frequência presas ou avariadas. Desde os primeiros experimentos com manipuladores em tarefas de montagem, percebeu-se que, na medida em que os robôs conseguiam executá-las, isso só se deu graças à complacência das peças, dos equipamentos ou do próprio braço. Essa capacidade de uma ou mais partes do sistema "cederem" um pouco foi quase sempre suficiente para permitir o sucesso na união de peças.

Uma vez entendido isso, dispositivos foram projetados para introduzir propositalmente a complacência no sistema. O mais bem-sucedido deles é o RCC (do inglês, *remote center compliance*) ou *centro remoto de complacência*, desenvolvido pelo Draper Labs [18]. O RCC foi engenhosamente projetado para introduzir o tipo "certo" de complacência, permitindo que certas tarefas fossem realizadas de modo suave e rápido, com pouca ou nenhuma chance de obstrução. O RCC é, em essência, uma mola com seis graus de liberdade que é inserida entre o punho do manipulador e o efetuador. Ajustando a rigidez das seis molas, vários níveis de complacência podem ser introduzidos. Tais esquemas são chamados de esquemas de **complacência passiva** e são usados nas aplicações industriais de manipuladores para algumas tarefas.

Complacência através da suavização dos ganhos de posição

Em vez de obter a complacência de forma passiva e, portanto, fixa, é possível criar esquemas nos quais a rigidez aparente do manipulador é alterada pelo ajuste dos ganhos de um sistema de controle de posição. Alguns robôs industriais fazem algo assim para aplicações como retificação, na qual o contato com a superfície precisa ser mantido, mas um controle de força delicado não é necessário.

Uma abordagem de particular interesse foi sugerida por Salisbury [16]. Nesse esquema, os ganhos de posição de um sistema servo baseado em juntas são modificados de tal forma que o efetuador parece ter certa rigidez ao longo dos graus cartesianos de liberdade: considere uma mola geral com seis graus de liberdade. Sua ação pode ser descrita por

$$\mathcal{F} = K_{px}\delta\chi, \qquad (11.17)$$

em que K_{px} é uma matriz diagonal 6 × 6 com três rigidezes lineares seguidas de três rigidezes de torção na diagonal. Como podemos fazer o efetuador de um manipulador ter essa característica de rigidez?

Relembrando a definição do manipulador Jacobiano, temos

$$\delta\chi = J(\Theta)\delta\Theta. \qquad (11.18)$$

A combinação com (11.17) resulta em

$$\mathcal{F} = K_{px}J(\Theta)\delta\Theta. \qquad (11.19)$$

A partir de considerações de força estática, temos

$$\tau = J^T(\Theta)\mathcal{F}, \qquad (11.20)$$

que, combinada com (11.19), resulta em

$$\tau = J^T(\Theta)K_{px}J(\Theta)\delta\Theta. \qquad (11.21)$$

Aqui, o Jacobiano é em geral escrito no sistema de referência da ferramenta. A Equação (11.21) é uma expressão de como os torques de juntas devem ser gerados como função de pequenas mudanças nos ângulos das juntas, $\delta\Theta$, a fim de fazer o efetuador do manipulador se comportar como uma mola cartesiana com seis graus de liberdade.

Enquanto um simples controlador de posição baseado em junta pode usar a lei de controle

$$\tau = K_p E + K_v \dot{E}, \qquad (11.22)$$

onde K_p e K_v são matrizes de ganho diagonal constante e E é o erro de servo definido como $\Theta_d - \Theta$, Salisbury sugere o uso de

$$\tau = J^T(\Theta)K_{px}J(\Theta)E + K_v\dot{E}, \qquad (11.23)$$

em que K_{px} é a rigidez desejada do efetuador no espaço cartesiano. Para um manipulador com seis graus de liberdade, K_{px} é diagonal com os seis valores representando as três rigidezes translacionais e as três rotacionais que o efetuador deverá manifestar. Em essência, pelo uso do Jacobiano uma rigidez cartesiana foi transformada em rigidez do espaço de juntas.

> Detecção de força

A **detecção de força** permite que um manipulador detecte o contato com uma superfície e, usando essa sensação, realize alguma ação. Por exemplo, o termo **movimento protegido** é às vezes usado para significar a estratégia de movimentar sob o controle de posição até que uma força seja sentida e então parar o movimento. Além disso, o sensoriamento de força pode ser usado para pesar objetos que o manipulador ergue. Isso pode servir para uma simples verificação durante uma operação de manuseio de peças – para garantir que uma parte (ou a parte adequada) foi pega.

Alguns robôs disponíveis no mercado vêm equipados com sensores de força no efetuador. Esses robôs podem ser programados para parar o movimento ou realizar outra ação quando um limiar de força é ultrapassado e alguns podem ser programados para pesar objetos que são pegos pelo efetuador.

BIBLIOGRAFIA

[1] MASON, M. "Compliance and Force Control for Computer Controlled Manipulators," tese de mestrado, laboratório de inteligência artificial do MIT, maio 1978.

[2] CRAIG, J. e RAIBERT, M. "A Systematic Method for Hybrid Position/Force Control of a Manipulator," *Proceedings of the 1979 IEEE Computer Software Applications Conference*, Chicago, nov. 1979.

[3] RAIBERT, M. e CRAIG, J. "Hybrid Position/Force Control of Manipulators," *ASME Journal of Dynamic Systems, Measurement, and Control*, jun. 1981.

[4] LOZANO-PEREZ, T., MASON, M. e TAYLOR, R. "Automatic Synthesis of Fine-Motion Strategies for Robots," 1º simpósio internacional de pesquisa em robótica, New Hampshire: Bretton Woods, ago. 1983.

[5] MASON, M. "Automatic Planning of Fine Motions: Correctness and Completeness," *IEEE International Conference on Robotics*, Atlanta, mar. 1984.

[6] ERDMANN, M. "Using Backprojections for the Fine Motion Planning with Uncertainty," *The International Journal of Robotics Research*, v.5, n. 1, 1986.

[7] BUCKLEY, S. "Planning and Teaching Compliant Motion Strategies," Dissertação de doutorado, Departamento de Engenharia Elétrica e Ciências da Computação, MIT, jan. 1986.

[8] DONALD, B. "Error Detection and Recovery for Robot Motion Planning with Uncertainty," Dissertação de doutorado, Departamento de Engenharia Elétrica e Ciências da Computação, MIT, jul. 1987.

[9] LATOMBE, J. C. "Motion Planning with Uncertainty: On the Preimage Backchaining Approach," em *The Robotics Review*, O. Khatib, J. Craig, e T. Lozano-Perez, (eds.), Cambridge, Massachusetts: MIT Press, 1988.

[10] KHATIB, O. "A Unified Approach for Motion and Force Control of Robot Manipulators: The Operational Space Formulation," *IEEE Journal of Robotics and Automation*, v.RA-3, *n*. 1, 1987.

[11] WHITNEY, D. "Force Feedback Control of Manipulator Fine Motions," *Proceedings of the Joint Automatic Control Conference*, São Francisco, 1976.

[12] EPPINGER, S. e SEERING, W. "Understanding Bandwidth Limitations in Robot Force Control," *Proceedings of the IEEE Conference on Robotics and Automation*, Raleigh, Carolina do Norte, 1987.

[13] TOWNSEND, W. e SALISBURY, J. K. "The Effect of Coulomb Friction and Stiction on Force Control," *Proceedings of the IEEE Conference on Robotics and Automation*, Raleigh, Carolina do Norte, 1987.

[14] HOGAN, N. "Stable Execution of Contact Tasks Using Impedance Control," *Proceedings of the IEEE Conference on Robotics and Automation*, Raleigh, Carolina do Norte, 1987.

[15] HOGAN, N. e COLGATE, E. "Stability Problems in Contact Tasks," em *The Robotics Review*, O. Khatib, J. Craig, e T. Lozano-Perez (eds.), Cambridge, Massachusetts: MIT Press, 1988.

[16] SALISBURY, J. K. "Active Stiffness Control of a Manipulator in Cartesian Coordinates," *19th IEEE Conference on Decision and Control*, dez. 1980.

[17] SALISBURY, J. K. e CRAIG, J. "Articulated Hands: Force Control and Kinematic Issues," *International Journal of Robotics Research*, v.1, n. 1.

[18] DRAKE, S. "Using Compliance in Lieu of Sensory Feedback for Automatic Assembly," Tese de doutorado, Departamento de Engenharia Mecânica, MIT, set. 1977.

[19] FEATHERSTONE, R., THIEBAUT, S. S. e KHATIB, O. "A General Contact Model for Dynamically-Decoupled Force/Motion Control," *Proceedings of the IEEE Conference on Robotics and Automation*, Detroit, 1999.

EXERCÍCIOS

11.1 [12] Quais as restrições naturais presentes para um pino de perfil quadrado deslizando em um buraco de perfil quadrado? Mostre sua definição de $\{C\}$ com um projeto.

11.2 [10] Quais as restrições artificiais (isto é, a trajetória) que você sugeriria para fazer com que o pino do Exercício 11.1 deslizasse mais para dentro do buraco sem entalar.

11.3 [20] Mostre que usar a lei de controle (11.14) com um sistema dado por (11.9) resulta na equação de erro de espaço

$$\ddot{e}_f + k_{v_f}\dot{e}_f + \left(k_{pf} + m^{-1}k_e\right)e_f = m^{-1}k_e f_{\text{int}},$$

e, portanto, que escolher ganhos para proporcionar amortecimento crítico é possível somente se a rigidez do ambiente, k_e, for conhecida.

11.4 [17] Dada

$${}^A_B T = \begin{bmatrix} 0,866 & -0,500 & 0,000 & 10,0 \\ 0,500 & 0,866 & 0,000 & 0,0 \\ 0,000 & 0,000 & 1,000 & 5,0 \\ 0 & 0 & 0 & 1 \end{bmatrix},$$

se o vetor força-torque da origem de $\{A\}$ é

$${}^A v = \begin{bmatrix} 0,0 \\ 2,0 \\ -3,0 \\ 0,0 \\ 0,0 \\ 4,0 \end{bmatrix},$$

encontre o vetor força-torque 6×1 com ponto de referência na origem de $\{B\}$.

11.5 [17] Dada

$${}^A_B T = \begin{bmatrix} 0,866 & 0,500 & 0,000 & 10,0 \\ -0,500 & 0,866 & 0,000 & 0,0 \\ 0,000 & 0,000 & 1,000 & 5,0 \\ 0 & 0 & 0 & 1 \end{bmatrix},$$

se o vetor força-torque da origem de $\{A\}$ é

$${}^A v = \begin{bmatrix} 6,0 \\ 6,0 \\ 0,0 \\ 5,0 \\ 0,0 \\ 0,0 \end{bmatrix},$$

encontre o vetor força-torque 6×1 com ponto de referência na origem de $\{B\}$.

11.6 [18] Descreva em português como você consegue inserir um livro em um espaço estreito entre livros na sua estante abarrotada.

11.7 [20] Quais as restrições naturais e artificiais para a tarefa de fechar uma porta com dobradiças com um manipulador? Faça todos os pressupostos razoáveis que forem necessários. Mostre sua definição de {C} em um esboço.

11.8 [20] Quais as restrições naturais e artificiais para a tarefa de tirar a rolha de uma garrafa de champanhe com um manipulador? Faça todos os pressupostos razoáveis que forem necessários. Mostre sua definição de {C} em um esboço.

11.9 [41] Quanto ao servossistema de rigidez da Seção 11.7, não alegamos que o sistema é estável. Presuma que (11.23) seja usada como a porção servo de um manipulador desacoplado e linearizado (de forma que as n juntas apareçam como massas unitárias). Prove que o controlador é estável para qualquer K_v negativo definido.

11.10 [48] Quanto ao servossistema de rigidez da Seção 11.7, não alegamos que o sistema é estável. Presuma que (11.23) seja usada como a porção servo de um manipulador desacoplado e linearizado (de forma que as n juntas apareçam como massas unitárias). É possível projetar um K_p que seja uma função de Θ e faça o sistema ser criticamente amortecido em todas as configurações?

11.11 [15] Conforme mostra a Figura 11.14, um bloco é restrito embaixo por um piso e na lateral por uma parede. Presumindo que essa situação de contato seja mantida no decorrer de um intervalo de tempo, dê as restrições naturais que estão presentes.

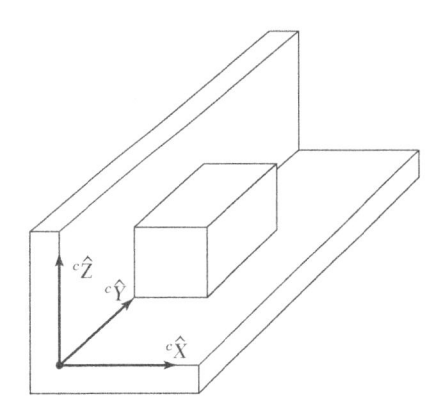

Figura 11.14: Um bloco restrito por um piso embaixo e uma parede na lateral.

EXERCÍCIO DE PROGRAMAÇÃO (PARTE 11)

Implemente um sistema cartesiano de controle de rigidez para o manipulador planar de três elos usando a lei de controle (11.23) para controlar o braço simulado. Use o Jacobiano escrito no sistema de referência {3}.

Para o manipulador que está na posição $\Theta = [60,0 \; -90,0 \; 30,0]$ e para K_{px} da forma

$$K_{px} = \begin{bmatrix} k_{\text{pequeno}} & 0,0 & 0,0 \\ 0,0 & k_{\text{grande}} & 0,0 \\ 0,0 & 0,0 & k_{\text{grande}} \end{bmatrix},$$

simule a aplicação das seguintes forças estáticas:
1. uma força de 1 newton agindo na origem de {3} na direção $\hat{X}_3$, e
2. uma força de 1 newton agindo na origem de {3} na direção $\hat{Y}_3$.

Os valores de k_{pequeno} e k_{grande} devem ser encontrados experimentalmente. Use um valor alto de k_{grande} para grande rigidez na direção $\hat{Y}_3$ e um valor baixo de k_{pequeno} para pequena rigidez na direção $\hat{X}_3$. Quais são as deflexões de estado estacionário nos dois casos?

Linguagens e sistemas de programação de robôs

CAPÍTULO 12

12.1 Introdução
12.2 Os três níveis da programação de robôs
12.3 Um modelo de aplicação
12.4 Requisitos de uma linguagem de programação de robôs
12.5 Problemas peculiares às linguagens de programação de robôs

12.1 INTRODUÇÃO

Neste capítulo, começamos a considerar a interface entre o usuário humano e um robô industrial. É por essa interface que o usuário tira vantagem de toda a mecânica e dos algoritmos de controle subjacentes que estudamos nos capítulos anteriores.

A sofisticação da interface de usuário vem se tornando de extrema importância à medida que manipuladores e outros tipos de automação programável são usados em aplicações industriais cada vez mais exigentes. Ocorre que a natureza da interface do usuário é uma preocupação muito importante. De fato, a maior parte do desafio de projeto e uso dos robôs industriais se concentra nesse aspecto do problema.

Os manipuladores robóticos diferenciam-se da automação fixa por serem "flexíveis", o que significa programáveis. Não só os movimentos dos manipuladores são programáveis, mas com o uso de sensores e de comunicação com outras automações da fábrica, podem *adaptar-se* a variações no decorrer da execução da tarefa.

Ao considerar a programação dos manipuladores, é importante lembrar que eles são apenas uma pequena parte de um processo automatizado. O termo **célula de trabalho** é usado para descrever um grupo localizado de equipamentos que pode incluir um ou mais manipuladores, esteiras transportadoras, alimentadores de peças e instalações. No nível superior seguinte, as células de trabalho podem estar interconectadas em redes que abrangem a fábrica toda, de forma que um computador central pode controlar o fluxo geral de produção. Assim, a programação dos manipuladores é quase sempre considerada dentro do problema mais amplo de programar uma variedade de máquinas interconectadas em uma célula de trabalho de uma fábrica automatizada.

Ao contrário dos 11 capítulos anteriores, a natureza do material deste capítulo (e do próximo) está em constante mudança. Portanto, é difícil apresentar esse conteúdo de forma detalhada. Em vez disso, procuramos destacar os conceitos fundamentais subjacentes e deixamos a cargo do leitor a busca pelos exemplos mais recentes, já que a tecnologia industrial não para de avançar.

12.2 OS TRÊS NÍVEIS DA PROGRAMAÇÃO DE ROBÔS

Muitos estilos de interface de usuário já foram desenvolvidos para a programação de robôs. Antes da rápida proliferação dos microcomputadores na indústria, os controladores robóticos pareciam sequências simples usadas em geral para o controle de automação fixa. As abordagens modernas concentram-se na programação de computadores e as questões da programação de robôs incluem todas aquelas encontradas na programação de computadores em geral – e mais.

Ensinar mostrando

Os primeiros robôs eram todos programados através de um método que chamaremos de **ensinar mostrando**, que implica movimentar o robô até um ponto desejado e gravar sua posição em uma memória que um sequenciador leria durante a reprodução. Na fase de ensinar, o usuário levaria o robô à mão ou pela interação com uma **caixa de controle** (conhecida como *teach pendant**). *Teach pendant* são botoeiras portáteis que permitem o controle de cada junta do manipulador ou de cada grau cartesiano de liberdade. Alguns desses controladores permitem testes e ramificações, de forma que aceitam programas simples envolvendo lógica. Algumas *teach pendant* têm visores alfanuméricos e, em termos de complexidade, aproximam-se dos terminais portáteis. A Figura 12.1 mostra um operador usando uma *teach pendant* para programar um robô industrial de grande porte.

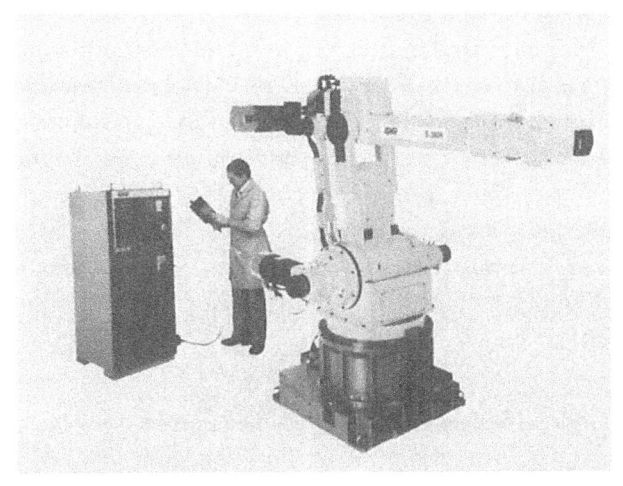

Figura 12.1: O GMF S380 é com frequência usado em soldas de ponto nas carrocerias automotivas. Aqui, um operador usa um *teach pendant* como interface para programar o manipulador. Foto cortesia de GMFanuc Corp.

---

* Nota do R.T.: Apêndice de instrução.

Linguagens de programação explícitas

Desde o advento de computadores potentes e baratos, a tendência vem sendo, cada vez mais, no sentido de programar robôs por meio de programas escritos em linguagem de programação de computadores. Em geral, essas linguagens têm características especiais que se aplicam aos problemas de programar manipuladores e são, portanto, chamadas de **linguagens de programação de robôs**, ou RPLs (do inglês, *robot programming languages*). A maioria dos sistemas que vêm equipados com uma linguagem de programação de robôs manteve, mesmo assim, uma interface no estilo *teach pendant*.

As linguagens de programação de robôs assumiram várias formas. Vamos dividi-las em três categorias:

1. **Linguagens de manipulação especializadas.** Foram construídas mediante o desenvolvimento de uma linguagem totalmente nova que, embora voltada para áreas robóticas em especial, podem muito bem ser consideradas linguagens genéricas de programação de computador. Um exemplo foi a linguagem VAL criada para controlar os robôs industriais da Unimation, Inc. [1]. A VAL foi desenvolvida especialmente como linguagem de controle de manipuladores; como linguagem genérica de computação ela era bastante fraca. Por exemplo, não suportava números reais ou cadeias de caracteres e as sub-rotinas não conseguiam passar argumentos. Uma versão mais recente, a V-II, fornecia esses recursos [2]. A versão atual dessa linguagem, a V+, inclui muitos recursos novos [13]. Outro exemplo de uma linguagem de manipulação especializada é a AL, desenvolvida na Universidade de Stanford [3]. Embora a linguagem AL seja hoje uma relíquia do passado, ela mesmo assim fornece bons exemplos de alguns recursos que ainda não são encontrados nas linguagens mais modernas (controle de força, paralelismo). Além disso, como foi desenvolvida em um ambiente acadêmico, há referências disponíveis para descrevê-la [3]. Por tais motivos, continuamos fazendo referência a ela.
2. **Biblioteca de robótica para uma linguagem de programação existente.** Essas linguagens de programação de robôs foram desenvolvidas com base em uma linguagem de programação já popularizada (por exemplo, Pascal) e acrescentando-se uma biblioteca de sub-rotinas específica para robótica. O usuário, então, escreve um programa em Pascal chamando, com frequência, o pacote de sub-rotinas específico para necessidades robóticas. Um exemplo é a AR-BASIC da American Cimflex [4], que é em essência uma biblioteca de sub-rotina para uma implementação em BASIC. Desenvolvida pelo Laboratório de Propulsão a Jato da NASA, a JARS é um exemplo de linguagem de programação robótica baseada em Pascal [5].
3. **Biblioteca de robótica para uma nova linguagem de uso geral.** Essas linguagens de programação de robôs foram desenvolvidas primeiro criando-se uma nova linguagem de uso geral como base de programação e, em seguida, acrescentando-se uma biblioteca de sub-rotinas predeterminadas, específicas para robôs. Exemplos são a RAPID, desenvolvida pela ABB Robotics [6]; a AML, desenvolvida pela IBM [7]; e a KAREL, desenvolvida pela GMF Robotics [8].

Estudos de aplicações de fato de programas para células de trabalho robóticas demonstram que uma alta porcentagem das expressões da linguagem não são específicas para robôs [7]. Ao contrário, uma grande parte da programação robótica se relaciona à inicialização, teste de lógica e ramificação, comunicação e assim por diante. Por esse motivo, existe a tendência de deixar de lado o desenvolvimento de linguagens especiais para a programação de robôs e passar ao desenvolvimento de extensões para linguagens genéricas, como nas categorias 2 e 3 já citadas.

> **Linguagens de programação em nível de tarefa**

O terceiro nível da metodologia de programação de robôs está incorporado nas **linguagens de programação em nível de tarefa**. Essas linguagens permitem que o usuário comande as submetas da tarefa diretamente em vez de especificar os detalhes de todas as ações que o robô deverá realizar. Em um sistema desse tipo, o usuário é capaz de incluir instruções no programa da aplicação, em um nível significativamente mais alto do que em uma linguagem explícita de programação de robôs. Por exemplo, se a instrução para "pegar o parafuso" for dada, o sistema deve planejar uma trajetória para o manipulador que evite colisões com os obstáculos circundantes, deve automaticamente escolher um bom local no próprio parafuso para que seja pego e deve pegá-lo. Em contrapartida, em uma linguagem explícita de programação de robôs, todas essas escolhas devem ser feitas pelo programador.

A fronteira entre as linguagens de programação explícitas e as linguagens em nível de tarefa é bastante definida. Avanços incrementais vêm sendo feitos nas linguagens explícitas de programação de robôs para ajudar a facilitar a programação, mas esses aperfeiçoamentos não podem ser considerados componentes de um sistema de programação em nível de tarefa. A verdadeira programação em nível de tarefa de manipuladores ainda não existe, mas já foi tópico de pesquisas [9, 10] e continua sendo.

12.3 UM MODELO DE APLICAÇÃO

A Figura 12.2 mostra uma célula de trabalho automatizada que completa uma pequena submontagem em um processo hipotético de fabricação. A célula de trabalho consiste de uma esteira transportadora controlada por um computador, que traz uma peça; uma câmera conectada a um sistema de visão, usada para localizar a peça na esteira transportadora; um robô industrial (a ilustração é de um PUMA 560) equipado com um punho com sensor de força; um pequeno alimentador na superfície de trabalho que fornece outra peça ao manipulador; uma prensa controlada por computador que pode ser carregada e descarregada pelo robô; e uma plataforma sobre a qual o robô coloca os conjuntos montados.

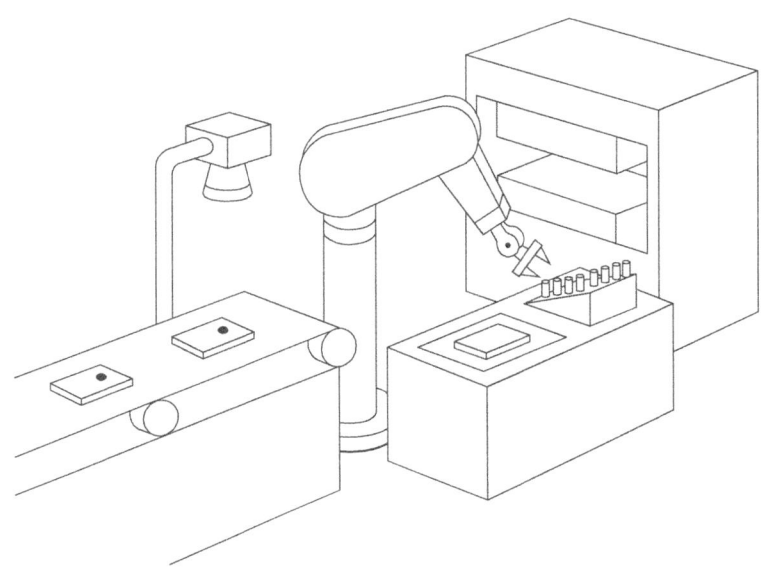

Figura 12.2: Uma célula de trabalho automatizada contendo um robô industrial.

O processo todo é controlado pelo controlador do manipulador, na seguinte sequência:

1. A esteira transportadora recebe o sinal de iniciar; ela é parada quando o sistema de visão registra que um suporte foi detectado na esteira.
2. O sistema de visão avalia a posição e a orientação do suporte na esteira e o inspeciona quanto a defeitos, tais como o número errado de furos.
3. Conforme as informações do sistema de visão, o manipulador pega o suporte com uma força específica. A distância entre as pontas dos dedos é verificada para garantir que ele foi pego adequadamente. Se ele não o foi, o robô se afasta e a tarefa de visão é repetida.
4. O suporte é colocado no apoio na superfície de trabalho. A essa altura, a esteira transportadora pode receber o sinal de começar outra vez com um novo suporte – ou seja, os passos 1 e 2 podem começar em paralelo com os passos seguintes.
5. Um pino é pego do alimentador e inserido parcialmente em um furo afunilado no suporte. O controle de força é usado para realizar a inserção e também verificações simples quanto à sua conclusão. (Se o alimentador de pinos estiver vazio, um operador é notificado e o manipulador espera até receber o comando do operador para continuar.)
6. O conjunto de suporte e pino é pego pelo robô e colocado na prensa.
7. A prensa é comandada para atuar e pressiona o pino no suporte, até o fim. A prensa sinaliza que terminou e o suporte é colocado de volta no apoio para uma última inspeção.
8. Pela detecção de força, o conjunto é verificado quanto à inserção adequada do pino. O manipulador detecta a força de reação quando pressiona o pino lateralmente e pode fazer várias verificações para descobrir até que ponto ele se projeta do suporte.
9. Se a avaliação do suporte for boa, o robô coloca a peça terminada no próximo espaço disponível na plataforma. Quando ela está cheia, o operador é sinalizado. Se a montagem estiver ruim, ela é colocada no cesto de refugo.
10. Uma vez completado o Passo 2 (começado anteriormente em paralelo), vá para o Passo 3.

Esse é um exemplo de tarefa possível para os robôs industriais. Deve ficar claro que a definição de um processo como esse pela técnica de "ensinar mostrando" não é viável. Por exemplo, ao lidar com plataformas, é trabalhoso ter de ensinar todos seus compartimentos. É preferível ensinar apenas a localização do canto e, com base nisso, computar as demais a partir do conhecimento das dimensões da plataforma. Além disso, especificar a sinalização interprocessual e estabelecer o paralelismo com o uso de um *teach pendant* típico ou uma interface no estilo *menu* é, em geral, impossível. Esse tipo de aplicação precisa de uma abordagem de linguagem de programação robótica para a descrição do processo. (Veja o Exercício 12.5.) Por outro lado, tal aplicação é complexa demais para ser tratada diretamente por qualquer uma das linguagens em nível de tarefa existentes. É um exemplo típico das muitas aplicações que têm de ser tratadas com uma abordagem de programação robótica explícita. Manteremos esse modelo de aplicação em mente enquanto discutimos os recursos das linguagens de programação.

12.4 REQUISITOS DE UMA LINGUAGEM DE PROGRAMAÇÃO DE ROBÔS

> Modelagem do mundo

Os programas de manipulação devem, por definição, incluir objetos que se movimentam no espaço tridimensional e, portanto, é claro que qualquer linguagem de programação de robôs precisa de um meio para descrever essas ações. O elemento mais comum das linguagens de programação robóticas é a existência de **tipos geométricos** especiais. Por exemplo, *tipos* são introduzidos para representar conjuntos de ângulos de juntas, posições cartesianas, orientações e sistemas de referência. Operadores predefinidos que podem manipular esses tipos estão frequentemente disponíveis. Os "sistemas de referência padrão" introduzidos no Capítulo 3 podem funcionar como um possível modelo de mundo: todos os movimentos são descritos como o sistema de referência da ferramenta em relação ao sistema de referência da estação de trabalho, sendo os sistemas de referência das metas construídos a partir de expressões arbitrárias que envolvem tipos geométricos.

Dado um ambiente de programação que suporta tipos geométricos, o robô e outras máquinas, peças e instalações podem ser modelados definindo-se variáveis identificadas associadas a cada objeto de interesse. A Figura 12.3 mostra parte do nosso modelo de célula de trabalho com sistemas de referência fixados nos locais relevantes à tarefa. Cada um desses sistemas de referência seria representado por uma variável do tipo "sistema de referência" no programa robótico.

Em muitas linguagens de programação robóticas, a habilidade de definir variáveis identificadas de vários tipos geométricos e fazer referência a elas no programa constitui a base do modelo de mundo. Observe que as formas físicas dos objetos não fazem parte desse modelo de mundo e nem as superfícies, volumes, massas ou outras propriedades. Até onde os objetos do mundo são modelados é uma das decisões de projeto básicas na elaboração de um sistema de programação robótica. A maioria dos sistemas atuais suporta apenas o estilo que acabamos de descrever.

Alguns sistemas de modelagem do mundo permitem a noção de **afixação** entre objetos identificados [3]. Ou seja, o sistema pode ser informado de que dois ou mais objetos se tornaram "afixados" e, dali por diante, se um objeto é explicitamente movido com uma expressão da linguagem, qualquer objeto afixado a ele será movido junto. Assim, na nossa aplicação, uma vez inserido o pino no furo do suporte, o sistema seria informado (por uma expressão da linguagem) de que esses dois objetos tornaram-se afixados. Os movimentos subsequentes do suporte (ou seja, mudanças de valor da variável do sistema de referência "suporte") fariam o valor armazenado para a variável "pino" ser também atualizado.

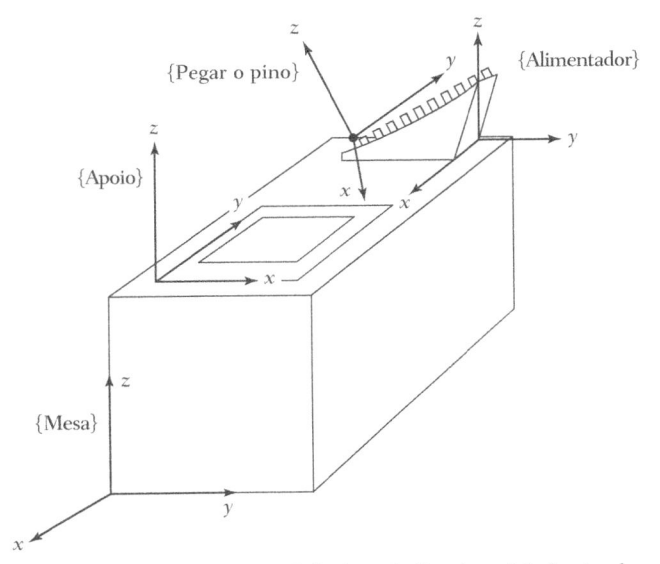

Figura 12.3: Com frequência, a célula de trabalho é modelada simplesmente como uma série de sistemas de referência fixados aos objetos relevantes.

O ideal seria que um sistema de modelagem do mundo incluísse muito mais informações sobre os objetos com os quais o manipulador tem de lidar e sobre o próprio manipulador. Por exemplo, considere um sistema no qual os objetos são descritos por modelos no estilo CAD que representa a forma espacial de um objeto através de definições de suas extremidades, superfícies ou volume. Com tais dados disponíveis para o sistema, torna-se possível aplicar muitos dos recursos de um sistema de programação em nível de tarefa. Essas possibilidades serão discutidas mais adiante no Capítulo 13.

> Especificação de movimento

Uma função muito básica de uma linguagem de programação robótica é permitir a descrição dos movimentos desejados do robô. Com o uso de expressões de movimento na linguagem, o usuário faz a interface com planejadores de trajetória e geradores do estilo descrito no Capítulo 7. As expressões de movimento permitem ao usuário especificar pontos de passagem, o ponto meta e a escolha entre usar o movimento por interpolação de juntas ou o cartesiano em linha reta. Além disso, o usuário pode ter o controle sobre a velocidade ou duração de um movimento.

Para ilustrar várias sintaxes das primitivas de movimento, vamos considerar o seguinte exemplo de movimentos do manipulador: (1) mover-se para posição "goal1", em seguida (2) mover-se em linha reta para posição "goal2", depois (3) mover-se sem parar por "via1" e chegar ao repouso em "goal3". Presumindo que todos esses pontos de trajetória já foram ensinados ou descritos textualmente, esse segmento de programa seria escrito como se segue.

Em VAL II,

```
move goal1
moves goal2
move via1
move goal3
```

Em AL (aqui controlando o manipulador chamado "garm"),

```
move garm to goal1;
move garm to goal2 linearly;
move garm to goal3 via via1;
```

A maioria das linguagens tem uma sintaxe semelhante para expressões de movimento simples como essas. As diferenças entre as primitivas de uma linguagem de programação robótica e de outra se tornam mais evidentes se considerarmos recursos como os seguintes:

1. a habilidade de fazer cálculos matemáticos em tipos estruturados como sistemas de referência, vetores e matrizes rotacionais;
2. a habilidade de descrever entidades geométricas como sistemas de referência em representações convenientes variadas – junto com a capacidade de conversão entre representações;
3. a habilidade de prover restrições à duração ou à velocidade de um determinado movimento – por exemplo, muitos sistemas permitem ao usuário especificar diretamente uma duração ou uma velocidade máxima de junta desejadas;
4. a habilidade de especificar metas relativas a vários sistemas de referência, inclusive os definidos pelo usuário e sistemas de referência em movimento (em uma esteira transportadora, por exemplo).

Fluxo de execução

Como nas linguagens de programação de computador mais convencionais, um sistema de programação robótica permite ao usuário especificar o fluxo de execução – ou seja, conceitos tais como teste e ramificação, laços, chamadas de sub-rotinas e mesmo interrupções são encontradas nas linguagens de programação robóticas.

Mais do que em muitas aplicações para computadores, o processamento paralelo é importante nas aplicações de células de trabalho automatizadas. Antes de tudo, muitas vezes dois ou mais robôs são usados numa única célula e trabalham em simultâneo para diminuir o tempo de ciclo do processo. Mesmo nas aplicações com um único robô, como a que mostra a Figura 12.2, outros equipamentos da célula de trabalho precisam ser controladas pelo controlador do robô de forma paralela. Portanto, primitivas de *sinal* e *espera* são muito encontradas nas linguagens de programação robóticas que, por vezes, apresentam construtos de execução paralela mais sofisticados [3].

Outra ocorrência frequente é a necessidade de monitorar vários processos com algum tipo de sensor. Depois, seja interrompendo ou através de *polling*, o sistema robótico deve ser capaz de responder a certos eventos detectados pelos sensores. A capacidade de especificar com facilidade tais **monitores de eventos** é proporcionada por algumas linguagens de programação robóticas [2, 3].

Ambiente de programação

Como acontece com qualquer linguagem de computação, um bom ambiente de programação promove a produtividade do programador. A programação de manipuladores é difícil e tende a ser bastante interativa com muitas tentativas e erros. Se o usuário fosse forçado a repetir continuamente o ciclo de "editar-compilar-executar" das linguagens compiladas, a produtividade seria baixa. Portanto, a maioria das linguagens de programação é hoje *interpretada*, de forma que expressões individuais de linguagem podem ser executadas isoladamente durante o desenvolvimento do programa e a depuração. Muitas das expressões da linguagem provocam o movimento de um dispositivo físico, e assim o tempo ínfimo necessário para interpretar as expressões da linguagem é insignificante. O suporte típico de programação, como editores de texto, depuradores e um sistema de arquivo também são necessários.

Integração de sensores

Uma parte de extrema importância da programação de robôs está relacionada à interação com os sensores. O sistema deve ter, no mínimo, meios de questionar os sensores táteis e de força e de usar as respostas em construtos do tipo *if-then-else*. A capacidade de especificar monitores de eventos para observar transições nesses sensores *em segundo plano* também é muito útil.

A integração com um sistema de visão permite que este envie ao sistema manipulador as coordenadas de um objeto de interesse. Por exemplo, em nosso modelo de aplicação, um sistema de visão localiza os suportes na esteira transportadora e envia ao controlador do manipulador sua posição e orientação em relação à câmera. O sistema de referência da câmera é conhecido em relação ao da estação de trabalho de forma que um sistema de referência da meta desejado pode ser computado para o manipulador a partir dessa informação.

Certos sensores podem fazer parte de outros equipamentos da célula de trabalho – por exemplo, alguns controladores robóticos podem usar entradas vindas de um sensor fixado à esteira transportadora para que o manipulador acompanhe o movimento da esteira e retire dela os objetos à medida que ela se movimenta [2].

A interface com recursos de controle de força, como discutido no Capítulo 9, é feita por expressões especiais de linguagem que permitem ao usuário especificar estratégias de força [3]. Tais estratégias de controle de força são, por necessidade, uma parte integrada do sistema de controle do manipulador – a linguagem de programação robótica serve apenas de interface para esses recursos. A programação de robôs que utilizam o controle de força ativo pode exigir outros recursos especiais, como a capacidade de exibir dados de força coletados durante um movimento restrito [3].

Em sistemas que suportam o controle de força ativo, a descrição da aplicação da força desejada pode se tornar parte da especificação de movimento. A linguagem AL descreve o controle de força ativo nas primitivas de movimento especificando seis componentes de rigidez (três translacionais e três rotacionais) e um viés de força. Dessa maneira, a rigidez aparente do manipulador é programável. Para aplicar uma força, geralmente a rigidez é ajustada em zero naquela direção e um viés de força é especificado – por exemplo,

```
move garm to goal
with stiffness=(80, 80, 0, 100, 100, 100)
with force=20*ounces along zhat;
```

12.5 PROBLEMAS PECULIARES ÀS LINGUAGENS DE PROGRAMAÇÃO DE ROBÔS

Os avanços feitos nos últimos anos têm ajudado, mas a programação de robôs continua sendo difícil. Ela compartilha de todos os problemas da programação convencional de computadores, somados a algumas dificuldades causadas pelos efeitos do mundo físico [12].

> Modelo de mundo interno *versus* realidade externa

Uma característica central dos sistemas de programação de robôs é o modelo de mundo mantido internamente no computador. Mesmo quando esse modelo é bastante simples, há amplas dificuldades para garantir que ele corresponda à realidade física que está tentando modelar. Discrepâncias entre o modelo interno e a realidade externa resultam em falha ou ineficiência para pegar objetos, colisões e uma série de outros problemas sutis.

Essa correspondência entre o modelo interno e o mundo externo deve ser estabelecida para o estado inicial do programa e mantida no decorrer da sua execução. Durante a programação inicial ou depuração, cabe geralmente ao usuário o ônus de garantir que o estado representado no programa corresponde ao estado físico da célula de trabalho. Ao contrário da programação mais convencional, onde apenas as variáveis internas precisam ser salvas e restauradas para restabelecer uma situação anterior, na programação robótica os objetos físicos devem, geralmente, ser reposicionados.

Além da incerteza inerente quanto à posição de cada objeto, o manipulador em si é limitado a certo grau de acurácia. É comum que os passos de uma montagem requeiram que o manipulador faça movimentos que exigem uma precisão além da sua capacidade. Para complicar ainda mais a questão, a precisão do manipulador varia no espaço de trabalho.

Ao lidar com objetos cuja localização não é conhecida com exatidão, é essencial de alguma forma refinar a informação de posição. Isso às vezes pode ser feito com sensores (por exemplo, de visão ou tátil) ou através de estratégias apropriadas de força para movimentos restritos.

Durante a depuração dos programas de manipuladores, é muito útil poder modificar o programa para depois voltar e tentar um procedimento novamente. Essa volta implica restaurar o manipulador e os objetos que estão sendo manipulados a um estado anterior. No entanto, ao trabalhar com objetos físicos, nem sempre é fácil, ou sequer possível, desfazer uma ação. Alguns exemplos são as operações de pintura, rebite, perfuração e solda que provocam a modificação física dos objetos que estão sendo manipulados. Pode, portanto, ser necessário que o usuário obtenha uma nova cópia do objeto para substituir a antiga que foi modificada. Além disso, é provável que algumas das operações, imediatamente anteriores à que está sendo refeita, tenham também que ser repetidas para estabelecer o estado adequado necessário a fim de que a operação desejada seja refeita com sucesso.

Sensibilidade ao contexto

A **programação *bottom-up*** (de baixo para cima) é uma abordagem padrão para a elaboração de um programa de computador extenso, na qual são desenvolvidas partes menores, de nível mais baixo para, por fim, formar com elas um programa completo. Para o método funcionar, é essencial que as partes menores sejam relativamente insensíveis às expressões de linguagem que as precedem e que não haja pressupostos relativos ao contexto no qual essas partes do programa o executam. Para a programação de manipuladores, esse frequentemente não é o caso; um código que funciona de forma confiável quando é testado isoladamente costuma falhar quando é colocado no contexto do programa mais amplo. Esses problemas surgem em geral das dependências de configuração do manipulador e da velocidade dos movimentos.

Programas de manipuladores podem ser altamente sensíveis às condições iniciais – por exemplo, a posição inicial do manipulador. Nas trajetórias de movimento, a posição inicial influenciará a trajetória que será usada para o movimento. A posição inicial do manipulador pode, também, influenciar a velocidade com a qual o braço se moverá durante alguma parte crítica do movimento. Por exemplo, essas afirmações são verdadeiras para manipuladores que seguem as trajetórias de *spline* cúbico no espaço de juntas estudado no Capítulo 7. Tais efeitos podem, às vezes, ser tratados com o cuidado adequado em termos de programação, mas frequentemente esses problemas não surgem até depois que as expressões iniciais da linguagem tenham sido depuradas em separado para serem depois unidas às expressões precedentes.

Por causa da acurácia insuficiente do manipulador, um segmento de programa escrito para realizar uma operação em um determinado local provavelmente precisará ser ajustado (ou seja, reensinado ou coisa semelhante) para que funcione em um local diferente. Mudanças de local dentro da célula de trabalho resultam em mudanças na configuração do manipulador para chegar aos locais metas. Tais tentativas de recolocação dos movimentos do manipulador dentro da célula de trabalho testam a precisão da cinemática do manipulador e do sistema servo e, com frequência, surgem problemas. Uma recolocação desse tipo pode provocar uma mudança na configuração cinemática do manipulador – por exemplo, do ombro esquerdo para o ombro direito, ou de acima do cotovelo para abaixo do cotovelo. Além disso, essas mudanças de configuração podem causar grandes movimentos do braço durante o que, antes, seria um movimento curto e simples.

A natureza da forma espacial das trajetórias irá provavelmente se alterar à medida que os trajetos se localizem em regiões diferentes do espaço de trabalho do manipulador. Isso é particularmente verdade para os métodos de trajetória de espaço de juntas, mas o uso de esquemas de trajetórias cartesianas também pode levar a problemas quando houver singularidades por perto.

Ao testar o movimento de um manipulador pela primeira vez, é prudente fazê-lo mover-se devagar. Isso permite ao usuário a chance de parar o movimento se ele estiver aparentemente prestes a causar uma colisão. Permite, também, que o usuário inspecione o movimento de perto. Depois que o movimento passar pela depuração inicial a uma velocidade mais lenta, é desejável aumentar sua velocidade. Fazer isso pode resultar na mudança de alguns aspectos do movimento. Limitações na maioria dos sistemas de controle dos manipuladores provocam erros de servo maiores, que devem ser esperados se a trajetória mais rápida for seguida. Além disso, em situações de controle de força que envolvem contato com o ambiente, mudanças de velocidade podem mudar completamente as estratégias de força necessárias para o sucesso.

A configuração do manipulador também afeta a delicadeza e a acurácia das forças que podem ser aplicadas com ele. Essa é uma função de quão bem condicionado o Jacobiano do manipulador está em uma determinada configuração, algo difícil de avaliar durante o desenvolvimento dos programas robóticos.

Recuperação de erro

Outra consequência direta de trabalhar com o mundo físico é a de que os objetos talvez não estejam exatamente onde deveriam e, portanto, os movimentos que lidam com eles podem falhar. Parte da programação do manipulador implica tentar considerar isso e tornar as operações de montagem o mais robustas possível, mas, mesmo assim, é provável que os erros ocorram e uma parte importante da programação do manipulador é como se recuperar desses erros.

Praticamente qualquer expressão de movimento no programa do usuário pode falhar, às vezes por uma série de razões. Algumas das causas mais comuns são objetos que saem do lugar ou caem da mão, um objeto que não está onde deveria, obstrução durante uma inserção e não conseguir localizar um orifício.

O primeiro problema que surge para a recuperação de erro é a identificação de que um erro, de fato, aconteceu. Como os robôs normalmente têm recursos de detecção e raciocínio bastante limitados, a *detecção de erro* frequentemente é difícil. A fim de detectar um erro, um programa robótico deve conter algum tipo de teste explícito. O teste pode envolver a verificação da posição do manipulador para ver se ele tem o alcance apropriado; por exemplo, ao fazer uma inserção, a falta de mudança de posição pode indicar uma obstrução ou, se há mudança demais, isso pode significar que o orifício foi completamente perdido ou que o objeto caiu da mão. Se o sistema manipulador tem algum tipo de recurso visual, poderá fotografar e verificar a presença ou ausência de um objeto e, se o objeto estiver presente, informar sua localização. Outras verificações envolvem força, por exemplo, pesar a carga que está sendo transportada para verificar se o objeto continua lá e não caiu; ou verificar se uma força de contato permanece dentro de certos limites durante um movimento.

Toda expressão de movimento do programa é sujeita a falhar, de forma que as verificações explícitas podem ser bastante trabalhosas e ocupar mais espaço do que o resto do programa. Tentar lidar com todos os erros possíveis é extremamente difícil; em geral, só as poucas expressões mais prováveis de falhar são verificadas. O processo de prever quais porções de um programa de aplicação robótica têm mais probabilidade de falhar requer certo grau de interação e de testes parciais com o robô durante o estágio de desenvolvimento do programa.

Uma vez que um erro foi detectado, pode ser feita uma tentativa de recuperação. Isso pode ser feito totalmente pelo manipulador sob controle do programa, pode implicar a intervenção manual do usuário ou em uma combinação das duas coisas. De qualquer forma, a tentativa de recuperação pode, por sua vez, resultar em novos erros. É fácil ver como o código de recuperação de erros pode se tornar a maior parte do programa do manipulador.

O uso de paralelismo nos programas de manipuladores pode complicar ainda mais a recuperação de erros. Quando vários processos estão sendo executados ao mesmo tempo, e um deles provoca um erro, ele pode frequentemente afetar outros processos. Em muitos casos, será possível voltar o processo prejudicial permitindo que os demais continuem. Em outras ocasiões, será necessário restaurar vários ou todos os processos em execução.

BIBLIOGRAFIA

[1] SHIMANO, B. "VAL: A Versatile Robot Programming and Control System," *Proceedings of COMPSAC 1979*, Chicago, nov. 1979.
[2] SHIMANO, B., GESCHKE, C. e SPALDING, C. "VAL II: A Robot Programming Language and Control System," Conference SME Robots VIII. Detroit, jun. 1984.
[3] MUJTABA, S. e GOLDMAN, R. "AL Users' Manual," 3. ed., Departamento de Ciências da Computação de Stanford, Relatório Nº STAN-CS-81-889, dez. 1981.
[4] GILBERT, A. et al. *AR-BASIC: An Advanced and User Friendly Programming System for Robots*, American Robot Corporation, jun. 1984.
[5] CRAIG, J. "JARS – JPL Autonomous Robot System: Documentation and Users Guide," Memorando interno JPL, set. 1980.
[6] ABB Robotics, "The RAPID Language," em *SC4Plus Controller Manual*, ABB Robotics, 2002.
[7] TAYLOR, R., SUMMERS, P. e MEYER, J. "AML: A Manufacturing Language," *International Journal of Robotics Research*, v.1, n.3, outono 1982.
[8] FANUC Robotics, Inc. "KAREL Language Reference," FANUC Robotics North America, Inc., 2002.
[9] TAYLOR, R. "A Synthesis of Manipulator Control Programs from Task-Level Specifications," Universidade de Stanford Memorando AI 282, jul. 1976.
[10] LaTOMBE, J. C. "Motion Planning with Uncertainty: On the Preimage Backchaining Approach," em *The Robotics Review*, O. Khatib, J. Craig e T. Lozano-Perez (Eds.), Cambridge, Massachusetts: MIT Press, 1989.
[11] GRUVER, W. e SOROKA, B. "Programming, High Level Languages," em *The International Encyclopedia of Robotics*, R. Dorf e S. Nof (Eds.), Nova York: Wiley Interscience, 1988.
[12] GOLDMAN, R. *Design of an Interactive Manipulator Programming Environment*, UMI Ann Arbor, Michigan: Research Press, 1985.
[13] Adept Technology, *V+ Language Reference*, Adept Technology, Livermore, Califórnia, 2002.

EXERCÍCIOS

12.1 [15] Escreva um programa robótico (em uma linguagem da sua escolha) para apanhar um bloco no local A e colocá-lo no local B.
12.2 [20] Descreva o ato de amarrar o cadarço do sapato em comandos simples em português que possam formar a base de um programa robótico.
12.3 [32] Projete a sintaxe de uma nova linguagem de programação robótica. Inclua maneiras de dar duração ou velocidade às trajetórias de movimento, faça expressões de entrada e saída para periféricos, dê comandos para controlar a garra e produza comandos de detecção de força (isto é, movimento protegido). Você pode pular o controle de força e o paralelismo (abordados no Exercício 12.4).
12.4 [28] Estenda a especificação da nova linguagem de programação robótica que você começou no Exercício 12.3 acrescentando a sintaxe de controle de força e a de paralelismo.

12.5 [38] Escreva um programa em uma linguagem de programação robótica disponível no mercado para realizar a aplicação descrita na Seção 12.3. Assuma tudo o que for razoável em termos de conexões de entrada e saída e outros detalhes.

12.6 [28] Usando qualquer linguagem robótica, escreva uma rotina genérica para descarregar uma plataforma de tamanho arbitrário. A rotina deve acompanhar a indexação de toda a plataforma e sinalizar um operador humano quando ela estiver vazia. Presuma que as peças são descarregadas para uma esteira transportadora.

12.7 [35] Usando qualquer linguagem robótica, escreva uma rotina genérica para descarregar uma plataforma de tamanho arbitrário e carregar outra de tamanho arbitrário como destino. A rotina deve acompanhar a indexação das plataformas completas e sinalizar um operador humano quando a plataforma de origem estiver vazia e a de destino estiver cheia.

12.8 [35] Usando qualquer linguagem de programação robótica capaz, escreva um programa que use controle de força para encher uma caixa com 20 cigarros. Presuma que o manipulador tem uma acurácia de 0,25 polegadas, de forma que o controle de força deve ser usado em várias operações. Os cigarros chegam numa esteira transportadora e um sistema de visão informa suas coordenadas.

12.9 [35] Usando qualquer linguagem de programação capaz, escreva um programa para montar o fone de um telefone padrão. Os seis componentes (cabo, microfone, alto-falante, duas tampas e o fio) chegam em um *kit*, ou seja, uma plataforma especial com uma peça de cada. Presuma que existe um apoio no qual o cabo pode ser colocado, onde ele fica firme. Faça todos os outros pressupostos razoáveis que forem necessários.

12.10 [33] Escreva um programa robótico que usa dois manipuladores. Um, chamado GARM, tem um efetuador especial projetado para segurar uma garrafa de vinho. O outro braço, BARM, irá segurar uma taça de vinho e é equipado com um punho sensor de força que pode ser usado para sinalizar para o GARM quando parar de despejar ao detectar que o copo está cheio.

EXERCÍCIO DE PROGRAMAÇÃO (PARTE 12)

Crie uma interface de usuário para os outros programas que você desenvolveu escrevendo algumas sub-rotinas em Pascal. Uma vez que estejam definidas, um "usuário" poderia escrever um programa em Pascal que contenha chamadas para essas sub-rotinas a fim de realizar uma aplicação robótica 2D com simulação.

Defina primitivas que permitam ao usuário estabelecer sistemas de referência da estação de trabalho e da ferramenta, a saber:

```
setstation(Sre1B:vec3);
settool(Tre1W:vec3);
```

em que "Sre1B" dá o sistema de referência da estação em relação ao da base do robô e "Tre1W" define o sistema de referência da ferramenta em relação ao do punho do manipulador. Defina as primitivas de movimento

```
moveto(goal:vec3);
moveby(increment:vec3);
```

em que "goal" é uma especificação do sistema de referência da meta em relação ao da estação de trabalho e "increment" é uma especificação de um sistema de referência da meta em relação ao atual da ferramenta. Permita a descrição de trajetórias multissegmentadas quando o usuário chamar inicialmente a função "pathmode", em seguida especificar movimentos para pontos de passagem e, por fim, disser "runpath", por exemplo,

```
pathmode; (* enter path mode *)
moveto(goal1);
moveto(goal2);
runpath; (* execute the path without stopping at goal1 *)
```

Escreva um programa para uma "aplicação" simples e peça ao sistema que imprima a localização do braço a cada *n* segundos.

Sistemas de programação off-line

13.1 Introdução
13.2 Principais aspectos dos sistemas OLP
13.3 O simulador "Pilot"
13.4 Automatizando subtarefas em sistemas OLP

13.1 INTRODUÇÃO

Definimos um **sistema de programação off-line** (OLP) como uma linguagem de programação robótica que foi suficiente estendida, geralmente por meio de computação gráfica, de forma que o desenvolvimento de programas de robótica pode ser feito sem acesso ao robô em si.* Sistemas de programação off-line são importantes tanto como auxílio na programação dos equipamentos de automação industrial quanto como plataformas para a pesquisa em robótica. Muitos aspectos têm de ser considerados no projeto desses sistemas. Neste capítulo, apresentamos primeiro uma discussão sobre esses aspectos [1] e, em seguida, um olhar mais detalhado em um deles [2].

Nos últimos 20 anos, o crescimento do mercado de robôs industriais não foi tão rápido quanto se previa. Um dos principais motivos é que robôs ainda são muito difíceis de usar. Muito tempo e conhecimento são necessários para instalar um robô em uma determinada aplicação e levar o sistema ao nível onde está pronto para a produção. Por várias razões, esse problema é mais grave em algumas aplicações do que em outras; assim, vemos certas áreas de aplicação (por exemplo, solda ponto e pintura em *spray*) sendo automatizadas com robôs muito antes que outros domínios de aplicação (por exemplo, montagem). Ao que parece, a falta de instaladores de sistemas robóticos bem treinados vem limitando o crescimento em algumas, se não em todas as áreas de aplicação. Em algumas empresas de fabricação, a administração estimula o uso de robôs em um grau maior do que o factível pelos engenheiros de aplicações. Além disso, uma grande porcentagem dos robôs instalados está sendo usada de maneiras que não tiram proveito total dos seus recursos. Esses sintomas

---
* O Capítulo 13 é uma versão editada de dois artigos: um reproduzido com permissão do *International Symposium of Robotics Research*, R. Bolles e B. Roth (Eds.), 1988 (ref. [1]); e o outro de *Robotics: The Algorithmic Perspective*, P. Agarwal et al. (Eds.), 1998 (ref. [2]).

indicam que os atuais robôs industriais não são fáceis o suficiente de usar para permitir uma instalação bem-sucedida e uma programação adequada.

Há muitos fatores que tornam a programação de robôs uma tarefa difícil. Primeiro, ela está intrinsecamente relacionada à programação de computadores em geral e, portanto, compartilha de muitos dos problemas encontrados nesse campo; mas a programação de robôs, ou de qualquer máquina programável, tem problemas particulares que tornam o desenvolvimento de software pronto para a produção ainda mais difícil. Como vimos no capítulo anterior, a maior parte dos problemas especiais vem do fato de que um manipulador robótico interage com seu ambiente físico [3]. Mesmo sistemas simples de programação mantêm um "modelo de mundo" desse ambiente físico, na forma de localização dos objetos, e têm "conhecimento" quanto à presença ou ausência de vários objetos codificados nas estratégias do programa. Durante o desenvolvimento de um programa robótico (e em especial depois, durante o seu uso na produção), é necessário manter o modelo interno atualizado pela programação do sistema em correspondência com o estado de fato do ambiente do robô. A depuração interativa de programas com um manipulador requer a reinicialização manual frequente quanto ao estado do ambiente do robô – peças, ferramentas, entre outras, têm de ser movidas de volta ao seu ambiente inicial. Essa reinicialização do estado se torna especialmente difícil (e, às vezes, dispendiosa) quando o robô realiza uma operação irreversível em uma ou mais peças (por exemplo, perfuração ou roteamento). O efeito mais espetacular da presença do ambiente físico ocorre quando um erro de programa se manifesta em alguma operação irreversível e não intencional em peças, ferramentas ou, até, no próprio manipulador.

Embora existam dificuldades para manter um modelo interno acurado do ambiente do manipulador, parece não haver dúvida de que isso gera grandes benefícios. Áreas inteiras de pesquisas em sensores – das quais a mais notável talvez seja a visão computacional – concentram-se no desenvolvimento de técnicas pelas quais modelos do mundo podem ser verificados, corrigidos ou descobertos. Claro, a fim de aplicar qualquer algoritmo computacional ao problema de geração de comandos, o algoritmo precisa acessar um modelo do robô e do que está à volta dele.

No desenvolvimento de sistemas de programação para robôs, o avanço dos recursos das técnicas de programação parece diretamente ligado à sofisticação do modelo interno referenciado pela linguagem de programação. Nos primeiros sistemas robóticos de "ensinar mostrando" o espaço de juntas usavam um modelo de mundo limitado e havia modos muito limitados nos quais o sistema podia auxiliar o programador a realizar a tarefa. Controladores robóticos um pouco mais sofisticados incluíam modelos cinemáticos, assim o sistema podia, pelo menos, auxiliar o usuário na movimentação das juntas de forma a realizar movimentos cartesianos. As linguagens de programação de robôs (RPLs) evoluíram para dar suporte a muitos tipos diferentes de dados e operações, os quais o programador pode usar conforme necessário para modelar atributos do ambiente e computar ações para o robô. Algumas RPLs suportam primitivas de modelagem do mundo como afixações, tipos de dados para forças e momentos, além de outros recursos [4].

As linguagens de programação de robôs de hoje podem ser chamadas de "linguagens explícitas de programação", visto que toda ação feita pelo sistema tem de ser programada pelo engenheiro da aplicação. Na outra extremidade do espectro, estão os chamados sistemas de programação em nível de tarefa (TLP), nos quais o programador pode expressar metas de alto nível como "inserir parafuso" ou talvez, até, "montar uma torradeira". Esses sistemas usam técnicas oriundas das pesquisas em inteligência artificial para gerar automaticamente movimentos e planos de estratégias. No entanto, linguagens em nível de tarefa tão sofisticadas ainda não existem; vários trechos desses sistemas estão sendo desenvolvidos por pesquisadores [5]. Os sistemas de programação em nível de tarefa requerem um modelo muito completo do robô e do seu ambiente para desenvolver operações de planejamento automatizadas.

Embora este capítulo concentre-se, até certo ponto, no problema particular da programação robótica, a noção de um sistema OLP se estende a qualquer dispositivo programável do chão de fábrica. Um argumento comum levantado a seu favor é que um sistema OLP não paralisa o equipamento de produção quando este precisa ser reprogramado; portanto, fábricas automatizadas podem permanecer em modo de produção durante uma percentagem muito maior do tempo. Eles também servem como um veículo natural para amarrar as bases de dados CAD (*computer-aided design*, ou seja, projeto auxiliado por computador) usadas na fase de projeto durante o desenvolvimento de um produto, à fabricação de fato desse produto. Em algumas aplicações, esse uso direto dos dados CAD pode reduzir radicalmente o tempo de programação necessário para o maquinário de fabricação.

A programação off-line de robôs tem outros benefícios potenciais e que estão apenas começando a ser avaliados pelos usuários de robôs industriais. Já discutimos alguns dos problemas associados à programação de robôs e a maioria deles se relaciona ao fato de que a célula de trabalho externa, física, está sendo manipulada pelo programa do robô. Isso torna enfadonho voltar e tentar estratégias diferentes. A programação de robôs em simulação proporciona uma maneira de manter o grosso do trabalho de programação estritamente interno ao computador – até que a aplicação esteja quase completa. Com essa abordagem, muitos dos problemas peculiares à programação de robôs tendem a diminuir.

Os sistemas de programação off-line devem servir como caminho natural de crescimento desde sistemas de programação explícita até os de programação em nível de tarefa. O sistema OLP mais simples é apenas uma extensão gráfica da linguagem de programação robótica, mas a partir daí pode ser estendido para um sistema de programação em nível de tarefa. Essa extensão gradual é atingida mediante soluções automatizadas para várias subtarefas (à medida que tais soluções se tornam disponíveis) que podem ser usadas pelo programador para explorar opções no ambiente simulado. Até descobrirmos como construir sistemas em nível de tarefa, o usuário precisa se manter no circuito a fim de avaliar as subtarefas planejadas automaticamente e orientar o desenvolvimento do programa da aplicação. Adotando esse ponto de vista, um sistema OLP serve como base importante para a pesquisa e desenvolvimento de sistemas de planejamento em nível de tarefa e, de fato, para apoiar seu trabalho, muitos pesquisadores desenvolveram vários componentes de um sistema OLP (por exemplo, modelos 3D e exibição gráfica, pós-processadores de linguagem). Assim, os sistemas OLP devem ser uma ferramenta útil de pesquisa, além de auxiliar nas práticas industriais existentes.

13.2 PRINCIPAIS ASPECTOS DOS SISTEMAS OLP

Esta seção aborda muitos dos aspectos a serem considerados no projeto de um sistema OLP. O conjunto de tópicos discutidos ajudará a estabelecer o escopo para a definição de um sistema OLP.

> Interface do usuário

Uma grande motivação para o desenvolvimento de um sistema OLP é criar um ambiente que torna mais fácil a programação de manipuladores, de forma que a interface é de fundamental importância. Entretanto, outra grande motivação é eliminar a dependência de uso do equipamento físico durante a programação. À primeira vista, essas duas metas podem parecer conflitantes – se os robôs já são difíceis de programar quando se pode vê-los, como isso pode ser mais fácil sem a presença física do equipamento? Essa questão toca a essência do problema do projeto do OLP.

Os fabricantes de robôs industriais aprenderam que as RPLs que fornecem com os robôs não podem ser usadas com sucesso por uma grande porcentagem dos funcionários das fábricas. Por esses e outros motivos históricos, muitos robôs industriais são equipados com uma interface em dois níveis [6], uma para programadores e outra para não programadores. Os não programadores utilizam um *teach pendant* e interagem diretamente com o robô para desenvolver os programas. Os programadores escrevem códigos na RPL e interagem com o robô para ensinar pontos de trabalho e depurar o fluxo de programação. Em geral, essas duas abordagens ao desenvolvimento de programa trocam a facilidade de utilização pela flexibilidade.

Quando visto como extensão de uma RPL, um sistema OLP contém, por natureza, uma RPL como subconjunto da sua interface do usuário. Essa RPL deve proporcionar recursos que já foram definidos como importantes nos sistemas de programação robóticos. Por exemplo, para serem usadas como RPL, as **linguagens interativas** são muito mais produtivas do que as linguagens compiladas – as quais forçam o usuário a passar pelo ciclo "editar-compilar-executar" a cada modificação no programa.

A parte relativa à linguagem na interface de usuário herda muito das RPLs "tradicionais"; é a interface de nível mais baixo (isto é, mais fácil de usar) que deve ser considerada com cuidado em um sistema OLP. Um componente fundamental dessa interface é uma visão em computação gráfica do robô que está sendo programado e do seu ambiente. Utilizando um dispositivo apontador, como um *mouse*, o usuário pode indicar a localização de vários objetos na tela gráfica. O projeto da interface de usuário trata, exatamente, de como o usuário interage com a tela para especificar um programa robótico. O mesmo dispositivo apontador pode indicar itens de um "menu" a fim de especificar modos ou invocar funções variadas.

Uma primitiva fundamental é o que ensina ao robô um ponto de trabalho ou sistema de referência com seis graus de liberdade através da interação com as telas gráficas. A disponibilidade de modelos tridimensionais de equipamentos e peças de trabalho nos sistemas OLP frequentemente torna a tarefa bastante fácil. A interface fornece ao usuário meios de indicar locais em superfícies, permitindo à orientação do sistema de referência assumir a perpendicular de uma superfície localizada e, depois, fornece métodos para deslocamento, reorientação e assim por diante. Dependendo de aspectos específicos da aplicação, tais tarefas são facilmente especificadas através da janela gráfica para o mundo simulado.

Uma interface de usuário bem projetada deve permitir que não programadores executem muitas aplicações do começo ao fim. Além disso, sistemas de referência e sequências de movimento "ensinadas" por não programadores devem ser passíveis de tradução, pelo sistema OLP, em expressões textuais na RPL. Esses programas simples podem ser mantidos e tornados mais atraentes, em formato RPL, por programadores mais experientes. Para os programadores, a disponibilidade de uma RPL permite o desenvolvimento de códigos arbitrários para aplicações mais complexas.

Modelagem 3D

Um elemento fundamental nos sistemas OLP é o uso de modelos gráficos do robô simulado e sua célula de trabalho. Isso requer que o robô e todos os equipamentos, peças e ferramentas da célula de trabalho sejam modelados como objetos tridimensionais. Para acelerar o desenvolvimento do programa, é proveitoso usar todos os modelos CAD de peças ou ferramentas que estejam diretamente disponíveis a partir do sistema CAD no qual o projeto original foi feito. À medida que os sistemas CAD se tornam mais e mais preponderantes na indústria, aumentam também as chances de que esse tipo de dado geométrico se torne mais prontamente disponível. Como é altamente desejável esse tipo de integração CAD do projeto à produção, faz sentido que um sistema

OLP contenha um subsistema CAD de modelagem, ou seja, em si, uma parte do sistema CAD de projeto. Se um sistema OLP estiver isolado, deve ter as interfaces adequadas para transferir modelos de e para sistemas CAD externos. No entanto, mesmo um sistema OLP isolado deve ter, pelo menos, um recurso CAD local simples que permita rapidamente criar modelos de itens não críticos da célula de trabalho, ou para o acréscimo de dados específicos do robô aos modelos CAD importados.

Os sistemas OLP requerem múltiplas representações das formas espaciais. Para muitas operações, uma descrição analítica exata da superfície ou volume costuma estar presente; no entanto, para aproveitar a tecnologia de exibição, muitas vezes outra representação é necessária. A tecnologia atual é bastante adequada aos sistemas nos quais a primitiva de exibição é um polígono planar; assim, embora a forma de um objeto possa ser bem representada por uma superfície lisa, a exibição prática (principalmente para animação) requer uma representação facetada. As ações gráficas da interface do usuário, como apontar para um ponto em uma superfície, devem agir internamente de forma a especificar um ponto na verdadeira superfície mesmo que, graficamente, o usuário veja uma representação do modelo facetado.

Uma utilização importante da geometria tridimensional dos modelos de objeto é na **detecção automática de colisão** – ou seja, quando alguma colisão ocorre entre objetos no ambiente simulado, o sistema OLP deve automaticamente alertar o usuário e indicar com exatidão onde ela acontece. Aplicações como montagem podem implicar várias "colisões" desejáveis, de forma que é necessário que o sistema possa ser informado de que colisões entre certos objetos são aceitáveis. É importante, também, poder gerar um alerta de colisão quando objetos passam dentro de uma tolerância especificada para certa colisão. Hoje, o problema de detecção exata de colisão para sólidos tridimensionais é difícil, mas a detecção para modelos facetados é bastante exequível.

Emulação cinemática

Um componente fundamental na manutenção da validade do mundo simulado é a emulação fiel dos aspectos geométricos de cada manipulador simulado. Em relação à cinemática inversa, o sistema OLP consegue fazer a interface com o controlador do robô de duas formas distintas. Primeiro, o sistema OLP pode substituir a cinemática inversa do controlador do robô e sempre comunicar suas posições no espaço de juntas do mecanismo. A segunda opção é comunicar locais cartesianos ao controlador do robô e deixar que o controlador use a cinemática inversa fornecida pelo fabricante para resolver as configurações robóticas. A segunda opção é quase sempre preferível, principalmente na medida em que os fabricantes começam a incorporar aos robôs o estilo de calibração chamado de *arm signature*.* Tais técnicas de calibração personalizam a cinemática inversa para cada robô individual. Nesse caso, torna-se desejável comunicar as informações no nível cartesiano aos controladores robóticos.

Essas considerações em geral significam que as funções de cinemática direta e inversa usadas pelo simulador devem refletir as funções nominais usadas no controlador robótico fornecido pelo fabricante do robô. Existem vários detalhes da função cinemática inversa especificada pelo fabricante que devem ser emulados pelo software simulador. Todo algoritmo de cinemática inversa tem de fazer escolhas arbitrárias a fim de resolver singularidades. Por exemplo, quando a junta 5 de um robô PUMA 560 está no local zero, os eixos 4 e 6 se alinham e surge uma condição singular.

---

* Nota do R.T.: Assinatura do braço. Conjunto de parâmetros cinemáticos de fato do manipulador que difere dos parâmetros de projeto devido aos erros aleatórios de fabricação.

A função cinemática inversa do controlador do robô pode solucionar a soma dos ângulos de junta 4 e 6, mas em seguida terá de usar uma regra arbitrária para escolher valores individuais para as juntas 4 e 6. O sistema OLP terá de emular seja qual for o algoritmo usado. A escolha da solução mais próxima quando existem muitas soluções alternativas proporciona outro exemplo. O simulador deve usar o mesmo algoritmo que o controlador a fim de evitar erros potencialmente catastróficos na simulação do manipulador de fato. Uma característica útil que é ocasionalmente encontrada nos controladores robóticos é a capacidade de comandar uma meta cartesiana e especificar qual das possíveis soluções o manipulador deve usar. A existência dessa característica elimina a necessidade de que o simulador emule o algoritmo de escolha de solução; o sistema OLP pode apenas forçar a sua escolha no controlador.

> ### Emulação de planejamento de trajetória

Além da emulação cinemática para o planejamento estático do manipulador, um sistema OLP deve emular com precisão a trajetória seguida pelo manipulador na sua movimentação pelo espaço. Aqui, também, o principal problema é que o sistema OLP precisa simular os algoritmos do controlador robótico utilizado e tais algoritmos de planejamento e execução de trajetória variam consideravelmente de um fabricante de robô para o outro. A simulação da forma espacial da trajetória adotada é importante para a detecção de colisões entre o robô e o seu ambiente. A simulação dos aspectos temporais da trajetória é importante para a previsão dos tempos de ciclo das aplicações. Quando um robô opera em um ambiente que se modifica (por exemplo, próximo de outro robô), a simulação exata dos atributos temporais do movimento é necessária para a previsão acurada das colisões e, em alguns casos, para a previsão dos problemas de comunicação ou sincronização, como um bloqueio total.

> ### Emulação dinâmica

O movimento simulado dos manipuladores pode negligenciar atributos dinâmicos se o sistema OLP for eficiente na emulação do algoritmo de planejamento de trajetória do controlador e se o robô de fato seguir as trajetórias desejadas com erros desprezíveis. No entanto, em alta velocidade ou em condições de cargas pesadas, os erros de rastreamento de trajetória podem se tornar importantes. A simulação desses erros de rastreamento necessita da modelagem da dinâmica do manipulador e dos objetos que ele movimenta, bem como da emulação do algoritmo de controle usado pelo controlador do manipulador. Atualmente existem problemas práticos para a obtenção de informações suficientes dos fornecedores de robôs que permitam fazer esse tipo de simulação dinâmica de valores práticos, mas em alguns casos ela pode ser buscada com sucesso.

> ### Simulação multiprocesso

Algumas aplicações industriais envolvem um ou mais robôs que cooperam no mesmo ambiente. Mesmo células de trabalho com um só robô muitas vezes contêm uma esteira transportadora, uma linha de transferência, um sistema de visão ou algum outro dispositivo ativo com o qual o robô tem de interagir. Por isso, é importante que um sistema OLP seja capaz de simular múltiplos dispositivos em movimento, além de outras atividades que implicam **paralelismo**. Como base para esse recurso, a linguagem subjacente na qual o sistema é executado deve ser uma linguagem multiprocessos. Tal ambiente torna possível escrever programas independentes de controle robótico para cada um dos dois ou mais robôs de uma mesma célula e depois simular a ação da célula com os programas sendo executados simultaneamente. Acrescentar as primitivas de sinal e espera à linguagem permite que os robôs interajam da forma que ocorreria na aplicação que está sendo simulada.

Simulação de sensores

Estudos já demonstraram que um grande componente dos programas robóticos consiste não de expressões de movimento, mas sim de expressões para inicialização, verificação de erro, entrada e saída, e outros tipos [7]. Assim, torna-se importante a capacidade do sistema OLP de proporcionar um ambiente que permite a simulação de aplicações completas, inclusive interação com sensores, várias entradas e saídas e comunicação com outros dispositivos. Um sistema OLP que suporta a simulação de sensores e multiprocessamento pode não só verificar os movimentos do robô quanto à sua viabilidade, mas também verificar a parte de comunicação e sincronização do programa do robô.

Tradução da linguagem para o sistema alvo

Um aborrecimento para os atuais usuários de robôs industriais (e de outras automações programáveis) é que quase todos os fornecedores desses produtos inventaram linguagens únicas para a programação dos seus produtos. Se um sistema OLP tiver a pretensão de ser universal em termos dos equipamentos com os quais consegue lidar, terá de lidar com o problema de traduzir de e para várias linguagens diferentes. Uma opção para lidar com esse problema é escolher uma única linguagem a ser usada pelo sistema OLP e depois pós-processá-la a fim de convertê-la ao formato necessário para a máquina alvo. Um recurso para fazer o *upload* de programas que já existem nas máquinas alvo e trazê-los para o sistema OLP também é desejável.

Dois possíveis benefícios dos sistemas OLP estão diretamente relacionados ao tópico de tradução da linguagem. A maior parte dos proponentes dos sistemas OLP observa que ter uma única interface universal que permita aos usuários programar uma variedade de robôs resolve o problema de ter de aprender e lidar com várias linguagens de automação. Um segundo benefício resulta das considerações econômicas em cenários futuros nos quais centenas ou talvez milhares de robôs encherão as fábricas. O custo associado a um ambiente de programação eficiente (por exemplo, uma linguagem e interface gráfica) talvez impeça a sua colocação no local de cada instalação robótica. Em vez disso, parece fazer mais sentido em termos econômicos colocar apenas um controlador "burro" e barato em cada robô para que ele receba o *download* de um sistema OLP inteligente e potente localizado em um ambiente de escritório. Assim, o problema geral de traduzir um programa de aplicação de uma linguagem universal eficiente para uma linguagem simples feita para ser executada em um processador barato se torna uma questão importante nos sistemas OLP.

Calibração da célula de trabalho

Uma realidade inevitável de um modelo de computador de qualquer situação prática é a falta de precisão do modelo. A fim de tornar utilizáveis os modelos desenvolvidos em um sistema OLP, métodos de **calibração da célula de trabalho** devem ser parte integrante do sistema. A magnitude do problema varia muito com a aplicação; essa variabilidade torna a programação off-line de algumas tarefas muito mais factíveis do que de outras. Se a maior parte dos pontos de trabalho do robô para uma aplicação tiver de ser reensinada ao próprio robô para resolver problemas de falta de acurácia, os sistemas OLP perderão a sua eficácia.

Muitas aplicações envolvem a realização frequente de ações relativas a um objeto rígido. Considere, por exemplo, a tarefa de perfurar várias centenas de orifícios em um anteparo. A localização do anteparo em relação ao robô pode ser ensinada usando-se o próprio robô e tomando-se três medidas. Com base nesses dados, os locais de todos os orifícios podem ser atualizados automaticamente se estiverem disponíveis como coordenadas das peças a partir de um sistema CAD. Nessa situação, somente esses três pontos – e não centenas – têm de ser ensinados ao robô. A maioria das tarefas envolve esse tipo de paradigma de "muitas operações em relação a um objeto rígido"; por exemplo, a inserção de componentes nas placas-mãe de computadores, roteiro, solda ponto, solda em arco, paletização, pintura e rebarbagem.

13.3 O SIMULADOR "PILOT"

Nesta seção, vamos avaliar um desses sistemas simuladores off-line: o sistema "Pilot" desenvolvido pela Adept Technology [8]. Trata-se, na realidade, de um conjunto de três sistemas simuladores intimamente relacionados; aqui, vamos analisar a parte do Pilot (conhecida como "Pilot/Cell") que é usada para simular uma célula de trabalho individual em uma fábrica. Esse sistema é singular porque procura modelar vários aspectos do mundo físico, como meio de desonerar o programador do simulador. Nesta seção, vamos discutir os "algoritmos geométricos" que são usados para capacitar o simulador a emular certos aspectos da realidade física.

A necessidade de facilitar o uso é o que motiva a necessidade de que o sistema simulador se comporte como o mundo físico de fato. Quanto mais o simulador agir como o que ocorre na prática, mais simples o paradigma da interface com o usuário se torna para o usuário, porque o mundo físico é aquele com o qual estamos todos familiarizados. Ao mesmo tempo, as compensações de facilidade *versus* velocidade computacional e outros fatores levam a um projeto no qual uma determinada "fatia" da realidade é simulada ao passo que muitos detalhes não o são.

O Pilot é bem adaptado para hospedar uma variedade de algoritmos geométricos. A necessidade de modelar várias porções do mundo real, junto com a necessidade de desonerar o usuário com a automatização de cálculos geométricos frequentes é o que motiva a demanda desses algoritmos. O Pilot proporciona um ambiente no qual alguns algoritmos avançados podem ser aplicados a problemas reais que ocorrem na indústria.

Uma das primeiras decisões tomadas no projeto do sistema de simulação Pilot foi a de que o *paradigma de programação* deveria ser o mais próximo possível da forma como o sistema robótico seria, de fato, programado. Certas ferramentas de planejamento e melhoria de nível mais alto são fornecidas, mas considerou-se importante que a interação básica de programação fosse semelhante aos verdadeiros sistemas de hardware. Essa decisão levou o desenvolvimento do produto por um caminho ao longo do qual encontramos uma necessidade genuína de vários algoritmos geométricos. Os algoritmos teriam de se estender dos mais simples aos bastante complexos.

Se um simulador tiver de ser programado como o sistema físico o seria, então as ações e reações do mundo físico teriam de ser modeladas "automaticamente" por ele. O objetivo é liberar o usuário do sistema de ter de escrever um "código específico para simulação". Como um exemplo simples, se a garra do robô receber o comando para abrir, uma peça pega por ela deverá cair reagindo à gravidade e poderá até quicar e se acomodar em um determinado estado de repouso. Forçar o usuário do sistema a especificar essas ações que ocorrem na prática deixaria o simulador aquém do seu objetivo: ser programado exatamente como o verdadeiro sistema. A facilidade de uso, em última instância, pode ser obtida somente quando o mundo simulado "sabe como" se comportar como o mundo real sem onerar o usuário.

A maior parte, se não todos, dos sistemas comerciais para a simulação de robôs ou outros mecanismos, procura não lidar diretamente com esse problema. Em vez disso, eles "permitem" (na realidade *forçam*) ao usuário incorporar comandos específicos à simulação dentro do programa escrito para controlar o dispositivo simulado. Um exemplo simples seria a seguinte sequência de código:

```
MOVE TO pick_part
CLOSE gripper
affix(gripper,part[i]);
MOVE TO place_part
OPEN gripper
unaffix(gripper,part[i]).
```

Aqui, o usuário foi forçado a inserir os comandos "affix" (afixar) e "unaffix" (desafixar), os quais (respectivamente) fazem com que a parte se movimente com a garra quando é pega e pare de se mover com ela quando é solta. Se o simulador permitir que o robô seja programado na sua linguagem nativa, geralmente essa linguagem não será rica o suficiente para suportar esses comandos "específicos à simulação" exigidos. Assim, há a necessidade de um segundo conjunto de comandos, talvez até com uma sintaxe diferente, para lidar com interações com o mundo real. Esse esquema não é em si programado "exatamente como o sistema físico" e deve inerentemente aumentar a sobrecarga de programação para o usuário.

Com base no exemplo anterior, vemos o primeiro algoritmo para o qual se encontra uma necessidade: a partir da geometria da garra e da colocação relativa das peças, descobrir qual peça (se alguma) será pega quando a garra se fechar e possivelmente como se alinhará dentro da garra. No caso do Pilot, resolvemos a primeira parte do problema com um algoritmo simples. Em casos limitados, a "ação de alinhamento" da peça dentro da garra é calculada, mas, em geral, esse alinhamento precisa ser ensinado antes pelo usuário do sistema. Portanto, o Pilot ainda não atingiu a meta final, mas já deu alguns passos nessa direção.

Modelagem física e sistemas interativos

Em um sistema de simulação, sempre se compensa a complexidade do modelo em termos de tempo de computação pela precisão da simulação. No caso do Pilot e suas metas pretendidas, é de particular importância manter o sistema totalmente interativo. Isso levou a projetar o Pilot para que possa usar vários modelos aproximados – por exemplo, o uso de aproximações quase estáticas onde um modelo dinâmico completo seja mais acurado. Embora pareça haver a possibilidade de que modelos "dinâmicos completos" em breve sejam aplicáveis [9], dado o atual estado do hardware de computação, dos algoritmos dinâmicos e da complexidade dos modelos CAD que os usuários industriais querem empregar, acreditamos que essa compensação ainda é necessária.

Algoritmos geométricos para rolar peças

Em alguns sistemas de alimentação usados na prática industrial, as peças rolam de algum tipo de transportador alimentador para uma superfície de apresentação; em seguida, visão computacional é usada para localizar as peças que devem ser pegas pelo robô. Projetar esses sistemas de automação com a ajuda de um simulador significa que este deve ser capaz de prever como as peças vão cair, quicar e chegar a uma orientação estável ou *estado estável*.

> Probabilidades de estado estável

Como relatado em [10], um algoritmo foi executado para aceitar como entrada qualquer forma geométrica (representada por um modelo CAD) e, para essa forma, ele consegue computar as N possíveis maneiras pelas quais ela pode repousar de modo estável sobre uma superfície horizontal. Esses são os chamados *estados estáveis* da peça. Além disso, o algoritmo usa uma abordagem quase estática perturbada para estimar a probabilidade associada a cada um dos N estados estáveis. Realizamos experimentos físicos com amostras de peças a fim de avaliar a acurácia resultante da previsão de estado estável.

A Figura 13.1 mostra os oito estados estáveis de uma peça de teste. Usando um robô Adept e um sistema de visão, deixamos a peça cair mais de 26 mil vezes e registramos o estado estável resultante a fim de comparar nosso algoritmo de previsão com a realidade. A Tabela 13.1 mostra os resultados para a peça de teste. Tais resultados são característicos de nosso atual algoritmo – o erro de previsão de probabilidade de estado estável costuma variar de 5% a 10%.

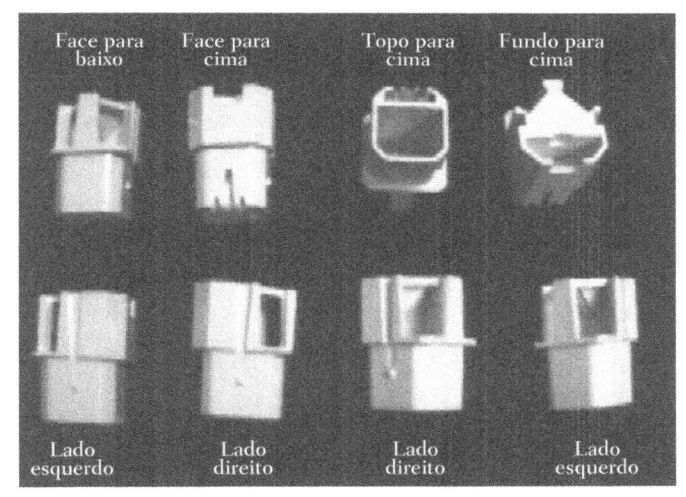

Figura 13.1: Os oito estados estáveis da peça.

Tabela 13.1: Probabilidades de estado estável previstas *versus* probabilidades de estado estável de fato para a peça de teste.

Estado estável	Número de fato	% de fato	% prevista
Face para baixo	1.871	7,03%	8,91%
Face para cima	10.600	39,80%	44,29%
Topo para cima	648	2,43%	7,42%
Fundo para cima	33	0,12%	8,19%
Lado direito	6.467	24,28%	15,90%
Lado esquerdo	6.583	24,72%	15,29%
Lado direito/Lado esquerdo	428	1,61%	0,00%
Total	26.630	100%	100%

> Ajustando as probabilidades como função da altura de queda

É claro que se uma peça cair de uma garra sobre uma superfície de uma altura muito pequena (por exemplo, 1 mm), as probabilidades dos vários estados estáveis diferem das que ocorrem quando uma peça cai de uma altura maior do que uma dada *altura crítica*. No Pilot, usamos probabilidades do algoritmo de *estimativa de estado estável* quando as peças caem de uma altura igual ou superior à maior dimensão da peça. Para quedas de alturas abaixo desse valor, as probabilidades são ajustadas para considerar a orientação inicial da peça e a altura da queda. O ajuste é feito de tal forma que, à medida que uma altura infinitesimal de queda se aproxima, a peça permanece na sua orientação inicial (presumindo-se que seja uma orientação estável). Esse é um acréscimo importante ao algoritmo de probabilidade como um todo, porque é típico que as peças sejam liberadas a uma pequena distância acima de uma superfície de apoio.

> Simulação de ricochete

No Pilot, as peças, bem como todas as superfícies onde elas podem ser colocadas, são identificadas com seu coeficiente de restituição. O produto desses dois fatores é usado em uma fórmula para prever a que distância a peça ricocheteará quando cair. Esses detalhes são importantes porque afetam como as peças se espalham ou se acumulam na simulação de alguns sistemas alimentadores. Quando ricocheteiam, as peças se espalham radialmente de acordo com uma distribuição uniforme. A distância do ricochete (afastando-se do ponto de contato inicial) é uma função de distribuição para uma distância máxima que é computada como função da altura de queda (entrada de energia) e os coeficientes de restituição que se aplicam.

No Pilot, as peças podem ricochetear recursivamente de superfície para superfície em determinados arranjos. Também é possível marcar certas superfícies de forma que as peças não possam ricochetear para *fora*, mas apenas *dentro* dos seus limites. Entidades chamadas no Pilot de *bins* têm essa propriedade: as peças podem cair dentro delas, mas nunca ricocheteiam para fora.

> Simulação de empilhamento e emaranhamento

Para simplificar, no Pilot as peças sempre repousam em superfícies de suporte planares. Se estiverem empilhadas ou emaranhadas umas com as outras, isso é mostrado como peças que estão interceptando umas às outras (ou seja, a intersecção booleana dos seus volumes seria não vazia). Isso poupa uma quantidade enorme de computação que seria necessária para o cálculo das várias maneiras em que uma peça pode estar empilhada ou emaranhada com a geometria de outra.

No Pilot, as peças são identificadas com um *fator de emaranhamento*. Por exemplo, algo como uma bola de gude teria um fator de emaranhamento de 0,0 porque, quando rolada sobre uma superfície de apoio, a tendência das bolas de gude é nunca se empilharem ou se emaranharem, mas sim de se espalharem sobre a superfície. Por outro lado, peças como molas enroladas podem ter um fator de emaranhamento próximo de 1,0: elas rapidamente se emaranham umas com as outras. Quando uma peça vai e ricocheteia, um algoritmo *findspace* é executado, no qual a peça tenta ricochetear para um espaço aberto na superfície. No entanto, a "intensidade dessa tentativa" de encontrar um espaço aberto é uma função do seu fator de emaranhamento. Ajustando esse coeficiente, o Pilot consegue simular peças que rolam e ficam mais ou menos emaranhadas. Até agora, não existe um algoritmo para computar automaticamente o fator de emaranhamento a partir da geometria da peça – esse é um problema interessante em aberto. Pela interface do usuário, este pode ajustar o fator de emaranhamento como achar apropriado.

> Algoritmos geométricos para pegar peças

Boa parte das dificuldades para programar e usar os robôs que existem tem a ver com os detalhes de ensinar os locais onde pegar nas próprias peças, bem como o projeto detalhado das garras. Essa é uma área na qual algoritmos adicionais de planejamento em um sistema simulador poderiam ter um grande impacto. Nesta seção, discutimos os algoritmos que existem no Pilot. As abordagens atuais são bastante simples e esse é um campo de trabalho contínuo.

> Computando que peça pegar

Quando uma ferramenta se fecha ou um efetuador de sucção atua, o Pilot aplica um algoritmo simples para calcular que peça (se alguma) deverá ser pega pelo robô. Primeiro, o sistema calcula qual superfície de apoio está diretamente abaixo da garra. Em seguida, calcula qual superfície de suporte está diretamente abaixo da garra. Então, entre todas as peças da superfície, ele procura aquelas cujo retângulo envolvente (para o atual estado estável) contém o TCP (ponto central da ferramenta) da garra. Se mais de uma peça satisfizer esse critério, ele então escolhe, entre essas, a mais próxima.

> Computação do local predefinido para pegar peças

O Pilot atribui automaticamente um local para pegar a peça a cada orientação estável prevista pelo estimador de estado estável já descrito. O algoritmo existente é simplista, de forma que é fornecida, também, uma interface gráfica de usuário para que este consiga editar e redefinir tais pontos de pegar. O atual algoritmo de pegar é uma função do retângulo envolvente da peça e da geometria da garra que se presume que seja uma garra do tipo de fechamento paralelo ou uma garra de sucção. Além de computar uma localização predefinida da garra para cada estado estável, alturas de aproximação e distanciamento predefinidas também são automaticamente computadas.

> Cálculo do alinhamento da peça durante a pega

Em alguns casos importantes para a prática industrial, o projetista do sistema conta com o fato de que a parte pega se alinhará, de alguma forma, com as superfícies do efetuador quando este atuar. O efeito pode ser importante para eliminar pequenos desalinhamentos na apresentação da peça ao robô.

Um efeito que ocorre na prática e que precisa ser simulado é que nas garras de sucção, quando esta é aplicada, a peça é "erguida" em direção ao copo de sucção de forma que altera bastante a orientação em relação ao efetuador. O Pilot simula esse efeito trespassando a geometria da peça com uma linha vertical alinhada à linha central do copo de sucção. A faceta do modelo de peça poligonal atravessada por essa linha é usada para computar a orientação durante a pega – a perpendicular dessa faceta fica antialinhada à do fundo do copo de sucção. Alterando-se a orientação da peça, a rotação em torno dessa linha trespassante fica minimizada (a peça não gira em torno do eixo do copo de sucção quando é pega). Sem a simulação desse efeito, o simulador seria incapaz de retratar realisticamente algumas estratégias de pegar e colocar usando garras de sucção.

Aplicamos também um planejador que permite que as peças rotacionem em torno do eixo Z quando uma garra paralela se fecha sobre elas. Isso é automático apenas nos casos simples – em outras situações, o usuário precisa ensinar o alinhamento resultante (isto é, ainda estamos esperando por um algoritmo mais completo).

Algoritmos geométricos para empurrar peças

Um tipo de empurrão nas peças ocorre entre os lados da garra, como mencionamos na seção anterior. Na prática industrial atual, as peças às vezes são empurradas por mecanismos simples. Por exemplo, depois que uma peça é apresentada por um alimentador vibratório ela pode ser empurrada por um atuador linear diretamente para uma montagem que tenha sido trazida para a célula por uma correia transportadora.

O Pilot dispõe de suporte para simular o empurrão de peças: uma entidade chamada *barra de acionamento* (do inglês, *push-bar*) que pode ser fixada a um cilindro pneumático ou a um atuador de parafuso de avanço no simulador. Quando o atuador movimenta a barra de acionamento ao longo de uma trajetória linear, a superfície que se move da barra movimenta as peças. Planeja-se que, no futuro, as barras de acionamento possam, também, ser acrescentadas como guias ao longo das esteiras transportadoras ou colocadas em qualquer lugar que requeira que a movimentação das peças seja afetada por sua presença. A capacidade de empurrar peças que existe hoje é muito simples, mas suficiente para muitas tarefas existentes na prática.

Algoritmos geométricos para transportadores

O Pilot suporta a simulação de sistemas transportadores nos quais bandejas se movimentam ao longo de trilhos formados por componentes retos e em trechos circulares. Ao longo dos trilhos, em pontos estratégicos, há *portas* que, obedecendo a um comando, sobem e bloqueiam temporariamente uma bandeja. Além disso, *sensores* conseguem detectar quando uma bandeja que está passando pode ser colocada no trilho em locais especificados pelo usuário. Tais sistemas transportadores são típicos em muitos esquemas de automação.

Conexão de sistema transportador e fontes e dissipadores

Os transportadores podem ser interconectados para permitir vários estilos de ramificação. Onde dois transportadores "fluem juntos", um esquema simples de prevenção de colisões é providenciado para fazer as bandejas do transportador *ramal* ficarem subordinadas às do transportador *principal*. As bandejas do transportador ramal esperam sempre que houver a chance de uma colisão. Em conexões nas quais o fluxo se separa, um dispositivo chamado *diretor* é acrescentado ao transportador principal, que pode ser usado para controlar que direção a bandeja tomará nessa intersecção. Linhas digitais de entrada e saída ligadas ao controlador do robô simulado são usadas para ler sensores, ativar portas e ativar diretores.

Nas extremidades do transportador há uma *fonte* e um *dreno*. As fontes são montadas pelo usuário para gerar bandejas a determinados intervalos estatísticos. As bandejas geradas podem tanto estar vazias quanto pré-carregadas com peças ou equipamentos. Na extremidade final do transportador, as bandejas (e seu conteúdo) desaparecem nos drenos. Sempre que uma bandeja entra em um dreno, seu horário de chegada e conteúdo são registrados. Os chamados *registros do dreno* podem, depois, ser reproduzidos através de alguma fonte em outro ponto do sistema. Assim, uma linha de células pode ser estudada no simulador, uma célula por vez, ajustando-se a fonte da célula $N + 1$ ao registro do dreno da célula N.

Empurrar bandejas

O algoritmo para empurrar objetos também é aplicado para bandejas: uma barra de acionamento pode ser usada para empurrar a bandeja de um sistema transportador para determinada célula de trabalho. Da mesma forma, bandejas podem ser empurradas para o transportador. A atualização de várias estruturas de dados quando a bandeja sai ou entra no transportador é uma parte automática do código do algoritmo para empurrar objetos.

Algoritmos geométricos para sensores

É necessária a simulação de vários sistemas sensores, para que o usuário não precise ter o trabalho de escrever o código para simular o seu comportamento na célula.

Sensores de proximidade

O Pilot suporta a simulação de sensores de proximidade e de outros. No caso dos sensores de proximidade, o usuário identifica o dispositivo com seu alcance mínimo e máximo e com um limiar. Se um objeto estiver dentro do alcance e mais próximo do que o limiar, o sensor o detectará. Para realizar esse cálculo no mundo simulado, um segmento de linha é temporariamente acrescentado ao mundo, estendendo-se do alcance mínimo ao alcance máximo do sensor. Usando um algoritmo de colisão, o sistema calcula os locais nos quais esse segmento de linha atravessa outras geometrias CAD. O ponto de intersecção mais próximo do sensor corresponde ao item do mundo real que teria parado o feixe. Uma comparação entre a distância até esse ponto e o limiar dá a saída do sensor. Hoje, não utilizamos o ângulo da superfície encontrada ou suas propriedades de refletância, embora esses recursos possam ser acrescentados no futuro.

Sistemas de visão 2D

O Pilot simula o desempenho do sistema de visão Adept 2D. O modo de funcionamento da simulação do sistema de visão está intimamente relacionado à maneira como o verdadeiro sistema de visão funciona, inclusive a forma como ele é programado na linguagem AIM [11] usada pelos robôs Adept. Os seguintes elementos desse sistema de visão são simulados:
- A forma e extensão do campo de visão.
- A distância de segurança e um modelo simples de foco.
- O tempo necessário para executar o processamento da visão (aproximado).
- A ordenação espacial dos resultados em fila, na hipótese de várias peças serem encontradas numa mesma imagem.
- A habilidade de distinguir peças de acordo com o estado estável em que elas estão.
- A inabilidade de reconhecer peças que estão se tocando ou se sobrepondo.
- Dentro do contexto AIM, a habilidade de atualizar as metas do robô com base nos resultados da visão.

O uso de um sistema de visão está bem integrado ao sistema AIM de programação robótica, de forma que a execução da linguagem AIM no simulador implica a aplicação de emulação do sistema de visão. A linguagem AIM suporta vários construtos que tornam fácil o uso do sistema de visão para a orientação do robô. A escolha de peças que são visualmente identificadas a partir tanto da indexação quanto do rastreamento de transportadores é realizada com facilidade.

Uma estrutura de dados acompanha para qual superfície de apoio o sistema de visão está olhando. Para todas as peças apoiadas nessa superfície, computamos quais estão dentro do campo de visão do sistema de visão. Eliminamos todas as peças que estejam próximas ou distantes demais da câmera (por exemplo, fora de foco). Eliminamos todas as peças que estejam encostando em peças vizinhas. Entre as que restam, escolhemos as que estão no estado estável desejado e as colocamos em uma lista. Por fim, essa lista é classificada para reproduzir a ordenação que o sistema Adept usa quando há múltiplas peças na mesma cena.

Sensores de inspeção

O sistema tem um tipo especial de sensor chamado *inspetor*. O inspetor é usado para gerar uma saída binária para cada peça colocada na sua frente. No Pilot, as peças podem ser identificadas com uma *taxa de defeito* e os inspetores podem separar as peças defeituosas. Os inspetores desempenham o papel de vários sistemas sensores que existem na prática.

Conclusão

Como dissemos no decorrer desta seção, embora alguns algoritmos geométricos simples já existam no simulador, permanece a necessidade de mais e melhores algoritmos. Gostaríamos de investigar, em particular, a possibilidade de acrescentar uma simulação quase estática como recurso para prever o movimento de objetos em situações nas quais os efeitos do atrito predominam sobre os efeitos da inércia. Isso poderia ser usado para simular peças que estão sendo empurradas ou inclinadas por várias ações dos efetuadores ou de outros mecanismos de empurrar peças.

13.4 AUTOMATIZANDO SUBTAREFAS EM SISTEMAS OLP

Nesta seção, citamos de modo breve alguns recursos avançados que podem ser integrados ao conceito de sistema OLP básico já apresentado. A maioria desses recursos faz o planejamento automatizado de alguma pequena porção de uma aplicação industrial.

Localização automática do robô

Uma das tarefas mais básicas que podem ser realizadas por um sistema OLP é a determinação do layout da célula de trabalho de forma que o(s) manipulador(es) possa(m) alcançar todos os pontos de trabalho necessários. A determinação da localização correta do robô ou da peça de trabalho por tentativa e erro é mais rápida em um mundo simulado do que na célula física em si. Um recurso avançado que automatiza a busca por locais viáveis para o robô ou peças de trabalho é um passo a mais para reduzir o ônus sobre o usuário.

A localização automática pode ser computada pela busca direta ou (às vezes) por técnicas de busca heurística. A maioria dos robôs é montada diretamente no chão (ou no teto) e fica com a primeira junta rotacional perpendicular ao chão, de forma que geralmente basta buscar por simples justaposição das formas no espaço tridimensional de posicionamento do robô. A busca pode otimizar algum critério ou parar assim que for encontrada a primeira localização viável para o robô ou peça. A viabilidade pode ser definida como a capacidade de atingir, sem colisão, todos os pontos de trabalho (ou, talvez, uma definição ainda mais forte). Um critério razoável de maximização pode ser alguma forma de *medida de manipulabilidade*, como foi discutido no Capítulo 8. Uma aplicação que usa uma medida semelhante de manipulabilidade foi discutida em [12]. O resultado desse posicionamento automático é uma célula na qual o robô consegue alcançar todos os seus pontos de trabalho em configurações *bem condicionadas*.

Sistemas anticolisão e otimização de trajetória

Pesquisas sobre o planejamento de trajetórias livres de colisão [13, 14] e o planejamento de trajetórias com tempo otimizado [15, 16] geram candidatos naturais para inclusão em um sistema OLP. Alguns problemas correlatos que têm um escopo menor e um espaço menor de busca também são interessantes. Por exemplo, considere o problema de usar um robô com seis graus de liberdade para uma tarefa de solda elétrica cuja geometria especifica apenas cinco graus de liberdade. O planejamento automático para o grau de liberdade redundante pode ser usado para evitar colisões e singularidades do robô [17].

Planejamento automático de movimento coordenado

Em muitas situações de solda elétrica, os detalhes do processo requerem que certa relação entre a peça de trabalho e o vetor gravidade seja mantida durante a solda. Isso resulta em um sistema de orientação com dois ou três graus de liberdade no qual a peça é colocada, operando simultaneamente com o robô e de forma coordenada. Em um sistema desse tipo, pode haver nove ou mais graus de liberdade a serem coordenados. Em geral, atualmente tais sistemas são programados usando-se técnicas do *teach pendant*. Um sistema de planejamento que possa automaticamente sintetizar os movimentos coordenados para um sistema desse tipo poderia ser bastante valioso [17, 18].

Simulação de controle de força

Em um mundo simulado no qual os objetos são representados por suas superfícies, é possível investigar a simulação de estratégias de controle de força. Essa tarefa implica o problema difícil de modelar algumas propriedades de uma superfície e expandir o simulador dinâmico para lidar com as restrições impostas por várias situações de contato. Em um ambiente desse tipo, talvez seja possível avaliar várias operações de montagem com controle de força quanto à viabilidade [19].

Escalonamento automático

Junto com os problemas geométricos encontrados na programação do robô, há com frequência dificuldades de escalonamento e comunicação. Em particular, esse será o caso se expandirmos a simulação além de uma única célula de trabalho para um grupo delas. Alguns sistemas de simulação em tempo discreto oferecem a simulação abstrata de tais sistemas [20], mas poucos oferecem algoritmos de planejamento. Planejar o escalonamento para processos que interagem é um problema difícil e uma área de pesquisas [21, 22]. Um sistema OLP serviria como uma instalação de testes ideal para tal pesquisa e seria de pronto aprimorado por quaisquer algoritmos úteis nesse campo.

> **Avaliação automática de erros e tolerâncias**

Um sistema OLP pode ser dotado de alguns dos recursos discutidos em trabalhos recentes sobre a modelagem de fontes de erro de posicionamento e o efeito causado por dados de sensores imperfeitos [23, 24]. O modelo de mundo pode ser feito de forma a incluir várias informações sobre limites de erros e tolerâncias e o sistema poderia acessar a probabilidade de sucesso de várias tarefas de posicionamento e montagem. O sistema pode sugerir o uso e localização de sensores para corrigir eventuais problemas.

Os sistemas de programação off-line são úteis nas aplicações industriais existentes hoje e podem servir como base para o avanço da pesquisa e desenvolvimento em robótica. Uma grande motivação para o desenvolvimento de sistemas OLP é o preenchimento da lacuna entre os sistemas explicitamente programados disponíveis e os sistemas em nível de tarefa de amanhã.

BIBLIOGRAFIA

[1] CRAIG, J. "Issues in the Design of Off-Line Programming Systems," *International Symposium of Robotics Research*, R. Bolles e B. Roth (Eds.), Cambridge, Massachusetts: MIT Press, 1988.

[2] CRAIG, J. "Geometric Algorithms in Adept RAPID," *Robotics: The Algorithmic Perspective: 1998 WAFR*, P. Agarwal, L. Kavraki e M. Mason (Eds.), Natick, Massachusetts: AK Peters, 1998.

[3] GOLDMAN, R. *Design of an Interactive Manipulator Programming Environment*, Ann Arbor, Michigan: UMI Research Press, 1985.

[4] MUJTABA, S. e GOLDMAN, R. "AL User's Manual," 3. ed., Stanford Departamento de Ciências da Computação, Relatório n.STAN-CS-81-889, dez. 1981.

[5] LOZANO-PEREZ, T. "Spatial Planning: A Configuration Space Approach," *IEEE Transactions on Systems, Man, and Cybernetics*, v.SMC-11, 1983.

[6] SHIMANO, B., GESCHKE, C. e SPALDING, C. "VAL – II: A Robot Programming Language and Control System," VIII Conferência SME Robots, Detroit, jun. 1984.

[7] TAYLOR, R., SUMMERS, P. e MEYER, J. "AML: A Manufacturing Language," *International Journal of Robotics Research*, v.1, n. 3, outono 1982.

[8] Adept Technology Inc., "The Pilot User's Manual," Disponível na Adept Technology Inc., Livermore, Califórnia, 2001.

[9] MIRTICH, B. e CANNY, J. "Impulse Based Dynamic Simulation of Rigid Bodies," *Symposium on Interactive 3D Graphics*, Nova York: ACM Press, 1995.

[10] MIRTICH, B., ZHUANG, Y., GOLDBERG, K. et al., "Estimating Pose Statistics for Robotic Part Feeders," *Proceedings of the IEEE Robotics and Automation Conference*, Minneapolis, abr. 1996.

[11] Adept Technology Inc., "AIM Manual," Disponível na Adept Technology Inc., San Jose, Califórnia, 2002.

[12] NELSON, B., PEDERSEN, K. e DONATH, M. "Locating Assembly Tasks in a Manipulator's Workspace," *IEEE Conference in Robotics and Automation*, Raleigh, Carolina do Norte, abr. 1987.

[13] LOZANO-PEREZ, T. "A Simple Motion Planning Algorithm for General Robot Manipulators," *IEEE Journal of Robotics and Automation*, v.RA-3, n. 3, jun. 1987.

[14] BROOKS, R. "Solving the Find-Path Problem by Good Representation of Free Space," *IEEE Transaction on Systems, Man, and Cybernetics*, SMC-13:190–197, 1983.

[15] BOBROW, J., DUBOWSKY, S. e GIBSON, J. "On the Optimal Control of Robotic Manipulators with Actuator Constraints," *Proceedings of the American Control Conference*, jun. 1983.
[16] SHIN, K. e McKAY, N. "Minimum-Time Control of Robotic Manipulators with Geometric Path Constraints," *IEEE Transactions on Automatic Control*, jun. 1985.
[17] CRAIG, J. J. "Coordinated Motion of Industrial Robots and 2-DOF Orienting Tables," *Proceedings of the 17th International Symposium on Industrial Robots*, Chicago, abr. 1987.
[18] AHMAD, S. e LUO, S. "Coordinated Motion Control of Multiple Robotic Devices for Welding and Redundancy Coordination through Constrained Optimization in Cartesian Space," *Proceedings of the IEEE Conference on Robotics and Automation*, Filadélphia, 1988.
[19] PESHKIN, M. e SANDERSON, A. "Planning Robotic Manipulation Strategies for Sliding Objects," *IEEE Conference on Robotics and Automation*, Raleigh, Carolina do Norte, abr. 1987.
[20] RUSSEL, E. "Building Simulation Models with Simcript II.5," Los Angeles: C.A.C.I., 1983.
[21] KUSIAK, A. e VILLA, A. "Architectures of Expert Systems for Scheduling Flexible Manufacturing Systems," *IEEE Conference on Robotics and Automation*, Raleigh, Carolina do Norte, abr. 1987.
[22] AKELLA, R. e KROGH, B. "Hierarchical Control Structures for Multicell Flexible Assembly System Coordination," *IEEE Conference on Robotics and Automation*, Raleigh, Carolina do Norte, abr. 1987.
[23] SMITH, R. SELF, M. e CHEESEMAN, P. "Estimating Uncertain Spatial Relationships in Robotics," *IEEE Conference on Robotics and Automation*, Raleigh, Carolina do Norte, abr. 1987.
[24] DURRANT-WHYTE, H. "Uncertain Geometry in Robotics," *IEEE Conference on Robotics and Automation*, Raleigh, Carolina do Norte, abr. 1987.

EXERCÍCIOS

13.1 [10] Em uma ou duas frases defina detecção de colisão, evitação de colisão e planejamento de trajetória anticolisão.
13.2 [10] Em uma ou duas frases defina modelo de mundo, emulação de planejamento de trajetória e emulação dinâmica.
13.3 [10] Em uma ou duas frases defina localização automática do robô, trajetórias com otimização de tempo e análise de propagação de erro.
13.4 [10] Em uma ou duas frases defina RPL, TLP e OLP.
13.5 [10] Em uma ou duas frases defina calibração, movimento coordenado e escalonamento automático.
13.6 [20] Faça um gráfico indicando como a capacidade gráfica dos computadores aumentou nos últimos dez anos (talvez em termos do número de vetores projetados por segundo por US$ 10.000 de hardware).
13.7 [20] Faça uma lista de tarefas que sejam caracterizadas por "muitas operações em relação a um objeto rígido" e que, portanto, são candidatas para a programação off-line.
13.8 [20] Discuta as vantagens e desvantagens de usar um sistema de programação que mantém, internamente, um modelo de mundo detalhado.

EXERCÍCIO DE PROGRAMAÇÃO (PARTE 13)

1. Considere a forma planar de uma barra com tampas semicirculares nas extremidades. Chamaremos essa forma de "cápsula". Escreva uma rotina que, dada a localização de duas dessas cápsulas, compute se elas tocam uma na outra. Observe que todos os pontos da superfície de uma cápsula são equidistantes de um segmento de linha que pode ser chamado de "espinha".

2. Introduza um objeto com forma de cápsula nas proximidades do seu manipulador simulado e teste quanto a colisões, à medida que você movimenta um manipulador por uma trajetória. Use elos em forma de cápsula para o manipulador. Relate quaisquer colisões detectadas.
3. Se o tempo e os recursos do computador o permitirem, escreva rotinas que retratem graficamente as cápsulas que compõem o seu manipulador e os obstáculos no local de trabalho.

Apêndice A

Identidades trigonométricas

Fórmulas para rotação em θ em torno do eixo principal:

$$R_X(\theta) = \begin{bmatrix} 1 & 0 & 0 \\ 0 & \cos\theta & -\operatorname{sen}\theta \\ 0 & \operatorname{sen}\theta & \cos\theta \end{bmatrix}, \quad\quad (A.1)$$

$$R_Y(\theta) = \begin{bmatrix} \cos\theta & 0 & \operatorname{sen}\theta \\ 0 & 1 & 0 \\ -\operatorname{sen}\theta & 0 & \cos\theta \end{bmatrix}, \quad\quad (A.2)$$

$$R_Z(\theta) = \begin{bmatrix} \cos\theta & -\operatorname{sen}\theta & 0 \\ \operatorname{sen}\theta & \cos\theta & 0 \\ 0 & 0 & 1 \end{bmatrix}. \quad\quad (A.3)$$

Identidades relacionadas à natureza periódica de seno e cosseno:

$$\begin{aligned} \operatorname{sen}\theta &= -\operatorname{sen}(-\theta) = -\cos(\theta + 90°) = \cos(\theta - 90°), \\ \cos\theta &= \cos(-\theta) = \operatorname{sen}(\theta + 90°) = -\operatorname{sen}(\theta - 90°). \end{aligned} \quad\quad (A.4)$$

Seno e cosseno para a soma ou diferença dos ângulos θ_1 e θ_2:

$$\begin{aligned} \cos(\theta_1 + \theta_2) &= c_{12} = c_1 c_2 - s_1 s_2, \\ \operatorname{sen}(\theta_1 + \theta_2) &= s_{12} = c_1 s_2 + s_1 c_2, \\ \cos(\theta_1 - \theta_2) &= c_1 c_2 + s_1 s_2, \\ \operatorname{sen}(\theta_1 - \theta_2) &= s_1 c_2 - c_1 s_2. \end{aligned} \quad\quad (A.5)$$

A soma dos quadrados do seno e do cosseno do mesmo ângulo é 1:

$$c^2\theta + s^2\theta = 1. \quad\quad (A.6)$$

Se os ângulos de um triângulo forem identificados como a, b e c, sendo o ângulo a oposto ao lado A e assim por diante, então a "lei dos cossenos" será:

$$A^2 = B^2 + C^2 - 2BC\cos a. \quad\quad (A.7)$$

A substituição da "tangente do meio ângulo":

$$u = \tan\frac{\theta}{2},$$
$$\cos\theta = \frac{1-u^2}{1+u^2}, \quad (A.8)$$
$$\operatorname{sen}\theta = \frac{2u}{1+u^2}.$$

Para rotacionar de θ um vetor Q em torno de um vetor unidade $\hat{K}$, use a **fórmula de Rodriques**:

$$Q' = Q\cos\theta + \operatorname{sen}\theta\left(\hat{K}\times Q\right) + (1-\cos\theta)\left(\hat{K}\cdot\hat{Q}\right)\hat{K}. \quad (A.9)$$

Veja no Apêndice B as matrizes rotacionais equivalentes para as 24 convenções de ângulos e no Apêndice C algumas identidades para a cinemática inversa.

Apêndice B

Convenções dos 24 conjuntos de ângulos

Os 12 conjuntos de ângulos de Euler são dados por

$$R_{X'Y'Z'}(\alpha, \beta, \gamma) = \begin{bmatrix} c\beta c\gamma & -c\beta s\gamma & s\beta \\ s\alpha s\beta c\gamma + c\alpha s\gamma & -s\alpha s\beta s\gamma + c\alpha c\gamma & -s\alpha c\beta \\ -c\alpha s\beta c\gamma + s\alpha s\gamma & c\alpha s\beta s\gamma + s\alpha c\gamma & c\alpha c\beta \end{bmatrix},$$

$$R_{X'Z'Y'}(\alpha, \beta, \gamma) = \begin{bmatrix} c\beta c\gamma & -s\beta & c\beta s\gamma \\ c\alpha s\beta c\gamma + s\alpha s\gamma & c\alpha c\beta & c\alpha s\beta s\gamma - s\alpha c\gamma \\ s\alpha s\beta c\gamma - c\alpha s\gamma & s\alpha c\beta & s\alpha s\beta s\gamma + c\alpha c\gamma \end{bmatrix},$$

$$R_{Y'X'Z'}(\alpha, \beta, \gamma) = \begin{bmatrix} s\alpha s\beta s\gamma + c\alpha c\gamma & s\alpha s\beta c\gamma - c\alpha s\gamma & s\alpha c\beta \\ c\beta s\gamma & c\beta c\gamma & -s\beta \\ c\alpha s\beta s\gamma - s\alpha c\gamma & c\alpha s\beta c\gamma + s\alpha s\gamma & c\alpha c\beta \end{bmatrix},$$

$$R_{Y'Z'X'}(\alpha, \beta, \gamma) = \begin{bmatrix} c\alpha c\beta & -c\alpha s\beta c\gamma + s\alpha s\gamma & c\alpha s\beta s\gamma + s\alpha c\gamma \\ s\beta & c\beta c\gamma & -c\beta s\gamma \\ -s\alpha c\beta & s\alpha s\beta c\gamma + c\alpha s\gamma & -s\alpha s\beta s\gamma + c\alpha c\gamma \end{bmatrix},$$

$$R_{Z'X'Y'}(\alpha, \beta, \gamma) = \begin{bmatrix} -s\alpha s\beta s\gamma + c\alpha c\gamma & -s\alpha c\beta & s\alpha s\beta c\gamma + c\alpha s\gamma \\ c\alpha s\beta s\gamma + s\alpha c\gamma & c\alpha c\beta & -c\alpha s\beta c\gamma + s\alpha s\gamma \\ -c\beta s\gamma & s\beta & c\beta c\gamma \end{bmatrix},$$

$$R_{Z'Y'X'}(\alpha, \beta, \gamma) = \begin{bmatrix} c\alpha c\beta & c\alpha s\beta s\gamma - s\alpha c\gamma & c\alpha s\beta c\gamma + s\alpha s\gamma \\ s\alpha c\beta & -s\alpha s\beta s\gamma + c\alpha c\gamma & -s\alpha s\beta c\gamma - c\alpha s\gamma \\ -s\beta & c\beta s\gamma & c\beta c\gamma \end{bmatrix},$$

$$R_{X'Y'X'}(\alpha, \beta, \gamma) = \begin{bmatrix} c\beta & s\beta s\gamma & s\beta c\gamma \\ s\alpha s\beta & -s\alpha c\beta s\gamma + c\alpha c\gamma & -s\alpha c\beta c\gamma - c\alpha s\gamma \\ -c\alpha s\beta & c\alpha c\beta s\gamma + s\alpha c\gamma & c\alpha c\beta c\gamma - s\alpha s\gamma \end{bmatrix},$$

$$R_{X'Z'X'}(\alpha, \beta, \gamma) = \begin{bmatrix} c\beta & -s\beta c\gamma & s\beta s\gamma \\ c\alpha s\beta & c\alpha c\beta c\gamma - s\alpha s\gamma & -c\alpha c\beta s\gamma - s\alpha c\gamma \\ s\alpha s\beta & s\alpha c\beta c\gamma + c\alpha s\gamma & -s\alpha c\beta s\gamma + c\alpha c\gamma \end{bmatrix},$$

$$R_{Y'X'Y'}(\alpha, \beta, \gamma) = \begin{bmatrix} -s\alpha c\beta s\gamma + c\alpha c\gamma & s\alpha s\beta & s\alpha c\beta c\gamma + c\alpha s\gamma \\ s\beta s\gamma & c\beta & -s\beta c\gamma \\ -c\alpha c\beta s\gamma - s\alpha c\gamma & c\alpha s\beta & c\alpha c\beta c\gamma - s\alpha s\gamma \end{bmatrix},$$

$$R_{Y'Z'Y'}(\alpha, \beta, \gamma) = \begin{bmatrix} c\alpha c\beta c\gamma - s\alpha s\gamma & -c\alpha s\beta & c\alpha c\beta s\gamma + s\alpha c\gamma \\ s\beta c\gamma & c\beta & s\beta s\gamma \\ -s\alpha c\beta c\gamma - c\alpha s\gamma & s\alpha s\beta & -s\alpha c\beta s\gamma + c\alpha c\gamma \end{bmatrix},$$

$$R_{Z'X'Z'}(\alpha, \beta, \gamma) = \begin{bmatrix} -s\alpha c\beta s\gamma + c\alpha c\gamma & -s\alpha c\beta c\gamma - c\alpha s\gamma & s\alpha s\beta \\ c\alpha c\beta s\gamma + s\alpha c\gamma & c\alpha c\beta c\gamma - s\alpha s\gamma & -c\alpha s\beta \\ s\beta s\gamma & s\beta c\gamma & c\beta \end{bmatrix},$$

$$R_{Z'Y'Z'}(\alpha, \beta, \gamma) = \begin{bmatrix} c\alpha c\beta c\gamma - s\alpha s\gamma & -c\alpha c\beta s\gamma - s\alpha c\gamma & c\alpha s\beta \\ s\alpha c\beta c\gamma + c\alpha s\gamma & -s\alpha c\beta s\gamma + c\alpha c\gamma & s\alpha s\beta \\ -s\beta c\gamma & s\beta s\gamma & c\beta \end{bmatrix}.$$

Os 12 conjuntos de ângulos fixos são dados por

$$R_{XYZ}(\gamma, \beta, \alpha) = \begin{bmatrix} c\alpha c\beta & c\alpha s\beta s\gamma - s\alpha c\gamma & c\alpha s\beta c\gamma + s\alpha s\gamma \\ s\alpha c\beta & s\alpha s\beta s\gamma + c\alpha c\gamma & s\alpha s\beta c\gamma - c\alpha s\gamma \\ -s\beta & c\beta s\gamma & c\beta c\gamma \end{bmatrix},$$

$$R_{XZY}(\gamma, \beta, \alpha) = \begin{bmatrix} c\alpha c\beta & -c\alpha s\beta c\gamma + s\alpha s\gamma & c\alpha s\beta s\gamma + s\alpha c\gamma \\ s\beta & c\beta c\gamma & -c\beta s\gamma \\ -s\alpha c\beta & s\alpha s\beta c\gamma + c\alpha s\gamma & -s\alpha s\beta s\gamma + c\alpha c\gamma \end{bmatrix},$$

$$R_{YXZ}(\gamma, \beta, \alpha) = \begin{bmatrix} -s\alpha s\beta s\gamma + c\alpha c\gamma & -s\alpha c\beta & s\alpha s\beta c\gamma + c\alpha s\gamma \\ c\alpha s\beta s\gamma + s\alpha c\gamma & c\alpha c\beta & -c\alpha s\beta c\gamma + s\alpha s\gamma \\ -c\beta s\gamma & s\beta & c\beta c\gamma \end{bmatrix},$$

$$R_{YZX}(\gamma, \beta, \alpha) = \begin{bmatrix} c\beta c\gamma & -s\beta & c\beta s\gamma \\ c\alpha s\beta c\gamma + s\alpha s\gamma & c\alpha c\beta & c\alpha s\beta s\gamma - s\alpha c\gamma \\ s\alpha s\beta c\gamma - c\alpha s\gamma & s\alpha c\beta & s\alpha s\beta s\gamma + c\alpha c\gamma \end{bmatrix},$$

$$R_{ZXY}(\gamma, \beta, \alpha) = \begin{bmatrix} s\alpha s\beta s\gamma + c\alpha c\gamma & s\alpha s\beta c\gamma - c\alpha s\gamma & s\alpha c\beta \\ c\beta s\gamma & c\beta c\gamma & -s\beta \\ c\alpha s\beta s\gamma - s\alpha c\gamma & c\alpha s\beta c\gamma + s\alpha s\gamma & c\alpha c\beta \end{bmatrix},$$

$$R_{ZYX}(\gamma, \beta, \alpha) = \begin{bmatrix} c\beta c\gamma & -c\beta s\gamma & s\beta \\ s\alpha s\beta c\gamma + c\alpha s\gamma & -s\alpha s\beta s\gamma + c\alpha c\gamma & -s\alpha c\beta \\ -c\alpha s\beta c\gamma + s\alpha s\gamma & c\alpha s\beta s\gamma + s\alpha c\gamma & c\alpha c\beta \end{bmatrix},$$

$$R_{XYX}(\gamma, \beta, \alpha) = \begin{bmatrix} c\beta & s\beta s\gamma & s\beta c\gamma \\ s\alpha s\beta & -s\alpha c\beta s\gamma + c\alpha c\gamma & -s\alpha c\beta c\gamma - c\alpha s\gamma \\ -c\alpha s\beta & c\alpha c\beta s\gamma + s\alpha c\gamma & c\alpha c\beta c\gamma - s\alpha s\gamma \end{bmatrix},$$

$$R_{XZX}(\gamma, \beta, \alpha) = \begin{bmatrix} c\beta & -s\beta c\gamma & s\beta s\gamma \\ c\alpha s\beta & c\alpha c\beta c\gamma - s\alpha s\gamma & -c\alpha c\beta s\gamma - s\alpha c\gamma \\ s\alpha s\beta & s\alpha c\beta c\gamma + c\alpha s\gamma & -s\alpha c\beta s\gamma + c\alpha c\gamma \end{bmatrix},$$

$$R_{YXY}(\gamma, \beta, \alpha) = \begin{bmatrix} -s\alpha c\beta s\gamma + c\alpha c\gamma & s\alpha s\beta & s\alpha c\beta c\gamma + c\alpha s\gamma \\ s\beta s\gamma & c\beta & -s\beta c\gamma \\ -c\alpha c\beta s\gamma - s\alpha c\gamma & c\alpha s\beta & c\alpha c\beta c\gamma - s\alpha s\gamma \end{bmatrix},$$

$$R_{YZY}(\gamma, \beta, \alpha) = \begin{bmatrix} c\alpha c\beta c\gamma - s\alpha s\gamma & -c\alpha s\beta & c\alpha c\beta s\gamma + s\alpha c\gamma \\ s\beta c\gamma & c\beta & s\beta s\gamma \\ -s\alpha c\beta c\gamma - c\alpha s\gamma & s\alpha s\beta & -s\alpha c\beta s\gamma + c\alpha c\gamma \end{bmatrix},$$

$$R_{ZXZ}(\gamma, \beta, \alpha) = \begin{bmatrix} -s\alpha c\beta s\gamma + c\alpha c\gamma & -s\alpha c\beta c\gamma - c\alpha s\gamma & s\alpha s\beta \\ c\alpha c\beta s\gamma + s\alpha c\gamma & c\alpha c\beta c\gamma - s\alpha s\gamma & -c\alpha s\beta \\ s\beta s\gamma & s\beta c\gamma & c\beta \end{bmatrix},$$

$$R_{ZYZ}(\gamma, \beta, \alpha) = \begin{bmatrix} c\alpha c\beta c\gamma - s\alpha s\gamma & -c\alpha c\beta s\gamma - s\alpha c\gamma & c\alpha s\beta \\ s\alpha c\beta c\gamma + c\alpha s\gamma & -s\alpha c\beta s\gamma + c\alpha c\gamma & s\alpha s\beta \\ -s\beta c\gamma & s\beta s\gamma & c\beta \end{bmatrix}.$$

Apêndice C
Algumas fórmulas para a cinemática inversa

A equação simples

$$\operatorname{sen} \theta = a \tag{C.1}$$

tem duas soluções dadas por

$$\theta = \pm \operatorname{Atan2}\left(\sqrt{1-a^2},\, a\right). \tag{C.2}$$

Da mesma forma, dada

$$\cos \theta = b, \tag{C.3}$$

há duas soluções:

$$\theta = \operatorname{Atan2}\left(b,\, \pm\sqrt{1-b^2}\right). \tag{C.4}$$

Se ambas (C.1) e (C.3) forem dadas, há uma solução única dada por

$$\theta = \operatorname{Atan2}(a,\, b). \tag{C.5}$$

A equação transcendental

$$a \cos \theta + b \operatorname{sen} \theta = 0 \tag{C.6}$$

tem as duas soluções

$$\theta = \operatorname{Atan2}(a,\, -b) \tag{C.7}$$

e

$$\theta = \operatorname{Atan2}(-a,\, b). \tag{C.8}$$

A equação

$$a \cos \theta + b \operatorname{sen} \theta = c, \tag{C.9}$$

que resolvemos na Seção 4.5 com as substituições de tangente de meio ângulo, é também resolvida por

$$\theta = \operatorname{Atan2}(b,\, a) \pm \operatorname{Atan2}\left(\sqrt{a^2+b^2-c^2},\, c\right). \tag{C.10}$$

O conjunto de equações

$$a \cos \theta - b \operatorname{sen} \theta = c ,$$
$$a \operatorname{sen} \theta + b \cos \theta = d ,$$
(C.11)

que foi resolvido na Seção 4.4, também é resolvido por

$$\theta = \operatorname{A tan2}(ad - bc,\ ac + bd) .$$
(C.12)

Soluções para exercícios selecionados

CAPÍTULO 2 EXERCÍCIOS DE DESCRIÇÕES ESPACIAIS E TRANSFORMAÇÕES

2.1)

$$R = ROT(\hat{x}, \phi)ROT(\hat{z}, \theta)$$

$$= \begin{bmatrix} 1 & 0 & 0 \\ 0 & C\phi & -S\phi \\ 0 & S\phi & C\phi \end{bmatrix} \begin{bmatrix} C\theta & -S\theta & 0 \\ S\theta & C\theta & 0 \\ 0 & 0 & 1 \end{bmatrix}$$

$$= \begin{bmatrix} C\theta & -S\theta & 0 \\ C\phi S\theta & C\phi C\theta & -S\phi \\ S\phi S\theta & S\phi C\theta & C\phi \end{bmatrix}$$

2.12) Velocidade é um "vetor livre" e será afetada somente pela rotação, não pela translação:

$$^AV = {^A_B}R\ {^B}V = \begin{bmatrix} 0{,}866 & -0{,}5 & 0 \\ 0{,}5 & 0{,}866 & 0 \\ 0 & 0 & 1 \end{bmatrix} \begin{bmatrix} 10 \\ 20 \\ 30 \end{bmatrix}$$

$$^AV = \begin{bmatrix} -1{,}34 & 22{,}32 & 30{,}0 \end{bmatrix}^T$$

2.27)

$$^A_BT = \begin{bmatrix} -1 & 0 & 0 & 3 \\ 0 & -1 & 0 & 0 \\ 0 & 0 & 1 & 0 \\ 0 & 0 & 0 & 1 \end{bmatrix}$$

2.33)

$$^B_CT = \begin{bmatrix} -0{,}866 & -0{,}5 & 0 & 3 \\ 0 & 0 & +1 & 0 \\ -0{,}5 & 0{,}866 & 0 & 0 \\ 0 & 0 & 0 & 1 \end{bmatrix}$$

CAPÍTULO 3 EXERCÍCIOS DE CINEMÁTICA DOS MANIPULADORES

3.1)

α_{i-1}	a_{i-1}	d_i
0	0	0
0	L_1	0
0	L_2	0

$$^0_1T = \begin{bmatrix} C_1 & -S_1 & 0 & 0 \\ S_1 & C_1 & 0 & 0 \\ 0 & 0 & 1 & 0 \\ 0 & 0 & 0 & 1 \end{bmatrix}$$

$$^1_2T = \begin{bmatrix} C_2 & -S_2 & 0 & L_1 \\ S_2 & C_2 & 0 & 0 \\ 0 & 0 & 1 & 0 \\ 0 & 0 & 0 & 1 \end{bmatrix} \quad ^2_3T = \begin{bmatrix} C_3 & -S_3 & 0 & L_2 \\ S_3 & C_3 & 0 & 0 \\ 0 & 0 & 1 & 0 \\ 0 & 0 & 0 & 1 \end{bmatrix}$$

$$^0_3T = {^0_1T} \, {^1_2T} \, {^2_3T} = \begin{bmatrix} C_{123} & -S_{123} & 0 & L_1C_1 + L_2C_{12} \\ S_{123} & C_{123} & 0 & L_1S_1 + L_2S_{12} \\ 0 & 0 & 1 & 0 \\ 0 & 0 & 0 & 1 \end{bmatrix}$$

em que

$$C_{123} = \cos(\theta_1 + \theta_2 + \theta_3)$$
$$S_{123} = \text{sen}(\theta_1 + \theta_2 + \theta_3)$$

3.8) Quando $\{G\} = \{T\}$, temos

$$^B_WT \, ^W_TT = {^B_ST} \, ^S_GT$$

Portanto,

$$^W_TT = {^B_WT^{-1}} \, ^B_ST \, ^S_GT$$

4.14) Não. O método de Pieper dá a solução em forma fechada para qualquer manipulador 3-DOF. (Veja a tese dele para todos os casos.)

4.18) 2

4.22) 1

CAPÍTULO 5 JACOBIANOS: EXERCÍCIOS DE VELOCIDADES E FORÇAS ESTÁTICAS

5.1) O Jacobiano no sistema de referência $\{0\}$ é

$$^0J(\theta) = \begin{bmatrix} -L_1S_1 - L_2S_{12} & -L_2S_{12} \\ L_1C_1 + L_2C_{12} & L_2C_{12} \end{bmatrix}$$

(continua)

$$DET(^{o}J(\theta)) = -(L_2C_{12})(L_1S_1 + L_2S_{12}) + (L_2S_{12})(L_1C_1 + L_2C_{12})$$
$$= -L_1L_2S_1C_{12} - L_2^2S_{12}C_{12} + L_1L_2C_1S_{12} + L_2^2S_{12}C_{12}$$
$$= L_1L_2C_1S_{12} - L_1L_2S_1C_{12} = L_1L_2(C_1S_{12} - S_1C_{12})$$
$$= L_1L_2S_2$$

(continuação)

∴ O mesmo resultado de quando você começa com $^3J(\theta)$, a saber, as configurações singulares são $\theta_2 = 0°$ ou $180°$.

5.8) O Jacobiano desse manipulador de dois elos é

$$^3J(\theta) = \begin{bmatrix} L_1S_2 & 0 \\ L_1C_2 + L_2 & L_2 \end{bmatrix}$$

Um ponto isotrópico existe se

$$^3J = \begin{bmatrix} L_2 & 0 \\ 0 & L_2 \end{bmatrix}$$

Portanto,

$$L_1S_2 = L_2$$
$$L_1C_2 + L_2 = 0$$

Agora, $S_2^2 + C_2^2 = 1$, de forma que $\left(\dfrac{L_2}{L_1}\right)^2 + \left(\dfrac{-L_2}{L1}\right)^2 = 1$.

ou $L_1^2 = 2L_2^2 \rightarrow L_1 = \sqrt{2}L_2$.

Nessa condição, $S_2 = \dfrac{1}{\sqrt{2}} = \pm.707$.

e $C_2 = -.707$.

∴ Um ponto isotrópico existe se $L_1 = \sqrt{2}L_2$ e, nesse caso, existe quando $\theta_2 = \pm 135°$.

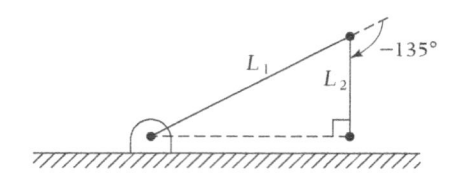

Nessa configuração, o manipulador parece, momentaneamente, um manipulador cartesiano.

5.13)
$$\tau = {}^oJ^T(\theta){}^oF$$
$$\tau = \begin{bmatrix} -L_1S_1 - L_2S_{12} & L_1C_1 + L_2C_{12} \\ -L_2S_{12} & L_2C_{12} \end{bmatrix} \begin{bmatrix} 10 \\ 0 \end{bmatrix}$$
$$\tau_1 = -10S_1L_1 - 10L_2S_{12}$$
$$\tau_2 = -10L_2S_{12}$$

CAPÍTULO 6 EXERCÍCIOS DE DINÂMICA DOS MANIPULADORES

6.1) Use (6.17), mas escrito de forma polar, porque é mais fácil. Por exemplo, para I_{zz},

$$I_{zz} = \int_{-H/2}^{H/2} \int_0^{2\pi} \int_0^R (x^2 + y^2) p \, r \, dr \, d\theta \, dz$$

$$x = R\cos\theta, \quad y = R\sin\theta, \quad x^2 + y^2 = R^2(r^2)$$

$$I_{zz} = \int_{-H/2}^{H/2} \int_0^{2\pi} \int_0^R pr^3 \, dr \, d\theta \, dz$$

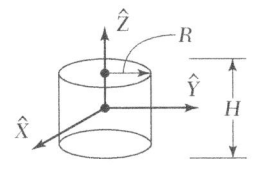

$$I_{zz} = \frac{\pi}{2} R^4 H p, \quad \text{VOLUME} = \pi r^2 H$$

$\therefore$ Massa $= M = p \, \pi \, r^2 H \quad \therefore \quad \boxed{I_{zz} = \tfrac{1}{2} MR^2}$

Da mesma forma (porém, mais difícil), é

$$\boxed{I_{xx} = I_{yy} = \tfrac{1}{4} MR^2 + \tfrac{1}{12} MH^2}$$

Com base na simetria (ou integração),

$$\boxed{I_{xy} = I_{xz} = I_{yz} = 0}$$

$$c_I = \begin{bmatrix} \tfrac{1}{4}MR^2 + \tfrac{1}{12}MH^2 & 0 & 0 \\ 0 & \tfrac{1}{4}MR^2 + \tfrac{1}{12}MH^2 & 0 \\ 0 & 0 & \tfrac{1}{2}MR^2 \end{bmatrix}$$

6.12) $\theta_1(t) = Bt + ct^2$, portanto,

$\dot{\theta}_1 = B + 2ct, \; \ddot{\theta} = 2c$

portanto,

$${}^1\dot{\omega}_1 = \ddot{\theta}_1 \hat{z}_1 = 2c\hat{z}_1 = \begin{bmatrix} 0 \\ 0 \\ 2c \end{bmatrix}$$

$${}^1\dot{v}_{c1} = \begin{bmatrix} 0 \\ 0 \\ 2c \end{bmatrix} \otimes \begin{bmatrix} 2 \\ 0 \\ 0 \end{bmatrix} + \begin{bmatrix} 0 \\ 0 \\ \dot{\theta}_1 \end{bmatrix} \otimes \left(\begin{bmatrix} 0 \\ 0 \\ \dot{\theta}_1 \end{bmatrix} \otimes \begin{bmatrix} 2 \\ 0 \\ 0 \end{bmatrix} \right)$$

$$= \begin{bmatrix} 0 \\ 4c \\ 0 \end{bmatrix} + \begin{bmatrix} -2\dot{\theta}_1^2 \\ 0 \\ 0 \end{bmatrix}$$

(continua)

$$^1\dot{\nu}_{c1} = \begin{bmatrix} -2(B+2ct)^2 \\ 4c \\ 0 \end{bmatrix}$$ (continuação)

6.18) Qualquer $F(\theta, \dot{\theta})$ razoável tem a propriedade de que a força de atrito (ou torque) na junta i depende apenas da velocidade da junta i, isto é:

$$F(\theta, \dot{\theta}) = \begin{bmatrix} f_1(\theta, \dot{\theta}_1) & F_2(\theta, \dot{\theta}_2) & ....F_N(\theta, \dot{\theta}_N) \end{bmatrix}^T$$

Além disso, toda $f_i(\theta, \dot{\theta}_i)$ deveria ser "passiva", isto é, a função deve estar no primeiro e no terceiro quadrantes.

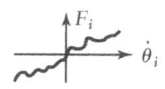

** Solução escrita à luz de velas na esteira do terremoto de 7,0 em 17 de outubro de 1989!

CAPÍTULO 7   EXERCÍCIOS DE GERAÇÃO DE TRAJETÓRIA

7.1) Três cúbicos são necessários para conectar um ponto inicial, dois pontos de passagem e um ponto meta – ou seja, três para cada junta, para um total de 18 cúbicos. Cada cúbico tem quatro coeficientes e, portanto, 72 cúbicos são armazenados.

7.17) Por diferenciação,

$$\dot{\theta}(t) = 180t - 180t^2$$
$$\ddot{\theta}(t) = 180 - 360t$$

Então, avaliando em $t = 0$ e $t = 1$, temos

$\theta(0) = 10 \quad \dot{\theta}(0) = 0 \quad \ddot{\theta}(0) = 180$

$\theta(1) = 40 \quad \dot{\theta}(1) = 0 \quad \ddot{\theta}(1) = -180$

8.3) Usando (8.1), temos

$$L = \sum_{i=1}^{3}(a_{i-1} + d_i) = (0+0) + (0+0) + (0+(U-L)) = U - L$$

$$W = \frac{4}{3}\pi U^3 - \frac{4}{3}\pi L^3 = \frac{4}{3}\pi(U^3 - L^3) \begin{cases} \text{uma esfera} \\ \text{"oca"} \end{cases}$$

$$\therefore Q_L = \frac{U - L}{\sqrt[3]{\frac{4}{3}\pi(U^3 - L^3)}}$$

8.6) De (8.14),

$$\frac{1}{K_{TOTAL}} = \frac{1}{1000} + \frac{1}{300} = 4{,}333 \times 10^{-3}$$

$$\therefore \boxed{K_{TOTAL} = 230{,}77 \frac{\text{NTM}}{\text{RAD}}}$$

8.16) De (8.15),

$$K = \frac{G\pi d^4}{32L} = \frac{(0,33 \times 7,5 \times 10^{10})(\pi)(0,001)^4}{(32)(0,40)} = \boxed{0,006135 \frac{\text{NTM}}{\text{RAD}}}$$

Isso é muito frágil, porque o diâmetro é 1 mm!

9.2) De (9.5),

$$s_1 = -\frac{6}{2 \times 2} + \frac{\sqrt{36 - 4 \times 2 \times 4}}{2 \times 2} = -1,5 + 0,5 = -1,0$$
$$s_2 = -1,5 - 0,5 = -2,0$$

$\therefore$

$quad x(t) = c_1 e^{-t} + c_2 e^{-2t}$ e $\dot{x}(t) = -c_1 e^{-t} - 2c_2 e^{-2t}$

$A t\, t = 0 \quad x(0) = 1 = c_1 + c_2$ \hfill (1)

$\quad \dot{x}(0) = 0 = -c_1 - 2c_2$ \hfill (2)

A soma de (1) e (2) resulta em

$1 = -c_2$

portanto, $c_2 = -1$ e $c_1 = 2$.

$\therefore \boxed{x(t) = 2e^{-t} - e^{-2t}}$

9.10) Usando (8.24) e presumindo alumínio, temos

$$K = \frac{(0,333)(2 \times 10^{11})(0,05^4 - 0,04^4)}{(4)(0,50)} = 123.000,0$$

Usando a informação da Figura 9.13, a massa equivalente é (0,23)(5) = 1,15 kg, portanto,

$$W_{res} = \sqrt{k/m} = \sqrt{\frac{123.000,0}{1,15}} \cong \boxed{327,04 \frac{\text{rad}}{\text{s}}}$$

Isso é muito alto, de forma que o projetista provavelmente está errado em pensar que a vibração do elo representa a ressonância não modelada mais baixa!

9.13) Como no Problema 9.12, a rigidez efetiva é K = 32.000. Agora, a inércia efetiva é I = 1 + (0,1)(64) = 7,4.

$$\therefore \quad W_{res} = \sqrt{\frac{32000}{7,4}} \cong 65,76 \frac{\text{rad}}{\text{s}} \cong \boxed{10,47 \text{ Hz}}$$

CAPÍTULO 10 EXERCÍCIOS DE CONTROLE NÃO LINEAR DE MANIPULADORES

10.2) Considere $\tau = \alpha \tau' + \beta$

$\alpha = 2 \quad \beta = 5\theta\dot{\theta} - 13\dot{\theta}^3 + 5$

e $\tau' = \ddot{\theta}_D + K_v \dot{e} + K_p e$

em que $e = \theta_D - \theta$
e

$K_p = 10$

$K_v = 2\sqrt{10}$

10.10) Considere $f' = \alpha f + \beta$

com $\alpha = 2$, $\beta = 5x\dot{x} - 12$

e $f' = \ddot{X}_D + k_v \dot{e} + k_p e$, $e = X_D - X$

$k_p = 20$, $k_v = 2\sqrt{20}$.

CAPÍTULO 11 EXERCÍCIOS DE CONTROLE DE FORÇA DE MANIPULADORES

11.2) As restrições artificiais para a tarefa em questão seriam

$V_z = -a_1$	$F_x = 0$
	$F_y = 0$
	$N_x = 0$
	$N_y = 0$
	$N_z = 0$

em que a_1 é a velocidade de inserção.

11.4) Use (5.105) com os sistemas de referência {A} e {B} invertidos. Primeiro, encontre $^B_A T$ e, então, inverta $^A_B T$:

$$^B_A T = \begin{bmatrix} 0{,}866 & 0{,}5 & 0 & -8{,}66 \\ -0{,}5 & 0{,}866 & 0 & 5{,}0 \\ 0 & 0 & 1 & -5{,}0 \\ 0 & 0 & 0 & 1 \end{bmatrix}$$

Agora,

$$^B F = {^B_A R}\, ^A F = \begin{bmatrix} 1 & 1{,}73 & -3 \end{bmatrix}^T$$

$$^B N = {^B P_{AORG}} \otimes {^B F} + {^B_A R}\, ^A N = \begin{bmatrix} -6{,}3 & -30{,}9 & -15{,}8 \end{bmatrix}^T$$

$$\therefore {^B F} = \begin{bmatrix} 1{,}0 & 1{,}73 & -3 & -6{,}3 & -30{,}9 & -15{,}8 \end{bmatrix}^T$$

Índice

Aceleração angular, 159
Aceleração de um corpo rígido, 158-9
    aceleração angular, 159
    aceleração linear, 158-9
Aceleração linear, 158-9
Acionamento por corrente, 235
Acurácia, 223
Afixação, 327
AL, linguagem de programação, 324, 329
Algoritmo de controle, 11
Algoritmos de controle não linear, 12
Algoritmos:
    de controle, 11
    de controle não linear, 12
Alta repetibilidade e precisão, 223
Ambiente de programação, 239
Amortecimento crítico, 254, 278
Amortecimento efetivo, 268
Amortecimento efetivo, 268
Amplificador de corrente, 266-7
Análise de estabilidade de Lyapunov, 289-93
Análise de estado estacionário, 264
Ângulos das juntas, 4, 63, 177
Ângulos de Euler, 41
    Z–Y–X, 41-2
    Z–Y–Z, 43
Ângulos de guinada, 39
Ângulos fixos X–Y–Z, 39-41
Ângulos fixos, X–Y–Z, 39-41
Ângulos Z–Y–X de Euler, 41-2
Ângulos Z–Y–Z de Euler, 43
Ângulos:
    de Euler, 43
    de guinada, 39
    de junta, 62, 187
Convenções de conjuntos de ângulos, 44, 257-9
Antialiasing – filtros de suavização do sinal digital, 265
Aplicações simples, 304
AR-BASIC (American Cimflex), linguagem de programação, 324

Arco tangente de 4 quadrantes, $41n$
Aritmética da transformação, 33-5
    inversão de uma transformada, 34-5
    transformações compostas, 33-4
Armadura, 266
Atribuição de sistemas de referência aos elos, 68
Atributos temporais do movimento, 193
Atrito de Coulomb, 181, 280
Atrito viscoso, 180
Atrito, 234
Atuadores das juntas, 8
Atuadores de palheta, 240
Atuadores, 266-7
    e rigidez, 236-7
    junta, 8n
    rotativo de palheta, 240
Automação fixa, 3, 13
Azimute, 7

Cabos, 235
Cálculo cinemático, 95
Candidatas função de Lyapunov, 291
Capacidade de carga, 223
Categoria de mecanismos com partição no punho, 224
Célula de trabalho, 322, 327
    calibração, 342-3
Centro remoto de complacência (RCC), 317
Cincinatti Milacron, 227
Cinemática direta, 4-5
Cinemática direta, 94
Cinemática dos manipuladores, 70–100
    inversa, 94-120
    sistemas de referência padrão, 83
    transformações dos elos:
        concatenação, 72
        derivação das, 70-2
Cinemática inversa do manipulador, 94–120
    algébrico *versus* geométrico, 101-5

cômputo, 119-20
exemplo de, 109-17
Unimation PUMA 560, 109-13
Yaskawa Motoman L-3, 113-7
subespaço do manipulador, 99-101
solução algébrica pela redução a polinômios, 105-6
solução de Pieper quando três eixos se cruzam, 106-9
solvabilidade, 94-5
existência de soluções, 95-6
método de solução, 98-9
múltiplas soluções, 96-8
Cinemática inversa, 5-6, 94
Cinemática, 4-6
cálculo, 85-6
de dois robôs industriais, 73-83
definição, 4, 60-2
descrição de elo, 60-2
descrição de conexão de elo 62-4
do PUMA 560 (Unimation), 73-8
do Yaskawa Motoman L-3, 78-83
Cintas flexíveis, 235
Código específico para simulação, 343
Compensação de gravidade, acréscimo de, 289
Complacência através da suavização dos ganhos de posição, 317-8
Complacência passiva, 317
Comprimento do elo, 62
Computador DEC LSI-11, 271
Concatenando as transformações de elos, 72
Condições iniciais, 253
Configuração cilíndrica, 226
Configuração de acionamento direto, 234
Configuração do pulso, 227-9
Configuração esférica, 226
Configuração SCARA, 225-6
Conjuntos de ângulos, 135
Considerações computacionais, 50-1
Constante de da força contraeletromotriz (constante que determina quantos RPMs o motor gira por volt), 266
Constante de torque do motor, 266
Constante do atrito de Coulomb, 181
Controlador de um robô industrial, arquitetura do, 271-2
Controlador híbrido de posição e força, 303
Controlador por inversa do jacobiano, 295
Controlador por transposta do jacobiano, 296
Controlador robusto, 285
Controle adaptativo, 298
Controle com desacoplamento, aproximações, 289
Controle de acompanhamento de trajetórias, definição, 262
Controle de força, 12
acrescentando rigidez variável, 316-7
complacência através da suavização dos ganhos de posição, 317-8
complacência passiva, 317
de um sistema massa-mola, 310-3
dos manipuladores, 303-23
detecção de força, 318-9
esquemas de controle dos robôs industriais, 317
manipulador cartesiano alinhado com o sistema de referência de restrição (C), 313-5
manipulador genérico, 315-6
problema do controle híbrido de posição e força, 309-10, 313-8
robôs industriais, aplicação nas tarefas de montagem, 304
tarefas parcialmente restritas, uma estrutura para controle de, 304-9
Controle de posição linear, 11-2
Controle de tempo contínuo *versus* tempo discreto, 265
Controle dos manipuladores, problema de, 282-3
Controle em tempo discreto, 284
Controle híbrido, 12
Controle independente das juntas, 252
Controle linear de manipulares, 250-72
controlador de um robô industrial, arquitetura de, 271-2
controle de malha fechada, 251-2
controle de tempo contínuo *versus* discreto, 265
junta única, modelagem e controle, 266-71
estimativa da frequência ressonante, 269-71
flexibilidade não modelada 268-9
indutância motor-armadura, 266-268
inércia efetiva, 268
particionamento da lei de controle, 260-2
realimentação, 251-2
rejeição de perturbação, 263-4
sistemas lineares de segunda ordem, 252-66
condições iniciais, 253
controle de, 258260
equação característica, 253
polos, 254
raízes complexas, 255-7
raízes reais e desiguais, 254-5
raízes reais e iguais, 257-8
transformadas de Laplace, 253
controle de acompanhamento de trajetória, 262-3
Controle não linear de alimentação antecipada (*feedforward*), 284-5
Controle não linear de posição, 12
Controle PID de juntas individuais, 288-302
Controle Remoto, Caixa de controle, IHM (*teach pendant*), 285, 323
Controles não lineares de manipuladores, 277-98
análise de estabilidade de Lyapunov, 289-93
comparação com esquemas baseados em juntas, 294-5

considerações práticas, 283-7
controle adaptativo, 298
definição, 294
esquema de desacoplamento cartesiano, 296-7
esquemas intuitivos de controle cartesiano, 295-6
problema de controle dos manipuladores, 282-3
sistemas com variação de tempo, 278-81
sistemas de controle com base cartesiana, 293-7
sistemas de controle de múltiplas entradas e múltiplas saídas (MIMO), 281-2
sistemas de controle de robôs industriais atuais, 288-9
sistemas não lineares, 278-81
    controle não linear de alimentação antecipada (*feedforward*), 284-5
    falta de conhecimento dos parâmetros, 286-7
    implementação de torque computado com duas velocidades, 285-6
    tempo necessário para computar o modelo, 283-4
Correias, 235
    e rigidez, 238
Correntes de rolo, 235
Cossenos direcionais, 21

Dedos sensores de força, 242
Desacoplamento, 282
Descrição da conexão dos elos, 62-4
    elos intermediários da cadeia, 62-3
    parâmetros dos elos, 63-4
    primeiro e último elos da cadeia, 63
Descrições espaciais, 18-2
    de um sistema de referência, 21-2
    de uma orientação, 20-1
    de uma posição, 20
    definição, 18
Descrições, 18-22
    definições, 18
    de uma orientação, 19-21
    de uma posição, 19
    de um sistema de referência, 21-2
Desempenho instável, 252
Deslocamento (offset) da junta, 4
Deslocamento de elo, 62
Detecção automática de colisão, 340
    sistemas anticolisão e otimização de trajetória, 351
Detecção/recuperação de erro, 332-3
Diferenciação de vetores de posição, 127-8
Diferenciação numérica, 241
Diferenciação:
    dos vetores de posição, 127-8
    numérica, 241
Dinâmica dos manipuladores, 157-205

aceleração de um corpo rígido, 158-9
cômputo, 182-4
    dinâmica eficiente para simulação, 183
    eficiência, 182
    eficiência da forma fechada *versus* forma iterativa, 183
    esquemas de memorização, 184
distribuição de massa, 159-63
estrutura das equações dinâmicas, 172-4
equação de Euler, 163-4
equação de Newton, 163-4
formação dinâmica iterativa de Newton–Euler, 164-8
forma iterativa *versus* forma fechada, 168
formulação Lagrangiana da dinâmica, 174-7
inclusão dos efeitos de corpos não rígidos, 180-1
simulação dinâmica, 181-2
Dinâmica dos mecanismos, 157
Dinâmica, 8-9
    definição, 8
Disposição conjunta de pares de sensor e atuador, 241
Distribuição de massa, 159-63
    eixos principais, 161
    momentos de inércia, 160
    momentos principais de inércia, 161
    produtos de inércia, 160
    tensor de inércia, 159, 163
    teorema dos eixos paralelos, 162
Draper Labs, 317

Efeitos de corpos não rígidos, 180-1
    atrito de Coulomb, 181
    atrito viscoso, 180
    constante de atrito de Coulomb, 181
Efetuador, 5
Eficiência:
    da forma fechada *versus* a forma iterativa, 183
    dinâmica eficiente para simulação, 184
    nota histórica com relação à, 182-3
Eixo instantâneo de rotação, 135
Eixos das juntas, 66
Eixos inclinados, 234
Eixos ortogonais que se cruzam, 234
Eixos paralelos, 234
Eixos principais, 161
Eixos, 237
Elementos flexíveis em paralelo e em série, 236
Elevação, 7
Elipsoide de inércia, 231
Elos, 4
    convenção para afixar sistemas de referências aos, 64-6
        primeiro e último elos da cadeia, 65
        procedimento de anexação, 66

dos sistemas de referências aos elos, 65
elos intermediários da cadeia, 64-5
resumo dos parâmetros dos elos, 65-6
e rigidez, 238-9
Emulação cinemática, 340-1
Emulação de planejamento de trajetória, 341
Emulação dinâmica, 341
Encoder (Codificador) ótico rotativo, 241
Engrenagens, 237
e rigidez, 238
Envelope de trabalho, 223
Equação característica, 253
Equação de Euler, 163-4
Equação de Newton, 163-4
Equação de torque no espaço de configuração cartesiano, 179-80
Equação dinâmica no espaço de estado, 172-3
Equação no espaço de estado cartesiano, 177-9
Equação no espaço de estado, 172
Equações de transformação, 35-7
Equações dinâmicas de forma fechada, exemplo de, 168-72
Equações dinâmicas:
  equação no espaço de configuração, 173-4
  equação no espaço de estados, 172-3
  estruturadas, 169
Erro de estado estacionário, 264
Erro do servomecanismo, 252
Espaço cartesiano, 5, 72-3
  formulando a dinâmica dos manipuladores no, 177-80
Espaço de erro, 263
Espaço de juntas, 5, 75, 177
Espaço de tarefa, 5n
Espaço de trabalho alcançável, 95
Espaço de trabalho destro, 95
Espaço de trabalho, 6, 95-6, 223
  e a transformação do sistema de referência da ferramenta, 94
  geração de, eficiência do projeto em termos de, 229-30
Espaço do atuador, 73
Espaço operacional, 5n, 73
Espaço orientado para tarefa, 73
Especificação de movimento, 328
Esquemas de acionamento, 233-6
  localização do atuador, 234-5
  sistemas de redução e transmissão, 234-6
Esquemas de controle baseados em juntas, 294-5
Esquemas de controle dos robôs industriais, 317-9
  complacência através da suavização dos ganhos de posição, 317-8
  complacência passiva, 317
  detecção de força, 318-9
Esquema de laço aberto, 251

Esquemas de memorização, 184
Esquemas do espaço cartesiano, 207-9
  movimento cartesiano em linha reta, 208-9
Esquemas intuitivos de controle cartesiano, 295-6
Esquemas para o espaço de juntas, 194-207
  função linear com combinações parabólicas, 200-3
  para uma trajetória com pontos de passagem, 203-7
  polinômios cúbicos, 194-6
  polinômios cúbicos para uma trajetória com pontos de passagem, 197-200
  polinômios de ordem superior, 200
Estabilidade BIBO (Bounded Input, Bounded Output), 264
Estabilidade BIBO (Bounded-input, bounded-output), 264
Estator, 266
Estilo de calibração *arm signature*, 340
Estimativa da frequência ressonante, 269-71
Estratégia de montagem, 306
Estrutura de orientação, 224
Estrutura de posicionamento, 224
Estruturas de laço fechado, 232-4
  fórmula de Grübler, 233
  mecanismo de Stewart, 323
Extensômetros (*strain gauges*) semicondutores, 241-2
Extensômetros (*strain gauges*), 241
Extensômetros de folha metálica, 243

Fator de emaranhamento, 346
Ferramenta de trabalho na ponta do braço, 221
Filtro passa-baixo, 267
Flexão, 242
Flexibilidade dos rolamentos, 239
Flexibilidade em transdutores, 243
Flexibilidade não modelada, 268-9
Folga entre as engrenagens, 234
  força centrífuga, 172
  força de Coriolis, 172
Força centrífuga, 172
Força de Coriolis, 172
Forças estáticas, 145-8
  transformação cartesiana das velocidades e as, 149-50
Forma de dinâmica de corpos rígidos, 282
Forma quadrática, 174
Fórmula de Cayley para matrizes ortonormais, 37
Fórmula de Euler, 255
Fórmula de Grübler, 233
Fórmula de Rodriques, 55, 356
Formulação dinâmica iterativa de Newton-Euler, 165-72
  algoritmo dinâmico, 167-6
    inclusão da força da gravidade no em, 166

equações dinâmicas de forma fechada, exemplo de, 169-72
força e torque agindo sobre um elo, 165-6
interações para fora (da base para o efetuador), 165
iterações para dentro (do efetuador para a base), 166-7
Formulação Lagrangiana da dinâmica, 174-7
Fórmulas de cinemática inversa, 360
Fórmulas de soma dos ângulos, 77
Frequência natural amortecida, 256
Frequência natural, 256
Função linear com combinações parabólicas, 200-3
para um percurso com pontos de passagem, 203-7
Função SOLVE, 118-9
Função WHERE, 85

Ganhos de controle, 260
Generalização da cinemática, 85
Geração de trajetória cartesiana, 10
Geração de trajetória em tempo de execução, 212-3
geração de trajetória no espaço cartesiano, 212-3
geração de trajetória no espaço de juntas, 212
Geração de trajetória no espaço das juntas, 212
Geração de trajetória, 9-10, 192-3
descrição e geração de trajetórias, 193-4
esquemas do espaço de juntas, 194
esquemas do espaço cartesiano, 207-10
função linear com combinações parabólicas para uma trajetória com pontos de passagem, 203-7
função linear com combinações parabólicas, 200-1
geração de trajetórias em tempo de execução, 212-4
geração de trajetórias no espaço cartesiano, 213
geração de trajetórias no espaço das juntas, 212
linguagem de programação de robôs, 213
movimento cartesiano em linha reta, 208-9
planejamento de trajetórias, 215
livres de colisão, 215
polinômios cúbicos para uma trajetória com pontos de passagem, 197-8
polinômios cúbicos, 194-5
polinômios de ordem superior, 200
problemas geométricos com trajetórias cartesianas, 209-12
Gerador de trajetória, 206
GMF S380, 323
Graus de liberdade, 4, 221-2
Graus redundante de liberdade, 222

Histerese, eliminação de, 243

Identidades trigonométricas, 355-6
Impedância mecânica, 316

Implementação de torque computado com duas velocidades, 285-6
Inclinação, 39
Índice de comprimento estrutural, 229
Indutância motor-induzida, 266-7
Inércia efetiva, 268
Inércia:
efetiva, 267
momento de, 160
momentos de inércia, 160
pêndulo, 163
principais momentos de, 161
produtos de inércia, 160
tensor, 159-60, 1626
Inspetor, 350
Integração de Euler, 181
Integração de sensores, 329-30
Interface do usuário, 338-9
Interpretações, 32

Jacobianos no domínio da força, 148-9
Jacobianos, 126
definição, 140-1
no domínio de força, 148-9
propagação de velocidade de um elo para outro, 136-140
sistema de referência, alteração, 142-3
JARS, 324
Junta do ombro do ARMII (*Advanced Research Manipulator II*) 275
Juntas encaixadas e histerese, 243
Juntas fictícias, 221
Juntas parafusadas e histerese, 243
Juntas prismáticas, 4, 60
Juntas rotacionais, 4, 60
Juntas soldadas e histerese, 243
Juntas, 4
encaixada, 243
parafusadas, 243
prismáticas, 4, 60
rotacionais, 4, 60
soldadas, 243

KAREL (GMF Robotics), 324
Khatib, O., 316

Lagrangiana, definição, 174
Lei de controle de força, 12
Lei de controle de linearização, 278
Lei de controle de posição, 12
Lei de controle PID, 265, 271-2
Lei de controle, 259

Limitadores de fim de curso, 242-3
Linearização e desacoplamento da Lei de controle, 282
Linearização local, 278
Linearização móvel, 278
Linguagens de programação de robôs (RPLs), 13, 324-5
   biblioteca de robótica para uma nova linguagem de uso geral, 324
   níveis de, 323
   definição, 323
   descrição de trajetórias com, 213
   modelo de aplicação, 325-6
   linguagens de programação em nível de tarefa, 342, 354
   linguagens especializadas de manipulação, 341
   linguagens de programação explícitas, 341–342
      modelo interno do mundo versus realidade externa, 347-331
   problemas peculiares às, 330-3
      recuperação de erro, 332-3
      sensibilidade ao contexto, 331-2
   requisitos para, 327-30
      ambiente de programação, 329
      especificação de movimento, 328
      fluxo de execução, 329
      integração de sensores, 329-30
      modelagem do mundo, 326-8
Linguagens de programação em nível de tarefa, 325
Linguagens de programação explícitas, 214
Linguagens interativas, 339
Linha de ação, 49-50
Locais de apanhar e colocar (*pick-and-place*), 223
Localização do atuador:
   configuração de acionamento direto, 234
   sistema de redução de velocidade, 234
   sistema de transmissão, 234

Manipulação robótica, 18
Manipulador antropomórfico, 225
Manipulador articulado, 225
Manipulador articulado, 225
   manipulador articulado, 225
   manipulador cartesiano, 224
   projeto baseado em requisitos, 221-3
      capacidade de carga, 223
      espaço de trabalho, 223
      número de graus de liberdade, 221-2
      precisão, 223
      repetibilidade, 223
      velocidade, 223
   rigidez e deflexão, 236
      atuadores, 240-1
      correias, 238
      eixos, 237
      elementos flexíveis em paralelo e em série, 236
      elos, 238
      engrenagens, 237
Manipulador cartesiano, 224-5
Manipulador cinematicamente simples, 183
Manipulador com cotovelo, 225
Manipulador de acionamento direto, 268
Manipulador dinamicamente simples, 183
Manipuladores de soluções de forma fechada, 98
Manipuladores do tipo "ensinar e reproduzir", 119
Manipuladores mecânicos, *veja* Manipuladores
Manipuladores, 3
   acurácia dos, 119
   cinemática direta dos, 4-5
   cinemática inversa dos, 5-6
   cinemática, 70-2
   controle de força, 12
   controle de posição linear, 11
   controle de posição não linear, 12
   dinâmica, 8-9, 165–205
   espaço de trabalho, 95
   forças estáticas nos, 145-7
   forças estáticas, 6-8
   geração de trajetórias, 9-10
   mecânica e controle de, 4-15
   posição e orientação, 3-4
   problemas de controle dos, 282-3
   programação de robôs, 13-4
   programação e simulação *off-line*, 14
   projeto, 10-11
   repetibilidade, 119
   sensores, 10-1
   singularidades, 6-8
   velocidades, 6-8
Mapeamento de transformação, 33
Mapeamento translacional, 23
Mapeamentos, 6, 22-8
Máquinas de usinagem com controle numérico (NC), 3
Matriz da velocidade angular, 133
Matriz de calibração, 242
Matriz de massa cartesiana, 179
Matriz jacobiana, 126*n*
Matriz positivo-definida, 174
Matriz rotacional, 20
Matrizes antissimétricas, 133
Matrizes de massa, 172
Matrizes ortonormais não impróprias, 37
Matrizes ortonormais próprias, 37
Mecanismo de Stewart, 232
Mecanismo localmente degenerado, 8
Mecanismo RRR, 66
Medida de manipulabilidade, 230
Medidas quantitativas dos atributos do espaço de trabalho, 229-32
Método de Lyapunov, 278

Método de torque computado, 278
Método dos elementos finitos, 239
Micromanipuladores, 231-2
Modelagem 3-D, 340-1
Modelagem do mundo, 326-8
Modelagem e controle de uma única junta, 266-71
    estimativa da frequência ressonante, 269-71
    flexibilidade não modelada, 268-9
    indutância motor-induzida, 266-7
    inércia efetiva, 267-8
Modelos concentrados, 270
Momento de inércia, 160
Momentos de inércia, 160
Momentos principais de inércia, 161
Monitores de eventos, 329
Montagem, 2
Motor de escovas de corrente contínua, 240
Motores de corrente alternada (AC) e motores de passo, 241
Motores sem escovas, 240
Mouse, 339
Movimento cartesiano, 208
Movimento protegido, 318
Múltiplas entradas e múltiplas saídas (MIMO) sistemas de controle, 252, 281

Notação de Denavit–Hartenberg, 63-4
Notação para posição com variação no tempo, 127-30
Notação vetorial, 15
Notação, 14-5
    notação de Denavit-Hartenberg, 63
    para orientação, 127-9
    para posições com variação no tempo, 127-9
    vetor, 14

Operações de pegar e colocar (*pick and place*), 304
Operador de transformação, 33
Operadores, 28-32
    de transformação, 31-2
    rotacionais, 29-31
    translacionais, 28-9
Operadores de transformação, 33
Operadores rotacionais, 29-31
Operadores translacionais, 29-30
Orientação / posição da ferramenta, 85
Orientação:
    ângulos Z–Y–Z de Euler, 43
    convenções de conjuntos de ângulos, 44
    descrição, 19-21
    ensinadas, 49
    matrizes ortonormais próprias, 37
    parâmetros de Euler, 48
    predefinidas, 49
    notação para, 127-9

    ângulos fixos X–Y–Z, 39-1
    ângulos Z–Y–X de Euler, 41-2
    representação equivalente ângulo-eixo, 44-7
Orientações ensinadas, 49
Orientações predefinidas, 49
Oscilação de torque, 266

Par inferior, 60
Paradigma de programação, 343
Parafusos de avanço, 235-6
Parafusos de esferas, 235
Paralelismo, 341
Parâmetros de Denavit–Hartenberg, 119
Parâmetros de Euler, 48
Parâmetros dos elos, 63-4
    de um manipulador planar com três elos, 67
Partição baseada em modelo, 278
Particionamento da lei de controle, 260-2
Pascal, 334
Pintura a jato, 304
Pistões hidráulicos, 240
Pistões pneumáticos, 240
Planejamento de trajetória livre de colisão, 215
Planejamento de trajetórias, 215
    livre de colisão, 215
Polimento, 304
Polinômios cúbicos, 194-200
    para uma trajetória com pontos de passagem, 197-200
Polinômios de ordem superior, 200
Polinômios:
    cúbicos, 194-6
    de ordem superior, 200
    solucionáveis de forma fechada, 106
Polos, 253
Ponto do pulso, 224
Ponto ensinado, 119
Pontos computados, 119
Pontos da trajetória, 194
Pontos de passagem, 9, 13, 193
    função linear com combinações parabólicas para uma trajetória com pontos de passagem, 203-7
    polinômios cúbicos uma trajetória com, 197-200
Pontos de travessia, 206
Pontos:
    computados, 119
    de passagem preferenciais, 207
    de passagem, 9, 13, 193, 197-9, 303-7
    de operação, 278
    ensinados, 119
    operacionais, 13
    percurso, 193
    pseudopontos de passagem, 206-7

do punho, 224
TCP (Tool Center Point), 13
Porção servo, 260
Posições do atuador, 73
Potenciômetros, 241
Problema do controle híbrido de posição e força, 309–333
 manipulador cartesiano alinhado com sistema de referência de restrição(C), 313-5
 manipulador genérico, 315-6
 rigidez variável, acrescentando, 316-7
Processo de conversão das trajetórias, 294
Produto vetorial, 133
Produtos de inércia, 160
Programação bottom-up, 331
Programação de robôs, 13-4
Programação de robôs:
 método de ensinar mostrando, 323
 níveis de, 323-5
Projeto de espaços de trabalho bem condicionados, 230-1
Projeto do mecanismo do manipulador, 220–261
 atributos do espaço de trabalho, medidas quantitativas, 229-31
 configuração cilíndrica, 226–237
 configuração cinemática, 224-9
 configuração do punho, 227-8
 configuração esférica, 226
 configuração SCARA, 225-6
 detecção de força, 242–243
 detecção da posição, 240
 espaços de trabalho bem condicionados, 230
 esquemas de acionamento, 233-6
  localização do atuador, 234
  sistemas de redução e transmissão, 234-6
 estruturas de cadeia fechada, 231-3
 estruturas redundantes, 231-3
 geração de espaço de trabalho, eficiência do projeto em termos de, 229-30
Propriedade da derivada de matriz ortonormal, 132
Proteção de sobrecarga, 243
Pseudopontos de passagem, 206
Pulso de referência, 240
Pulso de rolagem tripla, 227
PUMA 560 (Unimation), 225, 271-2, 341
 cinemática inversa do manipulador, 94-120
 cinemática, 73-8
 definição, 73-8
 parâmetros dos elos, 75
 soluções, 95-9

Quatérnio unitário, 48
 que envolvem sistemas de referência genéricos, 25-6
 que envolvem sistemas de referência rotacionais, 23-5
 que envolvem sistemas de referência transladados, 23

Raízes complexas, 253, 255-7
Raízes reais e desiguais, 254
Raízes reais e iguais, 254, 257-8
Raízes repetidas, 257
RAPID (ABB Robotics), 324
Rastreamento de entradas de referência, 265
Rastreamento de entradas de referência, 265
Rastreamentos de subscritos e sobrescritos na notação, 14
RCC (centro remoto de complacência), 317
Realimentação (Feedback), 251
Rebarbagem, 304
Redundâncias, 231-2
Registros de drenos, 348
Regra de L'Hôpital, 257
Rejeição de perturbação, 263–265
 acréscimo de um termo integral, 264
 erro de estado estacionário, 264
 lei de controle PID, 265
Relação de transmissão, 235
Repetibilidade, 119, 223
Representação ângulo-eixo, 208-9
Representação equivalente ângulo-eixo, 44-7
Resolvers, 241
Ressonâncias estruturais, 265
Ressonâncias não modeladas, 269
Ressonâncias, 236
 estruturais, 265
 não modelada, 269
Restrições artificiais, 306
Restrições de força, 305-6
Restrições de posição, 306
Restrições espaciais ao movimento, 193
Restrições naturais, 305
Restrições:
 artificiais, 306
 de força, 306
 de posição, 305
 espaciais, 193
 naturais, 305
Rigidez de malha fechada, 310
Rigidez:
 atuadores, 240-1
 correias, 238
 eixos, 237
 elementos flexíveis em paralelo e em série, 236
 elos, 238-9
 engrenagens, 237
Robô especializado, 10

Robô industrial:
   aplicações, 1-3
   aumento no uso de, 1
   como tendência de automação no processo de manufatura, 1
Robô Universal, 10
Robôs pórticos (Gantry), 224
Robôs:
   especializados, 10
   universais, 10
Robôs:
   movimento dos elos de um robô, 136
   Pórtico (gantry), 224
   posicionamento/orientação da ferramenta, 85
   programação, 13-4
Rolagem, 39
Rotor, 266
Ruído, 263

Segundo método (direto) de Lyapunov, 290
Sensores de força, 242–243, 318-9
   aspectos do projeto, 242-3
   flexão, 243
   histerese, 243
   limitadores de fim de curso, 243
   proteção de sobrecarga, 243
Sensores de posição, 241
Sensores do pulso, 242
Sensores proprioceptivos, 221
Sensores, 10-1
   proprioceptivos, 221
   punho, 242
   simulação de, 342
Simulação de multiprocessamento, 342
Simulação dinâmica, 181-2
Simulação, 9
Simulador "Pilot", 343-50
   ajustando as probabilidades como função da altura de queda, 346
   algoritmo findspace (localização de espaço), 346
   algoritmo para estimar o estado estável, 345
   algoritmos geométricos para transportadores, 348
   algoritmos geométricos para empurrar peças, 348
   algoritmos geométricos para pegar peças, 347
   algoritmos geométricos para rolar peças, 344-5
   algoritmos geométricos para sensores, 349
   barra de acionamento, 348
   bins, 346
   cálculo do alinhamento da peça durante a pega (grasp), 347-8
   computação do local predefinido para pegar peças, 347
   computando que peça pegar, 347
   conexão de sistema transportador/ fontes e dissipadores, 348
   empurrar bandejas, 349
   modelagem física e sistemas interativos, 334
   probabilidades de estado estável, 345
   ricochete, simulação de, 346
   sensores de inspeção, 350
   sensores de proximidade, 349
   simulação de empilhamento e emaranhamento, 346
   sistemas de visão 2-D, 349-50
Singularidades de interior do espaço de trabalho, 143
Singularidades do limite do espaço de trabalho, 143
Singularidades do mecanismo (singularidades), 9, 143
   singularidades do limite fronteira do espaço de trabalho, 143
   singularidades de interior do espaço de trabalho, 143
Sistema autônomo, 291
Sistema de controle de acompanhamento de trajetórias, 260
Sistema de controle de posição, 11
Sistema de laço fechado, 252
Sistema de programação *off-line*, 14
Ponto de operação, 278
Ponto operacional, 13

Sistema de redução de velocidade, 234
Sistema de referência da base (B), 5, 54, 129
Sistema de referência da estação de trabalho (S), 84, 119
Sistema de referência da ferramenta, 5
Sistema de referência da meta (goal frame G), 118
Sistema de referência do pulso (W), 84
Sistema de referência ferramenta (T), 84, 118
Sistema de regulação de posição, 259
Sistema de transmissão, 234
Sistema de visão Adept 2-D, 349-50
Sistema estável, 252
Sistema sobreamortecido, 254
Sistema sobreamortecido, 254
Sistemas de controle com base cartesiana, 293-7
   definição, 293
   esquemas baseados em juntas comparados com, 293-4
   esquema de desacoplamento cartesiano, 296-7
   esquemas intuitivos de controle cartesiano, 295-6
Sistemas de controle de robôs industriais, 288-9
   compensação da gravidade, acréscimo de, 289
   controle PID de juntas individuais, 288-9
   desacoplamento do controle, aproximações de, 289
Sistemas de controle de uma entrada e uma saída (SISO), 252
Sistemas de controle linear, 250

Sistemas de coordenadas universal, 19
Sistemas de programação *off-line* (OLP), 336-52
    automatizando subtarefas, 350-2
        avaliação automática de erros e tolerâncias, 352
    calibração da célula de trabalho, 342-3
    definição, 336
    emulação cinemática, 340-1
    emulação dinâmica, 341
    emulação de planejamento de trajetória, 341
    escalonamento automática, 351-2
    interface de usuário, 338-9
    modelagem 3-D, 339-40
    planejamento automático de movimento coordenado, 351
    localização automática do robô, 350-1
    principais aspectos dos, 338-43
    simulação de controle de força, 351
    simulação de sensores, 342
    simulação multiprocesso, 341
    simulador "pilot", 343
    sistemas anticolisão e otimização de trajetória, 351
    tradução da linguagem para o sistema alvo, 342
Sistemas de referência genéricos, mapeamentos que incluem, 26
Sistemas de referência padrão, 83-4
    localização, 119
    sistema de referência da base(B), 84, 119
    sistema de referência da estação de trabalho (S), 84, 119
    sistema de referência da ferramenta (T), 84, 119
    sistema de referência da meta (G), 85, 119
    sistema de referência do punho (W), 84
    uso em um sistema robótico genérico, 117
Sistemas de referência rotacionados, mapeamentos envolvendo, 23-5
Sistemas de referência transladados, mapeamentos que envolvem, 23
Sistemas de referências, 4, 33
    base, 4
    com nomes padrão, 83-5
    compostos, 33-4
    definições, 22
    descrição de, 21-2
    ferramenta, 4
    fixar a elos, convenção para, 64-70
    representação gráfica de, 22
Sistemas lineares de segunda ordem, 252-60
    condições iniciais, 253
    controle de, 259-60
    equação característica, 253
    polos, 253
    raízes complexas, 255-6
    raízes reais e desiguais, 254
    raízes reais e iguais, 257-8
    transformadas de Laplace, 253

Sistemas não autônomos, 291
Solda a ponto, 304
Solução algébrica, 101, 105-6
    pela redução a polinômios, 105-6
Solução geométrica, 104-5
Soluções em forma fechada, 98
Soluções numéricas, 98
Solvabilidade, 94-9
    existência de soluções, 95-6
    método de solução, 98-9
    múltiplas soluções, 96-8
Somatória do comprimento, 229
Spline, 10
Subespaço do manipulados, 99-101
Subespaço, 99
Sub-rotinas automatizadas em sistemas OLP (Programação Off-Line):
    avaliação automática de erros e tolerâncias, 352
    escalonamento automático, 351-2
    localização automática do robô, 350-1
    planejamento automático de movimento coordenado, 351
    simulação de controle de subscritos/sobrescritos destacados na notação, 14

Tacômetros, 241
Tarefas de união de peças, 304
Taxa de amortecimento, 256
Taxa de amostragem, 284
Taxa de atualização (*servo rate*), 265
TCP (Tool Center Point), 13
Técnicas de calibração, 119
Tempo de ciclo, 223
Tempo de execução:
    definição, 212
    geração de trajetória, 212
Teorema de rotação de Euler, 44n
Teorema dos eixos paralelos, 162
Teoria de controle, 3
Tipos geométricos, 327
Tipos, 327
Torção do elo, 61
Torques nas juntas, 8
Trabalho virtual, 148
Tradução da linguagem para o sistema alvo, 342
Trajetória, definição, 192
Trajetórias cartesianas, problemas geométricos com, 209-12
    alta velocidade das juntas próxima a singularidades, 210-1
    início e alvo atingíveis por diferentes soluções, 211-2
    pontos intermediários inalcançáveis, 210
Trajetórias no espaço cartesiano, geração de, 212-3

Transformação cartesiana de velocidades, 149-50
Transformação da velocidade, 150
Transformação de similaridade, 55
Transformação força-momento, 150
Transformação homogênea, 27, 32
Transformação:
 de vetores livres, 49-50
 ordem de, 51
Transformações de elos:
 concatenação, 72
 derivação de, 70-1
Transformadas de Laplace, 253
Transposta do jacobiano, 148

UPDATE – rotina de simulação, 275

VAL, linguagem de programação, 272, 324, 328
Valor-alvo (*setpoint*), 275
Variáveis de juntas, 67
Velocidade angular, 132-6
 representações da, 135-6
Velocidade de atualização de trajetória, 193
Velocidade linear, 130
 velocidade rotacional simultânea, 132
Velocidade rotacional, 130-1
 velocidade linear simultânea, 132
Velocidade, 223

Velocidade:
 angular, 132-6
 de um ponto devido ao sistema de referência
 rotacional, 133
 linear, 131
 rotacional, 130-1
Vetor de juntas, 72
Vetor de posição, 19
Vetor velocidade angular, 129,
 compreendendo o significado físico do, 134
Vetores atuador, 73
Vetores linhas, definição, 49-50
Vetores livres:
 definições, 49-50
 transformação de, 49-50
Vetores:
 angular, 129
 atuador, 73
 diferenciação de posição, 127-8
Volume de trabalho, 223

Yaskawa Motoman L-3, 234
 atribuição de sistemas de referência aos elos, 81
 cinemática do, 78-83
 cinemática inversa do manipulador, 113-7
 definição, 78
 parâmetros dos elos, 82